高职高专“十一五”规划教材

JICHU HUAXUE

基础化学

张正兢 主编 曹国庆 副主编

化学工业出版社
·北京·

本教材将传统的四大化学课程进行模块化整合，形成了一本涵盖化学基础知识、物质及其性质、化学实验技术三大模块，共计十二章、十四个实验的综合性教材。全书各章均插入启发式、探究式的小问题，以促进学生思考；每章后都提供了相关阅读资料，以开阔学生视野；重点章后设置了调研性作业，帮助学生认识化学与人类生活的密切关系，关注人类面临的与化学相关的社会问题，培养学生的社会责任感、参与意识和决策能力；教材积极倡导学生自我评价、活动表现评价等多种评价方式，关注学生个性的发展，激励每一个学生走向成功。因此，本教材在传授化学基础专业知识的同时，充分体现化学课程的人文内涵，发挥其对培养学生人文精神的积极作用。

本教材适用于高职高专化工、医药、材料等工科类专业的学生和教师使用。

图书在版编目（CIP）数据

基础化学/张正兢主编．—北京：化学工业出版社，2007.7(2015.8重印)
高职高专"十一五"规划教材
ISBN 978-7-122-00794-0

Ⅰ.基… Ⅱ.张… Ⅲ.化学-高等学校：技术学院-教材 Ⅳ.O6

中国版本图书馆CIP数据核字（2007）第096685号

责任编辑：陈有华　　文字编辑：李姿娇
责任校对：李　林　　装帧设计：尹琳琳

出版发行：化学工业出版社（北京市东城区青年湖南街13号　邮政编码100011）
印　　刷：北京永鑫印刷有限责任公司
装　　订：三河市宇新装订厂
787mm×1092mm　1/16　印张 21¾　彩插 1　字数 553 千字　　2015年8月北京第1版第7次印刷

购书咨询：010-64518888(传真：010-64519686)　　售后服务：010-64518899
网　　址：http://www.cip.com.cn
凡购买本书，如有缺损质量问题，本社销售中心负责调换。

定　　价：35.00元

前言

本教材将四大化学课程进行模块化整合，形成一本涵盖化学基础知识、物质及其性质、化学实验技术三大模块，共计十二章、十四个实验的综合性教材。

为了此次课程改革，本课程组进行了大量的调研，先后调研了上游——高中化学课改情况、下游——专业课程要求，横向调研了国内外类似教材十余本，从中受到深刻启发。

本教材的特点表现为：

一、编写理念的更新

1. 立足于学生适应现代生活和未来发展的需要，着眼于提高学生的科学素养，注意培养“知识与技能”、“过程与方法”、“情感态度与价值观”相融合的21世纪人才。

2. 从学生已有的经验和将来可能会经历的社会生活实际出发，帮助学生认识化学与人类生活的密切关系，关注人类面临的与化学相关的社会问题，培养学生的社会责任感、参与意识和决策能力。

3. 通过以化学实验为主的多种探究活动，使学生体验科学研究的过程，激发学习化学的兴趣，强化科学探究的意识，促进学习方式的转变，培养学生的创新精神和实践能力。

4. 在人类文化背景下构建化学课程体系，充分体现化学课程的人文内涵，发挥化学课程对培养学生人文精神的积极作用。

5. 积极倡导学生自我评价、活动表现评价等多种评价方式，关注学生个性的发展，激励每一个学生走向成功。

6. 为化学教师创造性地进行教学和研究提供更多的机会，在课程改革的实践中引导教师不断反思，促进教师的专业发展。

二、着眼点的更新

1. 表现在真正把学生放在教学的主导地位。

2. 表现在改变课程结构过于强调学科本位、科目过多和缺乏整合的现状，体现课程结构的均衡性、综合性和选择性。

3. 表现在课程内容的实用性、时代性、基础性和灵活性。

三、教学介质的更新

可以结合利用本课程组开发的《化学实验技术基础》多媒体课件，发挥多功能实验室的作用，提高实践教学的效果。

上述理念具体体现在：

1. 全书各章均插入启发式、探究式的小元素，以小资料、想一想、练一练、思考、阅读材料等形式拓宽学生思路，促进学生思考。

2. 重点章后设置了调研性的作业，帮助学生认识化学与人类生活的密切关系，关注人类面临的与化学相关的社会问题，培养学生的社会责任感、参与意识和决策能力。

3. 教材积极倡导学生自我评价、活动表现评价等多种评价方式，关注学生个性的发展，激励每一个学生走向成功。

4. 各章均包含知识目标与能力目标、正文、本章小结、习题、阅读材料五大部分。正文图文并茂，形式活泼。

5. 精心选择了十四个实验编入教材中，减少了验证性实验，增加了综合性实验，让学生在动手的同时动脑，真正做到手脑并用，提高学生的综合素质。

全书由南京化工职业技术学院应化系化学教研室教师集多年高职教学经验，结合课程改革，以本校讲义为基础编撰而成。第一章、第二章、第六章由曹国庆编写，第三章由雷玲编写，第四章由唐化梅编写，第五章、第十一章由张正兢编写，第七章由钱鸣毅编写，第八章、第十二章由王纪丽编写，第九章由胡智学编写，第十章由陆新华编写。全书由张正兢任主编并负责统稿，曹国庆任副主编，王建梅主审。本化学教研室的薛华玉、朱超云、宋伟等均参与了本教材的编撰工作，王纪丽参与了部分内容的审核工作。

本书适用于高职高专化工、医药、材料等工科类专业的学生和教师使用。

编者

2007 年 4 月

目 录

第一章

物质结构基础

知识目标：1. 掌握核外电子排布的规律。

2. 掌握价键理论和杂化轨道理论，能用其解释分子结构。

3. 掌握分子极性判断方法，熟悉分子间力、氢键的形成对物质物理性质的影响。

能力目标：1. 能用四个量子数说明核外电子的运动状态，能正确书写核外电子排布式。

2. 能用价键理论、杂化轨道理论判断和说明分子的空间结构。

在化学反应中，原子重新组合成新分子，核外电子的运动状态发生了变化。研究化学反应的规律，掌握物质性质与结构的关系，必须从原子结构入手，了解原子、原子结构以及原子是如何结合成分子的。

第一节　原子结构和元素周期律

组成物质的结构微粒，其质量和体积都很小，有些运动速度可以接近光速，故称为微观粒子，如光子、电子、质子、中子及原子等。微观粒子的运动不遵循经典力学的定律，其原因是微观粒子及其运动与宏观物体在本质上有很大的差别。微观粒子的运动具有波粒二象性。

虽然不能确切地测出核外运动的个别电子某时刻在什么位置出现，但通过对大量电子或一个电子亿万次重复性的研究表明，电子在核外空间某些区域出现的几率较大，另一些区域出现的几率则较小。量子力学认为，原子核外电子的运动没有确定的轨道，但有按几率分布的统计规律。

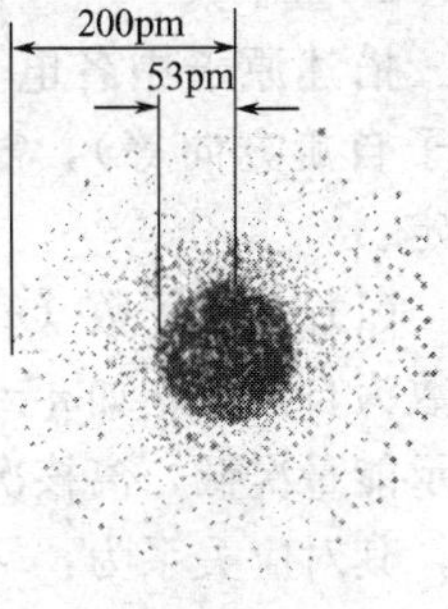

图 1-1　基态氢原子 1s 电子云示意图

一、量子数

1. 电子云

为了形象地表示核外电子运动的几率分布情况，化学上常用小黑点分布的疏密表示电子在核外出现的几率密度的相对大小。小黑点较密的地方，表示几率密度较大，单位体积内电子出现的机会多。电子在核外出现的几率密度分布的空间图像称为电子云。图1-1为基态氢原子 1s 电子云示意图。

根据量子力学计算可知，基态氢原子在半径 $r=53$pm 的球体内，电子出现的几率较大，而在离核 200～300pm 以外的区域，电子出现几率极小，可以忽略不计。

> **思考：** 在电子云图中，小黑点密度大的地方，表示那里的电子也多吗？

根据量子力学计算可得不同电子云图，如图 1-2 所示。

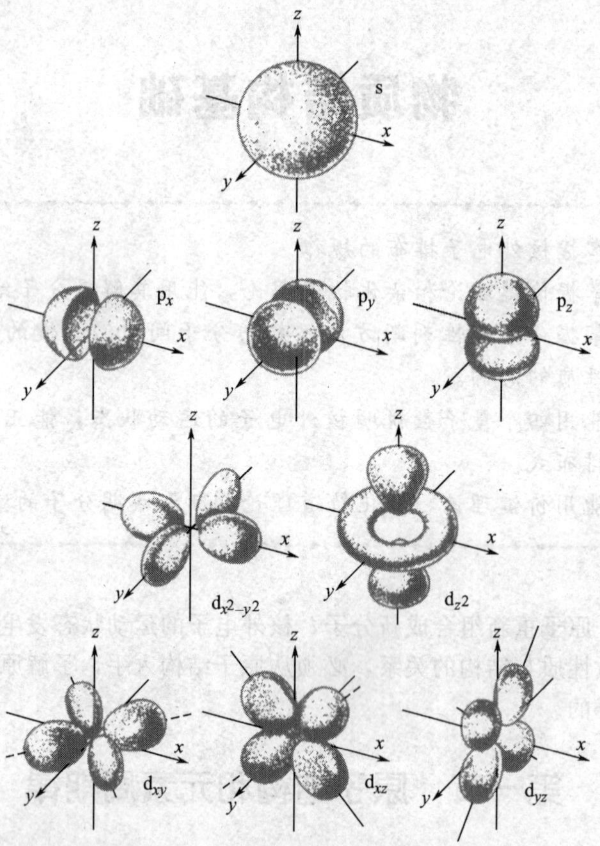

图 1-2　s、p、d 电子云图

2. 量子数

描述原子中各电子的运动状态（例如电子所在的原子轨道离核远近、形状、方位、电子自旋方向等），需用主量子数、副量子数、磁量子数和自旋量子数这四个参数才能确定。

(1) 主量子数（n）　主量子数是描述电子层能量的高低次序和离核远近的参数。主量子数为自然数，如 $n=1$，2，3，4，…。$n=1$ 表示能量最低、离核最近的第一电子层；$n=2$ 表示能量次低，离核次近的第二电子层；其余类推。在光谱学上另用一套拉丁字母表示电子层，其对应关系为：

主量子数（n）	1	2	3	4	5	6	…
电子层符号	K	L	M	N	O	P	…

n 值越大，该电子层离核平均距离越远，能量越高。

(2) 副（角）量子数（l）　在电子层内还存在着能量差别很小的若干个亚层。因此，除主量子数外，还要用另一个参数来描述核外电子的运动状态和能量，这个量子数称为副量子数或角量子数。

副量子数可为 0 到 $n-1$ 的整数，例如：

n	1	2	3	4	…	n
l	0	0，1	0，1，2	0，1，2，3	…	0，1，2，…，$n-1$

l 的每一个数值表示一个亚层。l 数值与光谱学规定的亚层符号之间的对应关系为：

副量子数（l）　0　1　2　3　4　5　…

亚层符号　　　　s　p　d　f　g　h　…

此外，l 的每一个数值还可以表示一种形状的原子轨道或电子云。$l=0$，表示 s 电子云，呈球形对称；$l=1$，表示 p 电子云，呈哑铃形；$l=2$，表示 d 电子云，呈花瓣形等。

同一电子层中，随着 l 的增大，原子轨道的能量（E）也依次升高，即 $E_{ns}<E_{np}<E_{nd}<E_{nf}$，这说明在同一原子中副量子数与主量子数一起决定电子的能级。

(3) 磁量子数（m）　在同一电子亚层中往往还包含着若干个空间伸展方向不同的原子轨道。磁量子数可用来描述原子轨道或电子云在空间的伸展方向。

磁量子数 m 的取值为 0，±1，±2，…，$\pm l$ 的整数，m 值受 l 值的限制。例如，$l=0$ 时，m 只能为 0；$l=1$ 时，m 可以为 −1、0、+1 三个数值，其余类推。

一个 m 值表示一种原子轨道或电子云在空间的一个伸展方向。一个电子亚层中，m 有几个可能的取值，这个亚层就有几个不同伸展方向的同类原子轨道或电子云。l、m 的取值与轨道符号的对应关系见下表。

l	0	1		2		
m	0	0	±1	0	±1	±2
原子轨道符号	s	p_z	p_x、p_y	d_{z^2}	d_{xz}、d_{yz}	$d_{x^2-y^2}$、d_{xy}

$l=0$、1、2、3 的轨道分别称为 s、p、d、f 轨道，其中按 n 值分别称为 ns、np、nd、nf 轨道，如 3s、3p 等，在该轨道中的电子称为 3s、3p 电子。

在没有外加磁场的情况下，同一亚层的原子轨道能量相等，称为等价轨道或简并轨道。

亚层　　　　p　　　　d　　　　f

等价轨道　三个 p 轨道　五个 d 轨道　七个 f 轨道

由此可见，n、l、m 三个量子数可决定一个原子轨道的能量大小、形状和伸展方向。

> **思考：**在同一个原子中，量子数 n、l、m 相同的两个电子，其能量也相等吗？电子云形状相同吗？

(4) 自旋量子数（m_s）　电子除了绕核运动外，还有自旋运动。描述核外电子的自旋运动状态，可用第四个量子数，即自旋量子数 m_s。m_s 值只可能有两个数值，即 $+\frac{1}{2}$ 和 $-\frac{1}{2}$。其中每一个数值表示电子的一种自旋方向，即顺时针或逆时针方向，用"↑"和"↓"表示相反的自旋。

量子力学认为，要描述原子中每个电子的运动状态，需要用四个量子数才能完全表达清楚。研究表明，在同一原子中不可能有运动状态完全相同的电子存在。也就是说，在同一原子中，各个电子的四个量子数不可能完全相同，按此推论，每一个轨道内最多只能容纳两个自旋方向相反的电子。

根据量子数，可推出各电子层所能容纳电子的最大容量，见表 1-1。

二、核外电子排布规律

1. 多电子原子轨道的能级

在多电子原子中，由于电子间的相互排斥作用，原子轨道能级关系较为复杂。1939 年鲍林根据光谱实验结果，总结出多电子原子中原子轨道能级图，以表示各原子轨道之间能量的相对高低，见图 1-3。

表 1-1　量子数与电子层中电子的最大容量

主量子数（n）	1	2		3			4			
电子层符号	K	L		M			N			
副量子数（l）	0	0	1	0	1	2	0	1	2	3
电子亚层符号	1s	2s	2p	3s	3p	3d	4s	4p	4d	4f
磁量子数（m）	0	0	0 ±1	0	0 ±1	0 ±1 ±2	0	0 ±1	0 ±1 ±2	0 ±1 ±2 ±3
亚层轨道数（$2l+1$）	1	1	3	1	3	5	1	3	5	7
电子层轨道数 n^2	1	4		9			16			
每层最大容量 $2n^2$	2	8		18			32			

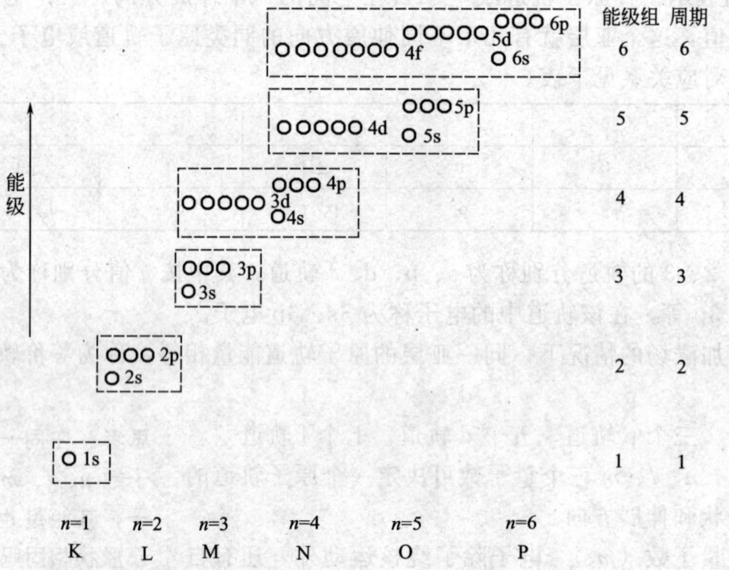

图 1-3　鲍林近似能级图

图中的圆圈表示原子轨道，其位置的高低表示各原子轨道能级的相对高低，图中虚线方框内各原子轨道的能量较接近，称为一个能级组。“能级组”与元素周期表的“周期”是相对应的。

2. 基态原子中电子排布原理

根据原子光谱实验的结果和对元素周期系的分析、归纳，总结出了多电子原子的核外电子分布的基本原理。

> **思考：**各能级组中轨道数与元素周期表中对应周期内的元素种类数有何关系？

（1）泡利不相容原理　在同一原子中，不可能有四个量子数完全相同的电子存在。每一个轨道内最多只能容纳两个自旋方向相反的电子。

（2）能量最低原理　多电子原子处在基态时，核外电子的分布在不违反泡利不相容原理的前提下，总是尽先分布在能量较低的轨道，以使原子处于能量最低的状态。

（3）洪德规则　在同一亚层的等价轨道上分布电子时，将尽可能单独分布在不同的轨道，而且自旋方向相同。这样分布时，原子的能量较低，体系较稳定。

3. 基态原子中核外电子排布

(1) 核外电子填入轨道的顺序　应用鲍林近似能级图，可以得出基态原子中核外电子填入轨道的顺序，见图 1-4。再根据泡利不相容原理、洪德规则和能量最低原理，就可以准确无误地写出 91 种元素原子的核外电子分布式。

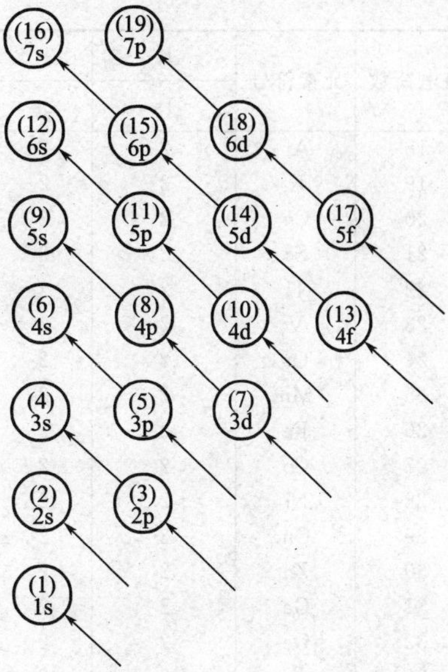

图 1-4　基态原子中电子填入轨道顺序

例如，$_{25}Mn$原子的电子分布式为 $1s^2 2s^2 2p^6 3s^2 3p^6 3d^5 4s^2$。在 110 多种元素中，只有 19 种元素原子外层电子的分布情况稍有例外。根据原子核外电子分布情况，又可以归纳出一条规则：等价轨道在全充满、半充满或全空时也是比较稳定的。即

p^6 或 d^{10} 或 f^{14}　　全充满
p^3 或 d^5 或 f^7　　半充满
p^0 或 d^0 或 f^0　　全空

例如：

$_{29}Cu$ 的电子分布式为 $1s^2 2s^2 2p^6 3s^2 3p^6 3d^{10} 4s^1$，而不是 $1s^2 2s^2 2p^6 3s^2 3p^6 3d^9 4s^2$；

$_{24}Cr$ 的电子分布式为 $1s^2 2s^2 2p^6 3s^2 3p^6 3d^5 4s^1$，而不是 $1s^2 2s^2 2p^6 3s^2 3p^6 3d^4 4s^2$。

(2) 核外电子的分布　表 1-2 列出原子序数 1～36 的各元素基态原子内的电子分布。总结核外电子排布，可得出以下三点结论：

① 原子的最外电子层最多只能容纳 8 个电子（第一电子层只能容纳 2 个电子）；

② 次外电子层最多只能容纳 18 个电子；

③ 原子的外数第三层最多只有 32 个电子。

表 1-2　基态原子内电子的分布

核电荷数	元素符号	K	L		M			N			
		1s	2s	2p	3s	3p	3d	4s	4p	4d	4f
1	H	1									
2	He	2									
3	Li	2	1								
4	Be	2	2								
5	B	2	2	1							
6	C	2	2	2							
7	N	2	2	3							
8	O	2	2	4							
9	F	2	2	5							
10	Ne	2	2	6							
11	Na	2	2	6	1						
12	Mg	2	2	6	2						
13	Al	2	2	6	2	1					
14	Si	2	2	6	2	2					
15	P	2	2	6	2	3					
16	S	2	2	6	2	4					
17	Cl	2	2	6	2	5					

续表

核电荷数	元素符号	K	L		M			N			
		1s	2s	2p	3s	3p	3d	4s	4p	4d	4f
18	Ar	2	2	6	2	6					
19	K	2	2	6	2	6		1			
20	Ca	2	2	6	2	6		2			
21	Sc	2	2	6	2	6	1	2			
22	Ti	2	2	6	2	6	2	2			
23	V	2	2	6	2	6	3	2			
24	Cr	2	2	6	2	6	5	1			
25	Mn	2	2	6	2	6	5	2			
26	Fe	2	2	6	2	6	6	2			
27	Co	2	2	6	2	6	7	2			
28	Ni	2	2	6	2	6	8	2			
29	Cu	2	2	6	2	6	10	1			
30	Zn	2	2	6	2	6	10	2			
31	Ga	2	2	6	2	6	10	2	1		
32	Ge	2	2	6	2	6	10	2	2		
33	As	2	2	6	2	6	10	2	3		
34	Se	2	2	6	2	6	10	2	4		
35	Br	2	2	6	2	6	10	2	5		
36	Kr	2	2	6	2	6	10	2	6		

注意：当原子失去电子时，是先失去最外层上的电子，后失去次外层上的电子。如 Fe 失去 2 个电子时，应该是失去 4s 亚层上的电子；如失去 3 个电子时，应该失去 4s 上的两个电子和 3d 上的一个电子。其形成的离子的核外电子排布为：

Fe^{2+}　$1s^2 2s^2 2p^6 3s^2 3p^6 3d^6$

Fe^{3+}　$1s^2 2s^2 2p^6 3s^2 3p^6 3d^5$

思考：左侧 Fe^{2+}、Fe^{3+} 的核外电子排布式是否违反能量最低原理？

三、元素周期律

原子的电子层结构随着核电荷数的递增呈现周期性变化，其原子半径、电离能、电子亲和能和电负性等，也呈现周期性的变化，这一规律称为元素周期律。

1. 原子半径

核外电子的运动是按几率分布的，由于原子本身没有鲜明的界面，因此，原子核到最外电子层的距离，实际上是难以确定的。通常所说的原子半径是根据该原子存在的不同形式来定义的，常用的有以下三种表示方法。

(1) 共价半径　指某元素的两个原子以共价键结合时，其核间距离的一半。例如，把 Cl—Cl 分子的核间距的一半（99pm）定义为 Cl 原子的共价半径。

(2) 金属半径　是指金属晶体中，两个相邻金属原子核间距的一半。例如，金属铜中两个相邻 Cu 原子核间距的一半（128pm）定义为 Cu 原子的半径。

(3) 范德华半径　在稀有气体元素形成的单原子分子晶体中，分子间以范德华力结合，这样两个同种元素的原子核间距的一半，称为范德华半径。例如，氖分子晶体中两原子核间距为 320pm，则氖原子的范德华半径为 160pm。

由于作用力不同，三种原子半径相互间没有可比性。一般而言，同一元素金属半径比共价半径大，范德华半径比共价半径要大得多。如 Cl 的共价半径为 99pm，而范德华半径为 180pm。表 1-3 列出了周期表中各元素的共价半径。

表 1-3 元素的原子半径/pm

H																	He
28																	54
Li	Be											B	C	N	O	F	Ne
134	90											80	77	55	60	71	71
Na	Mg											Al	Si	P	S	Cl	Ar
154	136											118	113	95	94	99	98
K	Ca	Sc	Ti	V	Cr	Mn	Fe	Co	Ni	Cu	Zn	Ga	Ge	As	Se	Br	Kr
196	174	144	132	122	118	117	117	116	115	117	125	126	122	120	108	114	112
Rb	Sr	Y	Zr	Nb	Mo	Tc	Ru	Rh	Pd	Ag	Cd	In	Sn	Sb	Te	I	Xe
216	191	162	145	134	130	127	125	125	128	134	148	144	141	140	130	133	131
Cs	Ba	La	Hf	Ta	W	Re	Os	Ir	Pt	Au	Hg	Tl	Pb	Bi	Po	At	Rn
235	198	169	144	134	130	128	126	127	130	134	149	148	147	146	146	145	

同一周期的主族元素，从左向右过渡时，随着核电荷数的增多，原子半径变化的总趋势是逐渐减小的。

同一周期的 d 区过渡元素，从左向右过渡时，新增加的电子填入次外层的 $(n-1)$d 轨道上，部分地抵消了核电荷对外层 ns 电子的引力，因此，随着核电荷数的增加，原子半径只是略有减小，而且，从ⅠB族元素起，由于次外层的 $(n-1)$d 轨道已经全充满，较为显著地抵消核电荷对外层 ns 电子的引力，因此，原子半径反而有所增大。

主族元素自上而下，原子半径显著增大。这是由于从上到下电子层数逐渐增加，核电荷也同时增加，但电子层的增加对原子半径影响起主要作用，故同一主族元素从上到下原子半径增大。但副族元素除钪分族外，从上往下过渡时，原子半径一般增大幅度较小，尤其是第五周期和第六周期的同族元素之间，原子半径非常接近。

原子半径越大，核对外层电子的引力越弱，原子就越易失去电子；相反，原子半径越小，核对外层电子的引力越强，原子就越易得到电子。但必须注意，难失去电子的原子，不一定就容易得到电子。例如，稀有气体原子得、失电子都不容易。

2. 电离能

原子失去电子的难易可用电离能（I）来衡量。从基态的中性气态原子失去一个电子形成气态阳离子所需要的能量，称为原子的第一电离能（I_1）；由氧化值为$+1$的气态阳离子再失去一个电子形成氧化值为$+2$的气态阳离子所需要的能量，称为原子的第二电离能（I_2）；其余依次类推。通常 $I_1 < I_2 < I_3 < \cdots$，例如：

$$Mg(g)-e \longrightarrow Mg^{+}(g) \qquad I_1=\Delta H_1=737.7\text{kJ/mol}$$

$$Mg^{+}(g)-e \longrightarrow Mg^{2+}(g) \qquad I_2=\Delta H_2=1450.7\text{kJ/mol}$$

显然，元素原子的电离能越小，原子就越易失去电子；反之，元素原子的电离能越大，原子就越难失去电子。因此，根据原子的电离能可以衡量原子失去电子的难易程度。一般只需第一电离能数据即可，见表 1-4。

从表 1-4 可知，同一周期主族元素，从左向右过渡时，电离能逐渐增大。N 比 O 的电离能反而要大，是因为 N 原子 2p 亚层电子排布为半充满，是一种相对稳定状态的缘故。副族元素从左向右过渡时，由于原子的有效核电荷❶略有增加，核对外层电子的吸引力略有增强，原子半径减小的幅度很小，因而电离能总的看只是稍微增大。

❶ 由于内层电子和同层电子对某电子的排斥作用，削弱了原子核对该电子的引力，使得该电子实际受到核电荷（有效核电荷 Z^*）的引力比原子序数（Z）所表示的核电荷的引力要小。

表 1-4　元素原子的第一电离能/(kJ/mol)

H																	He
1312																	2372
Li	Be											B	C	N	O	F	Ne
520	900											801	1086	1402	1314	1681	2081
Na	Mg											Al	Si	P	S	Cl	Ar
496	738											578	786	1012	1000	1251	1520
K	Ca	Sc	Ti	V	Cr	Mn	Fe	Co	Ni	Cu	Zn	Ga	Ge	As	Se	Br	Kr
419	590	631	658	650	653	717	759	758	737	746	906	579	762	944	941	1140	1351
Rb	Sr	Y	Zr	Nb	Mo	Tc	Ru	Rh	Pd	Ag	Cd	In	Sn	Sb	Te	I	Xe
403	550	616	660	664	685	702	711	720	805	731	868	558	709	832	869	1008	1170
Cs	Ba	La	Hf	Ta	W	Re	Os	Ir	Pt	Au	Hg	Tl	Pb	Bi	Po	At	Rn
376	503	538	675	761	770	760	840	880	870	890	1007	589	716	703	812	917	1037

同一主族元素从上向下过渡时，原子的电离能逐渐减小。副族元素从上向下原子半径只是略有增大，而且第五、六周期元素的原子半径又非常接近，核电荷数增多的因素起了作用，第四周期与第六周期同族元素原子的电离能相比较，总的趋势是增大的，但其间的变化没有较明显的规律。

电离能的大小只能衡量气态原子失去电子变为气态离子的难易程度，至于金属在溶液中发生化学反应形成阳离子的倾向，还应根据金属的电极电位来进行估量。

3. 电负性 (χ)

为了能比较全面地描述不同元素原子在分子中吸引成键电子的能力，鲍林提出了电负性的概念。所谓电负性是指分子中元素原子吸引电子的能力。他指定最活泼的非金属元素原子 F 的电负性值 $\chi(F)=4.0$，由此通过计算得到其他元素原子的电负性值，见表 1-5。

从表 1-5 可见，元素的电负性呈周期性变化。同一周期元素，从左向右电负性逐渐增大；在同一主族元素，从上往下电负性逐渐减小。至于副族元素，其电负性变化不太有规律。某元素的电负性越大，表示其原子在分子中吸引成键电子的能力越强，元素的非金属性就越强；元素的电负性越小，表示其原子在分子中吸引成键电子的能力越弱，元素的金属性就越强。电负性综合地反映出元素的原子得失电子的相对能力，能全面衡量元素得失电子能力的强弱。

表 1-5　元素原子的电负性

H																
2.1																
Li	Be											B	C	N	O	F
1.0												2.0	2.5	3.0	3.5	4.0
Na	Mg											Al	Si	P	S	Cl
0.9												1.5	1.9	2.1	2.5	3.0
K	Ca	Sc	Ti	V	Cr	Mn	Fe	Co	Ni	Cu	Zn	Ga	Ge	As	Se	Br
0.8	1.0	1.3	1.5	1.6	1.6	1.5	1.8	1.9	1.9	2.0	1.6	1.6	1.8	2.0	2.4	2.8
Rb	Sr	Y	Zr	Nb	Mo	Tc	Ru	Rh	Pd	Ag	Cd	In	Sn	Sb	Te	I
0.8	1.0	1.2	1.4	1.6	1.8	1.9	2.2	2.2	2.2	1.9	1.7	1.7	1.8	1.9	2.1	2.5
Cs	Ba	La	Hf	Ta	W	Re	Os	Ir	Pt	Au	Hg	Tl	Pb	Bi	Po	At
0.7	0.9	1.1	1.3	1.5	1.7	1.9	2.2	2.2	2.2	2.4	1.9	1.8	1.9	1.9	2.0	2.2

4. 元素的氧化值

元素的氧化值与原子的价电子数直接相关。

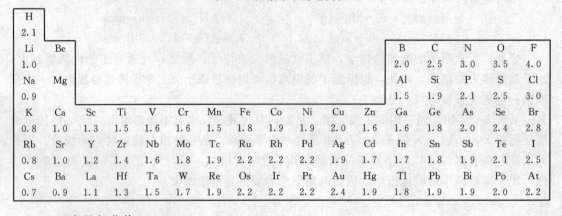

(1) 主族元素的氧化值　由于主族元素原子只有最外层的电子为价电子，能参与成键，因此，主族元素（F、O 除外）的最高氧化值等于该原子的价电子总数（即族数）。随着原子核电荷数的递增，主族元素的氧化值呈现周期性变化。

(2) 副族元素的氧化值　ⅢB～ⅦB 族元素原子最外层的 s 亚层和次外层 d 亚层的电子均为价电子，因此，元素的最高氧化值也等于价电子总数。但ⅠB 和Ⅷ族元素的氧化值变化不规律，ⅡB 族的最高氧化值为+2。

5. 元素的金属性和非金属性

元素的金属性是指原子失去电子成为阳离子的能力；元素的非金属性是指原子得到电子成为阴离子的能力。元素的电负性综合反映了原子得失电子的能力，因此可以作为元素金属性和非金属性统一衡量的依据。一般来说，金属的电负性小于 2，非金属的电负性大于 2。

同一周期的主族元素从左至右，元素的电负性逐渐增大，金属性逐渐减弱，非金属性逐渐增强。同一主族元素自上而下，元素的电负性逐渐减小，金属性逐渐增强，非金属性逐渐减弱。

第二节　分子结构

在自然界中，除了稀有气体为单原子分子外，其他元素的原子都相互结合成分子或晶体。分子或晶体之所以能稳定存在，是因为分子或晶体中相邻原子之间存在强烈的相互作用。通常把分子或晶体中直接相邻的原子（或离子）间的强烈的相互作用称为化学键。化学键可分为离子键、共价键和金属键等，形成的晶体有离子晶体、原子晶体、分子晶体和金属晶体。

一、离子键和离子化合物

1. 离子键的形成

当电负性较小的金属原子与电负性较大的非金属原子发生反应时，很容易发生电子的转移，电子从电负性小的原子转移到电负性大的原子，从而形成了阳离子和阴离子。阴、阳离子间靠静电作用而形成的化学键叫作离子键。由离子键形成的化合物叫作离子化合物。

2. 离子的结构特征

2 电子构型的离子，如 Li^{+}、Be^{2+}。

8 电子构型的离子即稀有气体构型，如 Na^{+}、K^{+}、Ca^{2+}、Ba^{2+} 等。

9～17 电子构型的离子，如 Fe^{2+}、Cu^{2+}、Mn^{2+} 等。

18 电子构型的离子，如 Cu^{+}、Ag^{+}、Hg^{2+} 等。

18+2 电子构型的离子，如 Sn^{2+}、Pb^{2+}、Bi^{3+} 等。

3. 离子键的特征

离子键的特征是既无方向性又无饱和性，由于离子电场具有球形对称性，阴、阳离子之间的静电引力与方向无关，离子在其任何方向上均可与相反电荷的离子相互吸引而形成离子键，因此，离子键无方向性。当两个带有相反电荷的离子如 Na^{+} 和 Cl^{-} 彼此吸引形成 $Na^{+}Cl^{-}$ 离子型分子后，由于离子的电场力无方向性，各自仍具有吸引带相反电荷离子的能力，只要空间条件许可，各种离子均可结合更多带有相反电荷的离子，因此，离子键无饱和性。

二、共价键和共价化合物

1. 共价键的形成

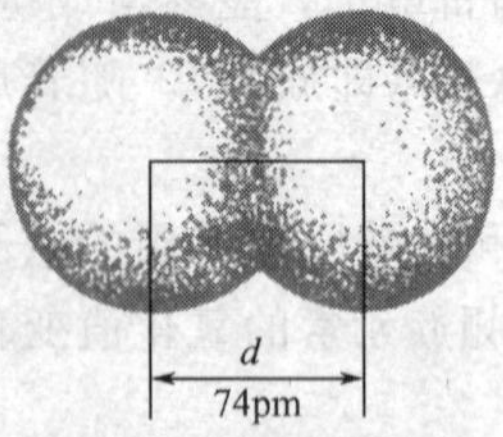

图 1-5　H_2 分子的核间距

以 H_2 分子的形成为例。实验测知，H_2 分子中的核间距（d）为 74pm，而 H 原子的玻尔半径却为 53pm，可见，H_2 分子的核间距比两个 H 原子玻尔半径之和要小。这一事实表明，在 H_2 分子中两个 H 原子的 1s 轨道必然发生了重叠。正是由于成键电子的轨道重叠的结果，使两核间形成了一个电子出现几率密度较大的区域。这样，不仅削弱了两核间的正电排斥力，而且还增强了核间电子云对两氢核的吸引力，使体系能量得以降低，从而形成共价键，如图 1-5 所示。

这种由于原子间的成键电子的原子轨道重叠而形成的化学键叫作共价键。

2. 价键理论的要点

将对氢分子的研究成果推广到其他复杂的多原子分子中，发展成为现代价键理论。价键理论的基本要点是：

① 两原子相靠近时，自旋相反的未成对价电子可以配对，形成共价键——电子配对原理。

② 成键电子的原子轨道重叠越多，所形成的共价键就越牢固——最大重叠原理。

3. 共价键的特征

原子的一个未成对电子，如果跟另一个原子的自旋相反的电子配对后，就不能跟第三个原子的电子配对成键。一个原子有几个未成对的价电子，只能和几个自旋方向相反的电子配对成键。例如，O 原子有两个未成对价电子，(↑↓)(↑)(↑)，与 H 原子形成水分子时，一个 O 原子只能与两个 H 原子形成 H_2O 分子，而不能形成 H_3O 分子；N 原子因为含有三个未成对的价电子，(↑)(↑)(↑)，因此，两个 N 原子间只能通过三键而形成 N≡N 分子。这说明一个原子形成共价键的能力是有限的，即共价键具有饱和性。

形成共价键时，成键电子的原子轨道只有沿着轨道伸展方向进行重叠（s 轨道与 s 轨道重叠例外），才能实现最大限度的重叠，即共价键具有方向性。例如，HCl 分子中共价键的形成，是由 H 的 1s 轨道与 Cl 原子的 3p 轨道（如 $3p_x$ 轨道）重叠成键的，只有 s 轨道沿着 p_x 轨道的伸展方向进行成键时，才能发生最大重叠，如图 1-6(a) 所示。

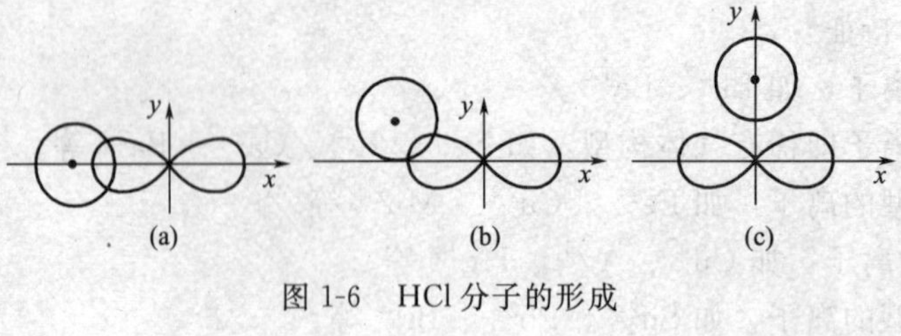

图 1-6　HCl 分子的形成

4. 共价键的类型

根据形成共价键时原子轨道重叠方式的不同，共价键可分为 σ 键和 π 键。

(1) σ 键　若原子轨道沿键轴（两原子的核间连线）方向以“头碰头”的形式相重叠，则所形成的共价键称为 σ 键。图 1-7 给出了几种不同组合形成的 σ 键。

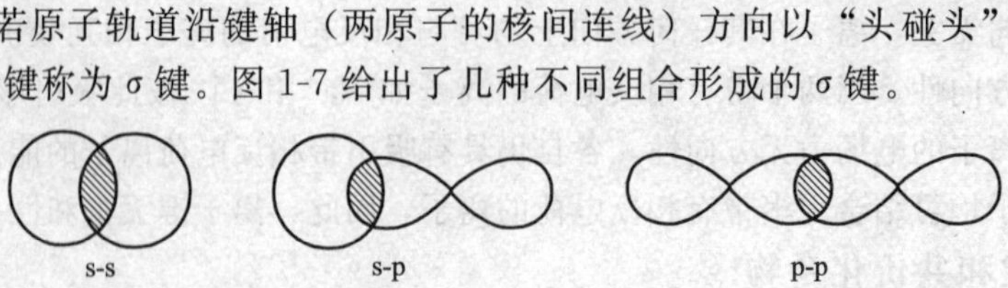

图 1-7　σ 键示意图

（2）π 键　若原子轨道沿键轴（两原子的核间连线）方向以“肩并肩”的形式重叠，则所形成的共价键称为 π 键。p_y-p_y、p_z-p_z 原子轨道重叠形成的 π 键如图 1-8 所示。

在具有双键或三键的两原子间，常常既有 σ 键又有 π 键。例如 N_2 分子内 N 原子之间就有一个 σ 键和两个 π 键。N 原子的价层电子构型是 $2s^2 2p^3$，形成 N_2 分子时，用的是 2p 轨道上的三个单电子。这三个 2p 电子分别分布在三个相互垂直的 $2p_x$、$2p_y$、$2p_z$ 轨道中。当两个 N 原子的 p_x 轨道沿着 x 轴方向以“头碰头”的方式重叠时，随着 σ 键的形成，两个 N 原子将进一步靠近，此时垂直于键轴的 $2p_y$ 和 $2p_z$ 轨道也以“肩并肩”的方式重叠，形成两个 π 键，如图 1-9 所示。

思考： 水分子的两个共价键中，一个为 σ 键，另一个为 π 键吗?

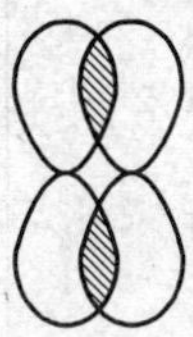

图 1-8　π 键示意图

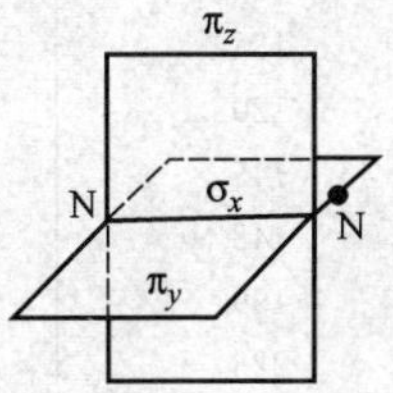

图 1-9　N_2 分子中化学键示意图

5. 配位键

形成共价键的共用电子对，通常是由成键的两个原子各提供一个单电子相互配对形成的。但有时共价键中的一对电子是由一个原子单独提供的，这种凡共用电子对由一个原子单方面提供而形成的共价键称为配位共价键，简称配位键，如 CO 分子。

C 原子价层内有一对 s 电子、两个未成对的 p 电子和一个空的 p 轨道；O 原子价层内有一对 s 电子、两个未成对的 p 电子和一对 p 电子。化合时，除 C 原子两个未成对的 p 电子和 O 原子两个未成对的 p 电子形成一个 σ 键和一个 π 键外，O 原子的 p 电子对还可以和 C 原子空的 p 轨道形成一个 π 配键。其形成过程示意如下：

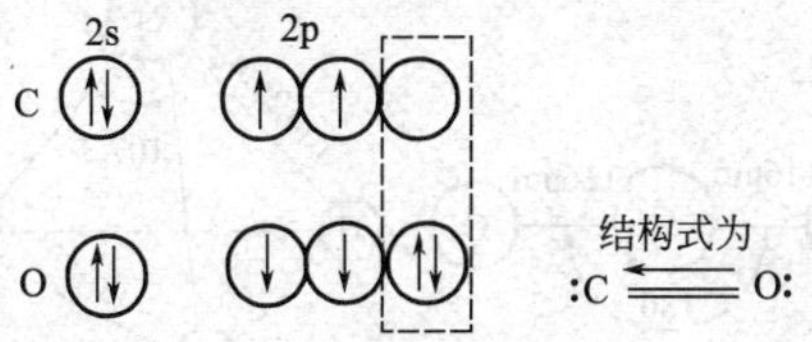

由此可见，形成配位键必须具备以下两个条件：①一个原子的价层有未共用的电子对（又称孤对电子）；②另一个原子的价层有空轨道。只要具备条件，分子内、分子间、离子间以及分子与离子间均有可能形成配位键，所形成的配位键也分 σ 键和 π 键。配位键在无机化合物中是普遍存在的，如 NH_4^+、SO_4^{2-}、ClO_4^- 等物质中都含有配位键。

6. 键参数

键参数是用于表征化学键性质的物理量，常见的有键长、键能和键角等。利用键参数，可以判断分子的几何构型、分子的极性及热稳定性等。

思考： 试用结构式表示 H_2SO_4 分子。

（1）键能　化学反应中旧键的断裂或新键的形成，都会引起体系内能的变化。例如：

$$HCl(g) \longrightarrow H(g) + Cl(g) \qquad \Delta H = 431 kJ/mol$$

键能一般是指气体分子每断裂单位物质的量的某键（6.02×10^{23} 个化学键），形成气态原子或原子团时产生的焓变。例如，298.15K 和 100kPa 下，H—Cl 键的键能 E(H—Cl) 为

431kJ/mol。

根据能量守恒定律，断裂一个化学键所需的能量与形成该键所释放的能量是一样的。因此，键能可作为衡量化学键牢固程度的键参数。键能越大，键越牢固，由该键形成的分子也就越稳定。

(2) 键长　分子内成键两原子核间的平衡距离称为键长（l）。表 1-6 列出了一些共价键的键长和键能。

表 1-6　一些共价键的键长和键能

键	键长 l/pm	键能 E/(kJ/mol)	键	键长 l/pm	键能 E/(kJ/mol)
H—H	74	436	C—H	109	414
C—C	154	347	C—N	147	305
C═C	134	611	C—O	143	360
C≡C	120	837	C═O	121	736
N—N	145	159	C—Cl	177	326
O—O	148	142	N—H	101	389
Cl—Cl	199	244	O—H	96	464
Br—Br	228	192	S—H	136	368
I—I	267	150	N≡N	110	946
S—S	205	264	F—F	128	158

在不同分子中，同一种键的键长基本上是相同的。这说明一个键的性质主要取决于成键原子的本性。相同原子形成的共价键的键长，单键＞双键＞三键。键长越短，键能越大，键越牢固。

(3) 键角　在分子中两个相邻化学键间的夹角称为键角。例如 H_2O 分子中，两个 O—H 键间的键角为 104.8°。

如果知道某分子内所有化学键的键长和键角数据，其分子的几何构型就确定了。图1-10列出了一些分子的键角及分子几何结构图。

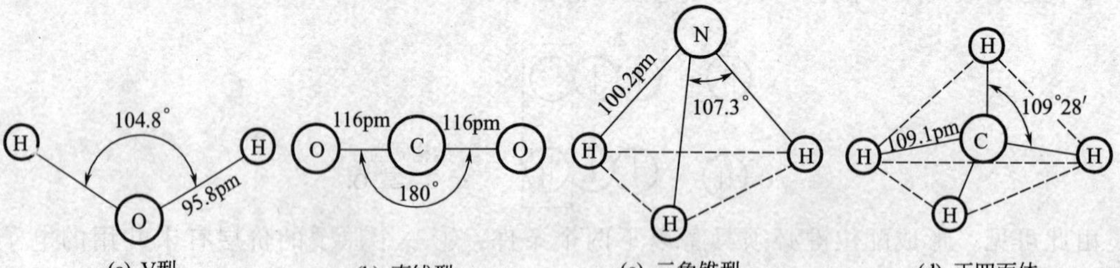

(a) V型　(b) 直线型　(c) 三角锥型　(d) 正四面体

图 1-10　H_2O、CO_2、NH_3 及 CH_4 分子的几何结构

由此可见，键角和键长是描述分子几何结构的两个要素。

三、杂化轨道理论

价键理论成功地解释了共价键的本质和特点，但却无法解释许多多原子分子的空间构型。如甲烷分子内一个 C 原子可以与四个 H 原子形成正四面体结构分子，其键角为 109°28′；水分子的键角是 104.8°。为了更好地解释多原子分子的实际空间构型，1931 年，鲍林提出了杂化轨道理论，进一步发展了价键理论。

1. 杂化轨道理论的要点

① 某原子成键时，由于原子间的相互影响，价层中若干个能量相近的原子轨道有可能

改变原来的状态，“混杂”起来并重新组合成一组新的轨道，这一过程称为原子轨道的杂化（简称杂化），形成的新轨道称为杂化轨道，如图 1-11 所示。

② 同一原子中能量相近的 n 个原子轨道，组合后只能得到 n 个杂化轨道。例如，同一原子的一个 ns 轨道和一个 np 轨道，只能杂化成两个杂化轨道。

如果把这两个 sp 杂化轨道图形合绘在一起，则得图 1-12，为了看得清楚，这两个轨道分别用虚线和实线表示。由此可知，两个 sp 杂化轨道的形状一样，但其角度分布最大值在 x 轴上的取向相反。

③ 杂化轨道比原来未杂化的轨道成键能力强，形成的化学键键能大，使生成的分子更稳定。这是由于杂化轨道在形状和空间伸展方向上发生了变化（一头大，一头小），如图 1-11 所示，其相应的电子云分布更为集中，成键时从分布比较集中的一方（大的一头）与别的原子成键轨道重叠，能得到更大程度的重叠，因而形成的化学键比较牢固。

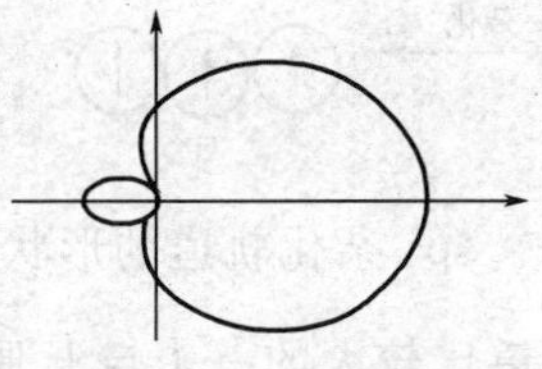

图 1-11　杂化轨道

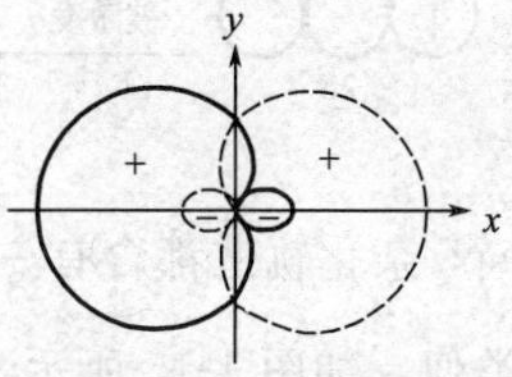

图 1-12　sp 杂化轨道

2. 杂化类型

（1）sp 杂化　同一原子内有一个 ns 轨道和一个 np 轨道发生的杂化，称为 sp 杂化。杂化后组成的轨道称为 sp 杂化轨道。sp 杂化可以而且只能得到两个 sp 杂化轨道，两个 sp 杂化轨道在一条直线上，之间的夹角为 180°，如图 1-12 所示。

以 $BeCl_2$ 分子为例，$BeCl_2$ 为直线型的共价分子。Be 原子位于两个 Cl 原子的中间，键角为 180°，两个 Be—Cl 键的键长和键能都相等：

Cl—Be—Cl

基态 Be 原子的价层电子构型为 $2s^2$，没有单电子，似乎不能形成共价键。杂化轨道理论认为，成键时 Be 原子中的一个 2s 电子可以被激发到 2p 空轨道上去，使基态 Be 原子转变为激发态 Be 原子（$2s^1 2p^1$）：

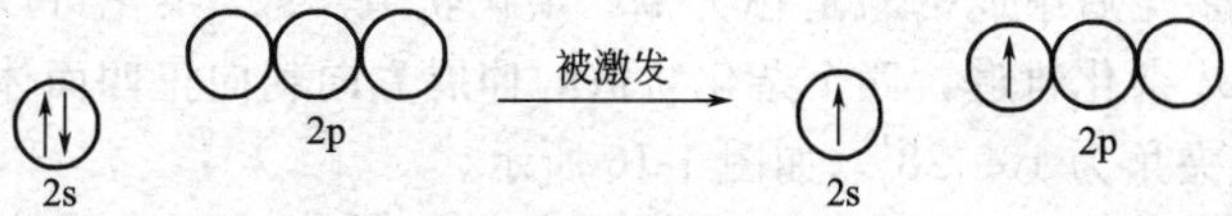

与此同时，Be 原子的 2s 轨道和一个刚跃进一个电子的 2p 轨道发生 sp 杂化，形成两个能量相等的 sp 杂化轨道，每个杂化轨道中各有一个单电子。

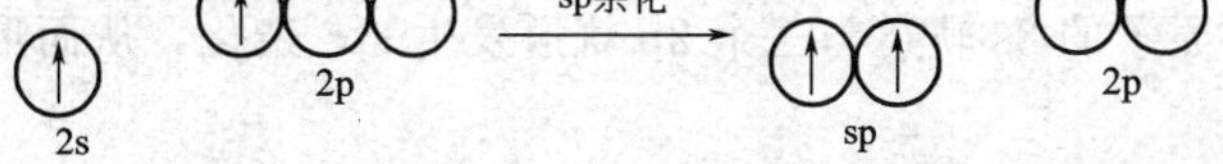

其中每一个 sp 杂化轨道都含有 $\frac{1}{2}$s 轨道和 $\frac{1}{2}$p 轨道的成分。如图 1-12 所示，每个 sp 轨道的形状都是一头大，一头小。成键时，都是以杂化轨道比较大的一头与 Cl 原子的 3p 轨道重叠而形成两个 σ 键，形成的 $BeCl_2$ 分子的空间构型为直线型，如图 1-13 所示。

CO_2、CS_2、$HgCl_2$ 及乙炔等共价化合物，其中心原子也采用 sp 杂化。

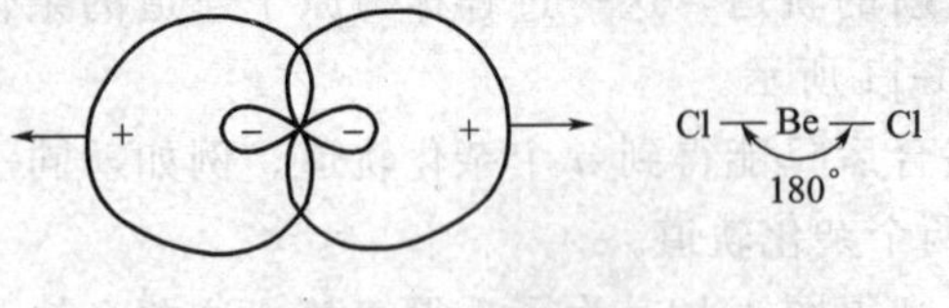

图 1-13 sp 杂化轨道与分子的几何构型

(2) sp^2 杂化　同一原子内有一个 ns 轨道和两个 np 轨道发生的杂化，称为 sp^2 杂化。杂化后组成的轨道称为 sp^2 杂化轨道，三个 sp^2 杂化轨道位于同一平面，之间夹角为 120°。

以 BF_3 为例，BF_3 具有平面三角形的结构。B 原子位于三角形的中心，三个 B—F 键是同等的，键角为 120°，如图 1-14 所示。

基态 B 原子的价层电子构型为 $2s^2 2p^1$，杂化轨道理论认为，成键时 B 原子中的一个 2s 电子可以被激发到一个空的 2p 轨道上去，使基态的 B 原子转变为激发态的 B 原子 ($2s^1 2p^2$)；与此同时，B 原子的 2s 轨道与各填有一个电子的两个 2p 轨道发生 sp^2 杂化，形成三个能量等同的 sp^2 杂化轨道：

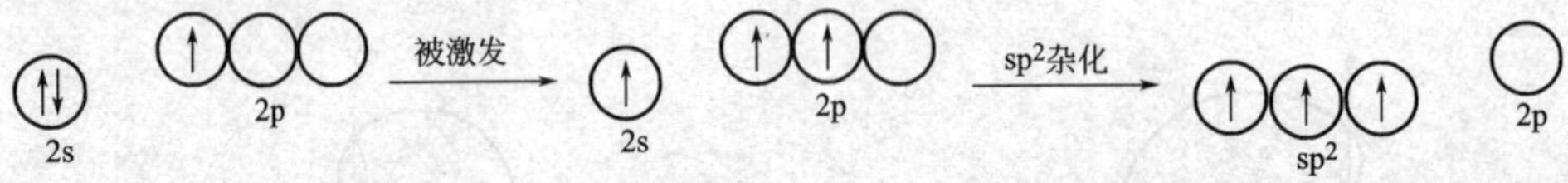

其中每一个 sp^2 杂化轨道都含有$\frac{1}{3}$s 轨道和$\frac{2}{3}$p 轨道的成分。sp^2 杂化轨道的形状和 sp 杂化轨道的形状类似，如图 1-15 所示。成键时，都是以杂化轨道比较大的一头与 F 原子的 p 轨道重叠而形成三个 σ 键，形成的 BF_3 分子结构为平面三角形。

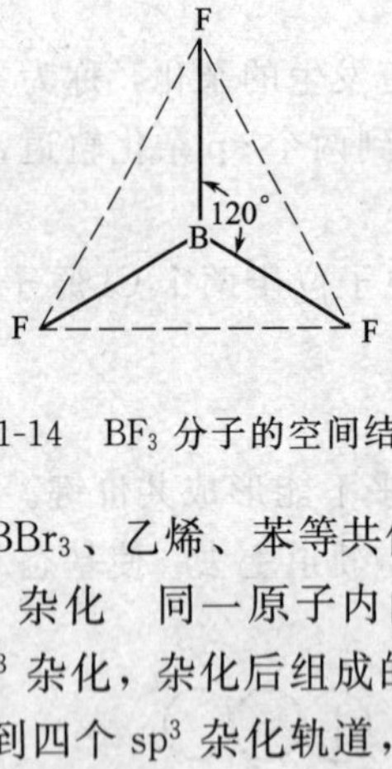

图 1-14　BF_3 分子的空间结构

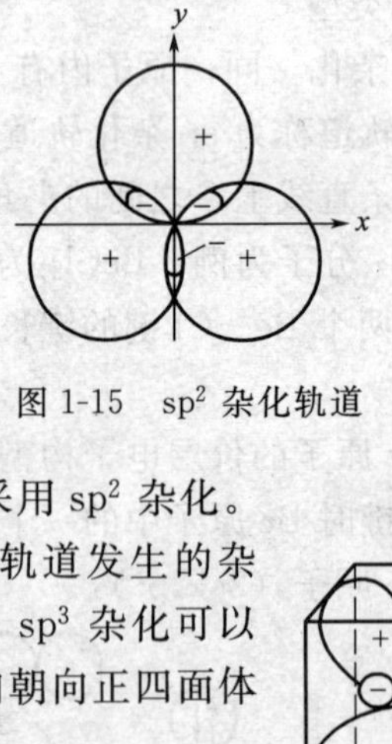

图 1-15　sp^2 杂化轨道

BCl_3、BBr_3、乙烯、苯等共价化合物，其中心原子也采用 sp^2 杂化。

(3) sp^3 杂化　同一原子内由一个 ns 轨道和三个 np 轨道发生的杂化，称为 sp^3 杂化，杂化后组成的轨道称为 sp^3 杂化轨道。sp^3 杂化可以而且只能得到四个 sp^3 杂化轨道，四个杂化轨道的伸展方向朝向正四面体的四个顶点，之间的夹角为 109°28′，如图 1-16 所示。

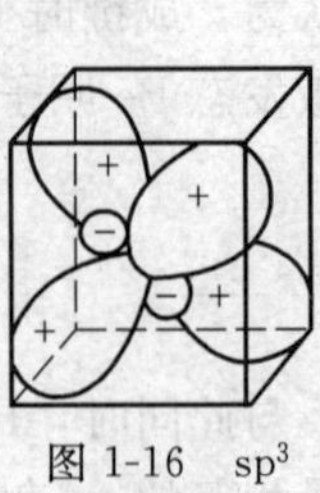

图 1-16　sp^3 杂化轨道

以 CH_4 为例，CH_4 为正四面体结构。基态 C 原子的价层电子构型为 $2s^2 2p^2$，杂化轨道理论认为，成键时 C 原子中的一个 2s 电子可以被激发到一个空的 2p 轨道上去，使基态的 C 原子转变为激发态的 C 原子 ($2s^1 2p^3$)，激发态 C 原子的 2s 轨道与三个 2p 轨道发生 sp^3 杂化，从而形成四个能量等同的 sp^3 杂化轨道：

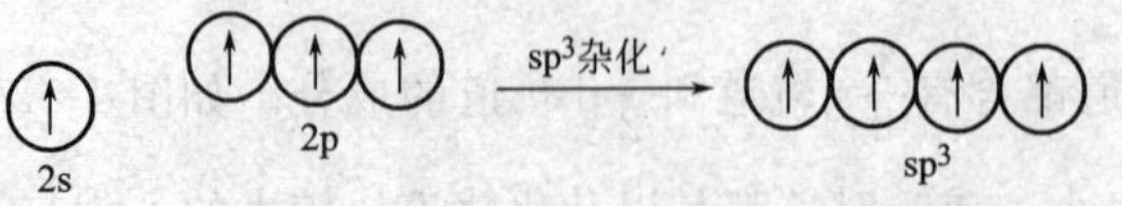

其中每一个 sp^3 杂化轨道都含有$\frac{1}{4}$s 轨道和$\frac{3}{4}$p 轨道的成分。成键时，都是以杂化轨道比较大的一头与 H 原子的成键轨道重叠而形成四个 σ 键，形成的 CH_4 分子为正四面体结构。

CCl_4、CF_4、SiH_4、$SiCl_4$、$GeCl_4$ 等共价化合物，其中心原子也采用 sp^3 杂化，烷烃分子中的碳原子都是以 sp^3 杂化轨道与相邻原子成键的。

(4) 不等性杂化　有些分子，如 NH_3、H_2O，在 NH_3 和 H_2O 的成键过程中，中心原子也像 CH_4 分子中的 C 原子一样，采取 sp^3 杂化的方式成键，但这四个 sp^3 杂化轨道不完全等同，这种产生不完全等同轨道的杂化称为不等性杂化。

O 原子的价层电子构型为 $2s^2 2p^4$，成键时这四个价电子轨道发生 sp^3 不等性杂化：

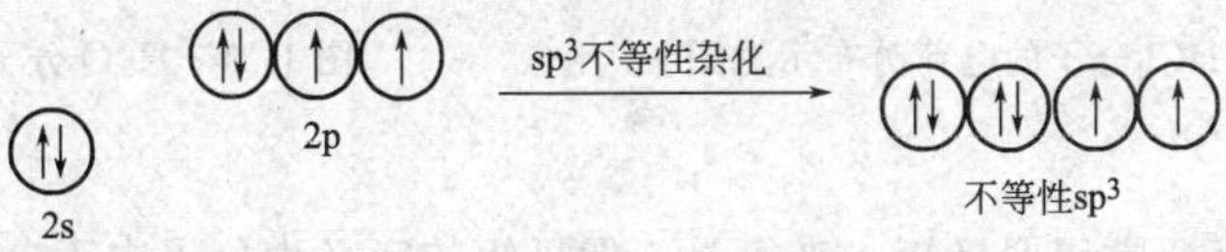

形成了四个不完全等同的 sp^3 杂化轨道，O 原子有两对孤电子对，其电子云在 O 原子核外占据着更大的空间，对两个 O—H 键的电子云有更大的静电排斥力，使键角从 $109°28'$ 被压缩到 $104.8°$，以致 H_2O 分子的空间构型如图 1-17(a) 所示。

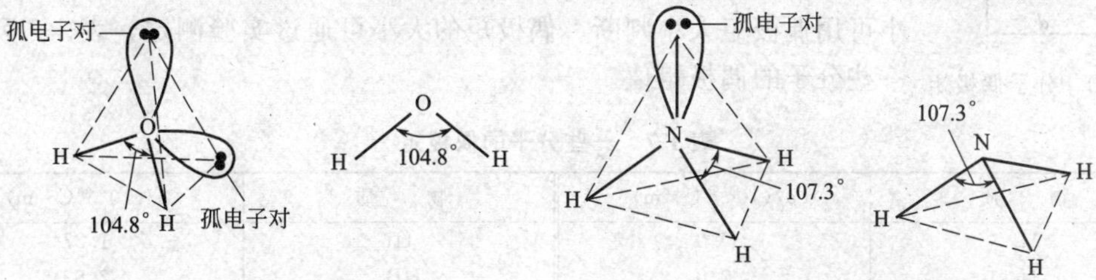

(a) H_2O分子的空间构型　　(b) NH_3分子的空间构型

图 1-17　H_2O 和 NH_3 分子的空间构型

NH_3 的形成与 H_2O 相似，N 也采用 sp^3 杂化，只是在形成的四个杂化轨道中只有一个被成对电子所占有。由于成键电子对只受到一对孤对电子的排斥，键角从 $109°28'$ 被压缩到 $107.3°$，比 H_2O 中的键角就要大些，如图 1-17(b) 所示。

思考： 如何用杂化轨道理论说明 H_2S、NF_3 分子的结构？并推测其键角。

四、分子的极性

对双原子分子来说，在由两个相同原子构成的分子如 H_2 分子中，由于分子的正、负电荷中心重合于一点，如图 1-18(a) 所示图中＋、－表示正、负电荷中心，因此整个分子并不存在正、负两极，即分子不具有极性，这种分子叫非极性分子。

在两个不同原子构成的分子如 HCl 分子中，由于成键电子云偏向于电负性较大的氯原子，使分子的负电荷中心比正电荷中心更偏向于氯，如图 1-18(b) 所示。这种正、负电荷中心不重合的分子中就有正、负两极，分子具有极性，叫作极性分子。由此可见，对双原子分子来说，分子是否有极性；决定于形成的键是否有极性；有极性键的分子一定是极性分子，极性分子内一定含有极性键。

对于多原子分子，分子是否有极性，除要考虑键的极性外，还要考虑分子的组成和空间构型是否对称。例如，$BeCl_2$、$HgCl_2$、CO_2 分子呈直线型中心对称结构，BF_3、BCl_3 等分子呈正三角形中心对称结构，CH_4、SiH_4、CCl_4、$SiCl_4$ 等分子呈正四面体中心对称结构，故这些分子都属于非极性分子；而在 H_2O、NH_3、$SiCl_3H$、CH_3Cl 等分子中，键都是极性的，其中 H_2O 是折线型，NH_3 是三角锥型，$SiCl_3H$、CH_3Cl 是非正四面体结构，其分子结构无中心对称成分，所以这些分子是极性的。如图 1-19 为 H_2O 分子中的电荷分布，正、

负

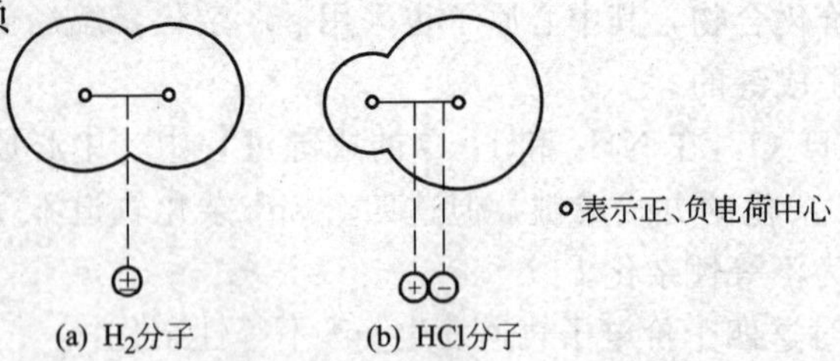

图 1-18　H_2 和 HCl 分子的电荷分布示意图

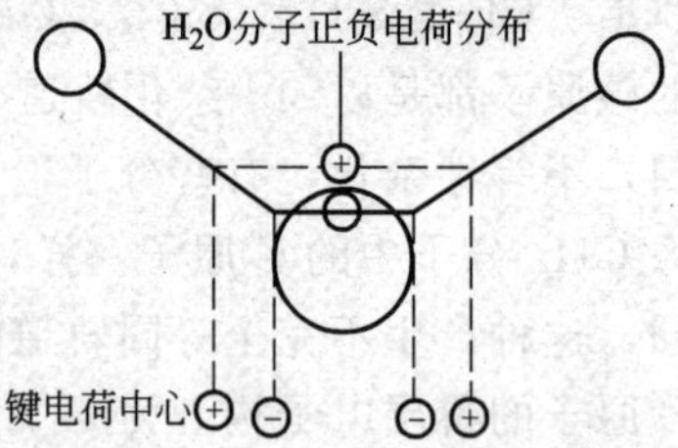

图 1-19　H_2O 分子中的电荷分布

电荷中心不重合。

分子极性的大小通常用偶极矩 μ 来衡量。偶极矩的定义为分子中正电荷中心或负电荷中心上的电荷量（q）与正、负电荷中心间距离（d）的乘积。

$$\mu=qd$$

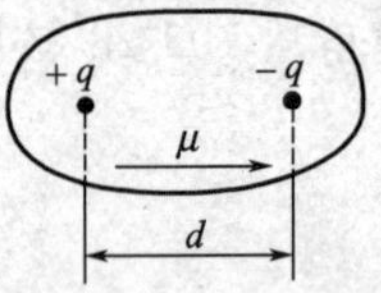

图 1-20　分子偶极矩

其示意图见图 1-20，偶极矩的单位是库仑・米（C・m），分子极性的大小可用偶极矩大小判断。偶极矩的大小可通过实验测定，表 1-7 列出了一些分子的偶极矩值。

表 1-7　一些分子的偶极矩

物　质	$\mu/(10^{-30}\text{C}\cdot\text{m})$	物　质	$\mu/(10^{-30}\text{C}\cdot\text{m})$
H_2	0.0	HI	1.27
N_2	0.0	HBr	2.63
CO_2	0.0	HCl	3.61
CS_2	0.0	H_2S	3.67
CH_4	0.0	NH_3	5.00
CCl_4	0.0	SO_2	5.33
CO	0.33	H_2O	6.23
NO	0.53	HF	6.40

$\mu=0$ 的分子即为非极性分子；$\mu\neq0$ 的分子为极性分子。偶极矩越大，分子的极性越强，因而可以根据偶极矩数值的大小比较分子极性的相对强弱。还可以根据偶极矩数值验证和推断某些分子的几何构型。例如，通过实验测知 H_2O 分子的 $\mu\neq0$，可以认为 H_2O 分子不可能是直线型分子，即 H_2O 分子一定为 V 型结构。又如，实验测知 CO_2 分子的 $\mu=0$，说明 CO_2 分子应为直线型结构。

五、分子间力和氢键

化学键是分子中原子与原子之间的一种较强的相互作用，它是决定物质化学性质的主要因素。但像水蒸气可以凝聚成水，水又可凝固成冰，这一过程并没有发生化学键的变化，这说明分子与分子之间还存在着另一种较弱的作用力，称为分子间力（也叫范德华力）。分子间力是决定物质沸点、熔点、汽化热、熔化热、溶解度、表面张力以及黏度等物理性质的主要因素。

分子间的作用力包括分子间力和分子间氢键，分子间力又包括取向力、诱导力和色散力三种。

1. 分子间力

（1）取向力　当两个极性分子相互接近时，如图 1-21 所示，极性分子的固有偶极发生同极相斥、异极相吸，使分子发生相对转动而取向，固有偶极处于异极相邻状态，在分子间

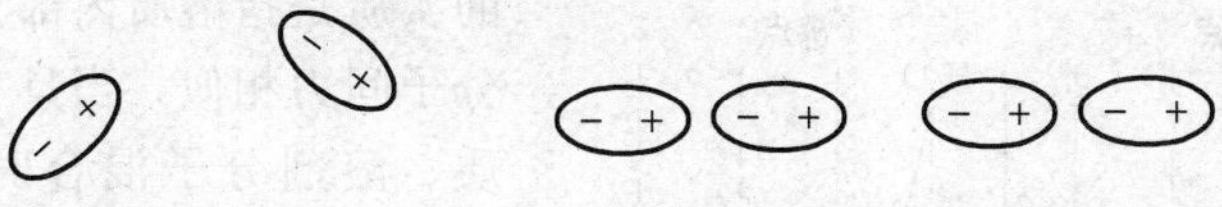

(a) 分子离得较远　　(b) 取向　　(c) 诱导

图 1-21　极性分子之间的相互作用

产生静电作用力。这种由固有偶极之间的取向而产生的分子间作用力称为取向力。分子的偶极矩越大，取向力也就越大。

(2) 诱导力　当极性分子与非极性分子相互接近时，如图 1-22 所示，非极性分子在极性分子固有偶极的影响下，正、负电荷中心发生相对位移，产生诱导偶极，诱导偶极与极性分子固有偶极之间的相互作用力称为诱导力。

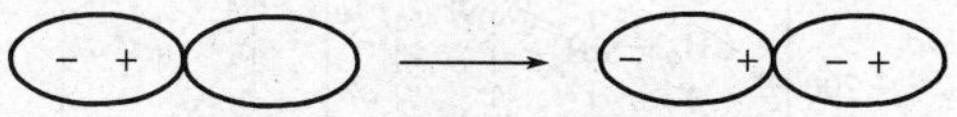

图 1-22　极性分子和非极性分子之间的相互作用

当极性分子相互接近时，在固有偶极的相互影响下，每个极性分子也会产生诱导偶极，因此诱导力也存在于极性分子之间，如图 1-21(c) 所示。

(3) 色散力　非极性分子的偶极矩为零，但由于每个分子中的电子都在不断地运动，原子核都在不停地振动，使电子云与原子核之间经常会发生瞬时的相对位移，使分子的正、负电荷中心暂时不重合，产生瞬时偶极。当两个或多个非极性分子在一定条件下充分靠近时，就会由于瞬时偶极而发生异性相吸的作用，每一个瞬时偶极存在的时间尽管是极为短暂的，但由于电子和原子核时刻都在运动，瞬时偶极不断地出现，异极相邻的状态不断地重现，如图 1-23(b) 和 (c)，使非极性分子之间只要接近到一定的距离，就始终存在着一种持续不断的相互吸引的作用。分子之间由于瞬时偶极而产生的作用力称为色散力，非极性分子之间正是由于色散力的作用才能凝聚为液体、凝固为固体。

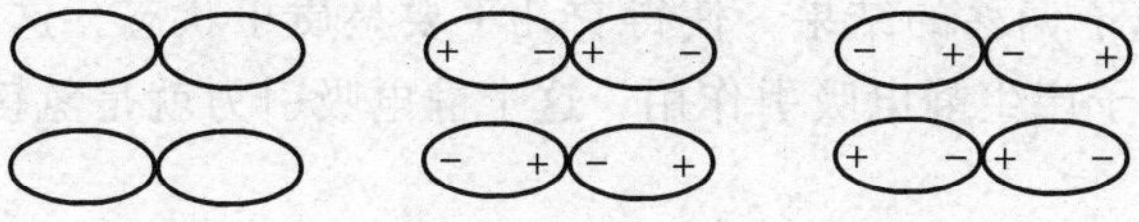

(a)　(b)　(c)

图 1-23　非极性分子之间的相互作用

瞬时偶极不仅会在非极性分子中产生，也会产生于极性分子中。因此，不仅非极性分子之间存在色散力，在非极性分子与极性分子之间以及极性分子与极性分子之间也存在色散力。一般来说，分子的相对分子质量越大，色散力也就越大。

综上所述，在非极性分子之间只有色散力；在非极性分子和极性分子之间有色散力和诱导力；在极性分子之间有色散力、取向力和诱导力。由此可见，色散力存在于一切分子之间，对大多数分子来说，色散力是主要的，取向力次之，诱导力最小；只有强极性分子（如水分子），取向力才比较显著。

(4) 分子间力对物质物理性质的影响　分子间力直接影响物质的许多物理性质。液态物质分子间力越大，汽化热就越大，沸点就越高；固态物质分子间力越大，熔化热就越大，熔点就越高。一般来说，结构相似的同系列物质相对分子质量越大，色散力越大，物质的沸点、熔点也就越高。例如稀有气体、卤素等，其沸点和熔点就是随着相对分子质量的增大而升高的。

分子间力对液体的相互溶解以及固、气态非电解质在液体中的溶解度也有一定影响。极性分子易溶于极性溶剂，非极性分子易溶于非极性溶剂，这称为“相似相溶”原理。“相似”

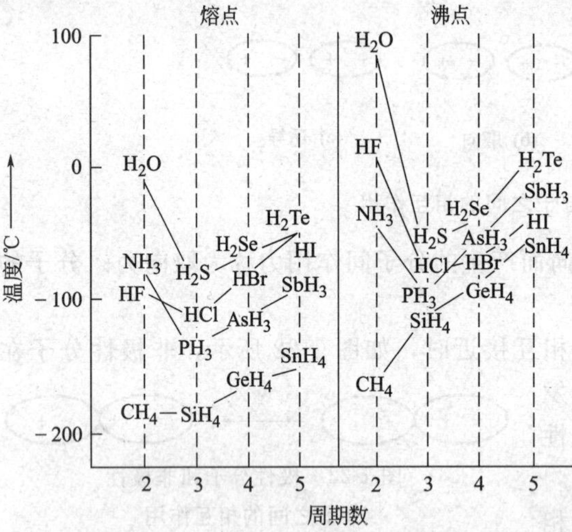

图 1-24 ⅣA～ⅦA 氢化物的熔沸点递变情况

的实质是指溶质内部分子间力和溶剂内部分子间力相似，当具有相似分子间力的溶质、溶剂分子混合时，两者易互溶。例如，NH_3 易溶于 H_2O；I_2 易溶于苯或 CCl_4，而不易溶于水。

另外，分子间力对分子型物质的硬度也有一定的影响。分子极性小的聚乙烯、聚异丁烯等物质，分子间力较小，因而硬度不大；含有极性基团的有机玻璃等物质，分子间力较大，具有一定的硬度。

2. 氢键

结构相似的同系列物质的熔沸点一般随着相对分子质量的增大而升高。但在氢化物中唯有 NH_3、H_2O、HF 的熔沸点却比相应同族的氢化物高，如图 1-24 所示。原因是这些分子之间除有分子间力外，还有氢键。

在 HF 分子中，由于 F 的电负性（4.0）很大，共用电子对强烈偏向 F 原子一边，而 H 原子核外只有一个电子，其电子云向 F 原子偏移的结果，使得它几乎要呈质子状态。这样氢原子就与相邻 HF 分子中 F 原子的孤电子产生静电吸引作用，这个静电吸引力就是氢键，示意如下。

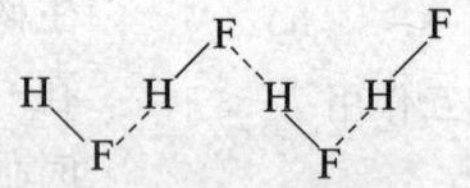

不仅同种分子之间可以存在氢键，某些不同种分子之间也可能形成氢键。例如，NH_3 与 H_2O 之间：

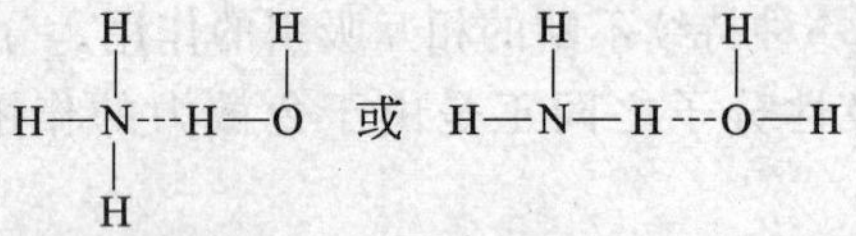

氢键可用 X—H---Y 表示。其中 X 和 Y 代表 F、O、N 等电负性大而原子半径较小的非金属原子。X 和 Y 可以是同种元素，也可以是不同元素。

某些分子可以形成分子内氢键，如 HNO_3、邻硝基苯酚。

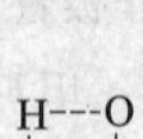

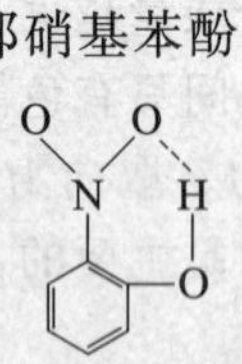

分子内氢键由于受环状结构的限制，X—H---Y 往往不能在同一直线上。

氢键的强度一般超过分子间力，但远不及化学键能大，基本上属于静电吸引作用。分子间能够形成氢键的物质有很多，如水、水合物、氨合物、无机酸、有机酸和醇类化合物。氢键的存在，影响到物质的某些性质，如熔点、沸点、溶解度、黏度、密度等。

同类化合物中，若能形成分子间氢键，则物质的熔沸点就升高，如 NH_3、H_2O 和 HF 等，这是因为欲使这类固体熔化或液体汽化，必须额外地提供一份能量来破坏分子间的氢键。分子内氢键常使物质的熔沸点降低，如邻硝基苯酚比对硝基苯酚的沸点要低。如果溶质分子与溶剂分子间能形成氢键，将有利于溶质的溶解，如 NH_3 在水中有较大的溶解度就与此有关。液体分子间若有氢键存在，其黏度一般较大。例如，甘油、磷酸、浓硫酸等多羟基化合物都是因为分子间有多个氢键存在，通常为黏稠状的液体。

本章小结

1. 电子云的概念，描述核外电子运动状态的四个量子数及其相互间的关系。

2. 核外电子填充时应该遵守的三个规律，个别原子的特殊例子（如 Cr、Cu、Mo、Ag、Au 等），原子结构与元素在周期表中位置的关系。

3. 元素周期律，元素周期律的本质（原子结构影响了元素的性质）。

4. 离子键和共价键的形成及其特征，共价键的类型。

5. 杂化轨道理论及用该理论解释分子的结构，如 CO_2、H_2O、BF_3、NH_3、CH_4 等。

6. 分子的极性及其判断，分子极性与偶极矩的关系、与空间结构的关系。

7. 分子间力和氢键的形成及对物质物理性质如熔点、沸点、黏度等的影响。

习　题

1. 下列各组量子数哪些是不合理的？为什么？

	n	l	m
(1)	2	1	0
(2)	2	2	−1
(3)	3	0	+1
(4)	2	0	−1
(5)	2	3	+2

2. 在下列各组量子数中，恰当填入尚缺的量子数。

(1) $n=?$　$l=2$　$m=0$　$m_s=+1/2$

(2) $n=2$　$l=?$　$m=-1$　$m_s=-1/2$

(3) $n=4$　$l=2$　$m=0$　$m_s=?$

(4) $n=2$　$l=0$　$m=?$　$m_s=+1/2$

3. 量子数 $n=3$、$l=1$ 的原子轨道的符号是什么？该类原子轨道的形状如何？有几种空间取向？共有几个轨道？可容纳多少电子？

4. 在下列各组电子分布中哪种属于原子的基态？哪种属于原子的激发态？哪种纯属错误？

(1) $1s^2 2s^1$　(2) $1s^2 2s^2 2d^1$

(3) $1s^2 2s^2 2p^4 3s^1$　(4) $1s^2 2s^4 2p^2$

5. 写出下列离子的电子分布式。

S^{2-}　K^+　Pb^{2+}　Ag^+　Mn^{2+}　Co^{2+}

6. 试填出下列空白。

原子序数	电子分布式	各层电子数	周　期	族	区	金属还是非金属
11						
21						
53						
60						
80						

7. 有第四周期的A、B、C三种元素，其价电子数依次为1、2、7，其原子序数按A、B、C顺序增大。已知A、B的次外层电子数为8，而C的次外层电子数为18，根据结构判断：

(1) 哪些是金属元素？

(2) C与A的简单离子是什么？

(3) 哪一元素的氢氧化物碱性最强？

(4) B与C两元素间能形成何种化合物？试写出化学式。

8. 第四周期某元素，其原子最外层有两个电子，次外层有13个电子，问：

(1) 该元素在周期表中应属于哪一族？

(2) 最高氧化值是多少？

(3) 是金属还是非金属？

(4) 其原子失去4个电子后，在副量子数为2的轨道内还有多少电子？

9. 设有元素A、B、C、D、E、G、M，试按下列所给的条件，推断它们的元素符号及在周期表中的位置（周期、族），并写出它们的价层电子构型。

(1) A、B、C为同一周期的金属元素，已知C有3个电子层，它们的原子半径在所属周期中为最大，并且A>B>C；

(2) D、E为非金属元素，与氢化合分别生成HD和HE，在室温时D的单质为液体，E的单质为固体；

(3) G是所有元素中电负性最大的元素；

(4) M为金属元素，它有四个电子层，它的最高氧化值与氯的最高氧化值相同。

10. 举例说明下列名词：

(1) 键参数

(2) 共价键的方向性和饱和性

(3) 配位共价键

(4) 最大重叠原理

(5) 杂化轨道

(6) 等性杂化、不等性杂化

11. 试指出下列分子中哪些含有极性键？

Br_2　CO_2　H_2O　H_2S　CH_4

12. CH_4、H_2O、NH_3 分子中键角最大的是哪个分子？键角最小的是哪个分子？为什么？

13. 试用杂化轨道理论，说明下列分子的中心原子可能采用的杂化类型，并预测其分子或原子的几何构型。

BBr_3　PH_3　H_2S　$SiCl_4$　CO_2　NH_4^+

14. 根据键的极性和分子的几何构型，判断下列分子哪些是极性分子？哪些是非极性分子？

Ne　Br_2　HF　NO　H_2S(V型)　CS_2(直线型)　$CHCl_3$(四面体)　CCl_4(正四面体)　BF_3(平面三角形)　NF_3(三角锥型)

15. 判断下列每组物质中不同物质分子之间存在着何种成分的分子间力。

(1) 苯和四氯化碳　　(3) 氦气和水

(2) 甲醇和水　　(4) 硫化氢和水

16. 写出下列各种离子的电荷分布式，并指出它们各属于何种离子电子构型。

Fe^{3+}　Ag^+　Ca^{2+}　Li^+　Br^-　S^{2-}　Pb^{2+}　Pb^{4+}　Bi^{3+}

17. 试推测下列物质中何者熔点最低？何者最高？

(1) NaCl　KBr　KCl　MgO

(2) N_2　Si　NH_3

阅读材料　碳六十（C_{60}）——微观世界探密

1985年，科学家柯洛托（Sir Harold W. Kroto）、史莫利（Richard E. Smalley）等人在研究太空深处的碳元素时，发现有一种碳分子由60个碳原子组成。它的对称性极高，而且比其他碳分子具有更高的强度和稳定性。柯洛托受到蒙特娄世界博览会中的由巴克明斯特·富勒（R. Buckminster Fuller）所设计的圆顶建筑物（见图1）的启发，而推演出类似足球般空心笼状结构的C_{60}，并将它命名为巴克球（Bucky ball）。其分子模型与那个已在绿茵场滚动了多年，由12块黑色五边形与20块白色六边形拼合而成的足球竟然毫无二致。因此当斯麦利等人打电话给美国数学会主席告知这一信息时，这位主席竟惊讶地说："你们发现的是一个足球啊！"柯洛托在英国《自然》杂志上发表第一篇关于C_{60}的论文时，索性就用一张安放在得克萨斯草坪上的足球照片作为C_{60}的分子模型。

图1　1967年加拿大蒙特娄世界博览会上的美国馆

C_{60}是由60个碳原子所组成的，其结构如图2所示，由20个六角形和12个五角形所围成，外形像一颗英式足球，是目前已知对称性最高的球状分子，也是除了石墨及金刚石以外，第三个被发现的碳同素异形体。

从几何结构来看，C_{60}是一个截角正二十面体，亦即将正二十面体的每个凸角切掉大小适当的一块（如图3所示），这样的结构共有32个面、60个顶点以及90条边。

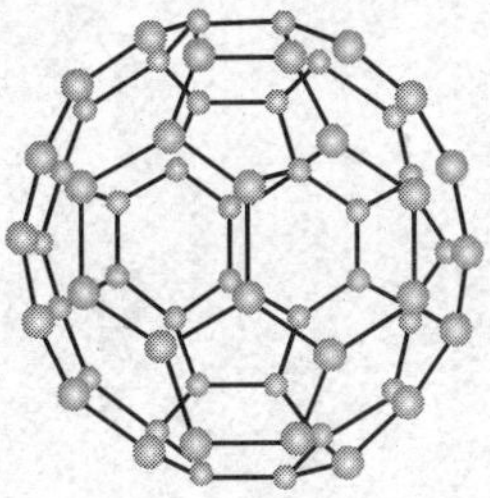

图2　由20个六角形和12个五角形所组成的C_{60}模型

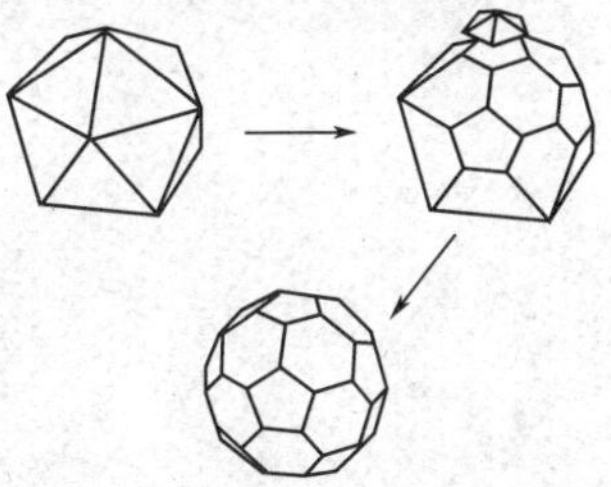

图3　正二十面体与截角正二十面体的外形与数学关系

C_{60}分子的直径为0.71nm，密度为1.68g/cm^3，在室温下呈紫红色固态分子晶体。它与钻石一样不具有导电性，但在18K时具有超导性。

C_{60}分子中，每个碳原子仅与相邻的三个碳原子键合，具有三个σ键和一个π键。其碳—碳键有两种长度，分别为0.138nm和0.145nm；两个相邻六角形所共用的碳—碳键较短，接近双键（C═C）的性质，而六角环和五角环共用的键较长，接近单键（C—C）的性质。C_{60}的化学性质相当稳定，即使在时速高达二万四千公里的速度下撞击钢板也不会破裂，若在氦气中加热其晶体至550℃则会升华。

这种碳C_{60}分子被称为富勒烯，是继石墨、金刚石之后发现的纯碳的第三种独立形态。

按理说，人们早就该发现C_{60}了。它在蜡烛烟黑中、在烟囱灰里就有。鉴定其结构所用的质谱仪、核磁共振谱仪几乎任何一所大学或综合性研究所都有。可以说，几乎每一所大学或研究所的化学家都具备发现C_{60}的条件，然而几十年来，成千上万的化学家都与它失之交臂。柯洛托、史莫利等科学家因这一发现荣获1996年诺贝尔化学奖。

实际上，富勒烯不仅一个C_{60}，在证实C_{60}存在之后不久又相继发现了C_{44}、C_{50}、C_{70}、C_{74}、C_{80}、C_{84}、C_{120}等碳原子数n为偶数的Cn分子，这些分子都呈现封闭的多面体球形或椭球形，故也有人将富勒烯称为球烯或球碳。

第二章

化学反应速率

知识目标：1. 熟悉化学反应速率的表示方法和影响反应速率的因素。
2. 掌握质量作用定律适用的条件。

能力目标：1. 能用作图方法求化学反应瞬时速率。
2. 能用反应速率理论解释外界因素对反应速率的影响。

常温下相同的两瓶氢气与氧气的混合气体，在其中一瓶氧气中加入少量铂粉，发生的现象有何不同？化学反应速率和化学平衡是研究化学反应时的两个重要问题。化学反应速率讨论的是化学反应进行的快慢问题；化学平衡讨论的是化学反应进行的限度问题。了解化学反应速率的有关理论，就可以通过改变反应条件、控制反应速率、调节反应进行的程度，使反应按照人们预想的方式进行。

第一节　化学反应速率

一、化学反应速率的表示与测定

1. 化学反应速率的表示

各种化学反应进行的速率差别很大，有些反应进行很快，如炸药的爆炸、酸碱中和反应等，有些反应进行很慢，如常温下 H_2 和 O_2 生成 H_2O 的反应几乎看不出变化。为了比较化学反应进行的快慢，首先需要建立反应速率的概念。化学反应速率通常以单位时间内反应物浓度的减少或生成物浓度的增加来表示。浓度单位常以 mol/L 表示，时间单位根据具体反应的快慢用 s（秒）、min（分）或 h（小时）表示，因此反应速率单位为 mol/(L・s)、mol/(L・min) 或 mol/(L・h) 等。

反应速率可选用反应体系中任一物质的浓度变化表示，例如，340K 时，N_2O_5 的热分解反应

$$2N_2O_5 \longrightarrow 4NO_2 + O_2$$

其反应速率可分别表示为：

$$\bar{v}(N_2O_5) = -\frac{\Delta c(N_2O_5)}{\Delta t}$$

$$\bar{v}(NO_2) = \frac{\Delta c(NO_2)}{\Delta t}$$

$$\bar{v}(O_2) = \frac{\Delta c(O_2)}{\Delta t}$$

例如，在 298K 时，上述 N_2O_5 的分解反应中，各物质的浓度与反应时间的对应关系见表 2-1。

表 2-1　298K 时 N_2O_5 分解反应中各物质浓度与反应时间的对应关系

t/s	0	100	300	700
$c(N_2O_5)$/(mol/L)	2.10	1.95	1.70	1.31
$c(NO_2)$/(mol/L)	0	0.30	0.80	1.58
$c(O_2)$/(mol/L)	0	0.08	0.20	0.40

用不同物质的浓度变化表示该反应在反应开始后的 300s 内的反应速率为：

$$\bar{v}(N_2O_5)=-\frac{\Delta c(N_2O_5)}{\Delta t}=-\frac{1.70-2.10}{300-0}=1.33\times10^{-3}\text{mol/(L·s)}$$

$$\bar{v}(NO_2)=\frac{\Delta c(NO_2)}{\Delta t}=\frac{0.80-0}{300-0}=2.66\times10^{-3}\text{mol/(L·s)}$$

$$\bar{v}(O_2)=\frac{\Delta c(O_2)}{\Delta t}=\frac{0.20-0}{300-0}=6.67\times10^{-4}\text{mol/(L·s)}$$

以上反应用不同物质表示同一时间内的反应速率时，虽然数值不等，但其比值恰好等于反应方程式中各物质化学式前的系数之比，即

$$\bar{v}(N_2O_5):\bar{v}(NO_2):\bar{v}(O_2)=2:4:1$$

因此，在表示化学反应速率时必须指明具体物质。

实际上，大部分化学反应都不是等速率进行的。反应过程中，体系中各组分的浓度和反应速率均随时间而变化。前面所表示的反应速率实际上是在一段时间间隔内的平均速率。在这段时间间隔内的每一时刻，反应速率是不同的。要确切地描述某一时刻的反应速率，必须使时间间隔尽量小，当 $\Delta t\to0$ 时，反应速率就趋近于瞬时速率。

$$v(N_2O_5)=\lim_{\Delta t\to0}\frac{-\Delta c(N_2O_5)}{\Delta t}=\frac{-\mathrm{d}c(N_2O_5)}{\mathrm{d}t}$$

只有瞬时速率才代表化学反应在某一时刻的实际速率。

2. 化学反应速率的测定

化学反应速率是通过实验测定的。如 340K 时，将 0.160mol N_2O_5 放在 1L 容器中，实验测定浓度随时间变化的数据见表 2-2。

表 2-2　340K 时 N_2O_5 分解反应中各物质浓度随时间变化的数据

t/min	0	1	2	3	4
$c(N_2O_5)$/(mol/L)	0.160	0.113	0.080	0.056	0.040
v/[mol/(L·min)]	0.056	0.039	0.028	0.020	0.014

以 N_2O_5 浓度（c）为纵坐标，时间（t）为横坐标，可以得到反应物浓度随时间变化的 c-t 曲线，如图 2-1 所示。在曲线上任一点作切线，其斜率为：

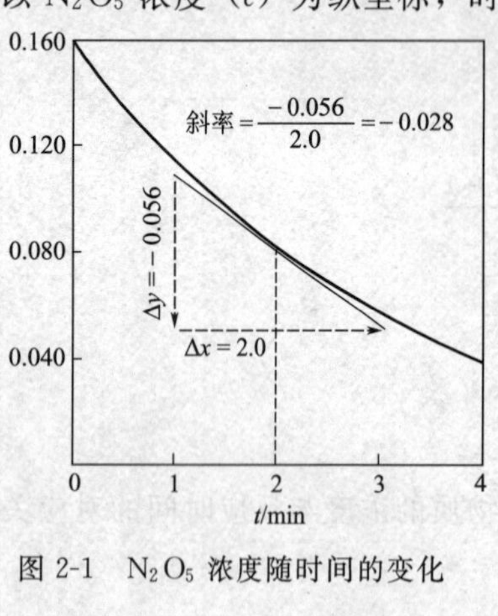

图 2-1　N_2O_5 浓度随时间的变化

$$\text{斜率}=\frac{\mathrm{d}c(N_2O_5)}{\mathrm{d}t}$$

在 c-t 曲线上任一点的斜率的负值，即为该点对应时间的化学反应速率。如在该曲线上 2.0min 时，曲线斜率为−0.028，因此，该时刻的反应速率为：

$$\begin{aligned}v(N_2O_5)&=-(-0.028)\\&=0.028[\text{mol/(L·min)}]\end{aligned}$$

用相同的方法可以求得其他时刻的反应速率，见表 2-2。可见，该反应的反应速率是逐渐下降的。

二、化学反应速率理论

研究化学反应的机理大致有两种理论，即分子碰撞理论和过渡状态理论。

1. 碰撞理论

碰撞理论认为，反应物分子（或原子、离子）间的相互碰撞是反应进行的先决条件。但是反应物分子之间的每一次碰撞并不是都能够发生反应。对大多数反应来说，只有少数或极少数分子的碰撞才能发生反应，能发生反应的碰撞称为有效碰撞。发生有效碰撞，必须具备以下两个条件：

① 反应物分子必须具有足够的能量，即当反应物分子具有的能量超过某一定值时，反应物分子间的相互碰撞才有可能使化学反应发生，即旧的化学键断裂并形成新的化学键。碰撞理论把这些具有足够能量的分子称为活化分子。

② 分子间相互碰撞时，必须具有合适的方向性。也就是说，并非所有的活化分子间的碰撞都可以发生反应。只有当活化分子以适当的方向相互碰撞后，反应才能发生。如反应 $CO+NO_2 \longrightarrow CO_2+NO$，活化分子 CO、$NO_2$ 必须以合适的方向碰撞才可发生反应，如图 2-2 所示。

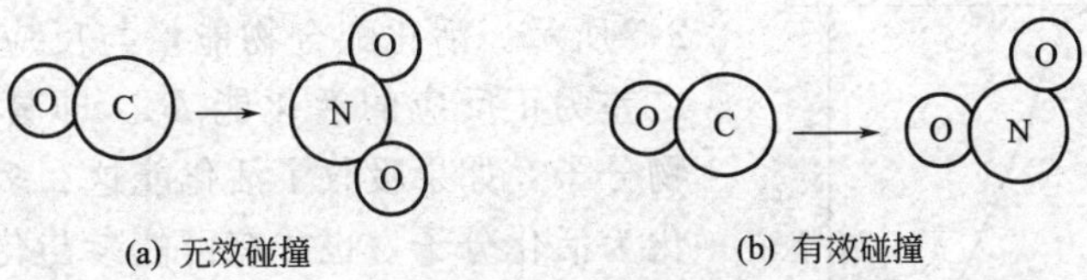

图 2-2　CO 与 NO_2 分子不同方向碰撞

非活化分子吸收一定的能量后，也可转变为活化分子。活化分子具有的最低能量（$E_{最低}$）与反应物分子具有的平均能量（$E_{平均}$）的差称为活化能，用 E_a 表示，即

$$E_a = E_{最低} - E_{平均} \tag{2-1}$$

在一定温度下，每个反应都有特定的活化能。反应的活化能越大，活化分子所占的百分数越少，有效碰撞的机会越少，反应速率越慢；反应的活化能越小，活化分子所占的百分数越多，有效碰撞的机会越多，反应速率越快。图 2-3 为一定温度下反应物分子能量分布情况，图中阴影部分为活化分子，横坐标为分子的能量，纵坐标指具有一定能量的分子所占的百分数。大多数化学反应的活化能 E_a 为 60～250kJ/mol，若 E_a<40kJ/mol，则反应速率快得难以测定；若 E_a>400kJ/mol，则反应速率慢得难以察觉。

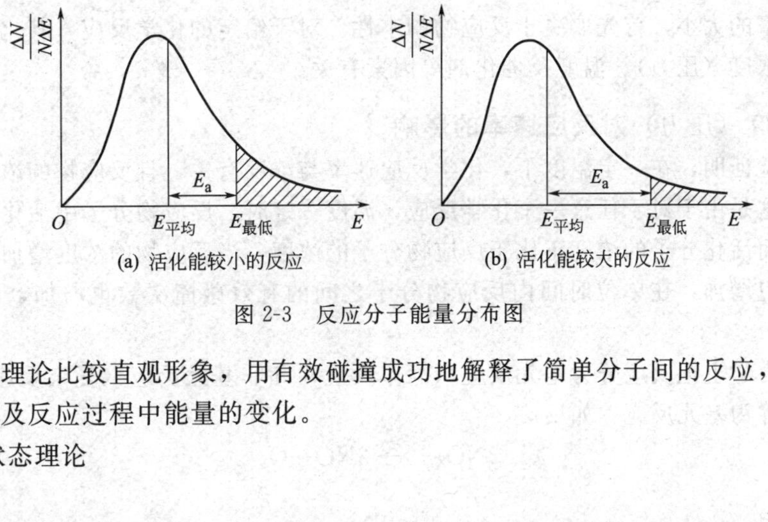

图 2-3　反应分子能量分布图

分子碰撞理论比较直观形象，用有效碰撞成功地解释了简单分子间的反应，但是它不能说明反应过程及反应过程中能量的变化。

2. 过渡状态理论

过渡状态理论认为，化学反应不只是通过反应物分子之间的简单碰撞就能完成，当两个具有足够能量的分子相互接近并发生碰撞后，要经过一个中间的过渡状态，即首先形成一种活化配合物。例如在 NO_2 与 CO 的反应中，当 NO_2 和 CO 的活化分子碰撞之后，就形成了一种活化配合物［ONOCO］，如图 2-4 所示。

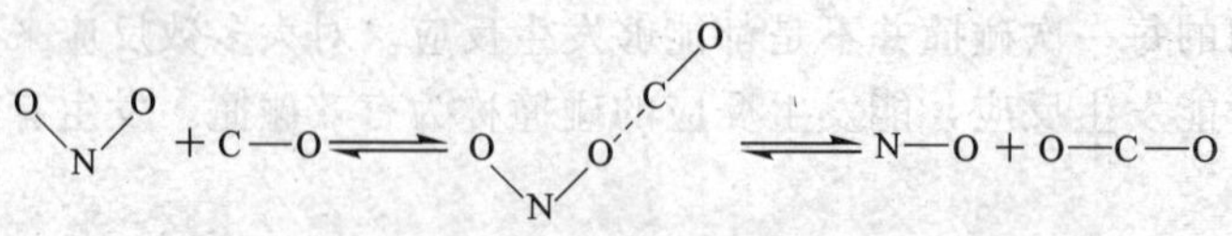

图 2-4　NO_2 和 CO 的反应过程

在活化配合物中，原有化学键部分地断裂，新的化学键部分地形成，反应物 NO_2 和 CO 的动能暂时转变为活化配合物［ONOCO］的势能，所以活化配合物［ONOCO］很不稳定。它既可以分解成反应物 NO_2 和 CO，又可以分解成生成物 NO 和 CO_2。

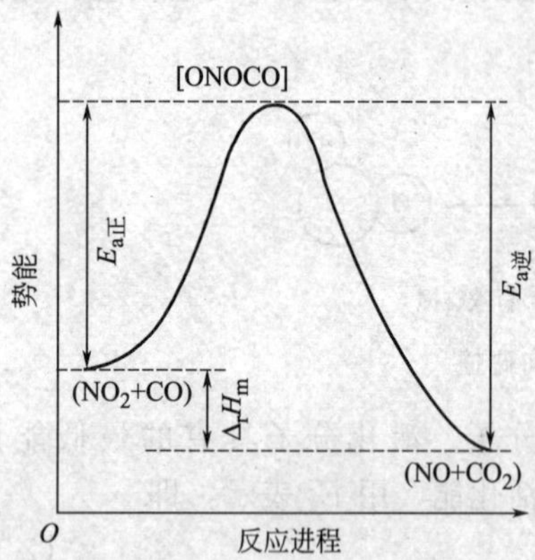

图 2-5　反应过程中热能变化图

过渡状态理论认为，在发生化学反应的过程中，从反应物到生成物，反应物必须越过一个能峰，如图 2-5 所示。活化配合物能量与反应物分子的平均能量之差为正反应的活化能 E_a。即具有平均能量的反应物分子，如果吸收了活化能这么多的能量，它就可转化为活化分子，也才有可能参与化学反应。显然，反应活化能越大，能峰越高，超过这一能峰的分子百分数就越低，反应速率也越小。可见，活化能 E_a 是决定化学反应速率的重要因素。

对于可逆反应，逆反应同样具有活化能，正逆反应活化能的差值，即为该反应的热效应。

$$\Delta_r H_m = E_{a正} - E_{a逆} \qquad (2\text{-}2)$$

如果 $E_{a正} > E_{a逆}$，则 $\Delta_r H_m > 0$，正反应为吸热反应；$E_{a正} < E_{a逆}$，则 $\Delta_r H_m < 0$，则正反应为放热反应。

第二节　影响化学反应速率的因素

化学反应速率的大小，首先取决于反应物的本性。对于给定的化学反应，其化学反应速率还与反应物的浓度（压力）、温度及催化剂等因素有关。

一、浓度（压力）对反应速率的影响

大量实验证明，在一定温度下，化学反应速率与浓度有关，且反应物的浓度增大，反应速率加快。这是由于对于任意一个化学反应，温度一定时，反应物分子中活化分子的百分数是一定的，而活化分子的浓度正比于反应物分子的浓度，当反应物的浓度增加时，活化分子的浓度也相应增加，在单位时间内反应物分子之间的有效碰撞次数也增加，所以反应速率加快。

化学动力学上把反应分为基元反应（简单反应）和非基元反应（复杂反应）。一步就能完成的反应称为基元反应，如反应

$$2NO_2 \longrightarrow 2NO + O_2$$

$$CO + NO_2 \rightleftharpoons CO_2 + NO$$

由两个或两个以上的基元反应构成的化学反应称为复杂反应，如反应

$$2NO + 2H_2 \longrightarrow N_2 + 2H_2O$$

该反应实际上是分两步进行的：

$$2NO + H_2 \longrightarrow N_2 + H_2O_2$$

$$H_2O_2 + H_2 \longrightarrow 2H_2O$$

以上每一步都是基元反应，总反应是两步反应的加和。

对于基元反应，在一定温度下，其反应速率与各反应物浓度幂的乘积成正比，浓度的幂在数值上等于基元反应中反应物的计量系数。这一规律称为质量作用定律。

若 $aA + bB \longrightarrow xX + yY$ 为基元反应，则反应速率为：

$$v = kc^a(A)c^b(B) \tag{2-3}$$

式(2-3) 是质量作用定律的数学表达式，也称为速率方程。式中，v 为反应的瞬时速率；物质的浓度 c 为瞬时浓度；k 称为速率常数，是化学反应在一定温度下的特征常数。速率常数与反应物的本性和温度等因素有关，不随反应物的浓度而改变。在相同条件下，k 值越大，反应速率越快。一般情况下，同一反应，温度升高，k 值增大。

式(2-3) 中各浓度项幂次的总和 $(a+b)$ 称为反应的总级数。对于非基元反应，速率方程式应由实验测定，不能用质量作用定律直接写出。由实验测得的速率方程式中浓度（或分压）的指数，往往与反应式中的化学计量数是不一致的。

思考：$H_2(g)$ 与 $I_2(g)$ 反应生成 $HI(g)$ 的反应速率方程式为 $v = kc(H_2)c(I_2)$，由此能判断该反应为基元反应吗？

质量作用定律有一定的使用条件和范围，在使用时应注意以下几点：

① 质量作用定律只适用于基元反应和构成复杂反应的各基元反应，不适用于复杂反应的总反应；

② 稀溶液中的反应，若有溶剂参与反应，其浓度不写入质量作用定律表示式；

③ 有固体或纯液体参加的多相反应，若它们不溶于其他介质，则其浓度不写入质量作用定律表示式；

④ 气体的浓度可以用分压表示。

二、温度对反应速率的影响

温度对反应速率的影响要远大于反应物浓度对反应速率的影响。对于大多数化学反应来说，反应速率随反应温度的升高而加快。一般地，在反应物浓度恒定时，温度每升高 10K，化学反应速率增加 2～4 倍，这是一条经验规则。

三、催化剂对反应速率的影响

在常温下，混合在一起的氢气和氧气很难发生化学反应，但如果在该混合气体中加入少量细的铂粉，立即发生爆炸性反应并化合成水，铂粉是该反应的催化剂。催化剂能显著地增大反应速率而本身的组成、质量和化学性质在反应前后保持不变。在现代化工生产中，催化剂担负着一个重要角色，据统计，化工生产中 80%以上的反应都采用了催化剂。例如，接触法生产硫酸的关键步骤是将 SO_2 转化为 SO_3，自从采用 V_2O_5 作催化剂后，反应速率竟增加一亿六千万倍。又如，甲苯为重要的化工原料，可从大量存在于石油中的甲基环己烷脱氢而制得，但因该反应极慢，以致长时间不能用于工业生产，直到发现能显著加速反应的 Cu、Ni 催化剂后，它才有了工业价值。

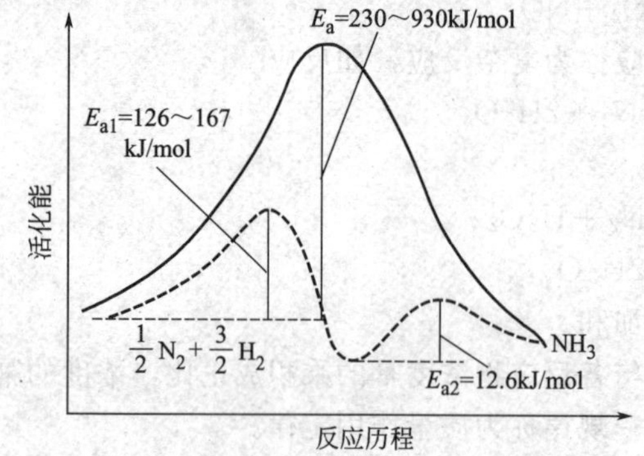

图 2-6　催化剂改变反应历程示意图

催化剂能够加快反应速率的原因是在催化反应过程中，催化剂参与了化学反应，改变了反应的途径，使反应的中间过渡态的能量降低了，从而降低了反应的活化能。图 2-6 是合成氨反应使用铁催化剂的反应历程前后变化图，其结果是在不改变温度的情况下，使用催化剂后，增大了活化分子的百分数，从而使反应速率大大加快。

在化学反应中使用的催化剂具有如下特点：

① 催化剂同等程度地降低了正、逆反应的活化能；

② 催化剂是通过改变反应途径来改变反应速率的，它不能改变反应的焓变、方向；

③ 在可逆反应中，催化剂能够加速化学反应，缩短达到平衡的时间，但不能改变化学平衡常数，也不会使平衡发生移动；

④ 催化剂具有一定的选择性，一种催化剂通常只能对一种或少数几种反应有催化作用。

催化剂不但在化学工业中有着十分重要的意义，在生命过程中也起着重要作用，生物体中进行的各种化学反应，如食物的消化、细胞的合成等几乎都是在酶的催化作用下进行的。

四、影响反应速率的其他因素

以上讨论的主要是均相反应，对于多相反应来说，影响反应速率的除以上因素外还有接触面大小、扩散速率和接触机会等因素。在化工生产中，常将大块固体破碎成小块或磨成粉末，以增大接触面积；对于气液反应，将液态物质采用喷淋的方式来扩大与气态物质的接触面；还可以将反应物进行搅拌、振荡、鼓风等方式以强化扩散作用。

另外，超声波、紫外光、激光和高能射线等也会对某些反应的速率产生较大的影响。

第三节　简单级数反应的特征

在研究化学反应速率时，通常是研究反应物或生成物的浓度与反应时间之间的关系，以表示各级反应的特征。这方面的研究成果，在药物代谢、酶的催化等方面均具有重要的意义，如药物的有效期、半衰期和药物在体内的停留时间等。反应级数不同，浓度与时间关系的方程式也不同。

一、一级反应

若实验确定某反应物 A 的消耗速率与反应物 A 浓度的一次方成正比，则为一级反应。一些物质的分解反应、异构化反应及放射性元素的蜕变反应常为一级反应。

1. 一级反应速率方程式

若以 c_A 表示一级反应的反应物 A 在 t 时刻的浓度，则其速率方程式表示为：

$$v=-\frac{dc_A}{dt}=kc_A \tag{2-4}$$

将上式分离变量后得

$$-\frac{dc_A}{c_A}=k\,dt$$

若时间由 $t=0 \rightarrow t=t$，相应的组分 A 浓度由 $c_A=c_{A,0} \rightarrow c_A=c_A$，则积分上式得

$$\int_{c_{A,0}}^{c_A} -\frac{dc_A}{c_A}=\int_0^t k dt$$

因 k 为常数，则积分后得

$$\ln\frac{c_{A,0}}{c_A}=kt \quad 或 \quad \ln c_A=-kt+\ln c_{A,0} \tag{2-5}$$

若反应物 A 在时间 t 时的转化率用 x_A 表示，则从式(2-5) 可得

$$k=\frac{1}{t}\ln\frac{c_{A,0}}{c_A}=\frac{1}{t}\ln\frac{c_{A,0}}{c_{A,0}-x_A c_{A,0}}=\frac{1}{t}\ln\frac{1}{1-x_A}$$

则式(2-5) 又可写成

$$\ln\frac{1}{1-x_A}=kt \tag{2-6}$$

式(2-5) 和式(2-6) 为一级反应的积分速率方程式的两种常用形式。

2. 一级反应的特征

① 若以 $\ln c_A$ 对 t 作图，可得一直线，如图 2-7 所示，直线的斜率为 $-k$。

② 一级反应的速率常数单位为 [时间]$^{-1}$，表示一级反应速率常数的数值与浓度采用的单位无关。

③ 反应物消耗一半（即转化率 $x_A=0.5$）所需的时间称为反应的半衰期，用符号 $t_{1/2}$ 表示。一级反应的半衰期由式(2-5) 或式(2-6) 得

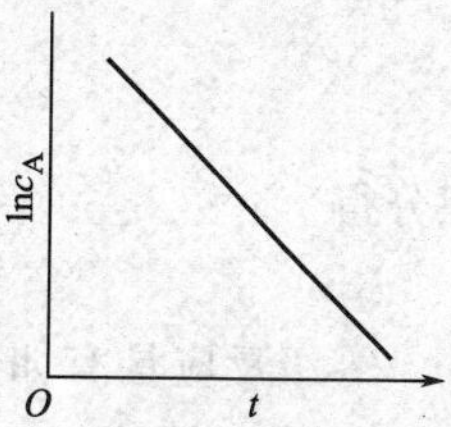

图 2-7　一级反应 $\ln c_A$ 与 t 的关系

$$t_{1/2}=\frac{1}{k}\ln\frac{1}{1-x_A}=\frac{\ln 2}{k}=\frac{0.693}{k} \tag{2-7}$$

即一级反应的半衰期为常数，并与反应速率常数成反比，与反应物起始浓度无关。根据这些特征，可以判断一个化学反应是否为一级反应。

二、二级反应

反应速率与反应物浓度的二次方成正比的反应称为二级反应。有机化学中的加成反应、取代反应等都是二级反应。二级反应有以下两种类型：

① 反应物只有一种，$2A \longrightarrow$ 产物；

② 反应物有两种，$A+B \longrightarrow$ 产物。

1. 二级反应速率方程

若上述反应②中 $c_A=c_B$，则数学处理时与①相同。反应速率方程式为：

$$v=-\frac{dc_A}{dt}=kc_A^2 \tag{2-8}$$

按照与一级反应相似的定积分处理：

$$\int_{c_{A,0}}^{c_A} -\frac{dc_A}{c_A^2}=\int_0^t kt$$

整理后可得

$$\frac{1}{c_A}=kt+\frac{1}{c_{A,0}} \tag{2-9}$$

2. 二级反应特征

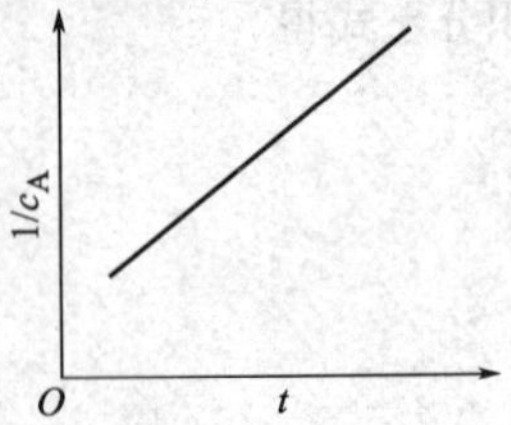

图 2-8 二级反应 $1/c_A$ 与 t 的关系

① 若以$\frac{1}{c_A}$对时间 t 作图，可得一直线，如图 2-8 所示，直线斜率为 k。

② 二级反应速率常数的单位是［浓度］$^{-1}$·［时间］$^{-1}$，表明 k 的数值与浓度及时间单位有关。

③ 当反应到 $c_A=\frac{1}{2}c_{A,0}$时，根据式(2-9)，得到二级反应的半衰期为：

$$t_{1/2}=\frac{1}{kc_{A,0}} \tag{2-10}$$

也就是说，二级反应的半衰期与反应物的起始浓度成反比。

三、零级反应

反应速率与反应物浓度无关的反应称为零级反应，即

$$v=-\frac{dc_A}{dt}=k \tag{2-11}$$

积分得

$$c_{A,0}-c_A=kt \tag{2-12}$$

零级反应具有如下特征：

① 若以浓度 c_A 对时间 t 作图，得一直线，其斜率为$-k$；

② 速率常数单位是［浓度］·［时间］$^{-1}$；

③ 零级反应半衰期为

$$t_{1/2}=\frac{c_{A,0}}{2k} \tag{2-13}$$

即零级反应的半衰期与反应物的起始浓度成正比。

本 章 小 结

1. 反应速率可用化学反应中任何一种物质的浓度变化表示，根据反应一段时间内浓度变化求出的速率是平均速率，根据反应速率方程式或浓度-时间曲线的斜率求出的速率为瞬时速率。

2. 反应速率理论常用的有（分子）碰撞理论和过渡状态理论，在这两种理论中活化能的意义。

3. 影响化学反应速率的外界因素主要有浓度（压力）、温度、催化剂等。

4. 一级反应、二级反应、零级反应的特征。

习 题

1. 区别下列概念：

(1) 基元反应和非基元反应　　(2) 反应速率和反应速率常数

(3) 活化分子和活化能　　(4) 平均速率和瞬时速率

2. 简述反应速率的分子碰撞理论的理论要点。

3. 简述反应速率的过渡状态理论的理论要点。

4. 今有 A 和 B 两种气体参加反应，若 A 的分压增大 1 倍，反应速率增加 1 倍；若 B 的分压增大 1 倍，

反应速率增加 3 倍。

(1) 试写出该反应的速率方程；

(2) 若将总压减小 1 倍，反应速率如何变化？

5. 一个反应的活化能为 320kJ/mol，另一反应的活化能为 69kJ/mol，在相似的条件下，哪一反应进行得较快？为什么？

6. 现有反应 $CO(g)+NO_2(g) \longrightarrow CO_2(g)+NO(g)$，在 673K，若系统中 CO 和 NO_2 的初始浓度均为 0.1mol/L，由实验测得 CO 浓度随时间的变化情况如下：

时间/s	0	10	20	30	40
$c(CO)/(mol/L)$	0.100	0.067	0.050	0.040	0.033

(1) 计算该反应在 10～20s 时用各种物质的浓度所表示的平均反应速率；

(2) 试求上述反应在 $t=25s$ 时的瞬时速率；

(3) 若上述反应的速率方程式为 $v=kc^2(NO_2)$，计算 $t=25s$ 时的反应速率常数 k。

7. 给病人注射某抗生素后，检测不同时刻它在血液中的浓度（mg/100mL），得到如下数据：

t/h	4	8	12	16
c/(mg/100mL)	0.480	0.326	0.222	0.151

若该抗生素在血液中的反应级数为简单级数，(1) 试用尝试法确定反应级数；(2) 求反应的速率常数和该抗生素的半衰期。

8. 50℃时，A 物质在溶剂中进行分解反应，反应为一级反应，初始速率 $v_{A0}=1.00\times10^{-5}$ mol/(L·s)，1h 后，速率 $v=3.26\times10^{-6}$ mol/(L·s)。试求：

(1) 反应速率常数 k；

(2) 半衰期 $t_{1/2}$；

(3) 初始浓度 c_{A0}。

阅读材料　神奇的汽车“滤嘴”——催化剂应用

燃油汽车排放的尾气中所含的污染物主要为碳氢化合物（HC）、一氧化碳（CO）和氮氧化物（NO_x），严重时尾气会变成黑烟。环保部门的数据显示，在上海市中心城区，机动车尾气排放的污染物占大气污染物总量的 90％以上，而高污染车辆排放的污染物是国家Ⅰ级标准的 5～10 倍。

在汽车发动机和排气管之间装一个净化装置，是解决汽车尾气污染最直接的办法。其原理与烟嘴颇为相似。它的外形是一个椭圆形的筒，内有许多规则的蜂窝状细孔。在蜂窝状的孔壁上，涂有用特殊工艺制备的催化剂，当汽车尾气经过这些小孔时，在催化剂作用下发生氧化或还原反应，变成无害的水汽、二氧化碳和氮气再排到空气中。

问题是，要使催化剂在 1in^2（$1in^2=6.451600\times10^{-4}m^2$）内的 400 个以上的小孔洞里“安身”，并使催化剂在十分苛刻的操作条件下保持高性能和很长的寿命是一件非常不容易的事情。如果颗粒太大，不仅会降低催化剂的性能，而且因为附着力不强，容易在汽车震动和气体冲击时脱落。如果借助纳米技术和纳米稀土材料制成直径为十几个纳米的催化材料粉粒，并把这些粉粒调成凝胶，在真空条件下，把蜂窝状的汽车“滤嘴”浸在纳米凝胶里，然后经过复杂的处理，使纳米催化剂在小孔里“扎根”，便制成高性能的催化净化器。

测试结果显示，即便汽车颠簸行驶，或是遇到骤冷骤热的温度变化，纳米催化剂都不会脱落。经排放性能测试，安装了催化净化器的整车可达到国家Ⅲ级排放标准。例如对桑塔纳 3000 型新车 8.7 万公里道路跑车的实验表明，尾气净化率优于进口原装汽车的催化净化器。

第三章

溶液及相平衡

知识目标：1. 掌握拉乌尔定律和亨利定律并熟练运用。
2. 理解理想溶液的定义，掌握理想溶液的蒸气总压及气-液平衡组成计算。
3. 掌握单组分系统相图的特点和应用。
4. 掌握二组分系统气-液平衡相图的特点和应用。

能力目标：会运用拉乌尔定律和亨利定律计算溶液的蒸气压及组成。

由两种或两组以上的物质混合在一起，每一种物质都以分子、原子或离子的状态分散到其他物质中所形成的均相系统，称为溶液。物质的聚集状态有气、液、固三种。溶液也可分为三类，即气态溶液、液态溶液和固态溶液。通常所讲的溶液多是指液态溶液。习惯上将相对含量较多的组分称为溶剂，相对含量较少的组分称为溶质。如果溶液中溶质的含量非常少，则称该溶液为稀溶液。

第一节　拉乌尔定律和亨利定律及稀溶液的依数性

一、拉乌尔定律和亨利定律

19 世纪，人们在研究溶液的气液平衡问题中，发现了两个有关稀溶液的蒸气压与溶液组成之间的经验定律：拉乌尔定律和亨利定律。

1. 拉乌尔定律

拉乌尔（Raoult）研究发现，在一定温度下于纯溶剂 A 中加入少量不挥发性溶质 B（如在水中加入少量蔗糖）而形成稀溶液，稀溶液的蒸气压要低于同温度下纯溶剂的蒸气压。由于溶液中溶质是不挥发的，因此稀溶液的蒸气压实际上就是稀溶液中溶剂的蒸气压。拉乌尔归纳多次实验结果，于 1887 年提出了如下的经验定律：一定温度下，稀溶液中溶剂的蒸气压等于该温度下纯溶剂的饱和蒸气压乘以溶液中溶剂的摩尔分数。用公式表示为：

$$p_A = p_A^* x_A \tag{3-1}$$

或

$$\Delta p = p_A^* - p_A = p_A^* x_B$$

这就是拉乌尔定律。式中，p_A^* 表示在此温度下纯溶剂的饱和蒸气压；x_A 表示溶液中溶剂的摩尔分数。

从微观上解释，当溶剂 A 中溶解了少量溶质 B 之后，虽然 A-B 分子间受力情况与 A-A 分子间受力情况不同，但由于 B 的相对含量很少，对于每个 A 分子来说，其周围绝大多数的相邻分子还是同种分子 A，故溶液液面上 A 分子逸出液面的速率与其处于纯溶剂状态时的逸出速率几乎相同，此时溶剂的饱和蒸气压只与溶液中溶剂摩尔分数 x_A 成正比，而与溶质分子的性质无关。另外，如果溶剂 A 分子的性质与 B 分子的性质非常相近，两者可以任何比例混合而构成理想溶液，那么在全部组成范围内，A-A、A-B、B-B 之间的受力情况几乎相同。归纳起来，拉乌尔定律适用于稀溶液中的溶剂及任何组成的理想溶液中的每个组分。

2. 亨利定律

亨利（Henry）在1803年根据实验总结出稀溶液的另一条重要的经验定律：在一定温度下，气体溶质在液体中的溶解度与液体上方蒸气中该气体的平衡分压成正比。用公式表示为：

$$p_B = k_x x_B \tag{3-2a}$$

式中，x_B 为溶液中溶质的摩尔分数；p_B 为溶液上方蒸气中溶质B的平衡分压；k_x 称为亨利常数，其数值取决于温度、溶质和溶剂的性质。

亨利定律中溶质的组成可以用不同的方式表示。当溶质B的组成分别以质量摩尔浓度 b_B 和物质的量浓度 c_B 表示时，相应的亨利定律为：

$$p_B = k_b b_B \tag{3-2b}$$

$$p_B = k_c c_B \tag{3-2c}$$

以上三式均为亨利定律的表达形式，k_x、k_b、k_c 都称为亨利常数，其数值和量纲是不同的，但它们之间有一定的数值关系。

应用亨利定律时必须注意下列几点：

① 式中，p_B 是溶液中挥发性溶质在溶液液面上的平衡分压。如果溶液中有多种挥发性溶质，则溶液上方的蒸气为多种气体的混合物。当混合物气体的总压不大时，亨利定律分别适用于每一种气体溶质。

② 应用亨利定律进行气液平衡计算时，溶质在气相和在溶液中的分子形态必须是相同的。例如，HCl(g) 溶于苯或氯仿中，在气相和溶液中都是HCl分子的气体形态，所以可以应用亨利定律；但是，如果HCl(g) 溶于水中，在气相中是HCl分子，在液相中则为 H^+ 和 Cl^-，这时亨利定律就不适用。

③ 温度越高，溶质的平衡分压越低，溶液越稀，亨利定律越准确。

3. 理想稀溶液

（1）理想稀溶液　在一定温度下，溶剂服从拉乌尔定律、溶质服从亨利定律的稀溶液定义为理想稀溶液。在理想稀溶液中，溶质分子间距离很大，溶剂分子和溶质分子周围几乎全是溶剂分子。

（2）理想稀溶液的特征　微观上，不同组分的分子大小可以不等，结构也可以不同；同种分子之间的作用力与不同种分子之间的作用力互不相同。宏观上，不同组分混合形成理想稀溶液时，将伴随有热效应和体积变化。

（3）理想稀溶液的蒸气压　理想稀溶液气液平衡时溶液蒸气总压等于溶剂A和溶质B的蒸气分压之和，即

$$p = p_A + p_B = p_A^* x_A + k_x x_B \tag{3-3}$$

【例3-1】 97.11℃时，在 $w(C_2H_5OH)=3.00\%$ 的乙醇水溶液上方，平衡时的蒸气总压为101.325kPa。已知97.11℃时纯水的蒸气压为91.326kPa，试计算在该温度下 $x(C_2H_5OH)=0.0200$ 的乙醇水溶液上方水和乙醇的蒸气分压。假定上述溶液均为理想稀溶液。

解　由于上述溶液为理想稀溶液，所以溶剂（水）遵循拉乌尔定律，溶质（乙醇）遵循亨利定律。欲求 $x(C_2H_5OH)=0.0200$ 的乙醇水溶液上方水和乙醇的蒸气分压，则必须求得 $p^*(H_2O)$、$k_x(C_2H_5OH)$ 之值。现题中 $p^*(H_2O)$ 为已知，故首先应从 $w(C_2H_5OH)=$

3.00%的溶液求出 k_x 之值。

欲求 k_x 之值，则应先对浓度进行换算。

$$x(C_2H_5OH)=\frac{n(C_2H_5OH)}{n(C_2H_5OH)+n(H_2O)}=\frac{3.00\times10^3/46.07}{3.00\times10^3/46.07+97\times10^3/18.02}=0.0120$$

因为溶液上方蒸气总压为乙醇及水的蒸气分压之和，因此对 $w(C_2H_5OH)=3.00\%$ 的溶液有

$$\begin{aligned}p&=p(H_2O)+p(C_2H_5OH)\\&=p^*(H_2O)x(H_2O)+k_x x(C_2H_5OH)\\&=p^*(H_2O)[1-x(C_2H_5OH)]+k_x x(C_2H_5OH)\end{aligned}$$

由上式可解得

$$k_x=\frac{p-p^*(H_2O)[1-x(C_2H_5OH)]}{x(C_2H_5OH)}=\frac{101.325-91.326\times(1-0.0120)}{0.0120}=925\ (\text{kPa})$$

所以，在 $x(C_2H_5OH)=0.0200$ 的溶液上方，有

$$p(H_2O)=p^*(H_2O)x(H_2O)=91.326\times(1-0.0200)=89.50\ (\text{kPa})$$
$$p(C_2H_5OH)=k_x x(C_2H_5OH)=925\times0.0200=18.5\ (\text{kPa})$$

二、稀溶液的依数性

在一定温度下，纯溶剂中溶入少量不挥发性溶质形成稀溶液后，溶液的蒸气压降低、沸点升高、凝固点降低并具有渗透压。这些性质仅与溶液中所含溶质质点数目有关，而与溶质本性无关，因此称为稀溶液的依数性。

1. 蒸气压下降

稀溶液中溶液的蒸气压 p 就等于溶剂的蒸气分压 p_A，根据拉乌尔定律，稀溶液的蒸气压低于同温度下纯溶剂的蒸气分压 p_A^*，蒸气压降低值 Δp 可由下式表示：

$$\Delta p=p_A^*-p_A=p_A^*-p_A^*x_A=p_A^*(1-x_A) \tag{3-4}$$

即

$$\Delta p=p_A^*-p_A=p_A^*x_B$$

式(3-4) 说明稀溶液的蒸气压降低值与溶液中溶质的摩尔分数 x_B 成正比。由于稀溶液蒸气压的降低，引起稀溶液沸点升高、凝固点下降等现象。

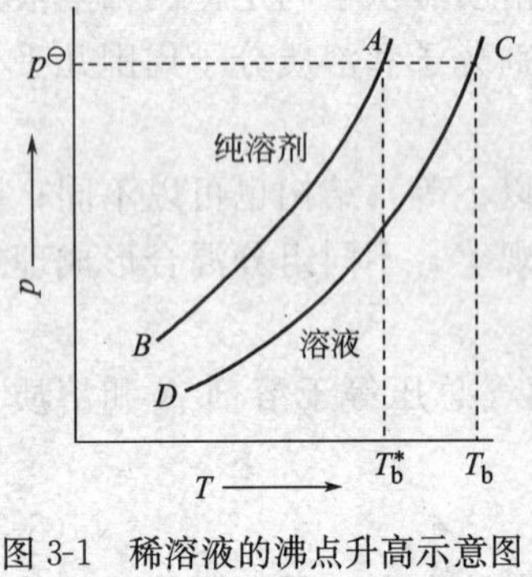

图 3-1 稀溶液的沸点升高示意图

2. 沸点升高

溶液的沸点是指溶液的蒸气压等于外压时的温度。如图3-1 所示，AB 线和 CD 线分别为纯溶剂和溶液的蒸气压随温度的变化曲线。由于溶液的蒸气压降低，所以 CD 线在 AB 线以下，当外压为 $p^\ominus$ 时，纯溶剂的沸点为 T_b^*，而溶液的沸点则为 T_b，则 $T_b>T_b^*$，即稀溶液的沸点高于纯溶剂的沸点。

实验证明，含有不挥发性溶质的稀溶液的沸点升高值 ΔT_b 与溶液中溶质的质量摩尔浓度 b_B 成正比。即

$$\Delta T_b=T_b-T_b^*=K_b b_B \tag{3-5}$$

其中，质量摩尔浓度 b_B 等于溶液中溶质 B 的物质的量除以溶剂 A 的质量，即

$$b_B=\frac{n_B}{m_B}$$

式(3-5) 中 K_b 称为沸点升高常数，其值仅与溶剂性质有关，而与溶质性质无关。表3-1 列出了几种常见溶剂的 K_b 值。

表 3-1 几种常见溶剂的 K_b 值

溶剂	水	甲醇	乙醇	丙酮	氯仿	苯	四氯化碳
T_b^*/K	373.15	337.66	351.48	329.3	334.35	353.1	349.87
K_b/(K·kg/mol)	0.52	0.83	1.19	1.73	3.85	2.60	5.02

3. 凝固点降低

溶液的凝固点是指固态纯溶剂与溶液成平衡时的温度（这里假设溶剂 A 与溶质 B 不形成固溶体，从溶液中析出的是固态纯溶剂）。相平衡规律指出：某种物质同时存在于两相中，并在一定温度下呈平衡状态，则在两相中该物质的平衡分压是相等的。根据该原则，在凝固点时，固体的蒸气压等于它的液体的蒸气压。

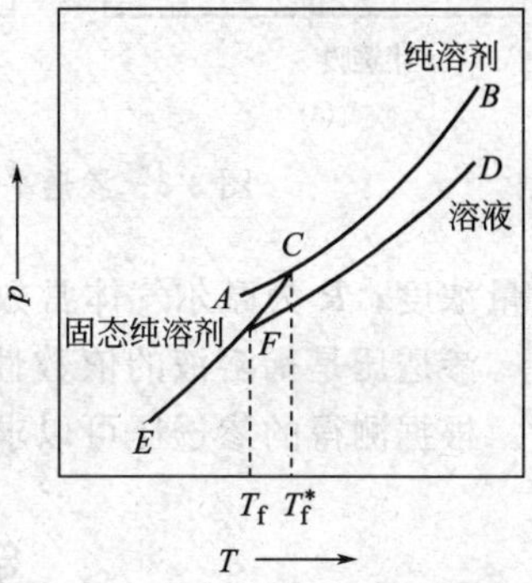

图 3-2 溶液的冰点下降示意图

在图 3-2 中，EFC 是固态纯溶剂的蒸气压曲线。平衡时，固相与液相的蒸气压相等。所以 C 点对应的温度 T_f^* 是纯溶剂的冰点，F 点对应的温度 T_f 是溶液的凝固点。$T_f < T_f^*$，即溶液的凝固点下降。实验证明，含有不挥发性溶质的稀溶液的凝固点降低值 ΔT_f 与溶液中溶质的质量摩尔浓度 b_B 成正比。

$$\Delta T_f = T_f^* - T_f = K_f b_B \tag{3-6}$$

表 3-2 是几种常见溶剂的 K_f 值。

表 3-2 几种常见溶剂的 K_f 值

溶剂	水	醋酸	苯	环己烷	萘	樟脑
T_f^*/K	273.15	289.75	278.68	279.65	353.4	446.15
K_f/(K·kg/mol)	1.86	3.90	5.10	20	6.9	40

【例 3-2】 樟脑的熔点是 445.15K，$K_f = 40\text{K}\cdot\text{kg/mol}$（这个数值很大，因此用樟脑作溶剂来测定溶质的摩尔质量通常只需极少的溶质就可以了）。今有 7.9×10^{-6} kg 酚酞和 1.292×10^{-4} kg 樟脑的混合物，测得该溶液的凝固点比樟脑低 8.0K，求酚酞的摩尔质量。

解 由式 $\Delta T_f = K_f b_B = K_f \times \dfrac{m_B/M_B}{m_A}$ 得

$$M_B = \frac{K_f m_B}{\Delta T_f m_A} = \frac{40\times7.9\times10^{-6}}{8.0\times1.292\times10^{-4}} = 0.3057\ (\text{kg/mol})$$

4. 渗透压

有许多天然和人造的膜对物质的透过有选择性。它们只允许小于一定粒径的微粒通过，或者允许溶剂分子通过，而不允许溶质分子通过。这种膜称为半透膜。例如，醋酸纤维膜允许水分子通过，不允许水中的溶质离子通过；动物的膀胱膜允许水分子通过，而不允许高分子溶质分子或胶体粒子通过等。

如图 3-3(a) 所示，在一个 U 形容器中，用半透膜将纯溶剂和溶液分开。由于纯溶剂的蒸气压比溶液的蒸气压大，则溶剂的化学势在溶剂的一方大于溶液的一方，因此溶剂分子通过半透膜进入溶液。可以发现，恒定温度条件下，经过一段时间后，溶液的液面将沿容器上的毛细管上升，直到某一高度达到平衡为止。如果改变溶液的浓度，则溶液上升的高度也随之改变。这种现象称为渗透现象。若要制止渗透现象的发生，必须在溶液上方增加压力，以

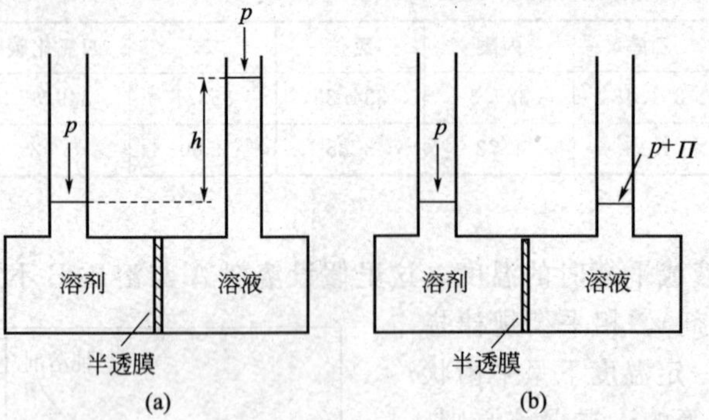

图 3-3　渗透平衡示意图

使溶液的化学势增加，直到两边溶剂的化学势相等，渗透现象停止，如图3-3(b) 所示。平衡时纯溶剂上方的压力为 p，溶液上方的压力为 $p+\Pi$，Π 称为渗透压。

利用热力学原理和方法，可以推导出理想稀溶液的渗透压与溶液组成的关系为：

$$\Pi=c_B RT \tag{3-7}$$

该式称为范特霍夫渗透压公式。

式中，c_B 为理想稀溶液中溶质 B 的量浓度；R 为摩尔气体常数；T 为溶液的温度。

渗透压是稀溶液的依数性中最灵敏的一种，它特别适用于测定大分子化合物的摩尔质量。根据测得的渗透压可以求溶质的摩尔质量 M_B。

第二节　相平衡基本概念

多组分多相平衡系统的变量有温度、压力和各个相组成。当这些变量确定后，系统的状态就确定了。但是，这些变量之间并不是彼此毫无关系的，因此多组分多相系统中能够独立改变的变量比可以改变的变量少。吉布斯（Gibbs）根据热力学原理提出的相平衡基本定律，就是用来确定相平衡系统中独立改变的变量（自由度）的数目与系统的组分数和相数之间的关系。在学习相律之前，先介绍几个基本概念。

一、相和相数

思考： 米粉和面粉混合得十分均匀，此时混合系统相数是否等于1？

在系统内部，物理性质和化学性质完全相同的均匀部分称为相。相与相之间在指定的条件下有明显的界面，系统内相的数目称为相数，用符号 P 表示。

（1）气体　任何气体均能无限混合，不论有多少种气体都为一个气相。

（2）液体　液体则视其可溶程度，通常可以是一相、两相或三相共存。

（3）固体　一般是有一种固体便有一个相。同一种固体的几种同素异型晶体共存时（如 α-SiO_2 和 β-SiO_2），由于固态晶型不同，其物理性质各异，所以是不同的相。固态溶液中粒子的分散程度和液态溶液中相似，所以仅为一相。

没有气相的系统称为凝聚系统。

二、物种数和组分数

物种数：系统中所含化学物质种类的数目称为系统的物种数，用符号 S 表示。

组分数：足以确定平衡系统中所有各相组成所需要的最少数目的独立物质称为独立组分数，简称为组分数，用符号 K 表示。组分数等于化学物质的数目减去独立的平衡反应数目再减去独立的限制条件数目，即

$$K=S-R-R' \tag{3-8}$$

式中，R 为独立的化学平衡数，计算时需注意“独立”的含义；R'为浓度限制条件，对于浓度限制条件 R'，必须是在同一个相中的几种物质的浓度之间存在的某种关系。

例如，对于 $CaCO_3(s) \longrightarrow CaO(s)+CO_2(g)$，系统中几个物种之间不存在浓度限制条件，即使由 $CaCO_3(s)$ 分解生成的 $CaO(s)$ 和 $CO_2(g)$ 的物质的量存在一定的比例关系，但是 CaO 和 CO_2 不存在于同一相中，故它们之间不存在限制条件，$R'\neq1$，而是 $R'=0$。

又如，对于 $NH_4Cl(s) \longrightarrow HCl(g)+NH_3(g)$，由于它们均处于同一相（气相），所以浓度限制条件可以成立，即 $R'=1$。

另外，计算组分数时所涉及的平衡反应，必须是在所讨论的条件下系统中实际存在的反应。例如，N_2、H_2 和 NH_3 的系统中，在常温常压下，三种物质是互相独立的，即 $R=0$、$R'=0$、$S=3$。故 $K=3-0-0=3$，是三组分系统。若系统处于 500℃、300atm[1] 下，就存在平衡反应 $N_2(g)+3H_2(g) \rightleftharpoons 2NH_3(g)$，此时 $S=3$、$R=1$、$R'=0$，故 $K=3-1-0=2$，是二组分系统。若再加以限制，使 $N_2(g)$ 和 $H_2(g)$ 的摩尔比为 1∶3，则 $S=3$、$R=1$、$R'=1$，故 $K=3-1-1=1$，是单组分系统。

三、自由度和自由度数

在一定范围内可以任意独立地改变，而不致引起旧相消失或新相生成的强度量（温度、压力、组成等）称为系统的自由度，自由度数用符号 F 表示。

例如，在一定范围内，水与水蒸气两相平衡共存，若改变温度，同时要保持原有的两相平衡，则系统的压力必须等于该温度下的饱和蒸气压而不能任意选择；同样，改变压力时，温度也不能任意选择。这就是说，水与水蒸气两相平衡的系统中能够独立改变的变量只有一个。因此系统的自由度 $F=1$。但是，对液态水来说，可以在一定范围内，任意改变液态水的温度，同时任意改变其压力，仍能保持水的液相，这时，称该系统的自由度 $F=2$。

四、相律

相律就是联系平衡系统中相数、组分数以及其他因素与自由度之间关系的规律。在只考虑温度和压力因素的影响下，平衡系统中的相数、组分数与自由度之间的关系可以用下列形式表示：

$$F=K-P+2 \tag{3-9}$$

式中，F 表示系统的自由度；K 表示组分数；P 表示相数；2 表示温度和压力两个变量。由式(3-9) 可知，平衡系统中的组分数增加，自由度增加；若相数增多，则自由度减少。对于凝聚系统，外压对平衡系统的影响不大，此时可以认为只有温度是影响平衡的外界条件，相律可写作

$$F^*=K-P+1 \tag{3-10}$$

F^* 称为条件自由度。

【例 3-3】 碳酸钠与水可组成下列几种化合物：

$$Na_2CO_3\cdot H_2O;\ Na_2CO_3\cdot 7H_2O;\ Na_2CO_3\cdot 10H_2O$$

(1) 说明 101.325kPa 下，与碳酸钠水溶液和冰共存的含水盐最多可以有几种?

(2) 说明在 303.2K 时，可与水蒸气平衡共存的含水盐最多可以有几种?

解 此系统由 Na_2CO_3 及 H_2O 构成，$K=2$。虽然可有多种固体含水盐存在，但在每形成一种含水盐，物种数增加 1 的同时，增加 1 个化学平衡关系式，因此组分数仍为 2。

(1) 指定 101.325kPa 时，相律表达式为：

$$F=K-P+1=2-P+1=3-P$$

[1] 1atm=101.325kPa；后同。

相数最多时，自由度最小，即 $F=0$ 时 $P=3$。因此，与 Na_2CO_3 水溶液及冰共存的含水盐最多只有一种，即 3－2＝1。

(2) 指定 303.2K 时，相律表达式为：

$$F=K-P+1=2-P+1=3-P$$

$F=0$ 时，$P=3$，最多能有三相。因此与水蒸气平衡共存的含水盐最多可能有两种。

第三节　单组分系统的相图

相图又称为状态图，它是以相律作为理论基础，并根据实验数据绘制而成的。相图可以直观地指出在指定条件下，系统由哪些相构成，各相的组成是多少，质量关系如何。在相图中，表示系统总组成和压力、温度的点称为系统点，表示某一个相的组成和压力、温度的点称为相点。正确区别系统点与相点有利于理解当条件变化时，系统中各相的变化情况。

一、单组分系统相图相律分析

对于单组分系统，根据式(3-9) 有

$$F=K-P+2=3-P$$

① 若 $P=1$，则 $F=2$，即单组分单相系统有两个自由度，称为双变量平衡系统。

② 若 $P=2$，则 $F=1$，即单组分两相平衡系统只有一个自由度，称为单变量系统。温度和压力两个变量中只有一个量是独立的，也就是说，温度和压力之间有一定的依赖性，因此在 p-T 图中可用线表示这个系统。

③ 若 $P=3$，则 $F=0$，即单组分三相平衡系统的自由度数为零，称为无变量系统。温度和压力两个变量的数值都是一定的，不能作任何选择。这个具有确定温度和压力的点就是三相点，在 p-T 图上可以用点来表示这个系统。

二、水的相图分析

水的相图是单组分系统中最典型的相图，图 3-4 是根据实验结果绘制的水的相图。

> **思考：** 纯水体系的冰点和三相点是不是同一个点，在冰点时自由度数是否也等于零？

(1) 三个区域　在水、冰、水蒸气三个区域内，系统都是单相，$P=1$，$F=2$。每个区域表示一个双变量系统，温度和压力可以同时在一定范围内改变而无新相出现。也就是说，必须同时指定温度和压力两个变量，才可以确定系统的状态。

(2) 三条实线　图 3-4 中的三条实线是两个区域的交界线。在线上，$P=2$，$F=1$，表示指定温度和压力中的任一项，另一项就不能任意指定而是由系统自定。

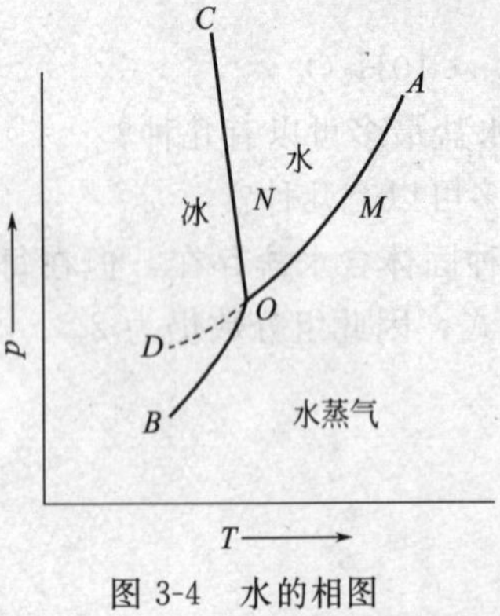

图 3-4　水的相图

① OA 线是水蒸气和水的两相平衡曲线，即水在不同温度下的蒸气压曲线。

② OB 线是冰和水蒸气两相的平衡曲线（即冰的升华曲线）。OB 线在理论上可延长到热力学零度附近。

③ OC 线为冰和水的平衡曲线，OC 线不能无限向上延伸，大约从 2.03×10^8Pa 开始，相图变得比较复杂，有不同结构的冰生成。OA 线也不能任意延长，它终止于临界点 A（674K，2.2×10^7Pa）。在临界点，液体的密度与蒸气的

密度相等（液态和气态之间的界面消失）。

④ OD 是 OA 的延长线，表示过冷水的饱和蒸气压与温度的关系曲线。OD 线在 OB 线之上，它的蒸气压比同温度下处于稳定状态的冰的蒸气压大。过冷水处于不稳定状态，只要稍微受到外界因素的干扰（如搅动或加入少量晶种）就会立即析出冰来。

(3) 三相点　O 点是三条线的交点，称为三相点。在该点，$P=3$，$F=0$，说明三相点的温度、压力均不能任意改变。

必须指出，水的三相点与通常所说的水的冰点并不是同一个点。三相点是严格的单组分系统，而通常所说的冰点则是暴露在空气中的冰-水两相平衡系统，气相中包含其他组分（N_2、O_2、CO_2 等），故已非单组分系统。三相点的温度、压力分别是 273.16K 和 610.60Pa，而冰点的温度、压力则分别是 273.15K 和 101325Pa。

第四节　二组分完全互溶系统的气-液平衡相图

对于二组分系统，$K=2$，$F=4-P$，至少存在一个相，所以自由度数最多等于 3，即系统的状态可以由三个独立变量来确定，这三个变量通常用温度、压力和组成表示。系统的状态图要用具有三个坐标的立体模型表示。实际应用中，通常保持一个变量为常数，从而得平面图，这种平面图可以有两种：p-x 图、T-x 图。在平面图上，最大的自由度数 $F=2$，同时共存的最多相数 $P=3$。

若两个纯液体组分可以按任何比例互相混溶，这种系统就称为完全互溶的双液系统。根据二组分的分子结构的差异，可以将其分为理想溶液和非理想溶液，下面分别进行介绍。

一、理想溶液

1. 理想溶液

两种或两种以上的液体形成液态混合物，其中任一组分在全部浓度范围内均服从拉乌尔定律的溶液称为理想溶液。

从微观角度看，理想溶液应符合下列条件：

① 不同组分的分子大小相等，结构相仿；

② 同种分子间的作用力与异种分子间的作用力相等。

从宏观角度看，一些物质在等温等压条件下混合形成理想溶液时，具有以下特征：

① 体积具有可加性，$\Delta_{mix}V=0$；

② 没有热效应产生，$\Delta_{mix}H=0$；

③ 形成溶液的过程为理想的混合过程，$\Delta_{mix}S>0$，$\Delta_{mix}G<0$。

2. 理想溶液气-液平衡时蒸气总压及气-液组成

设液体 A、B 形成理想溶液，根据拉乌尔定律，在一定温度时，A、B 两组分的蒸气分压为：

$$p_A=p_A^* x_A \quad p_B=p_B^* x_B$$

气-液平衡时蒸气总压 p 等于 A、B 二组分的蒸气分压之和，即

$$p=p_A+p_B=p_A^* x_A+p_B^* x_B \tag{3-11}$$

或者

$$p=p_A^*(1-x_B)+p_B^* x_B=p_A^*+(p_B^*-p_A^*)x_B$$

若 $p_B^*>p_A^*$，则 $p_A^*<p<p_B^*$。

上式说明，一定温度下理想溶液气-液平衡时蒸气总压 p 的大小介于同温下两纯组分蒸

气压（p_A^*、p_B^*）之间。

由于A、B两组分的蒸气压（p_A^*、p_B^*）不同，所以与溶液平衡共存的气相组成（y_A、y_B）与液相组成（x_A、x_B）也不相同。要全面描述气-液平衡系统的状态，必须了解平衡时气相组成与压力的关系。

设蒸气为理想气体混合物，根据道尔顿分压定律，气-液平衡时A、B两组分的气相组成为：

$$y_B=\frac{p_B}{p}=\frac{p_B^* x_B}{p} \quad y_A=\frac{p_A}{p}=\frac{p_A^* x_A}{p} \tag{3-12}$$

若设B为易挥发组分，即 $p_B^*>p_A^*$

又因为 $p_A^*<p<p_B^*$，则 $y_B>x_B$（或 $y_A<x_A$）

该结果表示：气-液两相平衡时，气相组成与液相组成并不相同，易挥发组分B（蒸气压较大的组分）在平衡气相中的组成大于其在液相中的组成。

【例 3-4】 液体A和B可形成理想溶液。把组成为 $y_A=0.40$ 的蒸气混合物放入一带有活塞的汽缸中进行等温压缩（温度为 T）。已知温度 T 时 p_A^* 和 p_B^* 分别为 40530Pa 和 121590Pa。

(1) 计算刚开始出现液相时的蒸气总压力。

(2) 求A和B的液态混合物在101325Pa下沸腾时液相的组成。

解 (1) 刚开始凝结的气相组成仍为 $y_A=0.4$，$y_B=0.6$。

由 $p_B=py_B$ 得

$$p=\frac{p_B}{y_B}=\frac{p_B^* x_B}{y_B} \tag{a}$$

又因为

$$p=p_A^*+(p_B^*-p_A^*)x_B \tag{b}$$

联立式(a) 和式(b)，并将数据 $y_B=0.6$，$p_A^*=40530\text{Pa}$，$p_B^*=121590\text{Pa}$ 代入两式，解得 $x_B=0.333$　$p=67584\text{Pa}$

(2) 由式 $p=p_A^*+(p_B^*-p_A^*)x_B$，代入数据，得

$$101325=40530+(121590-40530)x_B$$

$$x_B=0.750$$

二、二组分理想溶液的蒸气压-组成图

设组分A与组分B形成理想溶液，根据式(3-11)，在一定温度 T 时，与溶液成平衡的蒸气总压 p 为：

$$p=p_A+p_B=p_A^* x_A+p_B^* x_B=p_A^*+(p_B^*-p_A^*)x_B$$

若 $p_B^*>p_A^*$，则 $p_A^*<p<p_B^*$。

以甲苯（A)-苯（B）系统为例。一定温度下，以 x_B 为横坐标，p 为纵坐标，由上式知道，p_A、p_B、p 与 x_B 的关系均为直线，如图3-5所示。p_A^*、p_B^* 的连线表示了系统总压与溶液组成的线性关系，该直线也称为液相线。从液相线上可以找出指定蒸气总压下溶液的组成，或者指定溶液组成时蒸气的总压。

根据式(3-2)，气-液平衡时A、B两组分的气相组成为：

$$y_B=\frac{p_B}{p}=\frac{p_B^* x_B}{p} \qquad y_A=\frac{p_A}{p}=\frac{p_A^* x_A}{p}$$

如前所述，若设B为易挥发组分，则当气液两相平衡时，气相组成与液相组成并不相同，在理想溶液中，易挥发组分B在平衡气相中的组成大于其在液相中的组成。

如果把表示溶液蒸气总压与蒸气组成关系的线（p-y 线，称为气相线）与液相线画在同一张图上，就得到一幅完整的理想溶液的 p-$x(y)$ 图，如图 3-5 所示。如上所述，$y_B > x_B$，因此，同一压力下，气相组成比液相组成更接近 p_B^*，即液相线处于气相线的上方。液相线以上区域是液相区；气相线以下的区域是气相区；液相线与气相线之间的区域是气液两相平衡共存区。

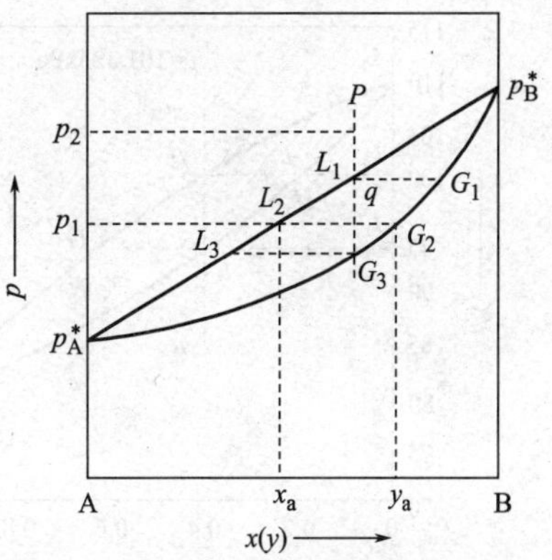

图 3-5 理想溶液的 p-$x(y)$ 图

应用相图可以了解系统在外界条件改变时的相变化情况。例如在一个带有活塞的汽缸中，盛有 A、B 二组分的溶液，组成为 x，在温度 T 和压力 p 下，系统的状态相当于图 3-5 中液相区内 P 点。当压力降低时，系统沿组成线垂直向下移动，到达 L_1 点之前一直是单一的液相，到达 L_1 点时，溶液开始蒸发，最初形成的蒸气状态如 G_1 点所示。当压力继续降低时，溶液继续蒸发为蒸气，系统进入两相平衡区内，当系统处于 q 点时，系统中气液两相平衡共存，L_2 点表示液相状态，G_2 点表示气相状态，L_2 和 G_2 均为相点。两个平衡相点的连线称为结线，即 L_2G_2 线。由图 3-5 可知，当系统从 L_1 点移动到 q 点的过程中，平衡两相的相点都在改变，液相点由 L_1 点沿液相线变为 L_2 点，气相点由 G 点沿气相线变为 G_2 点，当压力继续降低，气相点到达 G_3 点时，溶液几乎全部蒸发为蒸气，最后一滴溶液的状态如图中 L_3 所示，此后，系统进入蒸气的单相区。系统由 L_1 移动到 G_3 的整个过程中，系统中始终保持气液平衡，平衡两相的组成和相对数量都随压力而变化。

三、二组分理想溶液的沸点-组成图

在恒定压力下，二组分系统气液平衡时表示溶液的沸点与组成关系的相图，称为沸点-组成图，即 T-x 图（或 t-x 图）。

通常可以在恒定压力下，由实验测定出一系列平衡系统中的 x_B 与相应 T 值的对应数值，并绘出 T-x 图，也可以由若干不同温度下的 p-x 图转换得到，如图 3-6 所示。图中 C、D 两点分别代表纯 A（甲苯）、纯 B（苯）的沸点。

在图 3-6 中，将状态为 a 的溶液恒压升温达到液相线的 E 点（对应温度为 t_1）时，溶液开始沸腾起泡，t_1 称为该溶液的泡点。因为液相线表示溶液组成与泡点的关系，所以也称为泡点线。若将状态为 a' 的蒸气恒压降温达到 F 点（对应温度为 t_2）时，蒸气开始凝结而析出露珠似的液滴，t_2 称为该蒸气的露点。气相线表示蒸气组成与露点的关系，所以也称为露点线。

四、杠杆规则

相图不仅能表示相平衡系统存在的条件，还可以用来计算两相平衡时相互的数量关系。图 3-7 是一恒定压力下的 T-$x(y)$ 图，在梭形区内，气液两相平衡，两相的组成可分别从水平线 DE 的两端读出，设物质的量为 n_A 的 A 与 n_B 的 B 混合后，A 的摩尔分数为 x_A，当温度为 T_1 时，系统点的位置在 C 点，C 点落在梭形区中，达到气液两相平衡。气相组成为 y_1，气相物质的量为 $n_气$，液相组成为 x_1，液相物质的量为 $n_液$。就组分 A 来说，在气液两相平衡时，它存在于气、液两相之中，即

$$\underset{\text{原溶液中 A 的总物质的量}}{n_{总}\,x_A} = \underset{\text{分配在液相中 A 的物质的量}}{n_{液}\,x_1} + \underset{\text{分配在气相中 A 的物质的量}}{n_{气}\,y_1}$$

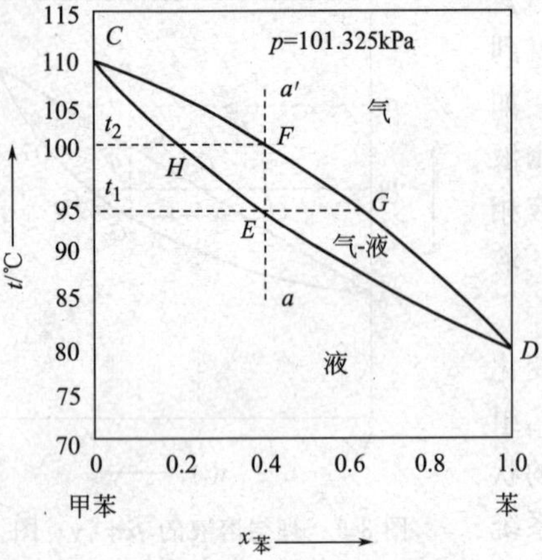

图 3-6 甲苯-苯溶液的沸点-组成图

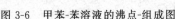

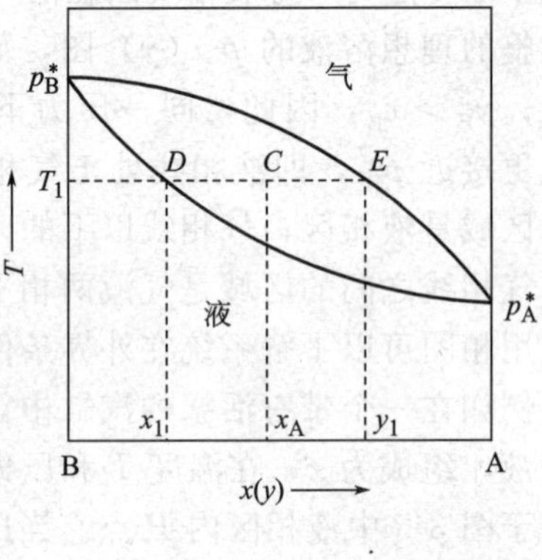

图 3-7 杠杆规则在 T-x(y) 图中的应用

因为
$$n_{总}=n_{液}+n_{气}$$
所以
$$(n_{液}+n_{气})x_A=n_{液}\ x_1+n_{气}\ y_1$$
或
$$n_{液}(x_A-x_1)=n_{气}(y_1-x_A) \tag{3-13a}$$
也可以表示为
$$n_{液}\cdot\overline{DC}=n_{气}\cdot\overline{CE} \tag{3-13b}$$

如果把图 3-7 中的 DE 比作一个以 C 点为支点的杠杆，则液相物质的量乘以$\overline{DC}$等于气相物质的量乘以$\overline{CE}$，此关系称为杠杆规则。

【例 3-5】 100mol 组成为 $x_B=0.50$ 的甲苯（A）-苯（B）混合物在温度为 100℃、压力为 117.4kPa 时，气、液两相组成分别为 $y_1=0.61$，$x_1=0.40$，试求两相的物质的量。

解 设两相物质的量分别为 n_g 与 n_l，根据式(3-13a) 则有
$$n_l\cdot(0.50-0.40)=n_g\cdot(0.61-0.50) \tag{a}$$
另外，根据题给条件，系统总的物质的量应为两相的物质的量之和，即
$$n_l+n_g=100\text{mol} \tag{b}$$
联立式(a) 和式(b) 解得
$$n_l=52.4\text{mol}$$
$$n_g=47.6\text{mol}$$

五、二组分非理想溶液的气-液平衡相图

通常遇到的实际溶液大多数是非理想溶液，它们的行为与拉乌尔定律有一定的偏差。对于二组分系统，可以证明，若组分 A 发生正偏差，则组分 B 也发生正偏差；反之，若组分 A 发生负偏差，则组分 B 也发生负偏差。

1. 具有一般正（负）偏差的系统

苯与丙酮形成的溶液，对拉乌尔定律发生正偏差，两个组分的蒸气压和总蒸气压均大于拉乌尔定律的计算值；氯仿与乙醚形成的溶液，对拉乌尔定律发生负偏差，两个组分的蒸气压和总蒸气压均低于拉乌尔定律的计算值。这类系统的特点是：正（负）偏差均不是很大，其蒸气压-组成图和沸点-组成图与理想溶液的相图类似，溶液的蒸气总压总是介于两个纯组分的蒸气压之间。

2. 具有最大正偏差的系统

甲醇与氯仿所形成的溶液分别对拉乌尔定律产生正偏差，在一定浓度范围内，溶液的蒸

气压大于任何一个纯组分的蒸气压，所以具有最大正偏差系统的相图特征是分别在蒸气压-组成图上出现最高点（如图 3-8 所示），在温度-组成图上出现最低恒沸点（如图 3-9 所示）。

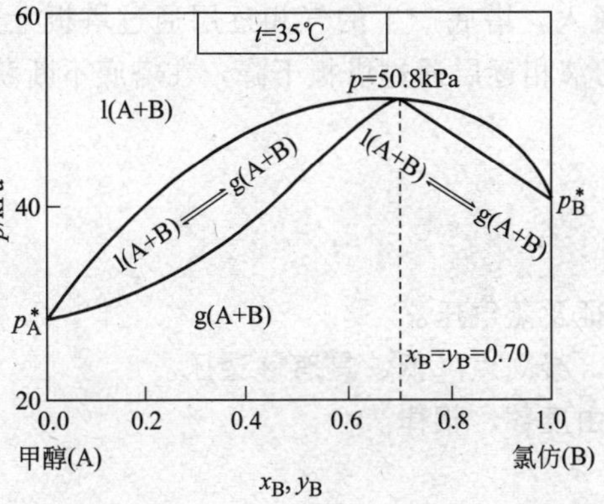

图 3-8　甲醇（A)-氯仿（B）系统的蒸气压-组成图（具有最大正偏差）

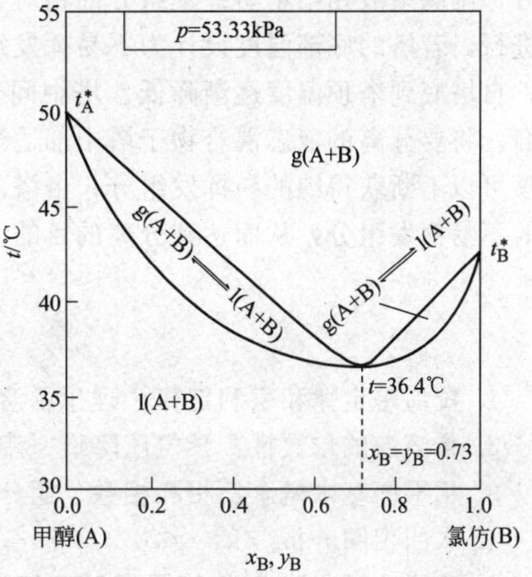

图 3-9　甲醇（A)-氯仿（B）系统的沸点-组成图（具有最低恒沸点）

3. 具有最大负偏差的系统

氯仿与丙酮所形成的溶液分别对拉乌尔定律产生负偏差，所不同的是在一定浓度范围内，溶液的蒸气压小于任何一个纯组分的蒸气压，所以具有最大负偏差系统的相图特征是分别在蒸气压-组成图上出现最低点（如图 3-10 所示），在温度-组成图上出现最高恒沸点（如图 3-11 所示）。

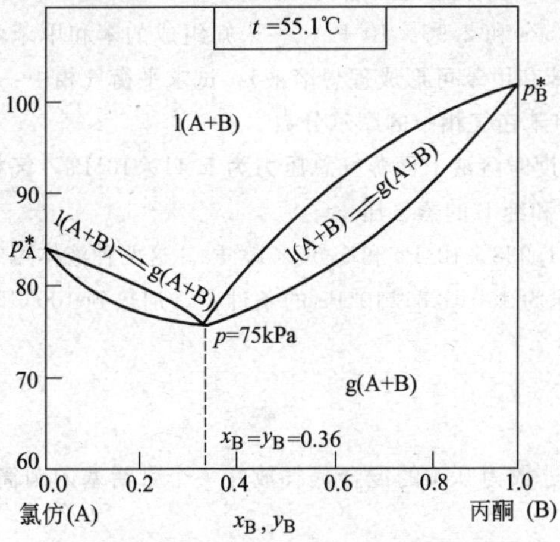

图 3-10　氯仿（A)-丙酮（B）系统的蒸气压-组成图（具有最大负偏差）

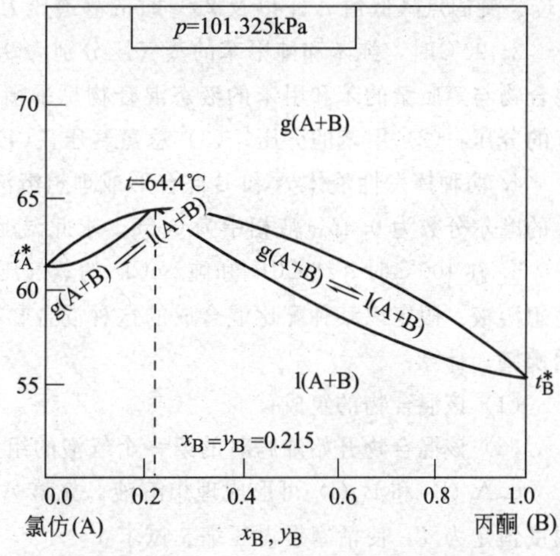

图 3-11　氯仿（A)-丙酮（B）系统的沸点-组成图（具有最高恒沸点）

4. 精馏原理

在化工生产中，常常通过精馏操作把液态混合物分离为纯组分，其原理就是在气-液平衡时气相组成不等于液相组成。

对液态混合物进行多次部分汽化和多次部分冷凝从而使之分离为纯组分的操作叫精馏。

因为气相中易挥发组分的相对含量大于其在液相中的相对含量，将平衡时的气、液相分离并使气相凝结一部分，则剩余的气相中易挥发组分的相对含量会提高；将分开的液相再蒸发一部分，则剩余液相中不易挥发组分的相对含量也会进一步提高，将这样的操作在精馏塔中反复进行，若塔的底部温度设计为不易挥发组分的沸点，塔的顶部温度设计为易挥发组分的沸点，自塔底到塔顶温度逐渐降低。塔中间分成若干层，每层塔板上液相与气相同处于气-液平衡。将要分离的液态混合物于塔中部适当位置通入，塔底产生的气相逐层通过塔板上升。塔顶可以不断获得纯的易挥发组分；由塔顶冷凝的液相逐层通过塔板下降，在塔底不断获得纯的不易挥发组分，从而达到分离的目的。

本 章 小 结

1. 拉乌尔定律和亨利定律，理想稀溶液的特征及蒸气压。
2. 稀溶液的依数性：蒸气压降低、沸点升高、凝固点降低、具有渗透压。
3. 相平衡基本概念：相和相数、组分数、自由度数、相律。
4. 水的相图分析。
5. 双组分理想溶液气-液平衡时蒸气总压及气-液平衡组成。
6. 双组分理想溶液蒸气压-组成图及沸点-组成图；精馏原理。

习 题

1. 某乙醇的水溶液，含乙醇的摩尔分数为 x(乙醇)＝0.030。在 97.11℃ 时该溶液的蒸气总压力为 101.3kPa。已知在该温度时纯水的蒸气压为 97.30kPa。若该溶液可视为理想稀溶液，试计算在该温度下，在摩尔分数为 x(乙醇)＝0.020 的乙醇水溶液上面乙醇和水的蒸气分压力及气相组成。

2. 已知葡萄糖水溶液的质量摩尔浓度 $b_B=0.200\text{mol/kg}$，求此溶液的蒸气压降低值 Δp、沸点升高值 ΔT_b、凝固点降低值 ΔT_f 以及 25℃ 时的渗透压 Π。已知 25℃ 时水的饱和蒸气压为 3168Pa。

3. 20℃ 时，纯苯和纯甲苯的蒸气压分别为 9.92×10^3 Pa 和 2.93×10^3 Pa。一未知组成的苯和甲苯蒸气混合物与等质量的苯和甲苯的液态混合物呈平衡（假设苯和甲苯可形成理想溶液），试求平衡气相中：(1) 苯的分压；(2) 甲苯的分压；(3) 总蒸气压；(4) 苯和甲苯在气相中的摩尔分数。

4. 两种挥发性液体 A 和 B 混合形成理想溶液。某温度时溶液上面蒸气总压力为 5.41×10^4 Pa，气相中 A 的摩尔分数为 0.45，液相中为 0.65。求此温度时纯 A 和纯 B 的蒸气压。

5. 在 100℃ 时，纯 CCl_4 和纯 $SnCl_4$ 的蒸气压分别为 1.933×10^5 Pa 和 6.66×10^4 Pa。这两种液体可组成理想溶液。假定以某种配比混合成的这种混合物，在外压为 1.01325×10^5 Pa 的条件下，加热到 100℃ 时开始沸腾。计算：

(1) 该混合物的组成；

(2) 该混合物开始沸腾时的第一个气泡的组成。

6. A (l) 和 B (l) 可形成理想溶液。先将 A 的摩尔分数为 0.4 的混合蒸气放在一个带活塞的圆筒内，温度恒定为 T，使活塞慢慢压缩。试求：

(1) 气体压缩到刚出现液体时的总压力为多少，液体的组成为多少？

(2) 当液体混合物的正常沸点为 T 时，求混合物的组成。已知在该温度 T 时，$p_A^*=40530\text{Pa}$，$p_B^*=121590\text{Pa}$。

7. 确定下列各系统的组分数、相数及自由度：

(1) C_2H_5OH 与水的溶液；

(2) $CHCl_3$ 溶于水中、水溶于 $CHCl_3$ 中的部分互溶溶液达到相平衡；

(3) $CHCl_3$ 溶于水、水溶于 $CHCl_3$ 中的部分互溶溶液及其蒸气达到相平衡；

(4) $CHCl_3$ 溶于水中、水溶于 $CHCl_3$ 中的部分互溶溶液及其蒸气和冰达到相平衡；

(5) 气态的 N_2、O_2 溶于水中且达到相平衡；

(6) 气态的 N_2、O_2 溶于 C_2H_5OH 的水溶液中且达到相平衡；

(7) 气态的 N_2、O_2 溶于 $CHCl_3$ 与水组成的部分互溶溶液中且达到相平衡；

(8) 固态的 NH_4Cl 放在抽空的容器中部分分解得气态的 NH_3 和 HCl，且达到平衡；

(9) 固态的 NH_4Cl 与任意量的气态 NH_3 及 HCl 达到平衡。

8. 25℃时，纯物质液体 A 和 B 的饱和蒸气压分别为 39.0kPa 和 120.0kPa。在一密闭容器中有 1mol A 和 1mol B 形成的理想溶液，在 25℃达到气-液平衡。实验测得平衡的液相组成为 $x_B=0.400$，试求平衡蒸气总压及气相组成 y_B。设蒸气为理想气体。

9. 20℃时，HCl 气体溶于苯中形成理想稀溶液。(1) 当达气-液平衡时，若液相中 HCl 的摩尔分数为 0.0385，气相中苯的摩尔分数为 0.095。试求气相总压；(2) 当达气-液平衡时，若液相中 HCl 的摩尔分数为 0.0278，试求气相中 HCl 气体的分压。已知 20℃时纯苯的饱和蒸气压为 10010Pa。

10. 在含 32kg 甲醇与 88kg 乙烯乙二醇的系统中，420K 达气-液平衡时甲醇在气相的组成 $y_B=0.846$，在液相中为 $x_B=0.076$。计算在 420K 时平衡液相和气相中两个组分的质量。已知甲醇和乙烯乙二醇的摩尔质量分别为 32g/mol 和 88g/mol。

阅读材料

物质的第四种状态——等离子体

石头、铁块等物体既坚硬又不易挥发，这就是作为固体物质的基本特性之一。人类居住在一个绝大部分由这些固态物质组成的天地里。当然，人们一样离不开水和空气，它们分别属于液态和气态物质中的一类，相比较而言，这些“柔软”而易挥发的物质在人们生存的环境中占据的比例更大，对人们生活的影响其实也更大。

物质的三态之间的转换很早就被人类认识到了，它们是物质在不同温度下的状态，由所谓的冰点和熔点决定各自产生转换的温度。100 多年前，人类对物质状态的认识基本上仅只于此。虽然亚里士多德在 2000 多年前就发现世界的组成除了这三态以外还包括火，但他也不清楚火究竟是一种什么物质？其实这就是物质的第四种状态——等离子体的一种表现形式。

当把气体持续加热几千甚至上万度时，物质会呈现出一种什么样的状态呢？这时，气体原子的外层电子会摆脱原子核的束缚成为自由电子，失去外层电子的原子变成带电的离子，这个过程称为电离。所谓电离，其实就是电子离开原子核的意思。除了加热能使原子电离（热电离）外，还可通过电子吸收光子能量发生电离（光电离），或者使带电粒子在电场中加速获得能量与气体原子碰撞发生能量交换，从而使气体电离（碰撞电离）。发生电离（无论是部分电离还是完全电离）的气体称为等离子体（或等离子态）。等离子体的独特行为与固态、液态、气态截然不同，因此称为物质第四态。

等离子体的存在机理是怎样的呢？物质是由分子或者原子组成的，而分子又是由原子组成的。原子都由原子核和绕核高速运动的电子构成。原子核带正电，电子带负电，正、负电荷数量相等，整个原子对外不显电性。电子之所以绕核运动，是因为它的能量不足以挣脱核的束缚力。如果不停地给物质加热，当温度升高到数十万度甚至更高，或者用较高电压的电激，电子就能获得足够逃逸的能量，从原子核上剥落下来，成为自由运动的电子。这时物质就成为由带正电的原子核和带负电的电子组成的一团匀浆，人们戏称它为“离子浆”。这些离子浆中正、负电荷总量相等，因此又叫等离子体。

等离子体的物质密度跨度极大，从 10^3 个/cm^3 的稀薄星际等离子体到密度为 10^{22} 个/cm^3 的电弧放电等离子体，跨越近 20 个数量级；温度分布范围则从 100K(−173.15℃) 的低温到超高温核聚变等离子体的 $10^8 \sim 10^9$ K。

等离子体在宇宙中大量存在，从一根蜡烛燃起的火苗到滋生万物的太阳，从闪烁的星星到灿烂的星系。日常生活中，在日光灯和霓虹灯的灯管里，在炫目的白炽电弧里，都能找到它的踪迹；另外，在地球大气层的电离层里，在美丽的极光和流星的尾巴里，也能找到奇妙的等离子态；放眼宇宙，更是等离子体的天下，宇宙中大部分发光的星球内部温度和压力都很高，这些星球内部的物质差不多都处于等离子态，像太阳这样灼热的恒星就是一团巨大的等离子体。只有在那些昏暗的行星和分散的星际物质中才可以找到固态、液态和气态的物质。据印度天体物理学家沙哈的计算，宇宙中 99% 的物质都处于等离子体状态，而地球上常见的物质状态在宇宙中却成为稀罕宝贝。

第四章

化学热力学基础

知识目标：1. 理解热力学的基本概念和热力学第一定律。
2. 掌握标准摩尔反应焓的计算。
3. 学会用熵判据、吉布斯判据判断化学反应的方向。
能力目标：学会化学反应热效应的测定方法。

物质世界中，物质之间有的不发生化学反应，有的能发生反应。那么物质之间能否发生化学反应？如果能发生反应，则反应吸收或放出多少热量？反应限度有多大？这正是化学热力学所要解决的问题。科学工作者曾一度在实验室从事石墨转变为金刚石的研究，结果都失败了，但是根据热力学的预测这种转变是可能的。正是由于预测，激励科学工作者不断努力，终于在高温高压下使石墨转变为金刚石得以成功。

第一节　热力学第一定律

一、基本概念和术语

1. 系统与环境

系统就是所研究的对象，又称体系或物系。系统以外与之密切相关的部分称为环境。系统和环境是根据研究问题的需要而人为划分的，它们之间可以由实际存在的边界隔开或想象的界面隔开。

根据系统与环境之间物质和能量的交换情况，可将系统分为三种类型：

（1）敞开系统　与环境既有能量传递，又有物质传递的系统。

（2）封闭系统　与环境只有能量传递而无物质传递的系统。

（3）隔离系统　与环境既无能量传递，也无物质传递的系统。

一个具有隔热带塞的保温瓶中盛以热水，以瓶内热水为系统，则可近似看作隔离系统；若保温瓶不能隔热，则为封闭系统；如果保温瓶既不隔热又不加塞，便成为敞开系统。

2. 状态及状态函数

系统中所有物理性质和化学性质的总和称为状态。为描述一个系统，必须确定系统状态的一系列物理量，如体积、质量、压力、温度、密度等，它们与系统状态有着一一对应的单值函数关系。当这些物理量都有确定值时，系统就处于一定状态；当系统的某些物理量发生改变时，系统的状态也发生变化。把这些确定系统状态的宏观物理量叫作系统的状态变数。系统状态一定，状态函数就有一定的值；系统发生变化时，状态函数的变化值只取决于系统的始态和末态，而与变化的途径无关，系统一旦恢复到原来状态，状态函数恢复原值。状态函数的特征可用四句话来概括："状态函数有特征，状态一定值一定，殊途同归变化等，周而复始变化零"。

例如，温度是一个状态函数，若把烧杯中的水由298K升高到323K，温度的变化值$\Delta T=T_2-T_1=25\text{K}$。至于先加热到333K，再冷却到323K，还是先冷却到273K再加热到

323K；或者是用煤气灯加热，还是用电炉加热，ΔT 将不因具体过程而异。理解和掌握状态函数的基本特征对热力学的研究和计算都是非常重要的。

根据状态函数的数值大小与系统中所含物质量有无关系，可将状态函数分为以下两类。

(1) 广度性质　广度性质（或称为广度量）的数值与系统中物质的数量成正比，如体积 (V)、质量 (m)、内能 (U)、熵 (S) 等。此种性质具有加和性，即整个系统的某种广度性质是系统中各部分该种性质的总和。

(2) 强度性质　强度性质（或称为强度量）的数值与系统中物质的数量无关，如温度 (T)、压力 (p)、密度 (ρ) 等。此种性质不具有加和性，其数值取决于系统自身的特性，即它在整体和部分中的数值是相同的。如将一烧杯溶液分成几小杯，各杯中的温度、压力、组成均相等。

3. 过程与途径

系统状态发生了某一变化称为过程，实现这一变化的具体方式称为途径。如气体膨胀或压缩、物质加热或冷却、液体蒸发、溶液蒸馏、晶体从溶液中析出等，均称为系统进行了一个热力学过程。如果系统的状态变化是在特定的条件下进行的，这些过程就给以特定的名称。下面介绍几种热力学常用的过程。

(1) 恒温过程　环境温度恒定不变的情况下，系统始末态温度相同，且等于环境温度的过程，即 $T_1=T_2=T_{环}=$常数。

(2) 恒压过程　环境压力恒定不变的情况下，系统始末态压力相同，且等于环境压力的过程，即 $p_1=p_2=p_{环}=$常数。

(3) 恒外压过程　环境压力恒定不变，而系统始态压力不等于环境压力 ($p_1\neq p_{环}$)，但末态压力等于环境压力 ($p_2=p_{环}$) 的过程。

(4) 恒容过程　系统的体积恒定不变的过程，即 $V_1=V_2$。

(5) 绝热过程　系统与环境之间无热交换的过程，即 $Q=0$。绝对的绝热过程是不存在的，但当系统外面包一层绝热性能较好的材料，或者是系统内经历一些速率极快的过程（如爆炸、压缩机汽缸中气体被压缩等），以至于在过程中热几乎来不及传递时，可以近似看作绝热过程。

(6) 循环过程　系统由某一状态出发，经过一系列的变化，最终又回到原状态的过程。由于在循环过程中系统的始末态是同一个状态，因此，状态函数的变化值均为零。

(7) 可逆过程　通过过程的反方向而使系统恢复到原来状态，同时环境也完全回到原来状态的过程称为可逆过程。可逆过程中，不仅系统内部在任何瞬间均处于无限接近平衡的状态，而且系统与环境之间也无限接近平衡，系统的状态函数与环境相差无限小的量。可逆过程是一个理想过程，自然界中并不存在，但某些实际过程，如液体在其沸点的蒸发，固体在其熔点下的熔化等，均可近似为可逆过程。

4. 热和功

热和功是系统发生过程时，与环境交换的两种不同形式的能量。热和功的单位均是 J（焦耳）或 kJ（千焦）。

(1) 热　热是系统与环境之间存在温度差异而引起能量传递的一种形式，用符号 Q 表示。热力学规定：Q 的数值以系统实际得失来衡量。若系统吸热，Q 为正值 ($Q>0$)；系统放热，Q 为负值 ($Q<0$)。

(2) 功　除热之外，系统与环境之间其他能量传递形式称为功，用符号 W 表示，并规定：系统得到功时，W 为正值 ($W>0$)；系统对环境做功时，W 为负值 ($W<0$)。

热和功是一种传递过程中的能量，与变化途径有关，所以热和功不是状态函数，因此不能说系统本身含有多少热和功。对于无限小的变化过程，功和热可写成 δW 和 δQ，这是过程量 W 和 Q 与状态函数变化值的根本区别。

思考： 物质的温度愈高，则热量愈高，有人说开水中含有很多热，这种说法对吗？

热力学中涉及的功可分为两大类。由于系统体积变化而与环境交换的功称为体积功；除此之外的功称为非体积功，用 W' 表示，如电功和表面功。

体积功是系统反抗环境压力而使体积发生改变的功，因此对于一无限小变化，有

$$\delta W = -p_{环}\,dV \tag{4-1}$$

在热力学中功是系统与环境间实际交换能量的一种形式，故计算功时要用 $p_{环}$ 而不是 $p_{系}$。因为 $p_{环}$ 不是系统的性质，而是与途径密切相关，这是功 W 成为过程函数的根本原因。

若系统由始态 1（p_1, V_1, T_1）经某过程至末态 2（p_2, V_2, T_2），则全过程的体积功 W 应当是系统各无限小体积变化与环境交换的功之和，即

$$W = -\sum_{V_1}^{V_2}\delta W = -\int_{V_1}^{V_2} p_{环}dV \tag{4-2}$$

如果状态变化全过程中，环境压力保持恒定，则式(4-2) 可简化成

$$W = -p_{环}(V_2 - V_1) \tag{4-3}$$

【例 4-1】 1mol、273.15K、100kPa 的理想气体，经由下述两个途径到末态为 273.15K、50kPa，分别求两个途径的 W。(1) $p_{环}$ 恒为 50kPa；(2) 自由膨胀（向真空膨胀）。

解　始、末态气体的体积分别为

$$V_1 = \frac{nRT_1}{p_1} = \frac{1\times 8.314\times 273.15}{1.00\times 10^5} = 2.27\times 10^{-2}\ (m^3)$$

$$V_2 = \frac{p_1V_1}{p_2} = \frac{1.00\times 10^5\times 2.27\times 10^{-2}}{5.00\times 10^4} = 4.54\times 10^{-2}\ (m^3)$$

(1) 由题意可知，该过程为恒温恒外压过程，即 $p_{环}=50kPa$。由式(4-3) 得

$$W_{(1)} = -p_{环}(V_2 - V_1) = -5.00\times 10^4\times(4.54-2.27)\times 10^{-2} = -1.14\times 10^3\ (J)$$

(2) 因为气体自由膨胀，所以 $p_{环}=0$。根据式(4-2) 得

$$W_{(2)} = -\int_{V_1}^{V_2} p_{环}dV = 0$$

计算结果表明：两种膨胀方式尽管系统的始、末态相同，但因 (1)、(2) 两具体途径中气体膨胀反抗的环境压力不同，功也不同。这再一次有力地证明功不是状态函数，而与途径有关。

二、热力学第一定律

热力学第一定律的实质，就是能量守恒原理。可具体表述为：能量具有各种不同的形式，它能从一种形式转化为另一种形式，从一个物体传递给另一个物体，但在转化和传递的过程中能量的总值不变。

1. 内能

任何系统都具有能量，系统的总能量包括整个系统运动的动能、系统在外力场中的势能以及系统的内能。在化学热力学中，通常是研究宏观静止的系统，无整体运动，并且不考虑外力场的存在（如电磁场、重力场、离心力场等），因此，只注重系统的热力学能，即内能。

因此，系统的内能是指系统内所有微观粒子的能量总和，用符号 U 表示，其单位为 J

或 kJ。具体地说，内能包括以下三部分：

(1) 分子的动能　指系统内分子热运动所具有的动能，主要由分子结构及系统的温度来确定。

(2) 分子间相互作用的势能　主要由分子结构和系统的体积来确定。

(3) 分子内部的能量　主要由分子内部各种微观粒子运动的能量与粒子间相互作用能量之和来确定，在一定条件下为定值。

小知识：一个静止的地雷会因为一个小的“扰动”而爆炸，这说明除了宏观的机械能（动能、势能）以外，系统内部还具有能量。

内能是上述三种能量的总和，当系统处在某一状态时，系统内物质的分子结构、数量、温度、体积一定，内能就一定，因此，内能是一个状态函数。由于系统内部各种粒子的运动方式及相互作用极为复杂，人们对此尚无完整的认识，因此系统在某状态下，内能 U 的绝对值无法确定。在研究热力学问题时，只要知道内能的变化值 ΔU 就可以了。$\Delta U=U_2-U_1$，其中，U_1 为初态内能，U_2 为终态内能。

2. 热力学第一定律的数学式

若在某封闭系统中发生一个过程，系统从环境吸收热量 Q，同时环境对系统做功 W，根据能量守恒定律有

$$\Delta U=Q+W \tag{4-4}$$

若系统发生无限小变化，则上式可写成

$$dU=\delta Q+\delta W \tag{4-5}$$

式(4-4)、式(4-5) 就是封闭系统热力学第一定律的数学表达式。它表明封闭系统中发生任何变化过程，系统的内能变化值等于系统吸收的热量和环境对系统所做功的代数和。

【例 4-2】 汽缸中总压为 101.3kPa 的氢气和氧气混合物经点燃化合成液态水时，系统的体积在恒定外压 101.3kPa 下增加 2.37dm³，同时向环境放热 550J。试求系统经历此过程后内能的变化。

解　取汽缸内的物质和空间为系统

$$p_{环}=101.3\text{kPa}, Q=-550\text{J}, \Delta V=V_2-V_1=2.37\text{dm}^3$$

$$W=-p_{环}(V_2-V_1)=-101.3\times10^3\times2.37\times10^{-3}=-240\ (\text{J})$$

$$\Delta U=Q+W=-550-240=-790\ (\text{J})$$

【例 4-3】 (1) 已知 1g 纯水在 101.325kPa 下，温度由 287.7K 变为 288.7K，吸热 2.0927J，得功 2.0928J，求其内能的变化。

(2) 若在绝热条件下，使 1g 纯水发生与 (1) 同样的变化，需对其做多少功？

解　(1) $Q=2.0927\text{J}$，$W=2.0928\text{J}$，则

$$\Delta U=Q+W=2.0927+2.0928=4.1855\ (\text{J})$$

(2) $Q=0$

因为系统的初终状态与 (1) 相同，故 ΔU 和 (1) 相同。即

$$\Delta U=4.1855\text{J}$$

$$W=\Delta U-Q=4.1855-0=4.1855\ (\text{J})$$

显然 (1) 和 (2) 的初终态相同，状态函数 ΔU 相同，但 Q 与 W 却因过程不同而异。

三、恒压热、恒容热及焓

实际过程都是在一定条件下进行的，其中封闭系统只作体积功的恒容和恒压过程最为普

遍和重要。因此，了解和掌握热力学第一定律对特定条件下实际过程的应用，能为处理实验室和实际生产中的问题带来方便。

1. 摩尔热容

(1) 恒容摩尔热容　1mol 物质在恒容且非体积功为零的条件下，温度升高 1K 所需的热量，称为恒容摩尔热容。用符号 $c_{V,\mathrm{m}}$ 表示，单位是 J/(K·mol)，即

$$c_{V,\mathrm{m}}=\frac{\delta Q_V}{n\,\mathrm{d}T} \tag{4-6}$$

(2) 恒压摩尔热容　1mol 物质在恒压且非体积功为零的条件下，温度升高 1K 所需的热量，称为恒压摩尔热容。用符号 $c_{p,\mathrm{m}}$ 表示，单位是 J/(K·mol)，即

$$c_{p,\mathrm{m}}=\frac{\delta Q_p}{n\,\mathrm{d}T} \tag{4-7}$$

(3) 理想气体 $c_{V,\mathrm{m}}$ 与 $c_{p,\mathrm{m}}$ 的关系　对于理想气体，有

$$c_{p,\mathrm{m}}-c_{V,\mathrm{m}}=R \tag{4-8}$$

2. 恒容热和恒压热

(1) 恒容热　恒容热是指封闭系统进行恒容且非体积功为零的过程时，与环境交换的热，用 Q_V 表示。因为恒容，所以体积功为零，由式(4-4) 与式(4-6) 可得

$$Q_V=\Delta U=n\int_{T_1}^{T_2}c_{V,\mathrm{m}}\mathrm{d}T \tag{4-9}$$

由于 ΔU 只与系统的始末态有关，所以 Q_V 只取决于系统的始末态，与过程的具体途径无关。也就是说，若要求得在此条件下过程的热，只要求出系统在此过程中的 ΔU 即可。所以式(4-9) 为人们计算恒容热带来了极大的方便。

(2) 恒压热　在敞口容器中进行的过程就是一种恒压过程。恒压热是系统进行恒压且非体积功为零的过程时，与环境交换的热，用符号 Q_p 表示。由式(4-3) 和式(4-4) 可得恒压热为：

$$Q_p=\Delta U-W=(U_2-U_1)+(p_2V_2-p_1V_1)=(U_2+p_2V_2)-(U_1+p_1V_1)$$

令 $H=U+pV$，则

$$Q_p=H_2-H_1=\Delta H \tag{4-10}$$

(3) 焓　热力学中为了更方便地解决恒压过程热的计算问题，需要引出一个重要的状态函数“焓”，以符号 H 表示。

焓的定义式为：

$$H=U+pV \tag{4-11}$$

$$\Delta H=\Delta U+\Delta(pV) \tag{4-12}$$

在恒压且非体积功为零的条件下，由式(4-7) 和式(4-10) 得

$$Q_p=\Delta H=n\int_{T_1}^{T_2}c_{p,\mathrm{m}}\mathrm{d}T \tag{4-13}$$

焓是状态函数，具有广度性质，并具有能量的量纲，其单位是 J 或 kJ。由于内能的绝对值是无法测定的，因此焓的绝对值也是无法确定的，通常只能计算系统状态发生变化时焓的变化值 ΔH。

> **思考：**是否只有恒压过程才有焓的概念？

【例 4-4】 将 1.00mol 298K、101.325kPa 的 O_2 (g) 分别经 (1) 等压过程、(2) 等容过程加热到 398K。试计算两过程所需的热。已知 298K 时，$c_{p,\mathrm{m}}=29.35$J/(K·mol)，并可看作常数。

解 (1) $Q_p = nc_{p,\mathrm{m}}(T_2 - T_1) = 1.00 \times 29.35 \times (398-298) = 2935$ (J)

(2) 因为 $c_{V,\mathrm{m}} = c_{p,\mathrm{m}} - R = 29.35 - 8.314 = 21.04$ [J/ (K·mol)]

$$Q_V = nc_{V,\mathrm{m}}(T_2 - T_1) = 1.00 \times 21.04 \times (398-298) = 2104 \text{ (J)}$$

四、热化学

物质内部蕴藏着能量，人们把潜藏于物质内部、只在发生化学反应时才释放出来的能量称为化学能。煤、石油、天然气等矿物燃料和食物的能量都是以化学能的形式贮存下来的。当它们发生化学反应变为其他物质时，给人们提供了各种形式的能量。

> **小资料：** 食物在人体新陈代谢的过程中，其化学能转变为保持人体体温的热能、使肌肉和骨骼运动的动能、使神经纤维传递信息的电能等。在人类的社会生活和科学发展中，人们利用化学能使机器运转、火车开动、飞机飞行、炸药爆炸及火箭发射等。

1. 反应进度

为了描述化学反应进行的程度，引入了反应进度的概念，用符号 ξ 表示。

对于任意化学反应式 $aA + bB \longrightarrow lL + mM$，反应进度的定义如下：

$$\xi = \frac{\Delta n_B}{\nu_B} \tag{4-14}$$

式中，Δn_B 为某一段时间内系统中任一物质 B 的物质的量变化；ν_B 为化学反应式前面的系数，对于反应物取负值，对于生成物取正值。因为 ν_B 是无量纲的纯数，所以反应进度 ξ 与物质的量 n 有相同的量纲，其单位为 mol。

引入反应进度的最大优点是在反应进行到任意时刻时，可用任一反应物或任一生成物来表示反应进行的程度，所得的值总是相等的。但应注意，同一化学反应，如果计量式写法不同，ν_B 数值就有差别。所以，当物质 B 有确定的 Δn_B 时，计量式写法不同，必导致 ξ 数值不同。

【例 4-5】 10mol N_2 和 20mol H_2 混合通过合成氨塔，经过多次循环反应，最后有 5mol NH_3 生成，试分别用以下两个反应方程式为基础，计算反应进度。

(1) $N_2 + 3H_2 \longrightarrow 2NH_3$

(2) $\frac{1}{2}N_2 + \frac{3}{2}H_2 \longrightarrow NH_3$

解

	$n(N_2)$/mol	$n(H_2)$/mol	$n(NH_3)$/mol
$t=0$ 时，$\xi=0$	10	20	0
$t=t$ 时，$\xi=\xi$	7.5	12.5	5

根据方程式(1)，用 NH_3 物质的量的变化来计算 ξ：

$$\xi = \frac{5-0}{2} = 2.5 \text{ (mol)}$$

用 H_2 物质的量的变化来计算 ξ：

$$\xi = \frac{12.5-20}{-3} = 2.5 \text{ (mol)}$$

用 N_2 物质的量的变化来计算 ξ：

$$\xi = \frac{7.5-10}{-1} = 2.5 \text{ (mol)}$$

根据方程式(2)，分别用 NH_3、H_2 和 N_2 物质的量变化来计算 ξ：

$$\xi=\frac{5-0}{1}=\frac{12.5-20}{-\frac{3}{2}}=\frac{7.5-10}{-\frac{1}{2}}=5\ (\mathrm{mol})$$

2. 化学反应热效应

化学反应中生成物的总能量和反应物的总能量不相等，化学反应常常伴随着吸热或放热的现象。了解化学反应的热效应，对于保证化工生产的稳定进行，经济合理地利用能源以及防止生产中意外事故的发生都有着重要的意义。化学反应热效应是指恒温且不做非体积功的条件下，反应系统吸收或放出的热量，也称反应热。根据反应条件的不同，反应热可分为恒压反应热和恒容反应热。

(1) 恒压反应热　恒压反应热也称为反应焓变，是指在恒温恒压且非体积功 $W'=0$ 的条件下，化学反应吸收或放出的热，用 Q_p 或 $\Delta_r H$ 表示，即 $Q_p=\Delta_r H$。

(2) 恒容反应热　恒容反应热也称为反应内能变，是指在恒温恒容且非体积功 $W'=0$ 的条件下，化学反应吸收或放出的热，用 Q_V 或 $\Delta_r U$ 表示，即 $Q_V=\Delta_r U$。

(3) 恒压反应热与恒容反应热的关系　由上述可知

$$Q_p-Q_V=\Delta_r H-\Delta_r U=\Delta n(\mathrm{g})\cdot RT=\Delta\xi\sum_{\mathrm{B}}\nu_{\mathrm{B}}(\mathrm{g})\cdot RT \tag{4-15}$$

若反应进度 $\Delta\xi=1\mathrm{mol}$，则

$$Q_{p,\mathrm{m}}-Q_{V,\mathrm{m}}=\Delta_r H_{\mathrm{m}}-\Delta_r U_{\mathrm{m}}=\sum_{\mathrm{B}}\nu_{\mathrm{B}}(\mathrm{g})\cdot RT \tag{4-16}$$

式中，$Q_{p,\mathrm{m}}$ 与 $Q_{V,\mathrm{m}}$ 均指摩尔反应热；$\sum_{\mathrm{B}}\nu_{\mathrm{B}}(\mathrm{g})$ 为气体物质化学计量数的代数和；$\Delta n(\mathrm{g})$ 为反应前后气体物质的量的变化。

思考： 在化学反应过程中，温度相同时，是否恒压反应热 Q_p 就一定大于恒容反应热 Q_V？

【例 4-6】 已知反应 $C_6H_6(\mathrm{l})+\frac{15}{2}O_2(\mathrm{g})\longrightarrow 6CO_2(\mathrm{g})+3H_2O(\mathrm{l})$ $\Delta_r U_{\mathrm{m}}(298.15\mathrm{K})=-3268\mathrm{kJ/mol}$，求 298.15K 时若上述反应在恒压下进行，1mol 反应进度的反应热。

解　由式(4-16)　$\Delta_r H_{\mathrm{m}}-\Delta_r U_{\mathrm{m}}=\sum_{\mathrm{B}}\nu_{\mathrm{B}}(\mathrm{g})\cdot RT$

式中　$\sum_{\mathrm{B}}\nu_{\mathrm{B}}(\mathrm{g})=6-\frac{15}{2}=-1.5$

而 $\Delta_r U_{\mathrm{m}}=-3268\mathrm{kJ/mol}$，所以

$$\Delta_r H_{\mathrm{m}}=\Delta_r U_{\mathrm{m}}+\sum_{\mathrm{B}}\nu_{\mathrm{B}}(\mathrm{g})\cdot RT=-3268-1.5\times 8.314\times 298.15\times 10^{-3}$$
$$=-3272\ (\mathrm{kJ/mol})$$

(4) 标准摩尔反应焓　内能、焓的绝对值是不能测量的，为此采用了相对值的办法。同时，为避免同一种物质的某热力学状态函数在不同反应系统中数值不同，热力学规定了一个公共的参考状态——标准状态。

① 气体物质的标准状态定义为：在标准压力 $p^{\ominus}$ 及温度为 T 时具有理想气体性质的纯态气体。

② 液体和固体物质的标准状态定义为：在标准压力为 $p^{\ominus}$ 及温度 T 时的纯液体或纯固体状态。

根据国家标准和国际标准规定标准压力为 $p^{\ominus}=101.325\mathrm{kPa}$，而按新的标准则规定 $p^{\ominus}=100\mathrm{kPa}$，标准状态对温度不作规定。符号“$\ominus$”表示标准状态。

一个化学反应若参与反应的所有物质都处于温度 T 的标准状态下，其摩尔反应焓就称

为标准摩尔反应焓，用 $\Delta_r H_m^\ominus(T)$ 表示。

3. 热化学方程式

表示化学反应与反应热关系的方程式称为热化学方程式。因为反应热与反应条件和反应物及产物的状态有关，所以在书写和使用热化学方程式时，应注意以下几点。

① 写出化学计量方程式。

② 注明参加反应的各物质的聚集状态、温度和压力，如压力为 $p^\ominus$、温度为 298.15K，对于固体还应注明其结晶状态。

③ 在摩尔反应焓 $\Delta_r H_m$ 后面的括号中注明反应温度。如果温度为 T，则应写成 $\Delta_r H_m(T)$，如果温度为 298.15K 可以不注明。

④ $\Delta_r H_m$ 中的下标“m”表示参与反应的各物质按给定方程式进行的完全反应，反应进度 $\xi=1\text{mol}$。

⑤ 反应热与物质的量有关。同一反应，计量方程写法不同，反应热也不同。例如：

$$H_2(g)+\frac{1}{2}O_2(g) \longrightarrow H_2O(l) \qquad \Delta_r H_m(298.15K)=-285.83\text{kJ/mol}$$

$$2H_2(g)+O_2(g) \longrightarrow 2H_2O(l) \qquad \Delta_r H_m(298.15K)=-571.7\text{kJ/mol}$$

即参加反应物质的量增加 1 倍，反应热也增加 1 倍。

五、化学反应热效应的计算

大多数化学反应的反应热可以通过实验测量，但少部分化学反应热不能通过直接测量得到，但可通过计算得到。下面介绍热化学计算的原理和热化学计算的几种方法。

1. 盖斯定律

有些化学反应如 $C(s)+\frac{1}{2}O_2(g) \longrightarrow CO(g)$ 的热效应就不能由实验直接测定，因为在反应过程中总会有 $CO_2(g)$ 生成。可见，求取那些不易直接测定的反应的热效应，是很有意义的一项工作。1840 年盖斯（G. H. Hess）在分析许多化学反应热效应的基础上，归纳出一个规律：一个化学反应不论是一步完成，还是分几步完成，其总的热效应是完全相同的。这个规律称为盖斯定律（Hess Law）。

【例 4-7】 已知下面两个反应的 $\Delta_r H_m^\ominus$ 已被精确测定：

(1) $$C(石墨)+O_2(g) \longrightarrow CO_2(g) \qquad \Delta_r H_{m,1}^\ominus=-393.51\text{kJ/mol}$$

(2) $$2CO(g)+O_2(g) \longrightarrow 2CO_2(g) \qquad \Delta_r H_{m,2}^\ominus=-565.7\text{kJ/mol}$$

试求 298.15K、101.325kPa 下反应（3）的 $\Delta_r H_{m,3}^\ominus$：

(3) $$C(石墨)+\frac{1}{2}O_2(g) \longrightarrow CO(g)$$

解 可以设想反应（3）是经过（1）、（2）两步完成的，显然

$$反应(3)=反应(1)-\frac{1}{2}反应(2)$$

所以

$$\begin{aligned}\Delta_r H_{m,3}^\ominus &= \Delta_r H_{m,1}^\ominus-\frac{1}{2}\Delta_r H_{m,2}^\ominus \\ &=-393.51-\frac{1}{2}\times(-565.7) \\ &=-110.7\ (\text{kJ/mol})\end{aligned}$$

必须注意，在利用上述方法计算反应的 $\Delta_r H_m^\ominus$ 或 $\Delta_r U_m^\ominus$ 时，各方程式中的相同物质只有在状态（温度、压力、聚集态等）相同的情况下，才能相互进行运算。

2. 由标准摩尔生成焓计算标准摩尔反应焓

由于焓的绝对值是无法测定的，科学家们采用了一个相对的标准，可以很方便地用来计算化学反应的标准摩尔反应焓。

在温度为 T 的标准状态下，由最稳定单质生成 1mol 指定相态的化合物 B 的反应焓，称为化合物 B 在此温度 T 时的标准摩尔生成焓，用符号 $\Delta_f H_m^{\ominus}(B,T)$ 表示，其单位是 J/mol 或 kJ/mol，下标“f”表示生成反应。例如 $\Delta_f H_m^{\ominus}(H_2O, l, 298.15K) = -285.83kJ/mol$，实际上是反应

$$H_2(g) + \frac{1}{2}O_2(g) \longrightarrow H_2O(l)$$

在 298.15K 的标准摩尔反应焓。热力学规定最稳定相态单质的标准摩尔生成焓为零。所谓最稳定单质，是指在该条件下单质的最稳定状态。如常温常压下碳的最稳定单质是石墨。有关 298.15K 时部分化合物的 $\Delta_f H_m^{\ominus}$ 数据，可参见附录表 1。化学反应的标准摩尔反应焓，很容易由产物和反应物的标准摩尔生成焓来计算。

对于温度 T 时标准状态下的任意化学反应，有

$$\Delta_r H_m^{\ominus}(T) = \sum_B \nu_B \Delta_f H_m^{\ominus}(B,T) \tag{4-17}$$

式(4-17) 说明，在温度 T 下任一化学反应的标准摩尔反应焓等于同温度下参加反应的各物质的标准摩尔生成焓与化学计量数乘积的代数和。

【例 4-8】 已知下列反应

$$(COOH)_2(s) + \frac{1}{2}O_2(g) \longrightarrow 2CO_2(g) + H_2O(l)$$

的标准摩尔反应焓为 $\Delta_r H_m^{\ominus}(298.15K) = -246.02kJ/mol$，并知 $\Delta_f H_m^{\ominus}(CO_2, g, 298.15K) = -393.51kJ/mol$，$\Delta_f H_m^{\ominus}(H_2O, l, 298.15K) = -285.83kJ/mol$，计算 $(COOH)_2$ (s) 的标准摩尔生成焓。

解 上述反应的标准摩尔反应焓为

$$\Delta_r H_m^{\ominus}(298.15K) = 2\Delta_f H_m^{\ominus}(CO_2, g, 298.15K) + \Delta_f H_m^{\ominus}(H_2O, l, 298.15K) - \Delta_f H_m^{\ominus}[(COOH)_2, s, 298.15K] - \frac{1}{2}\Delta_f H_m^{\ominus}(O_2, g, 298.15K)$$

由于 $\Delta_f H_m^{\ominus}(O_2, g, 298.15K) = 0$，所以

$$\Delta_f H_m^{\ominus}[(COOH)_2, s, 298.15K] = 2\Delta_f H_m^{\ominus}(CO_2, g, 298.15K) + \Delta_f H_m^{\ominus}(H_2O, l, 298.15K) - \Delta_r H_m^{\ominus}(298.15K) = 2\times(-393.51) + (-285.83) - (-246.02) = -826.83 \text{ (kJ/mol)}$$

3. 由标准摩尔燃烧焓计算标准摩尔反应焓

在温度 T 的标准状态下，1mol 指定相态的物质 B 与氧气进行完全氧化反应的焓变，称为该物质 B 在温度 T 时的标准摩尔燃烧焓，用符号 $\Delta_c H_m^{\ominus}(B,T)$ 表示，其单位是 J/mol 或 kJ/mol，下标“c”代表燃烧反应。应注意，上述定义中，“完全氧化反应”的含义是指定氧化产物，如 C 变成 CO_2(g)，H 变成 H_2O(l)，N、S 和 Cl 元素分别变成 N_2(g)、SO_2(g) 和 HCl（水溶液）。显然，这些完全氧化的产物以及氧气的标准摩尔燃烧焓应等于零。部分物质的 $\Delta_c H_m^{\ominus}$(B，298.15K) 数据可从手册中查得。

> **思考：** $\Delta_c H_m^{\ominus}$(石墨，s，298.15K) 与 $\Delta_f H_m^{\ominus}$(CO_2，g，298.15K) 值相等吗？如果相等，你还能举出哪些例子？

利用标准摩尔燃烧焓数据，也可计算反应的标准摩尔反应焓。

$$\Delta_r H^{\ominus}_m(T) = -\sum_B \nu_B \Delta_c H^{\ominus}_m(B,T) \tag{4-18}$$

式(4-18) 表明，在温度 T 时，任一化学反应的标准摩尔反应焓等于同温度下参加反应的各物质的标准摩尔燃烧焓与化学计量数乘积的代数和之负值。

【例 4-9】 由标准摩尔燃烧焓计算下列反应在 298.15K 时的标准摩尔反应焓。

$$3C_2H_2(g) \longrightarrow C_6H_6(l)$$

已知 $\Delta_c H^{\ominus}_m(C_2H_2, g, 298.15K) = -1299.59kJ/mol$，$\Delta_c H^{\ominus}_m(C_6H_6, l, 298.15K) = -3267.54kJ/mol$。

解 $\Delta_r H^{\ominus}_m(298.15K) = -[\Delta_c H^{\ominus}_m(C_6H_6, l, 298.15K) - 3\Delta_c H^{\ominus}_m(C_2H_2, g, 298.15K)]$

$= -[-3267.54 - 3\times(-1299.59)] = -631.23\ (kJ/mol)$

第二节　化学反应的方向和限度

一切化学变化中的能量转换，都遵循热力学第一定律，即违背了热力学第一定律的过程是一定不能进行的。那么，是不是不违背热力学第一定律的过程就一定能发生呢？解决这个问题需要运用熵或吉布斯这两个新的热力学函数。

一、熵和熵变

1. 熵的定义

在热力学中，用熵来度量系统的混乱度，熵越大，则混乱程度越大。熵用符号 S 表示，将其定义为：

$$\Delta S_{1\to 2} = \int_1^2 \frac{\delta Q_r}{T} \tag{4-19}$$

或

$$dS = \frac{\delta Q_r}{T} \tag{4-20}$$

熵的单位为 J/K。式(4-19) 中 $\Delta S_{1\to 2}$ 代表系统自始态 1 至终态 2 的熵变；式(4-20) 中 dS 则代表系统经历一微小变化过程的熵变。

和内能一样，熵也是热力学中的基本状态函数之一，是系统的广度性质。式(4-19) 既是熵的定义式，也是在两个指定状态之间熵的变化的计算公式。

2. 熵增原理

在隔离系统中进行的不可逆过程总是向着熵增大的方向进行的，称为熵增加原理，用式(4-21) 表示。

$$dS_{隔离} \geqslant 0 \begin{matrix} 不可逆过程 \\ 可逆过程 \end{matrix} \quad 或 \quad \Delta S_{隔离} \geqslant 0 \begin{matrix} 不可逆过程 \\ 可逆过程 \end{matrix} \tag{4-21}$$

熵增加原理对于封闭系统是不成立的。也就是说，在封闭系统内进行的不可逆过程，其熵值不一定增加。但可以将封闭系统以及与其有能量交换的环境加在一起，组成一个假想的大隔离系统，在这个假想的大隔离系统中，系统的总熵变 $\Delta S_{隔离}$ 应为封闭系统与环境两部分的熵变之和。应用熵增加原理，则有

$$\Delta S_{隔离} = \Delta S_{系统} + \Delta S_{环境} \geqslant 0 \begin{matrix} 自发(不可逆) \\ 平衡(可逆) \end{matrix} \tag{4-22}$$

隔离系统中发生的不可逆过程必为自发过程，而可逆过程是推动力无限小情况下进行的过程，或者说是系统内部及其与环境间无限接近平衡时进行的过程，所以可逆过程可认为是自发过程进行所能达到的限度。式(4-21) 是利用熵变作为判断过程的可逆性与方向性的依

据，简称熵判据。

3. 熵变的计算

为了利用熵判据判断隔离系统中过程的自发性，必须计算过程中环境的熵变与系统的熵变。

> **思考：** 在常温常压下，水能否自动分解成氢气和氧气？石墨能否制成金刚石？汽车尾气中的有毒气体 N_2O 和 CO 能否生成无毒的 N_2 和 CO_2 等气体？

(1) 环境熵变　环境因与系统交换能量而引起状态变化，在其始末状态确定后，熵变 $\Delta S_{环境}$ 的计算方法与系统的熵变计算是相同的。按熵的定义可得

$$\Delta S_{环境} = \int_1^2 dS_{环境} = \int_1^2 \left(\frac{\delta Q_r}{T}\right)_{环境} \tag{4-23}$$

在许多实际计算中，环境常常是个恒温恒压的大热源，$Q_{环境}$ 是指环境与系统实际交换的热，故 $Q_{环境}=-Q_{系统}$。应当特别注意，$Q_{系统}$ 是系统进行实际过程的热，它绝不是为计算 ΔS 所假设的可逆途径的热，因此环境熵变可表示为：

$$\Delta S_{环境} = -\frac{Q_{系统}}{T_{环境}} \tag{4-24}$$

(2) 系统熵变　计算系统熵变的基本公式为：

$$\Delta S_{系统} = S_2 - S_1 = \int_1^2 dS = \int_1^2 \frac{\delta Q_r}{T} \tag{4-25}$$

式(4-25) 表明，必须通过可逆过程的热温商来计算 $\Delta S_{系统}$，由于熵是状态函数，其变化量 ΔS 只决定于系统的始末状态。因此，对于不可逆过程，可设计一个从相同始态到相同末态的可逆过程来计算。

以下分别讨论封闭系统的简单状态变化（单纯 p、V、T）变化、相变化和化学变化的熵变计算。

(1) 简单状态变化

① 等温过程。温度不变，不论过程是否可逆，都按等温可逆途径来计算系统的熵变。

对于理想气体的等温过程

$$\Delta U = 0 \qquad Q_r = -W_r = \int_{V_1}^{V_2} p dV = \int_{V_1}^{V_2} \frac{nRT}{V} dV = nRT\ln\frac{V_2}{V_1} = nRT\ln\frac{p_1}{p_2}$$

$$\Delta S = \frac{Q_r}{T} = \frac{-W_r}{T} = nR\ln\frac{V_2}{V_1} = nR\ln\frac{p_1}{p_2} \tag{4-26}$$

【例 4-10】 5mol 理想气体由 298K、1013.25kPa 分别按以下过程膨胀至 298K、101.325kPa，计算系统的熵变 $\Delta S_{系统}$，并判断哪些过程可能是自发的。

(1) 可逆膨胀；

(2) 自由膨胀；

(3) 反抗恒外压 101.325kPa 膨胀。

解　题中三个过程具有相同的始末态，因此 ΔS 是相同的，由等温可逆过程来计算 ΔS。

$$\Delta S_{系统} = nR\ln\frac{p_1}{p_2} = 5\times 8.314\times \ln\frac{1013.25}{101.325} = 95.72\ (\text{J/K})$$

过程(1) 是理想气体等温可逆膨胀

$$\Delta S_{环境} = -\frac{Q_{系统}}{T_{环境}} = -nR\ln\frac{p_1}{p_2} = -95.72\ (\text{J/K})$$

$$\Delta S_{隔离} = \Delta S_{系统} + \Delta S_{环境} = 95.72 - 95.72 = 0$$

故过程(1) 是可逆的。

过程(2) 是理想气体等温自由膨胀

$$Q=0, \Delta S_{环境}=-\frac{Q_{系统}}{T_{环境}}=0$$

$$\Delta S_{隔离}=\Delta S_{系统}+\Delta S_{环境}=95.72\text{J/K}>0$$

故过程(2) 是自发的。

过程(3) 为理想气体在等温下反抗恒外压膨胀

$$\begin{aligned} Q&=-W=p_{环}(V_2-V_1) \\ &=p_2\left(\frac{nRT}{p_2}-\frac{nRT}{p_1}\right)=nRT\left(1-\frac{p_2}{p_1}\right)=nRT\left(1-\frac{1}{10}\right)=\frac{9}{10}nRT \end{aligned}$$

$$\Delta S_{环境}=-\frac{Q_{系统}}{T_{环境}}=-\frac{9}{10}nR=-\frac{9}{10}\times 5\times 8.314=-37.4\ (\text{J/K})$$

$$\Delta S_{隔离}=\Delta S_{系统}+\Delta S_{环境}=95.72-37.4=58.3\text{J/K}>0$$

故过程(3) 为自发的。

【例 4-11】 设有体积为 V 的绝热容器，中间以隔板将容器分为体积为 V_A 与 V_B 的两部分，分别盛以 n_A mol 理想气体与 n_B mol 理想气体，两边温度与压力均相等，当抽去隔板后两气体在等温等压下混合（如图 4-1 所示）。求过程的熵变。

图 4-1 A 与 B 的混合过程

解 抽去隔板后，A 气体从体积 V_A 膨胀至 $V=V_A+V_B$，其熵变为：

$$\Delta S_A=n_A R\ln\frac{V_A+V_B}{V_A}$$

B 气体从体积 V_B 膨胀至 $V=V_A+V_B$，其熵变为：

$$\Delta S_B=n_B R\ln\frac{V_A+V_B}{V_B}$$

根据分体积定律：

$$y_A=\frac{V_A}{V_A+V_B} \qquad y_B=\frac{V_B}{V_A+V_B}$$

式中，y_A 与 y_B 是混合气体中 A 与 B 两种气体的摩尔分数。

因此，两种气体在等温等压下混合过程的熵变为：

$$\Delta S=\Delta S_A+\Delta S_B=-R(n_A\ln y_A+n_B\ln y_B)$$

由于 y_A 与 y_B 均小于 1，所以 $\Delta S>0$。

因为当以气体 A 与 B 为系统时，此系统与环境既无物质的交换又无能量的交换，故为一隔离系统。由于 $\Delta S_{隔离}>0$，说明气体在等温等压下的混合是一个自发过程，从熵的统计意义来看，这个结论是必然的。

② 变温过程

a. 等压变温过程　不论过程是否可逆，均按等压可逆过程来计算熵变。在等压可逆过程中

$$\delta Q_r=nc_{p,m}\text{d}T$$

$$\Delta S=\int_{T_1}^{T_2}\frac{nc_{p,m}\text{d}T}{T} \tag{4-27}$$

若 $c_{p,m}$ 不随温度而变化，则

$$\Delta S = nc_{p,\mathrm{m}} \ln \frac{T_2}{T_1} \tag{4-28}$$

b. 等容变温过程　与等压变温过程类似，若 $c_{V,\mathrm{m}}$不随温度而变化，则

$$\Delta S = nc_{V,\mathrm{m}} \ln \frac{T_2}{T_1} \tag{4-29}$$

【例 4-12】 100g、283K 的水与 200g、313K 的水混合，已知水的恒压摩尔热容为 75.3J/(K·mol)，求过程的熵变。

解　设混合后水的温度为 T，则

$$\frac{100}{18.02} c_{p,\mathrm{m}} (T-283) = \frac{200}{18.02} c_{p,\mathrm{m}} (313-T)$$

解得

$$T = 303\mathrm{K}$$

$$\Delta S = \Delta S_1 + \Delta S_2 = \frac{100}{18.02} \times 75.3 \times \ln \frac{303}{283} + \frac{200}{18.02} \times 75.3 \times \ln \frac{303}{313} = 1.40\ (\mathrm{J/K})$$

由于此系统为隔离系统，$\Delta S_{隔离} > 0$，说明过程是自发的。

（2）纯物质的可逆相变过程　在相平衡条件下，系统进行的相变过程是可逆相变过程。由于可逆相变是恒温恒压下且无非体积功的过程，因此 $Q_\mathrm{r} = \Delta H_{相变}$。

> **思考：** 热量能自动从高温物体传向低温物体，你能运用熵判据推导出这个结论吗？

$$\Delta S = \frac{\Delta H_{相变}}{T_{相变}} \tag{4-30}$$

式中，$\Delta H_{相变}$为可逆条件下的相变焓；$T_{相变}$为可逆相变时的相变热力学温度。

【例 4-13】 10mol 水在 373.15K、101.325kPa 下汽化为水蒸气，求过程中的 $\Delta S_{系统}$及 $\Delta S_{总}$。已知水的汽化焓 $\Delta H_{汽化} = 4.06 \times 10^4 \mathrm{J/mol}$。

解　水在 373.15K、101.325kPa 下汽化为水蒸气是两相平衡条件下的相变过程，为可逆过程，过程中的汽化焓即为可逆热，因为是恒温恒压过程，故

$$\Delta S = \frac{Q_\mathrm{r}}{T} = \frac{\Delta H_{相变}}{T_{相变}} = \frac{10 \times 4.06 \times 10^4}{373.15} = 1088\ (\mathrm{J/K})$$

熵变为正值，这是因为水由液态变为气态，分子运动的范围加大，系统内部的混乱程度增加，熵也增大。

$$\Delta S_{环境} = -\frac{Q_{系统}}{T_{环境}} = -\frac{\Delta H_{相变}}{T_{环境}}$$

因为是恒温过程，所以 $\Delta S_{环境} = -\dfrac{\Delta H_{相变}}{T_{相变}}$

$$\Delta S_{总} = \Delta S_{系统} + \Delta S_{环境} = \frac{\Delta H_{相变}}{T_{相变}} - \frac{\Delta H_{相变}}{T_{相变}} = 0$$

$\Delta S_{总} = 0$，说明原过程为可逆过程。

（3）化学反应的熵变计算　热力学规定：温度 0K 时，任何纯物质的完美晶体的熵值为零。这样就可以确定其他温度下的熵值，称作规定熵。1mol 某纯物质在标准状态下的规定熵称为该物质的标准摩尔熵。部分物质的标准摩尔熵见附录表 1。

在一定温度下，由各自处于标准状态的反应物变为各自处于标准状态的产物的熵变称为该反应在此温度下的标准摩尔反应熵变 $\Delta_\mathrm{r} S_\mathrm{m}^\ominus(T)$。

有了各种物质的标准摩尔熵值可方便地计算化学反应的标准摩尔反应熵变。化学反应的 $\Delta_\mathrm{r} S_\mathrm{m}^\ominus(T)$ 等于产物的标准摩尔熵之和减去反应物的标准摩尔熵之和。因此，在恒定温度 T

且各组分均处于标准状态下，某反应

$$aA(g)+bB(g)\longrightarrow lL(g)+mM(g)$$

的熵变即 $\Delta_r S_m^{\ominus}$可由下式计算：

$$\Delta_r S_m^{\ominus}(T)=\sum_B \nu_B S_m^{\ominus}(B,T) \tag{4-31}$$

式中，化学反应计量数 ν_B 对于反应物为负，产物为正。

【例 4-14】 计算反应

$$H_2(g)+Cl_2(g)\longrightarrow 2HCl(g)$$

的 $\Delta_r S_m^{\ominus}(298K)$。

解 由附录表 1 查得有关物质的标准摩尔熵如下：

物质	$Cl_2(g)$	$H_2(g)$	$HCl(g)$
标准熵/[J/(K·mol)]	223.07	130.68	186.91

则

$$\begin{aligned}\Delta_r S_m^{\ominus}(298K)&=2S_m^{\ominus}(HCl,g,298K)-S_m^{\ominus}(H_2,g,298K)-S_m^{\ominus}(Cl_2,g,298K)\\&=2\times186.91-130.68-223.07=20.07\ [J/(K\cdot mol)]\end{aligned}$$

二、吉布斯函数

1876 年美国物理化学家吉布斯（Gibbs）提出用吉布斯函数判断恒压条件下过程的自发性。

1. 吉布斯函数的定义

吉布斯函数用符号 G 表示，其定义式为

$$G=H-TS \tag{4-32}$$

由 G 的定义可知，吉布斯函数具有能量单位，并且是系统的广度量。因焓的绝对值无法知道，故系统某状态下吉布斯函数的绝对值也无法得知。

在恒温恒压下，系统发生状态变化时，吉布斯函数的变化值为：

$$\Delta G=\Delta H-T\Delta S \tag{4-33}$$

2. 吉布斯函数判据

恒温、恒压且非体积功为零的过程是否能自发进行的判据为：

$$\Delta G\leqslant 0 \quad \begin{matrix}自发\\平衡\end{matrix} \quad (T、p\ 恒定且\ W'=0) \tag{4-34}$$

式(4-34) 表明在恒温、恒压且非体积功为零的条件下，封闭体系中的过程总是自发地向着吉布斯函数 G 值减少的方向进行，直至达到在该条件下 G 值最小的平衡状态为止。在平衡状态下，系统的任何变化都一定是可逆过程，其 G 值不再改变。这就是吉布斯函数减小原理。吉布斯函数增大的方向是不能实现的。利用吉布斯函数可以在上述条件下判断自发变化的方向。由于生产及科研等实际情况中，恒温恒压条件更为普遍，故吉布斯函数判据的应用也就更为广泛。

3. 吉布斯函数的计算

(1) 简单状态变化（无相变及化学变化）过程

① 恒温过程　可用两种方法计算恒温过程的 ΔG。一种方法是先求出过程的 ΔH 和 ΔS，然后利用式 $\Delta G=\Delta H-T\Delta S$，就可求得 ΔG。另一种方法是用微分法。对 G 求微分，得

$$dG=dU+pdV+Vdp-TdS-SdT$$

对不做非体积功的可逆过程，有

$$dU=\delta Q_r+\delta W_r=TdS-pdV$$

代入上式得

$$dG=Vdp-SdT$$

对于等温过程，有

$$\Delta G_T=\int_{p_1}^{p_2}Vdp \tag{4-35}$$

如系统为理想气体，则有

$$\Delta G_T=nRT\ln\frac{p_2}{p_1}=nRT\ln\frac{V_1}{V_2} \tag{4-36}$$

【例 4-15】 1mol 理想气体在 298K 下向真空膨胀，末态体积为始态体积的 2 倍（$V_2=2V_1$），求系统的 ΔG。

解 理想气体恒温膨胀过程中，$\Delta H=0$。

$$\Delta S=R\ln\frac{V_2}{V_1}=R\ln 2=8.314\times\ln 2=5.76\ \text{(J/K)}$$

$$\Delta G=\Delta H-T\Delta S=0-298\times 5.76=-1.72\times 10^3\ \text{(J)}$$

本题也可直接使用式(3-36)，即

$$\Delta G=nRT\ln\frac{V_1}{V_2}=1\times 8.314\times 298\times\ln\frac{1}{2}=-1.72\times 10^3\ \text{(J)}$$

② 变温过程　变温过程的 ΔG 可按以下关系计算：

$$\Delta G=\Delta H-\Delta(TS)=\Delta H-(T_2S_2-T_1S_1) \tag{4-37}$$

(2) 相变过程　可逆相变化过程是在恒温恒压下进行的，由式(4-35) 得

$$\Delta G=0 \tag{4-38}$$

【例 4-16】 2mol 水在 373K、101.325kPa 下汽化，求过程的 ΔG。

解 373K、101.325kPa 是水与水蒸气的平衡条件，因此，该过程为可逆过程，所以

$$\Delta G=0$$

三、化学反应方向的判断

1. 化学反应方向的判据

化学反应一般都在恒温恒压的条件下进行，可由

$$\Delta_r G_m=\Delta_r H_m-T\Delta_r S_m \tag{4-39}$$

计算出摩尔反应吉布斯变化值。若计算结果

$\Delta_r G_m(T)<0$　　化学反应自发进行

$\Delta_r G_m(T)=0$　　化学反应达到平衡状态

$\Delta_r G_m(T)>0$　　逆向反应自发进行

2. 标准摩尔反应吉布斯函数

若参加化学反应的各物质均处于各自的热力学标准状态，则式(4-39) 又可写成如下形式：

$$\Delta_r G_m^{\ominus}=\Delta_r H_m^{\ominus}-T\Delta_r S_m^{\ominus} \tag{4-40}$$

式中，$\Delta_r G_m^{\ominus}(T)$ 称为标准摩尔反应吉布斯函数；$\Delta_r H_m^{\ominus}$和 $\Delta_r S_m^{\ominus}$是同一温度下化学反应的标准摩尔反应焓变和标准摩尔反应熵变。

3. 标准摩尔生成吉布斯函数

标准摩尔生成吉布斯函数是指在温度为 T 的标准状态下，由最稳定的单质生成 1mol 物质的反应吉布斯函数，称为该物质的标准摩尔生成吉布斯函数。部分物质的标准摩尔生成吉布斯函数见附录表 1。显然，最稳定单质的标准摩尔生成吉布斯函数等于零。

思考：凡是吉布斯函数增加的过程一定不能发生，这种说法是否正确？

使用标准摩尔生成吉布斯函数计算标准摩尔反应吉布斯函数十分方便，完全类似于由标准摩尔生成焓计算标准摩尔反应焓的方法。因此，对于任一化学反应，$\Delta_r G_m^{\ominus}(T)$ 可由下式求得：

$$\Delta_r G_m^{\ominus}(T) = \sum_B \nu_B \Delta_f G_m^{\ominus}(B, T) \quad (4\text{-}41)$$

【例 4-17】 乙烷裂解时如下反应能够发生：

$$C_2H_6(g) \longrightarrow C_2H_4(g) + H_2(g)$$

已知 $\Delta_f G_m^{\ominus}(C_2H_6, g, 1000K) = 114.223 kJ/mol$，$\Delta_f G_m^{\ominus}(C_2H_4, g, 1000K) = 118.198 kJ/mol$。

计算该反应的 $\Delta_r G_m^{\ominus}(1000K)$。

解 对于上述反应，根据式(4-41)，有

$$\begin{aligned}\Delta_r G_m^{\ominus}(1000K) &= \Delta_f G_m^{\ominus}(C_2H_4, g, 1000K) - \Delta_f G_m^{\ominus}(C_2H_6, g, 1000K) \\ &= 118.198 - 114.223 = 3.975 \ (kJ/mol)\end{aligned}$$

本 章 小 结

1. 主要基本概念

(1) 系统与环境 (2) 状态和状态函数 (3) 过程与途径 (4) 热和功

(5) 内能 (6) 反应进度 (7) 焓

2. 热力学第一定律数学式

3. 体积功定义式：$W = -\int_1^2 p_{环} \, dV$

4. 恒容热和恒压热的计算及其关系

5. 热力学标准态（气态、液态、固态）

6. 化学反应热效应的计算

(1) 代数法——盖斯定律

(2) 由标准摩尔生成焓计算

(3) 由标准摩尔燃烧焓计算

7. 熵是系统内混乱程度的量度，是广度性质，是状态函数。定义式为：

$$\Delta S = \int_1^2 \frac{\delta Q_r}{T}$$ 其量纲为 J/K

8. 吉布斯函数：定义式为 $G = H - TS$，G 是广度性质，是状态函数，本身无明确物理意义。G 绝对值未知，但 $\Delta G_{T,p} = W'_r$ 有明确的物理意义，其单位为 J 或 kJ。

9. 熵判据：

$$\Delta S_{隔离} = \Delta S_{系统} + \Delta S_{环境} \geqslant 0 \quad \begin{matrix}自发\\平衡\end{matrix}$$

10. 吉布斯函数判据：$\Delta G_{T,p,W'=0} \leqslant 0$ 自发 / 平衡

习　题

1. 理想气体与温度为 T 的大热源接触，作等温膨胀，吸热 Q，而所做的功是变化到相同终态最大功的20%，则体系的熵变为（　　）

(1) $\Delta S=\frac{5Q}{T}$　(2) $\Delta S=\frac{Q}{T}$　(3) $\Delta S=\frac{Q}{5T}$　(4) $\Delta S=-\frac{Q}{T}$

2. 已知反应 $CO(g)+\frac{1}{2}O_2(g)\longrightarrow CO_2(g)$ 的 $\Delta_r H_m$，下列说法中何者是不正确的？（　　）

(1) $\Delta_r H_m$ 是 CO_2（g）的摩尔生成焓　(2) $\Delta_r H_m$ 是 CO（g）的摩尔燃烧焓

(3) $\Delta_r H_m$ 是负值　(4) $\Delta_r H_m$ 与反应 $\Delta_r U_m$ 的数值不等

3. 理想气体经不可逆循环，则（　　）

(1) $\Delta S_{系统}=0$，$\Delta S_{环境}=0$　(2) $\Delta S_{系统}=0$，$\Delta S_{环境}>0$

(3) $\Delta S_{系统}>0$，$\Delta S_{环境}>0$　(4) $\Delta S_{系统}>0$，$\Delta S_{环境}<0$

4. 系统与环境之间__________的系统称为封闭系统。

5. 1mol、25℃、101.325kPa 的理想气体，经恒温可逆压缩，使压力变为始态的 3 倍，则 $\Delta S=$__________，$\Delta G=$__________。

6. 在一定温度、压力下，对于一个化学反应，能用以判断反应方向的是__________。

7. Pb 的熔点为 327℃，熔化热为 4.86kJ/mol，则 1mol Pb 在熔化过程中的 $\Delta S=$__________。

8. 5mol 理想气体的始态为 $T_1=298.15$K、$p_1=101.325$kPa、V_1，在恒温下反抗恒外压膨胀至 $V_2=2V_1$、$p_{环}=0.5p_1$。求此过程系统所做的功。

9. 1mol 理想气体由 202.65kPa、10dm^3 恒容升温，压力增大到 2026.5kPa，再恒压压缩到体积为 1dm^3，求整个过程的 W、Q、ΔU 及 ΔH。

10. 一定量的理想气体在恒温条件下，由 0.01m^3 分别经下列两种途径膨胀至 0.1m^3，计算过程的功。(1) 自由膨胀；(2) 反抗 100kPa 的恒外压膨胀。

11. 在 298.15K 时将 0.5g 的正庚烷放在弹式量热计中燃烧后温度升高 2.94K，量热计本身及其附件的热容 $C_V=8175.5$J/K，试计算 298.15K 时正庚烷的摩尔燃烧焓。

12. 已知反应　$C_6H_6(l)+\frac{15}{2}O_2(g)\longrightarrow 6CO_2(g)+3H_2O(l)$ 的 $\Delta_r U_m^{\ominus}(298.15\text{K})=-3268$kJ/mol，求 298.15K 时上述反应在恒压下进行 1mol 反应进度的反应热。

13. 在 25℃、101.325kPa 下，环丙烷(g)、石墨及氢气的标准摩尔燃烧焓 $\Delta_c H_m^{\ominus}$ 分别为 −2092kJ/mol、−397.7kJ/mol及−285.8kJ/mol。若已知丙烯的标准摩尔生成焓 $\Delta_f H_m^{\ominus}=20.5$kJ/mol，试求：(1)环丙烷的标准摩尔生成焓；(2)环丙烷异构化为丙烯的标准摩尔反应焓。

14. 硫酸生产中，在 101.325kPa 下二氧化硫催化氧化为三氧化硫为放热反应，已知 298.15K 时标准摩尔反应焓为 100.37kJ/mol，求此化学反应的 $\Delta_r U_m^{\ominus}$。

15. 求下列反应在 25℃时，$\Delta_r H_m^{\ominus}$ 与 $\Delta_r U_m^{\ominus}$ 之差。

(1) $N_2(g)+3H_2(g)\longrightarrow 2NH_3(g)$

(2) $C(石墨)+O_2(g)\longrightarrow CO_2(g)$

(3) $4NH_3(g)+5O_2(g)\longrightarrow 4NO(g)+6H_2O(g)$

(4) $CaO(s)+H_2O(l)\longrightarrow Ca(OH)_2(s)$

16. 根据下列反应的标准摩尔反应焓，求 298.15K 时 AgCl（s）的标准摩尔生成焓。

$Ag_2O(s)+2HCl(g)\longrightarrow 2AgCl(s)+H_2O(l)$　$\Delta_r H_{m,1}^{\ominus}=-324.9$kJ/mol

$2Ag(s)+\frac{1}{2}O_2(g)\longrightarrow Ag_2O(s)$　$\Delta_r H_{m,2}^{\ominus}=-30.57$kJ/mol

$\frac{1}{2}H_2+\frac{1}{2}Cl_2(g)\longrightarrow HCl(g)$　$\Delta_r H_{m,3}^{\ominus}=-92.31$kJ/mol

$H_2+\frac{1}{2}O_2(g)\longrightarrow H_2O(l)$　$\Delta_r H_{m,4}^{\ominus}=-285.8$kJ/mol

17. 试计算反应 $2H_2O_2(l) \longrightarrow 2H_2O(l) + O_2(g)$ 的 $\Delta_r H_m^\ominus(298.15K)$。已知：$\Delta_f H_m^\ominus(H_2O, l) = -285.84kJ/mol$，$\Delta_f H_m^\ominus(H_2O_2, l) = -187.6kJ/mol$。

18. 1mol 理想气体在恒温下经历下面两种过程，体积膨胀到初始体积的 10 倍，计算 ΔS。(1) 可逆过程；(2) 自由膨胀过程。

19. 在 101.325kPa 下，1mol NH_3 (g) 由 248K 变为 273K，计算在此过程中的熵变。已知：NH_3 (g) 的 $c_{p,m}$/[J/(K·mol)]$=24.77+37.49\times10^{-3}$ (T/K)

20. 10mol 理想气体由 200dm^3、300kPa 膨胀至 400dm^3、100kPa，计算此过程的 ΔS。已知 $c_{p,m}$ = 50.21J/(K·mol)。

21. 试用手册中数据，求算下列反应在 298K 时的标准摩尔反应熵：

(1) $CO(g) + 2H_2(g) \longrightarrow CH_3OH(l)$

(2) $CH_4(g) + 2O_2(g) \longrightarrow CO_2(g) + 2H_2O(l)$

22. 1mol 理想气体从 273K、22.4dm^3 的始态变到 202.65kPa、303K 的末态，已知系统始态的规定熵为 83.68J/K，$c_{V,m}$=12.471J/(K·mol)，求此过程的 ΔU、ΔH、ΔS 和 ΔG。

23. 指出下列过程中 ΔU、ΔH、ΔS、ΔG 何者为零？

(1) H_2 和 O_2 在绝热钢瓶中反应；

(2) 液体水在 373.15K、101.325kPa 下汽化为水蒸气；

(3) 实际气体绝热可逆膨胀；

(4) 理想气体恒温不可逆膨胀；

(5) 实际气体的循环过程。

24. 已知 25℃时，CO (g) 和 CH_3OH (g) 的 $\Delta_f H_m^\ominus$分别为－110.52kJ/mol 及－200.7kJ/mol，CO (g)、H_2 (g)、CH_3OH (l) 的 $S_m^\ominus$分别为 197.56J/(K·mol)、130.57J/(K·mol) 及 127J/(K·mol)；又知 25℃时甲醇的饱和蒸气压为 16.59kPa，摩尔汽化焓 $\Delta_{vap}H_m$ = 38.0kJ/mol，蒸气可视为理想气体。求 25℃时，反应 $CO(g) + 2H_2(g) \longrightarrow CH_3OH(g)$ 的 $\Delta_r G_m^\ominus$。

25. 对反应 $4H_2(g) + CO_2(g) \longrightarrow 2H_2O(g) + CH_4(g)$，已知 298K 时，有关物质的 $\Delta_f H_m^\ominus$和 $S_m^\ominus$数据如下：

物质	$CO_2(g)$	$H_2(g)$	$CH_4(g)$	$H_2O(g)$
$\Delta_f H_m^\ominus$/(kJ/mol)	−393.51	0	−74.85	−241.83
$S_m^\ominus$/[J/(K·mol)]	213.65	130.59	186.19	188.72

求该反应的 $\Delta_r G_m^\ominus$。

阅读材料　"烙饼"、"蒸馒头"、"烤红薯"主要利用了哪一种传热方式？

传导、对流、热辐射是热传递的三种方式。

"烙饼"主要利用了热传导。炉火对锅加热，锅的温度升高，而饼的温度较低，热就从温度较高的锅传给温度较低的饼。由于它们之间存在温度差，热传导就一直进行下去，直到把饼烙热。

"蒸馒头"主要利用了对流和热传导。炉火对锅加热时，锅把热传给锅内的水，水受热后不断对流直到沸腾，沸水产生大量水蒸气，馒头处在高温水蒸气中。热由水蒸气传给馒头，使馒头的温度升高，直到最后馒头被蒸熟。

"烤红薯"主要利用热辐射。炉火的热沿直线射到红薯上，红薯吸收了炉火的辐射热升高了温度，最后被烤熟。

第五章

化 学 平 衡

知识目标：1. 掌握化学平衡状态的特征、平衡常数的意义及应用；掌握化学平衡移动原理及其应用。
2. 掌握酸碱平衡、沉淀溶解平衡、氧化还原平衡、配位平衡的原理及应用。

能力目标：1. 学会利用化学平衡移动原理解决日常生活问题。
2. 学会调研、分析、提出解决问题的方法和思路。

社会和谐、生态平衡、人体调和等是宏观世界的平衡问题，存在于大千世界的方方面面。平衡也存在于微观世界中。平衡意味着稳定，是自然界中物质运动的目标。

第一节　化学平衡的基本概念

一、化学平衡与平衡常数

1. 化学平衡

同一条件下，既能向一个方向进行又能向另一方向进行的反应，称为可逆反应。从左向右进行的反应称为正反应，从右向左进行的反应称为逆反应。方程式左边的物质称为反应物，右边的物质称为生成物或产物。任何一个反应都具有一定的可逆性，但可逆的程度不同。

对于任一可逆反应，若在一定条件下反应并保持反应条件不变，开始时反应物浓度最大，正反应速率最大，逆反应速率几乎为零。随着反应的进行，反应物浓度逐渐降低而生成物浓度逐渐升高，正反应速率随之减小，逆反应速率随之增大。当反应进行到一定程度时，正、逆反应速率相等，反应物浓度和生成物浓度不再改变。图 5-1 反映了反应速率随着反应时间的变化状况。可逆反应的正、逆反应速率相等时的状态称为化学平衡。

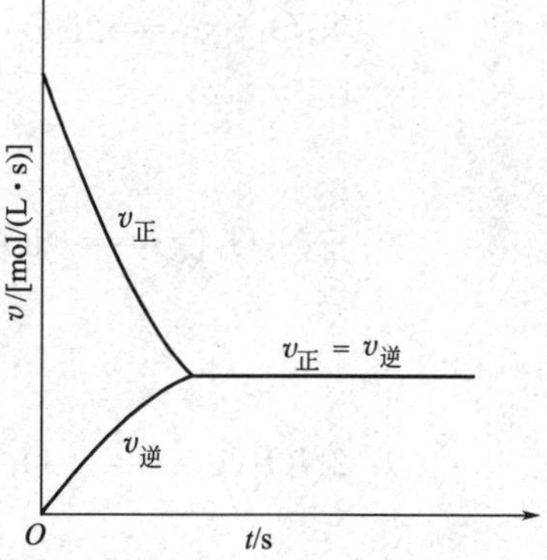

图 5-1　可逆反应的反应速率变化示意图

体系达到化学平衡时，表现出如下特征：

(1) 化学平衡是一种动态平衡　在一定条件下，体系达到平衡后，生成物浓度与反应物浓度不再改变，但这并不意味着反应停止。实际上反应仍在进行，只是此时正、逆反应速率相等，反应的结果是正反应消耗反应物的量恰好等于逆反应所生成的量，正反应生成产物的量恰好等于逆反应消耗的量，所以反应物和生成物浓度保持不变。

(2) 化学平衡是一种相对平衡　化学平衡是在一定的外界条件下建立的，当此条件不变时，平衡才能保持。

当外界条件改变时，正、逆反应速率发生改变，体系内各物质的浓度发生改变，原有平衡被破坏，直到在新的条件下建立新的平衡。

2. 平衡常数

对任一可逆反应

$$aA+bB \rightleftharpoons dD+eE$$

在一定温度下，达到平衡时，体系中各物质的浓度间有如下关系：

$$\frac{\left[\frac{c(D)}{c^{\ominus}}\right]^d\left[\frac{c(E)}{c^{\ominus}}\right]^e}{\left[\frac{c(A)}{c^{\ominus}}\right]^a\left[\frac{c(B)}{c^{\ominus}}\right]^b}=K^{\ominus} \text{或} \frac{\left[\frac{p(D)}{p^{\ominus}}\right]^d\left[\frac{p(E)}{p^{\ominus}}\right]^e}{\left[\frac{p(A)}{p^{\ominus}}\right]^a\left[\frac{p(B)}{p^{\ominus}}\right]^b}=K^{\ominus} \tag{5-1}$$

在一定条件下，$K^{\ominus}$为一常数，称为标准平衡常数。式(5-1) 中，$c^{\ominus}=1\text{mol/L}$，$p^{\ominus}=100.00\text{kPa}$，所以 $K^{\ominus}$是一个无量纲的量。

在一定温度下，可逆反应达到平衡时，生成物的浓度幂（以反应方程式中的计量系数为指数）的乘积与反应物浓度幂（以反应方程式中的计量系数为指数）的乘积之比是一常数。

(1) 平衡常数表达式的书写规则

① 如果反应中有固体或纯液体物质参与反应，它们的浓度是固定不变的，可视作常数，不必写入 $K^{\ominus}$的表达式中。稀溶液中进行的反应，如有水参加，水的浓度也不必写在平衡关系中。化学平衡关系式中只包括气态物质和溶液中各溶质的浓度。例如：

$$CaCO_3(s) \rightleftharpoons CaO(s)+CO_2(g) \qquad K^{\ominus}=\frac{c(CO_2)}{c^{\ominus}}$$

$$CO_2(g)+H_2(g) \rightleftharpoons CO(g)+H_2O(l) \qquad K^{\ominus}=\frac{\frac{c(CO)}{c^{\ominus}}}{\frac{c(CO_2)}{c^{\ominus}}\times\frac{c(H_2)}{c^{\ominus}}}$$

$$Cr_2O_7^{2-}+H_2O \rightleftharpoons 2CrO_4^{2-}+2H^+ \qquad K_c^{\ominus}=\frac{\left[\frac{c(CrO_4^{2-})}{c^{\ominus}}\right]^2\left[\frac{c(H^+)}{c^{\ominus}}\right]^2}{\frac{c(Cr_2O_7^{2-})}{c^{\ominus}}}$$

② 同一化学反应，可以用不同的化学反应方程式来表示，每个化学方程式都有自己的平衡常数关系式及相应的平衡常数。例如，100℃时，N_2O_4 和 NO_2 的平衡体系：

$$N_2O_4(g) \rightleftharpoons 2NO_2(g) \qquad K_1^{\ominus}=\frac{\left[\frac{p(NO_2)}{p^{\ominus}}\right]^2}{\frac{p(N_2O_4)}{p^{\ominus}}}=0.36$$

$$\frac{1}{2}N_2O_4(g) \rightleftharpoons NO_2(g) \qquad K_2^{\ominus}=\frac{\frac{p(NO_2)}{p^{\ominus}}}{\left[\frac{p(N_2O_4)}{p^{\ominus}}\right]^{\frac{1}{2}}}=0.60$$

$$2NO_2(g) \rightleftharpoons N_2O_4(g) \qquad K_3^{\ominus}=\frac{\frac{p(N_2O_4)}{p^{\ominus}}}{\left[\frac{p(NO_2)}{p^{\ominus}}\right]^2}=2.78$$

显然，$K_1^{\ominus}=(K_2^{\ominus})^2=1/K_3^{\ominus}$。因此，要注意使用与反应方程式相对应的平衡常数。

为简化书写，在 $K^{\ominus}$的表达式中可将 $c^{\ominus}$省略。例如，对于反应

$$NH_3(aq)+HAc(aq) \rightleftharpoons NH_4^+(aq)+Ac^-(aq)$$

其标准平衡常数可简写为：

$$K^{\ominus}=\frac{c(NH_4^+)c(Ac^-)}{c(NH_3)c(HAc)}$$

（2）平衡常数的意义

① 平衡常数是判断反应进行方向的依据 把任意状态（包括平衡态和非平衡态）下各物质的浓度或分压仍按平衡常数表达式的形式列成分式，用 Q_c 来表示，称为反应商。

$$Q_c=\frac{[c(D)]^d[c(E)]^e}{[c(A)]^a[c(B)]^b} \quad 或 \quad Q_c=\frac{[p(D)]^d[p(E)]^e}{[p(A)]^a[p(B)]^b} \tag{5-2}$$

$Q_c<K^{\ominus}$，正向反应自发进行；

$Q_c=K^{\ominus}$，反应处于平衡状态（即反应进行到最大限度）；

$Q_c>K^{\ominus}$，逆向反应自发进行。

② 平衡常数是比较反应完成程度的依据 平衡常数越大，反应进行得越完全。相同条件下，可根据平衡常数的大小比较反应进行的程度。

3. 化学平衡的有关计算

平衡常数具体体现着各平衡浓度之间的关系，实验和工业生产中根据这种平衡关系来计算有关物质的平衡浓度、平衡常数以及反应的转化率。

某一反应物的平衡转化率是指化学反应达平衡后，该反应物转化为生成物的百分数，是理论上能达到的最大转化率（以 α 表示）。

$$\alpha=\frac{平衡时已转化的指定反应物的量}{指定反应物的起始总量}\times 100\% \tag{5-3}$$

【例 5-1】 反应 $CO(g)+H_2O(g) \rightleftharpoons H_2(g)+CO_2(g)$ 在某温度 T 时，$K^{\ominus}=9$。若 CO 和 H_2O 的起始浓度皆为 0.02mol/L，求：（1）平衡时各组分的浓度；（2）CO 的平衡转化率。

解 （1）设反应达到平衡时体系中 H_2 和 CO_2 的浓度均为 $x$mol/L。

	CO	+	H_2O	$\rightleftharpoons$	H_2	+	CO_2
起始时浓度/(mol/L)	0.02		0.02		0		0
平衡时浓度/(mol/L)	$0.02-x$		$0.02-x$		x		x

$$K^{\ominus}=\frac{c(H_2)c(CO_2)}{c(CO)c(H_2O)}=\frac{x^2}{(0.02-x)^2}=9$$

解得

$$x=0.015$$

即平衡时

$$c(H_2)=c(CO_2)=0.015\text{mol/L} \qquad c(CO)=c(H_2O)=0.005\text{mol/L}$$

（2）平衡时 CO 转化了 0.015mol/L，则 CO 的平衡转化率 α 为：

$$\frac{0.015}{0.020}\times 100\%=75\%$$

利用同样的方法，可以求得 $K^{\ominus}=4$ 和 $K^{\ominus}=1$ 时，CO 的平衡转化率分别为 67% 和 50%。通过例 5-1 可以看到，在其他条件相同时，$K^{\ominus}$ 越大，平衡转化率越大。

二、化学平衡的移动及应用

化学平衡是暂时的、有条件的。当外界条件（如浓度、压力和温度等）改变时，化学平衡就会被破坏，系统中各物质的浓度也将随之发生改变，直到在新条件下建立新的平衡为止。在新的平衡状态，系统中各物质的浓度与原平衡时各物质的浓度不再相同，这种由于条件的改变，可逆反应从一种平衡状态向另一种平衡状态转变的过程叫化学平衡的移动。

一个可逆反应在一定温度下进行的方向和限度由 Q_c 和 $K^{\ominus}$ 的相对大小来决定：

当 $Q_c=K^{\ominus}$ 时，可逆反应达到平衡状态；

当 $Q_c<K^{\ominus}$ 时，平衡向正反应方向移动；

当 $Q_c>K^{\ominus}$ 时，平衡向逆反应方向移动。

下面分别讨论浓度、压力和温度对化学平衡的影响。

1. 浓度对化学平衡的影响

在其他条件不变的情况下，增加反应物浓度或减小生成物浓度，化学平衡向正反应方向移动；增加生成物浓度或减小反应物的浓度，化学平衡向逆反应方向移动。

【例 5-2】 已知水煤气的转化反应 $CO(g)+H_2O(g) \rightleftharpoons H_2(g)+CO_2(g)$ 在 900℃时，$K^{\ominus}=1.00$，若在 200L 密闭反应器中通入 CO 和水蒸气各 400mol，通过计算得知各物质的平衡浓度均为 1.00mol/L，CO 的转化率为 50.0%。若向反应器中再通入水蒸气 400mol，(1) 判断平衡移动的方向；(2) 计算重新达到平衡时各物质的平衡浓度；(3) 计算 CO 的总转化率。

解 (1) 设平衡破坏时的反应商为 Q_c。

	$CO(g)$	+ $H_2O(g)$	$\rightleftharpoons$ $H_2(g)$	+ $CO_2(g)$
原平衡浓度/(mol/L)	1.00	1.00	1.00	1.00
平衡破坏时浓度/(mol/L)	1.00	$1.00+\frac{400}{200}$	1.00	1.00

$$Q_c=\frac{c(CO_2)c(H_2)}{c(CO)c(H_2O)}=\frac{1.00\times1.00}{1.00\times3.00}=0.333$$

$Q_c<K^{\ominus}$，平衡向正反应方向移动。

(2) 设在新的条件下达到平衡时 CO 又转化了 $x$mol/L。

	$CO(g)$	+ $H_2O(g)$	$\rightleftharpoons$ $H_2(g)$	+ $CO_2(g)$
新平衡浓度/(mol/L)	$1.00-x$	$3.00-x$	$1.00+x$	$1.00+x$

$$K^{\ominus}=\frac{c(H_2)c(CO_2)}{c(CO)c(H_2O)}=\frac{(1.00+x)(1.00+x)}{(1.00-x)(3.00-x)}=1.00$$

解得 $$x=0.333$$

平衡时各物质的浓度分别为：

$$c(CO_2)=1.00-0.333\approx0.67\ (mol/L)$$

$$c(H_2O)=3.00-0.333\approx2.67\ (mol/L)$$

$$c(CO_2)=c(H_2)=1.00+0.333\approx1.33\ (mol/L)$$

(3) CO 的总转化率为：

$$\frac{1.00+0.333}{2.00}\times100\%=66.7\%$$

从以上计算可以看出，增大了反应物之一水蒸气的浓度，CO 的平衡转化率从 50% 提高到 66.7%。

工业上，经常利用这一原理，增大价廉易得的原料浓度，以提高产物的转化率。

2. 压力对化学平衡的影响

在恒温下，增大总压力，平衡向气体分子数目减小的方向移动；减小总压力，平衡向气体分子数目增加的方向移动。如反应前后气体总分子数不变，则改变总压力对平衡无影响。

【例 5-3】 反应 $N_2(g)+3H_2(g)\rightleftharpoons 2NH_3(g)$ 在一定温度下达到平衡后，如果平衡体系的总压力增加为原来的两倍，平衡如何移动?

解 $N_2(g)+3H_2(g)\rightleftharpoons 2NH_3(g)$

从反应式可以知道，反应物的总分子数为 4，生成物的总分子数为 2，反应前后分子总数是有变化的。

在一定温度下，当上述反应达到平衡时，各组分的平衡分压分别为 $p(NH_3)$、$p(H_2)$、$p(N_2)$，则

$$\frac{[p(NH_3)]^2}{[p(H_2)]^3 p(N_2)}=K^\ominus$$

如果平衡体系的总压力增加为原来的两倍，这时，各组分的分压也增加两倍，分别为 $2p(NH_3)$、$2p(H_2)$、$2p(N_2)$。于是

$$Q_p=\frac{[2p(NH_3)]^2}{[2p(H_2)]^3[2p(N_2)]}=\frac{4}{16}\times\frac{[p(NH_3)]^2}{[p(H_2)]^3 p(N_2)}=\frac{1}{4}K^\ominus$$

此时体系已经不再处于平衡状态，$Q_c<K^\ominus$，平衡向正反应方向移动，即反应朝着生成氨（即气体分子数减小）的正反应方向进行。随着反应的进行，$p(NH_3)$ 不断增高，$p(H_2)$ 和 $p(N_2)$ 下降，最后当 Q_p 的值重新等于 $K^\ominus$ 时，体系在新条件下达到新的平衡。

如果将平衡体系的压力降低为原来的一半，这时，各组分的分压也分别减为原来的一半，分别为 $\frac{1}{2}p(NH_3)$、$\frac{1}{2}p(H_2)$、$\frac{1}{2}p(N_2)$，则

$$Q_p=\frac{\left[\frac{1}{2}p(NH_3)\right]^2}{\left[\frac{1}{2}p(H_2)\right]^3\left[\frac{1}{2}p(N_2)\right]}=\frac{16[p(NH_3)]^2}{4[p(H_2)]^3 p(N_2)}=4K^\ominus$$

此时体系也已经不再处于平衡状态，$Q_p>K^\ominus$，平衡向逆反应方向移动，即平衡向氨分解为氮和氢的方向（即气体分子数增加的方向）移动。在反应进行过程中，随着 NH_3 的不断分解，$p(NH_3)$ 不断下降，$p(H_2)$、$p(N_2)$ 不断增大，最后当 Q_p 的值重新等于 $K^\ominus$ 时，体系在新条件下达到新的平衡。

> **思考：** 反应前后气体分子数相等的反应，当增大总压力为原来的两倍时，其 Q 值是否改变，并与 $K^\ominus$ 比较。

3. 温度对化学平衡的影响

温度对化学平衡的影响与前两种情况有本质的区别。改变浓度或压力只能使平衡点改变，而温度的变化却会导致平衡常数数值的改变。

升高温度，平衡向吸热反应方向移动；降低温度，平衡向放热反应方向移动。

合成氨是放热反应，当温度升高时，$K^\ominus$ 减小，平衡向氨分解的方向移动，不利于产生更多的 NH_3。因此，从化学平衡角度看，该可逆反应适宜在较低的温度下进行。在实际生产中考虑到低温时反应速率小、生产周期长，所以应综合化学平衡和反应速率两方面因素，选择最佳温度，以提高合成氨的产率。

4. 催化剂与化学平衡

对于可逆反应，催化剂可同等程度地提高正、逆反应速率。因此，在平衡体系中加入催化剂后，正、逆反应的速率仍然相等，不会引起平衡常数的变化，也不会使化学平衡发生移动。但在未达到平衡的反应中加入催化剂后，由于反应速率的提高，可以大大缩短达到平衡的时间，加速平衡的建立。

综合浓度、压力和温度等条件的改变对化学平衡的影响，可以得出一个概括的规律。这是法国科学家勒夏特列（Le Chatelier，1850～1936 年）在 1887 年提出的定性解释化学平衡移动的原理：假如改变平衡系统的条件之一，如浓度(分压)、总压或温度等，平衡将向减弱改变条件的方向移动。

勒夏特列原理是一条普遍的规律，它对于所有动态平衡（包括物理平衡）都适用。但必须注意，它只适用于已经达到平衡的体系，对于未达到平衡的体系是不适用的。

第二节 酸碱平衡

一、酸碱质子理论

1. 酸碱定义

酸碱质子理论认为：凡能给出质子（H^+）的物质都是酸；凡能接受质子的物质都是碱。例如，HCl、HAc、NH_4^+ 是酸，Cl^-、Ac^-、NH_3 是碱。

$$HCl \rightleftharpoons H^+ + Cl^-$$
$$HAc \rightleftharpoons H^+ + Ac^-$$
$$NH_4^+ \rightleftharpoons H^+ + NH_3$$
$$HB \rightleftharpoons H^+ + B^-$$

酸（HB）给出质子后生成了碱（B^-），碱（B^-）接受质子后生成了酸（HB）。HB-B^- 称为共轭酸碱对，酸（HB）是碱（B^-）的共轭酸，碱（B^-）是酸（HB）的共轭碱。例如，HAc 是 Ac^- 的共轭酸，而 Ac^- 是 HAc 的共轭碱。共轭酸碱之间彼此只相差一个质子。酸碱质子理论中的酸碱可以是分子或离子。

有些物质既能给出质子又能接受质子，如 $H_2PO_4^-$、HCO_3^-、H_2O 等物质，这类物质称为两性物质。

2. 酸碱反应的实质

酸碱反应的实质，是两个共轭酸碱对之间的质子传递反应，即质子从一种物质传递到另一种物质反应。

$$\overset{\quad H^+ \quad}{\overbrace{HAc + H_2O}} \rightleftharpoons Ac^- + H_3O^+$$

$$\text{酸}_1 \quad \text{碱}_2 \qquad\quad \text{碱}_1 \quad \text{酸}_2$$

二、弱电解质的离解平衡

1. 一元弱酸、弱碱的离解平衡

(1) 一元弱酸、弱碱的离解常数 一元弱酸 HA 在水溶液中的解离平衡为：

$$HA \rightleftharpoons H^+ + A^-$$

在一定温度下，达到平衡时，则有

$$K_a^{\ominus} = \frac{[H^+][A^-]}{[HA]}$$

$K_a^{\ominus}$ 称为弱酸的离解常数。在温度一定的情况下，$K_a^{\ominus}$ 越大，酸越易给出质子，酸性越强。例如，$K_a^{\ominus}(HAc) = 1.76 \times 10^{-5}$，$K_a^{\ominus}(HCN) = 4.93 \times 10^{-10}$，HAc 的酸性比 HCN 强。

同理，$K_b^{\ominus}$ 为弱碱的离解常数，其大小同样可以表示该碱在水溶液中接受质子能力的大小。$K_b^{\ominus}$ 越大，碱接受质子的能力越强，碱性越强。常见弱电解质的离解常数见书后附录

表 2。

(2) 一元弱酸、弱碱溶液酸度的计算　设一元弱酸 HA 的起始浓度为 c。

$$HA \rightleftharpoons H^+ + A^-$$

起始浓度　　c　　0　　0

平衡浓度　　$c-[H^+]$　　$[H^+]$　　$[H^+]$

$$K_a^{\ominus}=\frac{[H^+][A^-]}{[HA]}=\frac{[H^+]^2}{c-[H^+]}$$

则溶液中的$[H^+]$为：

$$[H^+]=\frac{-K_a^{\ominus}+\sqrt{K_a^{\ominus 2}+4cK_a^{\ominus}}}{2} \tag{5-4}$$

式(5-4) 是计算一元弱酸溶液中 $[H^+]$ 的近似式。

当 $c/K_a^{\ominus} \geqslant 500$ 时，$[H^+] \ll c$，平衡时 $[HA]=c-[H^+] \approx c$，则 $K_a^{\ominus}=\frac{[H^+]^2}{c}$，得

$$[H^+]=\sqrt{cK_a^{\ominus}} \tag{5-5}$$

式(5-5) 是计算一元弱酸溶液中 $[H^+]$ 的最简式。

同理，计算一元弱碱溶液中 $[OH^-]$ 的最简式为：

$$[OH^-]=\sqrt{cK_b^{\ominus}} \tag{5-6}$$

【例 5-4】 计算 3.0×10^{-2} mol/L HCN 溶液的 pH。

解　查表得 $K_a^{\ominus}(HCN)=4.93\times10^{-10}$，且 $c/K_a^{\ominus}>500$，所以

$$[H^+]=\sqrt{cK_a^{\ominus}}=\sqrt{3.0\times10^{-2}\times4.93\times10^{-10}}=3.85\times10^{-6}$$

$$pH=5.41$$

2. 多元弱酸、弱碱的离解平衡

多元弱酸、弱碱在水溶液中的离解是分步进行的。例如 H_2CO_3 的离解：

$$H_2CO_3 \rightleftharpoons H^+ + HCO_3^- \qquad K_{a_1}^{\ominus}=4.30\times10^{-7}$$

$$HCO_3^- \rightleftharpoons H^+ + CO_3^{2-} \qquad K_{a_2}^{\ominus}=5.61\times10^{-11}$$

因为 $K_{a_1}^{\ominus} \gg K_{a_2}^{\ominus}$，说明第二步电离比第一步困难得多。当 $K_{a_1}^{\ominus}/K_{a_2}^{\ominus}>10^2$，溶液中的 H^+ 主要来自第一步电离，所以可参照式(5-5) 计算 H_2CO_3 溶液中的 $[H^+]$，即 $[H^+]=\sqrt{cK_{a_1}^{\ominus}}$。

3. 两性物质溶液的离解平衡

既能给出质子，又能接受质子的物质称为两性物质。常见的两性物质有：多元酸的酸式盐，如 $NaHCO_3$、NaH_2PO_4、Na_2HPO_4；弱酸弱碱盐，如 NH_4Ac、NH_4CN；氨基酸，如 H_2NCH_2COOH。下面以 $NaHCO_3$ 为例，讨论两性物质溶液 pH 的计算。

在 $NaHCO_3$ 溶液中，能够给出质子和接受质子的组分分别是 HCO_3^- 和 H_2O。HCO_3^- 给出质子和接受质子的能力都强于 H_2O，因此，溶液中最主要的酸碱平衡为 HCO_3^- 与 HCO_3^- 之间的质子传递。

$$HCO_3^- + HCO_3^- \rightleftharpoons H_2CO_3 + CO_3^{2-}$$

达平衡时　　$[H_2CO_3]=[CO_3^{2-}]$

根据 H_2CO_3 的逐级解离常数可得

$$[H_2CO_3]=\frac{[H^+][HCO_3^-]}{K_{a_1}^{\ominus}}$$

$$[CO_3^{2-}]=\frac{K_{a_2}^{\ominus}[HCO_3^-]}{[H^+]}$$

即

$$\frac{[H^+][HCO_3^-]}{K_{a_1}^{\ominus}}=\frac{K_{a_2}^{\ominus}[HCO_3^-]}{[H^+]}$$

整理后得到

$$[H^+]=\sqrt{K_{a_1}^{\ominus}K_{a_2}^{\ominus}} \qquad pH=\frac{1}{2}(pK_{a_1}^{\ominus}+pK_{a_2}^{\ominus}) \tag{5-7}$$

式(5-7) 为计算两性物质溶液 pH 的简化式，当 $c/K_{a_1}^{\ominus}>20$ 时，可用简化式计算。

【例 5-5】 计算 0.010mol/L $NaHCO_3$ 溶液的 pH。已知 H_2CO_3 的 $K_{a_1}^{\ominus}=4.30\times10^{-7}$，$K_{a_2}^{\ominus}=5.61\times10^{-11}$。

解 因为 $c/K_{a_1}^{\ominus}>20$，所以

$$[H^+]=\sqrt{K_{a_1}^{\ominus}K_{a_2}^{\ominus}}=\sqrt{4.30\times10^{-7}\times5.61\times10^{-11}}=4.9\times10^{-9}\ (mol/L)$$

$$pH=8.31$$

【例 5-6】 计算 0.010mol/L NH_4Ac 溶液的 pH。已知 $K_b^{\ominus}(NH_3)=1.8\times10^{-5}$，$K_a^{\ominus}(HAc)=1.8\times10^{-5}$。

解

$$NH_4^++Ac^- \rightleftharpoons NH_3+HAc$$

平衡时

$$[NH_3]=[HAc]$$

由 $K_a(HAc)=\frac{[H^+][Ac^-]}{[HAc]}$得 $\quad [HAc]=\frac{[H][Ac^-]}{K_a(HAc)}$

由 $K_b(NH_3)=\frac{[NH_4^+][OH^-]}{[NH_3]}$得

$$[NH_3]=\frac{[NH_4^+][OH^-]}{K_b(NH_3)}=\frac{[NH_4^+]K_w}{K_b(NH_3)[H^+]}=\frac{[NH_4^+]K_a(NH_4^+)}{[H^+]}$$

则

$$\frac{[H^+][Ac^-]}{K_a(HAc)}=\frac{[NH_4^+]K_a(NH_4^+)}{[H^+]}$$

因为 $[Ac^-]=[NH_4^+]$，所以

$$[H^+]=\sqrt{K_a(HAc)K_a(NH_4^+)}=\sqrt{1.8\times10^{-5}\times\frac{1.0\times10^{-14}}{1.8\times10^{-5}}}=1.0\times10^{-7}\ (mol/L)$$

$$pH=7.0$$

4. 同离子效应

> **思考：** 0.10mol/L Na_2HPO_4 溶液、0.10mol/L NH_4CN 溶液的 pH 怎样计算？

在 HAc 溶液中加入少量 NaAc，由于 NaAc 是强电解质，在溶液中全部解离，溶液中大量存在的 Ac^- 就会和 H^+ 结合成 HAc 分子，使 HAc 的解离平衡向左移动，从而降低了 HAc 的解离度。同样，在 $NH_3\cdot H_2O$ 中加入 NH_4Cl，也会导致 $NH_3\cdot H_2O$ 的解离度降低。

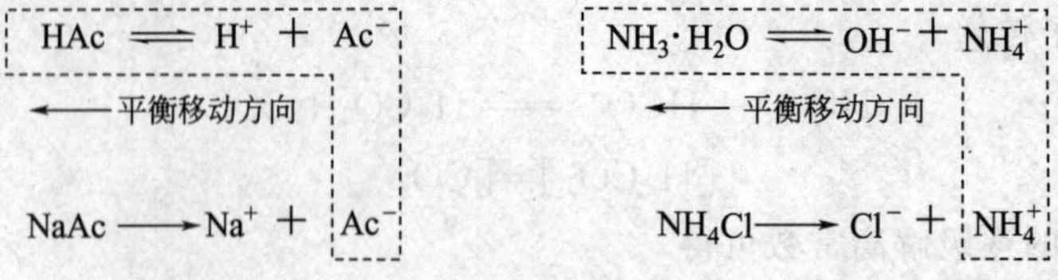

这种在弱电解质溶液中由于加入相同离子，使弱电解质的解离度降低的现象叫同离子效应。

【例 5-7】 计算：(1) 0.10mol/L HAc 溶液的 $[H^+]$ 及解离度；(2) 在 1.0L 该溶液中加入 0.10mol NaAc 晶体（忽略引起的体积变化）后，溶液中 $[H^+]$ 及解离度。已知 HAc 的 $K_a^\ominus = 1.76\times10^{-5}$。

解　(1) 因为 $c/K_a^\ominus > 500$，所以

$$[H^+]=\sqrt{cK_a^\ominus}=\sqrt{0.10\times1.76\times10^{-5}}=1.3\times10^{-3}\ (\text{mol/L})$$

则

$$\alpha=\frac{\text{溶质已解离部分的浓度}}{\text{溶质的原始浓度}}\times100\%=\frac{1.3\times10^{-3}}{0.10}\times100\%=1.3\%$$

(2) 加入 0.10mol NaAc 晶体后，体积不变；由于同离子效应，HAc 的解离度很小，可作如下近似处理：

	HAc	$\rightleftharpoons$	H^+	$+$	Ac^-
平衡浓度/(mol/L)	$0.10-[H^+]$		$[H^+]$		$0.10+[H^+]$
	≈0.10				≈0.10

由 $K_a^\ominus=\frac{[H^+][Ac^-]}{[HAc]}=\frac{0.10[H^+]}{0.10}=1.76\times10^{-5}$ 得

$$[H^+]=1.76\times10^{-5}\text{mol/L}$$

则

$$\alpha=\frac{1.76\times10^{-5}}{0.10}\times100\%=0.018\%$$

加入 NaAc 后，由于存在同离子效应，H^+ 浓度和 HAc 的解离度都降低了。因此，利用同离子效应控制溶液中某种离子的浓度和调节溶液的 pH，对科学实验和生产实践都具有实际意义。

三、缓冲溶液

1. 缓冲溶液的组成及作用原理

具有抵抗外加少量强酸或强碱或稍加稀释，而 pH 基本保持不变的作用称为缓冲作用，具有缓冲作用的溶液称为缓冲溶液。

缓冲溶液通常由弱酸及其共轭碱（如 $HAc-Ac^-$）、弱碱及其共轭酸（如 $NH_3\cdot H_2O-NH_4^+$）组成。

现以 HAc 和 NaAc 浓度相同的 HAc-NaAc 缓冲溶液为例来说明缓冲作用的原理。

$$HAc \rightleftharpoons H^+ + Ac^-$$

$$NaAc \longrightarrow Na^+ + Ac^-$$

NaAc 是强电解质，在溶液中完全解离，溶液中存在大量的 Ac^-，由于同离子效应，降低了 HAc 的解离度，溶液中还存在大量的 HAc 分子，缓冲溶液在组成上的特点是存在大量的弱酸分子及其共轭碱。

当向溶液中加入少量强酸时，强酸电离出来的 H^+ 和溶液中的大量 Ac^- 结合成 HAc，使平衡向左移动，溶液中 H^+ 浓度几乎没有升高，pH 基本保持不变，此时 Ac^- 起到了抗酸的作用。

当向溶液中加入少量强碱时，OH^- 和溶液中的 H^+ 结合成 H_2O，使平衡向右移动，HAc 进一步解离，H^+ 浓度几乎没有降低，此时 HAc 起到了抗碱的作用。

当加入水稍加稀释时，由于共轭酸碱的浓度之比没有变化，缓冲溶液的 pH 基本保持不变。

2. 缓冲溶液 pH 的计算

(1) 弱酸及其共轭碱组成的缓冲溶液　以弱酸 HA 及其共轭碱 A^- 组成的缓冲溶液为例，该缓冲溶液存在下列平衡：

$$\text{HA} \rightleftharpoons \text{H}^+ + \text{A}^-$$

平衡浓度　$c(\text{HA})-[\text{H}^+]$　　$[\text{H}^+]$　　$c(\text{A}^-)+[\text{H}^+]$

由于缓冲溶液的浓度都较大，且存在同离子效应，所以，$c(\text{HA})-[\text{H}^+]\approx c(\text{HA})$，$c(\text{A}^-)+[\text{H}^+]\approx c(\text{A}^-)$，则

$$[\text{H}^+]=K_a^{\ominus}\times\frac{c(\text{HA})}{c(\text{A}^-)} \qquad \text{pH}=\text{p}K_a^{\ominus}-\lg\frac{c(\text{HA})}{c(\text{A}^-)} \tag{5-8}$$

(2) 弱碱及其共轭酸组成的缓冲溶液

$$[\text{OH}^-]=K_b^{\ominus}\times\frac{c(\text{碱})}{c(\text{共轭酸})} \qquad \text{pOH}=\text{p}K_b^{\ominus}-\lg\frac{c(\text{碱})}{c(\text{共轭酸})} \tag{5-9}$$

【例 5-8】 用 50mL 0.10mol/L HAc 溶液和 50mL 0.10mol/L NaAc 溶液混合，配成缓冲溶液。已知 HAc 的 $K_a^{\ominus}=1.76\times10^{-5}$，求：

(1) 溶液的 pH；

(2) 加入 10mL 0.010mol/L HCl 溶液后，溶液的 pH；

(3) 加入 10mL 0.010mol/L NaOH 溶液后，溶液的 pH；

解　(1) 等体积的 HAc 和 NaAc 溶液混合，浓度各减少一半，即

$$c(\text{HAc})=0.050\text{mol/L} \qquad c(\text{Ac}^-)=0.050\text{mol/L}$$

$$[\text{H}^+]=K_a^{\ominus}\times\frac{c(\text{HAc})}{c(\text{A}^-)}=1.76\times10^{-5}\times\frac{0.050}{0.050}=1.76\times10^{-5}\ (\text{mol/L})$$

$$\text{pH}=4.75$$

(2) 加入 10mL HCl 溶液后，体积由 100mL 增至 110mL，HAc 和 NaAc 的浓度稀释为

$$0.050\times\frac{100}{110}=0.045\ (\text{mol/L})$$

HCl 浓度为

$$0.010\times\frac{10}{110}=0.00091\ (\text{mol/L})$$

由于 HCl 产生的 H^+ 将与 Ac^- 作用生成 HAc，因此反应达平衡时：

$$c(\text{HAc})=0.045+0.00091=0.046\ (\text{mol/L})$$

$$c(\text{Ac}^-)=0.045-0.00091=0.044\ (\text{mol/L})$$

$$[\text{H}^+]=1.76\times10^{-5}\times\frac{0.046}{0.044}=1.84\times10^{-5}\ (\text{mol/L})$$

$$\text{pH}=4.74$$

(3) 加入 10mL NaOH 溶液后，由于 NaOH 产生的 OH^- 将与 HAc 解离出的 H^+ 作用生成水，因此达平衡时：

$$c(\text{HAc})=0.045-0.00091=0.044\ (\text{mol/L})$$

$$c(\text{Ac}^-)=0.045+0.00091=0.046\ (\text{mol/L})$$

$$[\text{H}^+]=1.76\times10^{-5}\times\frac{0.044}{0.046}=1.68\times10^{-5}\ (\text{mol/L})$$

$$\text{pH}=4.78$$

3. 常见的缓冲溶液及其缓冲范围

任何缓冲溶液的缓冲能力都是有限的，若向体系中加入过多的酸或碱，或是过分稀释，都可能使缓冲溶液失去缓冲作用。一般 HA-A^- 缓冲溶液的缓冲范围是 $pH \approx pK_a^{\ominus} \pm 1$，如 HAc-NaAc 缓冲溶液的 pH 范围是 4.75±1，即 3.75～5.75。常见的酸碱缓冲体系见表 5-1。

表 5-1 一些常见的酸碱缓冲体系

缓冲体系	$pK_a^{\ominus}$(或 $pK_b^{\ominus}$)	缓冲范围(pH)
HAc-NaAc	4.75	3.6～5.6
$NH_3 \cdot H_2O$-NH_4Cl	4.75($pK_b^{\ominus}$)	8.3～10.3
$NaHCO_3$-Na_2CO_3	10.25	9.2～11.0
KH_2PO_4-K_2HPO_4	7.21	5.9～8.0
H_3BO_3-NaB_4O_7	9.2	7.2～9.2

缓冲溶液应用十分广泛。在实际工作中，许多情况下需要保持系统的 pH 基本不变，这可借助缓冲溶液达到目的。因此，在分析化学、生物化学以及化工生产中经常使用某些缓冲溶液。土壤中含有的 H_2CO_3-HCO_3^- 缓冲体系可使其保持在 pH 4～7.5 之间，以利于植物生长。

小资料：构成生物体内的缓冲系统的无机酸或盐类是碳酸和碳酸氢盐（碳酸缓冲系统）以及亚磷酸盐与磷酸盐（磷酸缓冲系统），在血液中前者起主要作用，在组织细胞中后者起主要作用，但成为两性离子的蛋白质（在血液中是血红蛋白和血浆蛋白）或氨基酸的作用也很大。另外在生物学实验中，用作器官或组织的介质溶液常常需要缓冲液，为此有磷酸缓冲液、乙酸缓冲液等各种配方。

第三节 沉淀溶解平衡

在含有固体难溶强电解质的饱和溶液中，存在着未溶解固体与已溶解部分离解的离子之间的平衡，称为沉淀溶解平衡，如图 5-2 所示。

一、溶度积

1. 溶度积常数

将 $BaSO_4$ 晶体投入水中，晶体表面的 Ba^{2+}、SO_4^{2-} 在水分子的作用下，离开晶体表面进入水中，成为自由移动的水合离子，这个过程称为溶解过程。同时，Ba^{2+}、SO_4^{2-} 在水中相互碰撞，重新结合成 $BaSO_4$ 晶体，或受到晶体表面离子的吸引回到晶体表面上，这个过程称为沉淀过程。任何难溶电解质的溶解过程都是可逆的。在一定条件下，当沉淀速率和溶解速率相等时，就达到了沉淀溶解平衡。沉淀溶解平衡是一种化学平衡，遵循化学平衡的一般规律。此过程可表示为：

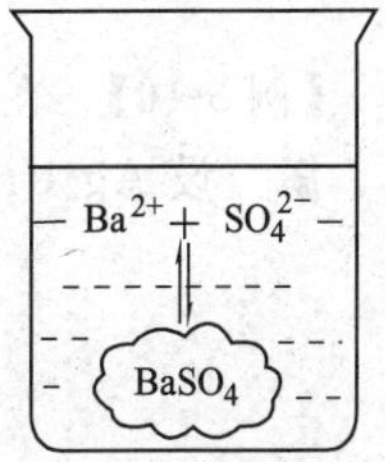

图 5-2 沉淀溶解平衡

$$BaSO_4(s) \underset{沉淀}{\overset{溶解}{\rightleftharpoons}} Ba^{2+}(aq) + SO_4^{2-}(aq)$$

$$K = \frac{[Ba^{2+}][SO_4^{2-}]}{[BaSO_4]}$$

$[BaSO_4]$ 是未溶解固体的浓度，视为常数并入 K 中，则有

$$K_{sp}^{\ominus}=[Ba^{2+}][SO_4^{2-}]$$

$K_{sp}^{\ominus}$称为溶度积常数，简称溶度积。溶度积随温度的变化而变化，与溶解的浓度无关。常见难溶电解质的溶度积常数见附录表3。

一般的难溶强电解质 A_mB_n 的沉淀溶解平衡为：

$$A_mB_n(s)\underset{沉淀}{\overset{溶解}{\rightleftharpoons}}mA^{n+}(aq)+nB^{m-}(aq)$$

$$K_{sp}^{\ominus}(A_mB_n)=[A^{n+}]^m[B^{m-}]^n \qquad (5\text{-}10)$$

2. 溶度积与溶解度的关系

溶度积和溶解度都可用来衡量电解质的溶解能力。对于同种类型（AB型、AB_2 型等）的难溶电解质，在同一温度下，可用 $K_{sp}^{\ominus}$ 比较溶解能力，$K_{sp}^{\ominus}$ 越小，溶解度也越小。对于不同类型的难溶电解质，需根据溶度积换算成溶解度，才能比较其溶解能力的大小。换算时所用溶解度的单位是 mol/L。

【例 5-9】 298K 时，$BaSO_4$ 的溶度积为 1.08×10^{-10} mol/L，求该温度下 $BaSO_4$ 的溶解度。

解 设 $BaSO_4$ 的溶解度（S）为 $x$mol/L。

$$BaSO_4 \rightleftharpoons Ba^{2+}+SO_4^{2-}$$

平衡浓度/(mol/L)　　　x　　x

$$K_{sp}^{\ominus}(BaSO_4)=[Ba^{2+}][SO_4^{2-}]$$

即　$$1.08\times10^{-10}=x^2$$

解得　$$x=1.04\times10^{-5}$$

即　$$S(BaSO_4)=1.04\times10^{-5}\text{ mol/L}$$

结论 AB型难溶强电解质（如 AgCl、AgBr、$BaSO_4$、$CaCO_3$ 等）的 $K_{sp}^{\ominus}$ 与溶解度 S 之间的换算关系为：

$$S=\sqrt{K_{sp}^{\ominus}} \qquad (5\text{-}11)$$

【例 5-10】 在 298K 时，Ag_2CrO_4 的溶度积为 1.1×10^{-12}，计算其溶解度。

解 设 Ag_2CrO_4 在水中的溶解度（S）为 x，则

$$Ag_2CrO_4 \rightleftharpoons 2Ag^{+}+CrO_4^{2-}$$

平衡浓度　　　$2x$　　x

$$K_{sp}^{\ominus}=[Ag^{+}]^2[CrO_4^{2-}]=(2x)^2\cdot x=4x^3$$

$$x=\sqrt[3]{K_{sp}^{\ominus}/4}=\sqrt[3]{1.1\times10^{-12}/4}=6.7\times10^{-5}\ \text{(mol/L)}$$

即　$$S(Ag_2CrO_4)=6.7\times10^{-5}\text{ mol/L}$$

结论 AB_2 型或 A_2B 型难溶强电解质［如 Ag_2CrO_4、$Mg(OH)_2$、Ag_2S 等］的 $K_{sp}^{\ominus}$ 与 S 之间的换算关系为：

$$S=\sqrt[3]{K_{sp}^{\ominus}/4} \qquad (5\text{-}12)$$

AB_3 型或 A_3B 型难溶强电解质［如 Ag_3PO_4、$Fe(OH)_3$、$Al(OH)_3$ 等］的 $K_{sp}^{\ominus}$ 与 S 之间的换算关系为：

$$S=\sqrt[4]{K_{sp}^{\ominus}/27} \qquad (5\text{-}13)$$

> **思考：** 298K 时 $Fe(OH)_3$ 的溶解度如何计算？已知该温度下 $Fe(OH)_3$ 的溶度积为 2.79×10^{-39}。

二、溶度积规则及其应用

1. 溶度积规则

难溶电解质的沉淀溶解平衡是一种动态平衡。改变条件，溶液中的离子可以结合成固体——沉淀生成；或固体转化为溶液中的离子——沉淀溶解。

在一定温度下，任意状态下难溶强电解质溶液中离子浓度系数幂的乘积，称为离子积。用符号 Q_i 表示，离子积是沉淀反应的反应商。

对某一溶液，Q_i 与 $K_{sp}^{\ominus}$数值的大小关系有以下三种情况：

① $Q_i < K_{sp}^{\ominus}$表示溶液不饱和，无沉淀析出。若加入难溶强电解质，会继续溶解，至溶液饱和为止。

② $Q_i > K_{sp}^{\ominus}$表示溶液过饱和，有沉淀析出，直至形成该温度下的饱和溶液而达到新的平衡。

③ $Q_i = K_{sp}^{\ominus}$表示溶液饱和，沉淀和溶解处于动态平衡，既无沉淀析出，又无沉淀溶解。

2. 沉淀的生成

根据溶度积规则，沉淀生成的条件为 $Q_i > K_{sp}^{\ominus}$。通常采用加入沉淀剂、控制溶液酸度、应用同离子效应等方法。

【例 5-11】 在 20mL 0.0020mol/L Na_2SO_4 溶液中加入 20mL 0.020mol/L $BaCl_2$ 溶液，是否有沉淀产生？已知 $BaSO_4$ 的 $K_{sp}^{\ominus}=1.1\times10^{-10}$。

解
$$[Ba^{2+}]=0.020\times\frac{20}{40}=0.010\ (mol/L)$$

$$[SO_4^{2-}]=0.0020\times\frac{20}{40}=0.0010\ (mol/L)$$

$$Q_i=[Ba^{2+}][SO_4^{2-}]=0.010\times0.0010=1.0\times10^{-5}>K_{sp}^{\ominus}(BaSO_4)$$

所以溶液中有沉淀产生。

【例 5-12】 求使 0.010mol/L Fe^{3+} 开始沉淀时溶液的 pH。已知 $Fe(OH)_3$ 的 $K_{sp}^{\ominus}=4.0\times10^{-38}$。

解 $Fe(OH)_3$ 开始沉淀时，$[Fe^{3+}]=0.010mol/L$。

$$K_{sp}^{\ominus}[Fe(OH)_3]=[Fe^{3+}][OH^-]^3$$

$$[OH^-]=\sqrt[3]{\frac{K_{sp}^{\ominus}[Fe(OH)_3]}{[Fe^{3+}]}}=\sqrt[3]{\frac{4.0\times10^{-38}}{0.010}}=1.59\times10^{-12}\ (mol/L)$$

$$pOH=11.8\qquad pH=14-11.8=2.2$$

【例 5-13】 298K 时，$BaSO_4$ 在纯水中的溶解度为 1.1×10^{-5} mol/L，计算 $BaSO_4$ 在 0.10mol/L Na_2SO_4 溶液中的溶解度，并与其在水中的溶解度相比较。已知 $BaSO_4$ 的$K_{sp}^{\ominus}=1.1\times10^{-10}$。

解 设 $BaSO_4$ 在 Na_2SO_4 溶液中的溶解度（S）为 $x$mol/L，则

$$BaSO_4 \rightleftharpoons Ba^{2+} + SO_4^{2-}$$

平衡浓度/(mol/L)　　　x　　　$0.10+x\approx0.10$

$$K_{sp}^{\ominus}(BaSO_4)=[Ba^{2+}][SO_4^{2-}]$$

代入得
$$1.1\times10^{-10}=0.10x$$

解得
$$x=1.1\times10^{-9}$$

即
$$S=1.1\times10^{-9}mol/L$$

计算结果表明，$BaSO_4$ 在 Na_2SO_4 溶液中的溶解度远远小于其在纯水中的溶解度。这主要是由于同离子效应使沉淀溶解平衡向生成沉淀的方向移动，从而导致了难溶电解质溶解度减小。

3. 分步沉淀

如果在溶液中有两种以上的离子可与同一试剂反应产生沉淀，首先析出的是离子积最先达到溶度积的化合物。这种按先后顺序沉淀的现象，称为分步沉淀。例如，在含有相同浓度的 Cl^- 和 I^- 的混合溶液中，逐滴加入 $AgNO_3$ 溶液，先产生黄色 AgI 沉淀，随着 $AgNO_3$ 溶液的继续加入，才出现白色 $AgCl$ 沉淀。

【例 5-14】 在含有 $0.010mol/L$ Cl^- 和 I^- 的溶液中，逐滴加入 $AgNO_3$ 溶液，问：

(1) $AgCl$ 和 AgI 中哪种先析出？

(2) 当 $AgCl$ 开始沉淀时，溶液中 I^- 的浓度为多少？

已知 $K_{sp}^{\ominus}(AgCl)=1.8\times10^{-10}$，$K_{sp}^{\ominus}(AgI)=8.3\times10^{-17}$。

解 (1) $AgCl$ 开始沉淀时所需 Ag^+ 的最低浓度为：

$$[Ag^+]=\frac{K_{sp}^{\ominus}(AgCl)}{[Cl^-]}=\frac{1.8\times10^{-10}}{0.010}=1.8\times10^{-8}\ (mol/L)$$

AgI 开始沉淀时所需 Ag^+ 的最低浓度为：

$$[Ag^+]=\frac{K_{sp}^{\ominus}(AgI)}{[I^-]}=\frac{8.3\times10^{-17}}{0.010}=8.3\times10^{-15}\ (mol/L)$$

沉淀 I^- 所需 Ag^+ 浓度比沉淀 Cl^- 所需 Ag^+ 浓度小得多，所以 AgI 先析出。

(2) 当 $AgCl$ 开始沉淀时，溶液对 AgI 来说已达到饱和，此时 $[Ag^+]\geqslant1.8\times10^{-8}$ mol/L，并同时满足这两个沉淀溶解平衡，所以

$$[Ag^+]=\frac{K_{sp}^{\ominus}(AgCl)}{[Cl^-]}=\frac{K_{sp}^{\ominus}(AgI)}{[I^-]}$$

$$[I^-]=\frac{8.3\times10^{-17}\times0.010}{1.8\times10^{-10}}=4.6\times10^{-9}\ (mol/L)$$

由计算可知，当 $AgCl$ 开始沉淀时，$[I^-]<1.0\times10^{-5}$mol/L，说明 I^- 早已沉淀完全了。可见，利用分步沉淀原理，可使离子进行分离，$K_{sp}^{\ominus}$ 相差越大，分离得越完全。

4. 沉淀的溶解

根据溶度积规则，沉淀溶解的条件为 $Q_i<K_{sp}^{\ominus}$。可通过酸碱溶解、氧化还原溶解、配位溶解等方法实现。

(1) 酸碱溶解法　利用酸、碱或某些盐类（如 NH_4^+ 盐）与难溶性电解质组分离子结合成弱电解质（弱酸、弱碱或水），以溶解某些弱碱盐、弱酸盐、酸性或碱性氧化物和氢氧化物等难溶物的方法，称为酸碱溶解法。

【例 5-15】 试解释 $CaCO_3$ 沉淀溶解在 HCl 溶液中的原理。

解 在 $CaCO_3$ 沉淀中加入 HCl，CO_3^{2-} 与 HCl 中的 H^+ 结合成弱电解质 HCO_3^-、H_2CO_3，使 $CaCO_3$ 的 $Q_i<K_{sp}^{\ominus}$，沉淀溶解平衡向右移动，使 $CaCO_3$ 溶解。此过程可表示如下：

$$CaCO_3(s) \Longrightarrow Ca^{2+} + CO_3^{2-}$$
$$+$$
平衡移动方向 $\quad H^+ + Cl^- \longleftarrow HCl$
$$\Updownarrow$$
$$HCO_3^- + H^+ \Longrightarrow H_2CO_3$$

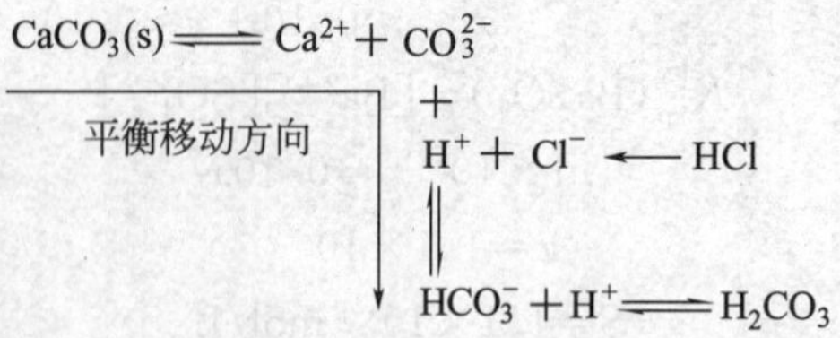

【例 5-16】 如何解释 $Mg(OH)_2$ 可以溶解在 NH_4Cl 溶液中？

解 根据酸碱质子理论，NH_4^+ 是酸，能与 OH^- 结合生成弱碱 $NH_3 \cdot H_2O$，使 $Mg(OH)_2$ 的 $Q_i < K_{sp}^{\ominus}$，从而使沉淀溶解。沉淀溶解平衡移动过程如下：

$$Mg(OH)_2(s) \Longrightarrow Mg^{2+} + 2OH^-$$

平衡移动方向 $\quad 2NH_4^+ + 2Cl^- \longleftarrow 2NH_4Cl$

$$2NH_3 \cdot H_2O$$

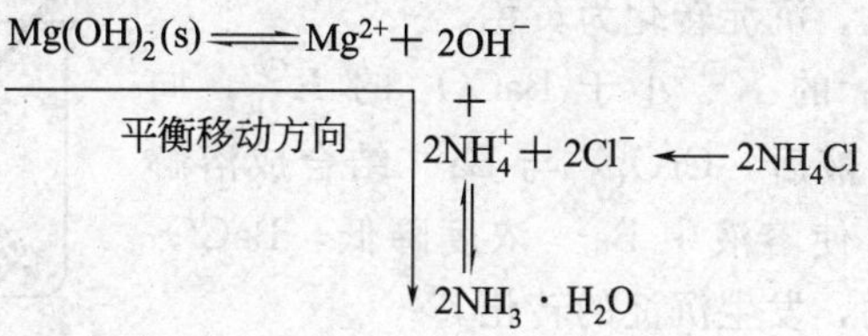

【例 5-17】 如何解释 $Mg(OH)_2$ 可溶于 HCl 溶液中？

解 在 $Mg(OH)_2$ 中加入 HCl 后，OH^- 与 HCl 中的 H^+ 结合成 H_2O，使 $Mg(OH)_2$ 的 $Q_i < K_{sp}^{\ominus}$，沉淀溶解。沉淀溶解过程可表示如下：

$$Mg(OH)_2(s) \Longrightarrow Mg^{2+} + 2OH^-$$

平衡移动方向 $\quad 2H^+ + 2Cl^- \longleftarrow 2HCl$

$$2H_2O$$

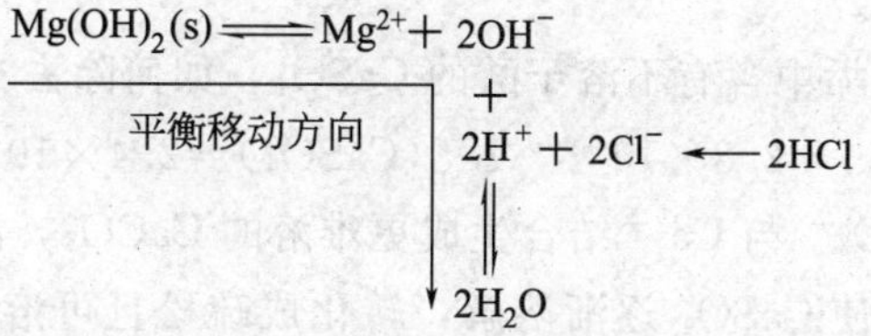

（2）配位溶解法 通过加入配位剂，使难溶电解质的组成离子形成稳定的配离子，降低难溶电解质组分离子的浓度，从而使难溶电解质溶解。

【例 5-18】 解释 AgCl 沉淀为什么能溶于氨水中。

解 在 AgCl 沉淀中加入氨水时，Ag^+ 与 NH_3 结合成难解离的配离子 $[Ag(NH_3)_2]^+$，使 Ag^+ 浓度降低，AgCl 的 $Q_i < K_{sp}^{\ominus}$，沉淀溶解。沉淀溶解平衡移动过程为：

$$AgCl(s) \Longrightarrow Ag^+ + Cl^-$$

平衡移动方向 $\quad 2NH_3$

$$[Ag(NH_3)_2]^+$$

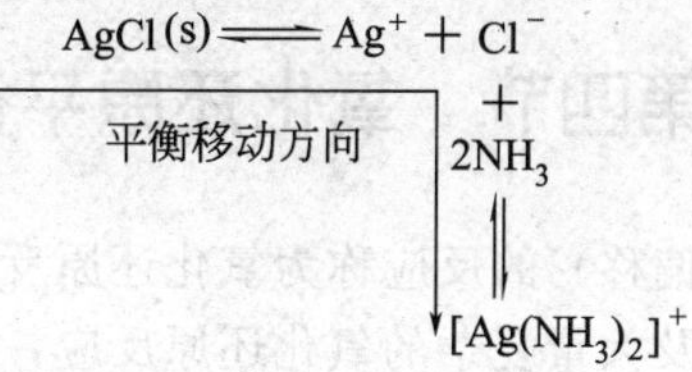

（3）氧化还原溶解法 利用氧化还原反应可以降低难溶电解质组分离子的浓度，从而使难溶电解质溶解。

金属硫化物的 $K_{sp}^{\ominus}$ 差别很大，如 ZnS、FeS 等 $K_{sp}^{\ominus}$ 较大，可溶于盐酸，但 CuS、HgS 等 $K_{sp}^{\ominus}$ 太小，加入盐酸不能使 S^{2-} 的浓度降到使金属硫化物溶解的程度。如果加入强氧化剂硝酸，能将 S^{2-} 氧化为硫单质，由于硫的析出，溶液中 S^{2-} 浓度降低，使硫化物的沉淀溶解平衡向着沉淀溶解的方向移动，促使硫化物溶解。例如，CuS（$K_{sp}^{\ominus} = 6.3 \times 10^{-36}$）溶于 HNO_3 的过程可表示如下：

$$3CuS(s) \Longrightarrow 3Cu^{2+} + 3S^{2-}$$

平衡移动方向 $\quad 8H^+ + 2NO_3^- + 6NO_3^- \longleftarrow 8HNO_3$

$$3S\downarrow + 2NO\uparrow + 4H_2O$$

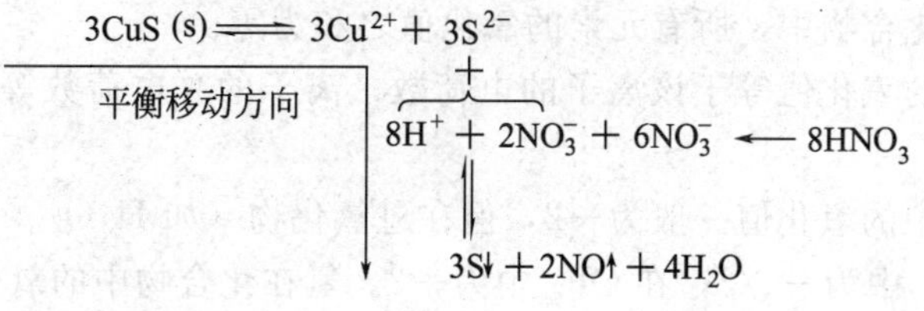

该过程的总反应为：

$$3CuS + 8HNO_3 \longrightarrow 3Cu(NO_3)_2 + 3S\downarrow + 2NO\uparrow + 4H_2O$$

5. 沉淀的转化

【演示实验 5-1】 向盛有白色 $BaCO_3$ 粉末的烧杯中加入 K_2CrO_4 溶液并搅拌，如图 5-3 所示。

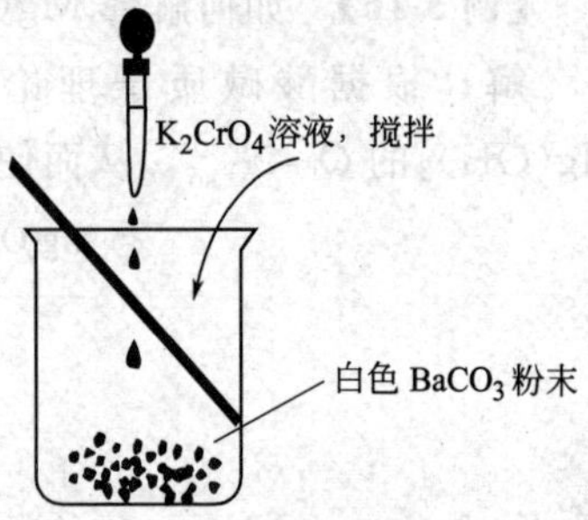

图 5-3　沉淀的转化

现象　溶液变成无色，沉淀转化为黄色。

解释　由于 $BaCrO_4$ 的 $K_{sp}^{\ominus}$ 小于 $BaCO_3$ 的 $K_{sp}^{\ominus}$，向 $BaCO_3$ 中加入 K_2CrO_4 溶液后，CrO_4^{2-} 与 Ba^{2+} 结合成溶解度更小的 $BaCrO_4$ 沉淀，使溶液中 Ba^{2+} 浓度降低，$BaCO_3$ 的沉淀溶解平衡向右移动，发生沉淀的转化。

这种由一种沉淀转化为另一种沉淀的过程称为沉淀的转化。沉淀转化的程度取决于两种沉淀的溶解度的相对大小。一般来说，一种难溶电解质转化为另一种更难溶的电解质较容易，而将溶解度较小的电解质转化为溶解度较大的电解质并非不可能，但要困难得多。

【例 5-19】 锅炉的水垢中含有不溶于酸的 $CaSO_4$，如何除去？

解　由于 $K_{sp}^{\ominus}(CaCO_3)=2.8\times10^{-9}$，$K_{sp}^{\ominus}(CaSO_4)=2.4\times10^{-5}$，所以在饱和 $CaSO_4$ 溶液中加入 Na_2CO_3 后，CO_3^{2-} 与 Ca^{2+} 结合生成更难溶的 $CaCO_3$，溶液中 Ca^{2+} 浓度降低，使 $CaSO_4$ 的 $Q_i<K_{sp}^{\ominus}$，从而使 $CaSO_4$ 逐渐溶解，转化成疏松且可溶于酸的 $CaCO_3$，这样就易于除去水垢了。

【例 5-20】 X 光检查肠胃用的造影剂是 $BaSO_4$，试述如何溶解 $BaSO_4$。

解　虽然 $K_{sp}^{\ominus}(BaSO_4)=1.1\times10^{-10}$，$K_{sp}^{\ominus}(BaCO_3)=5.0\times10^{-9}$，但如果采用浓 Na_2CO_3 溶液反复处理，可以将 $BaSO_4$ 沉淀转化为 $BaCO_3$ 沉淀，最后加入强酸，即可溶解 $BaCO_3$ 沉淀。

第四节　氧化还原平衡

物质之间有电子转移（或偏移）的反应称为氧化还原反应。此类反应应用面广，冶金工业、化学工业以及生命过程涉及大量复杂的氧化还原反应，其中电镀、电解、化学电源以及金属的腐蚀与防腐更是以氧化还原反应为基础的重要运用。

一、氧化还原反应

1. 基本概念

（1）氧化值　氧化值（又称氧化数）是某元素一个原子的荷电数，此荷电数（即原子所带的净电荷数）的确定，是假设把每个键中的电子指定给电负性更大的原子而求得的。

确定氧化值的一般规则如下：

① 单质元素的氧化值为零。

② 在电中性的化合物中，所有元素的氧化值之和为零。

③ 单原子离子的氧化值等于该离子的电荷数；离子的总电荷数等于各元素原子氧化值的代数和。

④ 氧在化合物中的氧化值一般为－2，但在过氧化物（如 H_2O_2、Na_2O_2）中为－1，在超氧化物（如 KO_2）中为－1/2，在 OF_2 中为＋2。氢在化合物中的氧化值一般为＋1，但在金属氢化合物（如 NaH、CaH_2）中为－1。

⑤ 在共价化合物中，共用电子对偏向于电负性大的元素的原子，原子的“形式电荷数”

即为它们的氧化值。

【例 5-21】 计算 Fe_3O_4、$KClO_3$、MnO_4^- 中 Fe、Cl、Mn 各元素的氧化值。

解 已知氧的氧化值为-2，设 Fe、Cl、Mn 各元素的氧化值为 x、y、z，则

Fe_3O_4 中：
$$3x+4\times(-2)=0$$
$$x=+\frac{8}{3}$$

$KClO_3$ 中：
$$1+y+3\times(-2)=0$$
$$y=+5$$

MnO_4^- 中：
$$z+4\times(-2)=-1$$
$$z=+7$$

（2）氧化还原电对 任何氧化还原反应都可以拆成两个半反应。例如反应

$$2Fe^{3+}+Sn^{2+}\rightleftharpoons 2Fe^{2+}+Sn^{4+}$$

其半反应为：

$$Fe^{3+}+e\rightleftharpoons Fe^{2+}$$
$$Sn^{2+}-2e\rightleftharpoons Sn^{4+}$$

每一个半反应都是由同一元素不同氧化值的两种物质所构成，其中氧化值较高的称为氧化型物质，氧化值较低的称为还原型物质。这种由同一元素的氧化型物质和其对应的还原型物质所构成的整体，称为氧化还原电对。书写时将氧化型写在左边，还原型写在右边。中间用“/”隔开，即“氧化型/还原型”，如 Fe^{3+}/Fe^{2+}、Sn^{4+}/Sn^{2+}。

每个电对中，氧化型物质和还原型物质存在下列共轭关系：

$$\text{氧化型}+ne\rightleftharpoons \text{还原型}$$

例如： H_2O_2/OH^- $\qquad H_2O_2+2e\rightleftharpoons 2OH^-$

MnO_4^-/Mn^{2+} $\qquad MnO_4^-+8H^++5e\rightleftharpoons Mn^{2+}+4H_2O$

（3）氧化剂与还原剂 电对中氧化型物质得电子，氧化值降低，发生了还原反应，在反应中作氧化剂；还原型物质失电子，氧化值升高，发生了氧化反应，在反应中作还原剂。氧化型物质的氧化能力越强，对应的还原型物质的还原能力越弱；反之，氧化型物质的氧化能力越弱，对应的还原型物质的还原能力越强。如 MnO_4^-/Mn^{2+} 电对中，MnO_4^- 氧化能力强，是强氧化剂，而 Mn^{2+} 还原能力弱，是弱还原剂。

同一物质在不同的电对中可表现出不同的性质。如 Fe^{2+} 在 Fe^{3+}/Fe^{2+} 电对中为还原态，反应中作还原剂；在 Fe^{2+}/Fe 电对中为氧化态，反应中作氧化剂。再如 Cl_2 在 Cl_2/Cl^- 电对中为氧化态，而在 ClO^-/Cl_2 电对中为还原态。这说明物质的氧化还原能力的大小是相对的。有些物质与强氧化剂作用时，表现出还原性，与强还原剂作用时，则表现出氧化性。如 H_2O_2 与 $KMnO_4$ 作用时表现出还原性，与 KI 作用时表现出氧化性，其反应分别如下：

$$2MnO_4^-+5H_2O_2+6H^+\rightleftharpoons 2Mn^{2+}+5O_2\uparrow+8H_2O$$
$$2H^++H_2O_2+2I^-\rightleftharpoons 2H_2O+I_2$$

在无机物分析中常见的氧化剂一般是活泼的非金属单质和一些高氧化数的化合物，常见的还原剂一般是活泼的金属和低氧化数的化合物，处于中间氧化数的物质常既具有氧化性又具有还原性。

2．氧化还原反应方程式的配平

氧化还原反应方程式一般比较复杂，用观察法不易配平，可采用氧化值法和离子-电子法配平。在此介绍其中的氧化值法。

用氧化值法配平氧化还原反应方程式的依据是：氧化剂中元素氧化值降低的总数与还原剂中元素氧化值升高的总数相等；反应前后各原子数目相等。配平步骤见下例。

【例 5-22】 配平 $KMnO_4$ 和 H_2S 在稀 H_2SO_4 中的反应方程式。

解 (1) 写出反应物和主要生成物的分子式。

(2) 标出氧化值发生变化的元素，计算出反应前后氧化值变化的数值。

$$\overbrace{\overset{+7}{K\mathrm{Mn}O_4}+H_2S+H_2SO_4 \longrightarrow \overset{+2}{\mathrm{Mn}SO_4}}^{(-5)\times 2}+S$$

$$K\mathrm{Mn}O_4+\underbrace{H_2\overset{-2}{S}+H_2SO_4 \longrightarrow \mathrm{Mn}SO_4+\overset{0}{S}}_{2\times 5}$$

(3) 根据氧化值降低总数和氧化值升高总数相等的原则，在氧化值发生变化的分子式前面乘上适当的系数。

$$2KMnO_4+5H_2S+H_2SO_4 \longrightarrow 2MnSO_4+5S$$

(4) 用观察法配平反应前后氧化值未发生变化的元素的原子数。

$$2KMnO_4+5H_2S+3H_2SO_4 = 2MnSO_4+5S+K_2SO_4+8H_2O$$

练一练： 配平下列反应方程式。

(1) $Cu_2S+HNO_3 \longrightarrow Cu(NO_3)_2+H_2SO_4+NO\uparrow$

(2) $KMnO_4+K_2SO_3+H_2SO_4 \longrightarrow MnSO_4+K_2SO_4$

二、原电池和电极电位

1. 原电池

【演示实验 5-2】 在一个烧杯中加入 $ZnSO_4$ 溶液并插入 Zn 片，在另一个烧杯中加入 $CuSO_4$ 溶液并插入 Cu 片，将两个烧杯用盐桥（由饱和 KCl 溶液和 5% 琼脂装入 U 形管中制成）连接起来，用一个电流计 A 将两金属片连接起来，如图 5-4 所示。

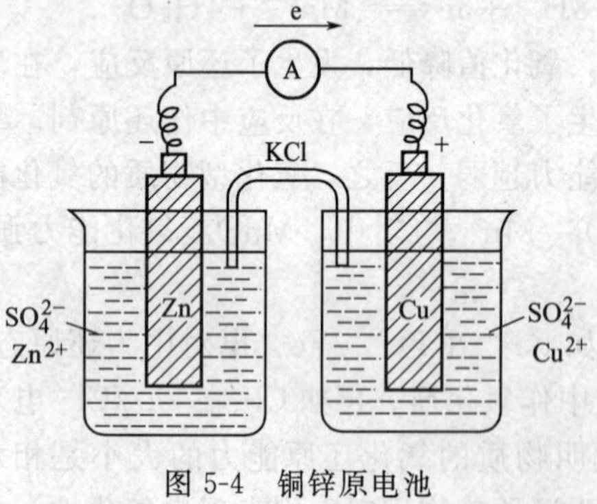

图 5-4 铜锌原电池

实验现象及分析

(1) 电流计指针发生偏移，说明有电流产生。

(2) 锌片质量逐渐减小，铜片质量逐渐增大。说明锌片溶解，铜片上有铜生成。

(3) 取出盐桥，电流计指针回到零点；放入盐桥，指针又发生偏移。说明盐桥起到了沟通装置的作用。

实验原理

Zn 比 Cu 活泼，易放出电子成为 Zn^{2+} 进入溶液：

$$Zn\ (s)\ -2e \rightleftharpoons Zn^{2+}(aq)$$

电子沿导线移向 Cu 片，溶液中的 Cu^{2+} 在 Cu 片上接受电子而变成金属铜：

$$Cu^{2+}(aq)+2e \rightleftharpoons Cu(s)$$

电子定向地由 Zn 流向 Cu，形成电子流（电子流方向和电流方向正好相反）。

盐桥起构成通路的作用，盐桥中的 Cl^- 流到 $ZnSO_4$ 溶液中，可以中和反应中产生的 Zn^{2+} 所带的正电荷，K^+ 流到 $CuSO_4$ 溶液中补充由于 Cu^{2+} 还原为 Cu 原子而减少的正电荷，使两个烧杯中的溶液始终呈中性，反应得以持续进行。

这种借助于氧化还原反应，将化学能转变为电能的装置，叫作原电池。

在原电池中，组成原电池的导体称为电极。电子流出的电极为负极，发生氧化反应；电子流入的电极为正极，发生还原反应。在Cu-Zn原电池中：

负极(Zn)　　$Zn(s)-2e \rightleftharpoons Zn^{2+}(aq)$　　发生氧化反应

正极(Cu)　　$Cu^{2+}(aq)+2e \rightleftharpoons Cu(s)$　　发生还原反应

原电池由两个半电池组成。每一个半电池都是由同一元素不同氧化值的两种物质即一电对构成。例如，Cu-Zn原电池就是由Zn与$ZnSO_4$溶液、Cu与$CuSO_4$溶液两个半电池组成。电极反应又称为半电池反应，两个半电池反应之和是电池反应。

半电池反应　　$Zn(s)-2e \rightleftharpoons Zn^{2+}(aq)$

$Cu^{2+}(aq)+2e \rightleftharpoons Cu(s)$

电池反应　　$Zn+Cu^{2+} \rightleftharpoons Zn^{2+}+Cu$

原电池装置可用符号表示。如铜锌原电池可表达为：

$$(-)Zn \mid ZnSO_4(c_1) \parallel CuSO_4(c_2) \mid Cu(+)$$

原电池符号的书写规则如下：

① 写出正极和负极符号，负极写在左边，正极写在右边。

② 用“|”表示物质间的相界面，如$Zn(s) \mid ZnSO_4(c_1)$。

③ 用“‖”表示盐桥，盐桥左右分别为原电池的负极、正极。

④ 电极反应物质为溶液时，要注明其浓度；若为气体，要注明其分压。

⑤ 电极反应物质均为溶液时，需借助惰性导电物质作电极，称为惰性电极（不参加电极反应，仅起导电作用的物质。常用的惰性电极是铂和石墨），如Fe^{3+}/Fe^{2+}等。惰性电极在电池符号中要表示出来。

【例5-23】 一个烧杯中加入含有Fe^{3+}和Fe^{2+}的溶液，另一烧杯中放入含有Sn^{2+}和Sn^{4+}的溶液，分别插入铂片作电极，用盐桥和导线等连接成为原电池。写出其电极反应及电池反应并用原电池符号表示出来。

解　负极反应：$Sn^{2+}-2e \rightleftharpoons Sn^{4+}$　　发生氧化反应

正极反应：$Fe^{2+}+e \rightleftharpoons Fe^{3+}$　　发生还原反应

电池反应：$Sn^{2+}+Fe^{3+} \rightleftharpoons Sn^{4+}+Fe^{2+}$

原电池符号：$(-)Pt \mid Sn^{2+}(c_1), Sn^{4+}(c_2) \parallel Fe^{3+}(c_3), Fe^{2+}(c_4) \mid Pt(+)$

2. 电极电位及其影响因素

(1) 电极电位　将金属放入其盐溶液中，会发生两个不同的过程：一是金属表面的阳离子受极性水的吸引而进入溶液；二是溶液中的水合金属离子在金属表面，受到自然电子的吸引而重新沉积在金属表面。当这两种相反的过程速率相等时，即达到了平衡状态：

$$M(s) \underset{沉积}{\overset{溶解}{\rightleftharpoons}} M^{n+}(aq)+ne$$

上述两种倾向中，如果金属离子溶解到溶液中的倾向占主导地位，则达到平衡时，金属晶体上带有一定量的负电荷，而溶液中的金属离子聚集在金属表面附近，形成一个正电荷层，与金属表面的负电荷构成“双电层”，如图5-5(a)所示。相反，如果金属离子的沉积占主导地位，则形成的“双电层”如图5-5(b)所示。这种在金属与其盐溶液间产生的

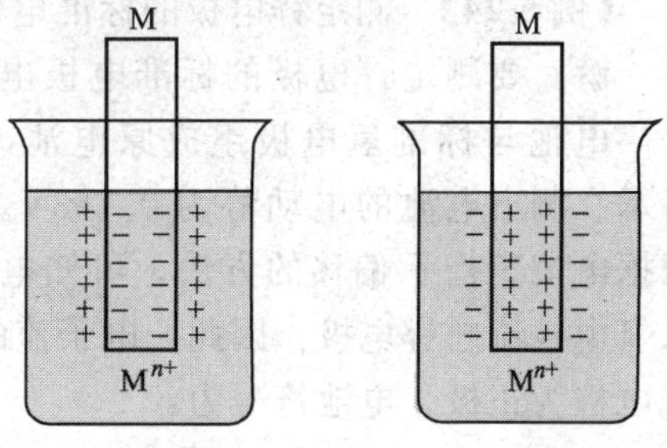

图5-5　金属的电极电位

电位差叫作该金属的平衡电位，也称为电极电位。由于金属的活泼性不同，各种金属所产生的平衡电位数值也不相同。因此，当两极以原电池的形式连接起来时，在两极之间就存在一定的电位差，从而产生电流。

当外界条件一定时，电极电位的高低取决于电极物质的本质。对于金属电极，金属越活泼，离子沉积的倾向越小，极板上的负电荷越多，平衡时电极电位越低。反之，金属越不活泼，其离子沉积的倾向越大，极板上的正电荷越多，平衡时电极电位越高。

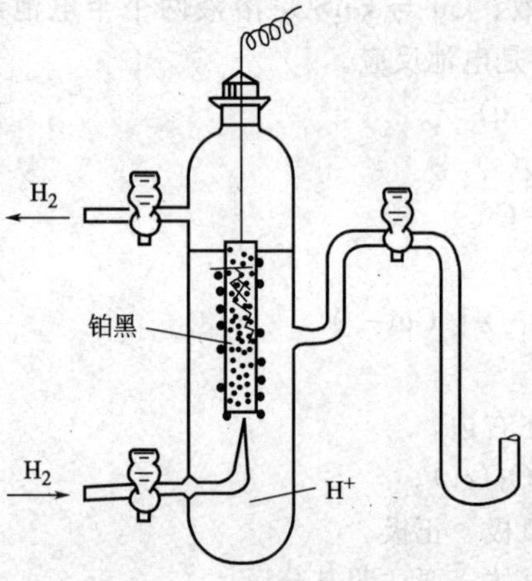

图 5-6　标准氢电极

因此，在水溶液中，电极电位的大小标志着电对物质的氧化还原能力的强弱。电极电位低，说明在水溶液中金属的还原能力强；电极电位高，说明金属离子的氧化能力强。所以人们常用电极电位来衡量物质氧化还原能力的强弱，以判断氧化还原反应的方向。

(2) 标准氢电极　电极电位的绝对值无法测定，国际上统一规定用标准氢电极（SHE）为参照标准，它的标准电极电位为零。

标准氢电极是将表面镀有一层铂黑的铂片浸入氢离子浓度为 1mol/L 的水溶液中，在 25℃时不断通入标准压力［$p^{\ominus}(H_2)=100kPa$］的纯氢气，使铂黑吸附氢气达到饱和，即制成了标准氢电极。其电极电位称为标准氢电极的电极电位，记作 $\varphi^{\ominus}(H^+/H_2)$，并规定在 25℃时 $\varphi^{\ominus}(H^+/H_2)=0.0000V$。标准氢电极的结构见图 5-6。

半电池表示式　　$Pt|H_2(100kPa)|H^+(1mol/L)$

电极反应　　$2H^+(1.0mol/L)+2e \rightleftharpoons H_2(100kPa)$

(3) 标准电极电位　电极电位的大小主要取决于金属的本性，此外还与溶液的温度、浓度有关。为了便于比较，规定下列条件为标准状态：组成电极的有关物质的浓度为 1mol/L，有关气体的压力为 100kPa，温度为 298.15K。标准状态下所测得的电极电位叫作该电极的标准电极电位，用符号 $\varphi^{\ominus}$ 表示。

预测某电极的标准电极电位，将待测电极与标准氢电极组成原电池，此时可测得电池的标准电动位 $E^{\ominus}$。

$$E^{\ominus}=\varphi^{\ominus}_{(+)}-\varphi^{\ominus}_{(-)} \qquad (5\text{-}14)$$

利用所测得电池的标准电动位 $E^{\ominus}$，就可求得待测电极的标准电极电位。

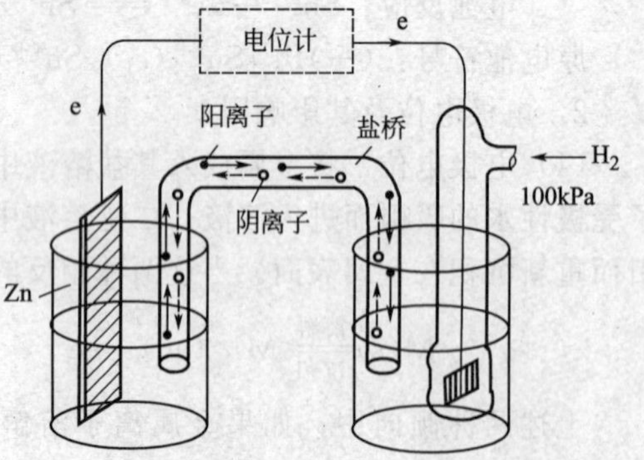

图 5-7　测定锌电极的标准电极电位装置示意图

【例 5-24】　测定锌电极的标准电极电位。

解　要测定锌电极的标准电极电位，可用锌半电池与标准氢电极组成原电池，如图 5-7 所示。测出电池的电动势为 0.763V。测定时，根据电流表指示偏移的方法，可知电流方向是从氢电极流向锌电极，因此，电子流的方向就是由锌电极到氢电极。所以锌电极为负极，而氢电极为正极。电池符号为：

$$(-)Zn(s)|Zn^{2+}(1mol/L)\|H^+(1mol/L)|H_2(100kPa)|Pt(+)$$

负极反应　　$Zn-2e \rightleftharpoons Zn^{2+}$

正极反应　　$2H^+ + 2e \rightleftharpoons H_2$

电池反应　　$Zn + 2H^+ \rightleftharpoons Zn^{2+} + H_2$

电池电动势　　$E^\ominus = \varphi^\ominus(H^+/H_2) - \varphi^\ominus(Zn^{2+}/Zn)$

因为 $\varphi^\ominus(H^+/H_2) = 0.0000V$，又测得 $E^\ominus = 0.763V$，所以

$$\varphi^\ominus(Zn^{2+}/Zn) = -0.763V$$

"－"号表示该电极与标准氢电极组成原电池时，该电极为负极。

用类似的方法可以测得一系列电对的标准电极电位，并按 $\varphi^\ominus$ 值由小到大的顺序排列成表，该表叫作标准电极电位表，见书后附录表 4（A 表适用于酸性溶液，B 表适用于碱性溶液）。使用该表时应注意以下几点。

① 电极反应一律用"氧化型 $+ne \rightleftharpoons$ 还原型"表示，所以表中电极电位又称为还原电位。电对符号为"氧化型/还原型"。

② $\varphi^\ominus$ 值与电极反应中各物质的计量数无关。例如：

$$O_2 + 2H_2O + 4e \rightleftharpoons 4OH^- \qquad \varphi^\ominus = +0.401V$$

$$\frac{1}{2}O_2 + H_2O + 2e \rightleftharpoons 2OH^- \qquad \varphi^\ominus = +0.401V$$

③ $\varphi^\ominus$ 值与半电池反应的书写方向无关。例如：

$$Fe^{3+} + e \rightleftharpoons Fe^{2+} \qquad \varphi^\ominus = 0.771V$$

$$Fe^{2+} \rightleftharpoons Fe^{3+} + e \qquad \varphi^\ominus = 0.771V$$

④ $\varphi^\ominus$ 值的大小表示物质的氧化型和还原型得失电子的难易程度。$\varphi^\ominus$ 值越大，表示氧化型物质越容易得电子，氧化能力越强；$\varphi^\ominus$ 值越小，表示还原型物质越容易失电子，还原能力越强。表中电极电位自上而下依次增大，则物质的氧化型得电子的能力即氧化能力逐渐增强，而物质的还原型失去电子的能力即还原能力则逐渐减弱。

3. 影响电极电位的因素

电极电位的大小不仅取决于电对的本性，还与溶液的浓度、温度以及气体的分压有关。这些影响因素之间的关系可用能斯特方程来表示。

若电极反应为 $Ox + ne \rightleftharpoons Red$，则 298.15K 时能斯特方程式为：

$$\varphi(Ox/Red) = \varphi^\ominus(Ox/Red) + \frac{0.059}{n}\lg\frac{c(Ox)}{c(Red)} \tag{5-15}$$

式中　$\varphi(Ox/Red)$——电对在某一浓度（气体用分压）时的电极电位；

$\varphi^\ominus(Ox/Red)$——标准电极电位；

n——电极反应中得失电子数；

$c(Ox)$，$c(Red)$——电对中氧化型、还原型物质的浓度。

在应用能斯特方程时，应注意以下问题。

① 式中，Ox 和 Red 是广义的氧化态物质和还原态物质，如果在电极反应中，除氧化型、还原型物质外，还有 H^+、OH^- 存在，则它们的浓度也必须写入能斯特方程。式中的 $c(Ox)$ 和 $c(Red)$ 分别表示电极反应中氧化态一侧各物质（不包括电子）浓度的乘积和还原态一侧各物质浓度的乘积，其浓度均应以对应的计量数为指数。例如：

$$MnO_2 + 4H^+ + 2e \rightleftharpoons Mn^{2+} + 2H_2O$$

则

$$\varphi(MnO_2/Mn^{2+}) = \varphi^\ominus(MnO_2/Mn^{2+}) + \frac{0.059}{2}\lg\frac{[c(H^+)]^4}{c(Mn^{2+})}$$

② 如果组成电对的物质为固体或纯液体，则它们的浓度不列入方程中。如果是气体物

质，则用相对压力 $p/p^{\ominus}$ 表示。例如：

$$Cl_2(g)+2e \rightleftharpoons 2Cl^-$$

则
$$\varphi(Cl_2/Cl^-)=\varphi^{\ominus}(Cl_2/Cl^-)+\frac{0.0592}{2}\lg\frac{p(Cl_2)}{[c(Cl^-)]^2}$$

$$Br_2(l)+2e \rightleftharpoons 2Br^-$$

则
$$\varphi(Br_2/Br^-)=\varphi^{\ominus}(Br_2/Br^-)+\frac{0.0592}{2}\lg\frac{1}{[c(Br^-)]^2}$$

【例 5-25】 298K 时，Fe^{3+} 的浓度为 1.00mol/L，Fe^{2+} 的浓度 0.00100mol/L，求电对 Fe^{3+}/Fe^{2+} 的电极电位。

解 查表得 $\varphi^{\ominus}(Fe^{3+}/Fe^{2+})=0.771V$，电极反应为：

$$Fe^{3+}+e \rightleftharpoons Fe^{2+}$$

根据能斯特方程有

$$\varphi^{\ominus}(Fe^{3+}/Fe^{2+})=\varphi^{\ominus}(Fe^{3+}/Fe^{2+})+\frac{0.0592}{1}\lg\frac{c(Fe^{3+})}{c(Fe^{2+})}$$

$$=0.771+\frac{0.0592}{1}\lg\frac{1.00}{0.00100}=0.949\ (V)$$

【例 5-26】 已知电极反应

$$MnO_4^-+8H^++5e \rightleftharpoons Mn^{2+}+4H_2O \qquad \varphi^{\ominus}=1.507V$$

若 $[MnO_4^-]=[Mn^{2+}]=1.0mol/L$，求 298.15K、pH=6 时电极的电极电位。

解 将已知数值代入能斯特方程，得

$$\varphi^{\ominus}(MnO_4^-/Mn^{2+})=\varphi^{\ominus}(MnO_4^-/Mn^{2+})+\frac{0.0592}{5}\lg\frac{c(MnO_4^-)[c(H^+)]^8}{c(Mn^{2+})}$$

$$=1.507+\frac{0.0592}{5}\lg\frac{1.0\times(10^{-6})^8}{1.0}=0.939\ (V)$$

三、电极电位的应用

1. 比较氧化剂和还原剂的相对强弱

标准电极电位表中的值一般是按代数值由小到大的顺序排列的。根据物质的氧化还原能力，对照电极电位表，可以知道，电极电位代数值越小，电对所对应的还原型物质的还原能力越强，氧化型物质的氧化能力越弱；电极电位代数值越大，电对所对应的氧化型物质的氧化能力越强，还原型物质的还原能力越弱。

【例 5-27】 根据标准电极电位数值，判断下列电对中氧化型物质的氧化能力和还原型物质的还原能力强弱次序。

$$MnO_4^-/Mn^{2+}、I_2/I^-、Fe^{3+}/Fe^{2+}$$

解 查电极电位表可知：$\varphi^{\ominus}(MnO_4^-/Mn^{2+})=1.507V$，$\varphi^{\ominus}(Fe^{3+}/Fe^{2+})=0.771V$，$\varphi^{\ominus}(I_2/I^-)=0.536V$。

电对 MnO_4^-/Mn^{2+} 的 $\varphi^{\ominus}$ 值最大，说明其氧化型 MnO_4^- 是最强的氧化剂。电对 I_2/I^- 的 $\varphi^{\ominus}$ 值最小，说明其还原型物质 I^- 是最强的还原剂。

各氧化型物质氧化能力的强弱顺序为：$MnO_4^->Fe^{3+}>I_2$。

各还原型物质还原能力的强弱顺序为：$I^->Fe^{2+}>Mn^{2+}$。

2. 判断氧化还原反应的方向

电池的电动势 $E=\varphi_{(+)}-\varphi_{(-)}$，当 $E>0$ 时，氧化还原反应自发进行。由于浓度对电极

电位的影响较小，所以可以用 $E^\ominus$ 判断反应方向。当 $E^\ominus>0.2V$ 时，不会因浓度变化而使电动势改变符号；当 $E^\ominus<0.2V$ 时，必须根据能斯特方程计算 φ，再进行判断。

【例 5-28】 判断反应 $Pb^{2+}+Sn \rightleftharpoons Pb+Sn^{2+}$ 能否在下列条件下自发进行。

(1) 标准状态下；

(2) $[Pb^{2+}]=0.10mol/L$，$[Sn^{2+}]=2.0mol/L$。

解 假设反应按所写方程式向正方向进行，则电极反应为：

负极 $Sn \rightleftharpoons Sn^{2+}+2e$ $\varphi^\ominus=-0.136V$

正极 $Pb^{2+}+2e \rightleftharpoons Pb$ $\varphi^\ominus=-0.126V$

(1) 标准状态下：

$$E^\ominus=\varphi^\ominus_{(+)}-\varphi^\ominus_{(-)}=-0.126-(-0.136)=0.01\ (V)$$

因为 $E^\ominus>0$，在标准态下反应向正方向自发进行。

(2) 当 $[Pb^{2+}]=0.10mol/L$ 时，铅电极的电极电位为：

$$\varphi(Pb^{2+}/Pb)=\varphi^\ominus(Pb^{2+}/Pb)+\frac{0.0592}{2}\lg 0.10=-0.16\ (V)$$

当 $[Sn^{2+}]=2.0mol/L$ 时，锡电极的电极电位为：

$$\varphi^\ominus(Sn^{2+}/Sn)=\varphi^\ominus(Sn^{2+}/Sn)+\frac{0.592}{2}\lg 2.0=-0.13\ (V)$$

$$E=\varphi^\ominus_{(+)}-\varphi^\ominus_{(-)}=-0.16-(-0.13)=-0.03\ (V)$$

非标准态下 $E<0$，反应按所写方程式逆向进行，锡电极为正极，铅电极为负极。

3. 判断氧化还原反应进行的程度

氧化还原反应进行的程度可以用平衡常数 $K^\ominus$ 的大小来衡量。在 298.15K 时，依据能斯特方程经推导可得

$$\lg K^\ominus=\frac{nE^\ominus}{0.0592}=\frac{n[\varphi^\ominus_{(+)}-\varphi^\ominus_{(-)}]}{0.0592} \quad (5\text{-}16)$$

> **练一练：** 计算标准态下 $2Fe^{2+}+Cu^{2+} \rightleftharpoons Cu+2Fe^{3+}$ 电池的电动势 $E^\ominus$，并判断反应自发进行的方向。

式中，$K^\ominus$ 为平衡常数；n 为氧化剂与还原剂半反应中转移电子的最小公倍数（氧化剂与还原剂半反应中的电子转移数分别用 n_1、n_2 表示）。从式 (5-16) 可以看出，在一定温度下，氧化还原反应的平衡常数与标准态电池的电动势及转移的电子数有关。也就是说，平衡常数只与氧化剂和还原剂的本性有关，而与反应物的浓度无关。

利用标准电极电位计算氧化还原反应的平衡常数时，$E^\ominus$ 越大，反应进行得越完全。计算表明，$n_1n_2=1$，$E^\ominus>0.4V$ 或 $n_1n_2=2$，$E^\ominus>0.2V$ 时，$K^\ominus>10^6$，平衡常数较大，可以认为反应进行得相当完全。

【例 5-29】 计算 298.15K 时，$KMnO_4$ 在稀硫酸溶液中与 $H_2C_2O_4$ 反应的平衡常数 $K^\ominus$。

解 反应方程式为：

$$2MnO_4^-+5H_2C_2O_4+6H^+ \longrightarrow 2Mn^{2+}+10CO_2+8H_2O$$

电极反应为：

正极 $MnO_4^-+8H^++5e \rightleftharpoons Mn^{2+}+4H_2O$ $\varphi^\ominus=1.507V$

负极 $H_2C_2O_4 \rightleftharpoons 2CO_2+2H^++2e$ $\varphi^\ominus=-0.49V$

则 $$\lg K^\ominus=\frac{nE^\ominus}{0.0592}=\frac{n_1n_2[\varphi^\ominus_{(+)}-\varphi^\ominus_{(-)}]}{0.0592}=\frac{5\times2\times[1.507-(-0.49)]}{0.0592}=337.3$$

得 $$K^{\ominus}=2.14\times10^{337}$$

$K^{\ominus}$很大，反应进行得相当完全。在氧化还原滴定中，常用草酸标定高锰酸钾溶液的浓度。

第五节 配位平衡

配位化合物是含有配位键的化合物，简称配合物或络合物。配合物是一类组成复杂而又广泛存在的化合物，是现代化学研究的重要对象，广泛应用于工业、医药、环保和材料等领域。

一、配合物的基本概念

1. 配合物的组成

【演示实验 5-3】 按图 5-8 程序进行实验，并观察现象。

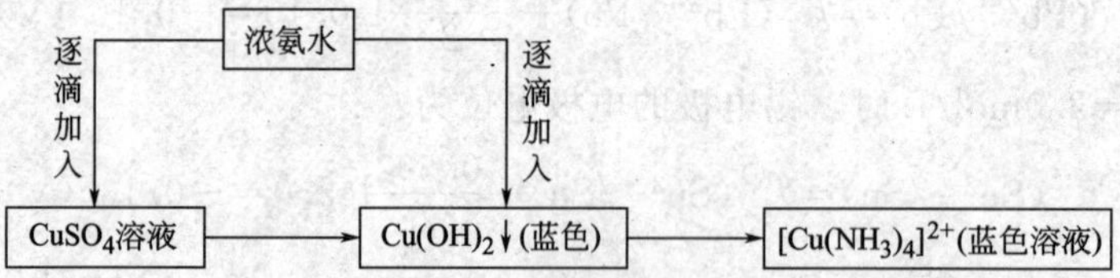

图 5-8 演示实验 5-3 的步骤及现象

分析 在蓝色 $CuSO_4$ 溶液中，逐渐加入浓氨水，开始时生成大量 $Cu(OH)_2$ 蓝色沉淀，继续加浓氨水，沉淀消失，溶液变成深蓝色，这是生成 $[Cu(NH_3)_4]^{2+}$ 的缘故，在此溶液中还可以结晶出 $[Cu(NH_3)_4]SO_4$。

把由中心离子（或原子）与一定数目的配体（分子或离子）以配位键结合而成的复杂离子，称为配离子，如 $[Cu(NH_3)_4]^{2+}$、$[Ag(NH_3)_2]^+$ 等。凡含配离子的化合物称为配合物，如 $[Cu(NH_3)_4]SO_4$、$K_4[Fe(CN)_6]$、$[Ag(NH_3)_2]Cl$ 等。

在配合物 $[Cu(NH_3)_4]SO_4$ 中加入 NaOH，不产生 $Cu(OH)_2$ 蓝色沉淀，说明配离子 $[Cu(NH_3)_4]^{2+}$ 较稳定，它是形成配合物的特征部分，称为配合物的内界。而容易解离的 SO_4^{2-} 称为配合物的外界。在书写配合物时，通常把内界即配离子用方括号括起来，外界写在方括号外面。现以 $[Cu(NH_3)_4]SO_4$ 为例，说明配合物的组成，图示如下：

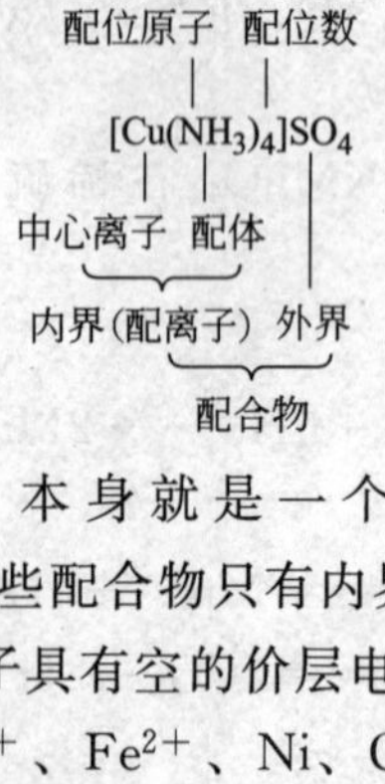

有些配合物的内界不带电荷，本身就是一个配合物分子，例如 $[Fe(CO)_5]$、$[Ni(CO)_4]$、$[CoCl_3(NH_3)_3]$ 等，这些配合物只有内界而没有外界。

(1) 中心离子(或原子) 中心离子具有空的价层电子轨道，能接受孤对电子。一般为过渡金属的离子或原子，如 Cu^{2+}、Fe^{3+}、Fe^{2+}、Ni、Co 等。中心离子是配合物的形成体，位于配合物的中心位置，例如：

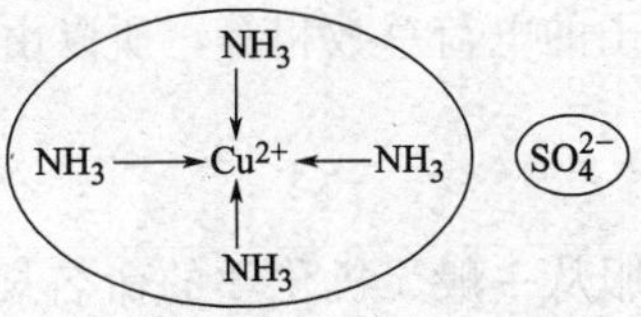

(2) 配体 能提供孤对电子，并与中心离子以配位键结合的原子称为配位原子。常见的配位原子多为周期表中电负性较大的非金属原子，如 C、O、S、N、F、Cl、Br、I 等。含有配位原子的中性分子或阴离子称为配体。

配体可按其分子或离子中所含配位原子数分为单基（单齿）配体和多基（多齿）配体。含有一个配位原子的配体称为单齿配体。虽然有的配位原子有一对以上的孤对电子，但每一个原子只能与中心离子形成一个配位键。含有两个或两个以上配位原子的配体称为多齿配体。常见的配体见表 5-2(带“*”的原子为配位原子)。

表 5-2 常见的配体

单 齿 配 体	多 齿 配 体
F^-、Cl^-、Br^-、I^-、$\underset{*}{N}H_3$、$H_2\underset{*}{O}$、 $\underset{*}{C}O$、$\underset{*}{C}N^-$、$\underset{*}{S}CN^-$、$\underset{*}{N}O_2^-$	$H_2\underset{*}{N}CH_2CH_2\underset{*}{N}H_2$(en, 乙二胺)、$—\underset{*}{O}OC—CO\underset{*}{O}—$(Ox)、 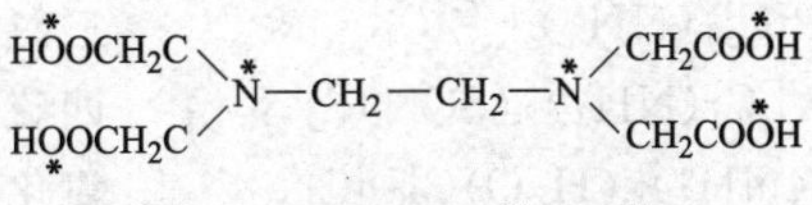 (EDTA, 乙二胺四乙酸)

多齿配体能以两个或两个以上的配位原子同时与同一金属离子配合形成环状结构的配合物，故又称为螯合配体，也称螯合剂。由螯合配体与同一中心离子或原子形成的具有环状结构的配合物称为螯合物，如 EDTA 与 Ca^{2+} 形成的螯合物，其立体结构见图 5-9。具有多个环状结构的螯合物一般比较稳定。

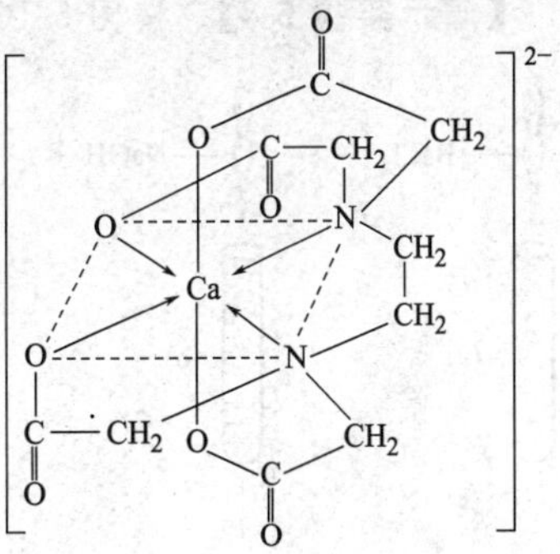

图 5-9 EDTA 与 Ca^{2+} 形成的螯合物结构

(3) 配位数 直接与中心离子成键的配位原子数，称为中心离子的配位数。若中心离子同单齿配体结合，则配体数与配位数相等；若配体数是多齿的，则配体数小于配位数。配位数的多少与中心离子、配体的半径、电荷有关，也和配体的浓度、形成配合物的温度等因素有关。对某一中心离子来说，常有一特征配位数。表 5-3 列出了一些常见金属离子的配位数。

表 5-3 常见金属离子的配位数

配位数	金 属 离 子	实 例
2	Ag^+、Cu^+、Au^+	$[Ag(NH_3)_2]^+$、$[Cu(CN)_2]^-$
4	Cu^{2+}、Zn^{2+}、Cd^{2+}、Hg^{2+}、Al^{3+}、Sn^{2+}、Pb^{2+}、Co^{2+}、Ni^{2+}、Pt^{2+}、Fe^{3+}、Fe^{2+}	$[Cu(NH_3)_4]^{2+}$、$[HgI_4]^{2-}$、$[Zn(CN)_4]^{2-}$、$[Pt(NH_3)_2Cl_2]$
6	Cr^{3+}、Al^{3+}、Pt^{4+}、Fe^{3+}、Fe^{2+}、Co^{3+}、Co^{2+}、Ni^{2+}、Pb^{4+}	$[PtCl_6]^{2-}$、$[Fe(CN)_6]^{3-}$、$[Ni(NH_3)_6]^{2+}$、$[Cr(NH_3)_4Cl_2]^+$

(4) 配离子的电荷 配离子的电荷数等于中心离子和配体总电荷的代数和。例如在 $[HgI_4]^{2-}$ 中，配离子的电荷数$=1\times(+2)+4\times(-1)=-2$。由于配合物是电中性的，因

此，外界离子的电荷总数和配离子的电荷总数相等，所以由外界离子的电荷可以推断出配离子的电荷及中心离子的氧化值。

2. 配合物的命名

(1) 内界和外界之间的命名服从一般无机化学的命名规则。若配合物的外界是阴离子，则作为酸根，简单阴离子称某化某，复杂阴离子称某酸某，若配合物的外界是阳离子，也称某酸某。

(2) 内界的命名：配体数（中文数字）—配体名称（不同配体间用“·”分开）—“合”—中心离子名称—中心离子氧化数（罗马数字加括号）。

(3) 有多种配体时，按下列原则命名：

① 若配体中既有无机配体又有有机配体，则先无机配体，后有机配体。

② 若配体的电荷不同，则先阴离子后中性分子。

③ 若为同类配体，则按配位原子元素符号的英文字母的顺序排列。例如：

$[Ni(NH_3)_4](OH)_2$	氢氧化四氨合镍(Ⅱ)
$[Co(NH_3)_4Cl_2]Cl$	氯化二氯·四氨合钴(Ⅲ)
$K_3[Fe(CN)_6]$	六氰合铁(Ⅲ)酸钾
$H[PtCl_3(NH_3)]$	三氯·一氨合铂(Ⅱ)酸
$NH_4[Cr(NH_3)_2(SCN)_4]$	四硫氰·二氨合铬(Ⅲ)酸铵
$[Co(NH_3)_3(H_2O)Cl_2]Cl$	氯化二氯·三氨·一水合钴(Ⅲ)
$[Ni(CO)_4]$	四羰基合镍

二、配位平衡

【演示实验 5-4】 按图 5-10 步骤进行实验，观察现象。

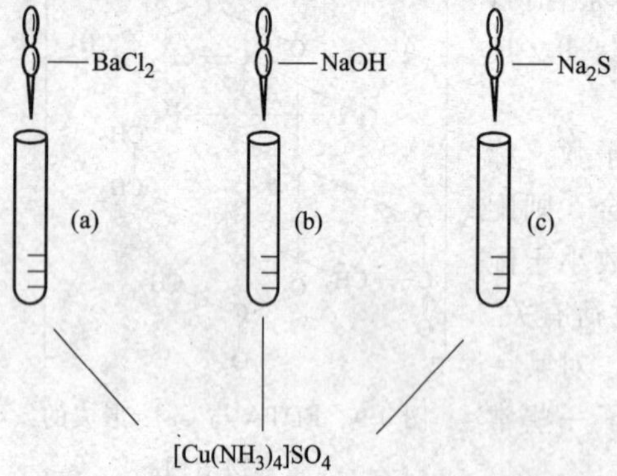

图 5-10 演示实验 5-4 的步骤

现象 (a) 有白色沉淀产生；(b) 无现象；(c) 有黑色沉淀产生。

分析 $[Cu(NH_3)_4]SO_4$ 中加入 $BaCl_2$ 溶液，产生白色 $BaSO_4$ 沉淀，说明配合物的外界易解离；加入 NaOH，无 $Cu(OH)_2$ 蓝色沉淀产生，说明配合物的内界 $[Cu(NH_3)_4]^{2+}$ 很稳定，难解离出 Cu^{2+}；但加入 Na_2S 有黑色 CuS 沉淀生成，说明内界的稳定性是相对的，在水溶液中就像弱电解质一样，存在微弱的解离作用，并且在一定条件下建立平衡，这种平衡称为配位平衡。

1. 配位平衡与稳定常数

化学平衡的原理同样适用于配位平衡。例如 $[Cu(NH_3)_4]^{2+}$ 在溶液中存在下列平衡：

$$[Cu(NH_3)_4]^{2+} \underset{\text{配位}}{\overset{\text{解离}}{\rightleftharpoons}} Cu^{2+} + 4NH_3$$

$$K = \frac{c(Cu^{2+})[c(NH_3)]^4}{c([Cu(NH_3)_4]^{2+})}$$

K 值越大，表示该配离子越容易离解。所以此常数称为配离子的不稳定常数，用 $K_{不稳}$ 表示。

实际中，常用配合物生成反应的平衡常数 $K_{稳}$ 来表示配合物的稳定性，即

$$Cu^{2+}+4NH_3 \rightleftharpoons [Cu(NH_3)_4]^{2+}$$

$$K_{稳}^{\ominus}=\frac{c([Cu(NH_3)_4]^{2+})}{c(Cu^{2+})[c(NH_3)]^4}$$

$K_{稳}$ 值越大，表示该配离子在水溶液中越稳定，$K_{稳}$ 称为配离子的稳定常数。显然，$K_{稳}$ 与 $K_{不稳}$ 互为倒数关系。

配离子在水溶液中的生成或离解与多元酸碱相似，也是逐级进行的。因此在溶液中存在着一系列的配位平衡，各级配位平衡均有其对应的稳定常数。如 $[Cu(NH_3)_4]^{2+}$ 配离子的形成，其逐级配位反应及平衡常数为：

$$Cu^{2+}+NH_3 \rightleftharpoons [Cu(NH_3)]^{2+} \qquad K_1=\frac{c([Cu(NH_3)]^{2+})}{c(Cu^{2+})c(NH_3)}=1.35\times10^4$$

$$[Cu(NH_3)]^{2+}+NH_3 \rightleftharpoons [Cu(NH_3)_2]^{2+} \qquad K_2=\frac{c([Cu(NH_3)_2]^{2+})}{c([Cu(NH_3)]^{2+})c(NH_3)}=3.02\times10^3$$

$$[Cu(NH_3)_2]^{2+}+NH_3 \rightleftharpoons [Cu(NH_3)_3]^{2+} \qquad K_3=\frac{c([Cu(NH_3)_3]^{2+})}{c([Cu(NH_3)_2]^{2+})c(NH_3)}=7.41\times10^2$$

$$[Cu(NH_3)_3]^{2+}+NH_3 \rightleftharpoons [Cu(NH_3)_4]^{2+} \qquad K_4=\frac{c([Cu(NH_3)_4]^{2+})}{c([Cu(NH_3)_3]^{2+})c(NH_3)}=1.29\times10^2$$

K_1、K_2、K_3、K_4 称为配离子的逐级稳定常数。$[Cu(NH_3)_4]^{2+}$ 配离子的总稳定常数 $K_{稳}$ 与其逐级稳定常数的关系为：

$$K_{稳}=K_1K_2K_3K_4=3.9\times10^{12}$$

为了计算方便，一般总是让配体过量，中心离子绝大部分处在最高配位状态，可采用总稳定常数 $K_{稳}$ 进行计算。常见配合物的稳定常数见附录表 5。

2. 有关配位平衡的计算

(1) 计算配合物溶液中有关离子的浓度

【例 5-30】 在 1.0L 6.0mol/L 氨水中溶解 0.10mol $CuSO_4$，求溶液中各组分的浓度(假设 $CuSO_4$ 溶解后溶液体积不变)。

分析 $CuSO_4$ 溶解后完全解离为 Cu^{2+} 和 SO_4^{2-}，因为 NH_3 过量，所以 Cu^{2+} 与 NH_3 结合生成 $[Cu(NH_3)_4]^{2+}$，剩余 NH_3 的浓度为 $(6.0-4\times0.10)$mol/L=5.6mol/L。

解 设平衡时 $c(Cu^{2+})$ 为 $x$mol/L，则

	Cu^{2+}	$+4NH_3 \rightleftharpoons$	$[Cu(NH_3)_4]^{2+}$
起始浓度/(mol/L)	0	5.6	0.10
平衡浓度/(mol/L)	x	$5.6+4x$	$0.10-x$

查表得 $K_{稳}^{\ominus}=10^{12.59}=3.89\times10^{12}$，则

$$\frac{0.10-x}{x(5.6+4x)^4}=3.89\times10^{12}$$

由于 $K_{稳}^{\ominus}$ 很大，因此 x 很小，所以 $0.10-x\approx0.10$，$5.6+4x\approx5.6$，则

$$\frac{0.10}{x\times5.6^4}=3.89\times10^{12}$$

$$x=2.61\times10^{-17}$$

则溶液中各组分的浓度分别为：

$$c(Cu^{2+})=2.61\times10^{-17}\text{ mol/L} \qquad c(NH_3)=5.6\text{mol/L}$$

$$c([Cu(NH_3)_4]^{2+})=0.10-2.61\times10^{-17}\approx0.10\ (\text{mol/L})$$

$$[SO_4^{2-}]=0.10mol/L$$

(2) 配合物之间的转化

【例 5-31】 向含有 $[Ag(NH_3)_2]^+$ 的溶液中加入 KCN，试判断 $[Ag(NH_3)_2]^+$ 能否转化为 $[Ag(CN)_2]^-$。已知 $K^{\ominus}_{不稳}([Ag(NH_3)_2]^+)=8.9\times10^{-8}$，$K^{\ominus}_{不稳}([Ag(CN)_2]^-)=7.9\times10^{-22}$。

解 转化反应为：

$$[Ag(NH_3)_2]^+ + 2CN^- \rightleftharpoons [Ag(CN)_2]^- + 2NH_3$$

其平衡常数表达式为：

$$K^{\ominus}=\frac{c([Ag(CN)_2]^-)c(NH_3)^2}{c([Ag(NH_3)_2]^+)c(CN^-)^2}$$

分子、分母同乘以 $[Ag^+]$ 得

$$K^{\ominus}=\frac{c([Ag(CN)_2]^-)c(NH_3)^2}{c([Ag(NH_3)_2]^+)c(CN^-)^2}\times\frac{c(Ag^+)}{c(Ag^+)}=\frac{K^{\ominus}_{不稳}([Ag(NH_3)_2]^+)}{K^{\ominus}_{不稳}([Ag(CN)_2]^-)}$$

则
$$K^{\ominus}=\frac{8.9\times10^{-8}}{7.9\times10^{-22}}=1.1\times10^{14}$$

其转化反应的平衡常数很大，则说明转化反应进行得很完全。

(3) 配离子与沉淀之间的转化

【例 5-32】 在例 5-30 建立平衡的溶液中，(1) 加入 10mL 1.0mol/L 的 NaOH 溶液，有无 $Cu(OH)_2$ 沉淀生成？(2) 加入 1.0mL 0.10mol/L 的 Na_2S 溶液，有无 CuS 沉淀生成？

分析 判断有无沉淀生成，要计算 $Cu(OH)_2$ 和 CuS 的离子积，然后与各自的溶度积比较而得出结论。

解 查表得 $K^{\ominus}_{sp}[Cu(OH)_2]=2.2\times10^{-20}$，$K^{\ominus}_{sp}(CuS)=6.3\times10^{-36}$。

(1) 加入 10mL 1.0mol/L 的 NaOH 溶液，则

$$c(OH^-)=\frac{1.0\times10}{1000+10}\approx0.01\ (mol/L)$$

$$c(Cu^{2+})=2.61\times10^{-17}mol/L$$

$$Q_i=c(Cu^{2+})c(OH^-)^2=2.61\times10^{-17}\times0.01^2=2.61\times10^{-21}<K^{\ominus}_{sp}[Cu(OH)_2]$$

所以无 $Cu(OH)_2$ 沉淀生成。

(2) 加入 1.0mL 0.10mol/L 的 Na_2S 溶液，则

$$c(S^{2-})=\frac{1.0\times0.10}{1000+1.0}=1.0\times10^{-4}\ (mol/L)$$

$$Q_i=c(Cu^{2+})c(S^{2-})=2.61\times10^{-17}\times1.0\times10^{-4}=2.61\times10^{-21}>K^{\ominus}_{sp}(CuS)$$

所以有 CuS 沉淀生成。

许多过渡金属离子在溶液中容易生成配离子，也容易生成卤化物、硫化物等沉淀。利用这些沉淀的生成，可以破坏溶液中的配位平衡，实现沉淀与配离子之间的相互转化。例如：

$$Ag^+\xrightarrow{Cl^-}AgCl\downarrow(白色)\xrightarrow{NH_3}[Ag(NH_3)_2]^+\xrightarrow{Br^-}AgBr\downarrow(浅黄色)\xrightarrow{S_2O_3^{2-}}$$

$$[Ag(S_2O_3)_2]^{3-}\xrightarrow{I^-}AgI\downarrow(黄色)\xrightarrow{CN^-}[Ag(CN)_2]^-\xrightarrow{S^{2-}}Ag_2S\downarrow(黑色)$$

不同沉淀与不同配离子的交替形成，实质上是存在着沉淀剂与配位剂争夺金属离子的平衡。平衡向生成沉淀还是配离子的方向移动，取决于沉淀剂和配位剂相应的 $K^{\ominus}_{sp}$ 和 $K^{\ominus}_{不稳}$ 及浓度，沉淀剂和配位剂哪一种能使游离金属离子浓度降得更低，平衡就向哪一个方向移动。

(4) 计算配合物电对的电极电位

【例 5-33】 计算 $[Ag(NH_3)_2]^+ + e \rightleftharpoons Ag + 2NH_3$ 体系的标准电极电位 $\varphi^{\ominus}([Ag(NH_3)_2]^+/Ag)$。已知 $K^{\ominus}_{稳}([Ag(NH_3)_2]^+)=1.7\times10^7$，$\varphi^{\ominus}(Ag^+/Ag)=0.799V$。

解
$$Ag^+ + 2NH_3 \rightleftharpoons [Ag(NH_3)_2]^+$$
$$K_{稳}=\frac{c([Ag(NH_3)_2]^+)}{c(Ag^+)c(NH_3)}=1.7\times10^7$$

标准态时 $c([Ag(NH_3)_2]^+)=c(NH_3)=1mol/L$，则
$$c(Ag^+)=\frac{1}{K^{\ominus}_{稳}}=\frac{1}{1.7\times10^7}=5.8\times10^{-8}\ (mol/L)$$

由题意可知，$\varphi^{\ominus}([Ag(NH_3)_2]^+/Ag)$ 即为 $c(Ag^+)=5.8\times10^{-8}mol/L$ 时的 $\varphi(Ag^+/Ag)$。所以
$$\begin{aligned}\varphi^{\ominus}([Ag(NH_3)_2]^+/Ag)&=\varphi^{\ominus}(Ag^+/Ag)+0.0592\lg c(Ag^+)\\&=\varphi^{\ominus}(Ag^+/Ag)+0.0592\lg\frac{1}{K^{\ominus}_{稳}}\\&=0.799+0.0592\lg(5.8\times10^{-8})=0.37\ (V)\end{aligned}$$

Ag^+/Ag 电对的电极电位降低了 $0.799-0.37=0.429$ (V)

由计算结果可见，简单离子配位后，通常都增强了金属的还原性，随着配合物稳定性的不同，其还原性增强的程度也不同。配合物的 $K^{\ominus}_{稳}$ 值越大，其标准电极电位值越小，金属离子越难得到电子而还原，金属离子就越稳定。例如：

电对	$\varphi^{\ominus}$/V	$K^{\ominus}_{稳}$
Ag^+/Ag	0.799	
$[Ag(CN)_2]^-/Ag$	−0.30	1.3×10^{21}
Au^+/Au	1.68	
$[Au(CN)_2]^-/Au$	−0.60	2.0×10^{38}

实际中，常通过加入配位剂于金属离子溶液中，形成稳定的配合物，以防金属离子的氧化。

调研： 电池的应用及处理方式（调研目前市场上电池的种类、用途、生产量及用量；对回收或处理提出建议或方案）。方式为分组进行一提交调研报告一代表讲解一学生评价。

本 章 小 结

1. 化学平衡

(1) 化学平衡状态及其特征

(2) 平衡常数 K 的表示及其意义

(3) 化学平衡的有关计算：平衡浓度、平衡转化率 α

(4) 化学平衡的移动及应用（浓度、温度、压力对化学平衡的影响，勒夏特列原理）

2. 酸碱平衡

(1) 酸、碱的定义

(2) 弱电解质的离解平衡（一元弱酸、碱；多元弱酸、弱碱；两性物质溶液）

(3) 缓冲溶液（弱酸-共轭碱、弱碱-共轭酸）

3. 沉淀溶解平衡
(1) 溶度积
(2) 溶解度与溶度积的关系
(3) 溶度积规则
4. 氧化还原平衡
(1) 原电池
(2) 电极电位
5. 配位平衡
(1) 配合物的组成
(2) 配合物的命名
(3) 配位平衡（平衡常数 $K_{稳}$）

习　题

1. 根据酸碱质子理论，判断下列物质在水溶液中哪些是酸？哪些是碱？哪些是两性物质？写出它们的共轭酸或共轭碱。

HS^-、HCO_3^-、$NH_3 \cdot H_2O$、H_2O、HAc、Na_2HPO_4、OH^-、NH_4^+、$HC_2O_4^-$、Ac^-、$H_2PO_4^-$

2. 计算下列溶液的 pH。

(1) 0.10mol/L HCN　　(2) 0.020mol/L NH_4Cl

(3) 0.10mol/L KCN　　(4) 500mL 含 0.17g NH_3 的溶液

3. 在 100mL 0.10mol/L 的氨水中加入 1.07g 氯化铵，溶液的 pH 为多少？在此溶液中再加入 100mL 水，pH 有何变化？

4. 分别计算下列各混合溶液的 pH。

(1) 0.3L 0.5mol/L 的 HCl 与 0.2L 0.5mol/L 的 NaOH 混合；

(2) 0.25L 0.2mol/L 的 NH_4Cl 与 0.5L 0.2mol/L 的 NaOH 混合；

(3) 0.5L 0.2mol/L 的 NH_4Cl 与 0.5L 0.2mol/L 的 NaOH 混合；

(4) 0.5L 0.2mol/L 的 NH_4Cl 与 0.25L 0.2mol/L 的 NaOH 混合；

5. 用 0.10mol/L 的 HAc 溶液和 0.20mol/L 的 NaAc 溶液等体积混合，配成 0.50L 缓冲溶液。当加入 0.005mol NaOH 后（假设体积不变），此缓冲溶液的 pH 如何变化？

6. 欲配制 500mL pH=9.0、$c(NH_4^+)=1.0$mol/L 的缓冲溶液，需密度为 0.904g/mL、氨的质量分数为 26%的浓氨水多少毫升？需固体 NH_4Cl 多少克？

7. 欲配制 pH=5.00 的缓冲溶液 500mL，现有 6mol/L 的 HAc 34.0mL，需加入 $NaAc \cdot 3H_2O$ 多少克？

8. 已知下列物质的溶解度，计算其溶度积常数。

(1) $CaCO_3$，$S(CaCO_3)=5.3\times10^{-3}$g/L；

(2) Ag_2CrO_4，$S(Ag_2CrO_4)=2.1\times10^{-2}$g/L；

9. 已知下列物质的溶度积常数，计算在饱和溶液中各种离子的浓度。

(1) CaF_2，$K_{sp}^{\ominus}(CaF_2)=3.9\times10^{-11}$；

(2) $PbSO_4$，$K_{sp}^{\ominus}(PbSO_4)=1.6\times10^{-8}$

10. 在下列溶液中是否有沉淀生成？

(1) 1.5×10^{-6}mol/L 的 $AgNO_3$ 和 1.5×10^{-5}mol/L 的 NaCl 等体积混合；

(2) 500mL 1.4×10^{-2}mol/L 的 $CaCl_2$ 和 250mL 0.25mol/L 的 Na_2SO_4 混合。

11. Ag^+ 和 Pt^{2+} 两种离子的浓度均为 0.10mol/L，要使之生成碘化物沉淀，问需用 [I^-] 的最低浓度是多少？AgI 和 PbI_2 沉淀哪个先析出？

12. 一种溶液含有 Fe^{3+} 和 Fe^{2+}，它们的浓度均为 0.010mol/L，当 $Fe(OH)_2$ 开始沉淀时，Fe^{3+} 浓度是

多少？

13. 配平下列各氧化还原反应方程式（必要时加上适当的反应物或生成物）。

(1) $Cu+HNO_3$(稀)$\longrightarrow Cu(NO_3)_2+NO\uparrow+H_2O$

(2) $S+H_2SO_4$(浓)$\longrightarrow SO_2\uparrow+H_2O$

(3) $KClO_3+KI+H_2SO_4\longrightarrow I_2+KCl+K_2SO_4+H_2O$

(4) $H_2O_2+KI+H_2SO_4\longrightarrow K_2SO_4+I_2+H_2O$

(5) $MnO_2+KClO_3+KOH\longrightarrow K_2MnO_4+KCl$

(6) $K_2Cr_2O_7+KI+H_2SO_4\longrightarrow Cr_2(SO_4)_3+I_2$

14. 将下列氧化还原反应设计成原电池，写出电极反应。

(1) $2Fe^{2+}+Cl_2\longrightarrow 2Fe^{3+}+2Cl^-$

(2) $2MnO_4^-+10Cl^-+16H^+\longrightarrow 2Mn^{2+}+5Cl_2+8H_2O$

15. 下列物质在一定条件可作氧化剂，根据其氧化能力的大小排列，并写出其还原产物（设在酸性溶液中）。

$$KMnO_4、KClO_3、I_2、FeCl_3、Cl_2、HNO_3$$

16. 下列物质在一定条件下可作还原剂，根据其还原能力的大小排序，并写出其氧化产物。

$$FeSO_4、Zn、Cr^{3+}、HI、SnCl_2、H_2$$

17. 根据标准电极电位，判断下列反应自发进行的方向。

(1) $H_2SO_3+2H_2S \rightleftharpoons 3S+3H_2O$

(2) $Sn^{2+}+2Ag^+ \rightleftharpoons Sn^{4+}+2Ag$

(3) $3Fe(NO_3)_2+4HNO_3 \rightleftharpoons 3Fe(NO_3)_3+NO\uparrow+2H_2O$

(4) $K_2Cr_2O_7+6KI+7H_2SO_4 \rightleftharpoons Cr_2(SO_4)_3+3I_2+4K_2SO_4+7H_2O$

18. 根据 $E^\ominus$ 值计算下列反应的平衡常数，并比较反应进行的程度。

(1) $Fe^{3+}+Ag \rightleftharpoons Fe^{2+}+Ag^+$

(2) $6Fe^{2+}+Cr_2O_7^{2-}+14H^+ \rightleftharpoons 6Fe^{3+}+2Cr^{3+}+7H_2O$

(3) $2Fe^{3+}+2Br^- \rightleftharpoons 2Fe^{2+}+Br_2$

19. 已知反应

$$2Fe^{3+}(0.1mol/L)+Cd \rightleftharpoons Cd^{2+}(0.1mol/L)+2Fe^{2+}(0.010mol/L)$$

写出电极反应，并计算 298.15K 时电池的电动势。

20. 命名下列配合物，并指出中心离子、配体、配位原子及配位数。

(1) $Na_2[SiF_6]$　(2) $[NiCl_2(NH_3)_2]$　(3) $K_3[Ag(S_2O_3)_2]$　(4) $[Fe(CO)_5]$

(5) $[CoCl_2(H_2O)_4]Cl$　(6) $K_3[Fe(CN)_6]$　(7) $[Fe(H_2O)_4(OH)(SCN)]NO_3$

(8) $[Ni(CO)_2(CN)_2]$

21. 将 10mL 0.1mol/L 的 $CuSO_4$ 溶液与 10mL 0.6mol/L 的氨水混合达平衡后，计算溶液中 Cu^{2+}、NH_3 和 $[Cu(NH_3)_4]^{2+}$ 的浓度各是多少。若向此溶液中加入 2.0×10^{-4}mol NaOH 固体（忽略体积变化），问是否有 $Cu(OH)_2$ 沉淀生成？

22. 向 50.0mL 0.1mol/L 的 $AgNO_3$ 溶液中，加入 30.0mL 3mol/L 的氨水，然后用水稀释至 100.0mL。求：

(1) 溶液中 Ag^+、NH_3 和 $[Ag(NH_3)_2]^+$ 的浓度。

(2) 加 0.10mol/L KCl 固体时是否有 AgCl 沉淀生成？

(3) 欲阻止 AgCl 沉淀生成，原溶液中 NH_3 的最低浓度应为多少？

阅读材料

新型电池

新型电池都具有下列特点：自重小、体积小、容量大、温度适应范围宽、使用安全、贮存期长、维护方便。

1. 锌银电池

锌银电池通称为银锌电池，采用氢氧化钾或氢氧化钠为电解液，由银作正极材料，锌作负极材料。由银制成的正极上的活性物质是多孔性银，由锌制成的负极上的活性物质主要是氧化锌。灌入电解液，经充电后，正极的银变成氧化银，负极的氧化锌变成锌。锌银电池一般装在塑料壳内或装在铝合金、不锈钢的外壳内。

锌银电池的主要优点是比能量高，它的能量质量比(单位质量产生的有效电能量) 达100～130W·h/kg (是铅蓄电池的3～4倍)。适宜于大电流放电的锌银电池应用于军事、航空、移动通信设备、电子仪器和人造卫星、宇宙航行等方面。制成钮扣式的微型锌银电池应用于电子手表、助听器、计算机和心脏起搏器等。

2. 锂电池

锂在自然界中是最轻的金属元素。以锂为负极，与适当的正极匹配，可以得到高达380～450W·h/kg的能量质量比。

以锂作为负极的电池都叫锂电池。目前作为一次电池使用的锂电池，一种是以高氯酸锂为电解质，由聚氟化碳作正极材料的锂电池；另一种是以溴化锂为电解质，由二氧化硫作正极材料的锂电池。

锂电池的主要优点是在较小的体积或自重下，能放出较大的电能（比能量比锌银电池大得多)，放电时电压十分平稳，存储寿命长，能在很宽温度范围内有效工作。其应用领域和锌银电池相同。从发展趋势看，锂电池的竞争能力将超过锌银电池。

3. 太阳电池

目前常用的太阳电池是由硅制成的，一般是在电子型单晶硅的小片上用扩散法渗进一薄层硼，以得到PN结，然后再加上电极。当日光直射到渗了硼的薄层面上时，两极间就产生电动势。这种电池可用作人造卫星上仪器的电源。除硅外，砷化镓也是制作太阳电池的好材料。

4. 原子电池

据1975年的报道，当时国外正对第一个原子电池进行测试。这个可输出20W、质量为1398kg的原子电池已沉入北海海底，向邻近的海洋测量站供电。这种电池密封在长84cm、直径69cm、铅外壁厚10cm的圆柱体中。它的核心部分是锶-90。当锶衰变时，它产生相当于300W的热能，然后通过热电发生器将热能转化为电能。最后输出的电功率为20W，电压为28V。据称，这种原子电池不需维护，至少可用5年，估计可用10年。

第六章

重要的金属元素及其化合物

知识目标：熟悉铬、锰、铁系元素和锌族元素的单质和化合物的性质及用途。

能力目标：1. 能利用电位图，判断铬、锰、铁、钴、镍、锌、镉、汞的化合物或离子在不同介质中的稳定性及发生的反应。

2. 能鉴定 Mn^{2+}、Fe^{2+}、Fe^{3+}、Co^{2+}、Zn^{2+}、Hg^{2+} 等离子。

在元素周期表中，大多数为金属元素，所有的过渡元素均为金属。本章主要介绍常见的过渡元素及其化合物。

第一节　铬及其重要化合物

铬元素在周期表中位于第四周期的ⅥB 族，在地壳中的丰度居 21 位，主要矿物是铬铁矿，组成为 $FeO \cdot Cr_2O_3$ 或 $FeCr_2O_4$。我国的铬铁矿主要分布在青海、宁夏和甘肃等地。

铬原子的价电子构型是 $3d^5 4s^1$，能形成多种氧化态的化合物，如＋1、＋2、＋3、＋4、＋5、＋6 等，其中以＋3、＋6 氧化态的两类化合物最为重要。各氧化态间的电位图如下：

$$\varphi_A^{\ominus}/V \qquad Cr_2O_7^{2-} \xrightarrow{+1.33} Cr^{3+} \xrightarrow{-0.41} Cr^{2+} \xrightarrow{-0.91} Cr \quad (Cr^{3+} \xrightarrow{-0.74} Cr)$$

$$\varphi_B^{\ominus}/V \qquad CrO_4^{2-} \xrightarrow{-0.12} Cr(OH)_3 \xrightarrow{-1.1} Cr(OH)_2 \xrightarrow{-1.4} Cr \quad (Cr(OH)_3 \xrightarrow{-1.3} Cr)$$

由铬的电极电位可知，在酸性溶液中，氧化值为＋6 的铬（$Cr_2O_7^{2-}$）有较强的氧化性，可被还原为 Cr^{3+}；而 Cr^{2+} 有较强的还原性，可被氧化为 Cr^{3+}。因此，在酸性溶液中 Cr^{3+} 不易被氧化，也不易被还原。在碱性溶液中，氧化值为＋6 的铬（CrO_4^{2-}）氧化性很弱，相反，Cr(Ⅲ) 易被氧化为 Cr(Ⅵ)。

一、单质及其性质

铬具有银白色光泽，是最硬的金属，主要用于电镀和制造合金钢。在汽车、自行车和精密仪器等器件表面镀铬，可使器件表面光亮、耐磨、耐腐蚀。把铬加入到钢中，能增强耐磨性、耐热性和耐腐蚀性，还能增强钢的硬度和弹性，故铬用于冶炼多种合金钢。含 Cr 在 12％以上的钢称为不锈钢，是广泛使用的金属材料。

常温下，铬表面因生成致密的氧化物薄膜而呈钝态，在空气或水中都相当稳定。去掉保护膜的铬可缓慢溶于稀盐酸或硫酸，形成蓝色 Cr^{2+}，Cr^{2+} 与空气接触，很快被氧化为绿色的 Cr^{3+}。

$$Cr + 2H^+ \longrightarrow Cr^{2+} + H_2\uparrow$$

$$4Cr^{2+} + 4H^+ + O_2 \longrightarrow 4Cr^{3+} + 2H_2O$$

铬还可与热的浓硫酸发生如下反应：

$$2Cr+6H_2SO_4(热、浓) \longrightarrow Cr_2(SO_4)_3+3SO_2\uparrow+6H_2O$$

但铬不溶于浓硝酸。

二、铬(Ⅲ)的化合物

1. 三氧化二铬和氢氧化铬

Cr_2O_3为绿色晶体，不溶于水，具有两性，溶于酸形成Cr(Ⅲ)盐，溶于强碱形成亚铬酸盐（CrO_2^-）：

$$Cr_2O_3+3H_2SO_4 \longrightarrow Cr_2(SO_4)_3+3H_2O$$

$$Cr_2O_3+2NaOH \longrightarrow 2NaCrO_2+H_2O$$

Cr_2O_3可由重铬酸铵加热分解而制得：

$$(NH_4)_2Cr_2O_7 \xrightarrow{\triangle} Cr_2O_3+N_2\uparrow+4H_2O$$

Cr_2O_3常用作媒染剂、有机合成的催化剂以及油漆的颜料“铬绿”，也是冶炼金属和制取铬盐的原料。

在Cr(Ⅲ)盐中加入氨水或氢氧化钠溶液，即有灰蓝色的$Cr(OH)_3$胶状沉淀析出：

$$Cr_2(SO_4)_3+6NaOH \longrightarrow 2Cr(OH)_3\downarrow+3Na_2SO_4$$

$Cr(OH)_3$具有明显的两性，在溶液中存在两种平衡：

$$\underset{(紫色)}{Cr^{3+}}+3OH^- \rightleftharpoons \underset{(灰蓝色)}{Cr(OH)_3} \rightleftharpoons H^++\underset{(绿色)}{CrO_2^-}+H_2O$$

在溶液中CrO_2^-也可以写成$Cr(OH)_4^-$形式。向$Cr(OH)_3$沉淀中无论加酸或加碱，沉淀都会溶解，反应式如下：

$$Cr(OH)_3+3HCl \longrightarrow CrCl_3+3H_2O$$

$$Cr(OH)_3+NaOH \longrightarrow NaCr(OH)_4(或\ NaCrO_2)$$

显然，$Cr(OH)_3$和$Al(OH)_3$一样具有两性。

2. 铬(Ⅲ)盐

常见的铬(Ⅲ)盐有三氯化铬$CrCl_3 \cdot 6H_2O$（紫色或绿色）、硫酸铬$Cr_2(SO_4)_3 \cdot 18H_2O$（紫色）以及铬钾钒$KCr(SO_4)_2 \cdot 12H_2O$（蓝紫色）。它们都易溶于水，水合离子$[Cr(H_2O)_6]^{3+}$不仅存在于溶液中，也存在于上述化合物的晶体中。

3. 铬(Ⅲ)的配合物

Cr(Ⅲ)离子的外围电子构型为$3d^34s^04p^0$，它有6个空轨道，容易形成配位数为6的配合物。最常见的Cr(Ⅲ)离子的配合物为$[Cr(H_2O)_6]^{3+}$，它存在于水溶液中，也存在于许多盐的水合晶体中。Cr(Ⅲ)离子还能与Cl^-、$C_2O_4^{2-}$、OH^-、CN^-、SCN^-、NH_3等形成单齿配合物，如$[CrCl_6]^{3-}$、$[Cr(NH_3)_6]^{3+}$、$[Cr(CN)_6]^{3-}$等。此外，还能形成含有多种配位体的配合物，如$[CrCl(H_2O)_5]^{2+}$、$[CrBrCl(NH_3)_4]^+$等。

三、铬(Ⅵ)的化合物

铬(Ⅵ)的主要化合物有CrO_3、K_2CrO_4、Na_2CrO_4、$K_2Cr_2O_7$、$Na_2Cr_2O_7$等。

1. 三氧化铬(CrO_3)

三氧化铬即铬酸酐（简称铬酐），遇水即生成铬酸：

$$CrO_3+H_2O \longrightarrow H_2CrO_4$$

铬酸是二元强酸，只存在于溶液中（$K_1=4.1$，$K_2=3.2\times10^{-1}$）

CrO_3溶于碱生成铬酸盐：

$$CrO_3+2NaOH \longrightarrow Na_2CrO_4+H_2O$$

三氧化铬为红色片状晶体，易潮解，有毒，超过熔点468K即分解而释放出O_2。

$$4CrO_3 \xrightarrow{\triangle} 2Cr_2O_3 + 3O_2\uparrow$$

CrO_3为强氧化剂，遇有机物易引起燃烧和爆炸。如往少量CrO_3上滴加酒精，酒精立即发生燃烧。

三氧化铬可由固体重铬酸钠和浓硫酸经复分解制得：

$$Na_2Cr_2O_7 + 2H_2SO_4(浓) \xrightarrow{200℃} 2CrO_3 + 2NaHSO_4 + H_2O$$

2. 铬酸盐和重铬酸盐

由于铬(Ⅵ)的含氧酸无游离状态，因而常用其盐，钠、钾的铬酸盐和重铬酸盐是铬最重要的盐，K_2CrO_4为黄色晶体，$K_2Cr_2O_7$为橙红色晶体（俗称红钒钾）。$K_2Cr_2O_7$在低温下的溶解度极小，又不含结晶水，易通过重结晶法提纯，而且$K_2Cr_2O_7$不易潮解，故常用作分析中的基准试剂。

在铬酸盐溶液中存在以下平衡：

$$\underset{(黄色)}{2CrO_4^{2-}} + 2H^+ \rightleftharpoons 2HCrO_4^- \rightleftharpoons \underset{(橙色)}{Cr_2O_7^{2-}} + H_2O$$

可见，溶液中往往同时存在CrO_4^{2-}、$HCrO_4^-$和CrO_7^{2-}三种离子，它们之间的相互转化显然受到溶液酸碱度的制约。若向黄色CrO_4^{2-}溶液中加酸，会生成橙色的$Cr_2O_7^{2-}$；反之，若向橙色的$Cr_2O_7^{2-}$溶液中加碱，又转变成黄色的CrO_4^{2-}。通过调节溶液酸碱度，可以控制CrO_4^{2-}和$Cr_2O_7^{2-}$的浓度，并具有以下两方面的用途。

(1) 氧化性　根据元素电位图，在酸性条件下$Cr_2O_7^{2-}$表现出强氧化性。所以，当采用氧化态为+6的铬盐为氧化剂时，需选用重铬酸盐，并使反应在酸性溶液中进行。例如：

$$Cr_2O_7^{2-} + 6Fe^{2+} + 14H^+ \longrightarrow 2Cr^{3+} + 6Fe^{3+} + 7H_2O$$

$$Cr_2O_7^{2-} + 3SO_3^{2-} + 8H^+ \longrightarrow 2Cr^{3+} + 3SO_4^{2-} + 4H_2O$$

$$Cr_2O_7^{2-} + 6Cl^- + 14H^+ \longrightarrow 2Cr^{3+} + 3Cl_2\uparrow + 7H_2O$$

分析化学中常用$K_2Cr_2O_7$测定溶液中Fe^{2+}的含量。

实验室常用的铬酸洗液就是由重铬酸钾的饱和溶液和浓硫酸配制而成的。可用来洗涤化学玻璃仪器，以除去器壁上黏附的油脂。当洗液多次使用变为绿色时，Cr(Ⅵ)已还原成Cr(Ⅲ)，说明已失效。近年来，为了防止Cr(Ⅵ)的污染，洗液已逐渐被合成洗涤剂所代替。

(2) 溶解性　重铬酸盐大都溶于水，而铬酸盐中除K^+、Na^+、NH_4^+盐外，一般都难溶于水。当向重铬酸盐中加入可溶性Ba^{2+}、Pb^{2+}或Ag^+时，将促使$Cr_2O_7^{2-}$向CrO_4^{2-}方向转化，而生成相应的铬酸盐沉淀：

$$Cr_2O_7^{2-} + 2Ba^{2+} + H_2O \longrightarrow \underset{[黄色(柠檬黄)]}{2BaCrO_4\downarrow} + 2H^+$$

$$Cr_2O_7^{2-} + 2Pb^{2+} + H_2O \longrightarrow \underset{[黄色(铬黄)]}{2PbCrO_4\downarrow} + 2H^+$$

$$Cr_2O_7^{2-} + 4Ag^+ + H_2O \longrightarrow \underset{(砖红色)}{2Ag_2CrO_4\downarrow} + 2H^+$$

实验室常用Ba^{2+}、Pb^{2+}、Ag^+来检验CrO_4^{2-}的存在。柠檬黄、铬黄作为颜料可用于制造油漆、油墨、水彩、油彩，还可用于色纸、橡胶、塑料制品的着色。

四、含铬废水的处理

在铬的化合物中，以Cr(Ⅵ)的毒性最大，Cr(Ⅲ)次之，Cr(Ⅱ)和金属铬的毒性最小。铬酸盐能降低生化过程的需氧量，从而发生窒息。它对胃、肠等有刺激作用，对鼻黏膜的损伤最大，长期吸入会引起鼻膜炎甚至鼻中隔穿孔，并有致癌作用。电镀和制革工业以及生产铬化合物的工厂是含铬废水的主要来源。无论 Cr(Ⅵ) 还是 Cr(Ⅲ)，对鱼类、农作物都有害。我国规定工业废水含 Cr(Ⅵ) 的排放标准为 0.1mg/L。目前处理含铬废水的方法大体上可分为以下两种。

1. 还原法

用 $FeSO_4$、Na_2SO_3、$Na_2S_2O_3$、$NaHSO_3$、SO_2 等作为还原剂，将 Cr(Ⅵ) 还原成 Cr(Ⅲ)，再使之沉淀为 $Cr(OH)_3$ 除去。

电解还原法是用金属铁作阳极，Cr(Ⅵ) 在阴极上被还原成 Cr(Ⅲ)，阳极溶解下来的 Fe^{2+} 也可将 Cr(Ⅵ) 还原成 Cr(Ⅲ)。

2. 离子交换法

Cr(Ⅵ) 在废水中常以阴离子 CrO_4^{2-} 或 $Cr_2O_7^{2-}$ 存在。让含铬废水流经阴离子交换树脂进行离子交换，交换后的树脂用 NaOH 处理，再生后重复使用。交换和再生的反应式如下：

$$2R—N^+OH^- + CrO_4^{2-} \underset{\text{再生}}{\overset{\text{交换}}{\rightleftharpoons}} (R—N)_2CrO_4 + 2OH^-$$

洗脱下来的高浓度 CrO_4^{2-} 溶液，供回收利用。

第二节　锰及其重要化合物

锰是周期表ⅦB族第一种元素，在地壳中的丰度为 0.1%，它主要以氧化物形式存在，如软锰矿 $MnO_2 \cdot xH_2$、黑锰矿 Mn_3O_4 和水锰矿 MnO(OH)。在深海海底也发现了大量的锰矿——锰结核，它是一种在一层一层的铁锰氧化物层间夹有黏土层所构成的一个个同心圆状的团块，其中还含有铜、钴、镍等重要金属元素。我国南海有大量的锰结核资源。

锰的电位图如下：

$$\varphi_A^\ominus/V \quad MnO_4^- \overset{0.564}{——} MnO_4^{2-} \overset{2.67}{——} MnO_2 \overset{0.95}{——} Mn^{3+} \overset{1.488}{——} Mn^{2+} \overset{-1.18}{——} Mn$$

$$MnO_4^- \overset{1.51}{——} Mn^{2+} \qquad MnO_4^- \overset{1.695}{——} MnO_2 \qquad MnO_2 \overset{1.23}{——} Mn^{2+}$$

$$\varphi_B^\ominus/V \quad MnO_4^- \overset{0.564}{——} MnO_4^{2-} \overset{0.60}{——} MnO_2 \overset{-0.20}{——} Mn(OH)_3 \overset{0.10}{——} Mn(OH)_2 \overset{-1.56}{——} Mn$$

$$MnO_4^- \overset{0.588}{——} MnO_2 \qquad MnO_2 \overset{-0.05}{——} Mn(OH)_2$$

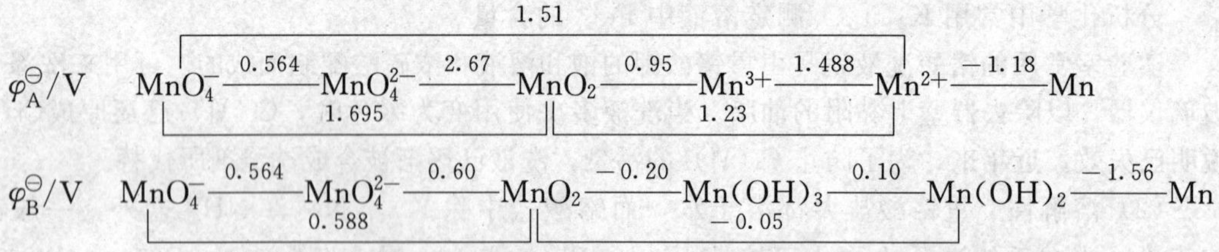

从锰的电位图可知，在酸性溶液中 Mn^{3+} 和 MnO_4^{2-} 均易发生歧化反应：

$$2Mn^{3+} + 2H_2O \longrightarrow Mn^{2+} + MnO_2\downarrow + 4H^+$$

$$3MnO_4^{2-} + 4H^+ \longrightarrow 2MnO_4^- + MnO_2\downarrow + 2H_2O$$

Mn^{2+} 很稳定，不易被氧化，也不易被还原。MnO_4^- 和 MnO_2 有强氧化性。在碱性溶液中，$Mn(OH)_2$ 不稳定，易被空气中的氧气氧化为 MnO_2；MnO_4^{2-} 也能发生歧化反应，但反应不如在酸性溶液中进行得完全。

一、锰单质

金属锰外形似铁，粉末状为灰色。纯锰用途不大，但它的合金非常重要。含 Mn 12%～15%、Fe 83%～87%、C 2%的锰钢很坚硬，抗冲击，耐磨损，可用于制钢轨和钢甲、破碎机等；锰可代替镍制造不锈钢。

锰属于活泼金属，在空气中表面生成氧化膜，该氧化膜可以保护金属内部不受侵蚀。粉末状的锰能彻底被氧化，有时甚至能起火，它能分解冷水：

$$Mn+2H_2O \longrightarrow Mn(OH)_2\downarrow+H_2\uparrow$$

锰和卤素、S、C、N、Si 等非金属能直接化合生成 MnX_2、Mn_3N_2、MnS 等。

锰溶于一般的无机酸，生成 Mn(Ⅱ) 盐；与冷的浓硫酸作用缓慢。在有氧化剂存在下，金属锰又能与熔融碱作用生成锰酸盐，例如：

$$2Mn+4KOH+3O_2 \longrightarrow 2K_2MnO_4+2H_2O$$

锰原子的价电子层构型是 $3d^54s^2$，最高氧化数为+7，还有+6、+4、+3、+2 等，其中以+2、+4、+7 三种氧化数的化合物最为重要。

二、锰（Ⅱ）的化合物

锰（Ⅱ）的化合物有氧化锰（MnO）、氢氧化锰及 Mn(Ⅱ) 盐，其中以 Mn(Ⅱ) 盐最常见，如 $MnCl_2$、$MnSO_4$、$Mn(NO_3)_2$、MnS 等。由于 Mn^{2+} 的价电子层构型为 $3d^5$，属于 d 能级半充满的稳定状态，因此这类化合物是最稳定的。

Mn^{2+} 在酸性溶液中很稳定，欲使 Mn^{2+} 氧化，必须选用强氧化剂，如 $NaBiO_3$、PbO_2、$(NH_4)_2S_2O_8$ 等。例如：

$$2Mn^{2+}+5NaBiO_3+14H^+ \longrightarrow 2MnO_4^-+5Bi^{3+}+5Na^++7H_2O$$

反应产物 MnO_4^- 即使在很稀的溶液中，也能显示它特征的红色。因此，上述反应可用来鉴定溶液中 Mn^{2+} 的存在。

在 Mn（Ⅱ）盐溶液中加入 NaOH 或氨水，都能生成白色 $Mn(OH)_2$ 沉淀：

$$Mn^{2+}+2OH^- \longrightarrow Mn(OH)_2\downarrow$$

$$Mn^{2+}+2NH_3\cdot H_2O \longrightarrow Mn(OH)_2\downarrow+2NH_4^+$$

从锰的元素电位图得知，在碱性介质中，Mn(Ⅱ) 极易被氧化，故 $Mn(OH)_2$ 不能稳定存在，甚至溶解在水中的少量氧也能使它氧化，沉淀由白色逐渐变成褐色的水合二氧化锰：

$$2Mn(OH)_2+O_2 \longrightarrow 2MnO(OH)_2$$

这个反应用于测定水中的溶解氧。反应原理是在经吸氧后的 $MnO(OH)_2$ 中加入适量硫酸使其酸化后，和过量的 KI 溶液作用，I^- 被氧化而析出 I_2，再用标准硫代硫酸钠 $Na_2S_2O_3$ 溶液滴定 I_2，经换算就得知水中的氧含量。

多数锰（Ⅱ）盐如卤化锰、硝酸锰、硫酸锰等强酸盐都易溶于水。在水溶液中，Mn^{2+} 常以淡红色的 $[Mn(H_2O)_6]^{2+}$ 水合离子存在。从溶液中结晶出的锰（Ⅱ）盐是带结晶水的粉红色晶体，如 $MnCl_2\cdot 4H_2O$、$Mn(NO_3)_2\cdot 6H_2O$ 等。

三、锰（Ⅳ）的化合物

锰（Ⅳ）的化合物中最重要的是二氧化锰 MnO_2。它是一种很稳定的黑色粉末状物质，不溶于水。

二氧化锰在酸性条件下具有强氧化性，和浓盐酸作用有氯气生成，和浓硫酸作用有氧气生成：

$$MnO_2+4HCl \longrightarrow MnCl_2+Cl_2\uparrow+2H_2O$$

$$2MnO_2+2H_2SO_4 \longrightarrow 2MnSO_4+O_2\uparrow+2H_2O$$

实验室制备少量氯气就可用二氧化锰与浓盐酸反应制备。

二氧化锰在碱性介质中，当有氧化剂存在时，还能被氧化成锰酸盐。如 MnO_2 与 KOH 的混合物于空气中，或者与 $KClO_3$、KNO_3 等氧化剂一起加热熔融，可以得到绿色的锰酸钾 K_2MnO_4：

$$2MnO_2+4KOH+O_2 \longrightarrow 2K_2MnO_4+2H_2O$$

$$3MnO_2+6KOH+KClO_3 \longrightarrow 3K_2MnO_4+KCl+3H_2O$$

MnO_2用途很广，大量用于制造干电池以及玻璃、陶瓷、火柴、油漆等工业，也是制备其他锰化合物的主要原料。

四、锰（Ⅶ）的化合物

锰（Ⅶ）的化合物中，最重要的是高锰酸钾 $KMnO_4$。它为暗紫色晶体，有光泽，是一种较稳定的化合物。

将固体 $KMnO_4$加热到 473K 以上，就分解放出氧气，这是实验室制备氧气的一种简便方法。

$$2KMnO_4 \xrightarrow{\triangle} K_2MnO_4+MnO_2+O_2\uparrow$$

由于 $\varphi^{\ominus}(MnO_4^-/MnO_2)=1.695V$，大于 $\varphi^{\ominus}(O_2/H_2O)=1.229V$，故溶液中的 MnO_4^-有可能把 H_2O 氧化为 O_2，反应式如下：

$$4MnO_4^-+4H^+ \longrightarrow 4MnO_2+2H_2O+3O_2$$

光对此反应有催化作用，故固体高锰酸钾及其溶液都需保存在棕色瓶中。

高锰酸钾是最重要的强氧化剂之一。随着介质酸碱性的不同，其还原产物有以下三种。

① 在酸性溶液中，MnO_4^- 被还原成 Mn^{2+}。例如：

$$2MnO_4^-+5SO_3^{2-}+6H^+ \longrightarrow 2Mn^{2+}+5SO_4^{2-}+3H_2O$$

$$MnO_4^-+5Fe^{2+}+8H^+ \longrightarrow Mn^{2+}+5Fe^{3+}+4H_2O$$

如果 MnO_4^- 过量，将进一步和它自身的还原产物 Mn^{2+} 发生逆歧化反应而出现 MnO_2沉淀，紫红色随即消失：

$$2MnO_4^-+3Mn^{2+}+2H_2O \longrightarrow 5MnO_2\downarrow+4H^+$$

② 在中性或弱碱性溶液中，MnO_4^- 被还原成 MnO_2。例如：

$$2MnO_4^-+3SO_3^{2-}+H_2O \longrightarrow 2MnO_2\downarrow+3SO_4^{2-}+2OH^-$$

③ 在强碱性溶液中，还原成锰酸根 MnO_4^{2-}。例如：

$$2MnO_4^-+SO_3^{2-}+2OH^- \longrightarrow 2MnO_4^{2-}+SO_4^{2-}+H_2O$$

溶液由紫色变成绿色，但上式中如果 MnO_4^- 的量不足，还原剂（如 SO_3^{2-}）过剩，则生成物中的锰酸根 MnO_4^{2-} 继续发挥氧化作用，最后产物也是 MnO_2：

$$MnO_4^{2-}+SO_3^{2-}+H_2O \longrightarrow MnO_2\downarrow+SO_4^{2-}+2OH^-$$

工业上常以 MnO_2为原料制取高锰酸钾。首先在强碱性溶液中将它氧化成锰酸钾，然后进行电解氧化。反应式如下：

$$2MnO_2+4KOH+O_2 \xrightarrow{\triangle} 2K_2MnO_4+2H_2O$$

$$2K_2MnO_4+2H_2O \xrightarrow{\text{电解}} \underset{\text{（阳极）}}{2KMnO_4}+2KOH+\underset{\text{（阴极）}}{H_2\uparrow}$$

高锰酸钾广泛用于容量分析中测定一些过渡金属离子，如 Ti^{3+}、VO^{2+}、Fe^{2+} 以及过氧化氢、草酸盐、甲酸盐和亚硝酸盐等。它的稀溶液（0.1%）可以用于浸洗水果、碗、杯等用具，起消毒和杀菌作用。5%的 $KMnO_4$溶液可治疗轻度烫伤。

第三节 铁、钴、镍及其重要化合物

铁（Fe）、钴（Co）、镍（Ni）位于周期表的第ⅧB 族，其价层电子构型分别为 $3d^64s^2$、

$3d^7 4s^2$、$3d^8 4s^2$，性质相似，合称为铁系元素。这部分元素的电位图为：

$\varphi_A^{\ominus}/V$ $\quad FeO_4^{2-} \xrightarrow{2.20} Fe^{3+} \xrightarrow{0.771} Fe^{2+} \xrightarrow{-0.44} Fe$

$$Co^{3+} \xrightarrow{1.82} Co^{2+} \xrightarrow{-0.277} Co$$

$$NiO_2 \xrightarrow{1.68} Ni^{2+} \xrightarrow{-0.232} Ni$$

$\varphi_B^{\ominus}/V$ $\quad FeO_4^{2-} \xrightarrow{0.72} Fe(OH)_3 \xrightarrow{-0.56} Fe(OH)_2 \xrightarrow{-0.887} Fe$

$$CoO_2 \xrightarrow{0.62} Co(OH)_3 \xrightarrow{0.17} Co(OH)_2 \xrightarrow{-0.72} Co$$

$$Ni(OH)_4 \xrightarrow{0.6} Ni(OH)_3 \xrightarrow{0.48} Ni(OH)_2 \xrightarrow{-0.72} Ni$$

Fe 通常形成＋2、＋3 两种氧化态的化合物，以＋3 氧化态化合物较稳定，这是由于 Fe^{2+} 的价电子构型为 $3d^6$，容易再失去一个电子成为 $3d^5$(Fe^{3+}) 半满的稳定结构。

Co 也有＋2、＋3 两种氧化态，但和 Fe 相反，以＋2 氧化态稳定，因为 Co^{2+}($3d^7$) 不易再失去一个电子。只有在强氧化剂的作用下，才能得到＋3 氧化态的钴化合物。

Ni 的氧化态通常只有＋2，因为 Ni^{2+}($3d^8$) 更不易再失去一个电子。

除上述电子层构型外，另一原因是它们的离子半径按 Fe^{2+}、Co^{2+}、Ni^{2+} 顺序递减，原子核对外层电子的吸引力增强，失电子的倾向随之递减。

铁、钴、镍都是人体必需的元素。例如，人体血液中的血红蛋白和肌肉中的肌红蛋白具有输送和贮存氧的功能，它们都是由 Fe(Ⅱ) 和卟啉组成的。人体缺铁会引起贫血。钴在体内的重要化合物是维生素 B12，它是人类和几乎所有的动植物都必需的营养物质。镍对促进体内铁的吸收、红细胞的增长、氨基酸的合成均有重要作用。

一、铁系元素的单质

铁系元素的单质都是具有光泽的白色金属，铁、钴略带灰色，镍为银白色。铁、镍有很好的延展性，而钴则较硬而脆。这三种金属按 Fe、Co、Ni 顺序，原子半径逐渐减小，密度依次增大，熔点和沸点都比较接近。它们都有强磁性，所以铁、钴、镍合金都是优良的磁性材料。

铁在地壳中的丰度居第四位，仅次于铝。无论工农业、国防还是人们生活中，钢铁制品无处不在。就某种意义而言，钢铁的产量可以代表一个国家的工业化水平。

铁矿主要有磁铁矿 (Fe_3O_4)、赤铁矿 (Fe_2O_3)、褐铁矿 ($Fe_2O_3 \cdot H_2O$) 等。铁有生铁、熟铁之分，生铁含碳在 1.7%～4.5%之间，熟铁含碳在 0.1%以下，而钢含碳量介于二者之间。

钢铁的致命弱点就是耐腐蚀性差，全世界每年将近四分之一的钢铁制品由于锈蚀而报废。在钢中加入 Cr、Ni、Mn、Ti 等制成的合金钢、不锈铁，大大改善了普通钢的性质。

Fe、Co、Ni 属于中等活泼金属，这可从上述电位图中看出。在高温下，它们能与氧、硫、氯等非金属单质发生剧烈反应。例如：

$$3Fe + 2O_2 \longrightarrow Fe_3O_4$$

$$3Fe + C \xrightarrow{高温} Fe_3C$$

$$3Fe + 4H_2O \xrightarrow{高温} Fe_3O_4 + 4H_2\uparrow$$

铁溶于盐酸、稀硫酸和硝酸，但冷的浓硫酸、浓硝酸会使其钝化。Co、Ni 在盐酸和稀硫酸中的溶解比铁缓慢。和铁一样，钴和镍遇冷的浓硝酸会钝化。浓碱能缓慢侵蚀铁，而钴、镍在浓碱中比较稳定，故在实验室中用镍坩埚熔融碱性物质。

二、铁系元素的氧化物和氢氧化物

1. 氧化物

铁系元素可形成如下氧化物。

FeO	CoO	NiO
（黑色）	（灰绿色）	（暗绿色）
Fe_2O_3	Co_2O_3	Ni_2O_3
（砖红色）	（黑褐色）	（黑色）

FeO、CoO、NiO 均为碱性氧化物，易溶于强酸而不溶于碱。CoO 用于钴盐的制备，还用于陶瓷、玻璃的着色。NiO 用于制取镍丝、镍催化剂，也用于玻璃着色及陶瓷釉料，还用于制不锈钢。FeO、CoO、NiO 的纳米材料具有良好的热、电性能，可制成多种温度传感器。

Fe_2O_3是赤铁矿的主要成分。Fe_2O_3是难溶于水的两性氧化物，但以碱性为主。当它与酸作用时，生成 Fe(Ⅲ）盐。例如：

$$Fe_2O_3+6HCl \longrightarrow 2FeCl_3+3H_2O$$

Fe_2O_3与 NaOH、Na_2CO_3或 Na_2O 这类碱性物质共熔，生成铁(Ⅲ)酸盐。例如：

$$Fe_2O_3+Na_2CO_3 \xrightarrow{熔融} 2NaFeO_2+CO_2$$

Fe_2O_3俗称铁红，可作红色颜料、磨光剂和磁性材料。在工业上常由草酸亚铁经焙烧制得，反应过程如下：

$$FeC_2O_4 \xrightarrow{\triangle} FeO+CO_2\uparrow+CO\uparrow$$

$$6FeO+O_2 \longrightarrow 2Fe_3O_4$$

$$4Fe_3O_4+O_2 \xrightarrow{600℃} 6Fe_2O_3$$

Co_2O_3和 Ni_2O_3的化学性质与 PbO_2、MnO_2类似，具有强氧化性，与非氧化性酸作用时，得不到 Co(Ⅲ）和 Ni(Ⅲ）盐，而被还原成 Co(Ⅱ）和 Ni(Ⅱ）盐。例如：

$$Co_2O_3+6HCl \longrightarrow 2CoCl_2+Cl_2\uparrow+3H_2O$$

$$2Ni_2O_3+4H_2SO_4 \longrightarrow 4NiSO_4+O_2\uparrow+4H_2O$$

2. 氢氧化物

铁系元素氢氧化物的氧化还原性呈现规律性变化：

还原性增强（←）

$Fe(OH)_2$	$Co(OH)_2$	$Ni(OH)_2$
$Fe(OH)_3$	$Co(OH)_3$	$Ni(OH)_3$

氧化性增强（→）

在 Fe(Ⅱ)、CO(Ⅱ)、Ni(Ⅱ）三类盐的溶液中加入碱，都能得到相应的氢氧化物沉淀。

$$Fe^{2+}+2OH^- \longrightarrow Fe(OH)_2\downarrow（白色）$$

$$Co^{2+}+2OH^- \longrightarrow Co(OH)_2\downarrow（粉红色）$$

$$Ni^{2+}+2OH^- \longrightarrow Ni(OH)_2\downarrow（苹果绿色）$$

$Fe(OH)_2$极不稳定，在空气中易被氧化成红棕色的 $Fe_2O_3 \cdot xH_2O$，但习惯上仍将其写作 $Fe(OH)_3$：

$$4Fe(OH)_2+O_2+2H_2O \longrightarrow 4Fe(OH)_3$$

其原因是：

$$Fe(OH)_3+e \longrightarrow Fe(OH)_2+OH^- \qquad \varphi^{\ominus}=-0.56V$$

$$O_2+2H_2O+4e \longrightarrow 4OH^- \qquad \varphi^{\ominus}=0.401V$$

空气中的氧气就能将 $Fe(OH)_2$ 氧化。

$\varphi^{\ominus}[Co(OH)_3/Co(OH)_2]=0.17V$，仍小于 $\varphi^{\ominus}(O_2/OH^-)$，所以 $Co(OH)_2$ 也易被氧化成棕黑色的 $Co(OH)_3$，但比 $Fe(OH)_2$ 的氧化趋势较小，且速率较慢。而 $Ni(OH)_2$ 不能被空气中的氧所氧化，只能在强碱性条件下，用 Cl_2、NaClO 一类的强氧化剂，才能氧化成黑色的水合氧化镍 NiO(OH) 或 $Ni(OH)_3$。反应式为：

$$2Ni(OH)_2+ClO^- \longrightarrow 2NiO(OH)+Cl^-+H_2O$$

新沉淀出来的 $Fe(OH)_3$ 有比较明显的两性，能溶于强碱：

$$Fe(OH)_3+3OH^- \longrightarrow [Fe(OH)_6]^{3-}（或写成 FeO_2^-）$$

$Fe(OH)_3$ 与酸反应生成 Fe(Ⅲ) 盐：

$$Fe(OH)_3+3H^+ \longrightarrow Fe^{3+} \longrightarrow +3H_2O$$

$Co(OH)_3$ 和 $Ni(OH)_3$ 与酸反应得不到相应的 Co(Ⅲ) 和 Ni(Ⅲ) 盐。例如 $Co(OH)_3$ 与盐酸、硫酸的反应式为：

$$2Co(OH)_3+6H^++2Cl^- \longrightarrow 2Co^{2+}+Cl_2\uparrow+6H_2O$$

$$4Co(OH)_3+8H^+ \longrightarrow 4Co^{2+}+O_2\uparrow+10H_2O$$

三、铁系元素的＋2 价盐

氧化态为＋2 价的铁、钴、镍的盐，在性质上有许多相似之处。它们与强酸形成的盐，如硝酸盐、硫酸盐、氯化物和高氯酸盐等都易溶于水，并且在水中有微弱的水解，使溶液显酸性。它们的碳酸盐、磷酸盐、硫化物等弱酸盐都难溶于水。它们的可溶性盐类从溶液中析出时，常带有相同数目的结晶水。例如，它们的硫酸盐都含 7 个结晶水 [通式为 $MSO_4 \cdot 7H_2O$ (M=Fe、Co、Ni)]，硝酸盐常含 6 个结晶水 [通式为 $M(NO_3)_2 \cdot 6H_2O$]。

铁系元素的＋2 价水合离子都显一定的颜色，这和它们的 M^{2+} 具有不成对的 d 电子有关。它们的硫酸盐都能与碱金属或铵的硫酸盐形成复盐，如硫酸亚铁铵 $(NH_4)_2Fe(SO_4)_2 \cdot 6H_2O$。

常见的氧化态为＋2 价的盐有硫酸亚铁、氯化钴(Ⅱ)和硫酸镍(Ⅱ)等。下面作简单介绍。

1. 硫酸亚铁

硫酸亚铁 $FeSO_4 \cdot 7H_2O$ 是一种重要的亚铁盐，又名绿矾。将铁屑或铁板与硫酸作用，然后将溶液浓缩，冷却后就有绿色的 $FeSO_4 \cdot 7H_2O$ 晶体析出。

亚铁盐的显著性质是还原性，不易稳定存在。它的稳定性随溶液的酸碱性而不同。Fe(Ⅱ)在酸性溶液中比较稳定，而在碱性溶液中则易氧化。因此，制备硫酸亚铁时应控制好以下操作条件。

(1) 始终保持金属铁过量　为了防止溶液中出现 Fe^{3+}，需加入过量的铁。一旦出现 Fe^{3+}，金属铁立即将它还原为 Fe^{2+}：

$$Fe^{3+}+Fe \longrightarrow 2Fe^{2+}$$

此外，铁是活泼金属，能从溶液中将 Cu、Pb 等重金属杂质（由原料铁带入）置换出来：

$$Cu^{2+}+Fe \longrightarrow Cu\downarrow+Fe^{2+}$$

$$Pb^{2+}+Fe \longrightarrow Pb\downarrow+Fe^{2+}$$

(2) 始终保持溶液为酸性　由铁元素的电位图可知，溶液若为碱性，所析出的 $Fe(OH)_2$ 极不稳定，所以在反应过程中应始终保持溶液为酸性（注意随时加酸!）。甚至最后得到的硫酸亚铁结晶，也要经过酸化后的水淋洗，再用少量酒精洗，使之迅速干燥。干燥后的亚铁盐，就比较稳定了。实验室配制硫酸亚铁溶液时，不仅需加入足够的酸，还要加几颗铁钉，才能延长保存时间。

$FeSO_4$和鞣酸作用生成的鞣酸亚铁，在空气中被氧化成黑色鞣酸铁，常用来制作蓝黑墨水。此外，硫酸亚铁还用作媒染剂、鞣革剂、木材防腐剂等；在农业上还可作杀虫剂，用硫酸亚铁浸泡种子，对防治大麦的黑穗病和条纹病效果较好。

2. 氯化钴

氯化钴（$CoCl_2 \cdot 6H_2O$）是常见的钴(Ⅱ)盐，由于所含结晶水的数目不同而呈现多种颜色。随着温度的上升，所含结晶水逐渐减少，颜色随之而变化：

$$\underset{(粉红色)}{CoCl_2 \cdot 6H_2O} \xrightleftharpoons{52.3℃} \underset{(红紫色)}{CoCl_2 \cdot 2H_2O} \xrightleftharpoons{90℃} \underset{(蓝紫色)}{CoCl_2 \cdot H_2O} \xrightleftharpoons{120℃} \underset{(蓝色)}{CoCl_2}$$

这种性质可用来指示硅胶作干燥剂时的吸水情况。

3. 硫酸镍

$NiSO_4 \cdot 7H_2O$是工业上重要的镍的化合物。将NiO或$NiCO_3$溶于稀硫酸中，在室温下即可结晶析出绿色的$NiSO_4 \cdot 7H_2O$。硫酸镍大量用于电镀、制镍电池和媒染剂等。

四、铁系元素的+3价盐

在铁系元素中，只有铁和钴才能形成氧化值为+3的盐，其中铁盐较多。而钴(Ⅲ)盐只能以固态形式存在，溶于水时迅速分解为钴(Ⅱ)盐。由下列电极电位：可见，在水溶液中Fe^{3+}是稳定的，氧化性最弱；Co^{3+}不稳定，氧化性强，易被还原为Co^{2+}；Ni^{3+}由于氧化性太强，在水溶液中不能稳定存在。

电对	Fe^{3+}/Fe^{2+}	O_2/H_2O	Co^{3+}/Co^{2+}	Ni^{3+}/Ni^{2+}
$\varphi_A^{\ominus}/V$	0.771	1.229	1.82	—

下面仅对铁（Ⅲ）盐作些介绍。

铁（Ⅲ）盐又称高铁盐，如三氯化铁、硫酸铁、硝酸铁等。铁（Ⅲ）盐的主要性质之一是容易水解，其水解产物一般近似认为是氢氧化铁：

$$Fe^{3+} + 3H_2O \rightleftharpoons Fe(OH)_3 + 3H^+$$

实际上，它的水解历程比较复杂，只有在强酸性（pH=0）条件下，Fe(Ⅲ）溶液才是清亮的。此时铁离子基本上以水合离子$[Fe(H_2O)_6]^{3+}$的形式存在。当该离子的浓度为1mol/L时，pH=1.8就开始水解；pH=3.3时，水解完全。Fe(Ⅲ）的水解历程比较复杂，它是逐级水解，而使溶液呈黄色或红棕色。

$$[Fe(H_2O)_6]^{3+} + H_2O \rightleftharpoons [Fe(H_2O)_5OH]^{2+} + H^+$$

$$[Fe(H_2O)_5OH]^{2+} + H_2O \rightleftharpoons [Fe(H_2O)_4(OH)_2]^+ + H^+$$

$$\vdots \qquad\qquad \vdots$$

所产生的羟基离子还会进一步缩合为二聚离子：

$$2[Fe(H_2O)_5(OH)]^{2+} \longrightarrow [Fe(H_2O)_4(OH)_2 \cdot Fe(H_2O)_4]^{4+} + 2H_2O$$

当pH增大时，将会发生进一步的缩聚反应而形成红棕色的胶体溶液。当pH=4～5时，即形成水合氧化铁沉淀。新沉淀的氢氧化铁易溶于酸，经放置后就难溶了。

氯化铁是重要的铁（Ⅲ）盐，可由氯气和热的铁屑反应而制得。无水$FeCl_3$为棕褐色的共价化合物，易升华，易溶于水和有机溶剂，其水溶液因Fe^{3+}的水解而呈酸性。从溶液中制得的氯化铁一般为六水合物$FeCl_3 \cdot 6H_2O$，其固体和水溶液中皆含有$[FeCl_2(H_2O)_4]^+$而显红棕色。

氯化铁常用作净水剂，就是利用它的水解性质。它的胶状水解产物与悬浮在水中的泥沙一起聚沉，浑浊的水即变清澈。

铁（Ⅲ）盐的另一性质是氧化性。尽管在铁系元素中它的氧化性比较弱，但在酸性溶液中仍属中强氧化剂，能氧化一些还原性较强的物质。例如：

$$2FeCl_3 + 2KI \longrightarrow 2FeCl_2 + I_2 + 2KCl$$

$$2FeCl_3 + H_2S \longrightarrow 2FeCl_2 + S\downarrow + 2HCl$$

工业上常利用浓氯化铁溶液的氧化性，将它用作印刷电路、印花滚筒的刻蚀剂。例如在无线电工业中，利用 $FeCl_3$ 溶液来刻蚀铜板制造印刷电路，其反应式为：

$$2FeCl_3 + Fe \longrightarrow 3FeCl_2$$

$$2FeCl_3 + Cu \longrightarrow 2FeCl_2 + CuCl_2$$

氯化铁还可用作止血剂、有机合成的催化剂，另外还用来制取其他铁盐、颜料和墨水。

五、铁系元素的配位化合物

铁系元素形成配合物的能力很强，可形成多种配合物，中心离子大多发生 sp^3d^2 或 d^2sp^3 杂化，形成配位数为 6 的八面体配合物；也可发生 sp^3 或 dsp^2 杂化，形成配位数为 4 的四面体或平面正方形配合物。Fe^{2+} 和 Fe^{3+} 配合物的空间构型常为八面体；钴为四面体或八面体；镍有四面体、八面体及平面正方形等多种构型。下面介绍几种重要的配合物。

1. 氨合物

Fe^{2+}、Fe^{3+} 的水解倾向强，难以形成稳定的氨合物，与氨作用时，将形成氢氧化物沉淀。Co^{2+} 与过量氨水反应，可形成土黄色的 $[Co(NH_3)_6]^{2+}$，该配离子不稳定，在空气中将缓慢被氧化成更稳定的红褐色 $[Co(NH_3)_6]^{3+}$：

$$4[Co(NH_3)_6]^{2+} + O_2 + 2H_2O \longrightarrow 4[Co(NH_3)_6]^{3+} + 4OH^-$$

对比 Co^{3+} 在氨水和酸性溶液中的标准电极电位：

$$[Co(NH_3)_6]^{3+} + e \longrightarrow [Co(NH_3)_6]^{2+} \qquad \varphi_B^{\ominus} = 0.14V$$

$$Co^{3+} + e \longrightarrow Co^{2+} \qquad \varphi_A^{\ominus} = 1.84V$$

可见 Co^{3+} 的氧化力很强，但一经形成 $[Co(NH_3)_6]^{3+}$ 后，氧化能力明显减弱，稳定性显著增大。Ni^{2+} 在过量氨水中生成蓝紫色的 $[Ni(NH_3)_6]^{2+}$，稳定性比 $[Co(NH_3)_6]^{2+}$ 高，不易被氧化成 Ni(Ⅲ) 配离子。

2. 氰合物

铁、钴、镍和 CN^- 都能形成稳定的配合物。

Fe(Ⅱ) 盐与 KCN 溶液作用，析出白色氰化亚铁 $Fe(CN)_2$ 沉淀，KCN 过量时 $Fe(CN)_2$ 溶解而形成六氰合铁（Ⅱ）酸钾 $K_4[Fe(CN)_6]$，简称亚铁氰化钾，俗名黄血盐，为柠檬黄色结晶。反应式为：

$$Fe^{2+} + 2KCN \longrightarrow Fe(CN)_2\downarrow + 2K^+$$

$$Fe(CN)_2 + 4KCN \longrightarrow K_4[Fe(CN)_6]$$

黄血盐主要用于制造颜料、油漆、油墨。$[Fe(CN)_6]^{4-}$ 在溶液中非常稳定，在其溶液中几乎检不出 Fe^{2+} 的存在。在黄血盐溶液中通入氯气或用 $KMnO_4$ 可将 $[Fe(CN)_6]^{4-}$ 氧化成 $[Fe(CN)_6]^{3-}$：

$$2[Fe(CN)_6]^{4-} + Cl_2 \longrightarrow 2[Fe(CN)_6]^{3-} + 2Cl^-$$

$$3[Fe(CN)_6]^{4-} + MnO_4^- + 2H_2O \longrightarrow 3[Fe(CN)_6]^{3-} + MnO_2 + 4OH^-$$

由该溶液中析出的 $K_3[Fe(CN)_6]$ 晶体呈深红色，俗名赤血盐。它主要用于印刷制版、照片洗印及显影，也用于制晒蓝图纸等。

在含有 Fe^{2+} 的溶液中加入赤血盐，或在 Fe^{3+} 溶液中加入黄血盐，都有蓝色沉淀生成：

$$K^{+} + Fe^{2+} + [Fe(CN)_6]^{3-} \longrightarrow KFe[Fe(CN)_6]\downarrow (蓝色)$$

$$K^{+} + Fe^{3+} + [Fe(CN)_6]^{4-} \longrightarrow KFe[Fe(CN)_6]\downarrow (蓝色)$$

以上两个反应用来鉴定 Fe^{2+} 和 Fe^{3+} 的存在。结构研究表明，这两种蓝色沉淀的组成和结构相同，都是 $K[Fe^{II}(CN)_6Fe^{III}]$。该蓝色配合物广泛用于油墨和油漆制造业。

Co^{2+} 和 CN^- 反应先生成浅棕色的水合氰化物沉淀，此沉淀溶于过量的 CN^- 溶液中，生成茶绿色的 $[Co(CN)_5(H_2O)]^{3-}$ 溶液。该配合物容易被空气氧化成黄色的 $[Co(CN)_6]^{3-}$。

Ni^{2+} 和 CN^- 反应先生成灰蓝色的水合氰化物沉淀，此沉淀溶于过量的 CN^- 溶液中，形成稳定的橙黄色 $[Ni(CN)_4]^{2-}$，其构型为平面正方形。

3. 硫氰化物

Fe^{2+} 的硫氰化物 $[Fe(SCN)_6]^{4-}$ 不稳定，易被空气氧化。在含有 Fe^{3+} 的溶液中加入硫氰酸铵或硫氰酸钾即生成血红色的硫氰合铁配离子 $[Fe(SCN)_n]^{3-n}$：

$$Fe^{3+} + nSCN^{-} \longrightarrow [Fe(SCN)_n]^{3-n} \quad (n=1\sim6)$$

n 值随溶液中的 SCN^- 浓度和酸度而定。该方法常用于检验 Fe^{3+} 和比色法测定 Fe^{3+} 浓度的大小。

Co^{2+} 和 SCN^- 生成蓝色的 $[Co(SCN)_6]^{4-}$ 配离子，常用于鉴定 Co^{2+}，该配离子在水溶液中不太稳定，用水稀释时变成粉红色的 $[Co(H_2O)_6]^{2+}$。$[Co(SCN)_6]^{4-}$ 在丙酮或戊醇中比较稳定。所以用 SCN^- 鉴定 Co^{2+} 时，常用浓 NH_4SCN 溶液以抑制其离解，并用丙酮或戊醇萃取。可用此法对 Co^{2+} 的含量作比色测定。

Ni^{2+} 与 SCN^- 反应生成 $[Ni(SCN)]^+$、$[Ni(SCN)_3]^-$ 等配合物，这些配离子均不太稳定。

4. 羰基化合物

铁系元素的另一化学特征是它们的单质与一氧化碳配合，形成羰基化合物（简称羰合物），如 $[Fe(CO)_5]$、$[Co_2(CO)_8]$、$[Ni(CO)_4]$ 等。羰合物在结构和性质上都是比较特殊的一类配合物。羰合物不稳定，受热容易分解而析出单质。利用这一性质可以提纯金属。例如高纯铁粉的制备：

$$Fe + 5CO \xrightarrow{20MPa,200℃} [Fe(CO)_5] \xrightarrow{200\sim250℃} 5CO + Fe$$

第四节　锌、镉、汞及其化合物

ⅡB 族包括锌、镉、汞三种元素，称为锌副族。它们的价层电子构型为 $(n-1)d^{10}ns^2$，其外层也只有 2 个电子，与ⅡA 族碱土金属相似，但因其次外层的电子排布不同，表现出的金属活泼性相差甚远。该族元素都能形成氧化数为 +2 的化合物，也能形成氧化数为 +1 的化合物，并以双聚离子存在，较稳定的是 Hg_2^{2+}。它们的电位图如下：

$\varphi_A^{\ominus}/V$

$$Zn^{2+} \xrightarrow{-0.763} Zn$$

$$Cd^{2+} \xrightarrow{-0.403} Cd$$

$$Hg^{2+} \xrightarrow{0.920} Hg_2^{2+} \xrightarrow{0.789} Hg$$

一、锌族元素的单质

锌、镉、汞都是银白色金属，锌略带蓝色。它们的熔、沸点都比较低。

锌是活泼金属，能与许多非金属直接化合。它易溶于酸，也能溶于碱，是一种典型的两性金属。新制得的锌粉能与水作用，反应相当激烈，甚至能自燃。锌在潮湿空气中会氧化并在表面形成一层致密的碱式碳酸锌薄膜，像铝一样，也能保护内层不再被氧化。反应式为：

$$4Zn + 2O_2 + 3H_2O + CO_2 \longrightarrow 3Zn(OH)_2 \cdot ZnCO_3$$

镉的活泼性比锌差，镀镉材料比镀锌材料更耐腐蚀和耐高温，故镉也是常用的电镀材料。镉的金属粉末常被用来制作镉镍蓄电池，它具有体积小、质量轻、寿命长等优点。

Hg 是常温下唯一的液态金属，它的流动性好，不润湿玻璃，并且在 273～473K 之间体积膨胀系数十分均匀，故用于制作温度计。汞的密度（$13.6g/cm^3$）是常温下液体中最大的，常用于血压计、气压表及真空封口中。

汞能溶解许多金属形成汞齐。汞齐在化工和冶金中都有重要用途。例如，钠汞齐与水反应，缓慢放出氢，是有机合成的还原剂。

二、锌族元素的氧化物和氢氧化物

Zn、Cd、Hg 均能形成难溶于水的 MO 型氧化物，即 ZnO（白色）、CdO（黄色）、HgO（红色或黄色）。它们都是共价型化合物，其热稳定性按 Zn、Cd、Hg 顺序递减。ZnO 和 CdO 高温下升华而不分解，而 HgO 在 673K 分解为汞和氧气。

$$2HgO \xrightarrow{673K} 2Hg + O_2$$

ZnO 呈两性，既可溶于酸生成锌盐，也可溶于碱生成 $[Zn(OH)_4]^{2-}$ 配离子。

$$ZnO + H_2SO_4 \longrightarrow ZnSO_4 + H_2O$$

$$ZnO + 2NaOH + H_2O \longrightarrow Na_2[Zn(OH)_4]$$

CdO 和 HgO 只显碱性。

ZnO 是不溶于水的白色粉末，可作白色颜料。若在 ZnO 中掺杂 0.02%～0.03%的金属锌，能得到呈黄、绿、棕、红等色的 ZnO，并能发出相应的荧光，故可用作荧光剂。ZnO 也能吸收紫外线，可配制防晒化妆品。CdO 难溶于水，常用作颜料。

$Zn(OH)_2$和 $Cd(OH)_2$均为难溶于水的白色沉淀，由可溶性锌盐和镉盐与适量的强碱作用得到。$Zn(OH)_2$呈两性，溶于酸和过量的强碱中：

$$Zn(OH)_2 + 2H^+ \longrightarrow Zn^{2+} + 2H_2O$$

$$Zn(OH)_2 + 2OH^- \longrightarrow [Zn(OH)_4]^{2-}$$

$Cd(OH)_2$ 也呈两性，但酸性较弱，仅能缓慢溶于热而浓的强碱中，并结晶出$Na_2[Cd(OH)_4]$。

$Zn(OH)_2$和 $Cd(OH)_2$均溶于氨水中，形成配合物：

$$Zn(OH)_2 + 4NH_3 \longrightarrow [Zn(NH_3)_4]^{2+} + 2OH^-$$

$$Cd(OH)_2 + 4NH_3 \longrightarrow [Cd(NH_3)_4]^{2+} + 2OH^-$$

当在汞盐溶液中加入 NaOH 时，析出的不是 $Hg(OH)_2$，而是黄色的 HgO 沉淀。

$$Hg^{2+} + 2OH^- \longrightarrow HgO\downarrow(\text{黄色}) + H_2O$$

三、锌族元素的盐类

锌族元素的盐主要有硫酸盐、氯化物和硝酸盐等。

1. 氯化物

(1) 氯化锌　工业上生产氯化锌常用金属 Zn、ZnO 或 $ZnCO_3$与盐酸作用，所得溶液经过浓缩、冷却，可得 $ZnCl_2 \cdot H_2O$ 白色晶体。该晶体在加热时，不易脱水，而易形成碱式盐。

$$ZnCl_2 \cdot H_2O \rightleftharpoons Zn(OH)Cl + HCl$$

若要制备无水$ZnCl_2$，只有将$ZnCl_2$溶液置于氯化氢的气流中加热脱水。

在浓的$ZnCl_2$水溶液中，会生成如下配合物：

$$ZnCl_2 \cdot H_2O \longrightarrow H[ZnCl_2(OH)]$$

这种配合物具有显著的酸性，能溶解金属氧化物。例如：

$$FeO + 2H[ZnCl_2(OH)] \longrightarrow Fe[ZnCl_2(OH)]_2 + H_2O$$

故在金属焊接时，常用$ZnCl_2$的浓溶液作为焊药，它可清除金属表面的锈层，在热焊时，不损害金属表面，水分蒸发后，熔化的盐能牢固地覆盖在金属表面，使其不再氧化，能保证金属的直接接触。

$ZnCl_2$易潮解，吸水性很强，故在有机反应中常用作脱水剂、催化剂，在染料工业中用作媒染剂、丝光剂。因$ZnCl_2 \cdot H_2O$的糊状物所生成的$Zn(OH)Cl$能迅速硬化，故常用作牙科黏合剂。此外$ZnCl_2$还用于干电池、电镀、医药、木材防腐和农药等。

(2) 氯化汞（$HgCl_2$） $HgCl_2$为白色针状结晶或颗粒粉末，熔点低，易汽化，因此又称升汞，剧毒，内服0.2～0.4g就能致命。但少量使用有消毒作用，例如1∶1000的稀溶液可用于外科手术器械的消毒。

$HgCl_2$为共价型化合物，稍溶于水，在水中离解度很小，在酸性溶液中是较强的氧化剂，可被$SnCl_2$溶液还原为白色的Hg_2Cl_2沉淀，过量的$SnCl_2$能将它进一步还原为黑色的金属汞沉淀。该反应在分析化学上用于鉴定Hg^{2+}或Sn^{2+}。

$$2HgCl_2 + SnCl_2 \longrightarrow Hg_2Cl_2\downarrow(\text{白色}) + SnCl_4$$

$$Hg_2Cl_2 + SnCl_2 \longrightarrow 2Hg\downarrow(\text{黑色}) + SnCl_4$$

在溶液中加入氨水，将发生氨解反应，生成氨基氯化汞沉淀。

$$HgCl_2 + 2NH_3 \longrightarrow Hg(NH_2)Cl\downarrow(\text{白色}) + NH_4Cl$$

$HgCl_2$主要用于有机合成的催化剂，其他如干电池、染料、农药等中也有应用。医药上用作防腐剂、杀菌剂。

(3) 氯化亚汞（Hg_2Cl_2） Hg_2Cl_2是微溶于水的白色固体，无毒，因味略甜，故又称甘汞。

Hg_2Cl_2可由$HgCl_2$固体与汞研磨而得：

$$HgCl_2 + Hg \longrightarrow Hg_2Cl_2$$

Hg_2Cl_2没有$HgCl_2$稳定，见光易分解，故应保存在棕色瓶中。

Hg_2Cl_2与氨水反应可生成氨基氯化汞和汞，而使沉淀显灰色：

$$Hg_2Cl_2 + 2NH_3 \longrightarrow Hg(NH_2)Cl\downarrow(\text{白色}) + Hg\downarrow(\text{黑色}) + NH_4Cl$$

此反应可用来鉴定Hg_2^{2+}。

Hg_2Cl_2在医药上内服可作缓泻剂和利尿剂，也常用于制作甘汞电极。

2. 硝酸盐

在锌族元素的硝酸盐中较重要的是汞（Ⅰ）和汞（Ⅱ）的硝酸盐。$Hg(NO_3)_2$和$Hg_2(NO_3)_2$都可由金属汞和HNO_3作用制得，主要在于两种原料的比例不同。使用65%的浓HNO_3且过量，在加热下与Hg反应，得到$Hg(NO_3)_2$：

$$Hg + 4HNO_3(\text{浓}) \xrightarrow{\triangle} Hg(NO_3)_2 + 2NO_2\uparrow + 2H_2O$$

用冷的稀HNO_3与过量Hg作用则得$Hg_2(NO_3)_2$：

$$6Hg + 8HNO_3(\text{稀}) \longrightarrow 3Hg_2(NO_3)_2 + 2NO\uparrow + 4H_2O$$

从汞的电位图可以发现，Hg_2^{2+} 能稳定存在于溶液中，不发生歧化反应，而 Hg^{2+} 却能与 Hg 反应生成 Hg_2^{2+}：

$$Hg^{2+} + Hg \longrightarrow Hg_2^{2+}$$

将 $Hg(NO_3)_2$ 溶液与金属汞一起振荡即可得 $Hg_2(NO_3)_2$：

$$Hg(NO_3)_2 + Hg \longrightarrow Hg_2(NO_3)_2$$

$Hg(NO_3)_2$ 易溶于水，是常用的化学试剂，也是制备其他含汞化合物的主要原料。

> 思考：若要使 Hg_2^{2+} 在溶液中发生歧化反应，可采取什么办法？

四、锌族元素的配合物

Zn^{2+}、Cd^{2+}、Hg^{2+} 能与许多负离子（如 Cl^-、Br^-、I^-、CN^- 等）和中性分子形成配合物，中心离子一般以 sp^3 杂化轨道成键，形成正四面体构型的配离子。其中以 CN^- 的配合物最稳定。Hg_2^{2+} 不能形成配合物。

在 Hg^{2+} 溶液中加入 KI 溶液时，生成橙红色 HgI_2 沉淀，若 KI 过量，则沉淀溶解生成无色的 $[HgI_4]^{2-}$ 溶液。

$$Hg^{2+} + 2I^- \longrightarrow HgI_2 \downarrow$$
$$HgI_2 + 2I^- \longrightarrow [HgI_4]^{2-}$$

$[HgI_4]^{2-}$ 的碱性溶液称为奈斯勒试剂，如果溶液中有微量的 NH_4^+ 存在，滴加奈斯勒试剂，会立即生成红棕色的沉淀：

$$NH_4^+ + 2[HgI_4]^{2-} + 4OH^- \longrightarrow \left[O \begin{array}{c} Hg \\ Hg \end{array} NH_2 \right] I \downarrow + 7I^- + 3H_2O$$

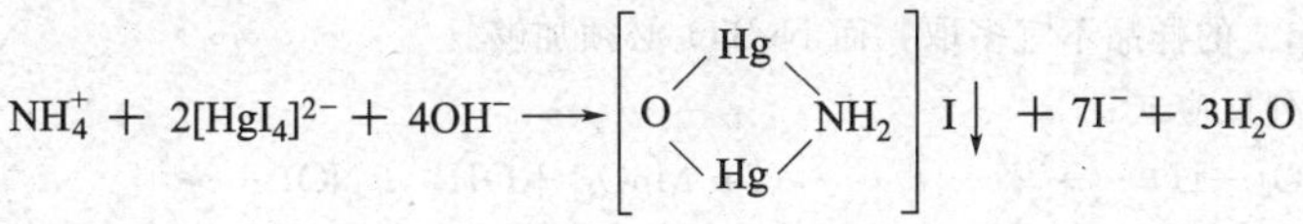

此反应常用来鉴定 NH_4^+。

Zn^{2+} 与二苯硫腙反应时，能形成粉红色的螯合物，反应不受其他离子干扰，这种螯合物能溶于 CCl_4 中。在强碱性介质中，常用于鉴定 Zn^{2+}。

$$\begin{array}{c} NH—NH—C_6H_5 \\ C=S \\ N=N—C_6H_5 \end{array} + \frac{1}{2}Zn^{2+} \longrightarrow \begin{array}{c} NH—NH—C_6H_5 \\ C=S—\dfrac{Zn^{2+}}{2} \\ N=N—C_6H_5 \end{array} + H^+$$

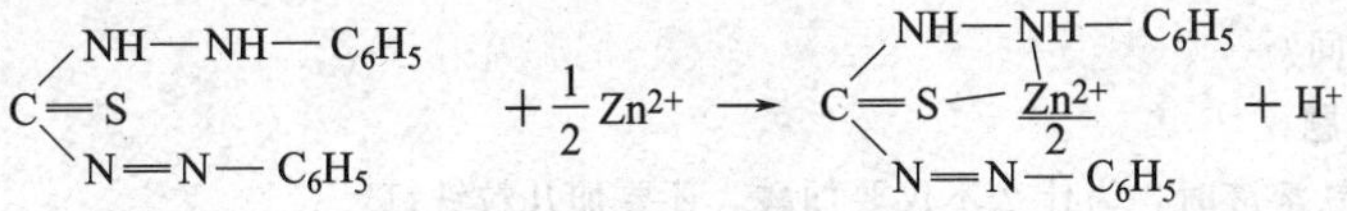

本　章　小　结

1. Cr^{2+} 在溶液中是不稳定的，易被氧化为 Cr^{3+}，Cr^{3+} 在酸溶液中较稳定，其在强碱性溶液以 CrO_2^- 存在，在碱性条件下较易将 $Cr(III)$ 氧化为 $Cr(VI)$。$Cr(VI)$ 在酸性溶液中以 $Cr_2O_7^{2-}$ 存在，并有强氧化性；在碱性溶液中以 CrO_4^{2-} 存在，没有氧化性。

2. Mn^{2+} 在酸性溶液中较稳定，若要将其氧化，需用强氧化剂如 PbO_2 等；MnO_2 在酸性条件下才有氧化性；MnO_4^- 在任何条件下都有氧化性，强酸性条件下，呈现强氧化性，但氧化能力随酸度下降而减弱，且酸度不同时其还原产物也是不同的。

3. Fe、Co、Ni 易形成 +2、+3 价的离子，其性质呈递变性变化，Fe^{2+} 还原性最强，而 Ni^{3+} 的氧化性最强，在酸性溶液中 Co^{3+}、Ni^{3+} 呈强氧化性。Fe^{2+}、Fe^{3+}、Co^{2+}、Co^{3+}、Ni^{2+} 都易形成配位化合物。

4. Zn、Cd、Hg 易形成 +2 价的离子，在酸性溶液中较稳定，易形成配位化合物；ZnO、$Zn(OH)_2$ 均呈两性；汞还会形成 +1 价离子（Hg_2^{2+}），可由 Hg^{2+} 与 Hg 逆歧化反应而得。

习　题

1. 铬酸洗液是怎样配制的？为何它有去污能力？失效后外观现象如何？

2. 写出下列各物质间互相转化的反应式：

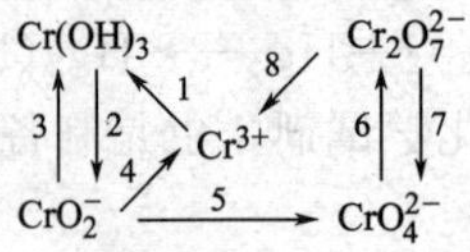

3. 完成并配平下列反应方程式：

(1) $K_2Cr_2O_7 + HCl$（浓）$\longrightarrow$　　(2) $Ba^{2+} + Cr_2O_7^{2-} + H_2O \longrightarrow$

(3) $Cr_2O_7^{2-} + H_2S + H^+ \longrightarrow$　　(4) $[Cr(OH)_4]^- + Br^- + OH^- \longrightarrow$

(5) $Cr_2O_7^{2-} + SO_3^{2-} + H^+ \longrightarrow$　　(6) $Cr_2O_7^{2-} + Fe^{2+} + H^+ \longrightarrow$

4. 请根据下述实验现象，解释并写出有关的化学反应方程式。

(1) 将 NaOH 溶液滴入 $Cr_2(SO_4)_3$ 溶液中，即有灰绿色絮状沉淀产生，然后生成的沉淀又会逐步溶解。此时再加入溴水，溶液可由灰绿色转变为黄色。

(2) 若将 $BaCrO_4$ 的黄色沉淀溶于浓 HCl 之中，即可得到一种绿色的溶液。

5. $KMnO_4$ 用作氧化剂有哪些特征？为什么在酸性条件下氧化性较强？

6. 用 $NaBiO_3$ 检验溶液中的 Mn^{2+} 时，

(1) 为什么用硫酸使溶液酸化，而不用盐酸？

(2) 为什么含 Mn^{2+} 的样品不宜多取，而 $NaBiO_3$ 必须加够。

7. 完成并配平下列反应式：

(1) $MnO_4^- + H_2O_2 + H^+ \longrightarrow$　　(2) $MnO_4^- + OH^- + NO_2^- \longrightarrow$

(3) $Mn^{2+} + NaBiO_3 + H^+ \longrightarrow$　　(4) $KMnO_4 \xrightarrow{\triangle}$

(5) $Mn(OH)_2 + O_2 \longrightarrow$　　(6) $MnO_4^- + Mn^{2+} \longrightarrow$

8. MnO_4^- 在碱溶液中，由紫色变为绿色的 MnO_4^{2-}，这和 $Cr_2O_7^{2-}$ 在碱性溶液中由橙色变为黄色 CrO_4^{2-} 的原理是否相同？

9. 回答下列各问题：

(1) 配制硫酸亚铁溶液时，为什么不仅要加酸，还要加几粒铁钉？

(2) 由硝酸和铁制备硝酸（高）铁时，采取哪种加料方式，为什么？

(3) 合成硝酸（高）铁时，是否硝酸越浓越好？

10. 解释下列现象或问题，并写出相应的反应式。

(1) 加热 $Cr(OH)_4^-$ 溶液和 $Cr(SO_4)_3$ 溶液均能析出 $Cr_2O_3 \cdot xH_2O$ 沉淀。

(2) Na_2CO_3 与 $Fe_2(SO_4)_3$ 两溶液作用得不到 $Fe_2(CO_3)_3$。

(3) 在水溶液中用 Fe^{3+} 盐和 KI 不能制取 FeI_3。

(4) 在含有 Fe^{3+} 的溶液中加入氨水，得不到 Fe(Ⅲ) 的氨合物。

(5) 在 Fe^{3+} 的溶液中加入 KSCN 时出现血红色，若加入少许铁粉或 NH_4F 固体则血红色消失。

(6) Fe^{3+} 盐是稳定的，而 Ni^{3+} 盐在水溶液中尚未制得。

(7) Co^{3+} 盐不如 Co^{2+} 稳定，而往往它们的配离子的稳定性则相反。

11. 举出事实说明下列物质的氧化还原稳定性顺序是：

(1) $Fe^{3+} > Co^{3+} > Ni^{3+}$

(2) $Fe(OH)_2 < Co(OH)_2 < Ni(OH)_2$

12. 用盐酸处理 $Fe(OH)_3$、$CoO(OH)$、$NiO(OH)$ 三种沉淀物，各发生什么反应？并加以说明。

13. 完成并配平下列各反应式：

(1) $FeSO_4 + Br_2 + H_2SO_4 \longrightarrow$　　(2) $FeCl_3 + Cu \longrightarrow$

(3) $Co_2O_3+HCl \longrightarrow$　　　　　　(4) $Ni(OH)_2+Br_2+OH^- \longrightarrow$

14. 写出下列各氯化物与浓氨水的反应式。

$CrCl_3$、$MnCl_2$、$FeCl_3$、$FeCl_2$、$CoCl_2$、$NiCl_2$

15. 请解释下述现象：

(1) 在含 $FeCl_3$ 的溶液中，加入氨水，得不到铁氨配合物。

(2) 由 Fe(Ⅲ) 盐与 KI 作用不能制得 FeI_3，同理由 Co(Ⅲ) 盐与 KCl 作用，也不能制得 $CoCl_3$。

(3) 变色硅胶在干燥时显蓝色，吸水后变红。

16. 完成并配平下列反应方程式：

(1) $ZnCl_2+NaOH$（过量）$\longrightarrow$　　　　　　(2) $ZnCl_2+NH_3 \cdot H_2O$（过量）$\longrightarrow$

(3) $HgCl_2+SnCl_2+HCl \longrightarrow$　　　　　　(4) $HgCl_2+NH_3 \cdot H_2O \longrightarrow$

17. 分别向 $Cu(NO_3)_2$、$AgNO_3$、$Hg(NO_3)_2$ 溶液中加入过量的 KI 溶液，各得到什么产物？写出化学反应方程式。

18. 有无色溶液 A，具有下列性质：(1) 加入氨水时，有白色沉淀 B 生成；(2) 加入稀 NaOH，则有黄色沉淀 C 生成，C 不溶于碱，但溶于 HNO；(3) 滴加 KI 溶液，先析出橙红色沉淀 D，当 KI 过量时，橙红色沉淀 D 消失，生成无色溶液 E；(4) 若在此无色溶液 A 中，加入数滴汞并振荡，汞逐渐消失，此时，再加入氨水则得灰黑色沉淀 B 和 F。试判断 A、B、C、D、E、F 各为何物？并写出每一步的反应方程式。

阅读材料

合金材料

由一种金属和另一种或几种金属或非金属所组成的具有金属特性的物质叫合金。合金一般由各组分熔合成均匀的液体，再经冷凝而制得。

根据组成合金的元素数目的多少，有二元合金、三元合金和多元合金之分；根据合金结构的不同，又可以分成以下三种基本类型：

(1) 共熔混合物　当共熔混合物凝固时，各组分分别结晶而成的合金，如铋镉合金。铋镉合金的最低熔化温度是 413K，在此温度时，铋镉共熔混合物中含镉 40%，含铋 60%。

(2) 固溶体　各组分形成固溶体的合金。固溶体是指溶质原子溶入溶剂的晶格中，但仍保持溶剂晶格类型的一种金属晶体。例如，铜和金的合金；有的固溶体合金是由溶质原子分布在溶剂晶格的间隙中而形成的。

(3) 金属互化物　各组分相互形成化合物的合金。

一般来说，合金的熔点都低于组成它的任何一种成分金属的熔点。例如，用作电源保险丝的武德合金，熔点只有 67℃，比组成它的四种金属的熔点都低。合金的硬度一般都比组成它的各成分金属的硬度大。例如，青铜的硬度比铜、锡大，生铁的硬度比纯铁大等。合金的导电性和导热性都比纯金属差。有些合金在化学性质方面也有很大的改变。例如铁很容易生锈，如果在普通钢里加入约 15% 的铬和约 0.5% 的镍，就成为耐酸碱等腐蚀的不锈钢。

以下介绍几种常见的合金。

(1) 铁碳合金　铁碳合金是钢和铁的总称，是工业上应用最广泛的合金。铁碳合金是以铁为基本元素，以碳为主加元素组成的合金。

(2) 硅铁　硅铁是以焦炭、钢屑、石英（或硅石）为原料，用电炉冶炼制成的。硅和氧很容易化合成二氧化硅。所以硅铁常用于炼钢时作脱氧剂，同时由于 SiO_2 生成时放出大量的热，因此在脱氧的同时，对提高钢水温度也是有利的。硅铁作为合金元素加入剂，广泛用于低合金结构钢、合结钢、弹簧钢、轴承钢、耐热钢及电工硅钢之中，此外硅铁在铁合金生产及化学工业中，常用作还原剂。

(3) 锰铁　锰铁是以锰矿石为原料，在高炉或电炉中熔炼而成的。锰铁也是钢中常用的脱氧剂，锰还有脱硫和减少硫的有害影响的作用，因而在各种钢和铸铁中，几乎都含有一定数量的锰。锰铁还作为重要的合金剂广泛用于结构钢、工具钢、不锈耐热钢、耐磨钢等合金钢中。

(4) 钽合金　钽合金的特殊用途目前仍在研究、开发。T-222 合金（Ta-10W-2.5Hf-0.01C）正在被研究用作冥王星探测器发电装置的材料。T-111(Ta-8W-2Hf) 合金被用作在宇宙空间使用的包裹热力发动机热源的强化结构材料。

(5) 钛合金　液态钛几乎能溶解所有的金属，因此可以和多种金属形成合金。钛加入钢中制得的钛钢坚韧而富有弹性。钛与金属 Al、Sb、Be、Cr、Fe 等生成填隙式化合物或金属间化合物。钛合金制成飞机比其他金属制成同样重的飞机多载旅客 100 多人。钛合金制成的潜艇既能抗海水腐蚀，又能抗深层压力，其下潜深度比不锈钢潜艇增加 80%。同时，钛无磁性，不会被水雷发现，具有很好的反监视作用。钛具有“亲生物”性，在人体内能抵抗分泌物的腐蚀且无毒，对任何杀菌方法都适应。因此被广泛用于制医疗器械，制造人造髋关节、膝关节、肩关节、肋关节、头盖骨，主动心瓣、骨骼固定夹。当新的肌肉纤维环包在这些“钛骨”上时，这些钛骨就开始维系着人体的正常活动。

第七章

烃和卤代烃

知识目标：1. 熟悉烷烃、烯烃、二烯烃、炔烃、脂环烃、芳烃和卤代烃的同分异构现象及结构。
2. 掌握烃和卤代烃的化学性质。

能力目标：1. 能写出烃和卤代烃的命名或结构。
2. 能掌握烃和卤代烃的合成、鉴别及推导。

根据烃的结构与性质的不同，烃可分为脂肪烃和芳香烃。烃是有机化合物的母体，学好烃的有关知识是学好有机化学的基础，卤代烃的化学性质比一般的烃类要活泼，在有机合成中占有重要地位。

第一节 烷　烃

只含碳和氢两种元素的有机化合物叫作碳氢化合物，简称烃。烃是有机化合物的母体，有机化合物可以看作是烃分子中的氢原子被其他原子或原子团取代后得到的衍生物。

根据烃分子中碳原子的连接方式，开链的烃类简称链烃或脂肪烃；环状的烃类简称环烃。脂肪烃（链烃）可分为饱和烃和不饱和烃。分子中碳原子之间都以单键相连，其余的价键均为氢原子所饱和的脂肪烃称为饱和烃，如烷烃；而在分子中含有碳碳双键或碳碳三键的脂肪烃则称为不饱和烃，如烯烃、二烯烃、炔烃。环烃又分为脂环烃和芳香烃。

一、烷烃的通式、同系列和同分异构

1. 烷烃的通式和同系列

烷烃中最简单的是甲烷（CH_4），甲烷以后依次是乙烷（C_2H_6）、丙烷（C_3H_8）、丁烷（C_4H_{10}）、戊烷（C_5H_{12}）等。随着碳原子数目的逐渐增多，可以得到一系列的烷烃。可以看出，从甲烷开始，每增加一个碳原子，就相应增加两个氢原子，因此烷烃的通式为 C_nH_{2n+2}。

烷烃的分子式都符合通式 C_nH_{2n+2}，两个烷烃分子式之间总是相差 n 个 CH_2。这些结构相似，组成上相差 n 个 CH_2，并具有同一个通式的一系列化合物叫同系列。同系列中的各个化合物互为同系物，CH_2 称为同系列的系差。同一系列中的同系物应具有相类似的化学性质，因此通过同系列的概念，可以很方便地掌握某类化合物的共性，但仍要注意存在的个别差异。

2. 烷烃的同分异构

在烷烃的同系列中，甲烷、乙烷、丙烷只有一种化合物，没有同分异构现象。从丁烷开始出现异构体，丁烷（C_4H_{10}）有两种异构体：

$$CH_3CH_2CH_2CH_3 \qquad\qquad CH_3CHCH_3$$
$$| $$
$$CH_3$$

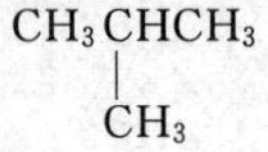

正丁烷（沸点-0.5℃）　　　异丁烷（沸点-10.5℃）

正丁烷和异丁烷具有同一个分子式 C_4H_{10}，但分子中各原子的连接顺序不同，正丁烷中碳碳连接成链状，而异丁烷则带有支链。它们的构造不同，物理常数如沸点也不同，因而是两种不同的化合物。

分子式相同而构造不同的化合物称为构造异构体，正丁烷和异丁烷互为构造异构体。构造异构体是有机化合物存在的多种形式的同分异构现象中的一种。

烷烃分子随着碳原子数的增加，构造异构体的数目也相应增多。例如，戊烷（C_5H_{12}）有三种构造异构体，庚烷（C_7H_{16}）有 9 种构造异构体，辛烷（C_8H_{18}）有 18 种构造异构体。

高级烷烃异构体的数目，可用复杂的数学方法推算；简单烷烃异构体的数目，可以用推导方法得出。

3. 碳原子的类型

烷烃的构造式中，碳原子在分子中所处的位置是不完全相同的。按照它们所连接的碳原子数目不同，分为四类。与一个碳原子相连的碳原子称为伯碳原子（或称一级碳原子），常以 $1°$ 表示；与两个碳原子相连的碳原子称为仲碳原子（或称二级碳原子），常以 $2°$ 表示；与三个碳原子相连的碳原子称为叔碳原子（或称三级碳原子），常以 $3°$ 表示；与四个碳原子相连的碳原子称为季碳原子（或称四级碳原子），常以 $4°$ 表示。与伯、仲、叔碳原子相连的氢原子分别称为伯、仲、叔氢原子。例如：

$$\begin{array}{c} & & & & CH_3 \\ {}_{1°} & {}_{2°} & {}_{3°} & {}_{4°} & | \\ CH_3{-}CH_2{-}CH{-}C{-}CH_3 \\ & & | & | \\ & & CH_3 & CH_3 \end{array}$$

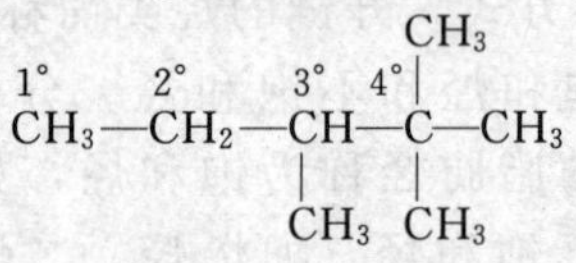

二、烷烃的命名

1. 普通命名法

简单的烷烃常用普通命名法命名。根据分子中的碳原子数目而称为"某烷"，碳原子数目从一到十用天干名称甲、乙、丙、丁、戊、己、庚、辛、壬、癸表示，十个碳原子以上以十一、十二、十三等中文数字表示。为了区分异构体，通常把直链烷烃（即不带支链的烷烃）称为"正"某烷；把链端第二位碳原子上连有一个甲基支链的烷烃称为"异"某烷；把链端第二位碳原子上连有两个甲基支链的烷烃称为"新"某烷。例如：

$$CH_3CH_2CH_2CH_2CH_2CH_2CH_3 \qquad CH_3CHCH_2CH_2CH_2CH_3 \qquad CH_3CCH_2CH_2CH_3$$
$$| \qquad\qquad\qquad\qquad |$$
$$CH_3 \qquad\qquad\qquad\qquad CH_3$$

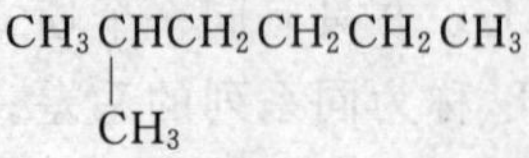

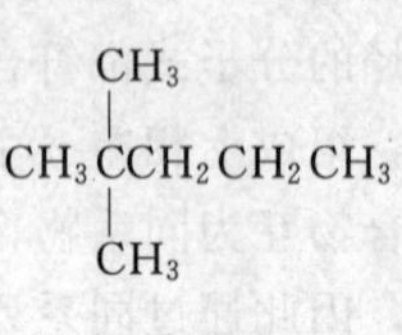

正庚烷　　　　　　　　异庚烷　　　　　　　　新庚烷

普通命名法简单而方便，但难以命名结构比较复杂的烷烃。

烷烃分子去掉一个氢原子而剩下的基团叫作烷基，通常用 R— 表示，通式为 C_nH_{2n+1}—。表 7-1 列出了常见烷基的名称和符号。

表 7-1 常见烷基的名称和符号

烷 基	名 称	常用符号	烷 基	名 称	常用符号
CH_3—	甲基(Methyl)	Me	$(CH_3)_2CHCH_2$—	异丁基(*i*-Butyl)	*i*-Bu
CH_3CH_2—	乙基(Ethyl)	Et	$CH_3CH_2CH(CH_3)$—	仲丁基(*s*-Butyl)	*s*-Bu
$CH_3CH_2CH_2$—	正丙基(*n*-Propyl)	*n*-Pr			
$(CH_3)_2CH$—	异丙基(*i*-Propyl)	*i*-Pr			
$CH_3CH_2CH_2CH_2$—	正丁基(*n*-Butyl)	*n*-Bu	$(CH_3)_3C$—	叔丁基(*t*-Butyl)	*t*-Bu

2. 系统命名法

系统命名法是一种国际通用的命名法，我国现在所用的系统命名法是根据 IUPAC（International Union of Pure and Applied Chemistry，国际纯粹与应用化学会）命名原则，结合我国文字特点而制定的。烷烃的系统命名法规则如下。

(1) 直链烷烃的命名　与普通命名法基本一致，去掉"正"字，称"某烷"。例如：

	$CH_3CH_2CH_2CH_2CH_3$	$CH_3(CH_2)_{10}CH_3$
普通命名法	正戊烷	正十二烷
系统命名法	戊烷	十二烷

(2) 支链烷烃的命名　从构造式中选择连续的最长碳链作为主链（母体），根据主链所含碳原子数，称为"某烷"。把支链烷基看作主链上的取代基。

① 选择主链。如果构造式中含有几个相等的最长碳链可供选择，则选择带有支链最多的最长碳链作为主链。

② 主链编号。把主链上的碳原子从靠近支链的一端开始依次用阿拉伯数字 1、2、3、… 编号。支链所在的位次由它所连接的主链碳原子的号数来表示。

当主链上连有几个不同的取代基，且满足从靠近支链一端编号的原则时，应当选择使取代基具有最低系列的方法标号。

所谓"最低系列"，是指以不同方向将碳链编号，得到不同编号的系列时，应逐项比较各系列的不同位次，遇到的位次最小者，定义为"最低系列"。若从两端编号，不同取代基所在位置数字相同，则应选择从取代基小的一端开始编号。

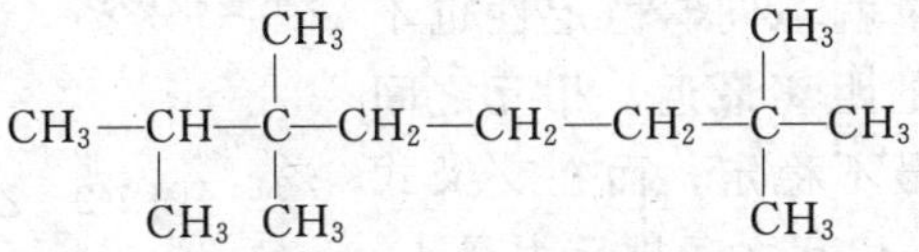

编号(2,3,3,7,7)不正确

编号(2,2,6,6,7)符合最低系列，正确

③ 写出全称。把取代基的位次、相同取代基的数目、取代基的名称，依次写在母体之前。如果含有几个不同的取代基，简单的写在前，复杂的写在后；相同的取代基合并写，用中文一、二、三、四等数字来表示相同取代基的数目，其位次必须逐个标明。位次的数字之间要用","隔开，位次和取代基名称之间要用短横"-"连接。例如：

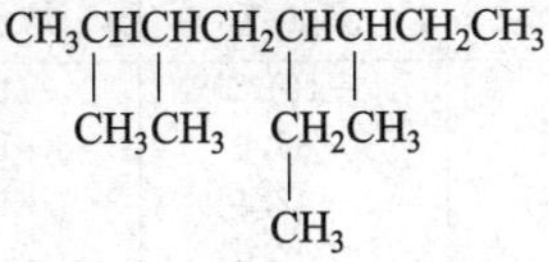

2,3,6-三甲基-5-乙基辛烷

三、烷烃的结构

烷烃分子中含有C—C键和C—H键，其结构以甲烷为例进行讨论。

1. 甲烷的结构

现代物理方法测得甲烷分子为一正四面体结构，碳原子位于四面体中心，和碳原子相连的四个氢原子位于四面体的顶点上，四个碳氢键键长都为0.110nm，所有H—C—H的键角均为109.5°。

具有一定构造的分子，其原子在空间的排列状况称为构型。甲烷的正四面体构型常用楔形透视式表示，如图7-1所示。实线所表示的键在纸平面上，虚线所表示的键在纸平面后面，楔形键表示在纸平面前面。甲烷分子中的C原子是以 sp^3 杂化轨道与H原子成键的。

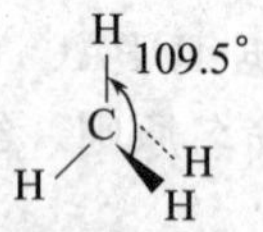

图7-1 甲烷的楔形透视式

2. 其他烷烃的结构

碳原子的 sp^3 杂化轨道与另一碳原子的 sp^3 杂化轨道重叠形成σ键是构成烷烃碳链的基础。除乙烷外，烷烃分子的碳链并不排布在一条直线上，而是曲折地排布在空间，这是由 sp^3 杂化轨道保持键角109.5°所决定的。但一般在书写构造式时，仍写成直链的形式，现在也常用键线式来书写分子结构。键线式只要写出锯齿型碳架，用锯齿形线的角（120°）及端点代表碳原子，不必写出每个碳原子上所连的氢原子。以正庚烷为例

　$CH_3CH_2CH_2CH_2CH_2CH_2CH_3$

3. 乙烷的构象

由于σ键旋转而使分子中的原子或基团在空间产生不同的排列方式叫构象。

取一个乙烷的球棒模型，使乙烷分子的下端（即甲基）固定，另一端甲基沿着C—C键旋转，这时乙烷分子中六个氢原子在空间的相对位置在不断变化，在理论上有无数个不同的空间排列方式，即存在无数个乙烷分子的构象。重叠式和交叉式（见图7-2）是其中两种极限的典型构象。

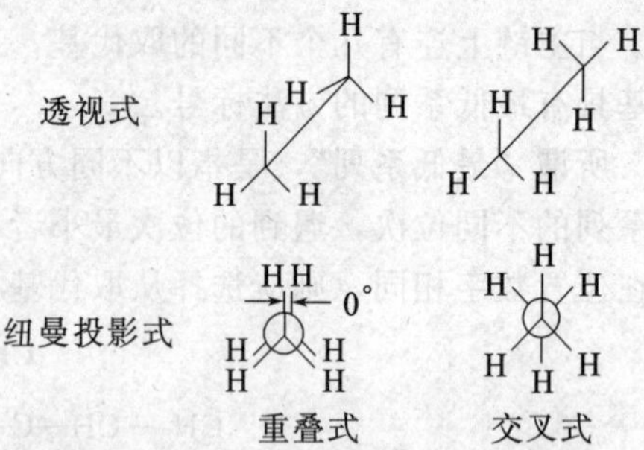

图7-2 乙烷两种构象的表示法

构象不同，分子的能量就不同，稳定性也不同。重叠式中三对氢原子的距离最近，相互之间排斥力最大，能量最高，最不稳定；而在交叉式中三对氢原子的距离最远，相互之间排斥力最小，能量最低，最稳定。所以在通常情况下，乙烷分子主要以交叉式的构象存在。

四、烷烃的物理性质

一般情况下，同系列的有机物的物理性质是随着相对分子质量的增减而有规律地变化的。一些直链烷烃的物理常数见表7-2。

表7-2 一些直链烷烃的物理常数

名　称	构造式	沸点/℃	熔点/℃	相对密度 d_4^{20}
甲烷	CH_4	−161.5	−182.5	0.424
乙烷	CH_3CH_3	−88.6	−183.3	0.456
丙烷	$CH_3CH_2CH_3$	−42.1	−187.7	0.501
丁烷	$CH_3(CH_2)_2CH_3$	−0.5	−138.3	0.579
戊烷	$CH_3(CH_2)_3CH_3$	36.1	−129.7	0.626

1. 物态

在室温（25℃）和 0.1MPa 下，C_1～C_4 的直链烷烃是气体，C_5～C_{17} 的直链烷烃是液体，大于 17 个碳原子以上的直链烷烃是固体。

2. 沸点

直链烷烃的沸点一般随相对分子质量的增加而升高，如图 7-3 所示，这是因为沸点的高低与分子间的作用力有关。

在相同碳原子数的烷烃异构体中，含支链越多的烷烃，相应的沸点越低。因为支链越多时，空间位阻增大，分子间距离较远，色散力相应减弱，从而分子间范德华力减小，沸点必然相应降低。见表 7-3。

3. 熔点

直链烷烃熔点的变化与沸点相似，基本上也是随着相对分子质量的增减而增减。但在晶体中，分子间的作用力不仅取决于分子的大小，而且取决于晶体分子中晶格的排列情况，对称性大的烷烃晶格排列比较紧密，熔点较高。一般含偶数碳原子的烷烃具有较高的对称性，其熔点比奇数碳原子的烷烃的熔点升高多一些，构成两条熔点曲线，偶数在上，奇数在下，如图 7-4 所示。

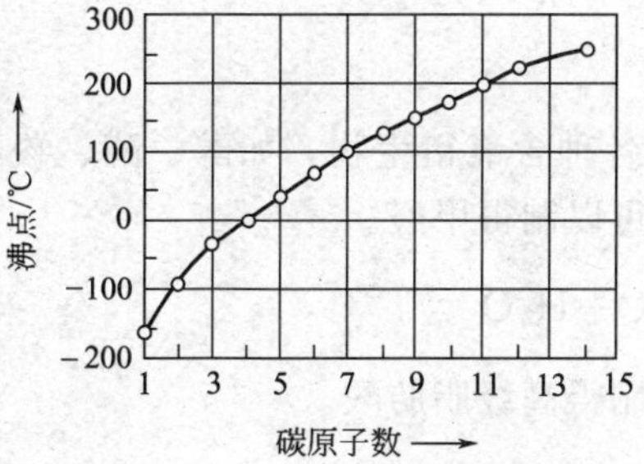

图 7-3　直链烷烃的沸点曲线图

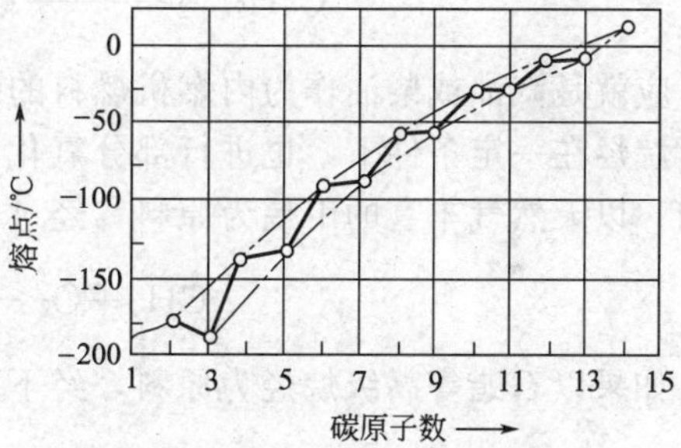

图 7-4　直链烷烃的熔点曲线图

含相同碳原子数的烷烃异构体中，一般带支链的烷烃熔点低于直链烷烃。但在戊烷的异构体中，新戊烷的熔点最高，见表 7-3。这是因为新戊烷分子的对称性高，在晶格中能紧密排列的缘故。

表 7-3　戊烷三种异构体的沸点和熔点

名　称	构造式	沸点/℃	熔点/℃
正戊烷	$CH_3CH_2CH_2CH_2CH_3$	36.1	−129.7
异戊烷	$CH_3CH(CH_3)CH_2CH_3$	27.9	−159.9
新戊烷	$C(CH_3)_4$	9.5	−16.6

4. 相对密度

烷烃的相对密度也随着相对分子质量的增加而有所增加，最后接近 0.8 左右，这也与分子间作用力大小有关。分子间作用力增大，分子间距离相应减小，相对密度必然增大。

5. 溶解度

烷烃几乎不溶于水，易溶于有机溶剂，如四氯化碳、乙醇、乙醚等。溶解度与溶质和溶剂的结构及分子间作用力有关。溶质溶于溶剂，是因为溶剂分子与溶质分子之间的相互引力代替了溶剂分子与溶剂分子之间、溶质分子与溶质分子之间的相互引力的结果。

五、烷烃的化学性质

烷烃分子中只含有 C—C 单键和 C—H 单键，且都是 σ 键。C—H 键的极性很小，所以烷烃的化学性质很不活泼，在室温下与强酸、强碱、强氧化剂、强还原剂都不起作用，因此常把烷烃作为溶剂使用。但在一定条件下，例如高温、高压、光照或催化剂的影响下，烷烃也能发生一些化学反应。

1. 氧化反应

在室温下，烷烃一般不与氧化剂反应，也不与空气中的氧起反应；如果点火引发，则烷烃可以完全燃烧，生成二氧化碳和水，同时放出大量的热。

$$CH_4 + 2O_2 \longrightarrow CO_2 + 2H_2O + 881.5kJ/mol$$

$$2CH_3CH_3 + 7O_2 \longrightarrow 4CO_2 + 6H_2O + 153.8kJ/mol$$

任何一种烷烃经点火完全燃烧，其反应可用下式表示：

$$C_nH_{2n+2} + \frac{3n+1}{2}O_2 \longrightarrow nCO_2 + (n+1)H_2O$$

此反应就是汽油或柴油作为内燃机燃料的基本原理。

烷烃在一定条件下，也进行部分氧化反应，生成各种含氧衍生物，如醇、醛、羧酸等。例如，以天然气丰富的甲烷为原料，经过以下反应，可以制得甲醛。

$$CH_4 + O_2 \xrightarrow[600℃]{NO} HCHO + H_2O$$

如果以石蜡等高级烷烃为原料，经下列反应，可制得高级脂肪酸。

$$R-CH_2-CH_2-R' + O_2 \xrightarrow[107\sim110℃]{MnO_2} RCOOH + R'COOH$$

其中 $C_{12} \sim C_{18}$ 的脂肪酸可代替天然油脂制造肥皂。

2. 异构化反应

从一个异构体转变成另一个异构体的反应叫异构化反应。直链和支链少的烷烃在适当条件下，可以异构化为支链多的烷烃，如正丁烷在溴化铝及溴化氢的存在下，在 27℃ 发生异构化，达到平衡后有 80% 的异丁烷生成。

$$CH_3-CH_2-CH_2-CH_3 \underset{27℃}{\overset{AlBr_3,HBr}{\rightleftharpoons}} CH_3-\underset{\underset{CH_3}{|}}{CH}-CH_3$$

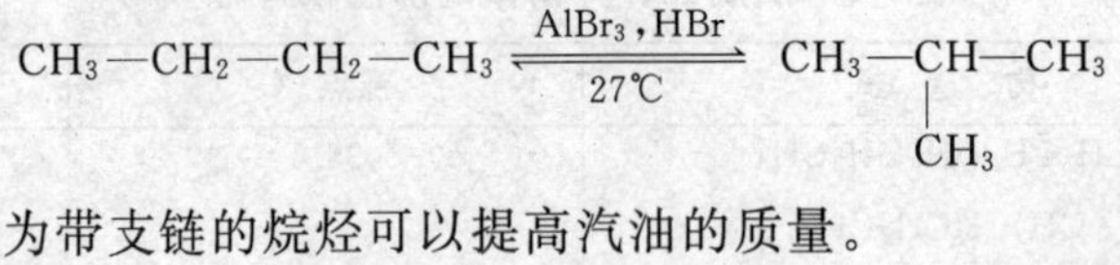

直链烷烃异构化为带支链的烷烃可以提高汽油的质量。

3. 裂化反应

烷烃在高温、无氧气存在的条件下进行的热分解反应叫裂化反应。裂化反应是一个复杂的过程，烷烃分子中所含的碳原子数越多，裂化产物越复杂。反应条件不同，产物也各不相同，但反应的实质是烷烃分子中的 C—C 键和 C—H 键断裂，形成较复杂的混合物。

$$CH_3-CH_3 \rightarrow \begin{cases} CH_2=CH_2 + H_2 \\ CH_4 + C + H_2 \end{cases}$$

$$CH_3CH_2CH_2CH_3 \rightarrow \begin{cases} CH_4 + CH_3CH=CH_2 \\ CH_2=CH_2 + CH_3CH_3 \\ CH_3CH_2CH=CH_2 + H_2 \end{cases}$$

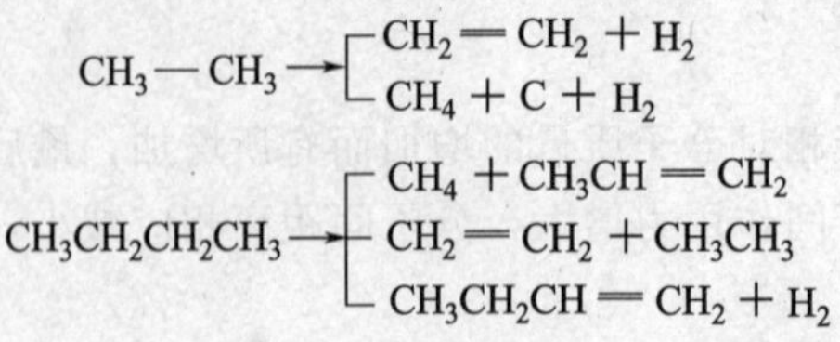

利用裂化反应，可以提高汽油的产量和质量。原油经分馏而得到的汽油只是原油的10%～20%，而且质量不好；炼油工业就是利用加热的方法，将原油中含碳原子数较多的烷烃断裂成汽油组分（C_6～C_9）。通常在5MPa和500～600℃温度下进行的裂化反应称为热裂化反应。煤油、柴油、重油均作为热裂化反应的原料，但以重油为主要原料。热裂化虽可以大量增加汽油的得率，但对提高汽油质量作用不大。

在催化剂存在下的裂化叫作催化裂化，一般在450～500℃和常压下进行，常用催化剂是硅酸铝。通过催化裂化，既可提高汽油产量，也可改进汽油的质量。由催化裂化生产的汽油已占汽油总产量的80%。

为了得到更多的基本有机化工原料乙烯、丙烯、丁烯，把石油在更高的温度（>700℃）下进行深度裂化，称为裂解。

4. 取代反应

【演示实验 7-1】 在两支干燥的试管中，各加入20mL正庚烷及5mL含5% Br_2 的 CCl_4 溶液。其中一支迅速用黑纸包裹，另一支试管置于散射光中或用一只100W的白炽灯照射，经一段时间观察现象。

经20min后，试管溶液内溴的红色即可褪去。用一橡皮球向试管内吹气，逸出的HBr气体使湿润的蓝色石蕊试纸变红，证明有下列反应发生：

$$n\text{-}C_7H_{16}+Br_2 \xrightarrow{\text{光}} n\text{-}C_7H_{15}Br+HBr\uparrow$$

另一支试管会有什么情况发生呢？当打开裹在试管外的黑纸，可以看到试管内溶液的颜色没有任何变化。

烷烃分子中的氢原子被其他原子或原子团（或基）所取代的反应叫取代反应，被卤素取代的反应称为卤代反应，也称为卤化反应。

(1) 甲烷的卤代反应　甲烷与卤素在室温和黑暗中并不起反应，但在强光的照射下则发生剧烈反应，甚至引起爆炸。如甲烷与氯在强光照射下剧烈反应生成氯化氢和碳。

$$CH_4+2Cl_2 \xrightarrow{\text{强烈光照}} C+4HCl$$

在漫射光、热或某些催化剂的作用下，甲烷与氯发生氯代反应，氢原子被氯原子取代生成氯甲烷和氯化氢，同时有热量放出。

$$CH_4+Cl_2 \xrightarrow{\text{漫射光}} CH_3Cl+HCl$$

氯甲烷进一步发生取代反应生成二氯甲烷、三氯甲烷和四氯化碳。

$$CH_3Cl+Cl_2 \xrightarrow{\text{漫射光}} CH_2Cl_2+HCl$$

$$CH_2Cl_2+Cl_2 \xrightarrow{\text{漫射光}} CHCl_3+HCl$$

$$CHCl_3+Cl_2 \xrightarrow{\text{漫射光}} CCl_4+HCl$$

所得产物是四种氯甲烷的混合物。工业上采用热氯化的方法控制反应温度为400～5000℃，甲烷与氯的摩尔比为10∶1，主要产物为一氯甲烷；如果控制甲烷与氯的摩尔比为0.263∶1，则主要生成四氯化碳。

溴代与氯代相似，但反应比较缓慢；烷烃直接氟代反应剧烈，难以控制；而烷烃与碘通常不起反应。所以，卤素对烷烃进行卤代反应的相对活泼性为：

$$F_2>Cl_2>Br_2>I_2$$

(2) 其他烷烃的氯代反应　其他烷烃氯代或溴代时，反应可以在分子中不同的碳原子上进行，取代不同的氢，得到各种卤代产物。如乙烷的一氯代产物只有一种，二氯代产物有两种。

$$CH_3CH_3 + Cl_2 \xrightarrow[25℃]{光} CH_3CH_2Cl + HCl$$

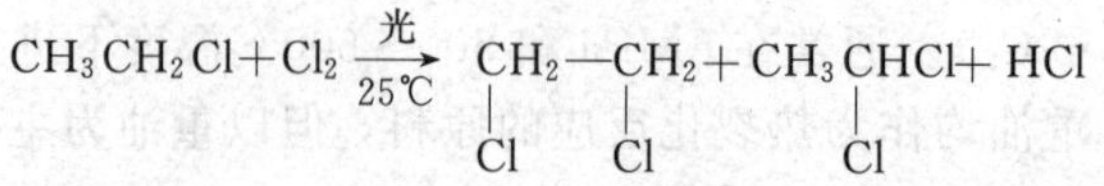

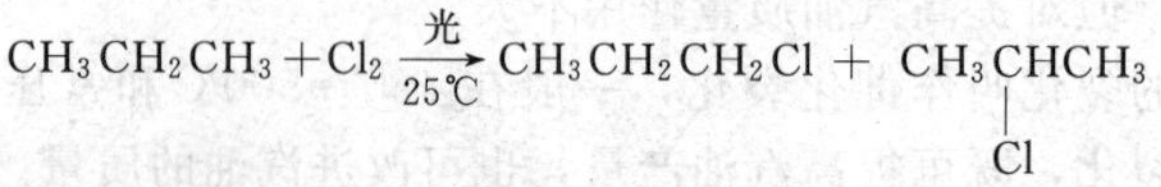

$$CH_3CH_2Cl + Cl_2 \xrightarrow[25℃]{光} \underset{\underset{Cl}{|}}{CH_2}-\underset{\underset{Cl}{|}}{CH_2} + \underset{\underset{Cl}{|}}{CH_3CHCl} + HCl$$

$$CH_3CH_2CH_3 + Cl_2 \xrightarrow[25℃]{光} CH_3CH_2CH_2Cl + \underset{\underset{Cl}{|}}{CH_3CHCH_3}$$

$$(43\%) \qquad (57\%)$$

丙烷分子中可被氯代的伯氢原子有六个，仲氢原子有两个，按两种氢原子的比例为 $6:2=3:1$，但实际上这两种产物的得率之比却为 $43:57$，这说明伯、仲氢原子被氯取代的反应活性不同。设伯氢的活泼性为 1，仲氢的相对活泼性为 x，则可以通过氯代产物的数量比来求得 x 的值为 4，即仲氢原子与伯氢原子的相对活泼性为 $4:1$。

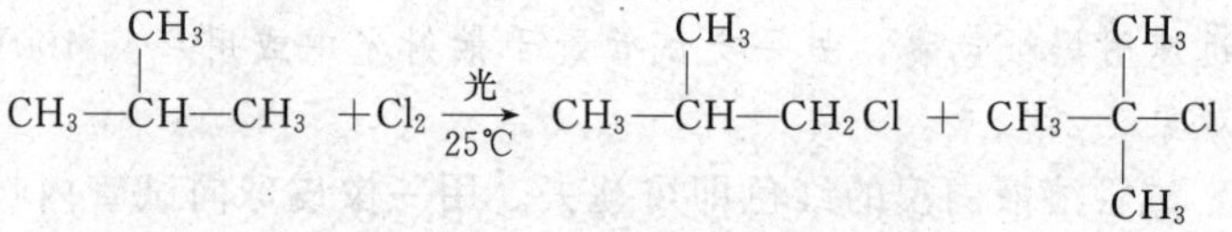

$$CH_3-\underset{\underset{CH_3}{|}}{CH}-CH_3 + Cl_2 \xrightarrow[25℃]{光} CH_3-\underset{\underset{CH_3}{|}}{CH}-CH_2Cl + CH_3-\underset{\underset{CH_3}{|}}{\overset{\overset{CH_3}{|}}{C}}-Cl$$

$$(64\%) \qquad (36\%)$$

异丁烷分子中，伯氢原子和叔氢原子被氯代的概率之比为 $9:1$，实际氯代产物之比却为 $64:36$，显然叔氢的活泼性比伯氢要大。设 x 为叔氢原子的相对活泼性，则可以通过氯代产物的数量比来求得 x 的值为 5.06，叔氢原子与伯氢原子的相对活泼性为 $5:1$，即叔氢原子的活泼性为伯氢原子的 5 倍。由此得出烷烃中氢原子的反应活泼性次序：

叔氢＞仲氢＞伯氢

六、烷烃的来源

烷烃的来源主要是石油和天然气。从油田开采出来加工的石油称为原油，原油一般为褐红色至黑色的黏稠液体，具有特殊气味，相对密度小于 1.0，不溶于水。原油的成分比较复杂，其组成也因地而异，但主要成分是烃类，见表 7-4。

表 7-4 石油馏分

馏　　分	组　　分	分馏区间	用　　途
石油气	$C_1 \sim C_4$	40℃以下	燃料、化工原料
石油醚	$C_5 \sim C_6$	40~60℃	溶剂
汽油	$C_7 \sim C_9$	60~200℃	溶剂、内燃机燃料
XL 油	$C_{10} \sim C_{16}$	170~275℃	飞机燃料
燃料油、柴油	$C_{15} \sim C_{20}$	250~400℃	柴油机燃料
润滑油	$C_{18} \sim C_{22}$	300℃以上	机械润滑
沥青	C_{20} 以上	不挥发	防腐绝缘材料、铺路

天然气是蕴藏在地层内的可燃性气体，其主要成分是低级烷烃的混合物。我国天然气资源丰富，四川、甘肃等地有丰富的贮藏量。根据甲烷含量的不同，天然气可分为两种：一种称为干天然气，含甲烷 86%~99%（体积分数）；另一种称为湿天然气，除含甲烷 60%~70% 外，还有一定量的乙烷、丙烷、丁烷等干气体。天然气是很好的气体燃料，也是重要的化工原料。

除天然气和石油外，某些动植物机体中也有少量烷烃存在，如蜂蜡中含有 $C_{27}H_{56}$、$C_{31}H_{64}$，菠菜叶中含 $C_{33}H_{68}$、$C_{35}H_{72}$、$C_{37}H_{76}$。

七、烷烃的制备

烷烃存在于石油中，戊烷以下的低级烷烃因沸点相差较大，可通过精馏石油气制得，这是工业上获得低级烷烃的主要方法。其他指定结构的烷烃需要通过合成的方法制得。

1. 武慈（Wurtz）反应

用伯卤代烷（常用溴代烷和碘代烷）的乙醚溶液与金属钠反应生成烷烃。

$$2RX+2Na \xrightarrow{\text{乙醚}} R—R+2NaX$$

$$2CH_3CH_2CH_2CH_2CH_2Br+2Na \xrightarrow{\text{乙醚}} CH_3(CH_2)_8CH_3+2NaBr$$

武慈反应是增长碳链的方法之一，用这种方法可以制备高级烷烃。

2. 催化加氢

烯烃还原得烷烃，通常在催化剂存在下与氢加成而得烷烃。

$$CH_3CH_2CH=CH_2+H_2 \xrightarrow{Ni} CH_3CH_2CH_2CH_3$$

第二节　烯　　烃

分子中含有一个碳碳双键（ $\gt C=C\lt$ ）的开链不饱和烃叫烯烃。烯烃的通式是 C_nH_{2n}，碳碳双键是烯烃的官能团。

一、乙烯分子的结构

乙烯的分子式为 C_2H_4，构造式为 $CH_2=CH_2$，碳碳双键由一个 σ 键和一个 π 键构成。C＝C 键的键能为 610kJ/mol，而 C—C 键的键能为 345kJ/mol，显然碳碳双键的键能小于两个碳碳单键的键能之和。这个事实间接地证明了碳碳双键不是由两个单键所构成的。近代物理方法证明：乙烯分子中的六个原子都在一个平面上，每个碳原子分别和两个氢原子相连接，相邻键之间的夹角接近 120°，碳碳双键长是 0.134nm，碳氢键的键长是 0.1097nm。

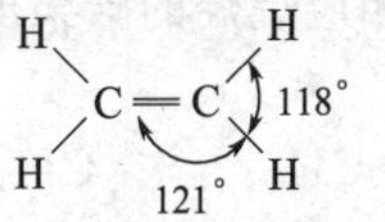

在乙烯分子中，两个碳原子各以一个 sp^2 轨道重叠，形成一个 C—Cσ 键，又各以两个 sp^2 轨道和四个氢原子的 1s 轨道重叠，形成四个 C—Hσ 键，这样形成的五个 σ 键都在同一个平面上，见图 7-5。

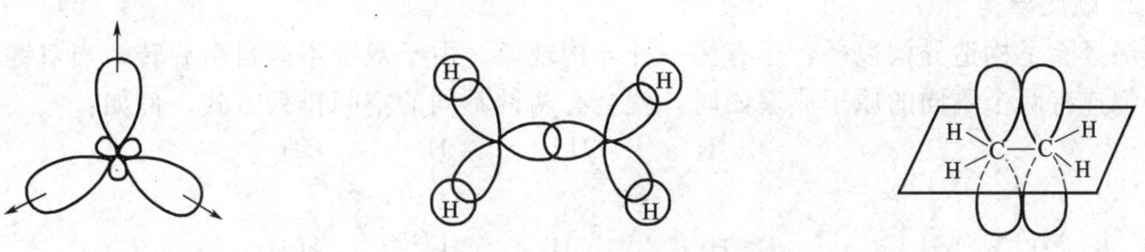

(a) sp^2杂化轨道的空间取向　(b) 乙烯分子分子中的σ键　(c) 乙烯分子分子中的π键

图 7-5　乙烯分子的结构

每个碳原子还剩下一个未参与杂化的 p_y 轨道，它们的对称轴与五个 σ 键所在的平面相垂直，且 p_y 轨道互相平行，“肩并肩”侧面重叠成 π 键。π 键电子云分布在分子平面的上下方，垂直于由 σ 键所形成的平面。

烯烃中所有碳碳双键都是由一个 σ 键和一个 π 键组成的。

π 键具有以下特性：

① 组成 π 键的两个 p 轨道重叠程度较小，π 键不如 σ 键牢固，π 键易断裂。其键能可以通过双键和单键的键能差计算出来，约为 $610-345=265$（kJ/mol），较 C—C 的键能小得多。

② π 键电子云不像 σ 键那样集中在两个原子核间的对称轴上，而是分散在分子平面的上下方。与 σ 键比较，π 键的电子云距原子核较远，原子核对 π 电子云的束缚力就比较小，使 π 电子云具有较大的流动性，受外界影响易发生极化，使烯烃具有较大的化学活性。

③ π 键没有轴对称，以双键相连的两个原子之间是不能自由旋转的，因为碳原子相对旋转后，侧面平行重叠的 π 键将被破坏。

在烯烃的构造式中，双键一般用两条短线来表示。但必须理解这两条短线的含义不同，一条代表 π 键，一条代表 σ 键。

二、烯烃的同分异构现象

1. 构造异构

由于烯烃含有双键，烯烃的构造异构现象比烷烃复杂。含相同碳原子的烯烃除了碳架异构以外，还有由于双键位置不同而引起的位置异构，因此异构体的数目比相应的烷烃要多。乙烯、丙烯都只有一种，而丁烯则有三种异构体。

$$CH_3CH_2CH=CH_2 \quad CH_3CH=CHCH_3 \quad (CH_3)_2C=CH_2$$
1-丁烯 　　　　　　　 1-丁烯 　　　　　　 2-甲基丙烯

1-丁烯和 2-丁烯碳架相同而双键（官能团）的位置不同，是位置异构体，1-丁烯（或 2-丁烯）与 2-甲基丙烯是碳架不同的异构体。这些异构体都是由于分子中原子的排列顺序和结合方式不同而引起的，所以都是构造异构体。

烯烃构造异构体的推导，可以从相应烷烃的碳架出发，变动双键的位置导出。从正戊烷的碳架可导出：

$$CH_3CH_2CH_2CH=CH_2 \qquad CH_3CH_2CH=CHCH_3$$

从异戊烷的碳架可导出：

$$CH_3—CH—CH=CH_2 \quad CH_3—CH_2—C=CH_2 \quad CH_3C=CHCH_3$$
$$|||$$
$$CH_3CH_3CH_3$$

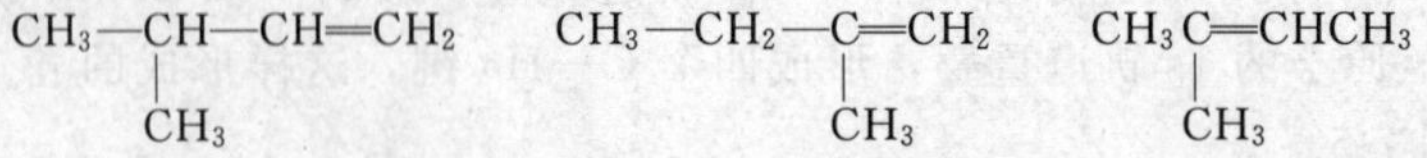

2. 顺反异构

烯烃除了构造异构以外，还有另一种异构现象。由于双键不能自由旋转，当双键两端碳原子都连有两个不同的原子或基团时，就会有两种不同的空间排列方式。例如：

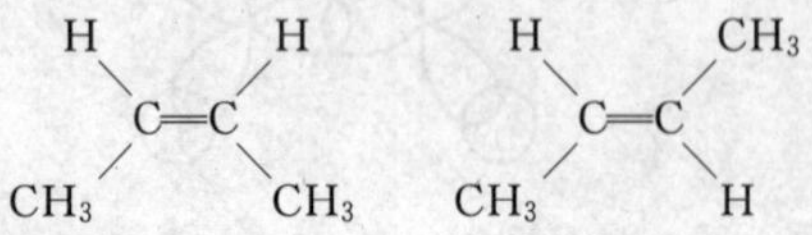

顺-2-丁烯　　　　反-2-丁烯

沸点：　　　　 3.5℃ 　　　　 0.9℃

这两个异构体的分子式相同，构造式相同，前者中相同的基团即两个氢原子或两个甲基排列在双键的同侧，叫顺式异构体；而后者中这两对相同的原子或基团则排在双键的异侧，叫反式异构体。这种由于分子中原子或基团在空间的不同排列的几何形象不同而引起的异构现象，叫顺反异构或称几何异构，属于立体异构中的一种。这种相同构造化合物的不同空间排列方式又称构型，顺反异构体就是构型不同的化合物。

分子产生顺反异构现象，在结构上必须具备以下两个条件：

(1) 分子中有限制自由旋转的因素，如碳碳双键；

(2) 双键两端碳原子必须和两个不同的原子或基团相连。

如上所述，当双键的任一个碳原子所连接的两个原子或基团都相同时，就没有顺反异构体，例如下列模式的化合物就没有顺反异构体。

$$\underset{a}{\overset{a}{C}}=\underset{b}{\overset{d}{C}} \equiv \underset{a}{\overset{a}{C}}=\underset{d}{\overset{b}{C}}$$

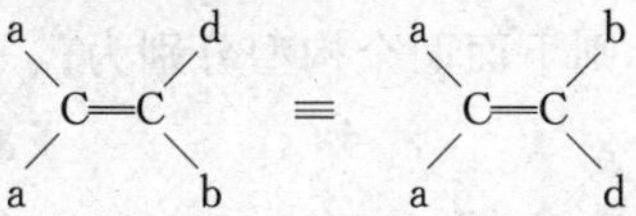

如 1-丁烯和 2-甲基丙烯就没有顺反异构体。

三、烯烃的命名

1. 烯烃的系统命名法

烯烃的系统命名法基本上和烷烃相似，要点如下。

(1) 选择含有双键的最长碳链作为主链，按主链碳原子数命名为"某烯"。

(2) 从靠近双键一端开始编号。

(3) 双键位次必须标明，只写出双键两个碳原子中位次较小的一个，放在烯烃名称前面。

$$CH_3—CH=\underset{\underset{CH_3}{|}}{C}—CH_2—CH_2—\underset{\underset{CH_3}{|}}{CH}—CH_3$$

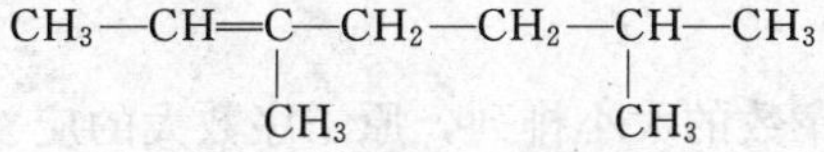

3,6-二甲基-2-庚烯

(4) 含碳原子数在十以下的用天干数表示；在十以上的用中文数字表示，并在"烯"字前面加一个"碳"字。例如：

$$CH_3(CH_2)_9CH=CH—CH_3 \qquad 2-十三碳烯$$

2. 烯基的命名

烯烃失去一个氢剩下的原子团称为"某烯基"，给烯基命名时，只要在相应烯的母体后面加一个"基"字即可。例如：

$CH_2=CH—$ 乙烯基 　　 $CH_3CH=CH—$ 丙烯基

$CH_2=CH—CH_2—$ 烯丙基 　　 $CH_3—\overset{|}{C}=CH_2$ 异丙烯基

3. 顺反异构体的命名

根据其构型在系统命名的名称前面加上"顺"字或"反"字。例如：

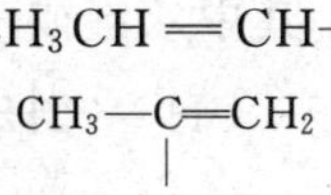

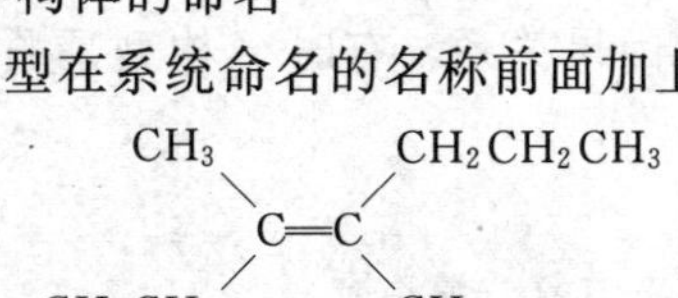

$$\underset{CH_3CH_2}{\overset{CH_3}{C}}=\underset{CH_3}{\overset{CH_2CH_2CH_3}{C}} \qquad \underset{CH_3CH_2}{\overset{CH_3}{C}}=\underset{CH_2CH_2CH_3}{\overset{CH_3}{C}}$$

反-3,4-二甲基-3-庚烯　　　　　順-3,4-二甲基-3-庚烯

只要当双键同侧或异侧还有一对相同的原子或基团时，上述顺反异构体的命名就可进行。但当双键碳原子上连接着四个不同的原子或基团时，很难用顺反命名法确定它们的构型。例如：

$$\underset{CH_3}{\overset{H}{C}}=\underset{CH_2CH_2CH_3}{\overset{CH_2CH_3}{C}} \qquad \underset{H}{\overset{Br}{C}}=\underset{Cl}{\overset{I}{C}}$$

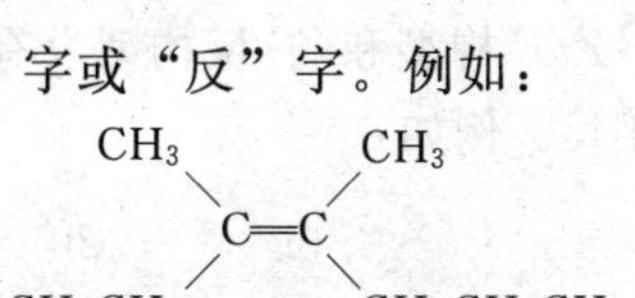

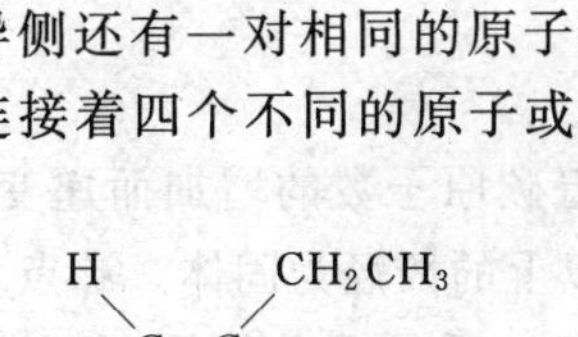

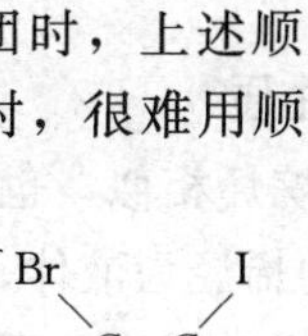

为了解决这个问题，IUPAC 作了统一规定，即用 Z、E 法命名，标记顺反异构体的构型。字母 Z 是德文 Zusammen 的字头，指同一侧的意思；E 是德文 Entgegen 的字头，指相反的意思。

Z、E 标记法如下：

① 将双键碳原子上所连的原子或基团按“次序规则”排列；

② 分别比较双键两端碳原子上连接的两个原子或基团的次序，如果两个次序优先的原子或基团在双键的同侧就叫 Z 构型，在异侧就叫 E 构型。

若按优先次序 a>b、c>d，则下面两个构型分别为：

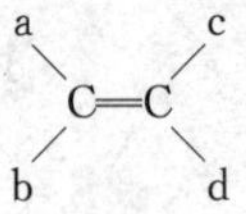

Z-

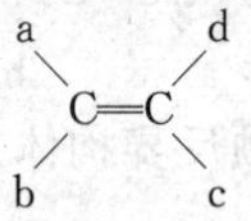

E-

例如：

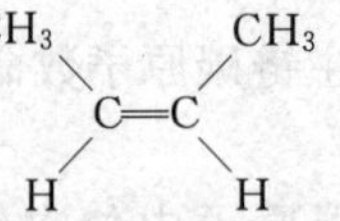

Z-2-丁烯

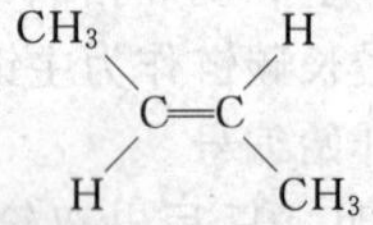

E-2-丁烯

“次序规则”的要点如下。

(1) 原子或基团按原子序数的大小排列，原子序数大的应（优先）排在前面，原子序数小的排在后面。常见的几种原子的原子序数为：

I>Br>Cl>S>P>O>N>C>H

如果原子序数相同（同位素），则按原子量大小次序排列。

(2) 连接双键碳原子的基团如果第一个原子相同，则依次比较与其相连的第二个、第三个及以上原子的原子序数，直至比较得出原子团大小的顺序。简单烷基的优先次序为：

$$(CH_3)_3C— > (CH_3)_2CH— > CH_3CH_2— > CH_3—$$

(3) 当基团不饱和时，其中双键或三键所连接的原子，应看作是单键和多个原子的重复，所以 $—C\equiv CH$ 优先于 $—CH=CH_2$。因此有以下次序：

$$—C\equiv N > —C\equiv CH > —CH=CH_2$$

必须指出，Z/E 构型和顺/反构型没有必然的因果关系，有时 Z 构型是顺式，E 构型是反式，有时则相反。例如：

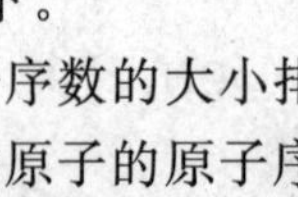

Z-1,2-二氯-2-溴乙烯

反-1,2-二氯-2-溴乙烯

四、烯烃的物理性质

烯烃的物理性质与烷烃相似，也是随着碳原子数的增加而递变。在常温下，C_2～C_4 的烯烃为气体，C_5～C_{16}的烯烃为液体，C_{17}以上的烯烃为固体。沸点、熔点和密度都随相对分子质量的增加而上升，相对密度也都小于 1，都是无色物质，不溶于水，易溶于有机溶剂中。乙烯稍带甜味，液态烯烃有汽油的气味。烯烃的物理常数见表 7-5。

表 7-5　烯烃的物理常数

名　称	构　造　式	熔点/℃	沸点/℃	相对密度 d_4^{20}
乙烯	$CH_2 = CH_2$	−169.5	−103.7	0.570(在沸点时)
丙烯	$CH_2 - CH = CH_2$	−185.2	−47.7	0.610(在沸点时)
1-丁烯	$CH_3CH_2CH = CH_2$	−130	−6.4	0.625(在沸点时)
1-戊烯	$CH_3CH_2CH_2CH = CH_2$	−165.2	30.1	0.641
1-己烯	$CH_3(CH_2)_3CH = CH_2$	−138	63.4	0.673
1-庚烯	$CH_3(CH_2)_4CH = CH_2$	−119	93.6	0.697
1-辛烯	$CH_3(CH_2)_5CH = CH_2$	−101.7	121.3	0.715

五、烯烃的化学性质

烯烃的化学性质与烷烃不同，它很活泼，能与许多试剂作用，其主要原因是分子中含有碳碳双键。碳碳双键是烯烃的官能团，烯烃的化学性质主要体现在烯烃的碳碳双键上，能发生加成、氧化、聚合等反应。

加成反应是烯烃最典型的反应。在加成反应中，π 键发生断裂，试剂中的两个一价的原子或原子团分别加到双键两端的碳原子上，形成两个 σ 键，生成饱和化合物，这个反应叫作加成反应。加成反应可用下式表示：

$$\begin{array}{c} \diagdown \\ C=C \\ \diagup \end{array} \diagdown + X-Y \longrightarrow \begin{array}{c} | \quad | \\ X-C-C-Y \\ | \quad | \end{array}$$

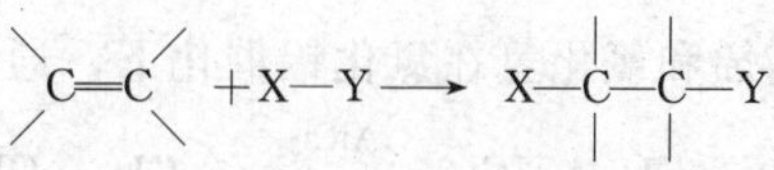

1. 加成反应

（1）催化加氢（催化氢化）　在常温常压下，烯烃与氢气通常不起反应，但在催化剂存在下，与氢气生成烷烃。例如：

$$CH_2 = CH_2 + H_2 \xrightarrow{\text{催化剂}} CH_3 - CH_3$$

$$R - CH = CH_2 + H_2 \xrightarrow{\text{催化剂}} R - CH_2 - CH_3$$

反应后，产物比反应物增加了氢原子，故氧化反应是还原反应的一种形式。

在催化剂存在下，烯烃与氢反应生成烷烃，称为催化氢化。常用催化剂为 Pt、Pd、Ni等。雷尼镍是用氢氧化钠处理铝镍合金，把铝溶去，得到具有高催化活性的镍粉，用它作催化剂，加氢反应可在室温下进行。

催化加氢在工业上具有重要意义，如汽油中常含有少量烯烃，由于烯烃易发生氧化、聚合等反应而产生杂质，经过催化加氢，把汽油中所含的烯烃变为烷烃，提高了汽油的质量。催化加氢反应是定量进行的。根据吸收氢气的体积可以计算出不饱和化合物中双键的数目，或者混合物中不饱和化合物的含量。

（2）加卤素　烯烃易与卤素发生加成反应，生成一卤代物。

$$\begin{array}{c} \diagdown \\ C=C \\ \diagup \end{array} \diagdown + X-X \longrightarrow \begin{array}{c} | \quad | \\ -C-C- \\ | \quad | \\ X \quad X \end{array}$$

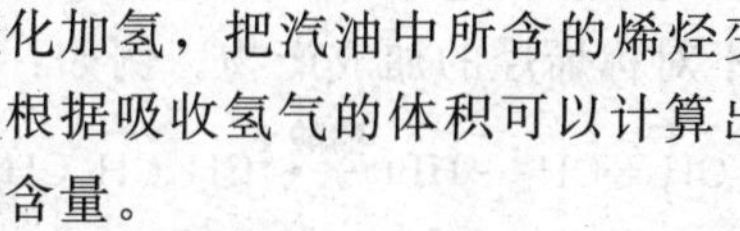

在常温下，不需要催化剂或光照射，该反应就能迅速进行。

【演示实验 7-2】　在一试管中装 2mL95％乙醇，边摇动边缓慢加入 6mL 浓硫酸。装上温度计，控制温度在 160～170℃之间，生成的乙烯气体通过 10％氢氧化钠洗涤后，通入装有溴的四氯化碳溶液，观察溴的四氯化碳溶液的颜色变化。

烯烃与溴的四氯化碳溶液（或饱和溴水）作用，溴的红棕色能很快消失。此反应常用于检验烯烃。

$$CH_2=CH_2+Br_2 \xrightarrow{CCl_4} \underset{\underset{Br}{|}}{CH_2}-\underset{\underset{Br}{|}}{CH_2}$$

氟与烯烃反应剧烈，难以检测。烯烃与碘的加成比较困难，但与 ICl、IBr、BrCl、BrOH 能发生反应。卤素的活泼性次序为：

$$F_2 > Cl_2 > Br_2 > I_2$$

例如：

$$CH_2=CH_2+Cl_2 \xrightarrow[40℃、0.2MPa]{FeCl_3} \underset{\underset{Cl}{|}}{CH_2}-\underset{\underset{Cl}{|}}{CH_2}$$

1,2-二氯乙烷是制备乙烯的原料，也可用作脂肪、橡胶的溶剂，谷物的消毒杀虫剂。

(3) 加卤化氢　烯烃与干燥的卤化氢气体或浓的氢卤酸起加成反应，生成二卤代烷。

$$\underset{}{\diagdown}C=C\underset{}{\diagup} + HX \longrightarrow -\underset{\underset{H}{|}}{C}-\underset{\underset{X}{|}}{C}-$$

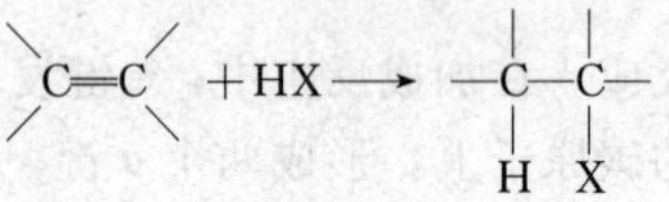

卤化氢的活泼性次序为 HI > HBr > HCl。

工业上制备氯乙烷是用乙烯和氯化氢在氯化铝催化下，通过加成反应实现的。

$$CH_2=CH_2+HCl \xrightarrow[130\sim250℃]{AlCl_3} \underset{\underset{Cl}{|}}{CH_2}-\underset{\underset{Cl}{|}}{CH_2}$$

由于乙烯分子是对称分子，不论氯原子或氢原子加到哪个碳原子上，都得到相同的构造，即氯乙烷。但是不对称烯烃如丙烯反应时，可以得到两种产物：

$$CH_3CH=CH_2+HCl \longrightarrow \begin{cases} CH_3\underset{\underset{Cl}{|}}{CH}CH_3 \\ CH_3CH_2CH_2Cl \end{cases}$$

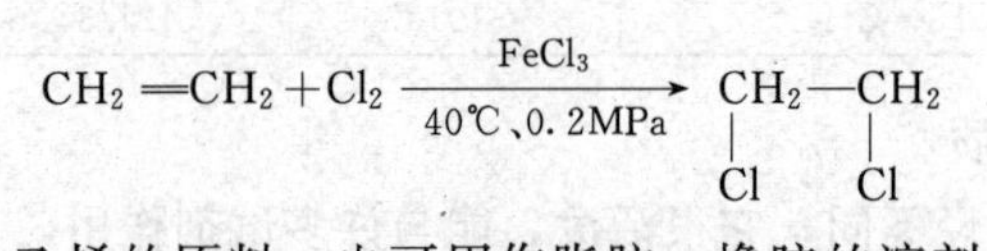

实验证明，2-氯丙烷是主要产物。

俄国化学家马尔科夫尼科夫（Markovnikov）在总结许多实验结果的基础上，提出不对称烯烃加成的规则：不对称烯烃与卤化氢加成时，氢原子总是加到含氢较多的双键碳原子上，而卤素则加到含氢较少的双键碳上。这个经验规律就是马尔科夫尼科夫规则，简称马氏规则。利用这个规则可以预测不对称烯烃的加成产物。例如：

$$CH_3CH_2CH=CH_2+HBr \xrightarrow{醋酸} CH_3CH_2\underset{\underset{Br}{|}}{CH}CH_3$$

$$(CH_3)_2C=CH_2+HBr \xrightarrow{醋酸} (CH_3)_2\underset{\underset{Br}{|}}{C}-CH_3$$

在过氧化物（如 H_2O_2、R—O—O—R）存在下，不对称烯烃和溴化氢的加成产物是反马氏规则的。例如：

$$CH_3CH=CH_2+HBr \xrightarrow{过氧化物} CH_3CH_2CH_2Br$$

而同样条件下，对 HCl 和 HI 的加成方向没有影响。

(4) 加硫酸　烯烃和冷的浓硫酸起加成反应，生成硫酸氢烷基酯（酸式）。例如：

$$CH_2=CH_2 + H-O-SO_2OH \xrightarrow{0\sim15℃} CH_3-CH_2-OSO_2OH$$

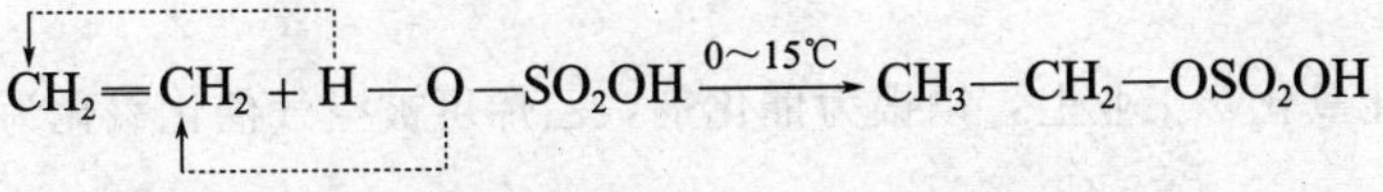

$$CH_3-CH_2-OSO_2OH \xrightarrow[\triangle]{H_2O} CH_3CH_2OH + H_2SO_4$$

不对称烯烃与硫酸加成时，遵守不对称加成规则，即硫酸分子中的一个氢加到含氢较多的碳原子上，其余部分中的氧则加到了含氢较少的双键碳原子上。例如：

$$CH_3CH=CH_2 \xrightarrow{80\% H_2SO_4} \underset{OSO_2OH}{CH_3CHCH_3} \xrightarrow[\triangle]{H_2O} \underset{OH}{CH_3CHCH_3}$$

$$\underset{CH_3}{CH_3-C=CH_2} \xrightarrow{64\% H_2SO_4} \underset{\underset{OSO_2OH}{|}}{CH_3-\overset{CH_3}{\underset{|}{C}}-CH_3} \xrightarrow{H_2O} \underset{\underset{OH}{|}}{CH_3-\overset{CH_3}{\underset{|}{C}}-CH_3}$$

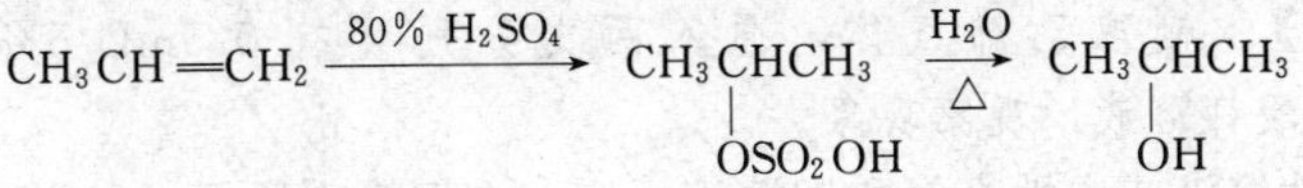

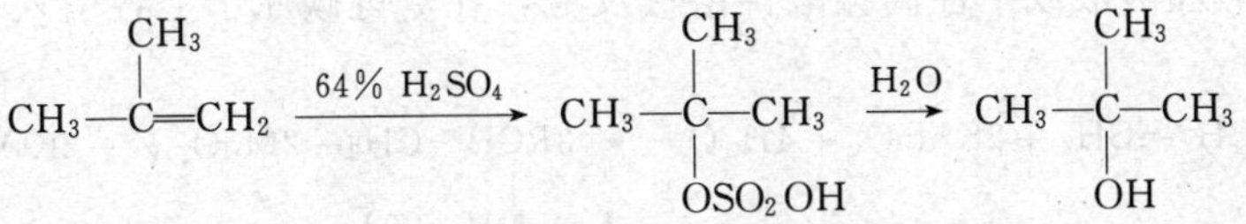

烯烃经与浓硫酸加成后再水解，在原烯烃分子中加入一分子水，生成相应的醇，故称为烯烃的间接水合法。

利用气体或液体的烯烃与硫酸的加成产物可提纯烷烃和烯烃。气体或液体的烯烃与硫酸加成产物硫酸氢烷基酯溶于硫酸中，而烷烃不与其作用，故不溶于硫酸。根据两者相对密度的大小加以分离。

（5）加水 在催化剂（附着在硅藻土上的磷酸）及一定压力条件下，烯烃可与水直接加成生成醇。例如：

$$CH_3CH=CH_2 + H_2O \xrightarrow[195℃,2MPa]{H_3PO_4} \underset{OH}{CH_3-CH-CH_3}$$

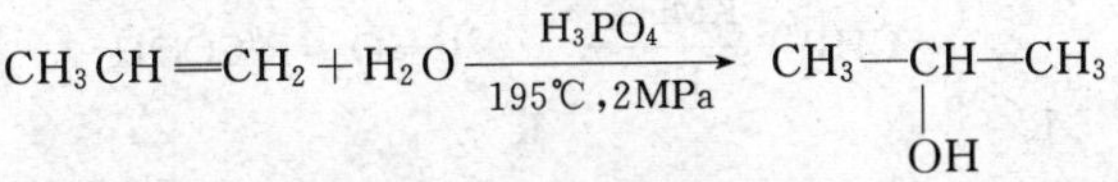

此反应称为烯烃的直接水合法，工业上用此法制备醇。

（6）加次卤酸 烯烃与次卤酸反应，生成卤代醇。次氯酸也是酸，但由于氧原子的电负性（3.5）比氯原子（3.0）大，乙烯与次氯酸进行加成反应，生成氯乙醇：

$$CH_2=CH_2 + HOCl \xrightarrow{Cl_2+H_2O} \underset{Cl \quad OH}{CH_2-CH_2}$$

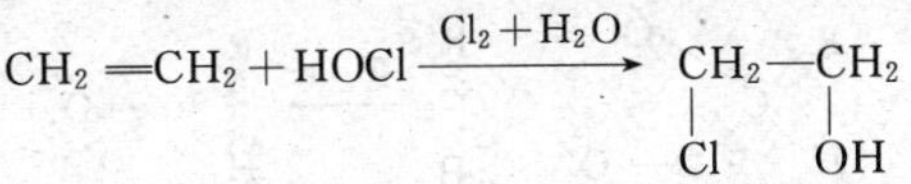

由于次氯酸不稳定，在实际生产中用氯气和水代替次氯酸。

（7）硼氢化反应 烯烃可与乙硼烷发生加成反应。乙硼烷 B_2H_6 是甲硼烷的二聚体 $(BH_3)_2$，反应时以甲硼烷 BH_3 形式与烯烃加成。

$$CH_2=CH_2 + \tfrac{1}{2}(BH_3)_2 \xrightarrow{四氢呋喃} \underset{BH_2 \quad H}{CH_2-CH_2} \xrightarrow{CH_2=CH_2} (CH_3CH_2)_2BH \xrightarrow{CH_2=CH_2} (CH_3CH_2)_3B$$

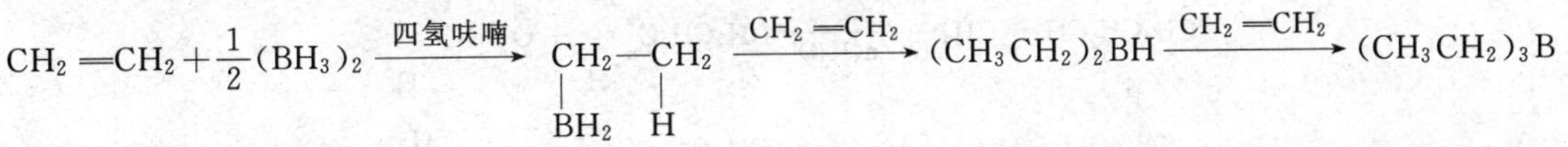

这个反应叫作硼氢化反应。

不对称烯烃与乙硼烷的反应是氢加到了含氢较少的双键碳原子上。因此，硼氢化反应是按反马氏规则进行的。

$$3RCH=CH_2 + BH_3 \longrightarrow (RCH_2CH_2)_3B \xrightarrow[OH^-]{H_2O_2} (RCH_2CH_2O)_3B$$

$$(RCH_2CH_2O)_3B + 3H_2O \longrightarrow 3RCH_2CH_2OH + B(OH)_3$$

凡是 α-烯烃，经过硼氢化、氧化、水解就能制备伯醇。

2. 氧化反应

烯烃很容易被氧化，氧化反应一般发生在双键上，在不同氧化剂和不同反应条件下，所得氧化产物不同。

（1）空气催化氧化　工业上，以银为催化剂，乙烯可被空气催化氧化为环氧化合物——环氧乙烷。

$$CH_2{=}CH_2 + \frac{1}{2}O_2 \xrightarrow[250℃]{Ag} CH_2{-}CH_2$$
$$\underset{O}{\diagdown\diagup}$$

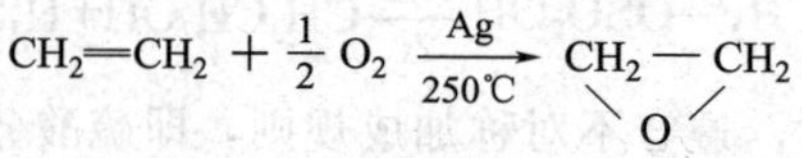

（2）高锰酸钾氧化

【演示实验 7-3】　制取乙烯气体，通入两支分别装有 0.5mL 5％ 高锰酸钾溶液、0.5mL5％ 酸性高锰酸钾溶液，观察现象。

烯烃与冷的碱性溶液或中性高锰酸钾溶液反应，在双键碳原子上各引入一个羟基，生成 1,2-二醇。

$$3RCH_2{=}CH_2 + 2KMnO_4 + 4H_2O \longrightarrow 3RCH{-}CH_2 + 2MnO_2\downarrow + 2KOH$$
$$\underset{OH}{|}\ \underset{OH}{|}$$

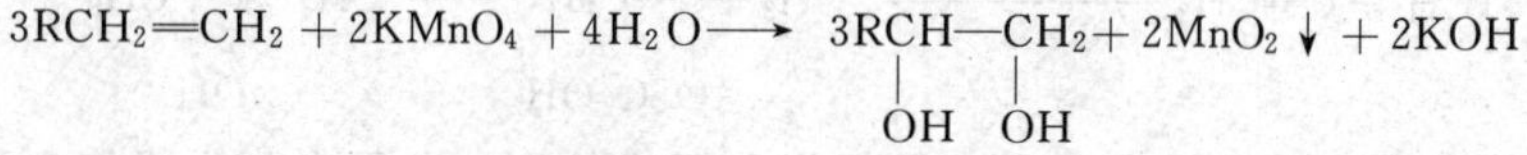

该反应一般很难停留在生成二元醇阶段，继续氧化使双键断裂，因此该反应不宜制备 1,2-二醇。但是这个反应容易进行，现象明显，可用来检验烯烃。若在酸性溶液中进行，反应更快，得到碳链断裂的氧化产物。

$$3RCH_2{=}CH_2 \xrightarrow[H^+]{KMnO_4} RCOOH + CO_2 + H_2O$$
$$羧酸$$

$$\underset{R'}{\overset{R}{\diagup}}C{=}CHR'' \xrightarrow[H^+]{KMnO_4} \underset{R'}{\overset{R}{\diagup}}C{=}O + R''COOH$$

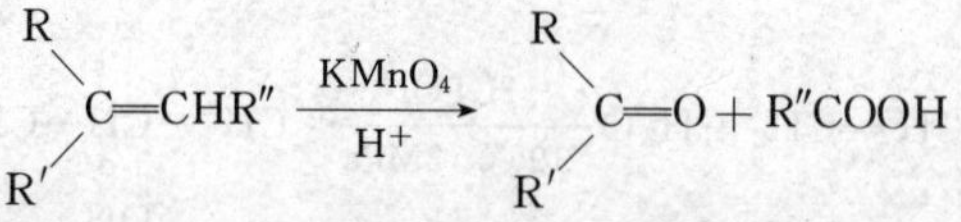

根据氧化所得到的产物，可以推断烯烃的构造。

（3）臭氧化　将含有 6％～8％ 的臭氧气流通入液态烯烃或烯烃的四氯化碳溶液时，臭氧分子迅速而足量地与烯烃作用，生成不稳定的臭氧化物，这个反应称为臭氧化反应。

$$RCH{=}CHR' + O_3 \longrightarrow \underset{H}{\overset{R}{\diagup}}C\underset{O-O}{\overset{O}{\diagup\diagdown}}C\underset{H}{\overset{R'}{\diagdown}} \xrightarrow{H_2O} \underset{H}{\overset{R}{\diagup}}C{=}O + O{=}C\underset{H}{\overset{R'}{\diagdown}} + H_2O_2$$

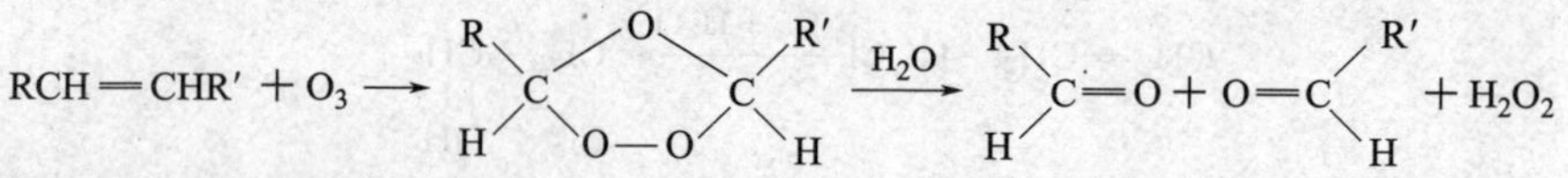

为防止过氧化氢氧化生成的醛，在水解反应一步中加入锌粉，作还原剂。

根据臭氧化物的水解产物，可以确定烯烃中双键的位置和碳架的构造。例如：

$$CH_3CH_2CH{=}CH_2 \xrightarrow[②Zn、H_2O]{①O_3} CH_3CH_2C\underset{H}{\overset{O}{\diagdown}} + O{=}C\underset{H}{\overset{H}{\diagdown}}$$

$$\underset{CH_3}{\overset{CH_3}{\diagup}}C{=}CH_2 \xrightarrow[②Zn、H_2O]{①O_3} \underset{CH_3}{\overset{CH_3}{\diagup}}C{=}O + O{=}C\underset{H}{\overset{H}{\diagdown}}$$

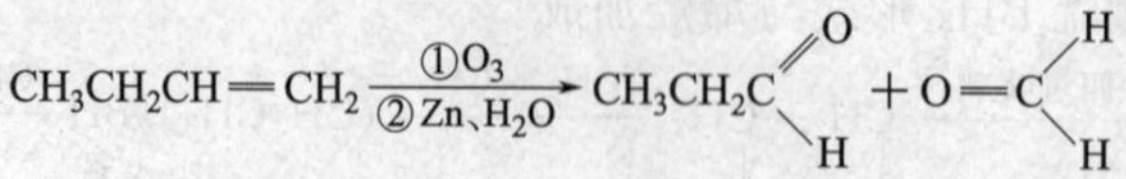

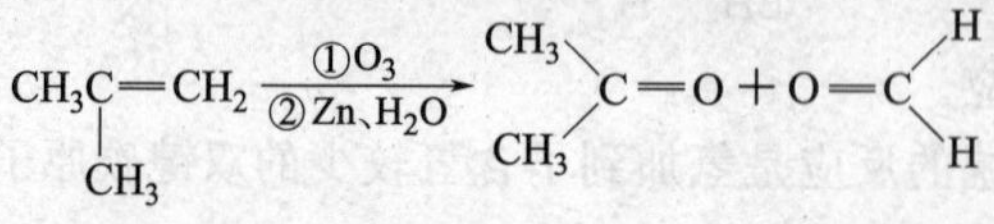

从上述例子中可以看出：烯烃分子中 $CH_2{=}$ 基臭氧化水解产物为甲醛；有 $RCH{=}$ 基时得到醛；有 $R_2C{=}$ 基时得到酮。由于产物醛或酮的结构容易测定，臭氧化反应可定量进行，故常被用来研究烯烃的结构。

3. 聚合反应

烯烃在引发剂或催化剂的作用下，发生 π 键断裂，自相加成，生成高相对分子质量的化合物（聚合物或高聚物）的反应叫作聚合反应。聚合反应中，参加反应的低相对分子质量化合物叫作单体。

$$nCH_2{=}CH_2 \xrightarrow[100\sim250℃,\ 150\sim300MPa]{少量引发剂} \left[CH_2{-}CH_2\right]_n$$

在聚合反应中生成的高分子化合物，它们的相对分子质量并不完全相同；反应条件不同，高聚物的相对分子质量也不同。高聚物实际上是许多相对分子质量不同的聚合物的混合物。高聚物的相对分子质量是平均相对分子质量。高压聚乙烯的平均相对分子质量为25000～50000，密度较低（约0.92g/cm^3），比较柔软。高压聚乙烯也叫作低密度聚乙烯或软聚乙烯。

高压聚合对反应设备要求苛刻。工业上通过齐格勒-纳塔［$TiCl_4$-$Al(CH_2CH_3)_3$］催化剂，在低压下进行聚合：

$$nCH_2{=}CH_2 \xrightarrow[0.1\sim1MPa,\ 60\sim65℃]{TiCl_4\text{-}Al(CH_2CH_3)_3} \left[CH_2{-}CH_2\right]_n$$

由低压法得到的聚乙烯叫低压聚乙烯，平均相对分子质量在10000～30000之间，密度较高（约0.94g/cm^3），较坚硬，所以又叫高密度聚乙烯或硬聚乙烯。

聚乙烯耐酸碱、抗腐蚀，具有优良的电绝缘性能，是目前大量生产的优良高分子材料。

由低压生产法生产的聚丙烯也是工业上应用广泛的高分子材料。

$$n\underset{\displaystyle CH_3}{\underset{|}{CH}}{=}CH_2 \xrightarrow[1MPa,\ 50℃]{TiCl_4\text{-}Al\ (C_2H_5)_3} \left[\underset{\displaystyle CH_3}{\underset{|}{CH}}{-}CH_2\right]_n$$

由不同的单体进行的聚合反应，称为共聚反应。乙烯和丙烯两种单体用齐格勒-纳塔催化剂，得到具有橡胶性质的聚合物，叫作乙丙橡胶。

$$nCH_2{=}CH_2 + n\underset{\displaystyle CH_3}{\underset{|}{CH}}{=}CH_2 \longrightarrow \left[CH_2{-}CH_2{-}\underset{\displaystyle CH_3}{\underset{|}{CH}}{-}CH_2\right]_n$$

4. α-氢原子反应

碳碳双键是烯烃的官能团，通常把与官能团直接相连的碳叫作α-碳原子，与α-碳原子相连的氢原子叫作α-氢原子。烯烃的α-氢原子受π键的影响比较活泼，容易发生取代反应和氧化反应。

（1）氯代　有α-氢原子的烯烃在高温下和氯作用，发生α-氢原子被氯取代的反应。

$$CH_3CH{=}CH_2 + Cl_2 \xrightarrow[或光照]{400\sim500℃} \underset{\displaystyle Cl}{\underset{|}{CH_2}}{-}CH{=}CH_2 + HCl$$

其他烯烃在高温下和氯气反应，主要也发生在α-位上。此反应和烷烃的氯代反应相同，也是自由基取代反应，在这个条件下，有利于氯自由基的生成。

（2）氨氧化　丙烯的一个特殊反应是在氨存在下的氧化反应，叫作氨化氧化反应，简称氨氧化反应。得到的产物是丙烯腈。

$$CH_2{=}CH{-}CH_3 + NH_3 + \frac{3}{2}O_2 \xrightarrow[470℃]{磷钼酸铋} CH_2{=}CH{-}CN + 3H_2O$$

六、烯烃的亲电加成反应历程及马氏规则的理论解释

1. 烯烃的亲电加成反应历程

大量实验证明，烯烃与卤素、卤化氢、硫酸、水和次卤酸的加成反应是分步加成的亲电加成反应。

烯烃与卤化氢、硫酸、水的加成反应历程分两步进行。第一步生成的是碳正离子；第二

步碳正离子再与卤负离子结合，生成卤代烃：

$$C=C + H^+ \xrightarrow{\text{慢}} -\overset{|}{C}-\overset{|}{\underset{H}{C}}-$$

$$-\overset{|}{\underset{+}{C}}-\overset{|}{\underset{H}{C}}- + X^- \xrightarrow{\text{快}} -\overset{|}{\underset{X}{C}}-\overset{|}{\underset{H}{C}}-$$

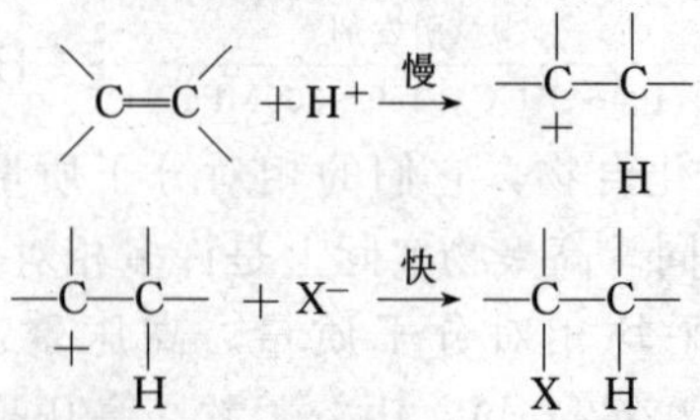

多步反应是由反应最慢的一步来决定化学反应速率的。上述反应中第一步最慢，在决定反应的一步中，共价键异裂产生离子，因此属于离子型反应。反应是由亲电试剂进攻而引起的加成反应，这样的反应称作亲电加成反应。

想一想：假如乙烯的溴化是在氯化钠的水溶液中进行的，那么除了生成 1,2-二溴乙烷，还会有什么产物生成？

2. 马氏规则的理论解释

马氏规则是实验总结出来的经验规则，它的理论解释可以从烯烃在反应过程中生成的碳正离子的稳定性来理解。以丙烯为例：

$$\overset{sp^3}{CH_3} - \overset{sp^2}{CH} = \overset{sp^2}{CH_2}$$

丙烯分子中甲基的碳为 sp^3 杂化，而双键碳为 sp^2 杂化。每个 sp^2 杂化轨道具有 $\frac{1}{3}$ s，而 sp^3 杂化轨道具有 $\frac{1}{4}$ s。杂化轨道中 s 成分越多，电子云离核越近，轨道的电负性就越大。因此，sp^2 杂化碳原子的电负性强于 sp^3 杂化的碳原子。当甲基和电负性较强的双键碳原子相连时，表现出向双键供电子，结果双键含氢原子较少的碳原子带部分正电荷（δ^+），双键含氢原子较多的碳原子带部分负电荷（δ^-）。与 HX 加成时，酸的 H^+ 首先加到带部分负电荷的双键碳原子上，然后酸的 X^- 才加到含氢较少的原双键碳原子上去（此前已成为碳正离子）。

$$CH_3 \longrightarrow \overset{\delta^+}{C}H = \overset{\delta^-}{C}H_2 \xrightarrow{H^+} CH_3 - \overset{+}{CH} - CH_3 \xrightarrow{X^-} CH_3 - \overset{|}{\underset{X}{C}}H - CH_3$$

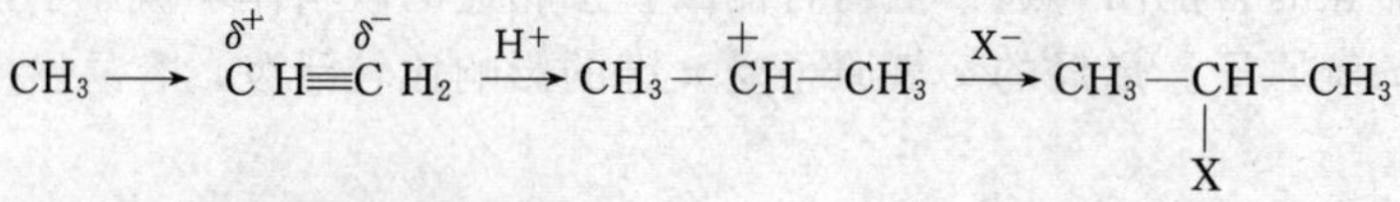

马氏规则可用碳正离子的稳定性来解释。

碳正离子是其外层只有 6 个电子的碳原子作为其中心碳原子的正离子。根据物理学上的规律，一个带电体系的稳定性决定于所带电荷的分布情况，电荷愈分散体系愈稳定。碳正离子的稳定性也遵守这样的规律。

碳正离子的稳定性次序：

$$CH_3 \to \overset{CH_3}{\underset{CH_3}{\overset{|}{\underset{|}{C^+}}}} > CH_3 \to \overset{CH_3}{\underset{H}{\overset{|}{\underset{|}{C^+}}}} > CH_3 \to \overset{H}{\underset{H}{\overset{|}{\underset{|}{C^+}}}} > H \to \overset{H}{\underset{H}{\overset{|}{\underset{|}{C^+}}}}$$

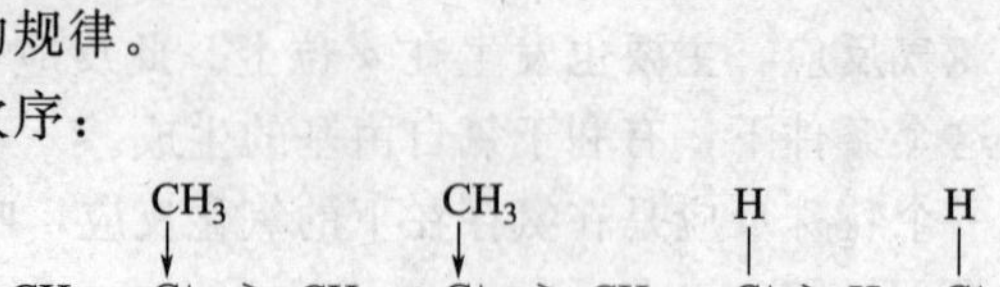

碳正离子的稳定性，推广至一般：

$$3°R^+ > 2°R^+ > 1°R^+ > \overset{+}{CH_3}$$

在丙烯与 HX 进行加成反应的第一步中，可能产生两种碳正离子：

$$CH_3 - CH = CH_2 + H^+ \longrightarrow \begin{cases} CH_3\overset{+}{CH}CH_3 & \text{(I)} \\ CH_3CH_2\overset{+}{CH_2} & \text{(II)} \end{cases}$$

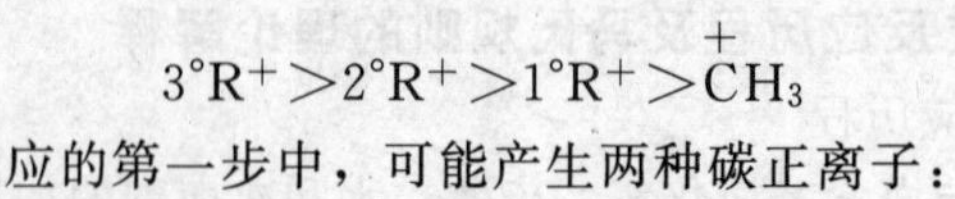

（Ⅰ）是二级碳正离子，（Ⅱ）是一级碳正离子，二级碳正离子稳定性大于一级碳正离子，愈是稳定的碳正离子愈容易生成。

第二步反应中，主要生成了 2-卤丙烷：

$$CH_3 \overset{+}{-}CH-CH_3 + X^- \longrightarrow CH_3-\underset{\underset{X}{|}}{CH}-CH_3$$

由此可见，碳正离子的稳定性是马氏规则的理论基础。

前面已提到，由于不同杂化态碳的电负性不同，因而甲基（或其他烷基）与双键碳相连时，甲基表现为供电子，就会使碳碳双键上的 π 电子云发生极化而偏移。用弯箭头表示如下：

$$CH_3 \longrightarrow \overset{\delta^+}{C}H \overset{\frown}{=} \overset{\delta^-}{C}H_2 \qquad \begin{array}{l} \frown \text{代表 π 电子云转移方向} \\ \longrightarrow \text{代表 σ 电子云偏移方向} \end{array}$$

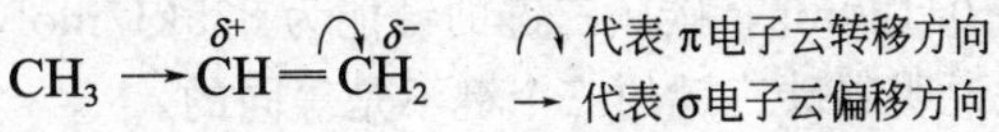

π 电子云偏移使含氢较多的双键碳原子上的电子云密度增大，而带部分负电荷，含氢较少的双键碳上的电子云密度相对减少，带部分正电荷。这种由于成键原子电负性不同而引起的，使整个分子中成键的电子云向着一个方向移动，从而使分子发生极化的效应，叫诱导效应。

各种烷基供电子能力的次序为：

$$(CH_3)_3C- > (CH_3)_2CH- > CH_3CH_2- > CH_3-$$

一般来说，不对称烯烃与 HX 等极性试剂加成都遵循马氏规则，但是，不对称烯烃在少量过氧化物存在下，与溴化氢的加成反应是违反马氏规则的。

$$CH_3-CH=CH_2 + HBr \overset{\text{过氧化物}}{\underset{\text{无过氧化物}}{\longrightarrow}} \begin{array}{l} CH_3CH_2CH_2Br \\ CH_3\underset{\underset{Br}{|}}{CH}CH_3 \end{array}$$

有过氧化物存在的加成反应历程是按自由基历程进行的。

七、烯烃的制备

工业上的大量烯烃主要来自于对石油的热裂后产物的深度加工——裂解。这种方法得到的烯烃主要是乙烯，其次是丙烯、丁烯和异丁烯。

指定结构的烯烃需通过合成的方法来获得，其制法即 $\diagdown C=C \diagup$ 的合成方法。

1. 脱卤化氢

$$CH_3CH_2CH_2CH_2Br + KOH \xrightarrow[\triangle]{\text{乙醇}} CH_3CH_2CH=CH_2 + KBr + H_2O$$

2. 脱水

$$CH_3CH_2OH \xrightarrow{\text{浓 } H_2SO_4,\ 170℃} CH_2=CH_2 + H_2O$$

3. 脱卤素

$$CH_3\underset{\underset{Br}{|}}{CH}\underset{\underset{Br}{|}}{CH}CH_3 \xrightarrow{Zn} CH_3-CH=CH-CH_3 + ZnBr_2$$

4. 炔烃的还原

$$H-C{\equiv}C-H + H_2 \xrightarrow{\text{Pd-醋酸铅}} CH_2=CH_2$$

用林德拉（Lindlar）催化剂（是沉淀在 $BaSO_4$ 或 $CaCO_3$ 上的金属钯，加喹啉或醋酸铅使钯部分中毒，以降低其催化活性)，可使炔烃催化加氢反应选择性地停留在烯烃阶段。

第三节　炔　烃

分子中含有碳碳三键（—C≡C—）的烃叫炔烃。

碳碳三键是炔烃的官能团。炔表示分子中所含的氢原子更加缺少的意思。炔烃的通式为 C_nH_{2n-2}。

一、乙炔的结构

乙炔分子式为 C_2H_2，构造式为 H—C≡C—H 。在乙炔分子中四个原子处在一条直线上，键角为180°，键长为0.120nm，碳碳三键的键能为835kJ/mol，比双键键能大，比三倍的单键键能又小得多，这说明碳碳三键的三个键不是等同的。

乙炔分子中的每个碳原子分别与一个碳原子和一个氢原子相连，碳原子用一个s轨道和一个p轨道杂化，以sp杂化形式形成两个相同的sp轨道。对称轴同处在一条直线上，彼此成180°角。余下的两个2p轨道没有参与杂化。每个碳上两个相互垂直的未经杂化的p轨道，两两对应，从侧面重叠形成两个相互垂直的π键。

在乙炔分子中有三个σ键、两个π键。其中两个C—Hσ键是由碳原子的sp杂化轨道和氢原子的s轨道重叠形成，1个C—Cσ键是由碳原子的sp杂化轨道与另一个sp杂化轨道重叠形成。π键是由这两个π键的电子云围绕在C—Cσ键的上下和前后对称分布，成圆筒状，如图7-6所示。乙炔分子中三个σ键连接两个碳原子和两个氢原子在一条直线上，因此乙炔没有顺反异构。

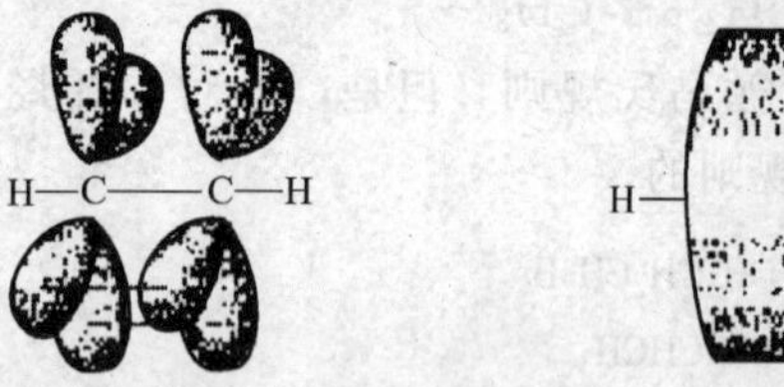

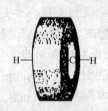

图7-6　乙炔分子的π电子云

二、炔烃的构造异构和命名

1. 炔烃的构造异构

从丁炔开始炔烃就有构造异构现象了。这种构造异构现象是由于炔烃的碳链不同以及三键的位置不同而引起的。例如，戊炔有三个构造异构体。

$$HC{\equiv}CCH_2CH_2CH_3 \qquad CH_3C{\equiv}CCH_2CH_3 \qquad (CH_3)_2CHC{\equiv}CH$$

由于乙炔分子是直线型的，因此炔烃与烯烃不同，不存在顺反异构现象。

2. 炔烃的命名

(1) 衍生命名法　比较简单的炔烃也可用衍生命名法命名，即以乙炔为母体，把其他的炔烃看作乙炔的烃基衍生物命名。例如：

$HC{\equiv}CCH_2CH_3$	$CH_3C{\equiv}CCH_2CH_3$	$(CH_3)_2CHC{\equiv}CH$
乙基乙炔	甲基乙基乙炔	异丙基乙炔

(2) 系统命名法　炔烃的系统命名法与烯烃相似，只要将“烯”字改成“炔”字即可。

$CH_3CH_2\underset{}{\overset{CH_3}{\overset{\vert}{C}}}HC{\equiv}CCH_2CH_3$	$CH_3(CH_2)_{11}C{\equiv}CH$
5-甲基-3-庚炔	1-十四碳炔

分子中同时含有碳碳双键和碳碳三键的不饱和烃称为某烯炔。在系统命名法中，首先应选择含有双键和三键的最长碳链为主链，根据主链上所含的碳原子数称为某烯炔。链中碳原

子的编号应遵循最低系列原则。例如：

$$HC\equiv CCH_2CH=CH_2 \qquad CH_3CH=CHC\equiv CH$$

1-戊烯-4-炔　　　　3-戊烯-1-炔

三、炔烃的物理性质

炔烃是低极性化合物，物理性质类似于烷烃和烯烃。在常温常压下，C_2～C_4 的炔烃为气体，C_5～C_{15} 的炔烃为液体，C_{15} 以上的炔烃为固体。

直链炔烃的沸点、熔点都随碳原子数的增加而增加，一般比相同碳原子数的烷烃、烯烃略高。这是因为炔烃分子较短小，在液态和固态时，分子彼此靠得较近，分子间范德华力较强的缘故。

相同碳原子数的烷烃、烯烃、炔烃的相对密度顺序为：炔烃＞烯烃＞烷烃。但它们都比水轻。炔烃易溶于石油醚、乙醚、丙酮、苯和四氯化碳等有机溶剂，难溶于水。低级的炔烃在水中的溶解度较对应的烷烃、烯烃略有增加。它们的物理常数见表 7-6。

表 7-6　炔烃的物理性质

名称	熔点/℃	沸点/℃	相对密度 d_4^{20}	名称	熔点/℃	沸点/℃	相对密度 d_4^{20}
乙炔	−80.8	−84.0	0.618	1-己炔	−124.0	71.4	0.716
丙炔	−101.5	−23.2	0.671	1-庚炔	−81.0	99.7	0.733
1-丁炔	−112.5	8.1	0.668	1-辛炔	−79.3	125.2	0.747
1-戊炔	−90.0	40.2	0.691	1-壬炔	−50.0	150.8	0.760

四、炔烃的化学性质

炔烃和烯烃相似，分子中都含有 π 键，所以也能起加成、氧化和聚合等反应。但是由于组成碳碳双键和三键的碳原子杂化方式不同，炔烃和烯烃相比还是有一些不同的特殊性质。

1. 加成反应

（1）催化加氢　炔烃在催化剂的作用下，可加氢先生成烯烃，再生成烷烃。催化剂为金属铂、钯、镍。

$$RC\equiv CR' \xrightarrow[\text{Pt、Pd 或 Ni}]{H_2} RCH=CHR' \xrightarrow[\text{Pt、Pd 或 Ni}]{H_2} RCH_2CH_2R'$$

炔烃加氢反应比烯烃容易进行，原因是催化剂对炔烃的吸附作用比烯烃强。当使用铂、钯、镍催化剂时，在氢气过量的情况下，加氢反应不易停留在烯烃阶段，而是生成烷烃。

若选用催化活性较低的林德拉催化剂，可使炔烃只加一分子氢，反应停留在生成烯烃的阶段。例如：

$$HC\equiv CH + H_2 \xrightarrow{Pd\text{-}Pb(COOCH_3)_2} CH_2=CH_2$$

$$C_2H_5-C\equiv C-C_2H_5 + H_2 \xrightarrow{Pd\text{-}Pb(COOCH_3)_2}$$ 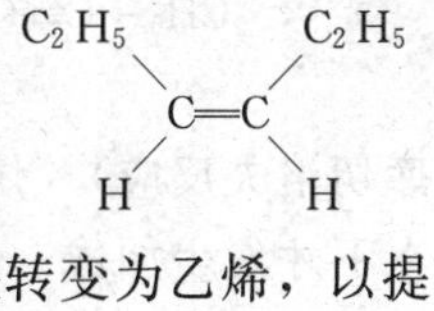

工业上常利用这种方法，使石油裂解气中微量的乙炔转变为乙烯，以提高裂解气中乙烯的含量。

（2）加卤素　炔烃可以和卤素加成，先生成二卤化物，若卤素过量可继续加成，生成四卤化物。例如：

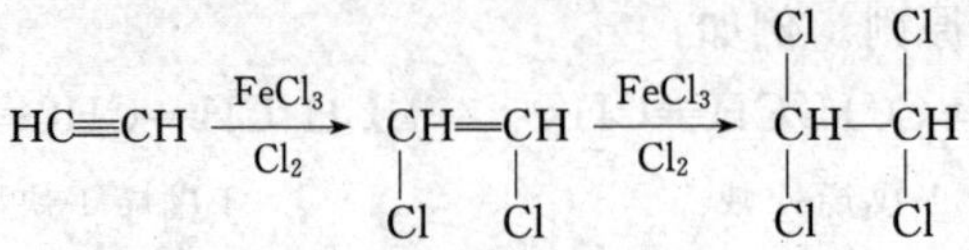

这是工业上制备四氯乙烷的方法。

炔烃与溴也可以进行加成反应。与烯烃相似，也可根据溴的褪色来检验三键的存在。如控制反应条件，可使反应停留在二卤化物阶段。例如：

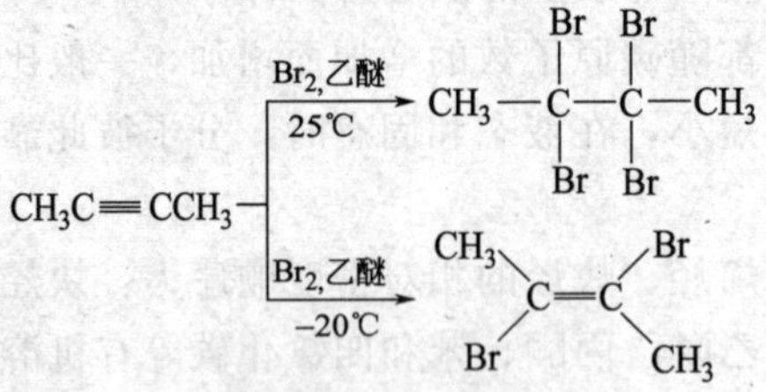

炔烃和碘的加成比较困难，通常只能与一分子的碘加成，生成二碘烯烃。例如：

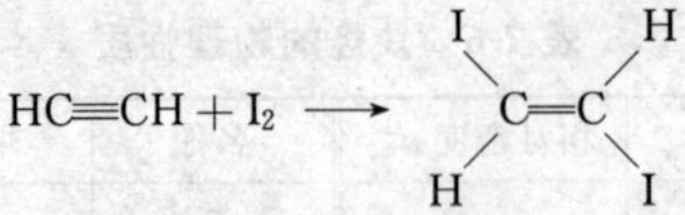

和炔烃相比较，烯烃与卤素的加成更易进行，因此当分子中兼有双键和三键时，首先在双键上发生加成反应。例如，在低温、缓慢地加入溴的条件下，如下式所示，三键可以不参与反应。这种加成叫选择性加成。

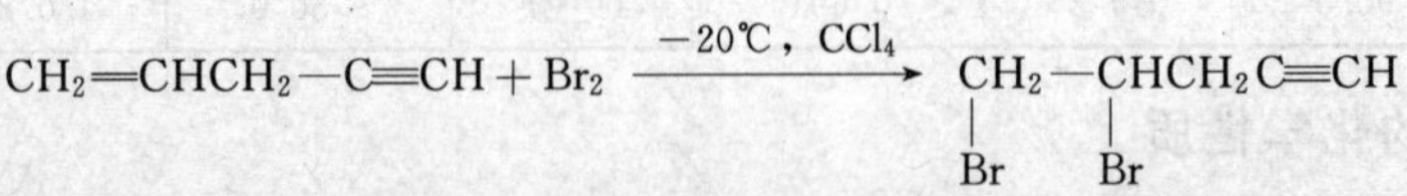

(3) 加卤化氢　炔烃可以和卤化氢加成，但也不如烯烃那样容易进行。不对称炔烃的加成反应也按马尔科夫尼科夫规律进行。

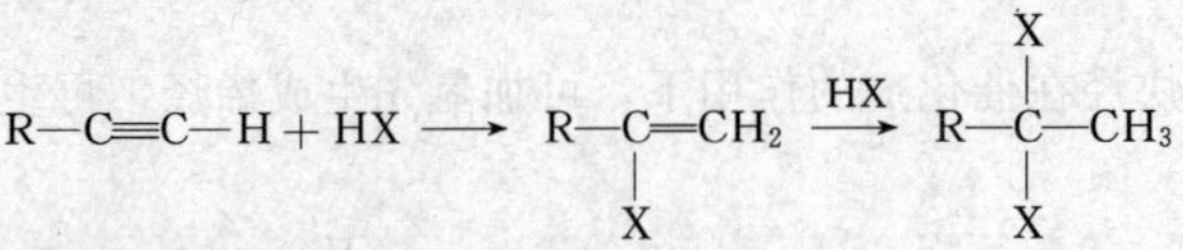

$$HC\equiv CH + HCl \xrightarrow[150\sim160^\circ C]{HgCl_2} CH_2\!=\!CH-Cl$$

$$CH_2\!=\!CH-Cl + HCl \xrightarrow[220^\circ C]{HgCl_2} CH_3CHCl_2$$

和烯烃的情况相似，在光或过氧化物存在下，炔烃和 HBr 的加成，也是自由基加成反应，得到的是反马尔科夫尼科夫规律的产物。

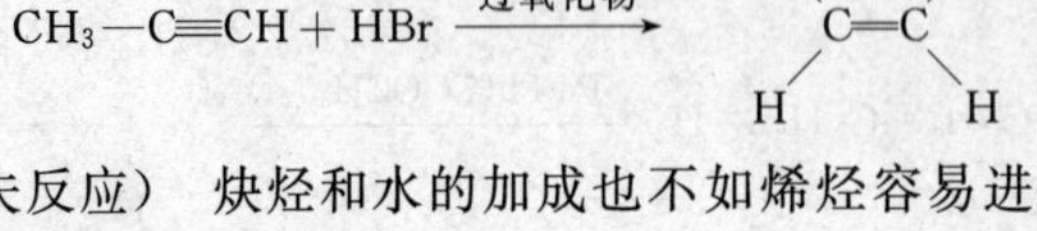

(4) 加水（库切洛夫反应）　炔烃和水的加成也不如烯烃容易进行，必须在催化剂硫酸汞和稀硫酸的存在下才发生加成。例如：

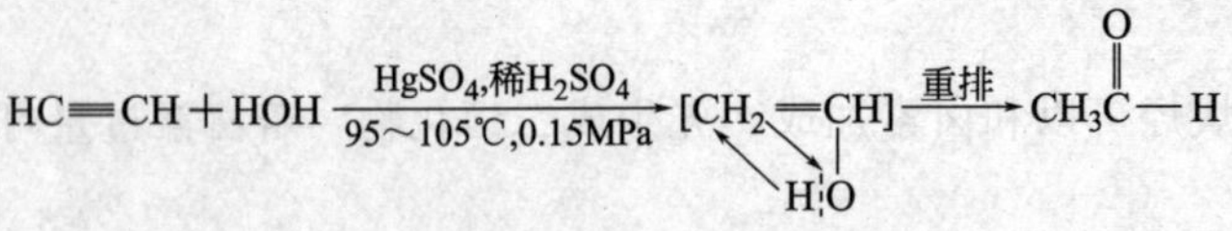

反应中先生成烯醇，烯醇不稳定，立刻发生分子内重排，羟基上的氢原子转移到相邻的双键碳上，原来的碳碳双键转变为碳氧双键，形成醛或酮。

不对称炔烃加水时，反应也是按马尔科夫尼科夫规律进行的。除乙炔外，其他炔烃加水，最终的产物都是酮。例如：

$$CH_3-C\equiv CH + HOH \xrightarrow[\text{稀}H_2SO_4]{HgSO_4} [CH_3-\underset{OH}{\underset{|}{C}}=CH_2] \xrightarrow{\text{重排}} CH_3-\overset{O}{\overset{\|}{C}}-CH_3$$

上述是工业上合成乙醛和丙酮的重要方法之一，称为炔烃的直接水合法。

（5）加氢氰酸　乙炔在催化剂 Cu_2Cl_2 的作用下，于 80～90℃与氢氰酸进行加成反应，生成丙烯腈。

$$HC\equiv CH + HCN \xrightarrow[80\sim90^\circ C,\text{约}0.7MPa]{Cu_2Cl_2} CH_2=CH-CN$$

这是工业上早期生产丙烯腈的方法之一，目前已被丙烯的氨氧化法取代。丙烯腈是合成人造羊毛腈纶的单体。

（6）加醇　在碱的存在下，乙烯与醇反应生成乙烯基醚。例如：

$$HC\equiv CH + CH_3OH \xrightarrow[160^\circ C,2\sim2.2MPa]{20\%KOH} CH_2=CH-O-CH_3$$

甲基乙烯基醚是一个重要的单体，经加聚反应可生成高分子化合物，可用作塑料、增塑剂、黏合剂等。

（7）加羧酸　将乙炔在汞盐的存在下，通入醋酸中，则生成醋酸乙烯酯：

$$HC\equiv CH + HO-\underset{O}{\underset{\|}{C}}-CH_3 \xrightarrow[75\sim80^\circ C]{H_2SO_4} CH_2=CH-O-\underset{O}{\underset{\|}{C}}-CH_3$$

这是工业上生产醋酸乙烯酯的方法之一。醋酸乙烯酯是合成维尼纶的原料。

若以 HA 来表示 HCN、ROH、RCOOH 等分子，则上述反应可表示为：

$$HC\equiv CH + HA \longrightarrow H_2C=CH-A \qquad (A=CN^-、RO^-、RCOO^-)$$

所生成的产物是乙烯的各种衍生物，即在这些试剂中引入一个乙烯基，这类反应称为乙烯基化反应。乙烯是一个重要的乙烯基化试剂。

由亲核试剂进攻而引起的加成反应叫作亲核加成反应。乙烯和 HCN、CH_3OH、CH_3COOH 的加成都属于亲核加成。

2. 氧化反应

炔烃也非常容易发生氧化反应，若用高锰酸钾溶液氧化炔烃，三键断裂，最后得到完全氧化的产物。例如：

$$3HC\equiv CH + 10KMnO_4 + 2H_2O \longrightarrow 6CO_2\uparrow + 10KOH + 10MnO_2\downarrow$$

反应后高锰酸钾的紫红色褪去，析出棕红色的二氧化锰沉淀。该反应可定性地检验三键的存在。炔烃的结构不同，则氧化产物不同。因此可根据氧化产物的不同来判断炔烃中三键的位置，从而确定炔烃的结构。

$$R-C\equiv CH \xrightarrow[H_2O]{KMnO_4} RCOOH + CO_2\uparrow$$

$$R-C\equiv C-R \xrightarrow[H_2O]{KMnO_4} 2RCOOH$$

$$R-C\equiv C-R' \xrightarrow[H_2O]{KMnO_4} RCOOH + R'COOH$$

3. 聚合反应

炔烃也能聚合，但较烯烃困难，仅能生成由几个分子聚合起来的低聚物。例如乙炔在不同条件下，可起二聚、三聚和四聚反应。

将乙炔通入氯化亚铜和氯化铵的盐酸溶液中，发生两分子聚合，生成乙烯基乙炔。

$$HC\equiv CH + HC\equiv CH \xrightarrow[80\sim85℃]{Cu_2Cl_2\text{-}NH_4Cl} HC=CH-C\equiv CH$$

乙烯基乙炔与氯化氢加成，生成 2-氯-1,3-丁二烯。

$$CH_2=CH-C\equiv CH + HCl \xrightarrow{Cu_2Cl_2\text{-}NH_4Cl} CH_2=CH-\underset{\displaystyle Cl}{\underset{|}{C}}=CH_2$$

2-氯-1,3-丁二烯是合成氯丁橡胶的原料。

乙炔在三苯膦羰基镍催化下，能发生三分子聚合而得到苯。

$$3HC\equiv CH \xrightarrow[60\sim70℃,1.5MPa]{[(C_6H_5)_3P]Ni(CO)_2}$$ 

4. 炔化物的生成

炔烃分子中，和三键碳原子直接相连的氢原子的性质比较活泼，容易被某些金属原子取代而生成金属炔化物（简称炔化物）。例如，将乙炔通过加热熔融的金属钠时，就可以得到乙炔钠和乙炔二钠。

$$2HC\equiv CH + 2Na \xrightarrow{110℃} 2HC\equiv CNa + H_2\uparrow$$

$$HC\equiv CH + 2Na \xrightarrow{190\sim220℃} NaC\equiv CNa + H_2\uparrow$$

乙炔及 $RC\equiv CH$ 型炔烃在液态氨中与氨基钠作用，可生成炔化钠。

$$HC\equiv CH + NaNH_2 \xrightarrow{液氨} HC\equiv CNa + NH_3$$

$$RC\equiv CH + NaNH_2 \xrightarrow{液氨} RC\equiv CNa + NH_3$$

炔化钠和卤代烷作用，可在炔烃的分子中引入烷基，这是增长炔烃碳链的重要方法。例如：

$$C_2H_5-C\equiv CNa + BrC_2H_5 \xrightarrow{液氨} C_2H_5-C\equiv C-C_2H_5 + NaBr$$

利用上述反应可以从低级炔烃合成高级炔烃。

将乙炔通入硝酸银或氯化亚铜的氨溶液中则生成炔化银的白色沉淀或炔化亚铜的红色沉淀，反应迅速，现象明显。

【演示实验 7-4】 将实验室制得的乙炔气通入配制好的硝酸银溶液和氯化亚铜的氨溶液中，观察现象。可以分别观察到有白色的乙炔银和砖红色的乙炔亚铜沉淀生成。

$$HC\equiv CH + 2Ag(NH_3)_2NO_3 \longrightarrow AgC\equiv CAg\downarrow + 2NH_4NO_3 + 2NH_3$$

$$HC\equiv CH + 2Cu(NH_3)_2Cl \longrightarrow CuC\equiv CCu\downarrow + 2NH_4Cl + 2NH_3$$

$RC\equiv CR$ 型的炔烃由于没有炔氢（活泼氢）而不能进行上述反应。因此利用上述反应可鉴定乙炔和 $RC\equiv CH$ 型的炔烃。所生成的炔化银和炔化亚铜干燥后，当遇热或受到撞击时易发生爆炸，生成金属和碳。

$$AgC\equiv CAg \xrightarrow{\triangle} 2Ag + 2C + 365kJ/mol$$

因此，必须将反应生成的金属炔化物用盐酸或硝酸处理，使之分解，以免发生危险。

$$AgC\equiv CAg + 2HCl \longrightarrow HC\equiv CH + 2AgCl\downarrow$$

$$CuC\equiv CCu + 2HCl \longrightarrow HC\equiv CH + Cu_2Cl_2\downarrow$$

利用金属炔化物遇酸易分解而形成原来炔烃的这一性质，可以将乙炔及 R—C≡CH 型的炔烃从其他混合物中提纯或分离出来。

第四节　二　烯　烃

分子中含有两个碳碳双键的不饱和烃，叫作二烯烃。二烯烃和炔烃的通式相同，也是 C_nH_{2n-2}。

一、二烯烃的分类和命名

1. 二烯烃的分类

根据分子中两个双键的相对位置不同，二烯烃可分为以下三类。

(1) 累积二烯烃　两个双键连接在同一个碳原子上。例如：

$CH_2=C=CH_2$　丙二烯

(2) 共轭二烯烃　两个双键之间，有一个单键相隔。例如：

$H_2C=CH-CH=CH_2$　1,3-丁二烯

(3) 孤立二烯烃　两个双键之间，有两个或两个以上的单键相隔。例如：

$H_2C=CH-CH_2-CH=CH_2$　1,4-戊二烯

2. 二烯烃的命名

二烯烃的命名与单烯烃相似，少数简单的二烯烃可用习惯命名。例如：

$CH_2=C(CH_3)-CH=CH_2$

称为异戊二烯。二烯烃主要以系统命名法命名，其要点如下。

(1) 选择含有两个双键的最长碳链作为主链，称为“某二烯”。

(2) 由距双键最近的一端依次编号，并用阿拉伯数字分别标明两个双键的位置。例如：

$CH_2=CH-CH=CH_2$　1,3-丁二烯

$CH_2=C(CH_3)-C=CH_2$　2-甲基-1,3-丁二烯

多烯烃的命名与二烯烃相似。例如：

$CH_2=CH-CH=CH-CH=CH_2$　1,3,5-己三烯

二烯烃和烯烃一样具有碳链异构、位置异构和顺反异构。

二、共轭二烯烃的结构和共轭效应

1. 1,3-丁二烯的结构

最简单的共轭二烯烃是 1,3-丁二烯，其构造式为 $CH_2=CH-CH=CH_2$，分子中的四个碳原子和六个氢原子都处在同一个平面上，其键长数据如下：

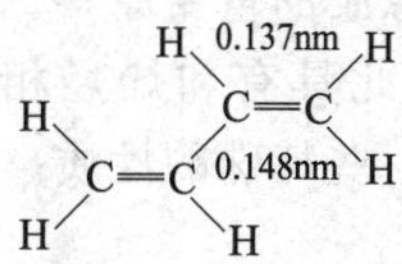

从以上数据可以看出，1,3-丁二烯的双键比乙烯的双键长，单键比乙烷的单键短，说明 1,3-丁二烯分子中不存在典型的碳碳单键和碳碳双键，键长趋向平均化。

轨道杂化理论认为：1,3-丁二烯分子的四个碳原子和乙烯分子中的碳原子一样，是以 sp^2 杂化轨道形成σ键的，所有的σ键（三个 C—Cσ 键和六个 C—Hσ 键）都在同一个平面上。每个碳原子上还剩下一个没有参加杂化的 p 轨道，它们的对称轴垂直于σ键所在的平面，并且相互平行。因此相邻的 p 轨道可进行侧面重叠，这种π电子云不仅仅局限在 C-1 和 C-2、C-3 和 C-4 原子之间，而是扩展到四个碳原子，形成包括四个碳原子的大π键，如图 7-7 所示。

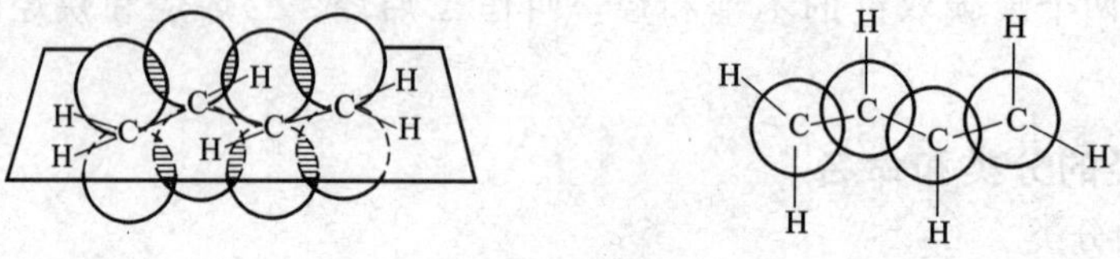

图 7-7　1,3-丁二烯的大π键

2. 共轭效应

1-丁烯分子中π电子的运动局限在两个双键碳原子之间，通常把这种π电子在局部区域运动称为π电子定域；而 1,3-丁二烯分子中的π电子扩展到更大的范围内运动，称为π电子离域，π电子的离域结果，使体系能量降低，分子稳定。这种具有共轭π键结构（单、双键交替排列）的体系，称为共轭体系。在共轭体系中，由于分子中原子间的相互作用而引起电子云密度平均化的效应，称为共轭效应。在这种单双键交替排列的体系中，由π电子离域体现的共轭效应，称为π,π-共轭效应。例如，1,3-丁二烯具有π,π-共轭效应。

发生共轭效应的分子，一般具有下列特点。

(1) 共平面　组成共轭体系的 sp^2 杂化的碳原子必须在同一平面上，这样 p 轨道对称轴才有可能互相平行，进行侧面重叠。

(2) 键长趋于平均化　由于电子的离域，使共轭体系中单、双键的键长趋于平均化，共轭链越长，平均化程度越大。

(3) 极性交替，相互传递　当共轭体系受到外界试剂进攻，π电子云转移时，链上会出现正、负极性交替现象，共轭效应沿共轭链传递，并不因链的增长而减弱。

$$\overset{\delta^+}{CH_2}=\overset{\delta^-}{CH}-\overset{\delta^+}{CH}=\overset{\delta^-}{CH_2}$$

(4) 共轭体系能量较低，分子较稳定。例如：

$$CH_3-CH=CH-CH=CH_2+2H_2 \longrightarrow CH_3CH_2CH_2CH_2CH_3+226.9kJ/mol$$

$$CH_2=CH-CH_2-CH=CH_2+2H_2 \longrightarrow CH_3CH_2CH_2CH_2CH_3+254.4kJ/mol$$

从上述反应可以看出，1,3-戊二烯的氢化热比 1,4-戊二烯少 27.54kJ/mol，这证明共轭二烯烃比非共轭二烯烃稳定。27.5kJ/mol 是 1,3-戊二烯的共轭能或离域能。

三、1,3-丁二烯的性质

1,3-丁二烯是无色微带有香味的气体，沸点为 −4.4℃，相对密度为 $0.6211g/cm^3$，微溶于水，易溶于有机溶剂，它是合成橡胶的重要原料。

1,3-丁二烯含有 C═C 双键，因此具有和烯烃相似的性质，又由于它含有共轭体系（单、双键间隔体系)，因而也表现出一些特殊的性质。

1. 1,4-加成反应

共轭二烯烃可以和卤素、卤化氢等发生亲电加成反应。例如，1,3-丁二烯加成时得到两种产物。

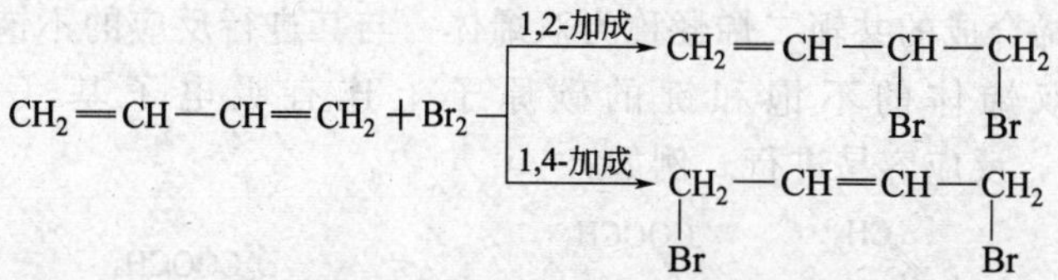

这两种反应同时发生，两种产物的比例取决于反应物的结构、溶剂的极性、反应温度等。例如：

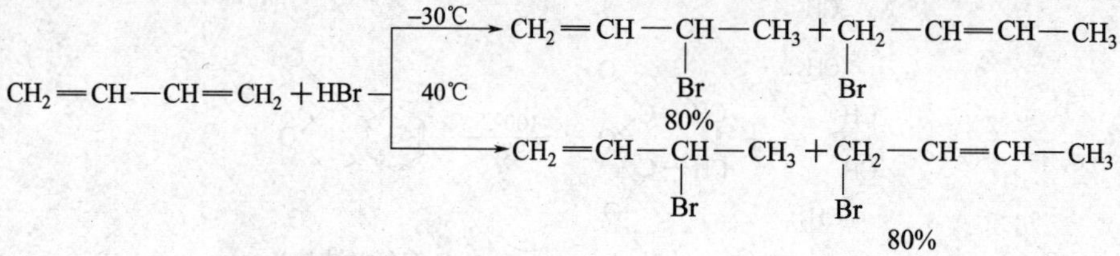

共轭二烯烃加卤化氢时遵守马氏加成规律。

1,3-丁二烯为什么会出现1,2-加成和1,4-加成反应呢？这可通过反应历程来说明。

和单烯烃相似，1,3-丁二烯和溴的亲电加成反应也是分两步进行的。第一步反应是亲电试剂Br^+的进攻。首先，1,3-丁二烯在Br^+的影响下发生极化，通过共轭链的传递，出现了电子云密度较大和较小的交替现象。即

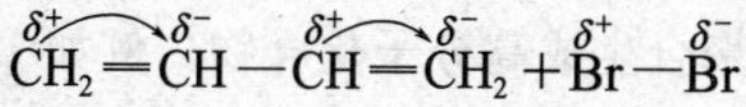

当Br^+加到C-1上后，生成了烯丙型碳正离子。第一步：

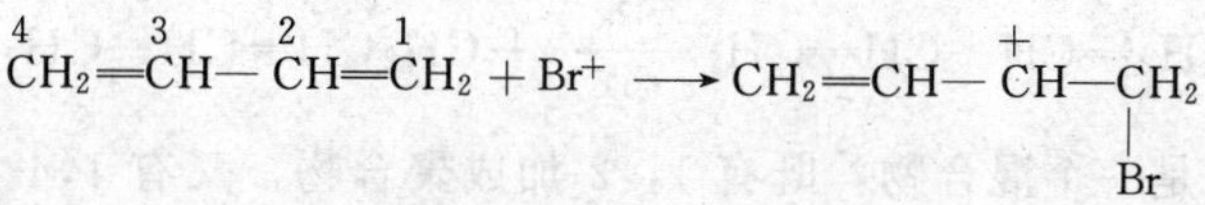

在碳正离子中，由于p-π共轭效应的存在，碳正离子的电荷得到分散，不仅C-2上带有部分正电荷，而且C-4上也带有部分正电荷。

碳正离子也可以表示为：

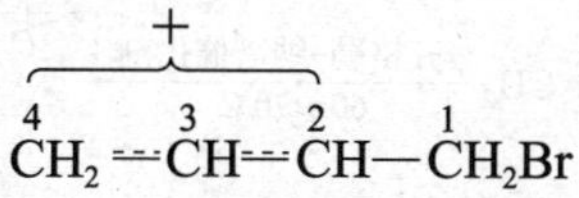

第二步是Br^-加到C-2或C-4上，分别生成1,2-加成产物和1,4-加成产物。

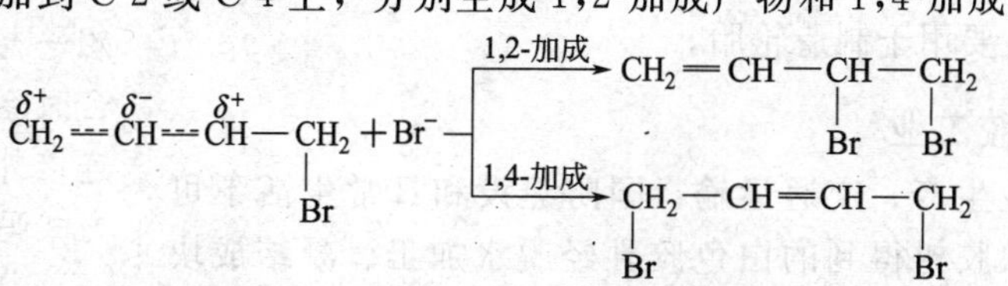

2. 双烯合成反应

在光和热的作用下，共轭二烯烃可以和具有C═C双键、C≡C三键的不饱和化合物进行1,4-加成反应，生成环状化合物，此反应称为双烯合成反应或称狄尔斯-阿尔德（Diels-Alder）反应。例如：

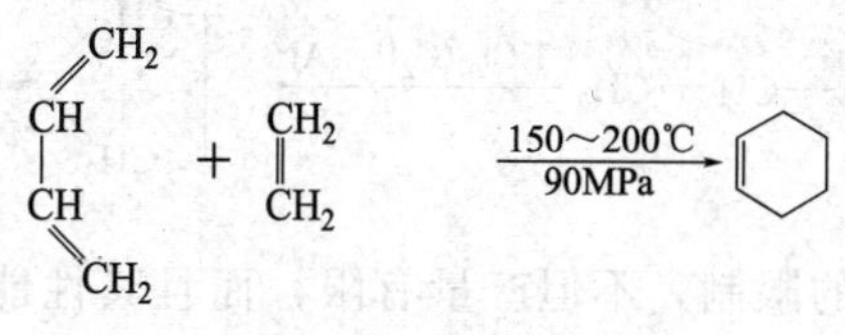

通常把进行双烯合成的共轭二烯烃称为双烯体，与其进行反应的不饱和化合物称为亲双烯体。一般当亲双烯体的不饱和键的碳原子上连有吸电子基（—CHO、—COOR、—CN、—NO_2）时，反应容易进行。例如：

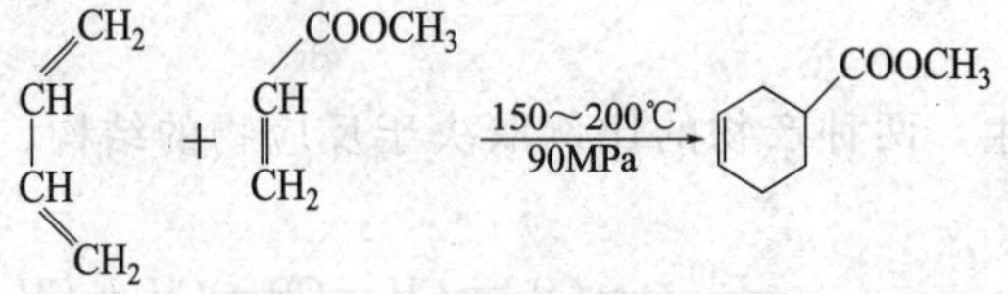

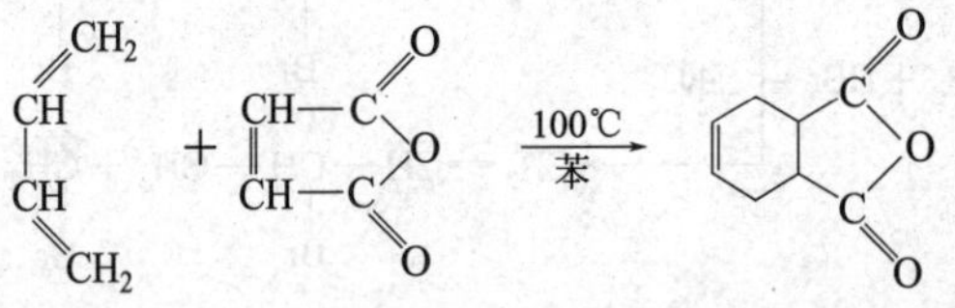

(100%结晶)

共轭二烯烃与顺丁烯二酸酐经双烯合成，产物为一固体，因此常利用此反应来鉴别共轭二烯烃。

双烯合成反应是可逆的，加热到较高温度时生成的环状化合物又可分解为原来的共轭二烯烃和亲双烯体，因此又可分离、提纯共轭二烯烃。

3. 聚合反应

共轭二烯烃比单烯烃容易聚合生成高分子化合物。例如 1,3-丁二烯在金属钠的催化下，聚合成聚丁二烯。它是最早发明的合成橡胶，称为丁钠橡胶。

$$nCH_2{=}CH{-}CH{=}CH_2 \xrightarrow[60℃]{Na} {\left[CH_2CH{=}CH{-}CH_2 \right]}_n$$

由于得到的产物是一个混合物，既有 1，2-加成聚合物，又有 1,4-加成聚合物。1,4-加成聚合时，既可以顺式聚合，也可以反式聚合，因而性能很不理想。后来工业上使用了齐格勒-纳塔催化剂（由 $TiCl_4$-R_3Al 组成）后，可使 1,3-丁二烯基本上都是按 1,4-加成方式聚合，得到的主要为顺式构型的聚合物顺-1,4-聚丁二烯，简称为顺丁橡胶。

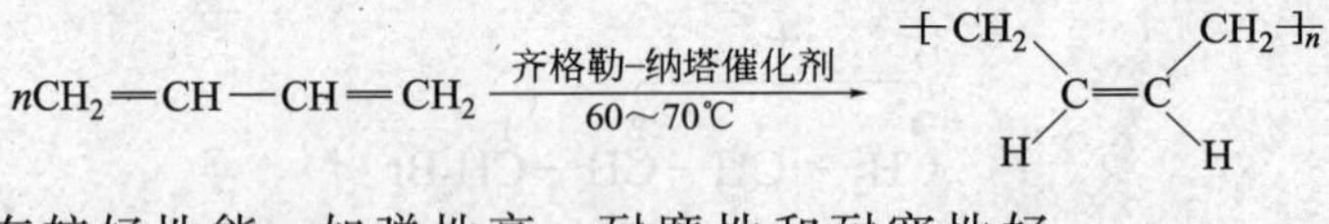

顺丁橡胶具有较好性能，如弹性高、耐磨性和耐寒性好，但加工性能差，主要用于制造轮胎。

想一想：1,3-丁二烯聚合时除 1,4-碳原子彼此连接外，还有别的连接方式吗？怎样连接？

四、合成橡胶工业

橡胶是工农业生产、交通运输、国防建设和日常生活不可缺少的物质。由橡胶树得到的白色胶乳经脱水加工、凝结成块状的生橡胶，这就是工业上橡胶制品的原料——天然橡胶。天然橡胶在隔绝空气的条件下加热，分解成异戊二烯。而异戊二烯在一定条件下可以聚合成与天然橡胶性质相似的聚合物。因此可以认为，天然橡胶就是异戊二烯的聚合物。

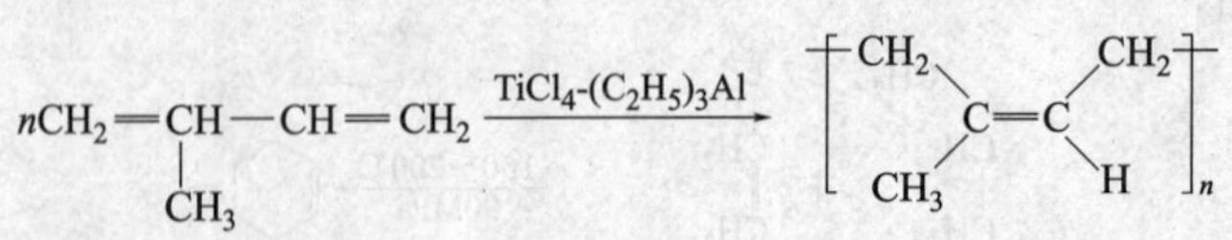

天然橡胶因受自然条件的限制，不但产量有限，而且其性能也难于满足多方面的要求。

合成橡胶的出现，不仅弥补了天然橡胶数量上的不足，而且品种多，在某些方面的性能优于天然橡胶，并具有多种不同的用途。例如，丁苯橡胶就是由1,3-丁二烯与苯乙烯共聚而成的。

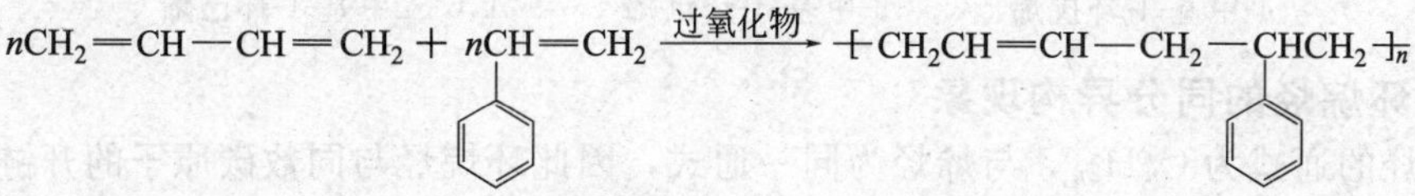

丁苯橡胶具有良好的耐老化性、耐油性、耐热性和耐磨性等，主要用于制备轮胎和其他工业制品，是目前世界上产量最大的合成橡胶。

不论天然橡胶，还是合成橡胶，都是线型高分子化合物，均需要在加热下，用硫黄或其他物质进行处理，使之进行交联，这个过程通常叫硫化。天然橡胶和合成橡胶都必须经硫化处理才能制成人们需要的各种橡胶制品。

第五节　脂　环　烃

具有碳环结构，而性质上与开链脂肪烃相似的碳氢化合物，叫作脂环烃。

一、脂环烃的分类和命名

1. 脂环烃的分类

根据分子内环的数目，脂环烃分为单环、双环和多环脂环烃。在单环脂环烃中，根据环的大小分为小环（C_3～C_4）、普通环（C_8～C_{12}）及大环（>12），其中五元环和六元环最为普通。

根据环上是否含有不饱和键，脂环烃又分为饱和脂环烃和不饱和脂环烃。饱和脂环烃叫环烷烃，而不饱和脂环烃又分为环稀烃和环炔烃。例如：

单环脂环烃 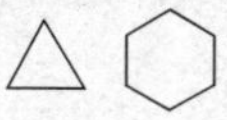

饱和脂环烃——环烷烃 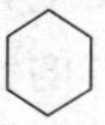

双环脂环烃 

不饱和脂环烃 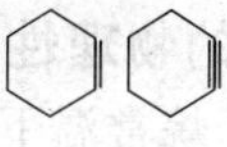

多环脂环烃 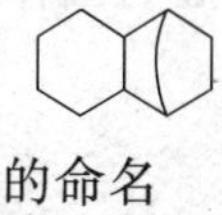

2. 脂环烃的命名

环烷烃的命名与烷烃相似。根据成环的碳原子数目称为“环某烷”。例如：

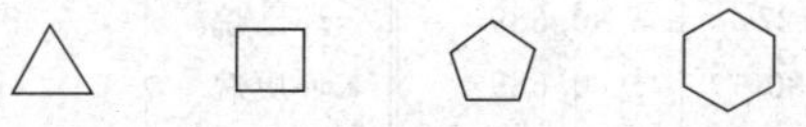

环丙烷　环丁烷　环戊烷　环己烷

如环上连有支链，则把支链作为取代基，如不只一个取代基，则将成环碳原子编号，选取最小的取代基位次为1，且使取代基的位次为最小。

环烯烃和环炔烃命名时与开链烯烃和炔烃相似。以不饱和碳环为母体，环上所连的支链作为取代基。给碳环编号时，从双键或三键开始，使不饱和键的位置尽量最小，对于只有一个不饱和键的脂环烃，则不饱和键的位置可以不表示出来。例如：

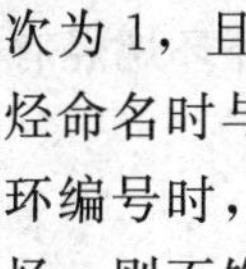

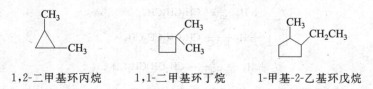

1,2-二甲基环丙烷

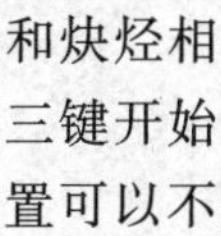

1,1-二甲基环丁烷

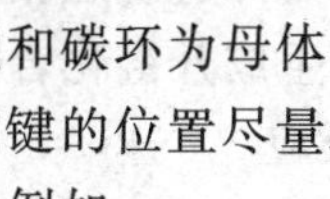

1-甲基-2-乙基环戊烷

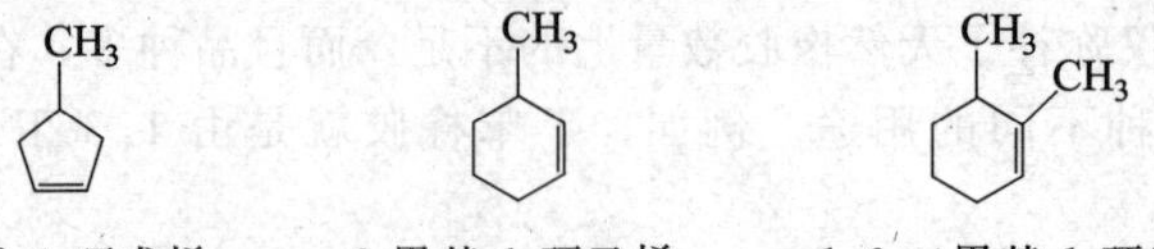

4-甲基-1-环戊烯   3-甲基-1-环己烯   1,6-二甲基-1-环己烯

二、环烷烃的同分异构现象

环烷烃的通式为 C_nH_{2n}，与烯烃为同一通式，因此环烷烃与同数碳原子的开链烯烃互为构造异构体。例如，$CH_3—CH=CH_2$ 和环丙烷互为同分异构体。

环烷烃的异构现象比较复杂，成环碳原子数目不同、取代基不同以及取代基在环上的位置不同都可产生异构现象。例如分子式为 C_5H_{10} 的环烷烃，就有五种不同的构造异构体。

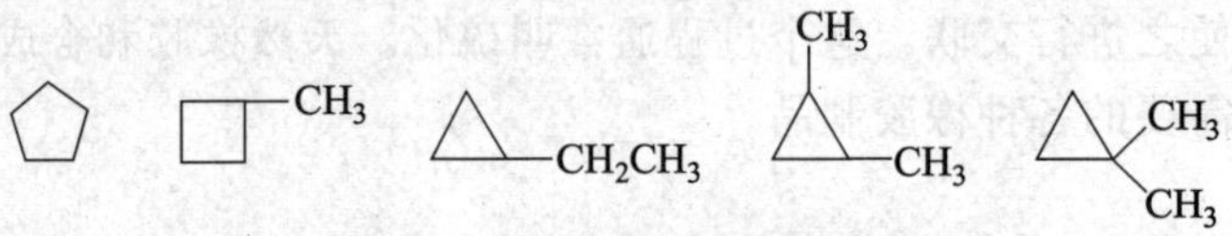

在上述五种构造异构体中，1,2-二甲基环丙烷还存在着顺反异构现象，这是由于环的存在限制了 σ 键的自由旋转。如成环碳原子有两个或两个以上连有不同的原子和基团时，即产生顺反异构。例如：

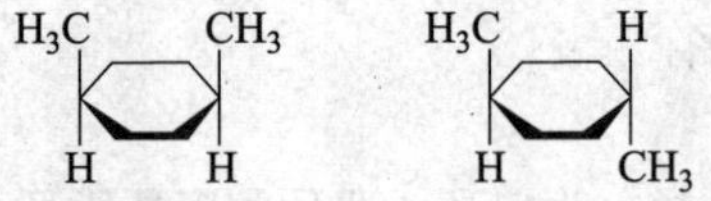

顺-1,4-二甲基环己烷   反-1,4-二甲基环己烷

在书写环状化合物的结构时，为了表示出环上碳原子的构型，可以把碳环表示为垂直于纸面，将朝向前面的键用粗线或楔形线表示，把碳上的基团排布在环的上面和下面；或把碳环表示为在纸面上，把碳上的基团排在环的前方和后方，用实线表示伸向环前方的键，虚线表示伸向环后方的键。

三、环烷烃的物理性质

环丙烷、环丁烷常温下为气体，环戊烷以上为液体，高级环烷烃为固体。环烷烃的沸点、熔点、密度比相应的烷烃高。常见环烷烃的物理常数见表 7-7。

表 7-7 环烷烃的物理常数

名称	沸点/℃	熔点/℃	相对密度	名称	沸点/℃	熔点/℃	相对密度
环丙烷	−33	−127	0.689	环己烷	81	6.5	0.778
环丁烷	13	−80	0.689	环庚烷	118	−12	0.810
环戊烷	49	−94	0.746	环辛烷	151	15	0.830

四、环烷烃的化学性质

环烷烃的性质与开链烷烃相似，但含三元环和四元环的小环环烷烃有一些特殊的化学性质，它们容易开环生成开链化合物。

1. 开环加成反应

（1）催化加氢

$$\triangle + H_2 \xrightarrow[40℃]{Na} CH_3CH_2CH_3$$

$$\square + H_2 \xrightarrow[100℃]{Na} CH_3CH_2CH_2CH_3$$

$$\pentagon + H_2 \xrightarrow[200℃以上]{Na} CH_3CH_2CH_2CH_2CH_3$$

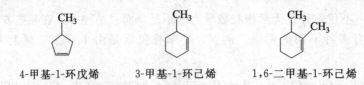

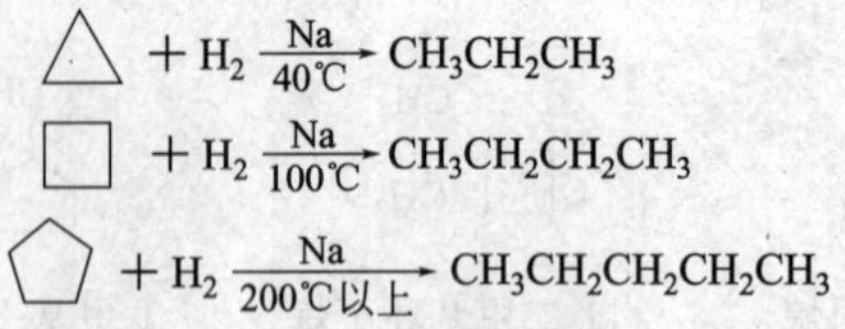

从上面的反应可以看出，环烷烃的加氢反应随着环的增大，反应越来越困难。环戊烷以上的环烷烃，一般不能催化加氢。

（2）加卤素

$$\triangle + Br_2 \longrightarrow BrCH_2CH_2CH_2Br$$

$$\square + Br_2 \xrightarrow{\Delta} BrCH_2CH_2CH_2CH_2Br$$

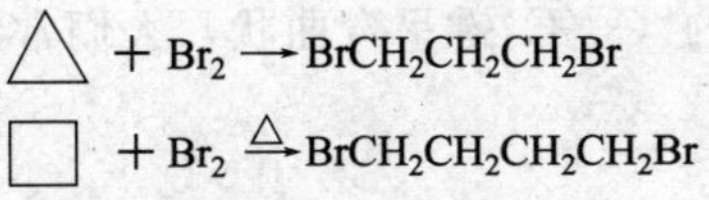

环丙烷及其烷基衍生物在常温下即可与卤素加成。环丁烷要在加热下进行，环戊烷及更高的环烷烃与溴溶液不发生加成反应。因此环丙烷和环丁烷可使溴溶液褪色，这与烷烃的性质不同。

（3）加卤化氢

$$\triangle + HI \xrightarrow{\text{常温}} CH_3CH_2CH_2I$$

$$\triangle\!\!-\!CH_3 + HBr \longrightarrow CH_3CH_2\underset{\underset{Br}{|}}{C}HCH_3$$

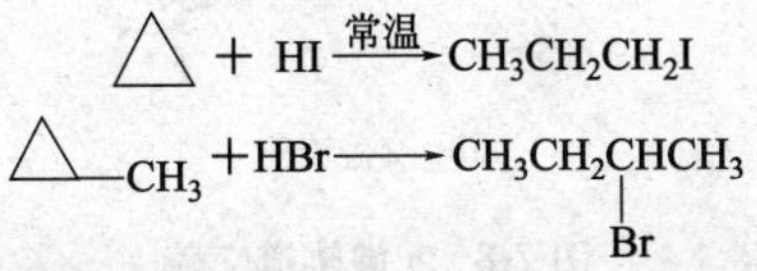

环丙烷及其烷基衍生物加卤化氢时，键的断裂发生在连接氢原子最多和连接氢原子最少的两个碳原子之间，而且加成遵守马尔科夫尼科夫规律。

2. 取代反应

与烷烃相似，在光或热的作用下，环戊烷、环己烷以及高级环烷烃与卤素发生取代反应。

$$\pentagon + Br_2 \xrightarrow[\text{或加热}]{\text{紫外光}} \pentagon\!\!-\!Br + HBr$$

$$\pentagon + Cl_2 \xrightarrow[\text{或加热}]{\text{紫外光}} \hexagon\!\!-\!Cl + HCl$$

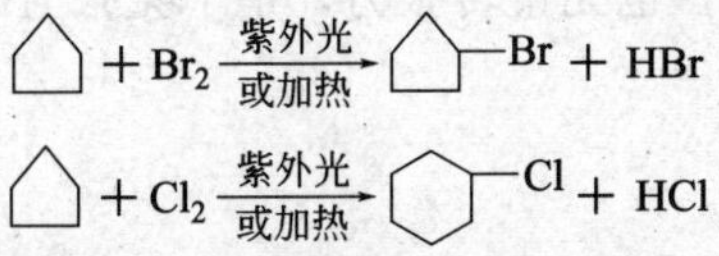

3. 氧化反应

室温下，环烷烃与一般氧化剂（如高锰酸钾水溶液）不起作用，即使比较活泼的环丙烷也不反应。因此，可用高锰酸钾水溶液来区别烯烃和环烷烃。

环烷烃在强烈的氧化条件下，或在催化剂的存在下，可被氧化，条件不同，产物也不同。例如：

$$\hexagon + O_2 \xrightarrow[90\sim120℃]{60\%HNO_3} \begin{array}{l} CH_2\!-\!CH_2\!-\!COOH \\ CH_2\!-\!CH_2\!-\!COOH \end{array}$$

$$\hexagon + O_2 \xrightarrow[140\sim180℃]{\text{环烷酸钴}} \hexagon\!\!-\!OH + \hexagon\!\!=\!O$$

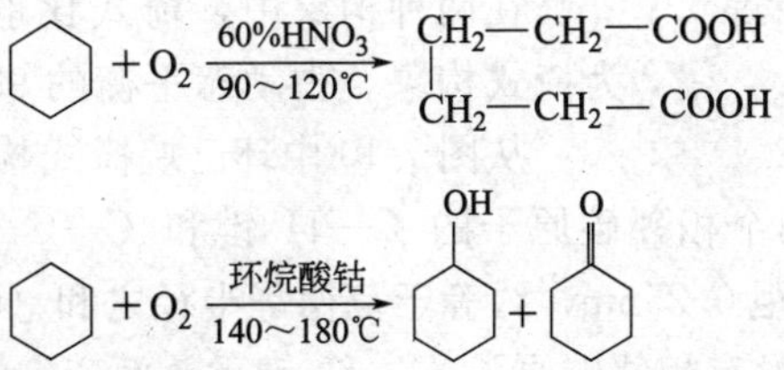

己二酸是合成尼龙-66的重要原料。

综上所述，环丙烷、环丁烷易发生加成反应，而环戊烷、环己烷及高级环烷烃易发生取代反应和氧化反应。它们的化学性质可概括为："小环"似烯，"大环"似烷。为什么小环不稳定？这需要从环的结构上得到解释。

五、环烷烃的结构与稳定性

在烷烃分子中，碳碳原子间以 sp^3-sp^3 杂化轨道沿着轨道对称轴相互重叠形成 σ 键，重叠程度最大，它与其他原子可形成的键角为 105.5°。

环烷烃与烷烃相似，碳原子采取 sp^3 杂化。据测定，环丙烷分子中的 C—C 键角为 105.5°，C—H 键角为 114°。可见，相邻碳原子的 sp^3 杂化轨道为形成三元环必须将正常的键压缩至 105.5°，这就使分子本身产生一种恢复正常键角的角张力。角张力的存在是环丙烷不稳定的主要原因。此外，从轨道重叠程度越大，形成的键越牢固的观点来分析，显然在形成 105.5°的键角时，其轨道的重叠不如正常的 109°28′大，所以环丙烷中的 C—C 键能较小（230kJ/mol）。环丙烷中的 C—C 键呈弯曲状，人们常将此种键称为弯曲键或香蕉键，如图 7-8 所示。

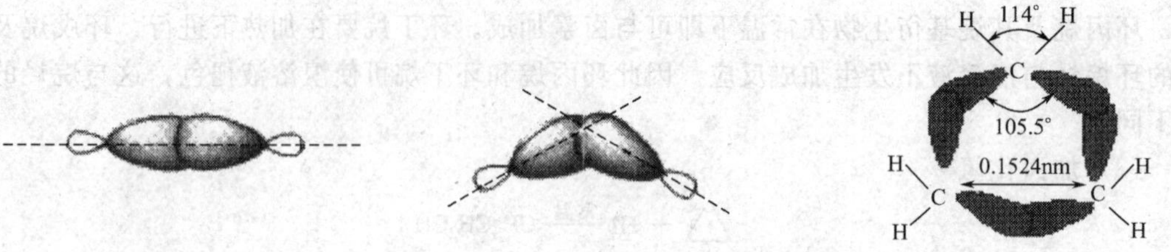

(a) 交盖较好　(b) 交盖较差　(c) 环丙烷轨道交盖图

图 7-8　σ 键轨道交盖

由于环丙烷的三个碳原子共平面，相邻碳原子的 C—H 键互处于重叠式构象，这也是引起环丙烷内能增加而不稳定的原因。这种由于重叠式构象而产生的张力，称作扭转张力。

环丁烷的角张力和扭转张力均比环丙烷小。环戊烷的碳碳键已接近一般烷烃中碳碳键之间的正常键角，因而较稳定，但仍有一定的扭转张力。

环已烷分子中既无角张力，也无扭转张力，是个无张力的环。

六、环已烷的构象

1. 椅式与船式构象

1950 年，英国化学家巴通(Barton) 与哈赛尔(Hassel) 在 X 射线衍射和电子衍射实验的基础上，提出环已烷的六个碳原子都保持了正常的 C—C 键角（109°28′），呈椅式和船式两种构象，两者都不存在角张力。巴通和哈赛尔共同获得了 1969 年的诺贝尔化学奖。环已烷的椅式和船式构象如图 7-9 所示。

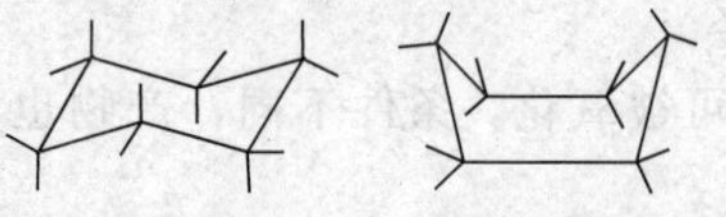

(a) 椅式构象　(b) 船式构象

图 7-9　环已烷的构象

在两种构象中，椅式比船式稳定，在常温下几乎全为椅式构象，占动态平衡的 99.9%。

从图 7-10 中环已烷椅式构象的纽曼投影式(a)和透视式(b)可以清楚看出，任何两个相邻碳原子的 C—H 键和 C—C 键都处于邻位交叉式，非键合的 2,4-碳原子的氢原子相距 0.25nm，约等于范德华半径之和（0.248nm)，属于正常的原子间距。因而既无角张力，也没有相邻碳原子 C—H 键重叠而产生的扭转张力，是无张力环。

从图 7-11 环已烷船式构象的纽曼投影式(a) 和透视式(b) 可以看出，C_1 与 C_6，C_3 与 C_4 之间为全重叠式构象，船头与船尾即 C_2 与 C_5 上各有一个氢原子伸向环内相距较近，约 0.183nm，远小于范德华半径之和(0.248nm)，显得比较拥挤，必然要产生斥力。

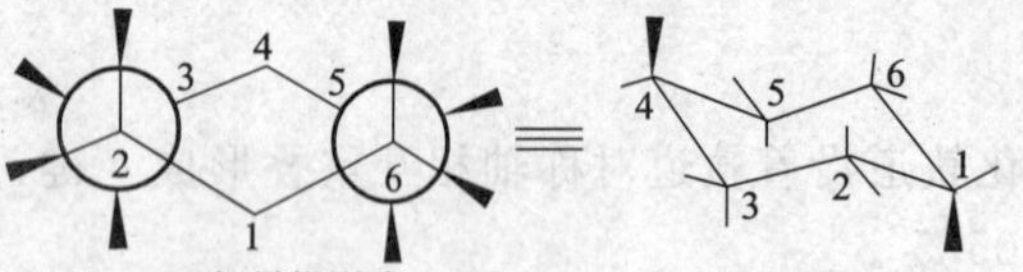

(a) 纽曼投影式　(b) 透视式

图 7-10　环已烷的椅式构象

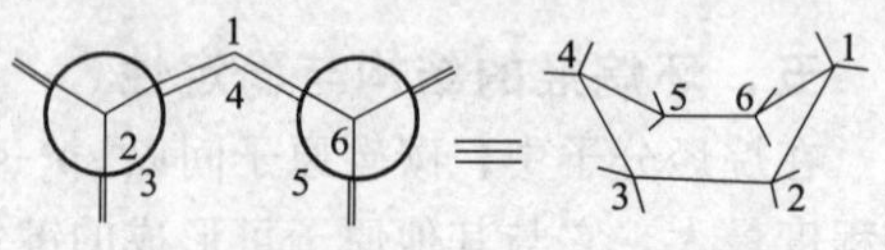

(a) 纽曼投影式　(b) 透视式

图 7-11　环已烷的船式构象

从图 7-11 可以看出，环己烷的船式构象没有角张力，却有扭转能力，比椅式构象的能量要高出 29.7kJ/mol，所以在常温下环己烷的椅式构象比船式构象稳定，并占绝对优势。

2. 平伏键和直立键

环己烷椅式构象的六个碳原子分别处在两个平面上，即 C-1、C-3、C-5 位于同一平面上，C-2、C-4、C-6 位于另一平面上，这两个平面相互平行。

环己烷有 12 个 C—H 键。在椅式构象中，它们可以分成两种：一种与对称轴平行，叫作直立键或 a 键；另一种与对称轴成 109.5°角，叫作平伏键或 e 键。如图 7-12 所示。

环己烷分子通过 C—C 键的扭动，可以由一种椅式翻转为另一种椅式，如图 7-13 所示。

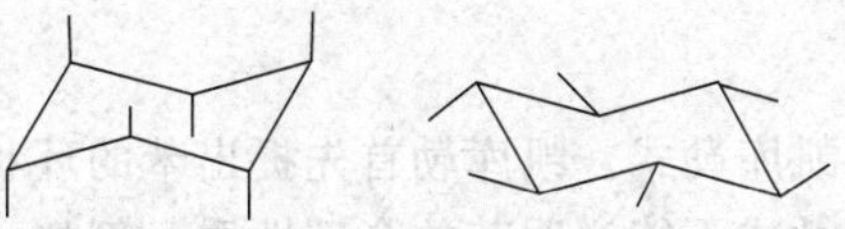

图 7-12　椅式构象中的两种 C—H 键

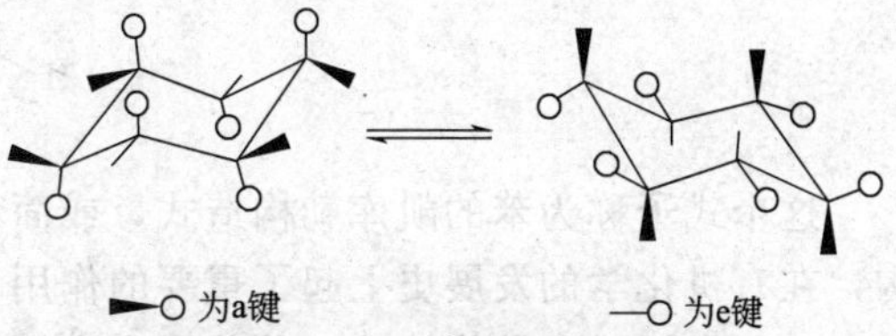

图 7-13　椅式构象的翻转

构象翻转后，原来的 a 键变成 e 键，原来的 e 键变成 a 键。

在常温下，这种构象翻转进行得很快。而后一种椅式构象又可以再翻转成原来的椅式构象。在平衡体系中，这两种构象各占一半。因为六个碳原子连的都是氢原子，所以两种椅式构象是同一种分子。

第六节　芳　　烃

含有苯环的烃叫芳香烃，简称芳烃。通常把苯及其衍生物总称为芳香族化合物。芳烃则是指分子中含有苯环结构的碳氢化合物。

芳烃可根据分子中含苯环的数目和连接方式分为以下三类。

（1）单环芳烃　分子中含有一个苯环的芳烃。例如：

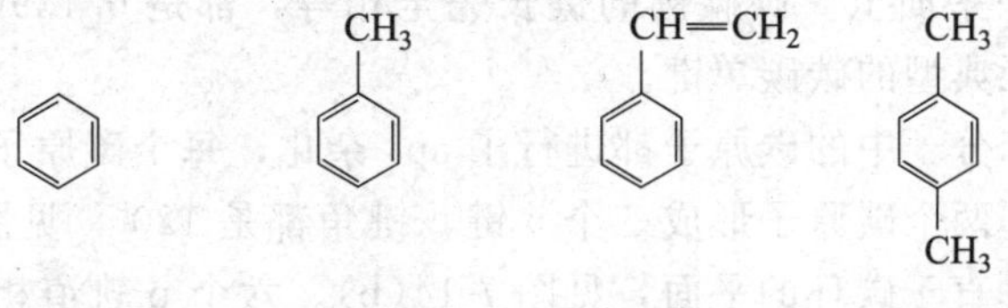

苯　　甲苯　　苯乙烯　　对二甲苯

（2）多环芳烃　分子中含有两个或两个以上独立苯环的芳烃。例如：

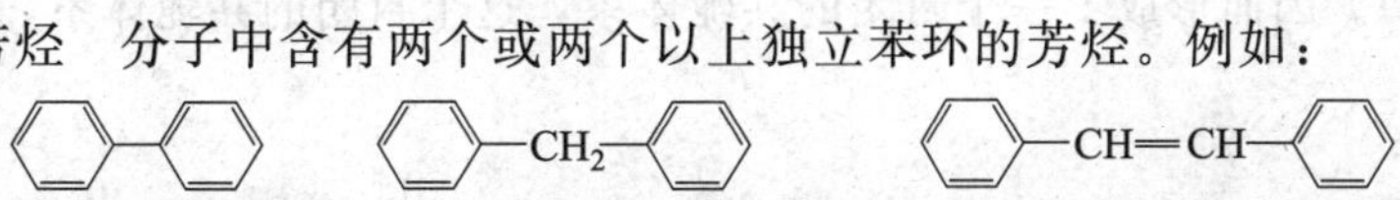

联苯　　二苯甲烷　　二苯乙烯

（3）稠环芳烃　分子中含有两个或多个苯环，彼此间通过共用两个相邻碳原子稠合而成的芳烃。例如：

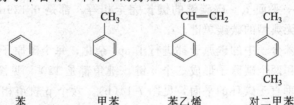

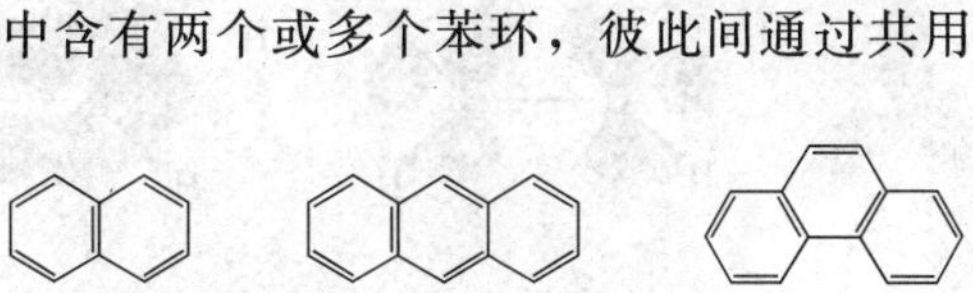

萘　　蒽　　菲

一、苯的结构

苯是芳烃中最简单、最重要的化合物，要了解芳烃的性质，首先要了解苯的结构。

1. 苯的凯库勒式

苯的分子式为 C_6H_6，其碳氢比为 1∶1，和乙炔相同，按此推测苯应具有高度的不饱和性，事实上苯环却有特殊的稳定性，即易进行取代反应而不易进行加成和氧化反应。这些性质与一般的脂肪族不饱和化合物有明显的不同，是由苯的特殊结构造成的。

1865 年德国化学家凯库勒从苯的分子式出发，根据苯的一元取代物只有一种的事实，提出了苯分子的环状结构。为了满足碳原子的四价，提出了下列碳碳双键与碳碳单键间隔排列的结构。

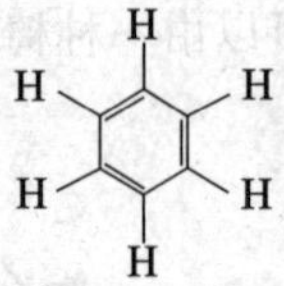

这个式子称为苯的凯库勒构造式，或简称为苯的凯库勒式。凯库勒首先提出苯的环状结构，在有机化学的发展史上起了重要的作用，但凯库勒式不能说明苯的全部性质。例如：

(1) 根据凯库勒构造式，苯分子中含有三个双键，但苯却很难发生加成反应。

(2) 根据凯库勒构造式，苯的邻位二元取代物应有两种异构体，但实际上只有一种。

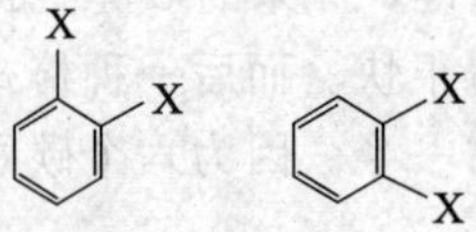

(3) 根据凯库勒构造式，苯分子中有三个 C═C 双键和三个 C—C 单键，由于它们的键长不同，苯环就不可能是一个正六边形。但实际证明，苯是一个正六边形分子，环中的碳碳键键长完全相等。

因此凯库勒式不能很好地反映苯分子的真实结构，随着近代化学键理论的发展，才有了比较符合客观事实的解释。

2. 苯的结构的近代观点

近代物理方法（X 射线法、光谱法及偶极矩的测定等）研究证明，苯环上的六个碳原子和六个氢原子都在同一平面上。碳碳键的键长完全相等，都是 0.139nm，即苯分子中既无典型的碳碳双键，也无典型的碳碳单键。

根据杂化理论，苯分子中的碳原子都进行了 sp^2 杂化，每个碳原子都以三个 sp^2 杂化轨道分别与一个氢原子和两个碳原子形成三个 σ 键，键角都是 120°，见图 7-14(a)。每个碳上未经杂化的 p 轨道都垂直于碳环的平面，见图 7-14(b)。六个 p 轨道相互平行彼此从侧面重叠，见图 7-14(c)。因而形成了一个封闭的共轭体系，这个封闭的共轭体系，称为大 π 键。

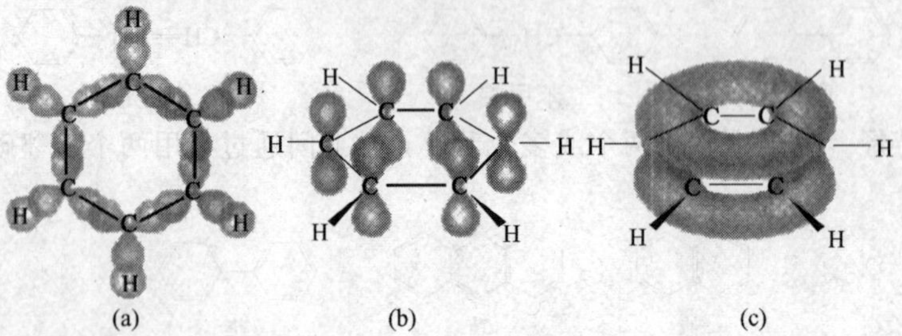

图 7-14　苯环的结构

大 π 键的电子云形状，好像两个“救生圈”对称地分布于六碳环平面的上下两侧。由于共轭效应，使π电子高度离域，电子云完全平均化。

由于大π键的形成，其能量要比三个孤立的双键低，使苯环具有特殊的稳定性。这可从苯的氢化热值得到证明。例如：

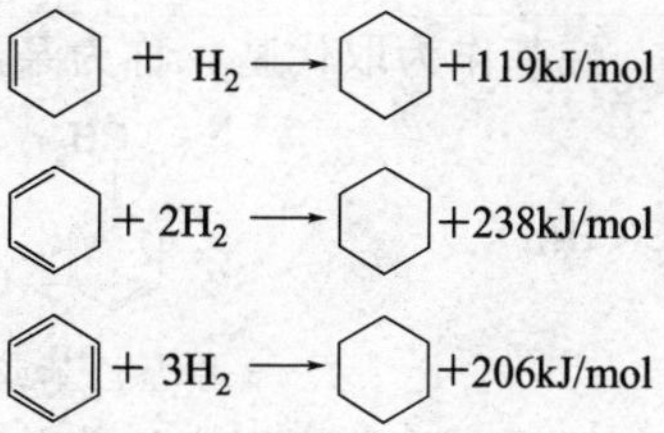

如果苯分子含有三个孤立的双键，它的氢化热应为环己烯的三倍，即 3×119＝357(kJ/mol)。但实际上，苯的氢化热仅为 206kJ/mol，比理论上的环己三烯小 151kJ/mol(357－206＝151)，这部分的能量称为苯的离域能（或称共轭能）。离域能越大，体系能量越低，则分子越稳定。

尽管如此，习惯上苯的结构式还是采用凯库勒式表示。

二、单环芳烃的同分异构和命名

1. 单环芳烃的同分异构

苯及烷基苯的通式为 C_nH_{2n-6}，其中 $n \geqslant 6$。当 $n=6$ 时，为苯的分子式。苯是最简单的单环芳烃，它没有同分异构体，对于烷基苯来讲，简单的一元烷基苯没有同分异构体。例如：

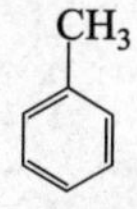

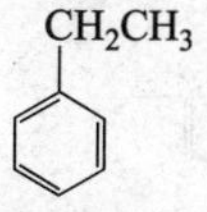

甲苯　乙苯

但当烷基中含有三个或三个以上碳原子时，可发生侧链上的碳链异构现象。例如：

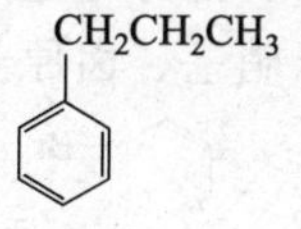

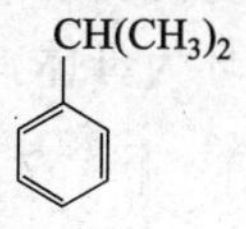

正丙苯　异丙苯

二元烷基苯由于烷基在环上的位置不同，可产生三种同分异构体。例如：

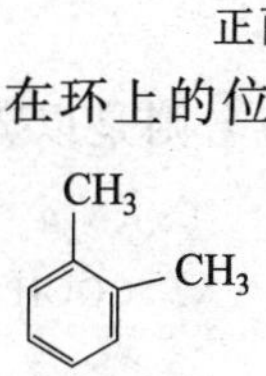
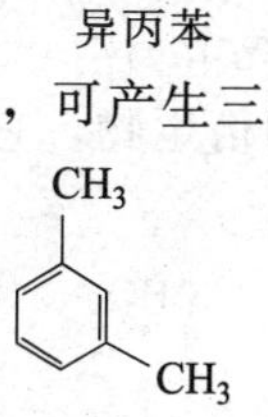
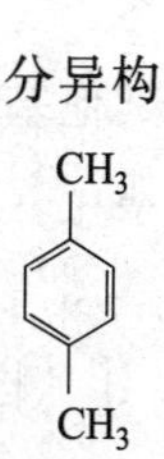

邻二甲苯（1,2-二甲苯）　间二甲苯（1,3-二甲苯）　对二甲苯（1,4-二甲苯）

三个烷基相同的三元烷基苯也有三种同分异构体，分别用“连”、“偏”、“均”来表示三个烷基的相对位置。例如：

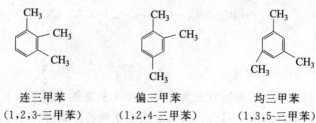

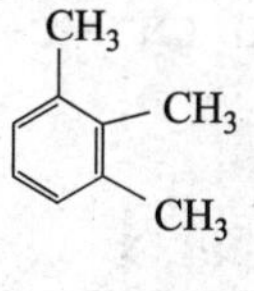
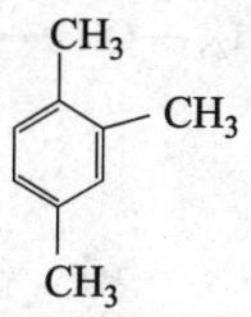
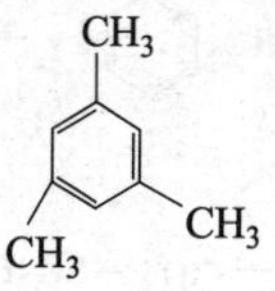

连三甲苯（1,2,3-三甲苯）　偏三甲苯（1,2,4-三甲苯）　均三甲苯（1,3,5-三甲苯）

综上所述，单环芳烃的同分异构现象是由侧链在环上的位置不同及侧链发生异构化而产生的。

2. 单环芳烃的命名

烷基苯的命名以苯环为母体，烷基作为取代基，称为某烷基苯。例如：

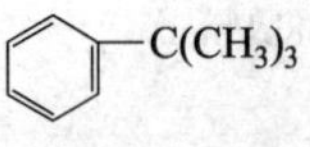
叔丁苯

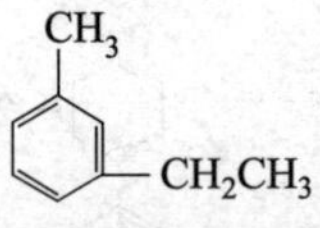
3-甲基乙苯或 3-乙基甲苯

当苯环上连有不同的烷基时，烷基名称的排列应从简单到复杂，其位次的编号应将最简单的烷基定为 1 号位，并以最低系列原则来命名。

对于结构复杂的烷基苯，或苯环上连有不饱和基团时，则把侧链作为母体，苯环作为取代基来命名。例如：

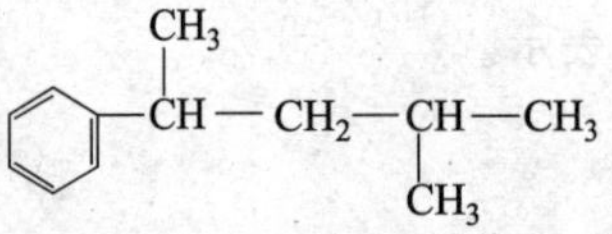
2-甲基-4-苯基戊烷

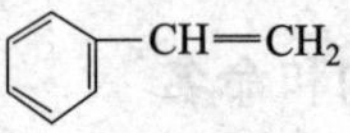
苯乙烯

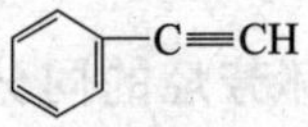
苯乙炔

芳烃分子去掉一个氢原子后剩下的原子团称为芳基，可用 Ar-表示。例如：

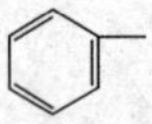
苯基

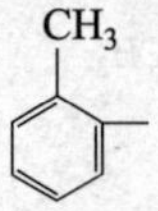
邻甲苯基

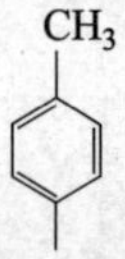
对甲苯基

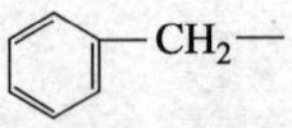
苯甲基（苄基）

单环芳烃其他衍生物的命名分为两类。一类是芳环上连有硝基、卤原子的衍生物，它们的命名与烷基苯的命名相似，以芳环为母体，硝基、卤原子作为取代基。例如：

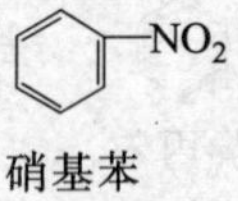
硝基苯

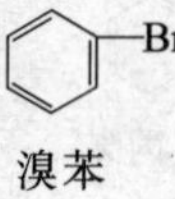
溴苯

另一类是芳环上连有其他基团的衍生物，它们的命名则是以芳环上所连的基团作为母体，芳环作为取代基。例如：

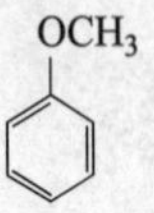
苯甲醚

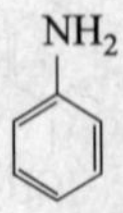
苯胺

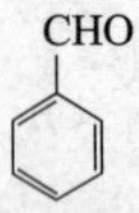
苯甲醛

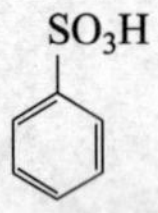
苯磺酸

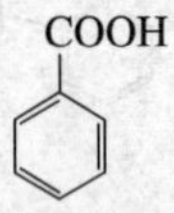
苯甲酸

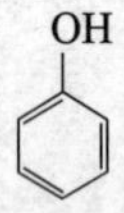
苯酚

当芳环上连有两个以上不同取代基时，则按原子和原子团排列的“次序规则”选择母体。一些原子、原子团的排列次序为：

$-NO_2$、$-X$、$-R$、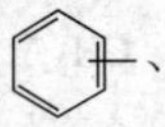、$-OR$、$-NH_2$、$-OH$、$-\overset{O}{\overset{\|}{C}}-$、$-CHO$、CN、$-\overset{O}{\overset{\|}{C}}-NH_2$、$-\overset{O}{\overset{\|}{C}}-X$、

$-\overset{O}{\overset{\|}{C}}-OR$、$-\overset{O}{\overset{\|}{C}}-OH$、$-SO_3H$ 等

在上述顺序中，排在后面的基团宜选为母体，排在前面的基团为取代基。要注意的是，作为母体的基团命名时总是编为 1 号位，再按照最低系列的原则将芳环上其他碳原子依次编

号。例如：

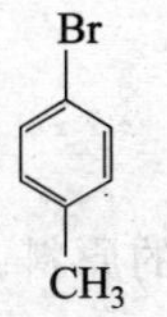

对溴甲苯

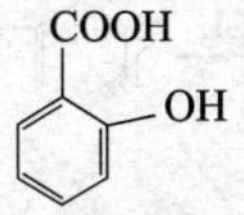

邻羟基苯甲酸

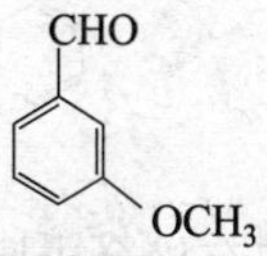

3-甲氧基苯甲醛

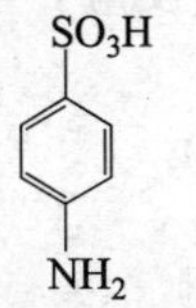

对氨基苯磺酸

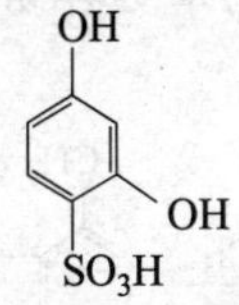

2,4-二羟基苯磺酸

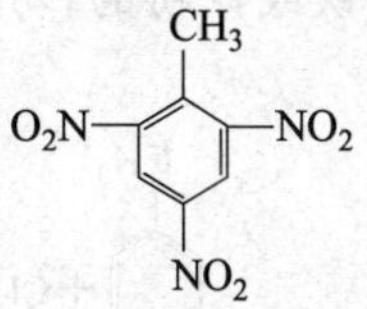

2,4,6-三硝基甲苯

三、单环芳烃的物理性质

单环芳烃一般为无色液体，具有特殊气味，有毒（尤其是苯的毒性较大），不溶于水，易溶于有机溶剂。环丁砜、二甘醇、*N*,*N*-二甲基甲酰胺等溶剂对芳烃有高度的选择性溶解能力，常用来萃取芳烃。

单环芳烃的密度小于 $1g/cm^3$，一般在 $0.86\sim0.9g/cm^3$ 之间。苯环上取代基位置不同的同分异构体沸点相差不大，例如邻二甲苯、间二甲苯、对二甲苯的沸点分别为 144.4℃、139.1℃、138.2℃，用高效分馏塔只能把邻二甲苯分出。而熔点的高低与分子的对称性有关，对称性高的异构体具有较高的熔点。例如，对二甲苯的熔点为 13.3℃，比间二甲苯的熔点 −47.9℃ 高 61.2℃，因此可以用冷冻结晶的方法把对二甲苯分离出来。常见单环芳烃的物理常数见表 7-8。

表 7-8　常见单环芳烃的物理常数

化合物	熔点/℃	沸点/℃	密度/(g/cm^3)	化合物	熔点/℃	沸点/℃	密度/(g/cm^3)
苯	5.5	80.1	0.8786	仲丁苯	−75.0	173.0	0.8621
甲苯	−95.0	110.6	0.8669	叔丁苯	−57.8	169.0	0.8665
乙苯	−95.0	136.2	0.8670	邻二甲苯	−25.5	144.4	0.8802
丙苯	−99.5	159.2	0.8620	间二甲苯	−47.9	139.1	0.8642
异丙苯	−96.0	152.4	0.8618	对二甲苯	13.3	138.2	0.8611
丁苯	−88.0	183.0	0.8601				

四、单环芳烃的化学性质

由芳烃的结构决定了苯及其衍生物易进行取代反应，不易进行加成和氧化反应。

1. 取代反应

(1) 卤代反应　在催化剂铁粉或三卤化铁的作用下，苯与卤素反应，苯环上的氢原子被卤原子取代，生成卤苯，此反应称为卤代反应。例如：

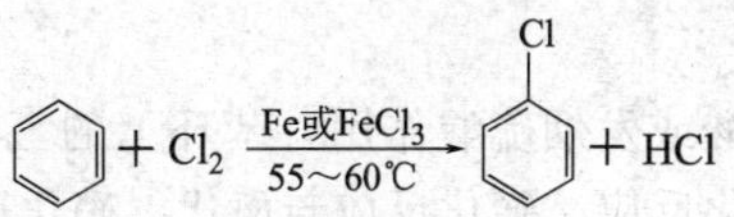

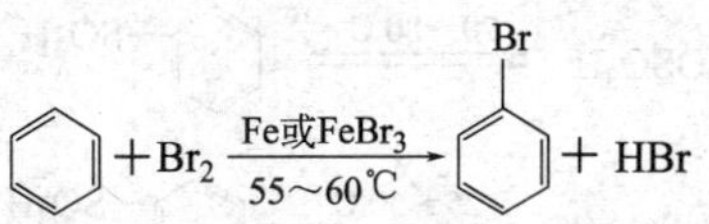

反应温度升高，一卤苯可继续卤代，生成二卤苯，得到的主要是对位和邻位产物。

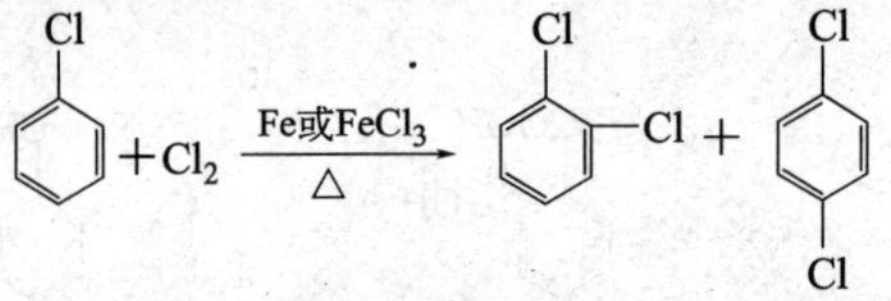
Cl
+Cl2
Fe或FeCl3
△
Cl
Cl
+
Cl
Cl

氯苯可作溶剂和有机合成原料，也是某些药物和染料中间体的原料。对二氯苯广泛地用作去臭剂和熏蒸剂。

烷基苯在三卤化铁或铁粉的作用下，比苯更容易发生卤代反应，主要生成邻位和对位产物。

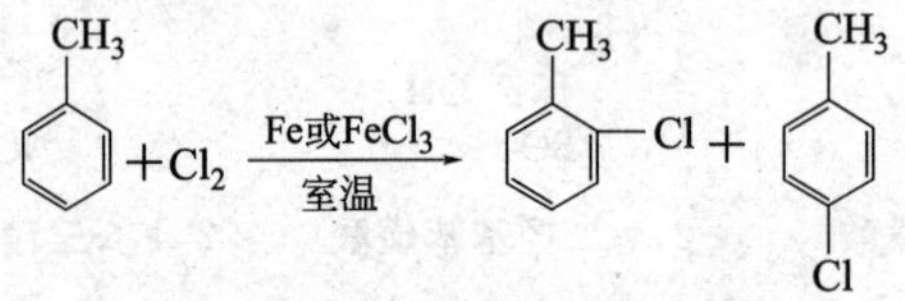
CH3
+Cl2
Fe或FeCl3
室温
CH3
Cl
+
CH3
Cl

在高温和光照下，烷基苯和卤素作用则发生侧链上的 α-H 取代。例如：

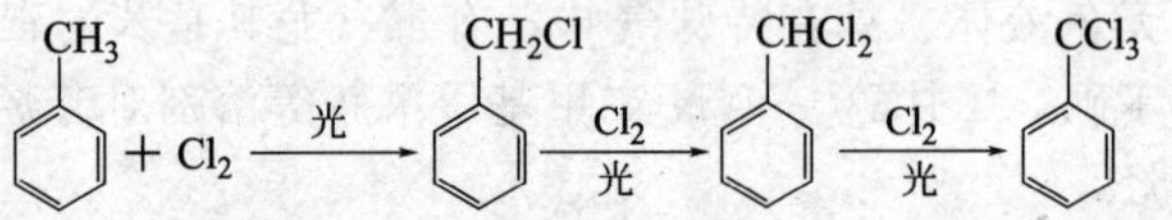
CH3
+ Cl2
光
CH2Cl
Cl2
光
CHCl2
Cl2
光
CCl3

凡是具有 α-H 的烷基苯都能发生上述反应，此反应属于自由基取代反应。例如：

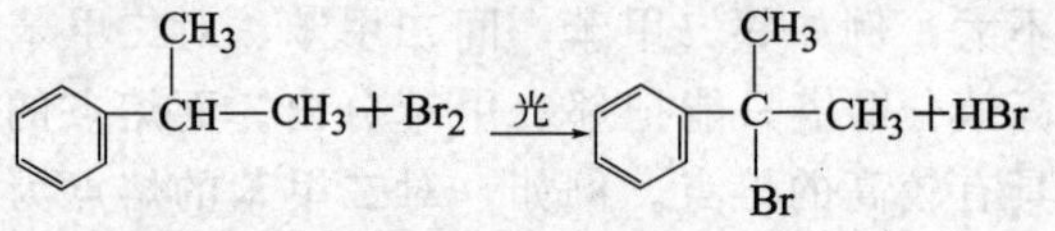
CH3
CH—CH3 + Br2
光
CH3
C—CH3 + HBr
Br

(2) 硝化反应　苯与浓硝酸和浓硫酸的混合物（通称混酸）作用，苯环上的氢原子被硝基（$—NO_2$）取代，生成硝基苯，这类反应称为硝化反应。

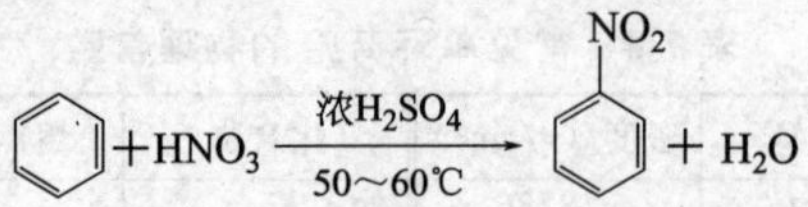
+HNO3
浓H2SO4
50～60℃
NO2
+ H2O

硝基苯再继续硝化比较困难，必须在较高的温度下，用发烟硝酸和浓硫酸混合，主要生成间二硝基苯。

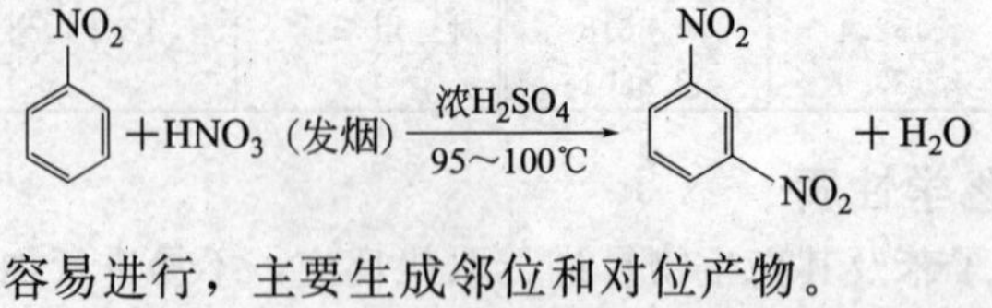
NO2
+HNO3（发烟）
浓H2SO4
95～100℃
NO2
NO2
+ H2O

烷基苯的硝化反应比苯容易进行，主要生成邻位和对位产物。

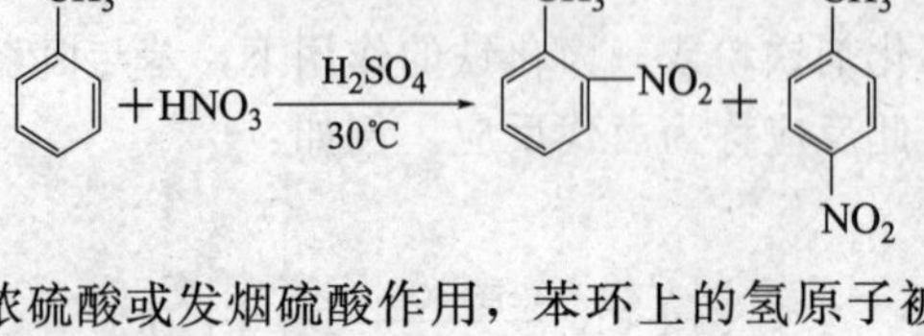
CH3
+HNO3
H2SO4
30℃
CH3
NO2
+
CH3
NO2

(3) 磺化反应　苯与浓硫酸或发烟硫酸作用，苯环上的氢原子被磺酸基（$—SO_3H$）取代，生成苯磺酸，这类反应称为磺化反应。磺化反应与卤代、硝化反应不同，它是一个可逆反应。

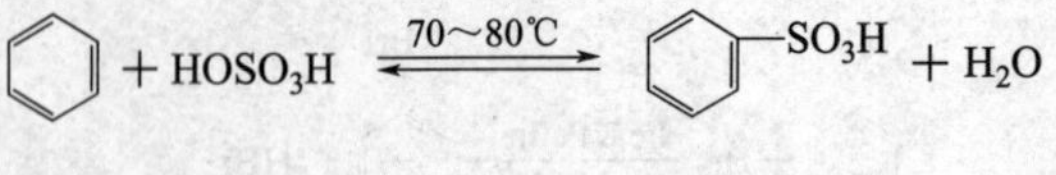
+ HOSO3H
70～80℃
SO3H
+ H2O

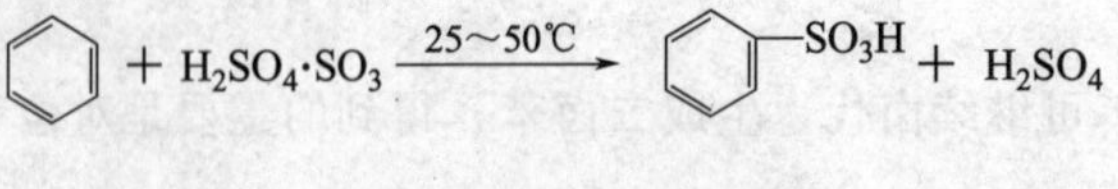
+ H2SO4·SO3
25～50℃
SO3H
+ H2SO4

使用发烟硫酸作磺化剂，优越性较大，因为既可利用发烟硫酸中的三氧化硫除去反应中生成的水，同时产生硫酸，增强磺化能力，又可使反应在较低的温度下进行。

常用的磺化剂除浓硫酸、发烟硫酸外，还有三氧化硫和氯磺酸($ClSO_3H$) 等。例如：

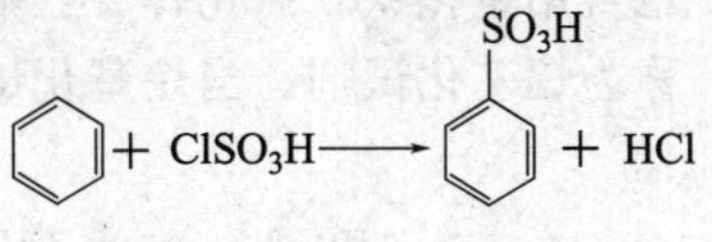

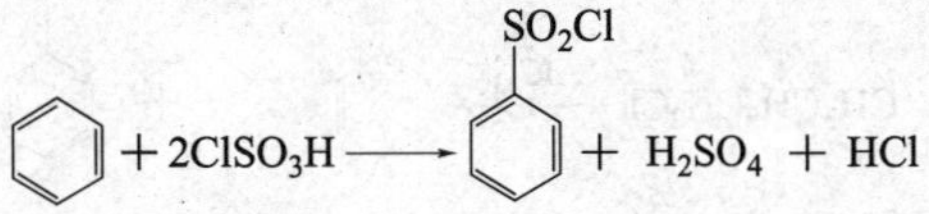

该反应在苯环上引入一个氯磺酰基(—SO_2Cl)，因此叫作氯磺化反应。氯磺酰基非常活泼，通过它可以制取芳磺酰胺 $ArSO_2NH_2$、芳磺酸酯 $ArSO_2OR$ 等一系列的磺酰衍生物，在制备染料、农药和医药上具有广泛的用途。苯磺酸在更高的温度下继续磺化，可生成间苯二磺酸。

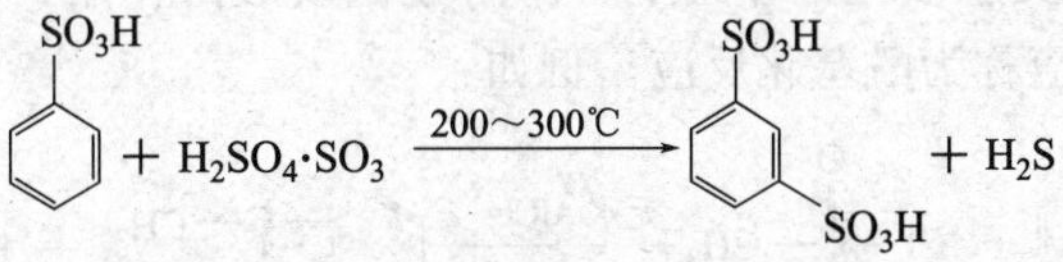

烷基苯比苯较易磺化，主要生成邻位和对位产物。一般低温有利于邻位产物的生成，高温有利于对位产物的生成。邻位和对位产物的比例随温度不同而异。

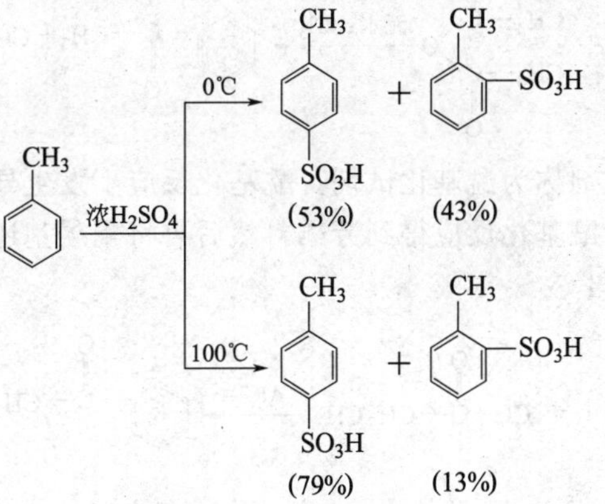

磺化反应的逆反应叫水解。如果将苯磺酸和稀硫酸或盐酸在压力下加热，苯磺酸水解又生成苯。

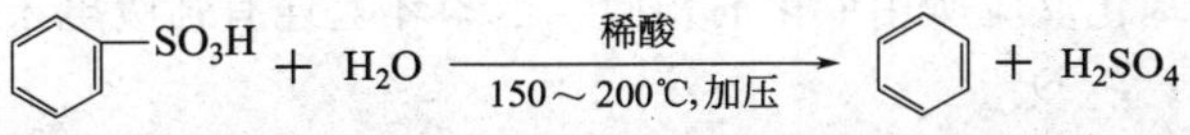

在有机合成上，由于磺酸基容易除去，所以可利用磺酸基暂时占据环上的某些位置，使这个位置不再被其他基取代，或利用磺酸基的存在，影响其水溶性等，待其他反应完毕后，再经水解而将磺酸基脱去。该性质被广泛地用于有机合成及有机化合物的分离和提纯。

(4) 傅列德尔-克拉夫茨反应

傅列德尔-克拉夫茨 (Friedel-Crafts) 反应简称傅-克反应，包括烷基化反应和酰基化反应。

① 烷基化反应　芳烃在无水氯化铝催化下与卤代烷、烯烃或醇作用，苯环上的氢原子

被烷基取代生成烷基苯，这种反应称为烷基化反应。例如：

$$\bigcirc + CH_3CH_2Cl \xrightarrow{AlCl_3} \bigcirc—CH_2CH_3 + HCl$$

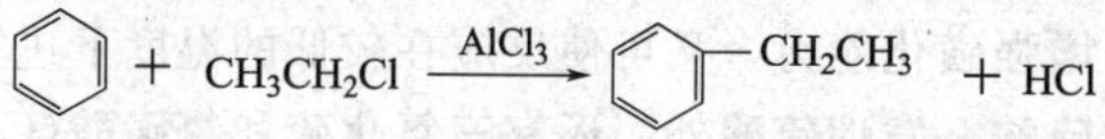

反应中除用氯化铝为催化剂外，也可用氯化铁、氯化锌、三氟化硼和硫酸等。

凡在反应中能提供烷基的试剂，称为烷基化试剂。当烷基化试剂含有三个或三个以上碳原子时，烷基往往发生异构化。例如：

$$\bigcirc + CH_3CH_2CH_2Cl \xrightarrow{AlCl_3} \bigcirc—CH(CH_3)_2 + \bigcirc—CH_2CH_2CH_3$$

$$\bigcirc + CH_3CH=CH_2 \xrightarrow{H_3PO_4} \bigcirc—CH(CH_3)_2$$

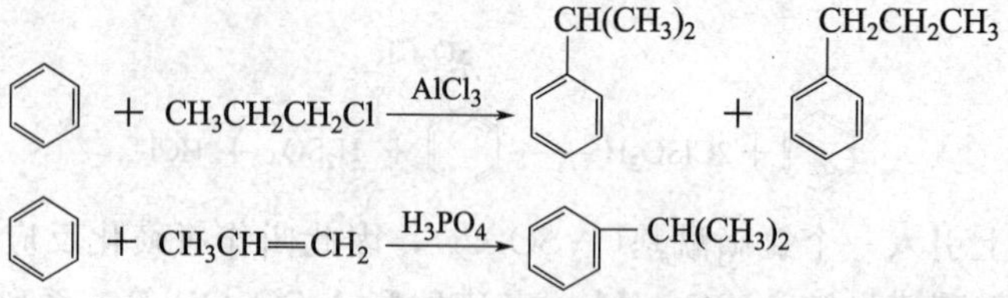

烷基化反应还可用来定性鉴定芳烃。氯仿在无水氯化铝存在下与芳烃显色。不同的芳烃显示出不同的颜色，苯显橙色，萘显蓝色，菲显紫色，蒽显绿色。

② 酰基化反应　在无水氯化铝作用下，苯与酰卤或酸酐作用，苯环上的氢原子被酰基取代生成芳酮，这种反应称为酰基化反应。例如：

$$\bigcirc + Cl—\overset{O}{\overset{\|}{C}}—CH_3 \xrightarrow{无水 AlCl_3} \bigcirc—\overset{O}{\overset{\|}{C}}—CH_3 + HCl$$

$$\bigcirc + \begin{matrix} CH_3—\overset{O}{\overset{\|}{C}} \\ CH_3—\underset{O}{\underset{\|}{C}} \end{matrix}\!\!O \xrightarrow{无水 AlCl_3} \bigcirc—\overset{O}{\overset{\|}{C}}—CH_3 + CH_3COOH$$

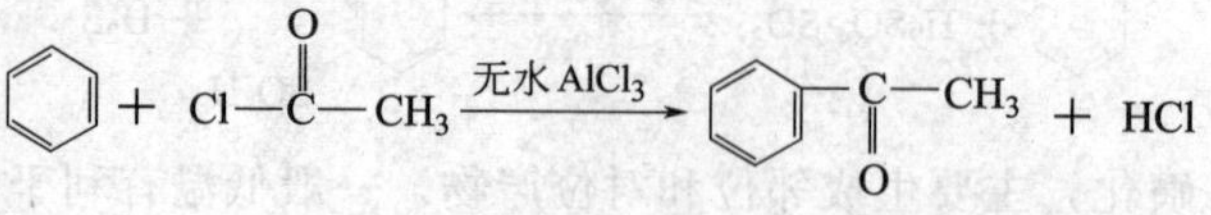

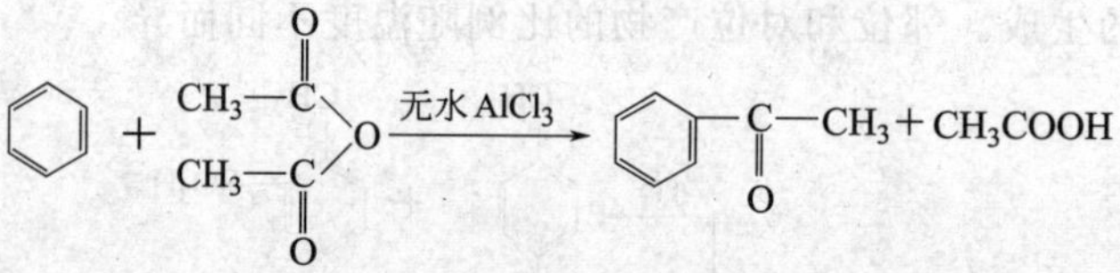

反应中提供酰基的试剂称为酰基化试剂。酰基化反应不发生异构化，因此要制备长直链烷基苯，可以通过先进行酰基化反应得到芳酮，然后再将酮羰基还原为亚甲基。例如由苯合成正丙苯，反应步骤如下：

$$\bigcirc + Cl—\overset{O}{\overset{\|}{C}}—CH_2CH_3 \xrightarrow{AlCl_3} \bigcirc—\overset{O}{\overset{\|}{C}}—CH_2CH_3$$

$$\bigcirc—\overset{O}{\overset{\|}{C}}—CH_2CH_3 \xrightarrow[HCl]{Zn-Hg} \bigcirc—CH_2CH_2CH_3$$

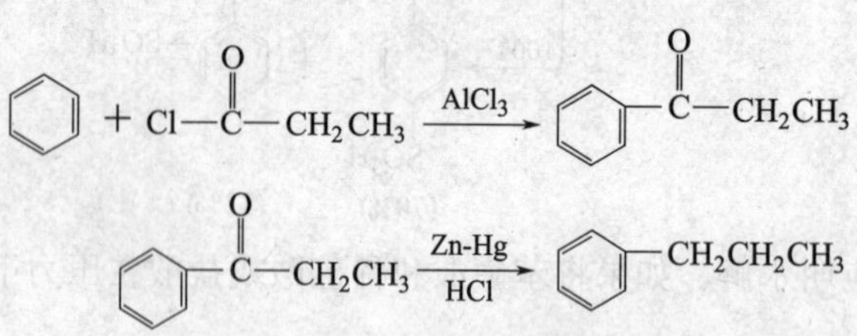

酰基化反应和烷基化反应所用催化剂相同，当苯环上连有强吸电子基，例如：

—NO$_2$、—SO$_3$H、—$\overset{O}{\overset{\|}{C}}$—CH$_3$、—CN等基团时，不发生傅-克反应。因此硝基苯是傅-克反应的良好溶剂。

2. 加成反应

苯环具有特殊的稳定性，只有在比较强烈的条件下才能起加成反应。例如：

$$\bigcirc + 3H_2 \xrightarrow[180\sim250℃]{Ni} \bigcirc$$

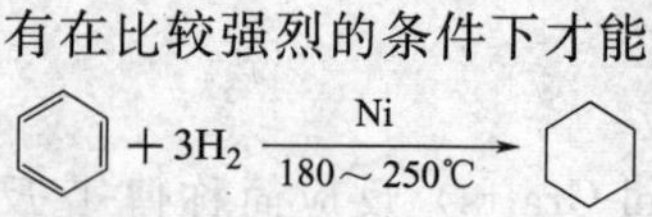

3. 氧化反应

（1）苯环氧化　高锰酸钾、重铬酸钾和硫酸、稀硝酸等都不能使苯环氧化，只有在强烈的氧化条件下，才会发生苯环氧化，苯环破裂生成顺丁烯二酸酐。这是顺丁烯二酸酐的制法。

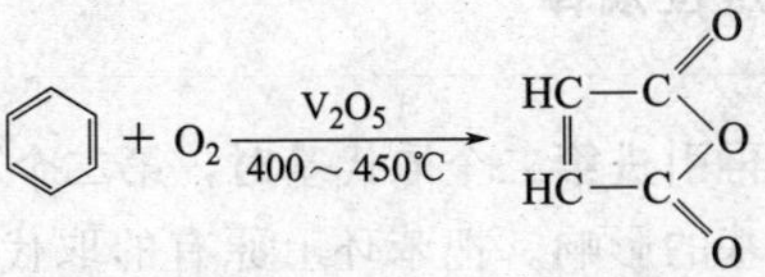

(2) 侧链氧化　具有 α-H 的烷基苯可以被高锰酸钾、重铬酸钠、硝酸等强氧化剂氧化，也可以被空气中的氧催化氧化，并且不论烃基碳链的长短，都被氧化成苯甲酸。例如：

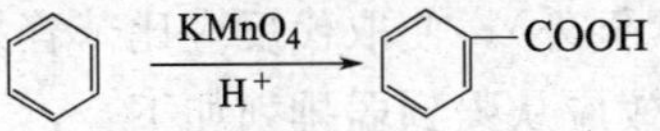

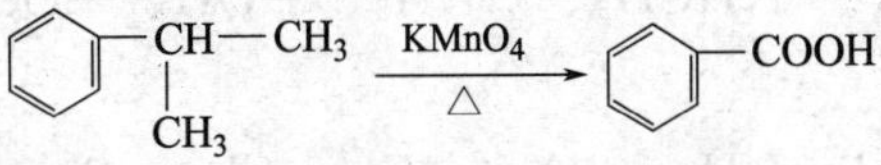

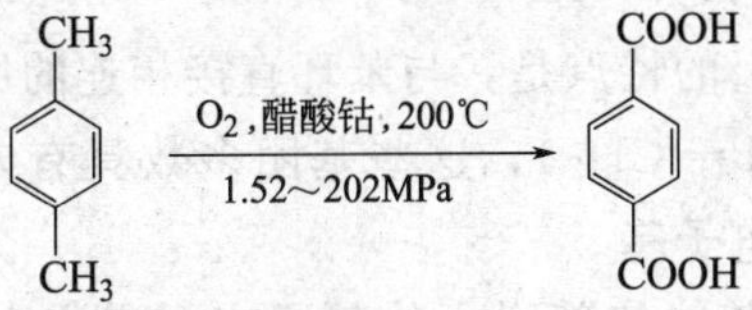

若侧链上无 α-H，一般不发生氧化反应。

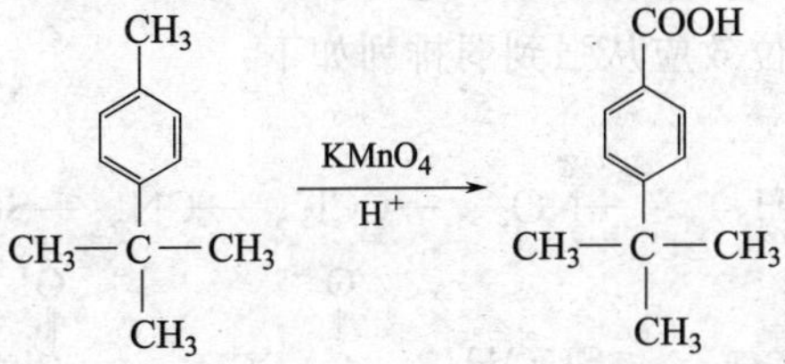

通过烷基苯的侧链氧化反应可制备芳酸，也可用于鉴别烷基苯。

五、苯环上亲电取代反应历程

苯环上的卤代、硝化、磺化、傅-克反应都属于共价键异裂的离子型反应。即由试剂中带正电荷的离子或基团（如—X^+、R^+ 等）首先进攻苯环而引起的取代反应，叫作亲电取代反应。反应历程如下所示：

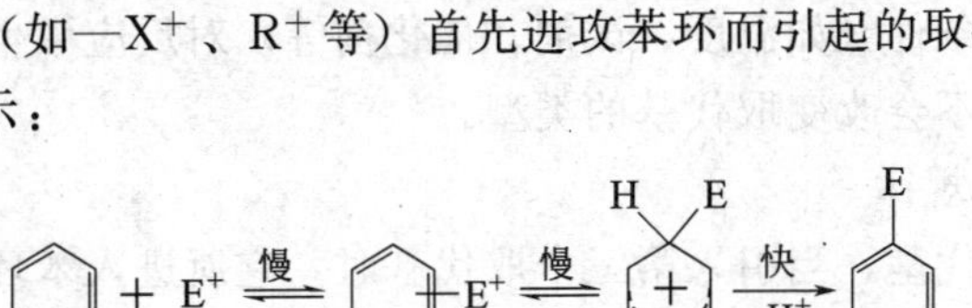

例如苯与氯在三氯化铁的催化作用下，首先生成 Cl^+ 亲电试剂，然后 Cl^+ 进攻苯环，最后很快消除一个质子而生成氯苯。

$$Cl_2 + FeCl_3 \longrightarrow Cl^+ + FeCl_4^-$$

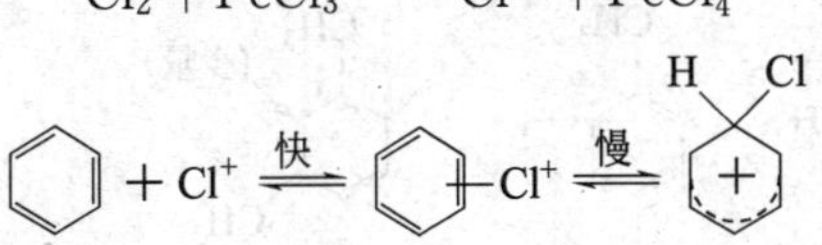

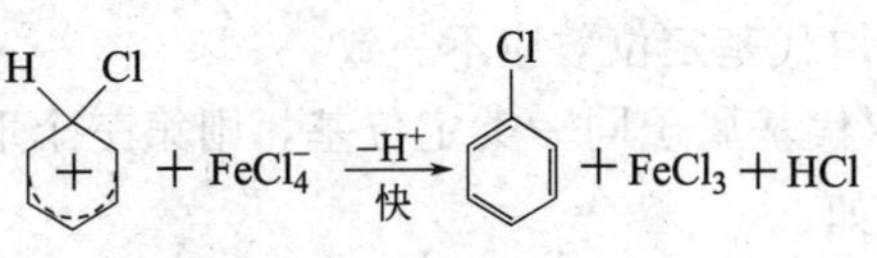

苯环的硝化、磺化、傅-克反应历程都与氯代反应类似。

六、苯环上取代反应的定位规律

1. 两类定位基

苯环上已有一个取代基，再引进第二个取代基时，第二个取代基进入苯环的位置及取代反应的难易受苯环上原有取代基的影响。把苯环上原有的取代基称为“定位基”。根据大量事实，可把苯环上的定位基按照它们的定位效应分为以下两类。

(1) 邻、对位定位基　这类定位基能使新引进的基团主要进入邻位和对位（邻位体＋对位体＞60%），同时使苯环活化（卤素例外），使取代反应比苯容易进行。

常见的邻、对位定位基按其定位效应从强到弱排列如下：

$-O^-$、$-N(CH_3)_2$、$-NHCH_3$、$-NH_2$、$-OH$、$-OCH_3$、$-NHCOCH_3$、

$-R$、$-O-\overset{O}{\overset{\|}{C}}R$、$-CH=CH_2$、$-X$（$-F$、$-Cl$、$-Br$、$-I$）、$-CH_2COOH$

上述邻、对位定位基在结构上的特点是：与苯环直接相连的原子一般都是以单键与其他原子相连（但也有例外，如$-CH=CH_2$），这些基团多数具有未共用电子对或带负电荷，大多数具有供电子的性能，是供电子基。

(2) 间位定位基　这类定位基能使新引入的基团主要进入它的间位（间位体＞40%），同时使苯环钝化，使亲电取代反应比苯难于进行。

常见的间位定位基按定位效应从强到弱排列如下：

$-\overset{+}{N}H_3$、$-\overset{+}{N}(CH_3)_3$、$-NO_2$、$-CCl_3$、$-CN$、$-SO_3H$、$-\overset{O}{\overset{\|}{C}}-H$、

$-\overset{O}{\overset{\|}{C}}-CH_3$、$-COOH$、$-\overset{O}{\overset{\|}{C}}-OCH_3$、$-\overset{O}{\overset{\|}{C}}-NH_2$

这类定位基的结构特点是：与苯环直接相连的原子，一般都是以双键或三键与其他原子相连或带正电荷（但也有例外的，如$-CCl_3$等），它们都具有很强的吸电子性能，是吸电子基。

应注意的是，反应条件（如温度、试剂、催化剂等）对反应中生成的各种异构体的比例有一定的影响，但一般不会改变取代基的类型。

2. 二取代苯的定位规律

苯环上已有两个取代基，当引入第三个取代基时，它所进入苯环的位置应由苯环上原有的两个取代基来决定，可以有下几种情况。

(1) 苯环上原有的两个取代基定位效应一致　苯环上原有的两个取代基定位效应一致时，则按一元取代苯的定位规律来决定第三个取代基进入苯环的位置。例如：

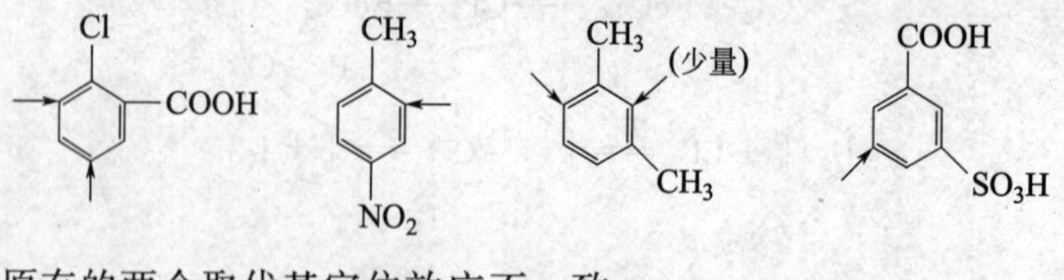

(2) 苯环上原有的两个取代基定位效应不一致

① 苯环上原有的两个取代基属于同一类定位基，则第三个取代基进入苯环的位置应主要由强的定位基来决定。例如：

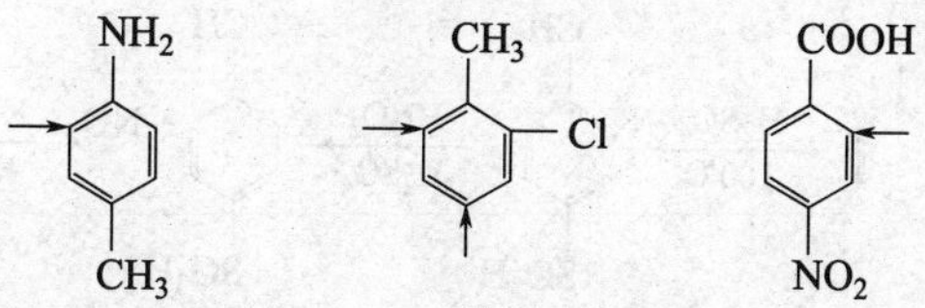

② 苯环上原有的两个取代基属于不同类定位基，则第三个取代基进入苯环的位置应由邻对位定位基来决定。例如：

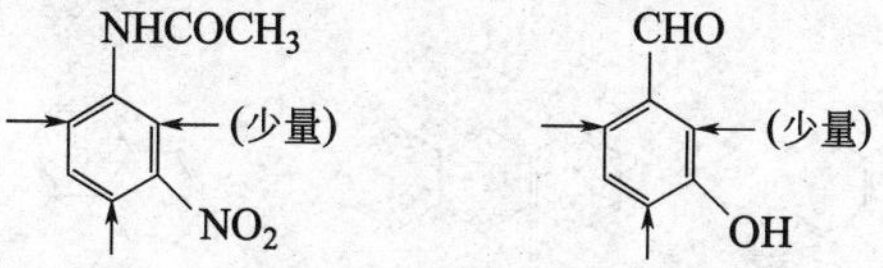

这是因为邻对位定位基使苯环活化，使亲电取代反应容易进行。

3. 定位规律的应用

苯环上亲电取代反应的定位规律，可以用于合成多取代苯，预测反应的主要产物和设计合理的合成路线。

(1) 预测反应产物　例如硝基苯的溴代，硝基是间位定位基，因而主要产物是间硝基溴苯：

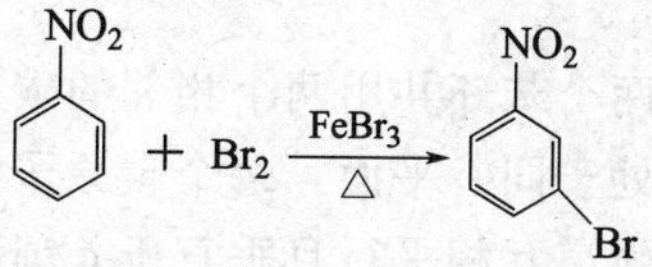

(2) 设计合理的合成路线　在有机合成中，当一种化合物有几种不同的合成路线时，应选择反应步骤少、操作简便、产品纯度及产率高的合成路线。利用定位规律可设计合理的合成路线。

例如从苯合成间硝基苯乙酮，应先进行酰基化反应再硝化，因为—NO_2 是间位定位基，是一个强的钝化基，强吸电子基，当苯环上连有这类基团时将阻止傅-克反应的进行。

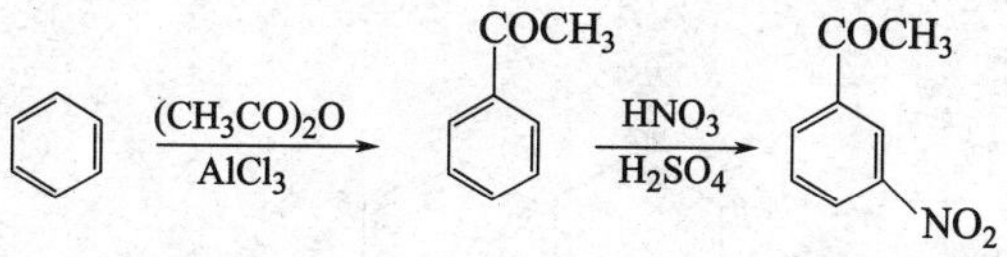

再如，由苯合成 3-硝基-4-羧基苯磺酸。

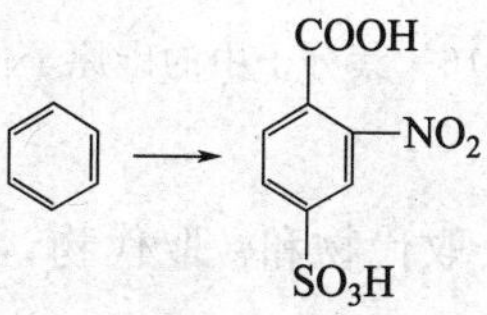

产物中含有—COOH、—NO_2、—SO_3H 三个取代基，因此必须经过烷基化、磺化、硝化、氧化四步反应。因为—COOH 是通过—R 的氧化而得到的，而—R 是邻对位定位基，可把—NO_2、—SO_3H 分别引入它的邻位和对位，因此第一步应先进行烷基化反应，第二步应为磺化反应。这是因为磺化反应在较高温度进行时，反应产物以对位为主，然后硝化，最后进行氧化反应，这样既保证了产品的质量又提高了产率。合成路线如下：

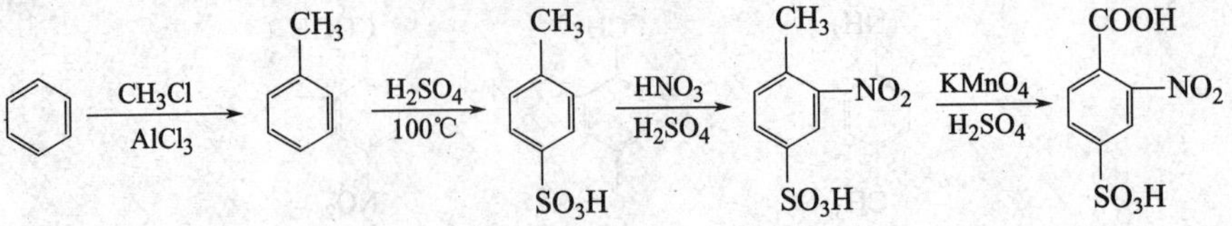

七、稠环芳烃

分子中含有两个或两个以上苯环彼此间通过共用两个相邻碳原子稠合而成的芳烃，称为稠环芳烃。例如：

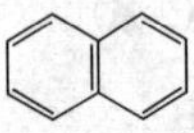
萘

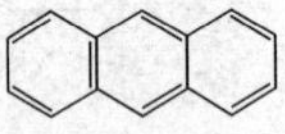
蒽

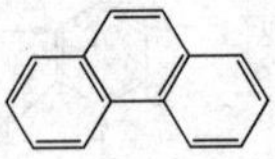
菲

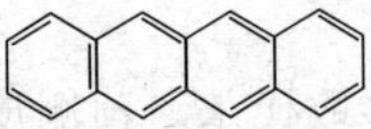
并四苯

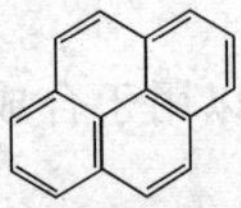
芘

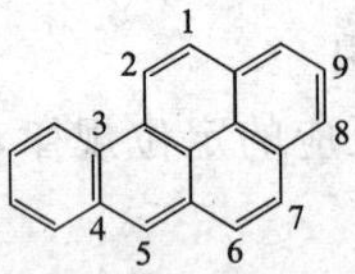

3,4-苯并芘（致癌物）

萘是最简单最重要的稠环芳烃，本节主要讨论萘。

1. 萘的结构

萘的分子式为 $C_{10}H_8$，是由两个苯环共用两个相邻的碳原子稠合而成的。与苯相似，萘环具有平面结构，所有的原子都处于同一平面，每个碳原子都是以 sp^2 杂化轨道与相邻的原子形成三个 σ 键，剩下的十个 p 轨道互相平行且垂直于 σ 键所在的平面，它们的对称轴相互平行，并在侧面相互重叠，形成一个闭合的共轭体系。

由于 π 电子云的离域，萘分子中无典型的碳碳单键和碳碳双键，因此萘分子比较稳定。但在萘分子中，π 电子云并没有完全平均化，在 1、4、5、8 位（称为 α 位）的碳原子电子云密度较大，而 2、3、6、7 位（称为 β 位）的碳原子电子云密度较小。萘的离域能为 251.2kJ/mol，比两个单独苯环的离域能之和低，因此萘的芳香性比苯差。萘的构造式和键长表示见图 7-15～图 7-17。

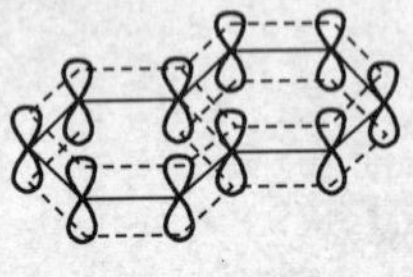
图 7-15　萘分子中的共轭 π 键

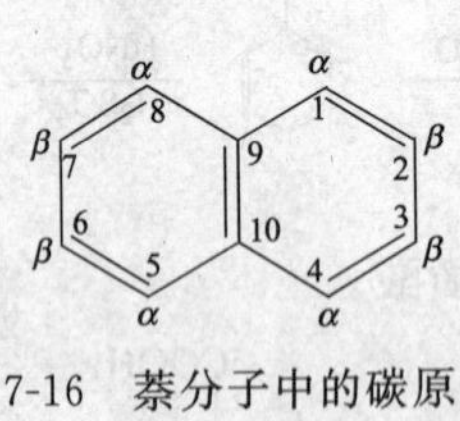

图 7-16　萘分子中的碳原子位次

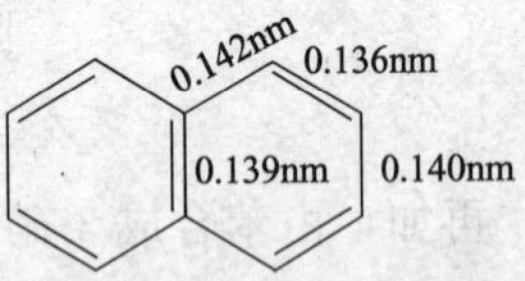

图 7-17　萘分子中的键长

2. 萘衍生物的命名

萘的一元取代物只有两种，即 α 取代物和 β 取代物，两个取代基相同的二元取代物有 10 种，不同时有 14 种。例如：

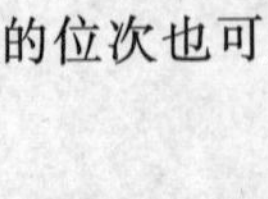

α-甲萘

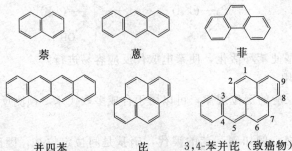

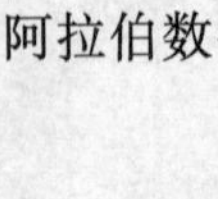

α-硝基萘

β-萘磺酸

α-萘酚

萘环上所连取代基的位次也可用阿拉伯数字来表示。例如：

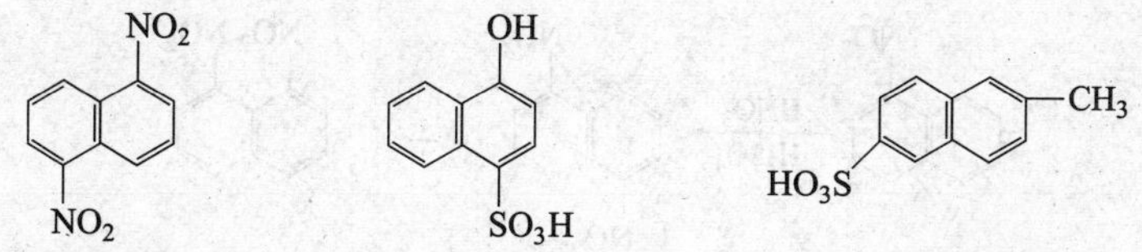

1,5-二硝基萘　　4-羟基-1-萘磺酸　　6-甲基-2-萘磺酸

3. 萘的物理性质

萘是白色有光泽的片状晶体，熔点为80℃，沸点为218℃，有特殊气味，易升华。萘是重要的化工原料之一，主要用于制造染料、农药、合成纤维等。

4. 萘的化学性质

萘的化学性质与苯相似，比苯易发生亲电取代反应、加成反应和氧化反应。

(1) 亲电取代反应　萘可以发生卤代、硝化、磺化、傅-克反应，取代基主要进入它的α位。例如：

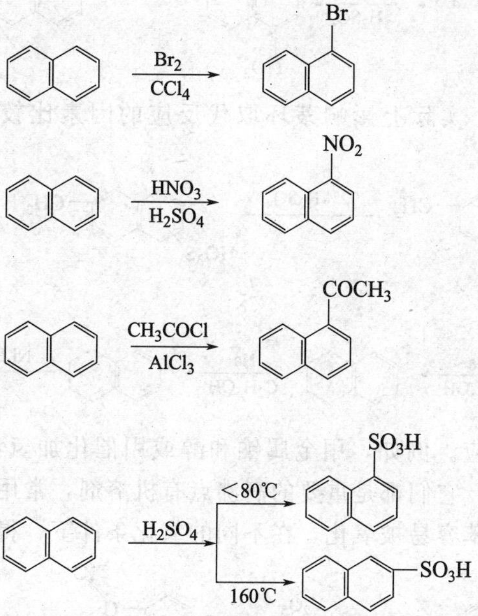

萘的亲电取代反应比苯容易，萘的溴代反应不需要催化剂，硝化在室温下就能进行，磺化反应是可逆反应，在低温下主要产物为α-萘磺酸，在较高的温度下主要产物为β-萘磺酸。由于β-萘磺酸空间位阻小，比α-萘磺酸稳定，当α-萘磺酸加热到较高温度时可以转化为β-萘磺酸。

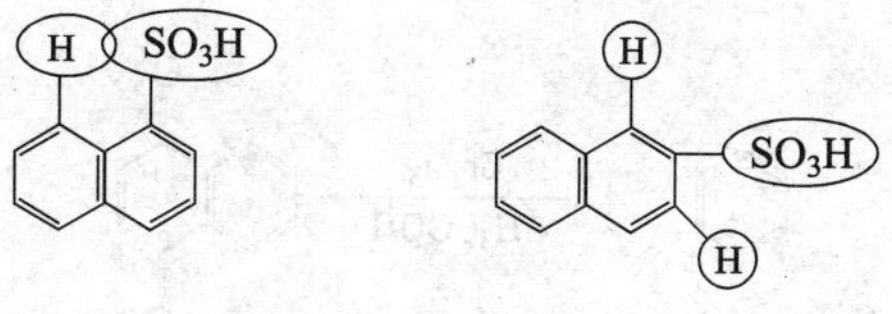

α-萘磺酸位阻大　　β-萘磺酸位阻小

一元取代萘再进行亲电取代反应时，当萘环上原有的取代基为邻对位定位基时，则发生同环取代，因为它能使得它所连的苯环活化，并且在α位上电子云密度更高。反之，当苯环上原有的取代基为间位定位基时，则发生异环取代，因为它能使得它所连的苯环钝化，而另一个环钝化程度小一点，并且在α位上电子云密度稍高一点。例如：

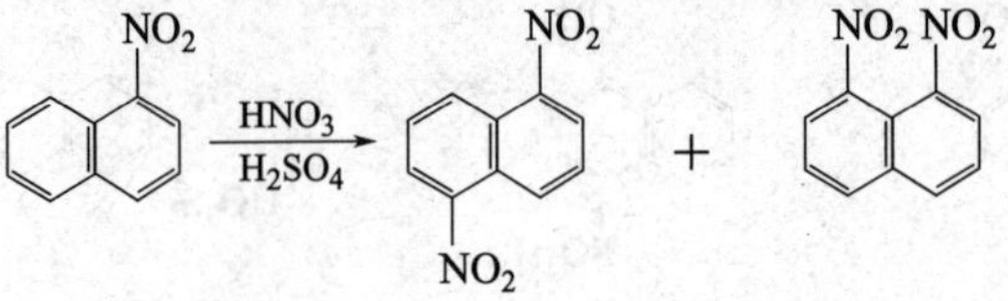

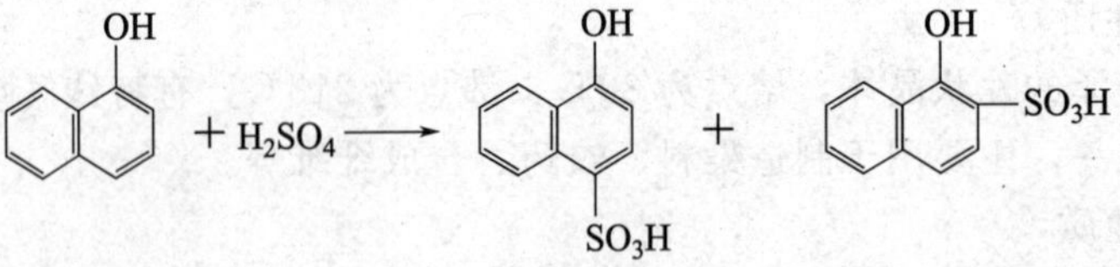

（主要产物）

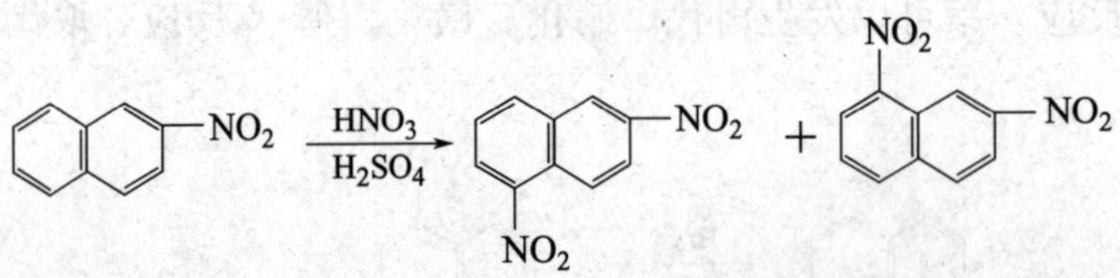

上述仅仅是一般原则，实际上影响萘环取代反应的因素比较复杂，例外情况也不少。例如：

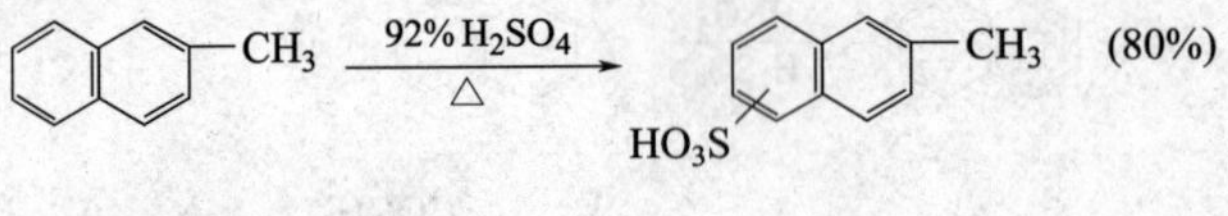

（2）加成反应

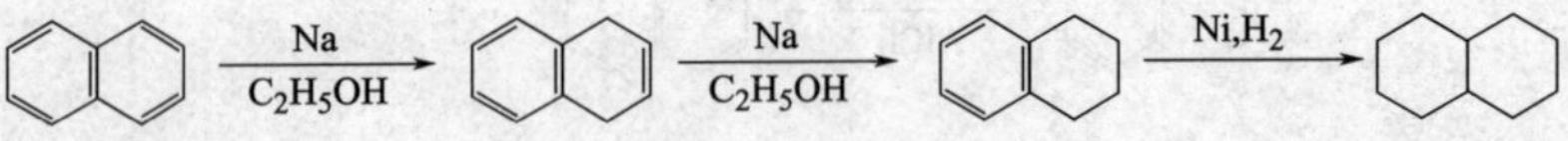

萘比苯易进行加成反应。例如，用金属钠和醇或用催化加氢法都可使萘还原为二氢化萘、四氢化萘和十氢化萘。它们都是重要的高沸点有机溶剂，常用于油漆工业。

（3）氧化反应　萘比苯容易被氧化，在不同的氧化条件下，得到的产物不同。例如：

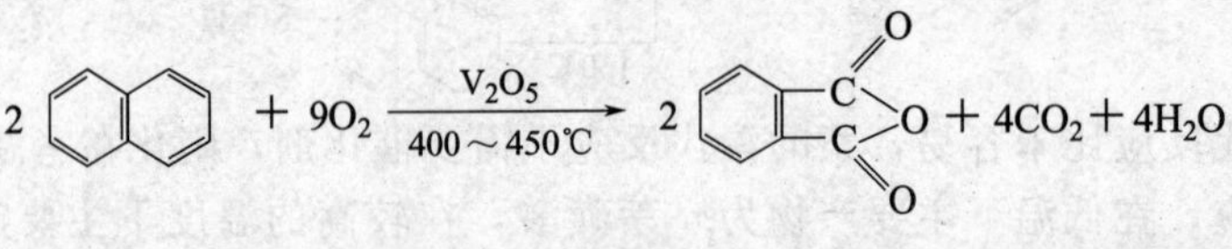

制得的邻苯二甲酸酐是重要的有机化工原料，用于合成树脂、增塑剂和染料等。

萘的氧化反应若在醋酸溶液中用氧化铬进行氧化，则其中一个环被氧化成醌，生成1，4-萘醌（或称 α-萘醌）。

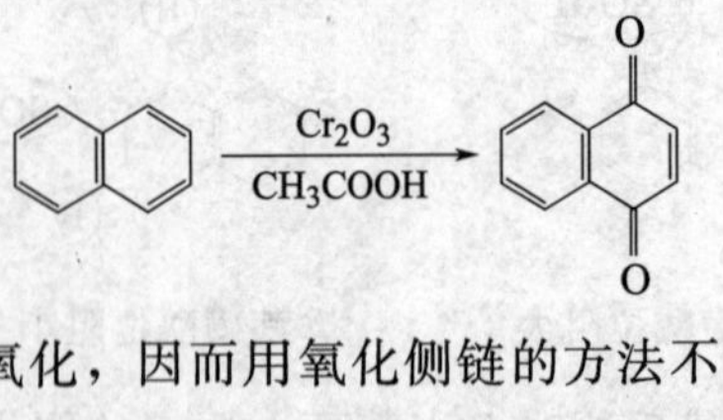

萘环一般比其侧链更容易氧化，因而用氧化侧链的方法不能得到萘甲酸。例如：

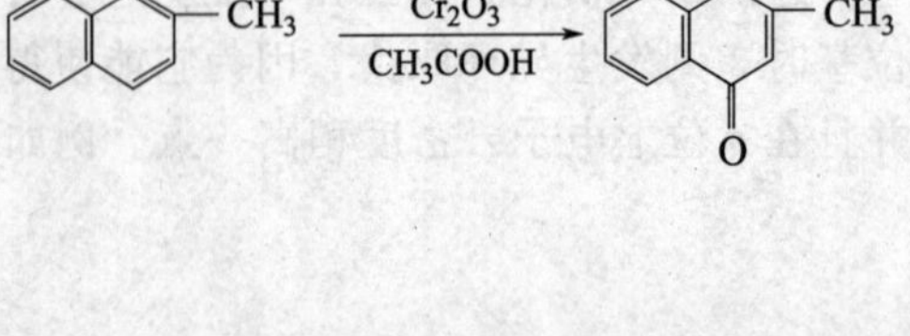

八、芳烃的制法

苯、甲苯、二甲苯、萘称为"三苯一萘",是合成塑料、合成纤维、合成橡胶、医药、农药、炸药、染料等工业的基本原料,它们的用途广泛,需求量大,工业上主要从煤焦油分馏提取和由石油的芳构化得到。

1. 煤焦油的分馏

煤的干馏除了得到焦炭外,还得到焦炉气和煤焦油,分馏煤焦油可以得到芳烃及其衍生物。煤焦油是黑褐色黏稠的油状物,组成十分复杂,估计含有一万种以上的有机物,目前已分离鉴定的有 480 种以上。煤焦油的分离,主要采用分馏法和精馏法,逐步把各种组分分离,各馏分的温度范围及所含组分见表 7-9。

表 7-9　煤焦油的分馏产品

馏　　分	分馏温度/℃	比率/%	主要成分
轻油	<180	1~3	苯、甲苯、二甲苯
中油	180~230	10~12	萘、苯酚、甲苯酚、吡啶
杂酚油(重油)	230~270	10~15	萘、甲苯酚、喹啉
蒽油(绿油)	270~360	15~20	蒽、菲
沥青	>360	40~50	游离碳

2. 石油的芳构化

近年来,随着石油化工的迅速发展,仅从煤焦油分离出来的芳烃远远不能满足工业上的需要,石油芳构化已成为芳烃的主要工业来源。

从石油制取芳烃的原料是轻汽油中含 6~8 个碳原子的烃类(烷烃、环烷烃),在铂催化剂的作用下,于高温(450℃)和一定的压力(2.5MPa)下进行脱氢、异构化、环化等一系列复杂的化学反应而转变为芳烃,这种转化称为石油的芳构化。这种在铂催化剂的作用下,将烷烃、环烷烃的分子结构重新调整而转变为芳烃的工艺过程,称为铂重整。铂重整的结果可使芳烃的含量由原来的 2% 增加到 50%~60%。

重整芳构化的过程比较复杂,主要包括下列化学反应。

(1) 环烷烃脱氢生成芳烃。例如:

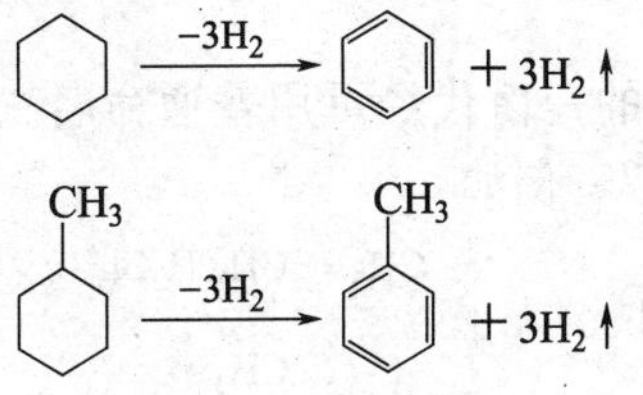

(2) 环烷烃的异构化、脱氢生成芳烃。例如:

(3) 烷烃脱氢环化、再脱氢生成芳烃。例如:

$$CH_3(CH_2)_4CH_3 \xrightarrow[\text{环化}]{-H_2} \text{⬡} \xrightarrow{-3H_2} \text{⬡} + 3H_2\uparrow$$

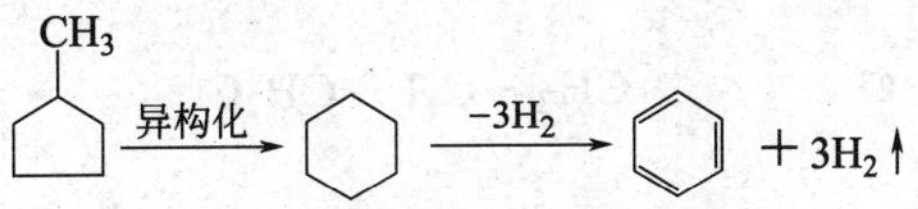

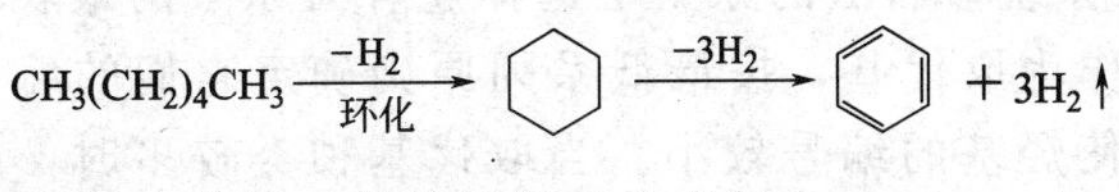

此外,从裂解焦油中提取芳烃也是芳烃的工业来源之一。

第七节 卤 代 烃

烃分子中的氢原子被卤素（氟、氯、溴、碘）取代生成的化合物称为卤代烃。它的通式为 R—X 或 Ar—X，卤素（—X）是卤代烃的官能团。

卤代烃在自然界存在极少，大多数是人工合成的，但由于它在工农业及日常生活中应用广泛，例如可以用作溶剂、冷冻剂、农药、灭火剂及麻醉剂等，因此在有机合成中占有重要地位。

一、卤代烃的分类与命名

1. 卤代烃的分类

卤代烃的种类很多，按烃基结构的不同，可分为饱和卤代烃（即卤代烷烃）、不饱和卤代烃（即卤代烯烃）和芳香族卤代烃（即卤代芳烃）。例如：

$R—CH_2—X$　　$R—CH═CH—X$　　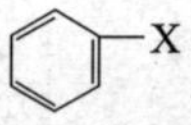

卤代烷烃（饱和卤代烃）　卤代烯烃（不饱和卤代烃）　卤代芳烃（芳香族卤代烃）

按分子中所含卤原子数目的多少，可分为一卤代烃和多卤代烃。例如：

$R—CH_2—X$　　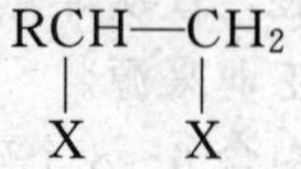　　CHX_3

一卤代烃　二卤代烃　三卤代烃

按卤原子所连碳原子的种类不同，可分为伯卤代烃、仲卤代烃和叔卤代烃。例如：

$R—CH_2—X$　　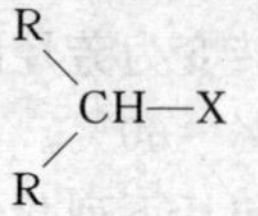　　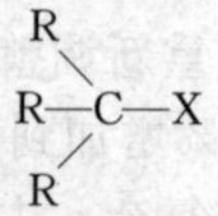

伯卤代烃（一级卤代烃）　仲卤代烃（二级卤代烃）　叔卤代烃（三级卤代烃）

2. 卤代烃的命名

(1) 普通命名法　结构简单的一卤代烃可用普通命名法命名。它是根据卤原子相连的烃基名称命名的，称为“某烃基卤”。例如：

$CH_3CH_2CH_2CH_2Cl$　　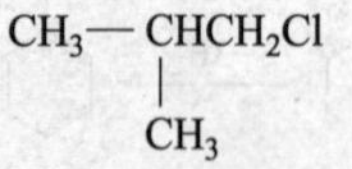　　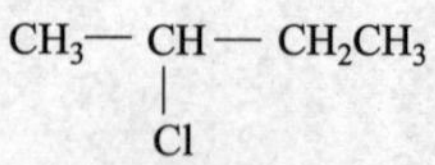

（正）丁基氯　异丁基氯　仲丁基氯

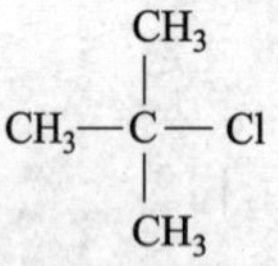　　$CH_2═CH—CH_2Cl$　　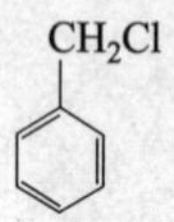

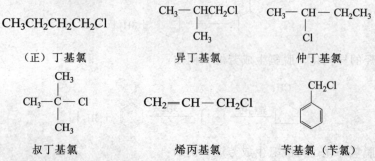

叔丁基氯　烯丙基氯　苄基氯（苄氯）

(2) 系统命名法　系统命名法的原则是选择连有卤原子的最长碳链作为主链，把烃基作为母体，卤原子作为取代基，按最低系列原则确定它们的编号。若卤素和烃基支链有相同的编号，则使烃基的编号较小。当取代基种类较多时，应将取代基按“次序规则”排列。

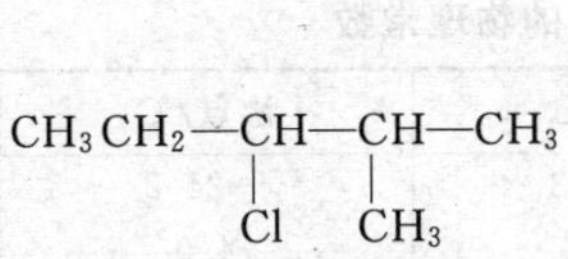

2-甲基-3-氯戊烷

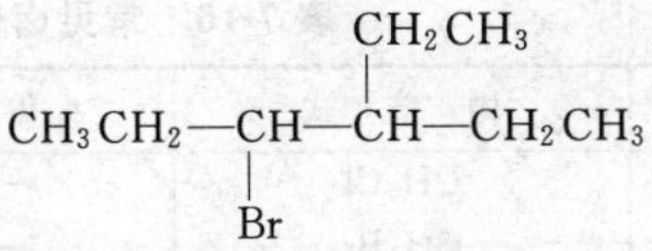

3-乙基-4-溴己烷

不饱和卤代烃的命名，则将含有卤原子和不饱和键的最长碳链作为主链，把不饱和烃基作为母体，卤原子作为取代基，并尽量使不饱和键的位次最小。例如：

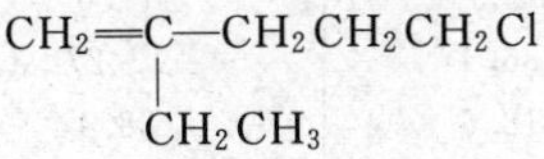

2-乙基-5-氯-1-戊烯

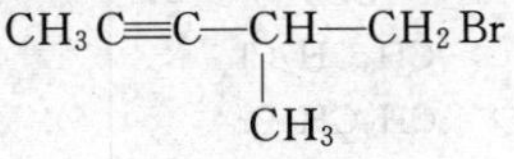

4-甲基-5-溴-2-戊炔

卤原子连在芳环侧链上的卤代芳烃，则以脂肪基为母体来命名。例如：

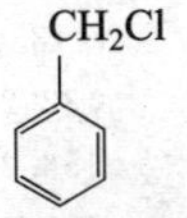

苯氯甲烷

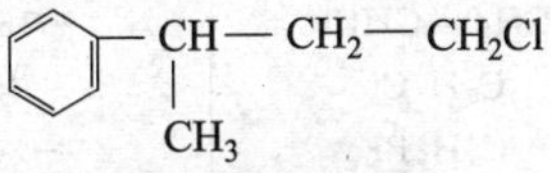

2-苯基-4-氯丁烷

某些多卤代烃常使用俗名。例如：

$CHCl_3$	$CHBr_3$	CHI_3	CCl_4
氯仿	溴仿	碘仿	四氯化碳

二、卤代烷

1. 卤代烷的物理性质

除氯甲烷、氯乙烷、溴甲烷为气体外，其余的卤代烷多为液体，十五个碳原子以上的卤代烷为固体。直链一卤代烷的沸点随着碳原子数的增加而有规律地升高，比相应的烷烃高。这是因为C—X键具有极性，从而增加了分子间的引力。烷基相同的卤代烷中，沸点的次序为：RI>RBr>RCl。同分异构体的沸点次序为：1°RX>2°RX>3°RX，即支链越多沸点越低。

一卤代烷的相对密度大于相应的烷烃。一氯代烷的相对密度小于1，一溴代烷、一碘代烷及多氯代烷的相对密度大于1。烷基相同的卤代烷，相对密度的次序为：RI>RBr>RCl。

卤代烷不溶于水，易溶于醇、醚等有机溶剂中。

纯净的一卤代烷都是无色的，但碘烷易分解产生游离碘，故长期放置的碘代烷带有红色和棕色。

$$2RI \xrightarrow{光} R—R + I_2$$

因此碘代烷在贮存时要放在棕色瓶中，如碘代烷已经带色，加一滴水银用力振摇，就可去色。

卤代烷的蒸气有毒，尤其是含氯、含碘的卤代烷可通过皮肤吸收，因此使用时应特别小心。

低级卤代烷在铜丝上燃烧时产生绿色火焰，可作为鉴定卤代烷的简便方法。一些常见卤代烷的物理常数见表7-10。

2. 卤代烷的化学性质

(1) 取代反应　卤代烷中的卤原子被其他原子或原子团所替换的反应称为取代反应。

① 水解　卤代烷与水作用生成醇。

$$R—X + HOH \rightleftharpoons R—OH + HX$$

表 7-10 常见卤代烷的物理常数

名称	构造式	熔点/℃	沸点/℃	相对密度
氯甲烷	CH_3Cl	−97.73	−24.2	0.920
溴甲烷	CH_3Br	−93.6	4.0	1.732
碘甲烷	CH_3I	−66.45	42.5	2.279
二氯甲烷	CH_2Cl_2	−96.0	40.0	1.326
三氯甲烷	$CHCl_3$	−64.0	61.3	1.489
四氯化碳	CCl_4	−22.9	77.0	1.594
氯乙烷	CH_3CH_2Cl	−136.4	12.27	0.898
溴乙烷	CH_3CH_2Br	−118.6	38.4	1.460
碘乙烷	CH_3CH_2I	−108.0	72.3	1.936
1-氯丙烷	$CH_3CH_2CH_2Cl$	−122.8	46.6	0.890
2-氯丙烷	$CH_3CHClCH_3$	−117.2	35.74	0.862
氯乙烯	$CH_2{=}CHCl$	−159.8	−13.4	0.9107
氯苯	C_6H_5Cl	−45.2	132.2	1.105
溴苯	C_6H_5Br	−30.8	156.2	1.495
碘苯	C_6H_5I	−29.0	188.3	1.62

该反应是可逆的。通常将卤代烷与强碱（氢氧化钠或氢氧化钾）溶液共热，使生成的HX被碱中和，以利于反应向右进行。

$$R{-}X+NaOH \xrightarrow{\triangle} R{-}OH+NaX$$

上述方法用于制备醇没有普遍意义，因为在自然界，卤代烷极少，一般需通过醇来制备，但卤代烷的水解在理论上为研究亲核取代反应历程却提供了很多重要的资料。

② 醇解　卤代烷与醇钠在乙醇中反应生成醚，这个反应称为威廉森合成法，是制备混醚最常用的方法。

$$R{-}X+NaOR' \xrightarrow{\text{乙醇}} R{-}O{-}R'+NaX$$

③ 氰解　卤代烷与氰化钠或氰化钾在醇溶液中共热生成腈。

$$R{-}X+NaCN \xrightarrow[\triangle]{\text{乙醇}} R{-}CN+NaX$$

这是制备腈的方法之一，当卤代烷转变为腈时，分子中增加一个碳原子，因此它也是有机合成中增长碳链的方法之一。—CN 可进一步转化为—COOH、$-CH_2NH_2$、$-CONH_2$等，因此也可通过此法制备羧酸、胺、酰胺等。

④ 氨解　卤代烷与氨反应生成胺。通常产物为伯胺、仲胺、叔胺的混合物。当氨过量时可生成伯胺。

$$R{-}X+HNH_2 \longrightarrow RNH_2+HX \longrightarrow RNH_2\cdot HX$$

⑤ 与硝酸银的作用　卤代烷与硝酸银的醇溶液作用，生成硝酸酯和卤化银沉淀。

$$R{-}X+Ag{-}ON_2O \xrightarrow{\text{乙醇}} R{-}O{-}NO_2+AgX\downarrow$$

【演示实验 7-5】 在三支试管中，分别加入5滴正丁基氯、5滴仲丁基氯、5滴叔丁基氯。然后在每支试管中分别加入1mL 1%硝酸银的乙醇溶液。约5min后，再把没有出现沉淀的试管放在水浴里加热至沸腾，并记录出现沉淀的时间。

这是鉴别卤代烷的方法，其反应活性是：叔卤烷＞仲卤烷＞伯卤烷。叔卤代烷与硝酸银的乙醇溶液反应，立刻生成卤化银沉淀，伯卤代烷最慢，需加热才能产生卤化银沉淀。另外，卤代烷的种类不同，与硝酸银醇溶液的反应活性也不同，例如溴代烷、氯代烷、碘代烷的反应活性为：RI＞RBr＞RCl。

（2）消除反应　卤代烷与氢氧化钾或氢氧化钠醇溶液作用脱去一分子 HX 生成烯烃。这种类型的反应称为消除反应。

$$R-\underset{H}{\overset{\beta}{C}H}-\underset{X}{\overset{\alpha}{C}H_2}\xrightarrow[\triangle]{KOH-C_2H_5OH}RCH=CH_2+KX+H_2O$$

由于上述消除反应是从 β 碳上脱去氢原子，所以也称 β-消除反应。

卤代烷脱 HX 的难易程度与烃基的结构有关。一般叔卤烷最容易，仲卤烷次之，伯卤烷脱 HX 最难。仲卤烷和叔卤烷消除 HX 的反应可以在碳链的两个不同方向进行，从而得到两种不同的产物。例如：

$$CH_3-\underset{H}{CH}-\underset{Br}{CH}-\underset{H}{CH_2}\xrightarrow[\triangle]{KOH-C_2H_5OH}\underset{(81\%)}{CH_3CH=CHCH_3}+\underset{(19\%)}{CH_3CH_2CH=CH_2}$$

$$\underset{H}{CH_2}-\underset{Br}{\overset{CH_3}{C}}-\underset{H}{CH}-CH_3\xrightarrow[\triangle]{KOH-C_2H_5OH}\underset{(71\%)}{CH_3-\overset{CH_3}{C}=CH-CH_3}+\underset{(29\%)}{CH_2=\overset{CH_3}{C}-CH_2CH_3}$$

实验证明，生成的主要产物是双键碳原子上含有烃基最多的烯烃，也就是说，仲卤烷和叔卤烷脱 HX 时，氢原子是从含氢较少的 β 碳上脱去，此经验规律称为查依采夫规则。

（3）与金属镁的反应　卤代烷与金属镁在无水溶剂（常用无水乙醚或无水四氢呋喃）中反应生成有机镁化合物——烷基卤化镁，通常称为格利雅（Grignard）试剂，简称格氏试剂，一般用 RMgX 表示。

$$RX+Mg\xrightarrow{无水乙醚}RMgX$$

在格氏试剂中，由于C—Mg 键是强极性共价键，因此非常活泼，能与许多含活泼氢的化合物反应生成烷烃。例如：

$$CH_3-MgX\xrightarrow{HOH}CH_4+Mg\begin{cases}OH\\X\end{cases}$$

$$CH_3-MgX\xrightarrow{HOR}CH_4+Mg\begin{cases}OR\\X\end{cases}$$

$$CH_3-MgX\xrightarrow{HX}CH_4+MgX_2$$

$$CH_3-MgX\xrightarrow{H-NHR}CH_4+Mg\begin{cases}NHR\\X\end{cases}$$

上述反应是定量进行的，有机分析中常用甲基碘化镁反应，定量测定甲烷的体积，计算活泼氢的含量。由于格氏试剂遇到含有活泼氢的化合物立即分解，所以制备时所用的乙醚必须是无水无醇的。另外在保存时除防止水汽、醇、酸、氨等外，还必须隔绝空气，因为在室温下格氏试剂易与空气中的氧反应而变质。

$$RMgX+O_2\longrightarrow ROMgX\xrightarrow{H_2O}ROH+Mg(OH)X$$

格氏试剂还可与二氧化碳、醛、酮等多种试剂反应生成相应的羧酸、醇等化合物，它是有机合成中非常重要的试剂。

3. 卤代烷亲核取代反应历程

卤代烷的水解、醇解、氰解、氨解、与硝酸银作用的取代反应，都是由负离子（OH^-、OR^-、CN^-、ONO_2^-）或具有未共用电子对的中性分子（具有亲核性能的试剂），进攻 C—X 键中带部分正电荷的碳原子所引起的取代反应，称为亲核取代反应，通常用 S_N 表示。

在亲核取代反应中研究最多的是卤代烷的水解。根据化学动力学的研究以及其他许多实验证明，亲核取代反应可按两种历程进行。

（1）单分子亲核取代反应（S_N1）历程　实验证明，叔丁基溴的水解反应速率只与叔丁基溴的浓度有关，而与亲核试剂 OH^- 的浓度无关，即增加碱的浓度对反应速率没有影响。

$$
\underset{\underset{CH_3}{|}}{\overset{\overset{CH_3}{|}}{CH_3-C-Br}} + OH^- \longrightarrow \underset{\underset{CH_3}{|}}{\overset{\overset{CH_3}{|}}{CH_3-C-OH}} + Br^-
$$

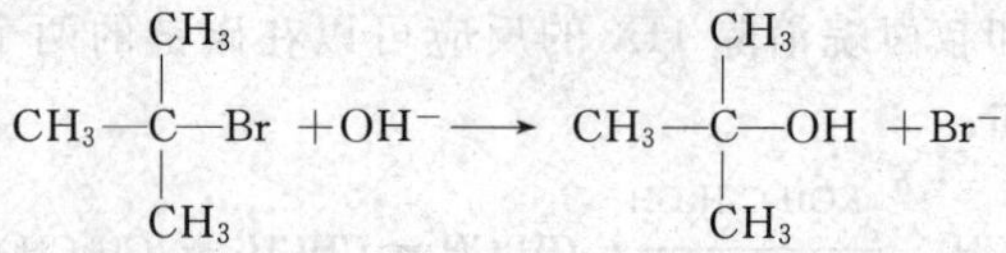

上述反应分两步进行：第一步是叔丁基溴在极性溶剂的影响下，C—Br 键断裂，生成叔丁基碳正离子和溴负离子，反应过程中还经历了一个能量较高的过渡态。

$$
\underset{\underset{CH_3}{|}}{\overset{\overset{CH_3}{|}}{CH_3-C-Br}} \xrightarrow{\text{慢}} \left[\underset{\underset{CH_3}{|}}{\overset{\overset{CH_3}{|}}{CH_3-C\overset{\delta+\ \ \delta-}{---}Br}} \right] \longrightarrow \underset{\underset{CH_3}{|}}{\overset{\overset{CH_3}{|}}{CH_3-C^+}} + Br^-
$$

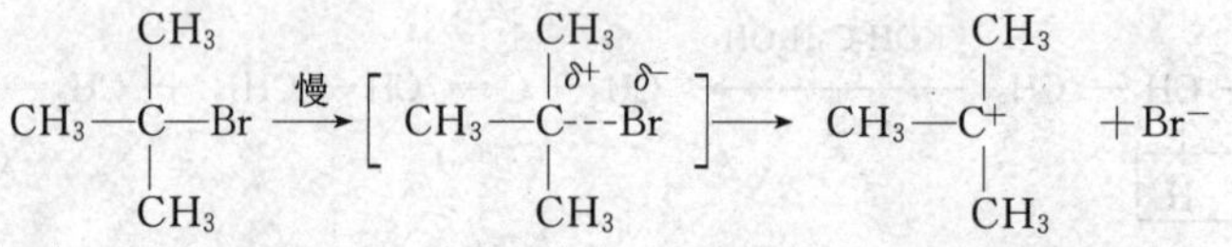

过渡态　　　　碳正离子

这里生成的碳正离子性质活泼，寿命短，所以称为活性中间体。

第二步是生成的叔丁基碳正离子立即与试剂 OH^- 作用生成水解产物——叔丁醇。

$$
\underset{\underset{CH_3}{|}}{\overset{\overset{CH_3}{|}}{CH_3-C^+}} + OH^- \longrightarrow \left[\underset{\underset{CH_3}{|}}{\overset{\overset{CH_3}{|}}{CH_3-C\overset{\delta+\ \ \delta-}{---}OH}} \right] \longrightarrow \underset{\underset{CH_3}{|}}{\overset{\overset{CH_3}{|}}{CH_3-C-OH}}
$$

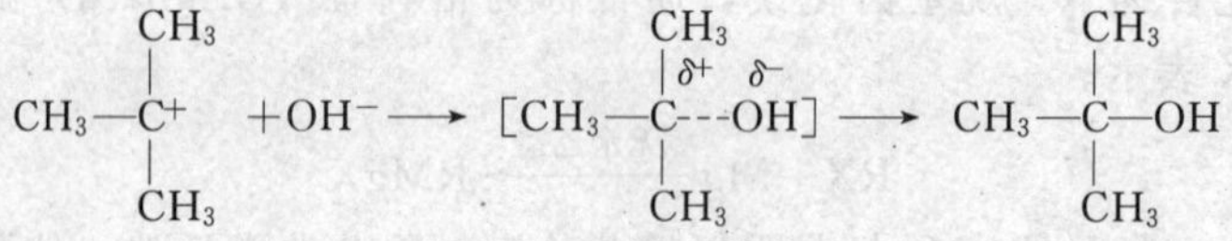

过渡态

上述第一步反应是决定整个反应速率的步骤，而这一步反应速率是与反应物卤代烷的浓度成正比的，所以整个反应速率只与卤代烷的浓度有关，而与试剂 OH^- 的浓度无关。在决定反应速率的这一步骤中，发生共价键变化的只有一种分子，所以称作单分子反应历程。单分子亲核取代反应常用 S_N1 来表示。

综上所述，S_N1 反应的特点是：反应分两步进行，反应速率只与卤代烷的浓度有关，而与亲核试剂的浓度无关，反应过程中有活性中间体——碳正离子生成。

（2）双分子亲核取代反应（S_N2）历程　实验证明，甲基溴的水解反应速率不仅与卤代烷的浓度有关，也与亲核试剂 OH^- 的浓度有关。

$$CH_3-Br + OH^- \longrightarrow CH_3OH + Br^-$$

所以称为双分子亲核取代反应，用 S_N2 表示。反应历程为：

$$
OH^- + \overset{H}{\underset{H}{\overset{|}{\underset{|}{C}}}}\overset{\alpha}{}-Br \longrightarrow HO\overset{\delta-}{---}\overset{H}{\underset{H}{\overset{|}{\underset{|}{C}}}}\overset{\alpha}{}\overset{\delta-}{---}Br \longrightarrow HO-\overset{H}{\underset{H}{\overset{|}{\underset{|}{C}}}} + Br^-
$$

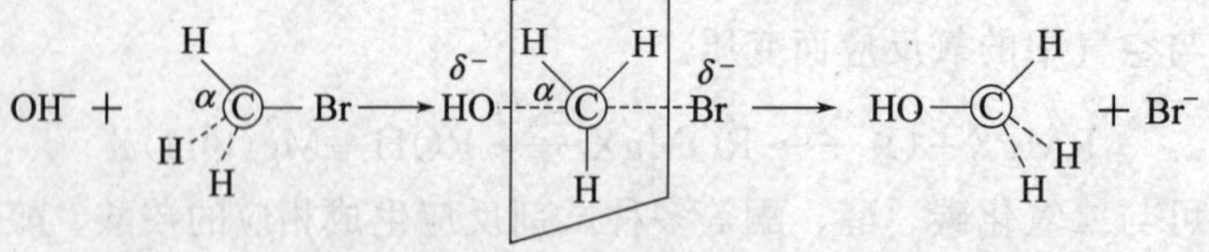

上述反应不分阶段，即一步完成。在反应过程中，当 OH^- 进攻中心碳原子时，为了减小 OH^- 与 Br^- 之间的斥力，必须避开带有部分负电荷的溴而从其背后沿 C—Br 键轴接近碳

原子，并开始部分成键。这个过程是 C—Br 键逐渐伸长变弱但尚未完全断裂，C—O 键尚未完全形成的过程，称为过渡态，过渡态中的 C—Br 键和 C—O 键常用虚线表示。

在形成过渡态的过程中，中心碳原子由 sp^3 杂化转变为 sp^2 杂化，因此中心碳原子与三个氢原子在同一个平面上，OH^-、中心碳原子和 Br^- 在一条直线上，平面与直线互相垂直，最后 C—O 键完全形成，C—Br 键完全断裂，生成水解产物甲醇及 Br^-。

在整个反应过程中，甲基溴分子中的三个氢原子从左边翻转到右边，像一把伞被风吹翻一样。这种转化过程称为构型翻转，也叫瓦尔登转化。

综上所述，S_N2 反应历程的特点是：反应连续、不分阶段，旧键的断裂和新键的形成同时进行，并伴随有瓦尔登转化，反应速率与卤代烷和亲核试剂的浓度都有关系。

（3）影响亲核取代反应的因素

① 烷基的影响　前面讨论了烃基结构不同对 S_N1 反应和 S_N2 反应有影响。对于 S_N1 反应，决定反应速率的一步是形成碳正离子的一步。碳正离子越稳定，反应速率越快。碳正离子的稳定次序为：

$$CH_3\overset{CH_3}{\underset{CH_3}{-\overset{|}{\underset{|}{C}}^+}}-\ >\ CH_3\overset{CH_3}{-\overset{|}{CH}}^+\ >\ CH_3CH_2^+\ >\ \overset{+}{CH_3}$$

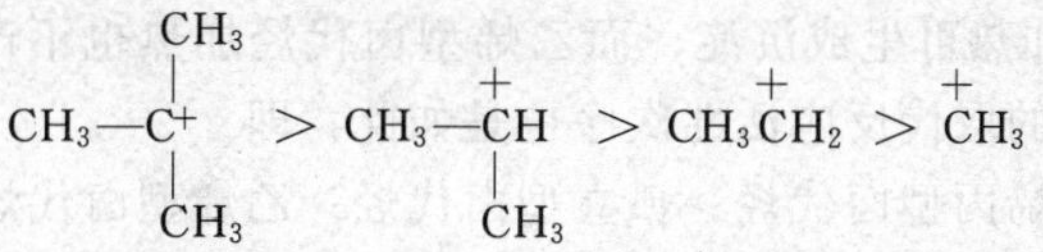

因为中心碳上所连的烷基越多，碳正离子就越稳定。大量的实验证明，不同结构的卤代烷进行 S_N1 反应时，其反应速率次序为：

$$\overset{R}{\underset{R}{R-\overset{|}{\underset{|}{C}}-X}}\ >\ \overset{R}{\underset{R}{CH-X}}\ >\ RCH_2-X\ >\ CH_3-X$$

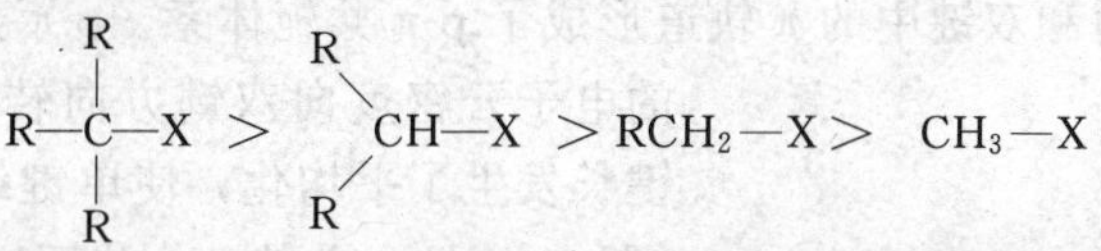

叔卤代烷　　仲卤代烷　　伯卤代烷　　甲基卤代烷

对于 S_N2 反应来讲，反应速率决定于过渡态是否容易形成。从空间效应看，中心碳上的烷基越多，拥挤程度越大，则不利于亲核试剂接近以形成过渡态。另外，从电子效应看，中心碳上的烷基越多，供电子诱导效应越强，它的正电性减弱，也不利于亲核试剂的进攻。

因此不同结构的卤代烷在进行 S_N2 反应时，其反应速率的次序为：

$$CH_3-X\ >\ RCH_2-X\ >\ \overset{R}{\underset{R}{CH-X}}\ >\ \overset{R}{\underset{R}{R-\overset{|}{\underset{|}{C}}-X}}$$

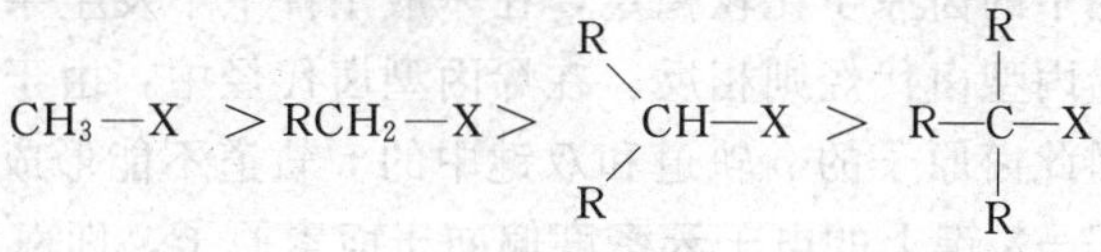

甲基卤代烷　　伯卤代烷　　仲卤代烷　　叔卤代烷

在通常情况下 S_N1 与 S_N2 两种反应总是同时并存互相竞争的，只是伯卤代烷主要进行 S_N2 反应，叔卤代烷主要进行 S_N1 反应，仲卤代烷既可按 S_N1 历程进行反应，又可按 S_N2 历程进行反应。

② 卤原子的影响　在亲核取代反应中，卤代烷中的卤原子是一个离去基团，它的离去倾向越大，取代反应就越容易进行，反应速率也越快。无论在 S_N1 中还是在 S_N2 中，卤代烷的反应速率顺序为：R—I＞R—Br＞R—Cl。

三、卤代烯烃

分子中含有 C＝C 双键的卤代烃称为卤代烯烃。在卤代烯烃中由于碳链不同以及卤原子和双键的位置不同也可以产生同分异构现象。

1. 卤代烯烃的分类

卤代烯烃分子中含有卤原子和碳碳双键两个官能团，由于它们的相对位置不同时，相互影响也不同，从而使卤原子的活性也有很大的差别。通常根据它们的相对位置可把一卤代烯烃分为以下三类。

（1）乙烯型卤代烃　卤原子直接和双键碳原子相连的卤代烯烃，如 $CH_2=CH-Cl$。这类化合物的卤原子很不活泼，在一般条件下不发生取代反应。

（2）烯丙型卤代烃　卤原子和双键相隔一个饱和碳原子的卤代烯烃，如 $CH_2=CH-CH_2Cl$。这类化合物的卤原子很活泼，很容易进行亲核取代反应。

（3）孤立型卤代烃（隔离型卤代烃）　卤原子与双键相隔两个或两个以上饱和碳原子的卤代烯烃，如 $CH_2=CHCH_2CH_2Cl$。这类化合物的卤原子和双键相隔较远，相互影响较小，因而卤原子的活泼性基本上和卤代烷中的卤原子相似。

2. 双键位置对卤原子活泼性的影响

卤素和碳碳双键的位置不同，卤原子表现出不同的化学活性。将各类卤代烯烃和硝酸银的醇溶液作用，烯丙型卤代烯烃在室温下立刻生成 AgCl 沉淀；隔离型卤代烃在室温下一般不生成 AgCl 沉淀，但加热可生成沉淀；而乙烯型卤代烃加热也不产生 AgCl 沉淀。三类卤代烯烃与其他亲核试剂的取代反应活性次序也是如此，即

烯丙型卤代烃＞孤立型卤代烃＞乙烯型卤代烃

为什么三类卤代烯烃的卤原子反应活性差异显著？这可从结构上得到解释。

（1）氯乙烯　乙烯型卤代烃中的卤原子直接和 sp^2 杂化的双键碳相连，因此卤原子具有未共享电子对的 p 轨道和双键中的 π 轨道形成了 p-π 共轭体系。p-π 共轭的结果使卤原子上的电子云密度向双键方向转移，电子离域的结果，键长发生了平均化，使单键缩短，双键加长。例如 $CH_2=CH-Cl$ 的 p-π 共轭如图 7-18 所示。

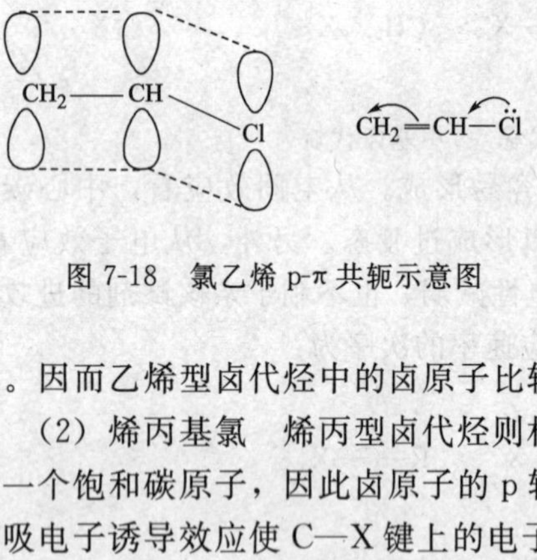

图 7-18　氯乙烯 p-π 共轭示意图

在氯乙烯分子中，C=C 双键的键长为 0.138nm，比乙烯中的 C=C 双键长，而 C—Cl 单键的键长为 0.172nm，比氯乙烷中的 C—Cl 键短，同时由于 C—Cl 键间的电子云密度增加，键能也增加。因而乙烯型卤代烃中的卤原子比较稳定，在一般条件下不发生亲核取代反应。

（2）烯丙基氯　烯丙型卤代烃则相反。在烯丙型卤代烃中，由于卤原子和双键之间相隔了一个饱和碳原子，因此卤原子的 p 轨道和双键中的 π 轨道不能形成 p-π 共轭。由于卤素强的吸电子诱导效应使 C—X 键上的电子云密度偏向于卤素原子，即卤素带部分负电荷，而碳带部分正电荷。这样就有利于烯丙型卤代烃的离解，并且离解后可生成稳定的烯丙基碳正离子。

例如烯丙基氯若按 S_N1 历程进行反应，第一步先生成烯丙基碳正离子。

$$CH_2=CH-CH_2-Cl \longrightarrow CH_2=CH-\overset{+}{C}H_2 + Cl^-$$

在 $CH_2=CH-\overset{+}{C}H_2$ 中，带正电荷的碳原子是 sp^2 杂化，它的一个空 p 轨道和 C=C 双键的 π 轨道发生交盖，p-π 共轭使电子发生离域，因而正电荷得到分散，使这个碳正离子趋于稳定，如图 7-19 所示。所以烯丙型卤代烃的卤原子非常活泼，在室温下就能发生一系列的亲核取代反应。

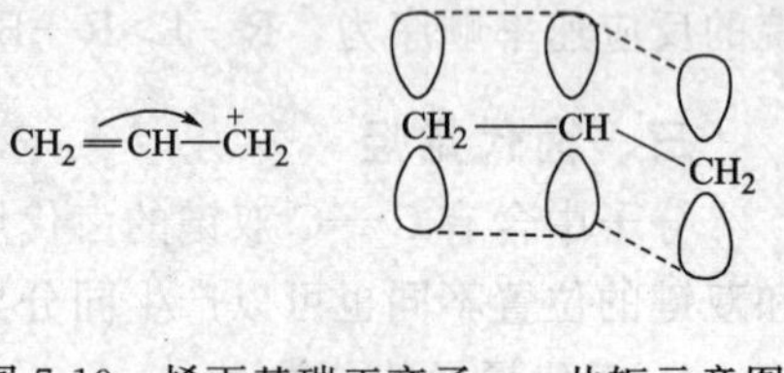

图 7-19　烯丙基碳正离子 p-π 共轭示意图

四、卤代芳烃

卤代芳烃和卤代烯烃相似，也可根据卤原子在芳烃分子中所连的位置不同分为以下三类。

（1）乙烯型卤代芳烃　卤原子直接和苯环相连，如氯苯。

（2）孤立型卤代芳烃　卤原子和苯环之间相隔两个或两个以上饱和碳原子，如 2-氯苯乙烷。

（3）烯丙型卤代芳烃　卤原子和苯环之间相隔一个饱和碳原子，如苯氯甲烷（苄氯）。

如果将它们分别和硝酸银的醇溶液作用，这三类卤代芳烃进行亲核取代反应的活性次序也是如此，即

烯丙型卤代芳烃＞孤立型卤代芳烃＞乙烯型卤代芳烃

为什么三类卤代芳烃的反应活性存在着差异？这是由它们的结构不同而造成的。与氯乙烯相似，在氯苯分子中，由于氯原子直接与苯环上的 sp^2 杂化碳原子相连，因此，它也是不活泼的。

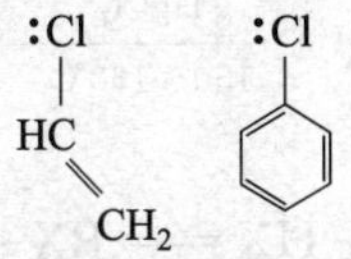

这是因为氯原子的 p 轨道和苯环的 π 轨道形成了 p-π 共轭，使 C—Cl 键之间的电子云密度增加，C—Cl 键的键能增强，如图 7-20 所示。

苯氯甲烷（苄氯）与烯丙基氯相似，氯原子有较大的活泼性，在进行 S_N1 反应时，苯氯甲烷易于离解成较稳定的苄基碳正离子。

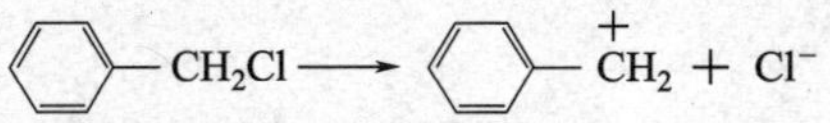

在这个碳正离子中，亚甲基的碳原子是 sp^2 杂化，它的空 p 轨道和苯环上的 π 轨道形成了 p-π 共轭，使得电子离域，正电荷得到分散，因而苄基碳正离子比较稳定，如图 7-21 所示。

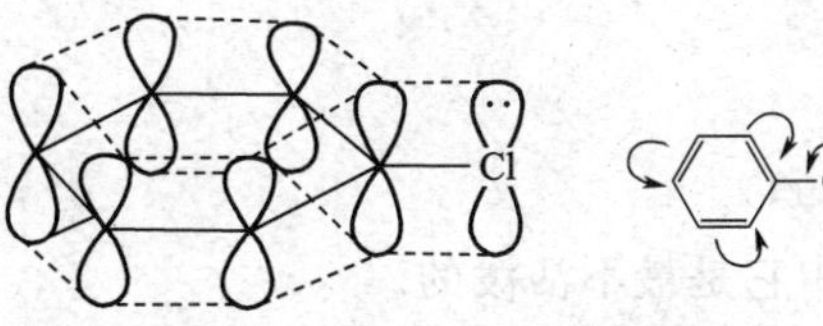

图 7-20　氯苯 p-π 共轭示意图

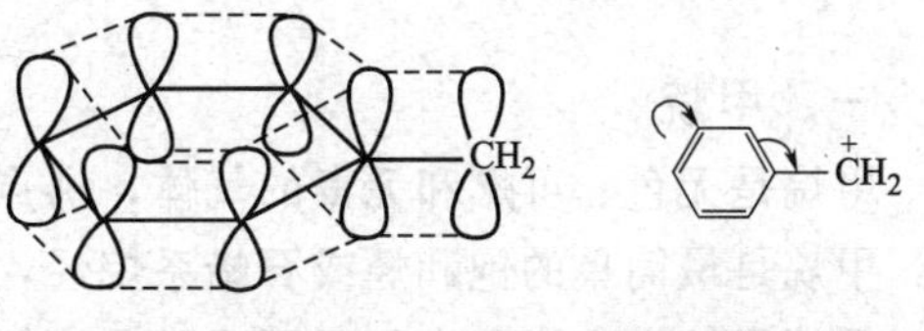

图 7-21　苄基碳正离子 p-π 共轭示意图

氯苯为无色液体，可用作溶剂、有机合成原料，也是某些农药、药物和染料中间体的原料。苯氯甲烷是一种催泪性的液体，在有机合成上常用作苯甲基化剂。

五、卤代烃的制备

1. 烃类的卤代反应

（1）烷烃的卤代

$$CH_4 + Cl_2 \xrightarrow{光} CH_3Cl \xrightarrow[光]{Cl_2} CH_2Cl_2 \xrightarrow[光]{Cl_2} CHCl_3 \xrightarrow[光]{Cl_2} CCl_4$$

（2）烯烃的 α-H 卤代

$$CH_2 = CH-CH_3 + Cl_2 \xrightarrow[或 500℃]{光} CH_2 = CH-CH_2Cl$$

（3）芳烃的卤代

$$\text{C}_6\text{H}_6 + \text{Cl}_2 \xrightarrow[\text{或 FeCl}_3]{\text{Fe}} \text{C}_6\text{H}_5\text{Cl}$$

$$\text{C}_6\text{H}_5\text{CH}_3 + \text{Cl}_2 \xrightarrow[\text{或 500℃}]{\text{光}} \text{C}_6\text{H}_5\text{CH}_2\text{Cl}$$

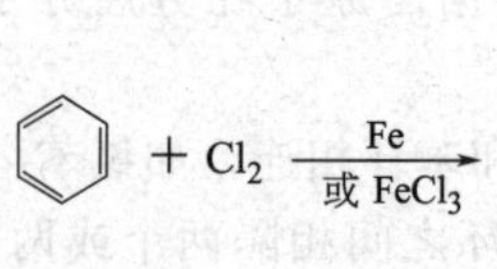

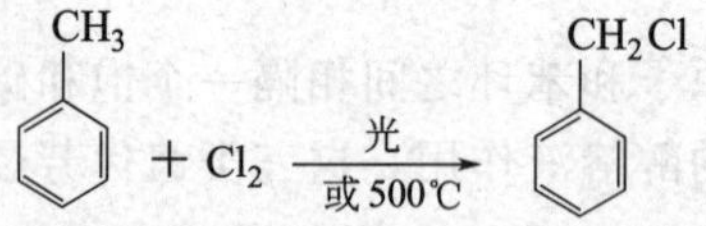

2. 不饱和烃与卤素或卤化氢的加成反应

$$CH_2{=}CH_2 + Cl_2 \longrightarrow \underset{\overset{|}{Cl}\ \ \overset{|}{Cl}}{CH_2{-}CH_2}$$

$$CH_2{=}CH_2 + HCl \longrightarrow CH_3CH_2Cl$$

$$HC{\equiv}CH + HCl \xrightarrow[150\sim160℃]{HgCl_2} CH_2{=}CH{-}Cl$$

3. 由醇制备

$$ROH + HX \rightleftharpoons RX + H_2O$$

这是一个可逆反应，增加反应物的浓度并除去生成的水，可提高卤代烃的产率。与醇反应的试剂除了氢卤酸外，还可为三卤化磷、五卤化磷、亚硫酰卤等卤化剂。

4. 卤代烃的置换

$$RCl(Br) + NaI \xrightarrow{\text{丙酮溶液}} RI + NaCl(Br)$$

5. 氟代烃的制备

$$CCl_4 + 2HF \xrightarrow{SbCl_5} CCl_2F_2 + 2HCl$$

第八节　重要的化合物

一、甲烷

甲烷是无色、可燃和无毒的气体，沸点为 $-161.49℃$。

甲烷是最简单的饱和烃或石蜡系烷烃，在链烷烃中它是最不活泼的。

尽管甲烷在室温和大气压下通常是惰性的，但在某些条件下仍会发生反应。依靠在电弧中裂化甲烷-氢（比例 1∶2），差不多有 51% 的甲烷转变为乙炔。对甲烷的带压氧化作用已进行了广泛研究。在 360℃ 和 100atm[❶] 下，甲烷-氧气比为 9∶1 时，有 17% 的甲烷转变为甲醇，其他产物是甲醛、二氧化碳、一氧化碳和水。甲烷和硫在 700～800℃ 下反应生成约 65% 硫化氢和 30% 二硫化碳。氯气在漫射日光作用下和甲烷反应得到所有可能的四种取代产品。日光会使 2 体积氯气和 1 体积甲烷的混合物爆炸。在高温下甲烷可以被热氯化，得到 75%～80% 氯甲烷或 90% 四氯化碳。甲烷能够被硝化。

甲烷是天然气的主要成分，可作燃料气使用。也可用于生产炭黑、氨、乙炔、醇、氯甲烷、二氯甲烷和其他化学品。

---

❶ 1atm=101325Pa；后同。

二、乙烯

乙烯、丙烯和丁烯是基本有机化工的重要原料。乙烯是一种无色稍带甜味的气体，比空气略轻。乙烯在空气中燃烧，呈明亮的火焰，与空气能形成爆炸性混合物，其爆炸极限是3%～29%（体积分数）。

乙烯用量最大的是制聚乙烯，它也是生产环氧乙烷、苯乙烯、乙醇、乙醛、氯乙烯的基本原料。以乙烯为原料生产的化工产品占国际全部石油化工产品产值的一半左右，因而一个国家的乙烯年产量（万吨）标志着这个国家石油化学工业的发展水平。

乙烯是植物的内源激素，不少植物器官都含有微量的乙烯。在成熟的果实里含有较多的乙烯，未成熟的果实里乙烯含量较少。因此利用人工方法提高未成熟果实中乙烯的含量，可以加速果实成熟，所以乙烯可用作水果的催熟剂。

三、乙炔

乙炔是最重要的炔烃。它是重要的有机化工原料，如乙醛、氯乙烯和醋酸乙烯酯等，用乙炔为原料生产比用乙烯具有方法和设备简单、技术成熟等优点。乙炔还大量用作高温氧炔焰的燃料。

纯净的乙炔气是无色无臭的气体，沸点为－84℃，在水中有一定的溶解度，在丙酮中的溶解度很大。乙炔的爆炸极限为2.6%～80%。

乙炔燃烧时发出明亮的火焰，电石灯可以用来照明。氧炔焰温度可达3000℃，常用来焊接或切割金属。但乙炔最大的用途是用作有机合成的基本原料，主要用途如下：

通过乙炔制氯乙烯、聚氯乙烯、二氯乙烯、四氯乙烷、乙醛、醋酸、一氯醋酸、醋酸纤维、醋酸酯类、丙烯腈、聚丙烯腈、醋酸乙烯酯、聚乙烯醇、甲基乙烯基醚、乙烯基乙炔、氯丁橡胶。这些化工产品涉及塑料、农药、合成纤维等。

四、环己烷

石油是环烷烃的主要来源。石油中所含的环烷烃是环戊烷、环己烷及其衍生物。另外，环烷烃及其衍生物还广泛地存在于动植体内。例如，存在于香精油、胡萝卜、胆固醇及各类激素等中。

环己烷为无色液体，沸点为80.8℃，相对密度为0.779，比水轻，易挥发，易燃烧，不溶于水，而易溶于有机溶剂。

工业上生产环己烷主要采用石油馏分分离法和苯催化加氢法。

石油馏分分离法是以含有环烷烃的汽油为原料，提取65.6～85.3℃的馏分（其中主要含有环己烷和甲基环戊烷），并将馏分中的甲基环戊烷进行异构化处理：在80℃，用氯化铝作催化剂，使之转变为环己烷。

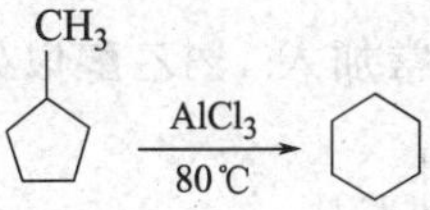

处理后的产物，再经分离提纯，可以得到纯度为95%以上的环己烷。

苯催化加氢法是目前普遍采用的方法。以镍为催化剂，在180～250℃进行苯的加氢生成环己烷。

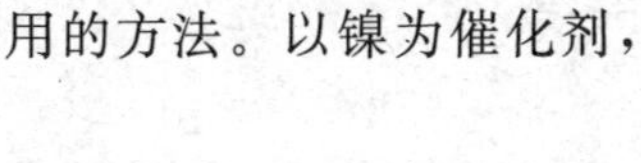

此反应产率高，而且产品的纯度也高。

环己烷主要用于制造尼龙-6 和尼龙-66 的单体己二胺、己二酸及己内酰胺。

五、重要的单环芳烃

1. 苯

苯是无色易燃易挥发的液体，沸点为 80.1℃，熔点为 5.5℃，相对密度为 0.879，不溶于水，易溶于乙醇、乙醚等有机溶剂，具有特殊气味，蒸气有毒。苯的蒸气与空气能形成爆炸性混合物，爆炸极限为 1.5%～8.0%（体积分数）。苯主要来源于炼焦副产物、石油铂重整、甲苯脱甲基以及由石脑油裂解制乙烯时的副产物。它是主要的化工原料之一，也是常用的有机溶剂。

2. 甲苯

甲苯是无色的液体，沸点为 110.6℃，相对密度为 0.867，不溶于水，易溶于有机溶剂，气味与苯相似，其蒸气有毒。甲苯蒸气与空气形成爆炸性混合物，爆炸极限为 1.2%～7.0%（体积分数）。工业上甲苯是由煤焦油和石油经铂重整得到的。

甲苯也是重要的化工原料之一，它是制造炸药三硝基甲苯（TNT）、染料、糖精等的原料。

3. 二甲苯

二甲苯有三个异构体，即邻二甲苯、间二甲苯、对二甲苯，它们存在于煤焦油中，大量的二甲苯也是由石油的铂重整而得到的。由于二甲苯三个异构体的沸点很接近，分离很困难，一般得到的粗制品是混合二甲苯，其中邻二甲苯约占 10%，间二甲苯约占 70%，对二甲苯约占 20%，常用作溶剂。

二甲苯的三种异构体各自有其重要的工业用途，它们是制造染料、香料、树脂、药物和增塑剂等的原料。因此如何分离这三种异构体，在工业上是个重要课题。

六、重要的卤代烃

1. 三氯甲烷

三氯甲烷又称氯仿，是无色透明稍有甜味的不饱性液体，具有麻醉作用，沸点为 61.2℃，相对密度为 1.482，不溶于水，易溶于有机溶剂，能溶解有机玻璃、油脂、橡胶等。常用来提取中草药有效成分和精制抗生素，在有机合成中有广泛的用途。

在三氯甲烷中，由于三个氯原子的强吸电子诱导效应，使它的 C—H 键变得活泼起来，容易在光的作用下被空气中的氧所氧化并分解生成毒性很强的光气。

$$2CHCl_3 + O_2 \xrightarrow{\text{日光}} 2\left[H-O-\overset{\displaystyle Cl}{\underset{\displaystyle Cl}{C}}-Cl\right] \longrightarrow 2\ \overset{Cl}{\underset{Cl}{C}}{=}O + 2HCl$$

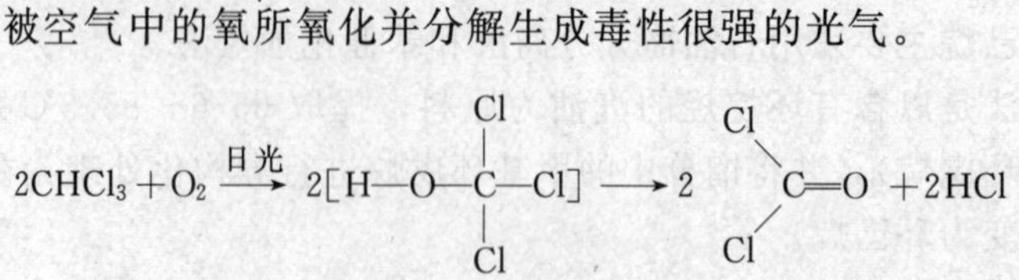

因此氯仿应保存在棕色瓶中，通常加入 1%乙醇以破坏可能生成的光气。

$$O{=}C\overset{Cl}{\underset{Cl}{\Big[}} + \overset{H}{\underset{H}{}}\overset{OC_2H_5}{\underset{OC_2H_5}{}} \longrightarrow O{=}C\overset{OC_2H_5}{\underset{OC_2H_5}{}} + 2HCl$$

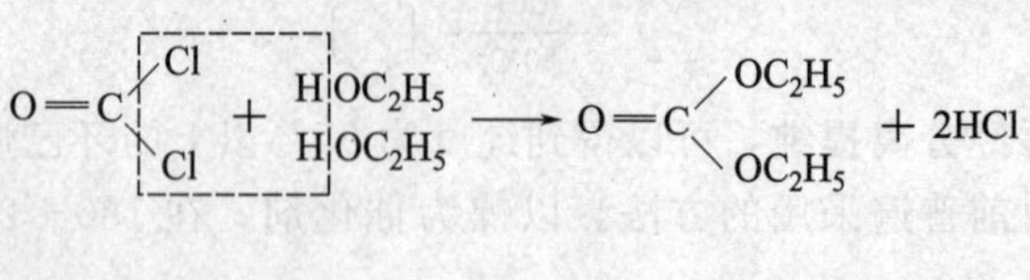

2. 四氯化碳

四氯化碳是无色不燃性液体，沸点为 77℃，相对密度为 1.595，遇热易挥发，其蒸气比空气重，不导电，因此它的蒸气可把可燃烧物体覆盖，使之与空气隔绝而达到灭火的效果，适用于扑灭油类的燃烧和电源附近的火灾，是一种常用的灭火剂。但在 500℃以上高温时，能发生水解生成少量光气，因此灭火时要注意空气流通，以免中毒。

$$CCl_4 + H_2O \xrightarrow{500℃} \underset{Cl}{\overset{Cl}{\diagdown}}C=O + 2HCl$$

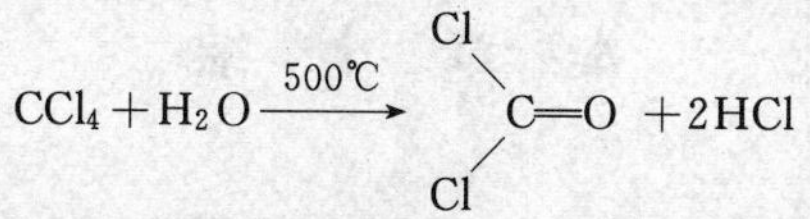

四氯化碳是优良的溶剂和萃取剂，能溶解脂肪、油漆、树脂、橡胶等物质，常用作干洗剂和高效去油剂。在医药上四氯化碳可用作治疗肠道寄生虫的药物，但 CCl_4 有毒，能损害肝脏，使用时应注意安全。

3. 四氟乙烯

四氟乙烯在常温下为无色气体，沸点为 $-76.3℃$，不溶于水，易溶于有机溶剂。它主要用于制备聚四氟乙烯。

四氟乙烯在工业上是用氯仿和氟化氢作用，先得到二氟一氯甲烷，然后经高温裂解，生成四氟乙烯。

$$CHCl_3 + 2HF \xrightarrow{SbCl_5} CHClF_2 + 2HCl$$

$$2CHClF_2 \xrightarrow{200℃} CF_2=CF_2 + 2HCl$$

四氟乙烯在过硫酸铵的引发下可生成聚四氟乙烯。

$$n\underset{F}{\overset{F}{\underset{|}{\overset{|}{C}}}}=\underset{F}{\overset{F}{\underset{|}{\overset{|}{C}}}} \xrightarrow{(NH_4)_2S_2O_8} \left[\underset{F}{\overset{F}{\underset{|}{\overset{|}{C}}}}-\underset{F}{\overset{F}{\underset{|}{\overset{|}{C}}}}\right]_n$$

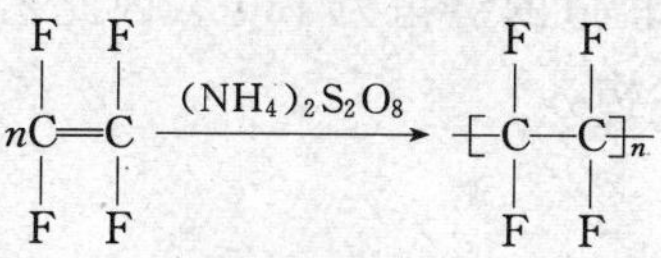

聚四氟乙烯的商品名为特氟隆，分子量可达 50 万～200 万，是全氟高聚物。它有优越的耐热性和耐寒性，可在 $-269～300℃$ 范围内使用。聚四氟乙烯机械强度高，绝缘，化学稳定性超过一切塑料，与浓硫酸、浓碱、氟和王水等都不起反应，有"塑料王"之称，主要用于军工业生产及电器工业，以及用作各种耐高温、耐低温、耐腐蚀的材料。

4. 二氟二氯甲烷

二氟二氯甲烷是无色、无臭、无毒、无腐蚀性、化学性质稳定的气体，沸点为 $-29.8℃$，易压缩为液体。当解除压力后又立刻汽化，同时吸收大量的热，因此广泛用作制冷剂、喷雾剂、发泡剂、灭火剂等。

二氟二氯甲烷可用干燥的氟化氢及四氯化碳在 $SbCl_5$ 存在下作用制得。

$$CCl_4 + 2HF \xrightarrow{SbCl_5} CCl_2F_2 + 2HCl$$

二氟二氯甲烷的商品名叫氟里昂（Freon）。它是一类氟氯烷的总称，商业代号为 F_{***}。F 代表氟代烃；右下角的数字，个位数代表分子中的氟原子数，十位数代表分子中的氢原子个数加 1，百位数代表碳原子数减 1（含 1 个碳原子，百位数为零时可省略不写），Cl 原子不表示出来，尚未满足的原子价数即为氯原子数。例如，CCl_3F、CCl_2F_2、$CClF_3$、$CHClF_2$、CCl_2FCClF_2、ClF_2CCF_2Cl 分别简称为 F_{11}、F_{12}、F_{13}、F_{22}、F_{113}、F_{114}。

氟里昂性质极为稳定，在大气中可长期不发生化学反应，但在大气高空积聚后，可通过一系列光化学降解，反应产生氯自由基而破坏具有保护地球免受宇宙强烈紫外光侵害作用的高空臭氧层。我国和许多工业发达国家在研究氟里昂-12 的代用品，其中许多仍是氟代烷，但分子中不含或少含氯原子，如 CF_3CH_2F 等。一些国家已制定法令，禁止或减少氟氯烷的生产和使用。

本 章 小 结

一、烷烃

1. 烷烃的通式为 C_nH_{2n+2}。

烷烃的命名：①习惯命名法；②系统命名法。

2. 烷烃的化学性质。

3. 构象概念　由于σ键旋转而产生分子中原子或基团在空间的不同排列方式。

二、烯烃

1. 烯烃的通式为 C_nH_{2n}。碳碳双键是烯烃的官能团，双键是由一个σ键和一个π键构成的，双键碳原子是 sp^2 杂化形态。

2. 烯烃的同分异构有构造异构和顺反异构。

3. 烯烃的系统命名。

4. 烯烃的鉴别。

三、炔烃

1. 炔烃的通式为 C_nH_{2n-2}，—C≡C—（碳碳三键）是炔烃的官能团。在炔烃分子中，三键碳原子是 sp 杂化，sp 杂化轨道的键角为 180°，因此乙炔为直线型分子。炔烃只有碳链异构和位置异构，没有顺反异构。

2. 炔烃的系统命名法。

3. 炔烃的化学性质。

4. 炔烃的鉴别。

四、二烯烃

1. 共轭效应。

2. 共轭二烯烃的性质和鉴别。

五、脂环烃

1. 单环烷烃的通式为 C_nH_{2n}。

2. 环烷烃的化学性质。

3. 环己烷的船式和椅式构象。

4. 脂环烃的鉴别。

六、芳烃

1. 单环芳烃的通式为 C_nH_{2n-6}（$n \geqslant 6$）。

2. 芳烃的异构现象。

3. 单环芳烃及其衍生物的命名。

4. 芳烃的化学性质。

5. 亲电取代反应的定位规律。

七、卤代烃

1. 卤代烃的化学性质。

2. 卤代烃的鉴定。

3. 卤代烃亲核取代反应历程的特点。

习 题

一、烷烃

1. 写出 C_7H_{16} 的同分异构体，并用系统命名法命名。

2. 用系统命名法命名下列化合物，并标出这些化合物中的伯、仲、叔、季碳原子。

(1) $CH_3CH_2CHCH_2CH_3$
$\qquad\qquad\quad |$
$\qquad\quad CH_2CH_2CH_2CH_3$

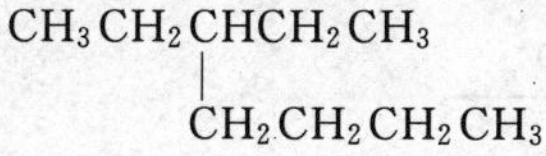

(2) $(C_2H_5)_2CHCH(C_2H_5)CH_2CH(CH_3)_2$

(3) $CH_3CH_2CH-CHCH_2CH_3$
$\qquad\quad\ |\qquad\quad |$
$\qquad\quad CH_3-CH\quad CHCH_3$
$\qquad\qquad\ \ |\qquad\quad |$
$\qquad\qquad CH_3\quad CH_3$

(4)
$\qquad\qquad\quad CH_3\ CH_3$
$\qquad\qquad\quad\ |\qquad\ |$
$\quad CH_3-C-C-CH-CH_3$
$\qquad\qquad\ |\quad\ |\quad\ |$
$\qquad\quad CH_3\ CH_3\ CH_2CH_3$

(5) [structure]

(6) [structure]

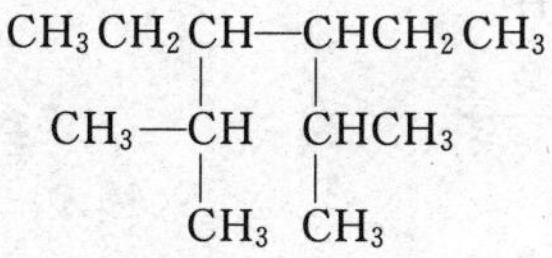

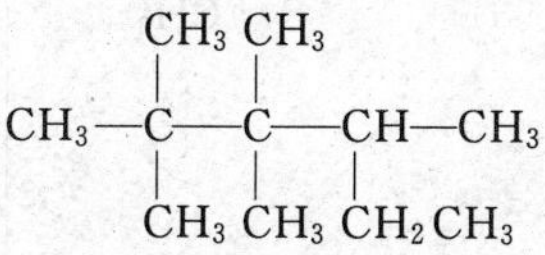

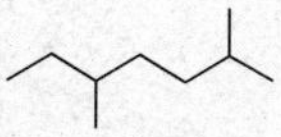

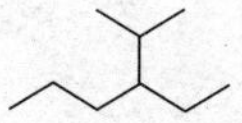

3. 写出下列化合物的构造式：

(1) 2,4-二甲基-3-乙基己烷

(2) 2,2,3-三甲基己烷

(3) 新己烷

(4) 异庚烷

4. 推测下列烷烃沸点的高低顺序：

(1) 异庚烷

(2) 正戊烷

(3) 异辛烷

(4) 2,3-二甲基戊烷

(5) 正庚烷

(6) 壬烷

5. 将下列化合物进行氯代反应各得几种一氯代物？分别写出一氯代物的构造式。

(1) 2-甲基戊烷

(2) 3-甲基戊烷

(3) 2,4-二甲基戊烷

(4) 2,2,4-三甲基戊烷

6. 下列甲烷的氯代反应，哪个能更好地进行？简要说明理由。

(1) 将甲烷和氯气的混合物加热至 450℃；

(2) 将甲烷加热至 450℃，再通入氯气；

(3) 将氯气加热至 450℃，再通入甲烷。

7. 某烷烃相对分子质量为 72，氯代时，(1) 只得一种一氯代产物，(2) 得三种一氯代产物，(3) 得四种一氯代产物，(4) 只有两种二氯代衍生物。分别写出这些烷烃异构体的构造式。

二、烯烃

1. 写出分子式为 C_6H_{12} 的烯烃的所有构造异构体，并用系统命名法命名。

2. 写出下列化合物的构型式。

(1) 反-3,4-二甲基-3-己烯

(2) E-3-甲基-3-庚烯

3. 用系统命名法命名下列化合物，如有顺反异构，用 Z/E 命名法命名。

(1) $CH_3CH_2CCH(CH_3)_2$
$\qquad\qquad\quad ||$
$\qquad\qquad\ CH_2$

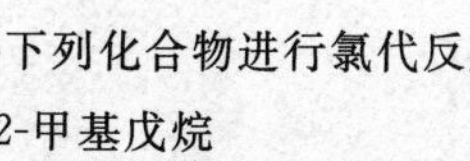

(2) $(CH_3)_3CCH=CHCH_2CH_3$

(3) $CH_3CH_2CH=CHCH(CH_3)_2$

(4) $CH_3CH_2CH_2CH_2C=CH_2$
$\qquad\qquad\qquad\qquad\ |$
$\qquad\qquad\qquad\quad CH_3$

(5) $CH_3CH_2C=CHCH_2CHCH_3$
$\qquad\qquad\ |\qquad\qquad\ |$
$\qquad\quad CH_3\qquad\quad CH_3$

(6) $CH_3CH_2CHCH=CHCHCH_2CH_3$
$\qquad\qquad\ |\qquad\qquad\ |$
$\qquad\quad CH_3\qquad\quad C_2H_5$

4. 用反应式表示 2-甲基-1-戊烯与下列试剂的作用：

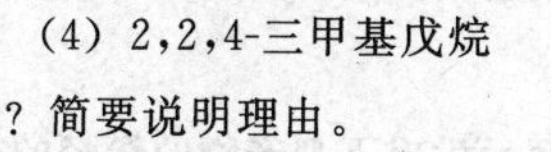

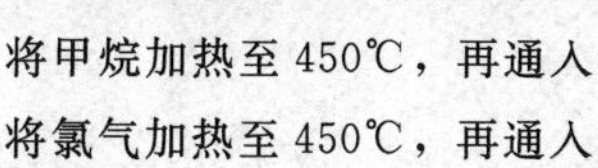

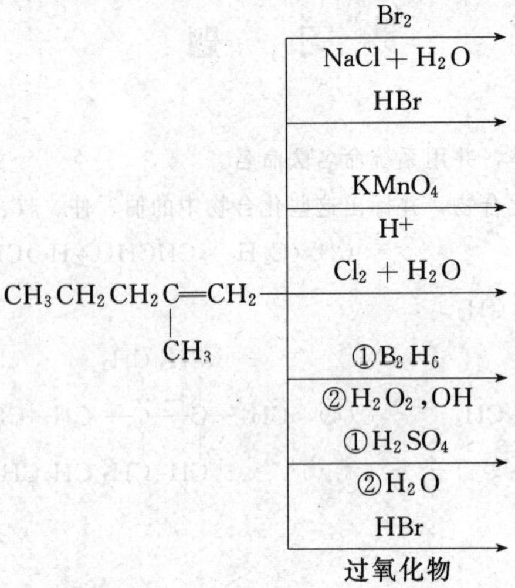

5. 由指定原料合成下列化合物：

(1) $CH_3CH_2CH_2CH_2Br \longrightarrow CH_3CH_2CH_2\underset{\substack{|\\ Br}}{CH}CH_3$

(2) $CH_3-CH=CH_2 \longrightarrow \underset{\substack{|\\ Cl}}{CH_2}-\underset{\substack{|\\ Cl}}{CH}-\underset{\substack{|\\ Cl}}{CH_2}$

(3) $CH_3-\overset{\substack{CH_3\\ |}}{C}=CH_2 \longrightarrow CH_3-\overset{\substack{CH_3\\ |}}{\underset{\substack{|\\ OH}}{C}}-CH_3$

(4) $CH_3-\underset{\substack{|\\ Br}}{CH}-CH_3 \longrightarrow CH_3CH_2CH_2Br$

6. 写出经臭氧化、加锌水解后生成下列产物的烯烃的构造式：

(1) $CH_3CH_2CHO+HCHO$

(2) $CH_3CH_2COCH_3+(CH_3)_2CO$

(3) 只有 $(CH_3)_2CO$

7. 某烃含碳 85.7%，其蒸气对氢气的相对密度为 42，该烃能使溴的四氯化碳溶液褪色；催化加氢生成 2-甲基戊烷，用高锰酸钾酸性溶液氧化成 CH_3COOH 和 $(CH_3)_2CHCOOH$，试推测该烃的构造式。

8. 有 A、B 两个化合物，其分子式都是 C_6H_{12}，A 经臭氧氧化并与 Zn 粉和水反应后得乙醛和甲乙酮，B 经 $KMnO_4$ 氧化只得丙酸，推测 A 和 B 的构造式。

三、炔烃

1. 写出分子式为 C_5H_8 的炔烃所有的同分异构体，并用系统命名法命名。

2. 用系统命名法命名下列化合物：

(1) $CH_3-\underset{\substack{|\\ CH_2CH_3}}{CH}-C\equiv C-CH_3$

(2) $(CH_3)_3C-C\equiv C-C(CH_3)_3$

(3) $CH_2=CH-C\equiv CH$

(4) $HC\equiv C-\underset{\substack{|\\ CH_3}}{CH}-CH=CH-CH_3$

3. 完成下列反应式：

(1) $2CH_3C\equiv CNa + BrCH_2CH_3 \xrightarrow{液氨}$

(2) $CH_3C\equiv CCH_3 + H_2 \xrightarrow[喹啉]{Pd\text{-}BaSO_4}$

4. 以乙炔为原料，并选用必要的无机试剂合成下列化合物。

(1) $CH_3CH_2CH_2CH_2Br$　　　(2) $CH_3CH_2\underset{OH}{\underset{|}{C}}HCH_3$

(3) $CH_3CH_2—\underset{O}{\underset{\|}{C}}—CH_3$　　　(4) $CH_3CH_2—\overset{Br}{\overset{|}{\underset{Br}{\underset{|}{C}}}}—CH_3$

5. 化合物A的分子式为C_5H_8，与金属钠作用后再与1-溴丙烷作用，生成分子式为C_8H_{14}的化合物B。用$KMnO_4$氧化B得到两种分子式均为$C_4H_8O_2$的酸（C，D），后者彼此互为同分异构体。A在$HgSO_4$的存在下与稀H_2SO_4作用时可得到酮E。试写出化合物A、B、C、D、E的结构式，并用反应式表示上述转变过程。

四、二烯烃

1. 命名下列化合物：

(1) $CH_3—\underset{CH_3}{\underset{|}{C}}HCH=CH—CH=CH—CH_3$　　　(2) $CH_3—CH=\underset{CH(CH_3)_2}{\underset{|}{C}}—CH=CH—CH_3$

2. 完成下列反应：

(1) $CH_2=CH—\underset{CH_3}{\underset{|}{C}}=CH_2 + HBr \longrightarrow$

(2) 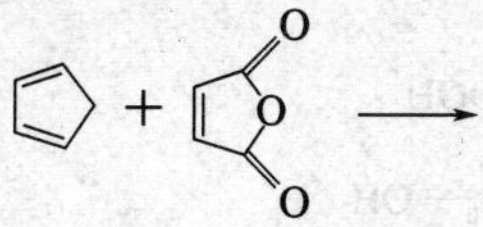

3. 选择双烯体和亲双烯体以合成下列化合物。

(1) 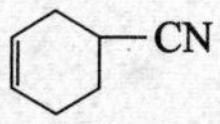　　　(2) 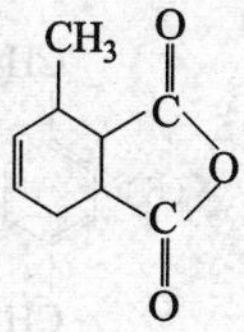

4. 用简单并有明显现象的化学方法鉴别下列各组化合物：

(1) 正庚烷、1,4-庚二烯、1-庚炔　　　(2) 1-己炔、2-己炔、2-甲基戊烷

5. 具有分子式相同的两种化合物，氢化后都可生成2-甲基丁烷。它们也都可与两分子溴加成，但其中一种可与$AgNO_3$的氨水溶液作用产生白色沉淀，另一种则不能。试推测这两个异构体的结构式，并以反应式表示上述反应。

五、脂环烃

1. 命名下列化合物：

(1) 　　　(2) 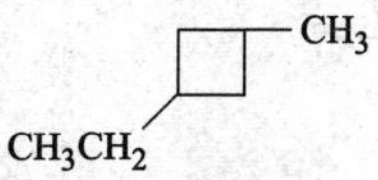　　　(3) 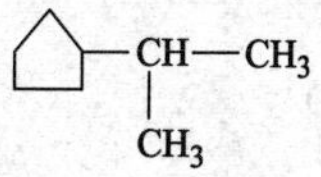

(4) 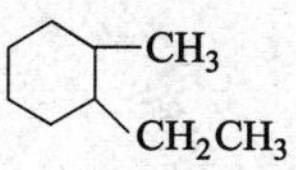　　　(5) 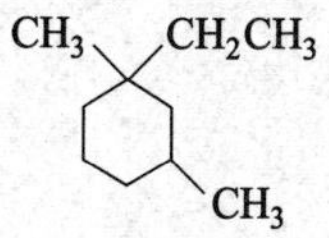　　　(6) 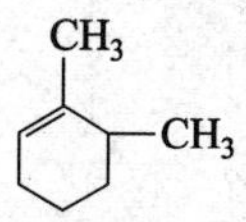

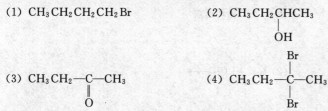

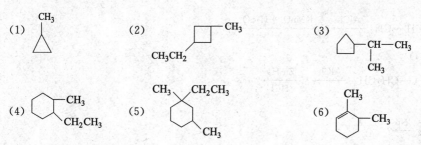

2. 写出下列化合物的构造式：

(1) 顺-1-甲基-3-乙基环丁烷   (2) 反-1,4-二甲基环己烷

(3) 顺-1,2-二溴环丙烷   (4) 反-1,2-二氯环己烷

3. 完成下列反应方程式:

(1) $+ HBr \longrightarrow$ (2) $+ Cl_2 \longrightarrow$

(3) $+ H_2 \xrightarrow[80℃]{Ni}$ (4) $-CH=CH_2 \xrightarrow[H^+]{KMnO_4}$

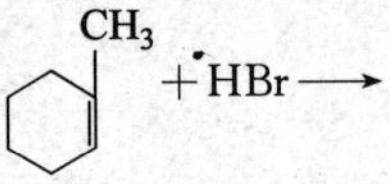

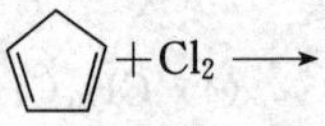

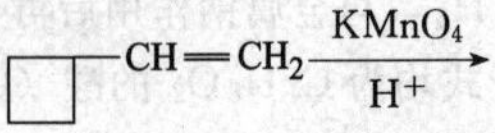

4. 用简单化学方法鉴别下列各组化合物:

(1) 1,3-环己二烯、苯和1-己炔   (2) 环丙烷和丙烯

5. 1,3-丁二烯聚合时,除生成聚合物外,还生成一种二聚体,该二聚体催化加氢时吸收 2mol 的 H_2,但不能与顺丁烯二酸酐反应。用酸性高锰酸钾溶液氧化生成 $HOOCCH_2CHCH_2CH_2COOH$ 。写出该二聚
$$\qquad\qquad\qquad\qquad\qquad\qquad\qquad\qquad\quad COOH$$

体的可能构造式和有关反应方程式。

六、芳烃

1. 命名下列化合物:

(1)

(2)

(3)

(4)

(5)

(6)

(7)

(8)

(9)

2. 完成下列反应式:

(1) $\xrightarrow[100℃]{H_2SO_4} ? \xrightarrow[H_2SO_4]{HNO_3} ? \xrightarrow[\triangle]{H_2O} ?$

(2) $+ CH_3CH=CH_2 \xrightarrow{AlCl_3} ? \xrightarrow{KMnO_4 + H_2SO_4} ?$

(3) $+ \ Cl-\overset{\overset{\displaystyle O}{\|}}{C}-CH_2CH_3 \xrightarrow{AlCl_3} ? \xrightarrow[HCl]{Zn-Hg} ?$

(4) $+ 3H_2 \xrightarrow{Ni} ?$

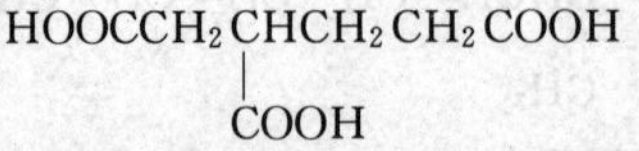

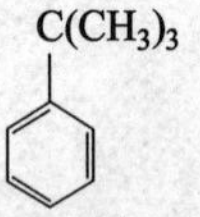

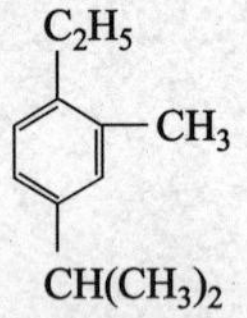

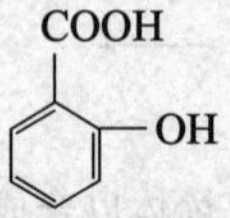

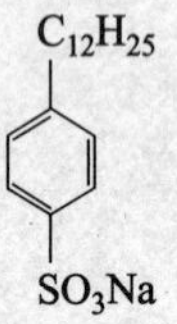

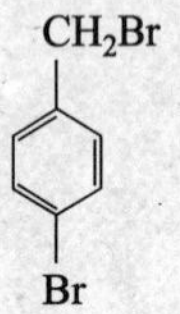

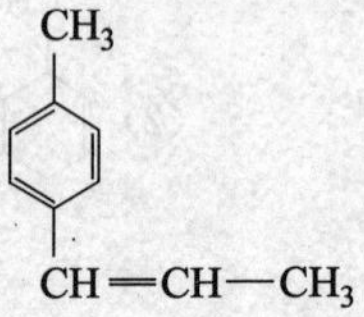

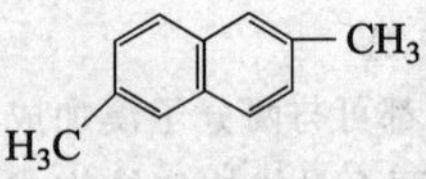

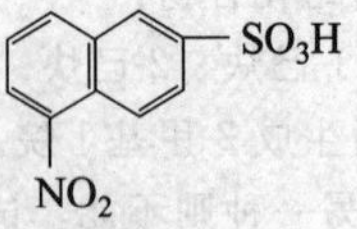

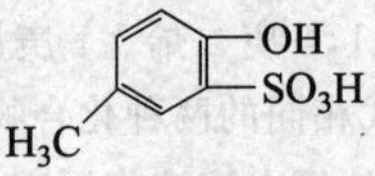

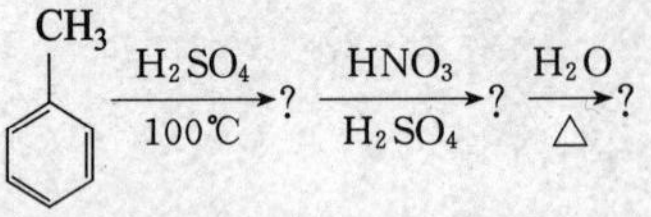

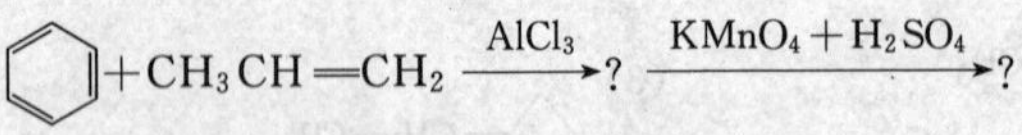

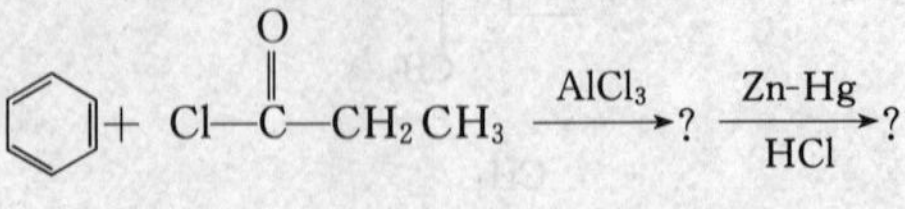

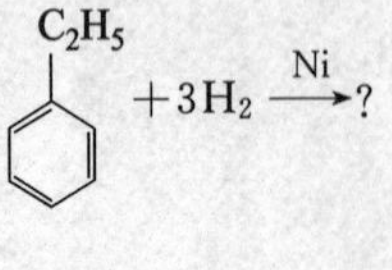

(5) 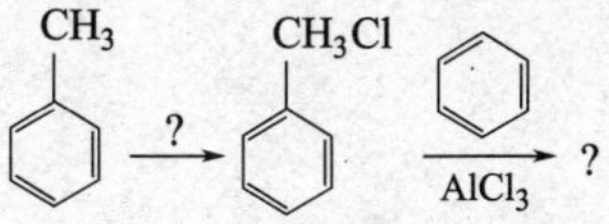

(6) 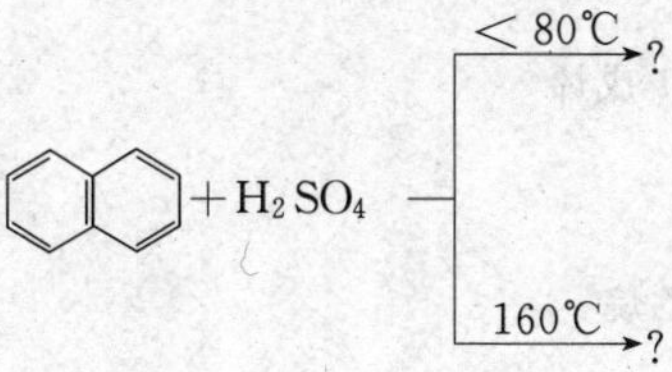

(7) 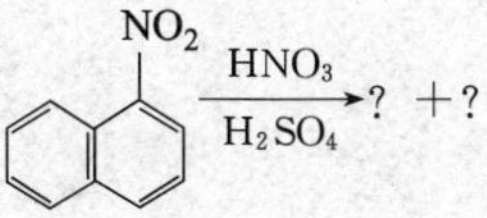

(8) 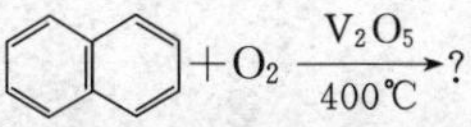

3. 用化学方法区别下列各组化合物：

(1) 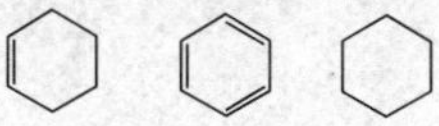

(2) 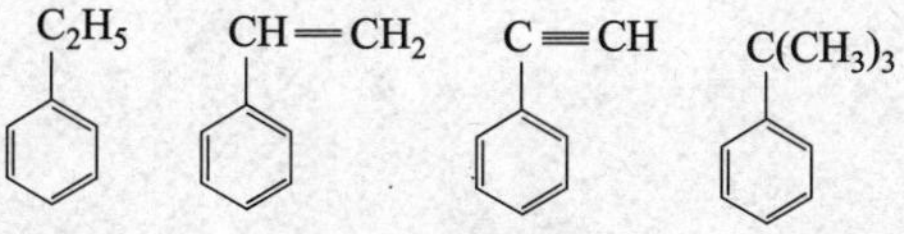

4. 用苯或甲苯、萘及其他必要的试剂，合成下列化合物。

(1) 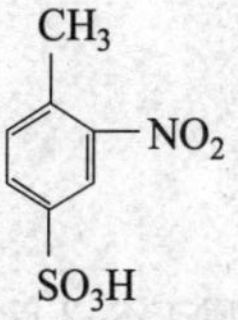　(2) 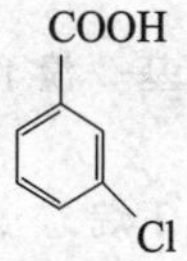　(3) 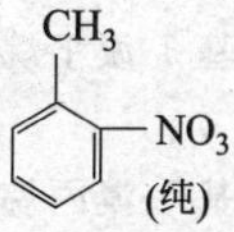 (纯)

(4) 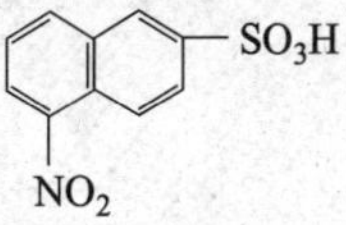　(5) 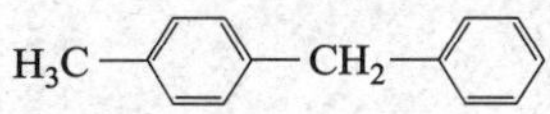

5. A、B、C 三种芳烃的分子式均为 C_9H_{12}。氧化时 A 生成一元羧酸，B 生成二元羧酸，C 生成三元羧酸。但硝化时 A 与 B 分别得到两种主要的一元硝化产物，而 C 只得到一种一元硝化产物。试推测 A、B、C 的构造式。

6. 某烃 A 的分子式为 C_9H_8，它能和硝酸银的氨溶液反应生成白色沉淀。A 进行催化加氢得到 B（C_9H_{12}），将化合物 B 用酸性重铬酸钾氧化得到酸性化合物 C($C_8H_6O_4$)，将 C 加热得到 D($C_8H_4O_3$)。试写出 A、B、C、D 的构造式及各步反应方程式。

七、卤代烃

1. 命名下列化合物：

(1) 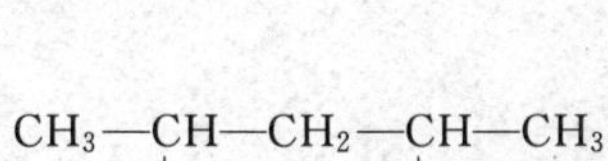　(2) 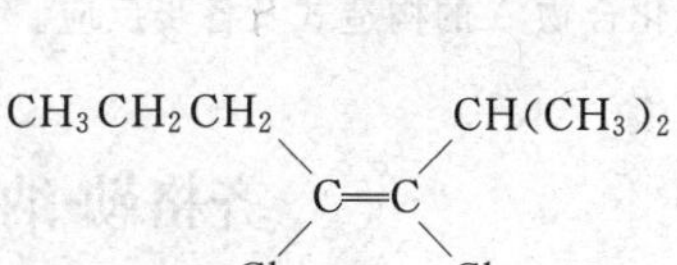

(3) 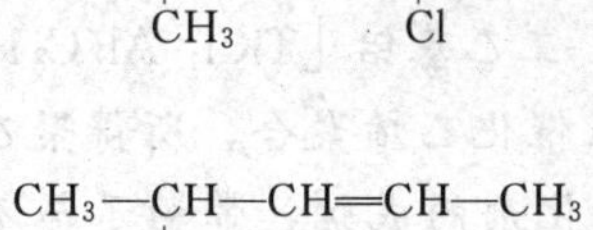　(4) 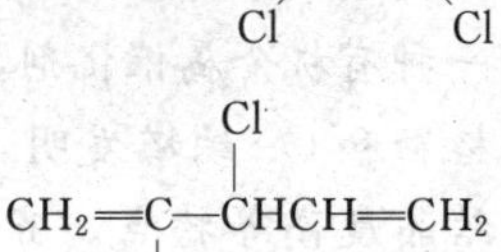

(5) 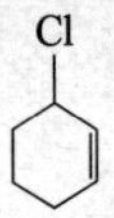　　(6) 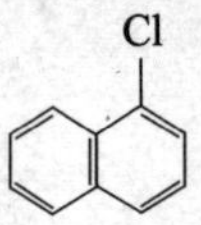

2. 写出下列化合物的构造式：

(1) 3-甲基-1-溴丁烷　　(2) 2-甲基-3-氯-1-戊烯

(3) 叔丁基溴　　(4) 新戊基碘

(5) 碘仿　　(6) 苄溴

(7) 聚氯乙烯　　(8) 1-苯基-2-氯乙烷

3. 写出 1-溴丁烷与下列试剂反应的主要产物的结构式：

(1) NaOH（水溶液）　　(2) KOH，乙醇，△

(3) Mg，无水乙醚　　(4)（3）的产物＋H_2O

(5) NaCN（醇-水）　　(6) $NaOC_2H_5$

(7) C_6H_6，$AlCl_3$　　(8) $CH_3C{\equiv}C^- \ Na^+$

4. 用简便的化学方法区别下列各组化合物：

(1) $CH_3CH{=}CHBr$　　$CH_2{=}CH{-}CH_3Br$　　$CH_3CH_3CH_2Br$

(2) 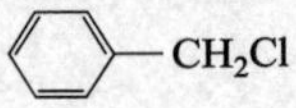　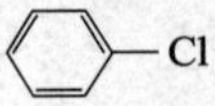　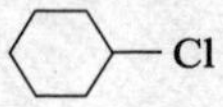

(3) 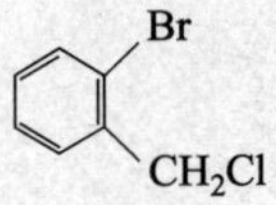　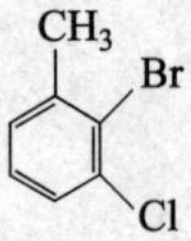　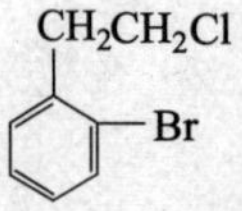

5. 按由强到弱排列下列化合物的活性次序。

(1) S_N2 反应

(a) 3-甲基-2-溴丁烷　　(b) 2-甲基-1-溴丁烷　　(c) 2-甲基-2-溴丁烷

(2) S_N1 反应

(a) 2-甲基-2-溴丙烷　　(b) 2-甲基-1-溴丙烷　　(c) 2-溴丁烷

6. 根据卤代烷进行亲核取代反应的现象，指出下列哪些属于 S_N1 反应历程，哪些属于 S_N2 反应历程。

(1) 反应连续不分阶段，一步完成。

(2) 溶剂的极性越大，反应速率越快。

(3) 试剂的亲核性越强，反应速率越快。

(4) 反应速率：叔卤烷＞仲卤烷＞伯卤烷。

(5) 亲核试剂的浓度增加，反应速率加快。

(6) 反应过程中构型发生了瓦尔登转化。

7. 分子式为 C_3H_7Br 的化合物 A，与 KOH 的乙醇溶液反应得到 B，B 与浓 $KMnO_4$ 溶液反应得到 CH_3COOH 和 CO_2，B 与 HBr 作用得到 A 的异构体 C。写出 A、B、C 的结构式和各步反应式。

8. 某烃 A 的分子式为 C_5H_{10}，它与溴水不发生反应，在紫外光照射下与溴作用只得到一种产物 B（C_5H_9Br）。将化合物 B 与 KOH 的醇溶液作用得到 C（C_5H_8），化合物 C 经臭氧化并在锌粉的存在下水解得到戊二醛。写出化合物 A 的构造式及各步反应。

阅读材料　齐格勒-纳塔催化剂

齐格勒-纳塔催化剂是一种有机金属催化剂，由四氯化钛-三乙基铝［$TiCl_4$-$Al(C_2H_5)_3$］组成。1953 年前后由 K. 齐格勒和 G. 纳塔发明，适用于常压催化乙烯聚合，所得聚乙烯具有立体规整性好、密度高、结晶度高等特点。齐格勒-纳塔催化剂的成就，带动了与不同金属配合的配伍聚合催化剂的研究。这类催化剂中必须有一种金属是过渡金属，而另一种金属起还原性烷基化作用。这些催化剂属定向催化剂，能严格控制聚合物的化学结构，适合于合成规整性高聚物。

齐格勒-纳塔催化剂用于合成非支化高立体规整性的聚烯烃。典型的齐格勒-纳塔催化剂是双组分：四氯化钛-三乙基铝[$TiCl_4$-$Al(C_2H_5)_3$]。

最初，烯烃聚合采用的是自由基聚合，采用这一机理需要高压反应条件，并且反应中存在着多种链转移反应，导致支化产物的产生。对于聚丙烯，问题尤为严重，无法合成高聚合度的聚丙烯。1950年德国化学家K. 齐格勒合成了这一催化剂，并将其用于聚乙烯的生产，得到了支链很少的高密度聚乙烯。意大利化学家G. 纳塔将这一催化剂用于聚丙烯生产，发现得到了高聚合度、高规整度的聚丙烯。

齐格勒-纳塔催化剂的出现使得很多塑料的生产不再需要高压，降低了生产成本，并且使生产者可以对产物结构与性质进行控制。从科学研究角度上，齐格勒-纳塔催化剂带动了对聚合反应机理的研究。随着机理研究的深入，一些对产物控制性更好的有机金属催化剂系统不断出现，如茂金属催化剂、凯明斯基催化剂等。基于这些贡献，K. 齐格勒和G. 纳塔获得了1963年的诺贝尔化学奖。

第八章

含氧有机化合物

知识目标：1. 掌握含氧有机化合物的结构、命名方法。
　　　　　2. 掌握含氧有机化合物的性质及其应用。
能力目标：1. 熟悉含氧有机化合物性质实验的操作方法。
　　　　　2. 掌握各类含氧有机化合物的鉴别方法。

在日常生活中，人们经常接触到许多含氧有机化合物，例如乙醇（俗称酒精），不同度数的饮用酒中其含量不同；醋酸是食醋的主要成分；乙醚是医药上常用的麻醉剂；油漆和涂料中含有甲醛，因此新家具、新装修的房屋要经过一段时间的通风后才能使用和入住。这些含氧有机化合物许多都是良好的溶剂和重要的有机化工原料。

第一节　醇

一、醇的分类、结构和命名

1. 醇的分类

(1) 根据醇分子中羟基的数目，可分为一元醇、二元醇及多元醇。

(2) 根据烃基中是否含有不饱和键，分为饱和醇与不饱和醇。

(3) 根据与羟基相连的碳原子种类不同，分为伯醇、仲醇、叔醇。例如：

$$CH_3CH_2CH_2CH_2OH \qquad CH_3CH_2\underset{\underset{OH}{|}}{C}HCH_3 \qquad CH_3-\underset{\underset{OH}{|}}{\overset{\overset{CH_3}{|}}{C}}-CH_3$$

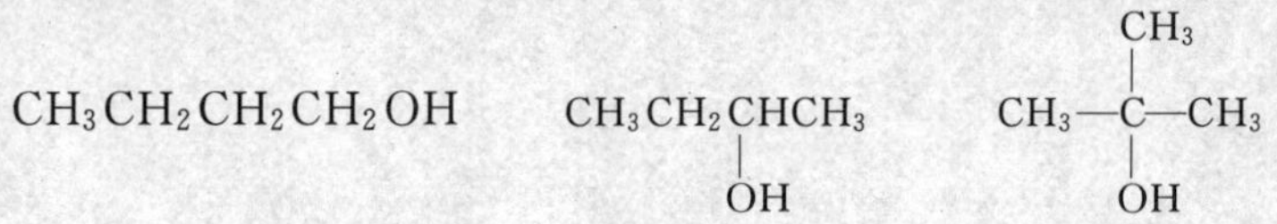

1-丁醇(伯醇)　　2-丁醇(仲醇)　　2-甲基-2-丙醇(叔醇)

(4) 根据烃基种类不同，可分为脂肪醇、芳香醇。

2. 醇的结构

醇分子中的官能团是羟基（—OH）。醇也可以看作是烃分子中的氢原子被羟基取代后的产物。饱和一元醇的通式为 $C_nH_{2n+1}OH$，或简写为 ROH。

氧原子的电子构型是 $1s^2 2s^2 2p_x^2 2p_y^1 2p_z^1$。在水分子中，O—H 键的键角是 104.5°，与甲烷分子中四个 sp^3 杂化轨道所形成的键角 109.5°相近。水分子中的氧原子也是以 sp^3 杂化轨道与氢原子的 s 轨道相互交盖成键的。

同样，在醇分子中，O—H 键也是氧原子以一个 sp^3 杂化轨道与氢原子的 1s 轨道相互交盖而形成的；C—O 键是由碳原子的一个 sp^3 杂化轨道与氧原子的一个 sp^3 杂化轨道相互交盖而形成的。此外，氧原子还有两对未共用电子对分别占据其他两个 sp^3 杂化轨道。以甲醇的结构为例，见图 8-1。

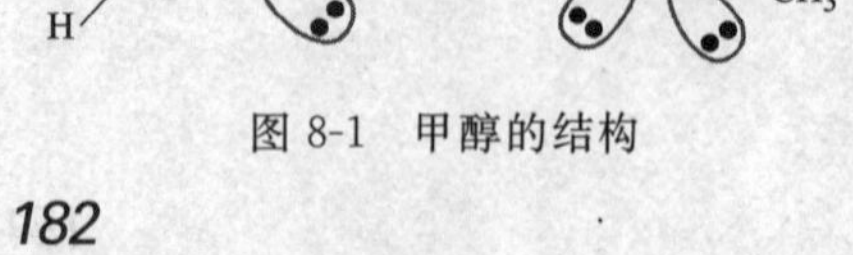

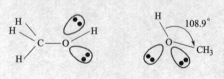

图 8-1　甲醇的结构

3. 醇的命名

(1) 习惯命名法　此法适用于低级一元醇。根据醇分子中的烃基进行命名，把与羟基相连的烃基名称放在"醇"字前即可。同分异构体用"正"、"异"、"新"等来区别，直链烃基加上"正"字，支链烃基加上"异"、"仲"、"叔"、"新"等字。例如：

$$CH_3CH_2CH_2CH_2OH$$

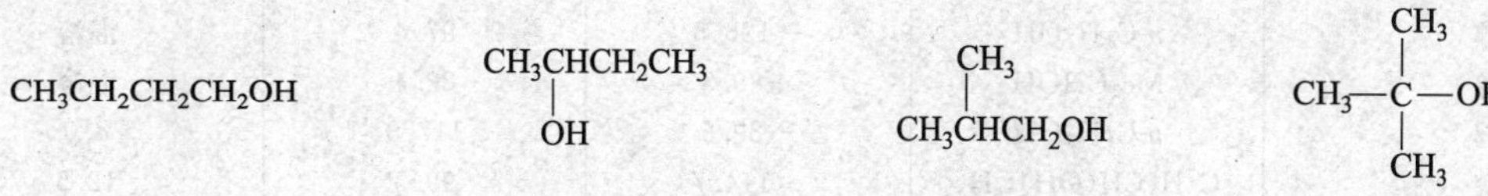

正丁醇　　　　　　仲丁醇　　　　　　异丁醇　　　　　　叔丁醇

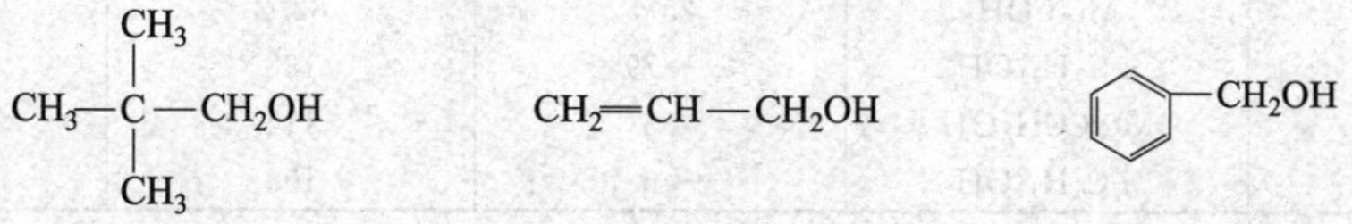

新戊醇　　　　　　　烯丙醇　　　　　　苯甲醇（苄醇）

（2）系统命名法　命名原则为：

① 选择含有羟基的最长碳链作为主链，按主链中碳原子数目称为"某醇"。脂环醇则按环上碳原子数称为"环某醇"，支链作为取代基。

② 若分子中含有碳碳不饱和键，则选择同时含羟基和不饱和键的最长碳链为主链。

③ 从靠近羟基（—OH）的一端给主链编号，脂环醇则从连有—OH 的碳原子开始编号，"1"有时可省略不写。

④ 羟基（—OH）的位次应标明在"某醇"之前，取代基的位次、数目和名称应写在母体之前。例如：

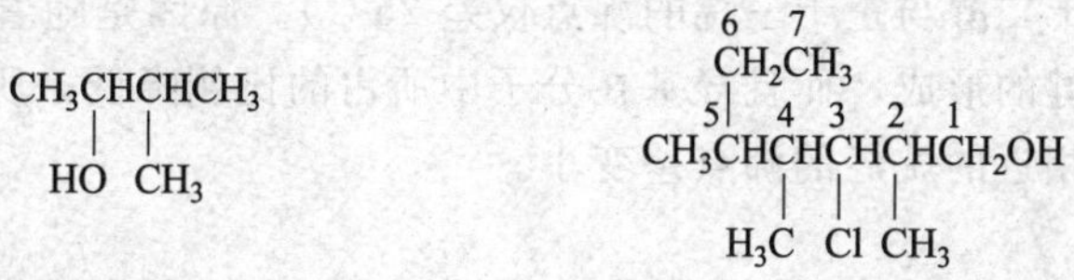

3-甲基-2-丁醇　　　　　　2,4,5-三甲基-3-氯-1-庚醇

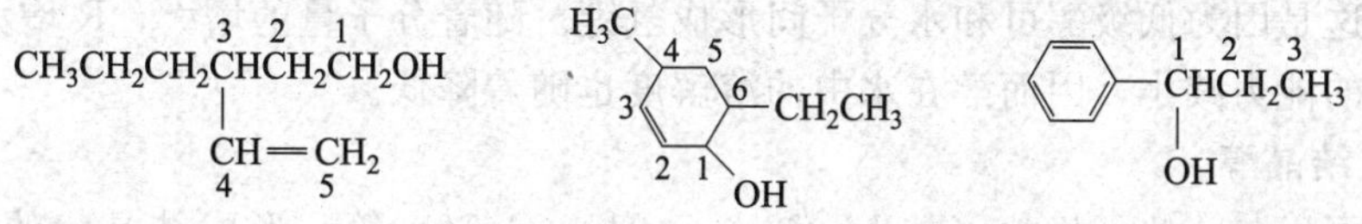

3-丙基-4-戊烯-1-醇　　4-甲基-6-乙基-2-环己烯-1-醇　　1-苯基-1-丙醇

⑤ 多元醇的命名与一元醇相似，要选择含有多个羟基（—OH）的最长碳链作为主链，从靠近羟基的一端给主链编号，羟基的位次、数目、名称应写在母体之前。例如：

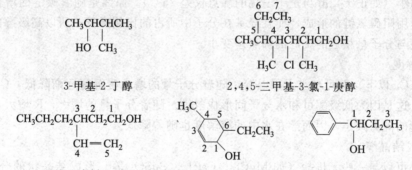

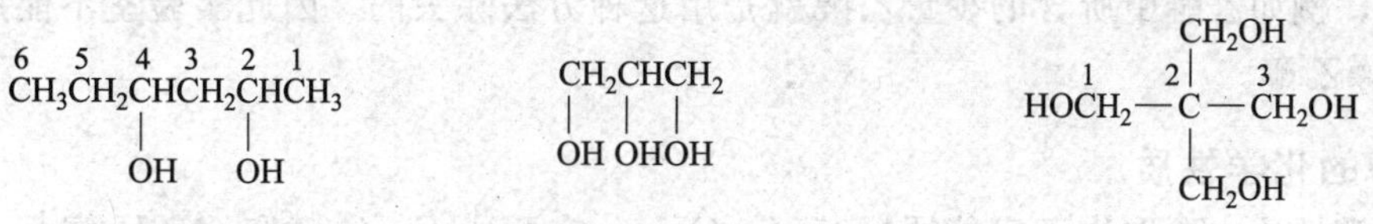

2,4-己二醇　　　　　　丙三醇（甘油）　　　　2,2-二羟甲基-1,3-丙二醇（季戊四醇）

二、醇的物理性质

直链饱和一元醇中，C_4 以下的醇是具有酒味的液体，$C_5 \sim C_{11}$ 的醇为具有不愉快气味的油状液体，C_{12} 以上的醇为无臭无味的蜡状固体。二元醇和多元醇具有甜味。某些醇的物理常数见表 8-1。

表 8-1 某些醇的物理常数

名　称	结构式	熔点/℃	沸点/℃	溶解度(g/100g 水)
甲醇	CH_3OH	−97.8	65	混溶
乙醇	C_2H_5OH	−114.7	78.5	混溶
正丙醇	n-C_3H_7OH	−126.5	97.4	混溶
异丙醇	Me_2CHOH	−89.5	82.4	混溶
正丁醇	n-C_4H_9OH	−89.5	117.3	8.0
仲丁醇	$C_2H_5CH(OH)CH_3$	−114.7	99.5	12.5
异丁醇	Me_2CHCH_2OH	—	107.9	11.1
叔丁醇	Me_3COH	25.5	82.2	混溶
正戊醇	n-$C_5H_{11}OH$	−79	138	2.2
新戊醇	Me_3CCH_2OH	53	114	混溶
正己醇	n-$C_6H_{13}OH$	−46.7	158	0.7

1. 沸点

从表 8-1 可见，直链饱和一元醇的沸点随着碳原子数的增加而上升。同分异构体的醇，支链愈多者，沸点愈低（如正丁醇为 117.3℃，异丁醇为 107.9℃，仲丁醇为 99.5℃，叔丁醇为 82.2℃）。低级醇的沸点比分子量相近的烷烃要高得多。例如：

化合物	分子量	沸点	化合物	分子量	沸点
甲醇	32	65℃	乙醇	46	78.5℃
乙烷	30	−88.6℃	丙烷	44	−42.2℃

醇为什么有这样高的沸点？这是因为醇分子间可以形成氢键，液态醇汽化时不仅要破坏分子间的范德华力，而且要破坏氢键，所以醇具有高沸点。随着碳链的增长，醇与烷烃的沸点差逐渐缩小（如正十二醇与正十三烷的沸点仅差 25℃）。原因是随着碳链的增长，碳链不仅起屏蔽作用阻碍氢键的形成，而且羟基在分子中所占的比例降低，所以高级醇的沸点随着碳链的增长与分子量相近的烷烃的沸点差变小。

2. 溶解度

低级（C_4 以下）醇可与水无限混溶，随着分子量的增大溶解度逐渐降低，C_{10} 以上的醇难溶于水，这是因为低级醇可和水分子间形成氢键。随着分子量的增大，R 增大，醇羟基与水形成氢键的能力减小，因而醇在水中的溶解度也随着降低。

3. 形成结晶醇

低级醇可以与一些无机盐（如 $MgCl_2$、$CaCl_2$、$CuSO_4$ 等）形成结晶状的分子化合物，称为醇化物（或结晶醇），如 $MgCl_2 \cdot 6CH_3OH$、$CaCl_2 \cdot 4CH_3CH_2OH$ 等。结晶醇易溶于水，难溶于有机溶剂，在工业上常利用这一性质将醇和其他化合物分开，或者从反应混合物中把醇除去，例如乙醚中所含的少量乙醇就是用这种方法除去的。因此实验室不能用无水 $CaCl_2$ 来干燥乙醇。

三、醇的化学性质

醇的化学性质主要取决于官能团羟基（—OH）。在醇中 C—O 键和 O—H 键都是极性键，易发生键的断裂，α-碳上的氢由于受羟基的影响也具有一定的活泼性。因此醇可以发生下列反应。

1. 醇与金属钠的反应

【演示实验 8-1】 在两个试管中加入等量的水和乙醇，再分别加入绿豆大的金属钠，反应后再向烧杯中滴几滴酚酞试液，摇匀，观察现象。

醇与水相似，也可与活泼金属反应生成醇钠，放出氢气。反应式为：

$$HOH+Na \longrightarrow NaOH+\frac{1}{2}H_2\uparrow$$

$$ROH+Na \longrightarrow RONa+\frac{1}{2}H_2\uparrow$$

醇与金属钠的反应比水与金属钠的反应要缓和得多，这是因为醇的酸性比水还要弱，放出的热量也不足以使生成的氢气燃烧，故可利用这个反应销毁在某些反应中残余的金属钠，而不致发生燃烧和爆炸。

醇与钠反应的活性与醇的酸性强弱有关。在溶液中各类醇的相对酸性强弱次序为：$H_2O>CH_3OH>$伯醇>仲醇>叔醇。O—H 键越易断裂，醇的酸性就越强，与金属钠反应就越容易。醇的酸性强弱与 α 碳上所连的烷基（R—）供电子的诱导效应有关，R—越多，R—越大，供电子的诱导效应越强，酸性越弱，与金属钠反应越困难。

醇钠是白色固体，溶于醇中，遇水即分解成醇和 NaOH。以 C_2H_5ONa 为例：

$$\underset{\text{较强的碱}}{C_2H_5ONa}+\underset{\text{较强的酸}}{H_2O} \rightleftharpoons \underset{\text{较弱的酸}}{C_2H_5OH}+\underset{\text{较弱的碱}}{NaOH}$$

醇钠是比氢氧化钠还要强的碱，醇钠的水解是一个可逆反应，平衡偏向于生成醇的一边。工业上生产醇钠时，为了避免使用昂贵的金属钠，在氢氧化钠和醇的反应过程中，加苯进行共沸蒸馏，使苯、醇和水的三元共沸物不断蒸出，除去混合物中的水分，以破坏平衡而使反应有利于生成醇钠。

其他活泼金属如 K、Mg、Al 等也可以与醇作用生成 ROK、$(RO)_2Mg$、$(RO)_3Al$ 等，异丙醇铝 $Al[OCH(CH_3)_2]_3$ 和叔丁醇铝 $Al[OC(CH_3)_3]_3$ 在有机合成上是很重要的试剂。

$$6(CH_3)_2CHOH+2Al \longrightarrow 2[(CH_3)_2CHO]_3Al+3H_2\uparrow$$

醇钠的化学性质相当活泼，常在有机合成中作为碱性催化剂及缩合剂使用，并可用作引入烷氧基的试剂。

2. 与无机酸的反应

（1）醇与氢卤酸（HX）的反应　醇与 HX 反应是实验室中制备卤代烃的方法之一。

$$ROH+HX \rightleftharpoons RX+H_2O$$

该反应是可逆的，为了提高卤代烃的产量，可使某一种反应物过量或移去生成物使平衡反应向右进行。

醇与 HX 的反应速率与 HX 的性质和醇的结构有关。

HX 的反应活性次序是：HI>HBr>HCl（HF 一般不起反应）。

醇的反应活性顺序是：苄醇、烯丙醇>叔醇>仲醇>伯醇。

一般来说，醇与 HCl 的反应较难，只有在无水 $AlCl_3$ 催化剂存在下醇才可发生反应。浓盐酸与无水氯化锌所配制的溶液称为卢卡斯（Lucas）试剂，伯醇（烯丙型醇除外）与卢卡斯试剂反应最慢，在常温下不反应，加热时，可生成相应的氯代烷；烯丙醇、叔醇反应最快，室温下反应 1min 即产生浑浊分层现象；仲醇反应 10min 产生浑浊分层现象。

【演示实验 8-2】 向分别装有 1mL 正丁醇、仲丁醇、叔丁醇的三只试管中加入 10mL 的卢卡斯试剂，摇匀，观察现象。

$$(CH_3)_3COH+HCl \xrightarrow[20℃]{ZnCl_2} (CH_3)_3CCl+H_2O$$

（1min 内变浑浊，随后分层）

$$CH_3CH(OH)CH_2CH_3 + HCl \xrightarrow[20℃]{ZnCl_2} CH_3CH(Cl)CH_2CH_3 + H_2O$$

（10min 内变浑浊，随后分层）

$$CH_3CH_2CH_2CH_2OH + HCl \xrightarrow[\triangle]{ZnCl_2} CH_3CH_2CH_2CH_2Cl + H_2O$$

（加热后变浑浊，随后分层）

由于反应生成的卤代烷不溶于水，而出现浑浊或分层现象。因此可利用卢卡斯试剂与不同醇反应的快慢来区别伯醇、仲醇和叔醇。值得注意的是，此试验只适用于溶于卢卡斯试剂的低级一元醇（C_6 以下）和几乎所有的多元醇。

某些醇与氢卤酸反应易发生重排，若选用 PX_3、PX_5 或 $SOCl_2$ 与醇作用，可得相应的卤代烃并且无重排反应发生。在实际操作中，常用赤磷与溴或碘代替三卤化磷。

$$3ROH + PI_3 \longrightarrow 3RI + H_3PO_3$$

（$P + I_2$ 或 Br_2）

$$ROH + PCl_5 \longrightarrow RCl + POCl_3 + HCl$$

$$ROH + SOCl_2 \longrightarrow RCl + SO_2\uparrow + HCl\uparrow$$

醇与亚硫酰氯作用生成氯烷的产量较高，而且副产物 SO_2 与 HCl 均为气体，易于分离。

（2）与 H_2SO_4 反应

$$CH_3 + OH + H + OSO_2OH \Longrightarrow CH_3-OSO_2OH + H_2O$$

该反应是可逆的，生成的酸性硫酸酯（也叫硫酸氢甲酯）经减压蒸馏可得到中性硫酸酯（硫酸二甲酯）。

$$CH_3-OSO_2OH + HOSO_2O-CH_3 \xrightarrow{减压蒸馏} CH_3-OSO_2O-CH_3 + H_2SO_4$$

硫酸二甲酯和硫酸二乙酯都是常用的甲基化和乙基化试剂，可用于工业上和实验室中。因有剧毒，使用时应注意。高级醇的酸性硫酸酯钠盐，如 $C_{12}H_{25}OSO_2ONa$ 是工业上重要的表面活性剂，也是牙膏的发泡剂和湿润剂。

（3）与 HNO_3 反应 由于 HNO_3 是一元酸，所以与醇反应时只形成一种硝酸酯。

$$CH_3 + OH + H + ONO_2 \longrightarrow CH_3ONO_2 + H_2O$$

硝酸甲酯

$$
\begin{array}{c}
CH_2OH \\
| \\
CHOH \\
| \\
CH_2OH
\end{array}
+
\begin{array}{c}
HONO_2 \\
HONO_2 \\
HONO_2
\end{array}
\xrightarrow{H_2SO_4}
\begin{array}{c}
CH_2ONO_2 \\
| \\
CHONO_2 \\
| \\
CH_2ONO_2
\end{array}
+ 3H_2O
$$

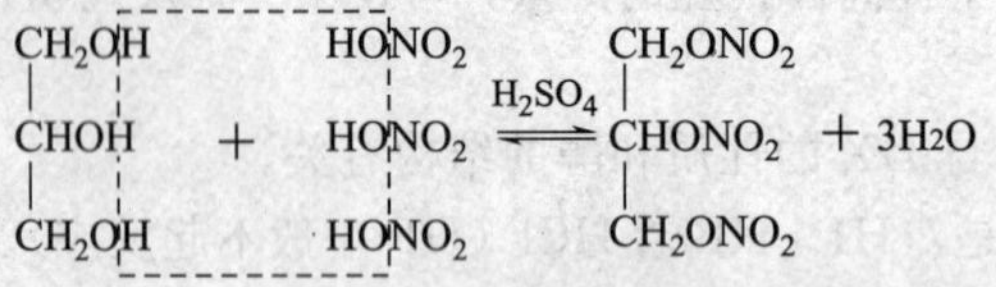

甘油三硝酸酯（硝化甘油）

甘油三硝酸酯（也叫作硝化甘油或硝酸甘油）是一种爆破力非常猛烈的炸药，主要用于爆破工程和国防建设。同时它也具有扩张冠状动脉的作用，医药上用于治疗心绞痛。

醇也可以和磷酸形成磷酸酯。例如：

$$
3C_4H_9OH +
\begin{array}{c}
HO \\
HO-P=O \\
HO
\end{array}
\Longrightarrow (C_4H_9O)_3PO + 3H_2O
$$

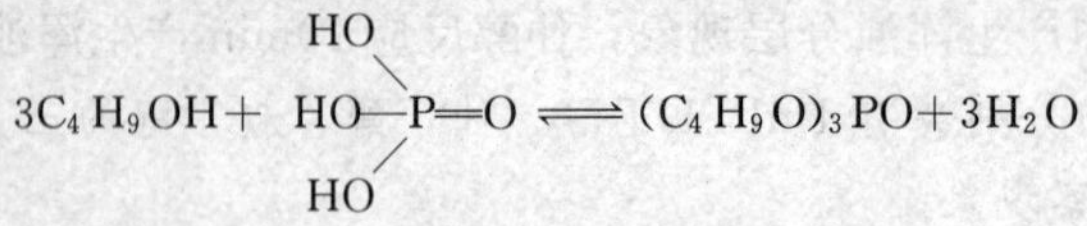

磷酸三丁酯

磷酸三丁酯用作萃取剂和增塑剂。磷酸酯在生命活动中具有十分重要的作用，例如 DNA 和 RNA 就是多聚的磷酸二酯形成的多聚核苷酸。

3. 与有机酸的反应

醇与有机酸(羧酸)反应生成羧酸酯。

$$RO\!+\!H + HO\!+\!\overset{\overset{\large O}{\|}}{C}-R \underset{}{\overset{H^+}{\rightleftharpoons}} RO-\overset{\overset{\large O}{\|}}{C}-R + H_2O$$

$$CH_3CH_2O\!+\!H + HO\!+\!\overset{\overset{\large O}{\|}}{C}-CH_3 \overset{H^+}{\rightleftharpoons} CH_3COOCH_2CH_3 + H_2O$$

4. 氧化和脱氢

醇中与羟基直接相连的 α-碳原子上若有氢原子，由于受—OH 的影响，α-H 比较活泼，很容易被氧化或脱氢。

叔醇不含 α-H，因而不易发生氧化或脱氢反应。常用的氧化剂有 K_2CrO_7-H_2SO_4、CrO_3-冰 HAc、CrO_3-H_2O、$KMnO_4$-H_2O、$KMnO_4$-OH^-、CrO_3-吡啶等。伯醇氧化首先生成醛，醛很容易被氧化生成羧酸。

$$RCH_2OH \xrightarrow{[O]} \underset{\text{醛}}{R-\overset{\overset{\large O}{\|}}{C}-H} \xrightarrow{[O]} \underset{\text{羧酸}}{R-\overset{\overset{\large O}{\|}}{C}-OH}$$

由伯醇制备醛时要将生成的醛及时从混合物中蒸出，或使用特殊氧化剂三氧化铬-吡啶氧化，可使伯醇氧化停留在醛阶段。

仲醇氧化生成酮。例如：

$$CH_3CH(OH)CH_2CH_2CH_3 \xrightarrow[H_2SO_4]{K_2CrO_7} CH_3COCH_2CH_2CH_3$$

叔醇不发生上述反应。利用氧化反应可鉴别伯醇或仲醇。

检查司机是否酒后驾车的呼吸分析仪就是利用乙醇与重铬酸钠的氧化反应。在 100mL 血液中如含有超过 80mg 乙醇（最大允许量），这时呼出的气体中所含乙醇量即可使呼吸分析仪中的溶液颜色由橙红色变为绿色。

> **小资料：** 机动车驾驶员在驾车中，如血液或呼气中检出酒精即为违法。每一百毫升血液酒精含量大于或等于 100mg 为“醉酒驾车”；低于 100mg（有的地方规定下限为高于 20mg）为“酒后驾车”。

$$3CH_3CH_2OH + \underset{\text{(橙红色)}}{2Na_2Cr_2O_7} + 8H_2SO_4 \longrightarrow$$

$$3CH_3COOH + 2Na_2SO_4 + \underset{\text{(绿色)}}{2Cr_2(SO_4)_3} + 11H_2O$$

伯醇、仲醇的蒸气在高温下通过活性酮或者银催化剂发生脱氢反应，分别生成醛和酮。

$$RCH_2OH \underset{300℃}{\overset{Cu}{\rightleftharpoons}} RCHO + H_2$$

$$\begin{matrix} R \\ \quad\diagdown \\ \quad\;\; CHOH \\ \quad\diagup \\ R \end{matrix} \underset{300℃}{\overset{Cu}{\rightleftharpoons}} RCOR + H_2$$

若同时通入空气，则氢气被氧化成水，反应可进行完全，例如：

$$CH_3CH_2OH + \frac{1}{2}O_2 \xrightarrow[550℃]{Cu,Ag} CH_3CHO + H_2O$$

叔醇无 α-H，因而不发生脱氢反应。

5. 脱水反应

醇脱水方式有两种，即分子内脱水和分子间脱水。

(1) 分子内脱水　醇分子内脱水是消除反应。常用的催化剂是 H_2SO_4、H_3PO_4 等质子酸或路易斯（Lewis）酸如 Al_2O_3 等，醇的脱水方式和难易程度与反应条件及醇的结构有关。例如：

$$CH_3CH_2CH_2CH_2OH \xrightarrow[160℃]{70\%H_2SO_4} CH_3CH_2CH{=}CH_2 + \underset{(主要)}{CH_3CH{=}CHCH_3}$$

$$CH_3CH_2CH(OH)CH_3 \xrightarrow[95℃]{60\%H_2SO_4} CH_3CH_2CH{=}CH_2 + \underset{(主要)}{CH_3CH{=}CHCH_3}$$

$$CH_3CH_2\underset{OH}{\overset{CH_3}{C}}CH_3 \xrightarrow[90\sim95℃]{46\%H_2SO_4} CH_3CH_2\overset{CH_3}{C}{=}CH_2 + \underset{(主要)}{CH_3CH{=}\overset{CH_3}{C}CH_3}$$

醇分子内脱水同样遵守查依采夫规则，反应总是向生成多支链的烯烃方向进行。醇分子内脱水反应活性为：

叔醇＞仲醇＞伯醇

实验室常利用醇脱水反应制取少量的烯烃。

(2) 分子间脱水

$$R{+}OH + H{+}OR \xrightarrow[\triangle]{H_2SO_4} R{-}O{-}R + H_2O$$

一般高温、强酸有利于分子内脱水生成烯烃，醇过量、低温有利于分子间脱水生成醚。例如：

$$CH_3CH_2OH \xrightarrow[170℃]{浓H_2SO_4} CH_2{=}CH_2 + H_2O \text{(消除反应)}$$

$$CH_3CH_2OH \xrightarrow[140℃]{浓H_2SO_4} CH_3CH_2OCH_2CH_3 + H_2O \text{(取代反应)}$$

醇的分子内脱水和分子间脱水是两个竞争反应，按何种方式脱水与醇的结构和反应条件有关。

第二节　酚

羟基直接和芳环相连的化合物称为酚，通式为 ArOH。注意：$ArCH_2OH$ 是醇而不是酚。

一、苯酚的结构

在苯酚中，羟基氧原子采取 sp^2 杂化，因此氧原子上有一个未参与杂化的 p 轨道，在 p 轨道中有一对未共享电子对。由于 p 轨道和苯环上的 π 轨道相互平行，从侧面进行肩并肩重叠，产生了 p-π 共轭效应（见图 8-2），因而使得氧上的一对电子向苯环方向转移。这也是苯酚为什么具有酸性的原因。

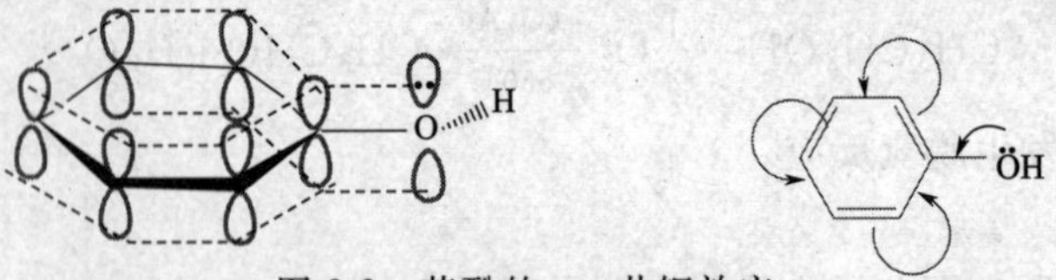

图 8-2　苯酚的 p-π 共轭效应

二、酚的分类和命名

酚可根据分子中所含羟基的数目分为一元酚、二元酚、多元酚。

酚的命名一般是以羟基为主官能团，在“酚”字前加上芳烃的名称作为母体，称为“某酚”，其他原子或原子团作为取代基。作为母体的基团为“1”号位。例如：

一元酚

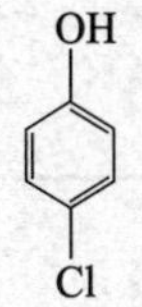
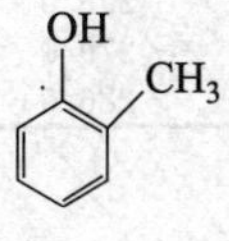
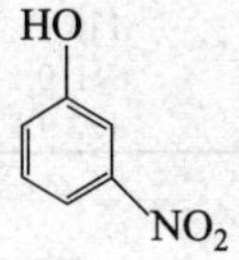
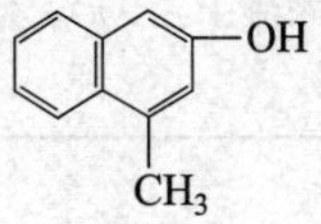

4-氯苯酚(对氯苯酚)　2-甲基苯酚(邻甲基苯酚)　3-硝基苯酚(间硝基苯酚)　4-甲基-2-萘酚

二元酚

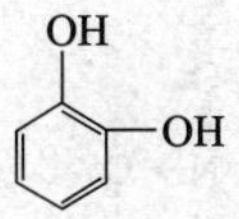
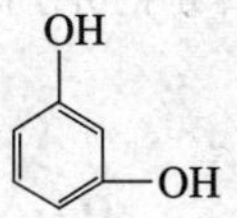
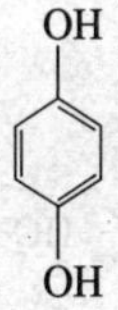

1,2-苯二酚(邻苯二酚)　1,3-苯二酚(间苯二酚)　1,4-苯二酚(对苯二酚)

三元酚

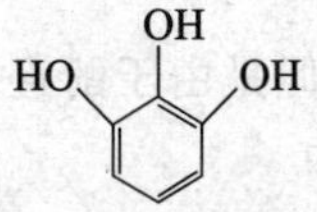
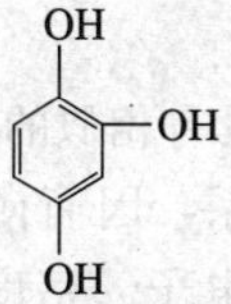
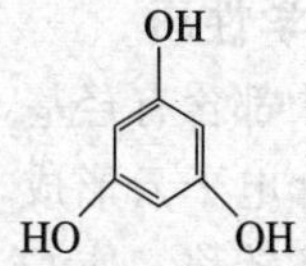

1,2,3-苯三酚(连苯三酚)　1,2,4-苯三酚(偏苯三酚)　1,3,5-苯三酚(均苯三酚)

当芳环上连有比羟基优先的基团时，则以最优先基团作为母体，羟基则作为取代基来命名。例如：

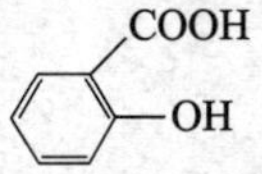
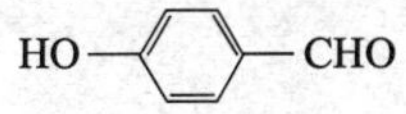
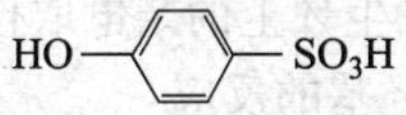

2-羟基苯甲酸(邻羟基苯甲酸)　4-羟基苯甲醛(对羟基苯甲醛)　4-羟基苯磺酸(对羟基苯磺酸)

除上述命名方法外，酚还可用俗名。例如，邻羟基苯甲酸又叫水杨酸，邻苯二酚又叫儿茶酚，对苯二酚又叫氢醌。

三、酚的物理性质

常温下除少数烷基酚是高沸点的液体外，大多数都是无色结晶固体。由于酚极易被空气中的氧氧化，因而往往呈现粉红色或褐色。

苯酚及其低级酚在水中有一定的溶解度，这是因为苯酚及其低级酚可和水分子形成氢键。随着分子中羟基数目的增加，多元酚在水中的溶解度增大。酚类化合物易溶于乙醇、乙醚、苯等有机溶剂中。常见酚的物理常数见表 8-2。

从表 8-2 可见，在对硝基苯酚和邻硝基苯酚的异构体中，邻位异构体的熔点、沸点和在水中的溶解度比对位异构体低得多。这是因为对位异构体分子间可形成氢键而缔合，故沸点较高。同样，对硝基苯酚也可与水形成氢键，因而在水中的溶解度也较大。而在邻位异构体中，由于羟基和硝基之间相距较近，它们可以通过分子内氢键形成螯环化合物，使其熔点、沸点及在水中的溶解度较低。邻位异构体可随水蒸气蒸馏出来，这样就可把邻位和对位异构体分开。

表 8-2　常见酚的物理常数

名　　称	熔点/℃	沸点/℃	溶解度/(g/100g 水)
苯酚	40.8	181.8	8.0(热水)
邻甲苯酚	30.5	191.0	2.5
间甲苯酚	11.9	202.2	2.6
对甲苯酚	34.5	201.8	2.3
邻硝基苯酚	44.5	214.5	0.2
间硝基苯酚	96.0	197.0	2.2
对硝基苯酚	114.0	295.0	1.3
α-萘酚	94.0	279.0	—
β-萘酚	123.0	286.0	0.1

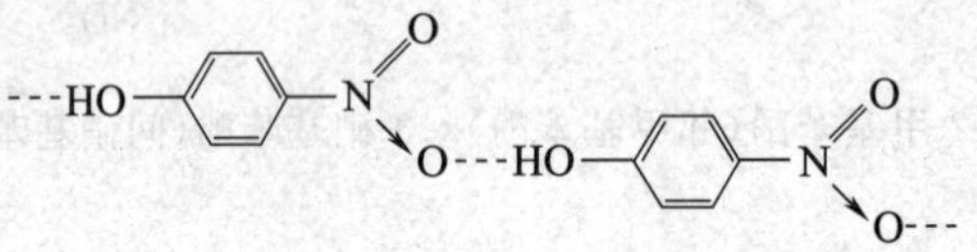

对硝基苯酚的分子间氢键

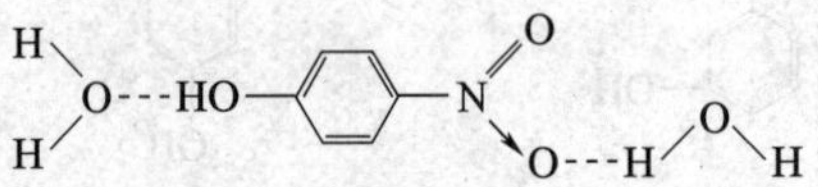

对硝基苯酚和水分子形成氢键

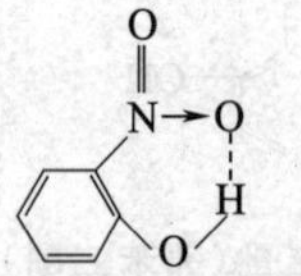

邻硝基苯酚的分子内氢键

四、酚的化学性质

酚与醇分子中都含有羟基，所以它们具有相似的化学性质，但是由于酚羟基氧原子上的 p 电子云与芳环的 π 电子云形成 p-π 共轭体系，因而使氧原子上的电子云密度向芳环转移，使 O—H 键间的电子云密度降低，从而有利于氢以质子的形式离去；同时生成的苯氧负离子也由于共轭效应，氧原子上的负电荷能够分散到整个共轭体系中而更稳定，因而酚的酸性比醇强。由于羟基的存在使芳环上的电子云密度增加，酚易发生环上的亲电取代反应。

> **思考：**醇和酚都含有羟基官能团，它们的结构相同吗？

1. 酚羟基的反应

(1) 酚的酸性　苯酚可与氢氧化钠水溶液作用，生成可溶于水的酚钠。

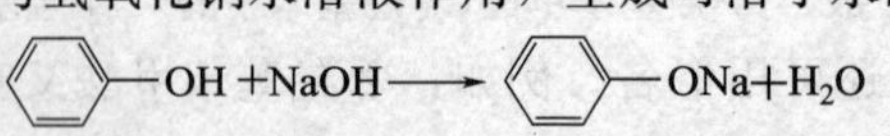

苯酚的酸性（$pK_a=10$）比醇强，但比碳酸（$pK_a=6.38$）弱，故苯酚不能与碳酸氢钠溶液反应，若在苯酚钠溶液中通入二氧化碳或加入其他无机酸，苯酚可游离出来。这说明苯酚的酸性比碳酸弱。

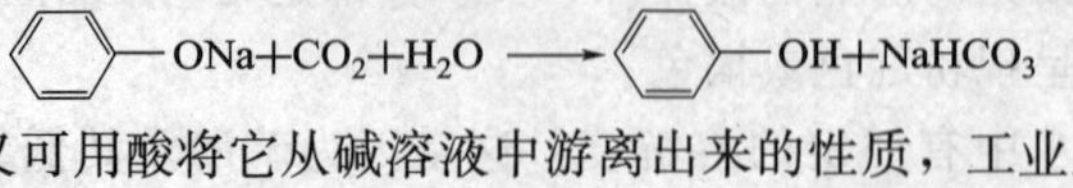

根据酚能溶解于碱，而又可用酸将它从碱溶液中游离出来的性质，工业上常用来回收和处理含酚的污水。

取代酚的酸性强弱与取代基的性质有关。

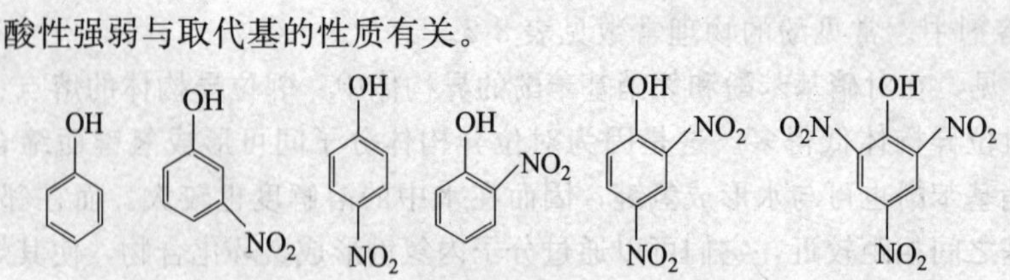

pK_a 9.89　　8.40　　7.23　　7.15　　4.0　　0.71

酚环上连的吸电子基越多，酸性越强；供电子基越多，酸性越弱。取代基的位置不同，对酚的酸性也有影响，这是由于分子中存在共轭效应和诱导效应的结果。上述酚的酸性是从左向右逐渐增强。

（2）酚醚的生成　与醇相似，酚也可生成醚，但酚不能发生分子间脱水生成醚，这是由酚的结构所造成的。酚醚可用威廉森（Williamson）合成法合成。例如：

$$\text{C}_6\text{H}_5—\text{ONa}+\text{BrCH}_2\text{CH}_3 \longrightarrow \text{C}_6\text{H}_5—\text{OCH}_2\text{CH}_3+\text{NaBr}$$

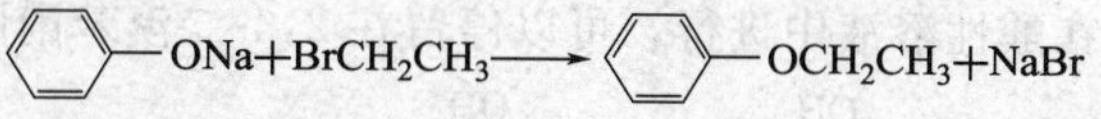

二芳基醚可用酚钠与卤代芳烃制得，但要在加热及催化剂作用下才可发生反应。

$$\text{C}_6\text{H}_5—\text{ONa}+\text{CH}_3—\text{C}_6\text{H}_4—\text{Br} \xrightarrow[210℃]{\text{Cu}} \text{CH}_3—\text{C}_6\text{H}_4—\text{O}—\text{C}_6\text{H}_5+\text{NaBr}$$

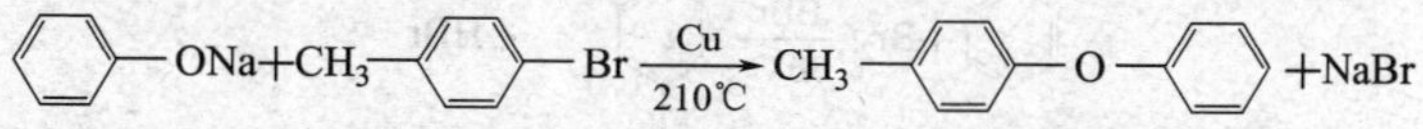

酚醚的化学性质较稳定，但用 HI 作用可使酚醚分解为原来的酚。例如：

$$\text{C}_6\text{H}_5—\text{OCH}_3+\text{HI} \xrightarrow{\triangle} \text{C}_6\text{H}_5—\text{OH}+\text{CH}_3\text{I}$$

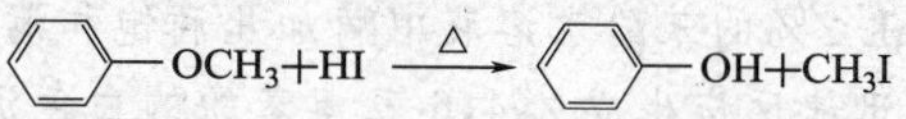

在有机合成中常用形成酚醚来保护酚羟基，以免羟基在反应中被破坏，待反应终了后再将酚醚分解为相应的酚。

（3）酚酯的生成　酚也能形成酯，但酚与羧酸直接酯化比较困难，因为这是个轻微的吸热反应，对平衡不利，一般采用酸酐或酰氯与酚作用才能生成酯。例如：

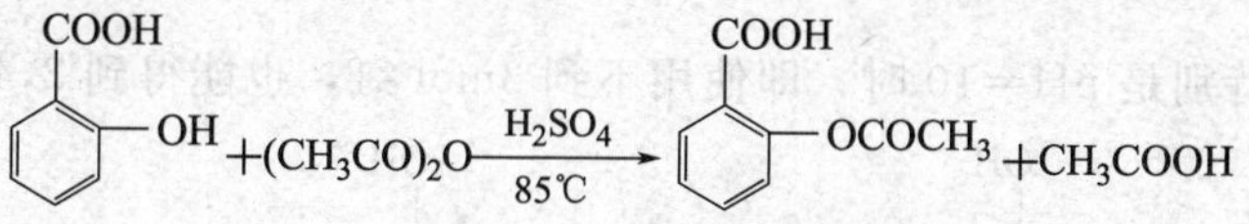

$$\text{C}_6\text{H}_5—\text{OH}+(\text{CH}_3\text{CO})_2\text{O} \xrightarrow{\text{NaOH溶液}} \text{C}_6\text{H}_5—\text{OCOCH}_3+\text{CH}_3\text{COONa}$$

$$\text{o-HOOC-C}_6\text{H}_4—\text{OH}+(\text{CH}_3\text{CO})_2\text{O} \xrightarrow[85℃]{\text{H}_2\text{SO}_4} \text{o-HOOC-C}_6\text{H}_4—\text{OCOCH}_3+\text{CH}_3\text{COOH}$$

乙酰水杨酸（阿司匹林）

$$\text{C}_6\text{H}_5—\text{OH}+\text{C}_6\text{H}_5—\text{COCl} \xrightarrow[40℃]{\text{NaOH溶液}} \text{C}_6\text{H}_5—\text{O}—\text{CO}—\text{C}_6\text{H}_5+\text{HCl}$$

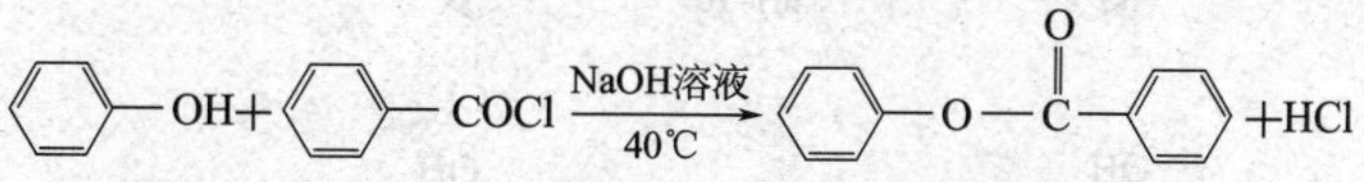

苯甲酸苯酯

乙酰水杨酸又叫阿司匹林，为白色的针状晶体。它是一种解热镇痛药，用于治疗风湿病和关节炎等，近年来也用其预防手术后的血栓形成和预防心肌梗死。

苯甲酸苯酯为白色晶体，主要用作制备甾体激素类药物。

（4）与 $FeCl_3$ 的显色反应

【演示实验8-3】　向盛有 0.5mL 5％ 的苯酚水溶液中，加入 2 滴 5％ $FeCl_3$ 溶液，观察现象。

$$6\,\text{C}_6\text{H}_5—\text{OH}+\text{FeCl}_3 \longrightarrow \left[\text{Fe}(\text{O}—\text{C}_6\text{H}_5)_6\right]^{3-}+6\text{H}^++3\text{Cl}^-$$

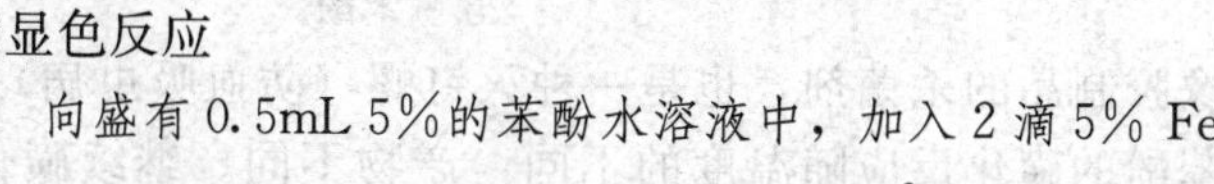

不同的酚与氯化铁作用显示不同的颜色，可利用此显色反应鉴别酚和烯醇式化合物。如苯酚与氯化铁反应呈蓝紫色，邻苯二酚呈绿色，对甲苯酚呈蓝色等。

2. 芳环上的反应

羟基是强的邻对位定位基，它的存在使芳环上的电子云密度大大增加，所以酚比苯要容易发生环上的亲电取代反应。

（1）卤代反应　酚与卤素发生亲电取代反应时不需要用酸作催化剂，但在不同的条件下可以得到一、二或三卤代产物。如控制反应条件，可使卤代反应停留在一卤代物阶段。

苯酚的溴化反应若在低极性溶剂或非极性溶剂（如 $CHCl_3$、CS_2 或 CCl_4）中进行，可得以对位为主的一卤代酚。

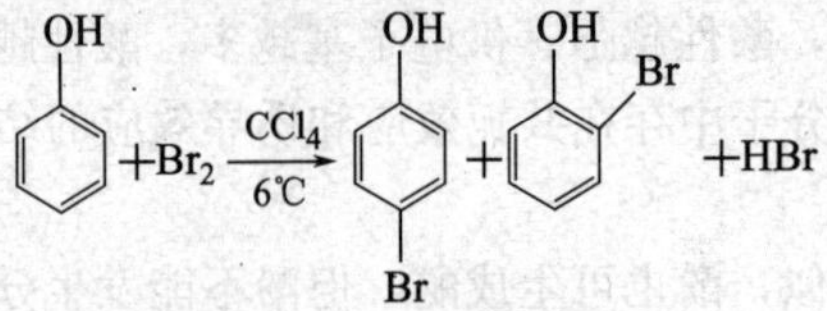

（67%）　（33%）

苯酚的溴化反应若在酸性溶液中进行，可以停留在 2,4-二溴苯酚阶段。

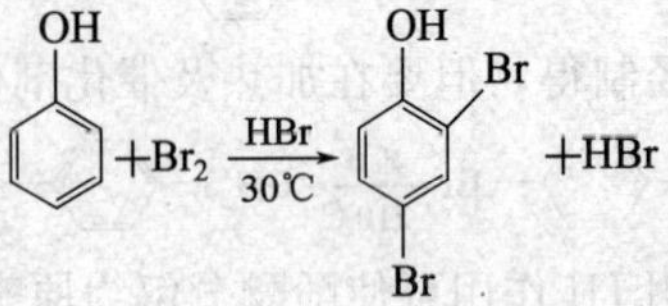

【演示实验 8-4】 在 1mL 2%的苯酚水溶液中滴加几滴饱和溴水，观察现象。

苯酚在室温下与溴水可迅速反应生成 2,4,6-三溴苯酚的白色沉淀。

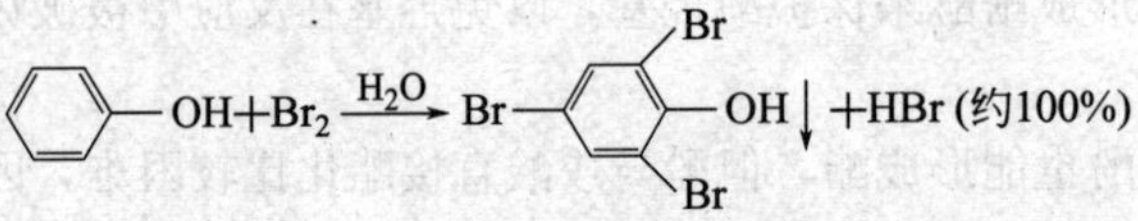

（白色）

利用这个性质可定性、定量地鉴定苯酚，此反应非常灵敏，可检验出含量为 10μg/L 的酚。

在水溶液中，特别是 pH=10 时，即使用不到 3mol 氯，也能得到 2,4,6-三氯苯酚。

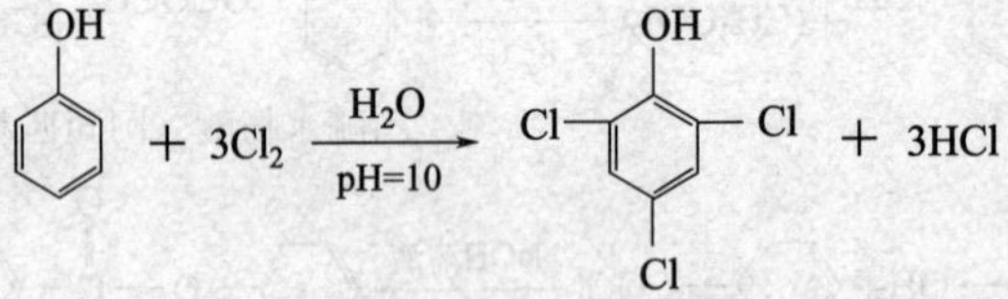

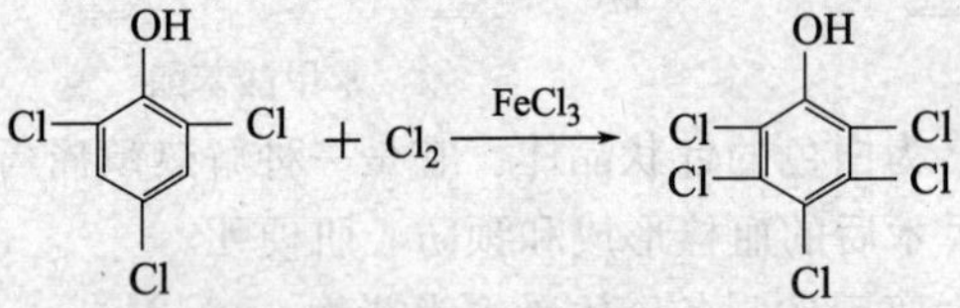

五氯苯酚

五氯苯酚是一种橡胶制品的杀菌剂，也是一种灭钉螺（防血吸虫病）的药物。

(2) 磺化反应　苯酚的磺化反应随温度的不同，产物不同。继续磺化，可得苯二磺酸，再硝化可得 2,4,6-三硝基苯酚（苦味酸），这是工业上制备苦味酸的常用方法。

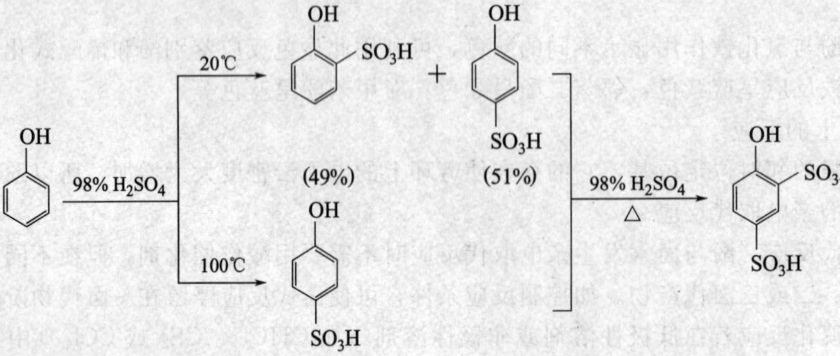

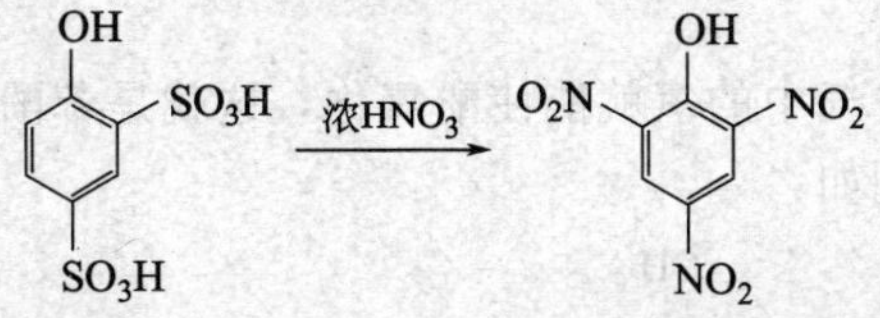

苦味酸

苦味酸为淡黄色晶体或粉末，有强烈的爆炸性，是军事上最早使用的一种烈性炸药，易与多种金属作用生成更易爆炸且危险更大的苦味酸盐。它本身是一种酸性染料，也可用于制备其他染料和照相药品。医药上用作收敛剂。

(3) 硝化反应　由于硝酸具有氧化性，而苯酚又很容易被氧化，所以苯酚的硝化产率很低，不宜用浓硝酸与苯酚发生硝化反应。苯酚和稀硝酸在室温即可反应：

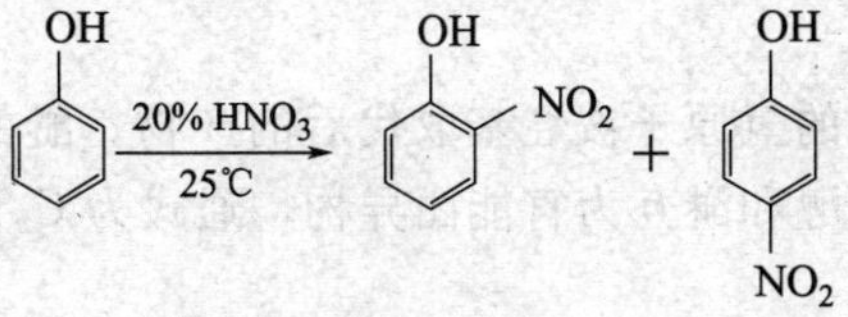

(30%～40%)　(15%)

生成的邻硝基苯酚和对硝基苯酚可用水蒸气蒸馏将它们分离开，邻硝基苯酚通过分子内氢键形成螯环，能随水蒸气一起被蒸馏出来，而对硝基苯酚因形成分子间氢键，不易挥发而留下。实验室可用上述方法制备少量的邻、对硝基苯酚。间硝基苯酚可用间接法制得。

对于多硝基苯酚的制备一般不直接用硝化法。例如：

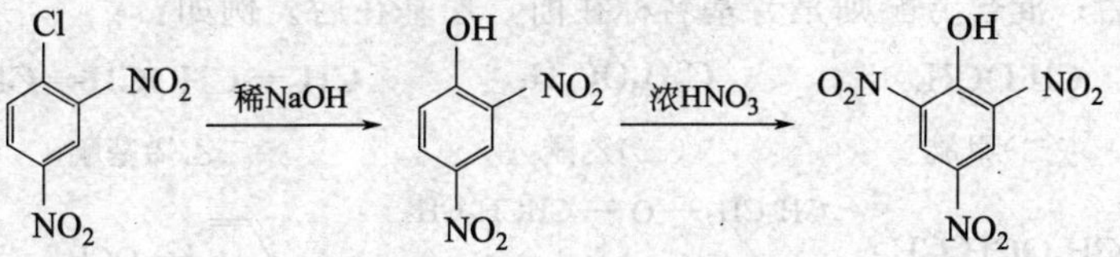

(4) 傅列德尔-克拉夫茨反应（简称傅-克反应）　酚的傅-克烷基化反应比较容易进行，常用的烷基化试剂是烯烃和醇，浓硫酸、磷酸、酸性阳离子交换树脂等作为催化剂，反应可生成多元烷基酚。例如：

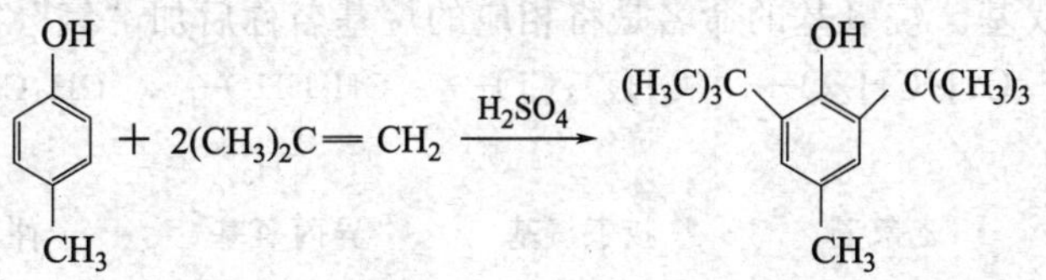

4-甲基-2,6-二叔丁基苯酚

4-甲基-2,6-二叔丁基苯酚又叫防老剂 264，是白色或微黄色晶体，主要用作橡胶和塑料的抗老剂，也可用作汽油的抗氧剂。

酚的傅-克酰基化反应产率不高，但也有产率很高的的例子。例如：

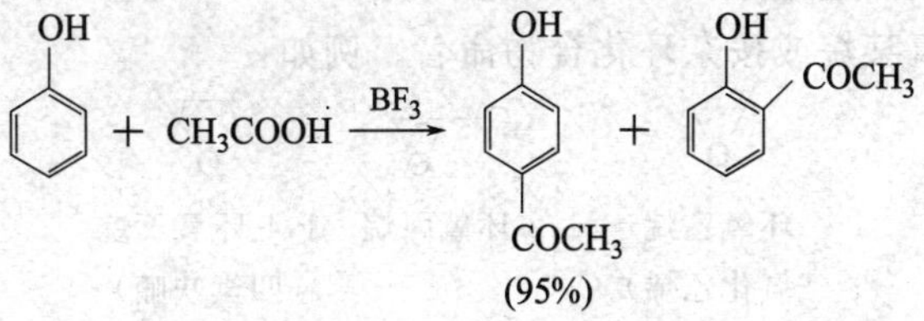

(95%)

3. 氧化反应

酚比醇更易被氧化，空气中的氧就能使酚氧化，这就是苯酚与空气接触为什么变红的原因。酚的氧化产物是醌。例如：

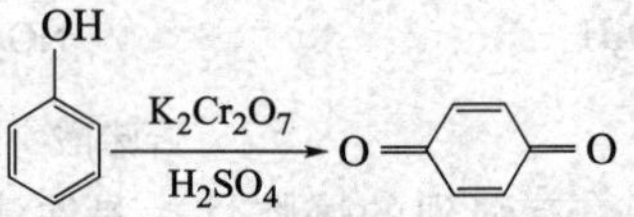

对苯醌（黄色晶体）

对苯醌为黄色晶体，用于制备对苯二酚、染料和杀菌剂。

第三节 醚

一、醚的分类和命名

醚可以看作是水分子中的氢原子被烃基取代后的产物。醚的官能团是“—O—”称为醚键或氧键。相同碳原子数的醇和醚互为官能团异构，通式为 $C_nH_{2n+2}O$。

1. 醚的分类

① 根据氧原子所连的烃基是否相同，分为单醚和混醚。

② 根据醚分子中烃基的不同，分为饱和醚、不饱和醚、芳醚、环醚。

2. 醚的命名

简单醚的命名一般用习惯命名法，即在“醚”字前冠以两烃基的名称。单醚在烃基名称前加“二”字，一般可省略（芳醚及不饱和醚除外）；混醚则是小基团名称在前，大基团（较优基团）在后；混合芳醚则是芳基名称在前，烃基在后。例如：

CH_3OCH_3 （二）甲醚

$C_2H_5OC_2H_5$ （二）乙醚

$CH_2{=}CHOCH{=}CH_2$ 二乙烯基醚

$CH_3OCH_2CH_3$ 甲(基)乙(基)醚

$CH_3CH_2-O-\underset{\displaystyle CH_3}{\underset{|}{C}}HCH_2CH_3$ 乙(基)仲丁(基)醚

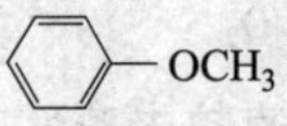

苯(基)甲(基)醚

结构复杂的醚一般则用系统命名法命名。将较复杂烃基作为母体，简单的含氧烃基（又称烷氧基）作为取代基。烷氧基的命名是将相应的烷基名称后加“氧”字。例如：

CH_3O- 甲氧基

CH_3CH_2O- 乙氧基

$(CH_3)_3CO-$ 叔丁氧基

$CH_3\underset{\displaystyle CH_3}{\underset{|}{C}}HO-$ 异丙氧基

$CH_3CH_2\underset{\displaystyle CH_3}{\underset{|}{C}}HO-$ 仲丁氧基

$\overset{4}{C}H_3\overset{3}{C}H\underset{\displaystyle \underset{5\ \ 6}{CH_2CH_3}}{}CH_2\overset{\displaystyle OCH_3}{\overset{2}{C}}H\overset{1}{C}H_3$（C-3 上连 CH_2CH_3，C-2 上连 OCH_3） 4-甲基-2-甲氧基己烷

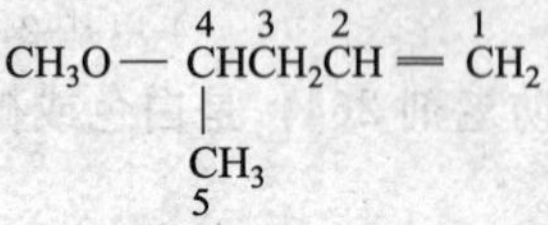

$CH_3O-\overset{4}{\underset{\displaystyle \underset{5}{CH_3}}{C}}H\overset{3}{C}H_2\overset{2}{C}H{=}\overset{1}{C}H_2$ 4-甲氧基-1-戊烯

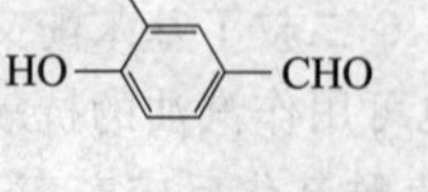

4-羟基-3-甲氧基苯甲醛

环醚一般称为环氧某烷或按杂环化合物命名。例如：

环氧乙烷（氧化乙烯）

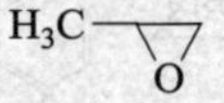

1,2-环氧丙烷

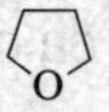

1,4-环氧丁烷（四氢呋喃）

二、醚的物理性质

在常温下除甲醚、乙醚为气体外，大多数醚为无色液体，有特殊气味。低级醚的沸点比同数碳原子醇的沸点要低。这是因为醚分子间不能形成氢键的缘故。多数醚难溶于水，但四氢呋喃（THF）可与水混溶，这是因为四氢呋喃分子中的氧原子在环上，使氧原子上未共用电子对暴露在外，更容易与水分子形成氢键。环醚的水溶液既能溶解离子化合物，又能溶解非离子化合物，为常用的优良溶剂。

三、醚的化学性质

醚分子中的氧原子是 sp^3 杂化，键角接近于 $109.5°$，如甲醚的键角为 $110°$。由于醚的氧原子与两个烷基相连，因而分子的极性很小（例如，乙醚的偶极矩为 $3.9 \times 10^{-30} C \cdot m$），化学性质不活泼，对碱、氧化剂、还原剂都十分稳定，在常温下醚和金属钠不起反应，故可用钠来除去醚中的水。但是在一定的条件下醚可以发生下列反应。

1. 𨫼盐的生成

醚分子中的氧原子有未共用电子对，它是一个路易斯碱，具有一定的弱碱性，在常温下能与强酸（如浓 HX 或浓 H_2SO_4）生成𨫼盐而溶于强酸中。

$$R\overset{..}{O}R + HX \Longleftrightarrow [R\overset{H}{\overset{|}{\overset{+}{O}}}R]^+ X^- \xrightarrow{冰水} R-O-R + H_3O^+ + X^-$$

$$C_2H_5-O-C_2H_5 + H_2SO_4 \Longleftrightarrow [C_2H_5-\overset{H}{\overset{|}{O}}-C_2H_5]^+ HSO_4^-$$

$$[C_2H_5-\overset{H}{\overset{|}{O}}-C_2H_5]^+ HSO_4^- \xrightarrow{冰水} C_2H_5-O-C_2H_5 + HSO_4^- + H_3O^+$$

𨫼盐不稳定，遇水很快分解为原来的醚。利用这一性质可区别和分离醚与烷烃或卤代烃。醚还可与缺电子试剂如 BF_3、$AlCl_3$、RMgX 等形成配合物。例如：

$$R\overset{..}{O}R + BF_3 \longrightarrow \overset{R}{\underset{R}{>}}O \longrightarrow BF_3$$

$$R\overset{..}{O}R + AlCl_3 \longrightarrow \overset{R}{\underset{R}{>}}O \longrightarrow AlCl_3$$

$$R\overset{..}{O}R + RMgX \longrightarrow \overset{R}{\underset{R}{>}}O \longrightarrow \overset{R}{\underset{X}{Mg}} \longleftarrow O\overset{R}{\underset{R}{<}}$$

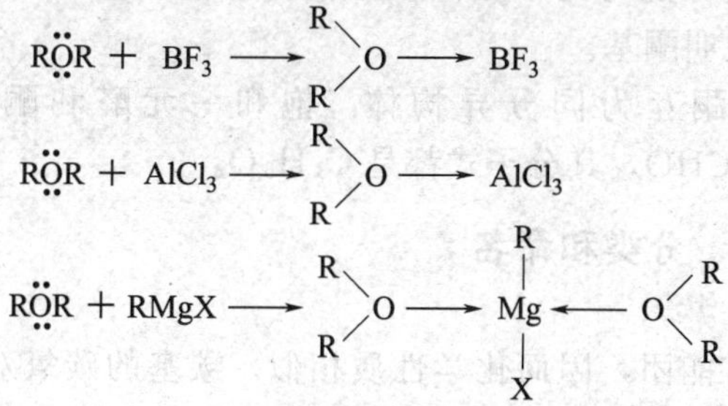

四氢呋喃的配位能力很强，一些难制备的格氏试剂（如 PhMgCl）常用它作为溶剂。

2. 醚键的断裂

醚与浓 HX 反应生成𨫼盐而使得醚中的 C—O 键变弱，加热时醚键易发生断裂。HX 的反应活性为 HI＞HBr＞HCl。

$$C_2H_5-O-C_2H_5 + HI（浓）\xrightarrow{\triangle} C_2H_5OH + C_2H_5I$$

当混醚发生上述反应时，一般是较小的烷基先断裂下来与卤原子结合生成卤代烷，而且反应是定量进行的。例如含甲氧基的醚与 HI 反应，可定量地生成 CH_3I。若将 CH_3I 蒸气通入 $AgNO_3$ 的乙醇溶液，可根据生成 AgI 的量，计算出原来醚分子中甲氧基（—OCH_3）的含量。此法叫蔡塞尔（Zeisel）甲氧基测定法。

$$C_2H_5-O \vdots CH_3 + HI（浓）\xrightarrow{\triangle} C_2H_5OH + CH_3I$$

酚醚与 HX 作用生成酚和碘代烷。

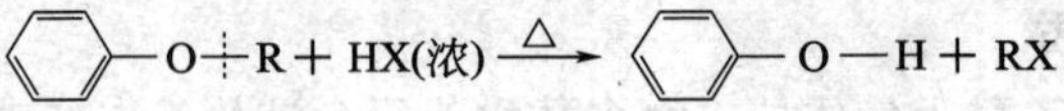

二芳基醚则不与 HX 发生反应。

3. 过氧化物的生成

醚对氧化剂较稳定，但如果长期暴露在空气中，可被空气氧化为过氧化物，氧化反应发生在 α 碳氢键上。

> **思考**：为什么在蒸馏乙醚之前要检验是否有过氧化乙醚的存在？

$$CH_3CH_2OCH_2CH_3 \xrightarrow{O_2} CH_3CH_2O\underset{\displaystyle CH_3}{\underset{|}{C}}HOOH$$

由于过氧化物不稳定，受热易爆炸，沸点又比醚高，故蒸馏醚时切勿蒸干。在蒸馏醚之前，必须检验有无过氧化物存在，以防意外。检验方法如下。

① 用 KI-淀粉试纸检验，如果有过氧化物存在，KI 被氧化成 I_2 而使淀粉试纸变蓝。

② 加入 $FeSO_4$ 和 KSCN 溶液，如果有红色的 $[Fe(SCN)_6]^{3-}$ 配离子生成，则证明有过氧化物存在。

除去过氧化物的方法是将醚中加入还原剂（如 $FeSO_4$、Na_2SO_3）摇荡，这样可破坏所生成的过氧化物。

第四节 醛 和 酮

醛和酮的分子中都含有羰基（C═O）官能团，故统称为羰基化合物。在醛分子中，羰基位于碳链的一端，羰基碳分别与一个烃基和一个氢原子相连（甲醛除外），即 RCHO 或 ArCHO。醛的官能团为醛基，简写为—CHO。

在酮分子中，羰基碳分别与两个相同或不同的烃基相连，即 RCOR 或 ArCOAr、Ar-COR。酮分子中的羰基也叫酮基。

碳原子相同的醛和酮互为同分异构体。饱和一元醛和酮的通式为 $C_nH_{2n}O$，如 CH_3COCH_3 和 CH_3CH_2CHO，其分子式都是 C_3H_6O。

一、醛、酮的结构、分类和命名

1. 醛、酮的结构

醛和酮都含有羰基官能团，因而化学性质相似。羰基的碳氧双键与烯烃的碳碳双键一样，是由一个 σ 键和一个 π 键所组成的。羰基中的碳原子为 sp^2 杂化，它的三个 sp^2 杂化轨道分别与一个氧原子和其他两个原子（C 或 H）形成三个 σ 键，这三个 σ 键在同一平面上，碳原子剩下的一个 p 轨道与氧原子的 p 轨道相互交盖形成 π 键，并垂直于三个 σ 键所在的平面，如图 8-3 所示。

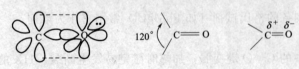

图 8-3 羰基的结构

由于羰基中氧原子的电负性大于碳，从而使碳氧双键的电子云向氧原子方向偏移，故羰基是强极性基团，醛和酮是极性较强的分子。例如甲醛的偶极矩为 7.6×10^{-30}C·m，丙酮为 9.5×10^{-30}C·m。

2. 醛、酮的分类与命名

(1) 醛、酮的分类

① 根据羰基所连接烃基的不同，分为脂肪醛、酮和芳香醛、酮。

② 根据烃基是否饱和，分为饱和醛、酮和不饱和醛、酮。

③ 根据分子中含有羰基的数目，分为一元醛、酮，二元醛、酮和多元醛、酮。一元酮又可分为单酮和混酮：单酮是指羰基连接两个相同烃基；混酮是指羰基连接两个不同烃基。

（2）醛、酮的命名　醛、酮的命名法主要有两种，即习惯命名法和系统命名法。简单的醛、酮用习惯命名法命名，复杂的醛、酮则用系统命名法。

① 习惯命名法　醛的习惯命名法与醇相似，把相应的“醇”字改为“醛”字即可。例如：

$CH_3CH_2CH_2CH_2CHO$

正戊醛

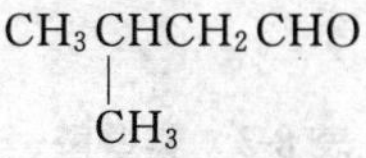

异戊醛

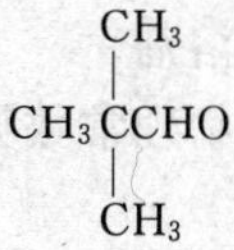

新戊醛

酮的习惯命名法与醚相似，可根据羰基所连的两个烃基进行命名，把烃基作为取代基，羰基作为母体。混酮命名时将“次序规则”中较优的烃基写在后，如有芳基则要将芳基写在前。例如：

CH_3COCH_3

二甲基甲酮（二甲酮）

$CH_3COCH{=}CH_2$

甲基乙烯基甲酮

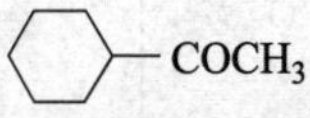

甲基环己基甲酮（甲环己酮）

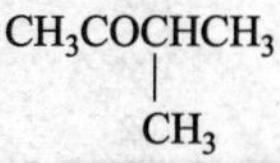

甲基异丙基甲酮（甲异丙酮）

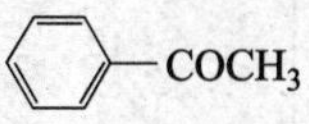

苯基甲基甲酮（苯甲酮）

② 系统命名法　醛、酮的系统命名法原则如下。

a. 选择含有羰基的最长碳链为主链，根据主链上所含的碳原子称为“某醛”或“某酮”。

b. 从靠近羰基的一端给主链编号，醛基编为 1 号，酮羰基和支链的位次可用阿拉伯数字或希腊字母表示。

c. 给出名称（与其他化合物相似）。例如：

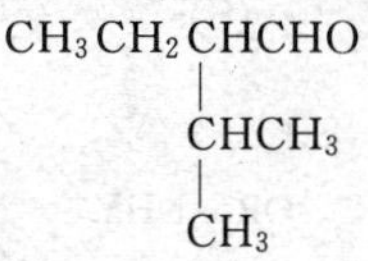

3-甲基-2-乙基丁醛

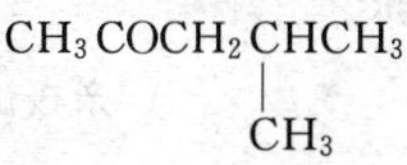

4-甲基-2-戊酮

芳香族醛、酮的命名则是以脂肪链作为母体，芳基作为取代基。

如醛、酮分子中含有不饱和键时，应选择同时含有不饱和键和羰基在内的最长碳链为主链，编号从靠近羰基一端开始，称为“某烯醛（或酮）”，同时要标明不饱和键及酮羰基的位次。

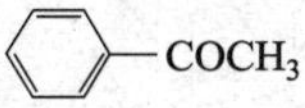

苯乙酮

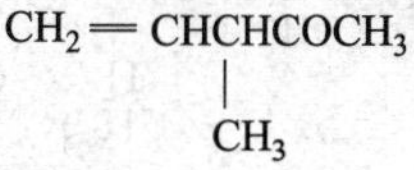

3-甲基-4-戊烯-2-酮

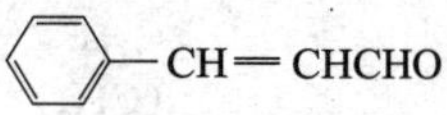

3-苯基-2-丙烯醛（肉桂醛）

二、醛、酮的物理性质

在常温下，除甲醛是气体外，C_{12}以下的醛、酮为液体，高级的醛、酮为固体。低级醛具有强烈的刺激气味，C_8～C_{13}醛具有果香味，中级酮具有花香味，因此常用于香料工业。

醛、酮的沸点比分子量相近的醇低，但比分子量相近的醚和烷烃高。这是因为醛、酮分子间不能形成氢键，没有缔合现象，因而沸点比相应醇低；但由于醛、酮分子的极性较大，分子间的静电引力比烷烃和醚大，因而沸点又比相应的烷烃和醚沸点高。

低级醛、酮易溶于水，如甲醛、乙醛、丙酮都能与水混溶，这是因为羰基氧原子能和水分子形成较强的氢键。随着碳原子数的增加，水溶性降低，C_6 以上的醛、酮基本上不溶于水，而易溶于有机溶剂。

某些醛、酮的物理常数见表 8-3。

表 8-3　某些醛、酮的物理常数

化合物名称	构造式	熔点/℃	沸点/℃	相对密度	溶解度(g/100g 水)
甲醛	HCHO	−92	−19.5	0.815	55
乙醛	CH_3CHO	−123	21	0.781	混溶
丙醛	CH_3CH_2CHO	−80	48.8	0.807	20
丁醛	$CH_3CH_2CH_2CHO$	−97	74.4	0.817	4
苯甲醛	PhCHO	−26	179	1.046	0.33
丙酮	CH_3COCH_3	−95	56	0.792	混溶
丁酮	$CH_3COCH_2CH_3$	−86	79.6	0.805	35.3
2-戊酮	$CH_3COCH_2CH_2CH_3$	−77.8	102	0.812	微溶
3-戊酮	$CH_3CH_2COCH_2CH_3$	−42	102	0.814	4.7
苯乙酮	$PhCOCH_3$	19.7	202	1.026	微溶

三、醛、酮的化学性质

醛、酮分子中都含有羰基，因而它们的化学性质相似，但由于结构上的差异，醛和酮的性质又有所不同。一般醛比酮活泼。

醛、酮主要发生羰基上的亲核加成反应、α-氢原子的反应、氧化还原反应。

1. 羰基上的加成反应

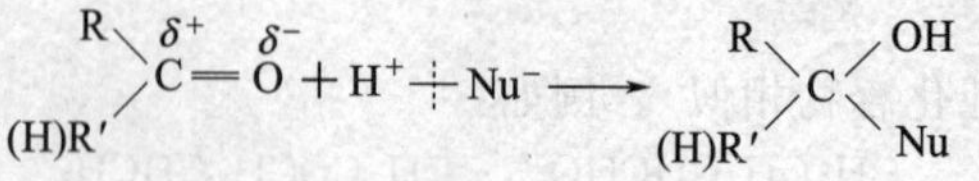

亲核试剂

$Nu^{-} = CN^-$、HSO_3^-、R^-、OR^-、NHY^-

结构不同的醛、酮进行亲核加成反应的难易程度也不相同，其难易次序如下：

$$HCHO > RCHO > ArCHO > CH_3COCH_3 > CH_3COR > RCOR$$

（1）与 HCN 的加成　在碱的催化下，醛或酮与 HCN 反应生成 α-羟基腈（也可叫 α-氰醇）。

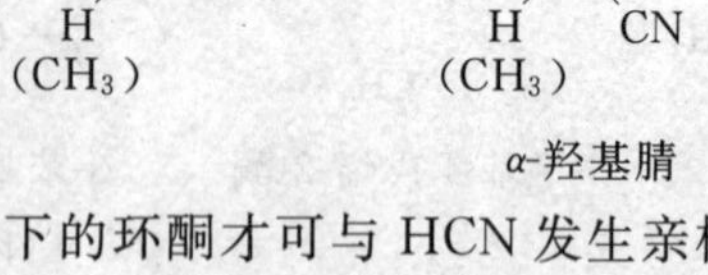

α-羟基腈

醛、脂肪族甲基酮和 C_8 以下的环酮才可与 HCN 发生亲核加成反应。

由于 α-羟基腈比原来的醛或酮增加了一个碳原子，所以这个反应是增长碳链的反应，生成的 α-羟基腈可以转化为 α-羟基酸和 α,β-不饱和酸，在有机合成上有重要用途，例如有机玻璃的合成。

丙酮与 HCN 作用生成的 α-羟基腈，在硫酸存下与甲醇作用，生成 α-甲基丙烯酸甲酯。它是合成有机玻璃的单体。

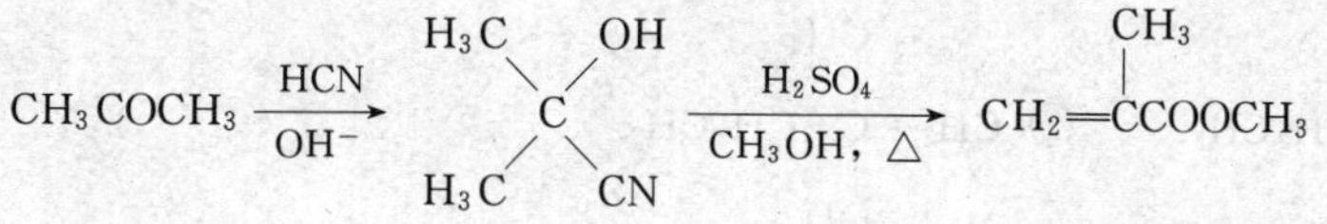

$$CH_3COCH_3 \xrightarrow[OH^-]{HCN} \underset{H_3C}{\overset{H_3C}{}}\!C\!\underset{CN}{\overset{OH}{}} \xrightarrow[CH_3OH,\ \triangle]{H_2SO_4} CH_2=\underset{COOCH_3}{\overset{CH_3}{C}}$$

α-甲基丙烯酸甲酯

$$n\ CH_2=\underset{COOCH_3}{\overset{CH_3}{C}} \xrightarrow{聚合} \overbrace{CH_2\!-\!\underset{COOCH_3}{\overset{CH_3}{C}}}^{}{}_n$$

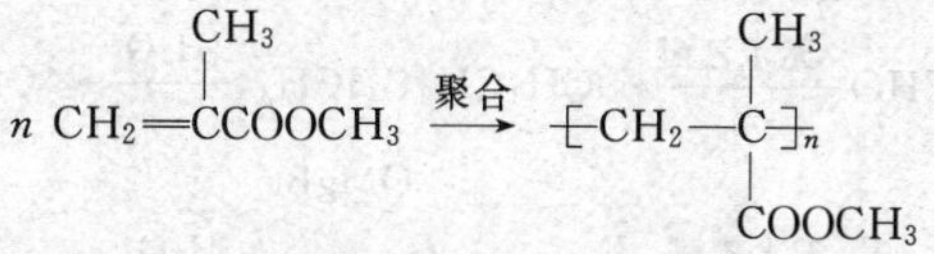

有机玻璃

（2）与 $NaHSO_3$ 的加成　醛、脂肪族甲基酮、C_8 以下的环酮与 $NaHSO_3$ 饱和溶液作用可生成 α-羟基磺酸钠。产物 α-羟基磺酸钠是无色晶体，具有无机盐的性质，能溶于水，但在饱和 $NaHSO_3$ 的溶液中能析出晶体。利用此性质可以鉴别醛、脂肪族甲基酮和 C_8 以下的环酮。

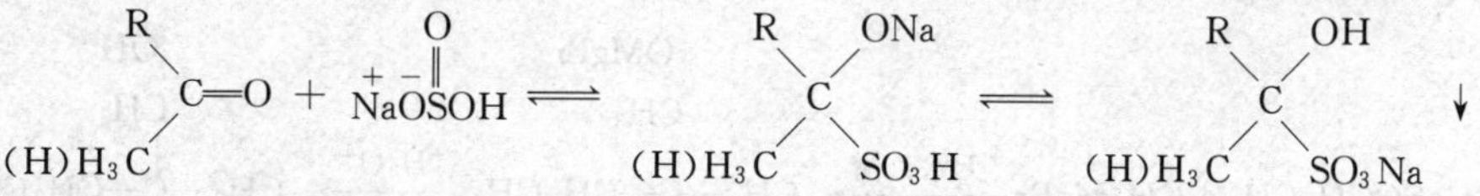

$$\underset{(H)H_3C}{\overset{R}{}}C=O + \overset{+}{NaOSOH}\overset{O}{} \rightleftharpoons \underset{(H)H_3C}{\overset{R}{}}\!C\!\underset{SO_3H}{\overset{ONa}{}} \rightleftharpoons \underset{(H)H_3C}{\overset{R}{}}\!C\!\underset{SO_3Na}{\overset{OH}{}}\ \downarrow$$

α-羟基磺酸钠与稀酸作用可重新分解为原来的醛、酮，利用这个反应可以分离和提纯醛、脂肪族甲基酮、C_8 以下的环酮。

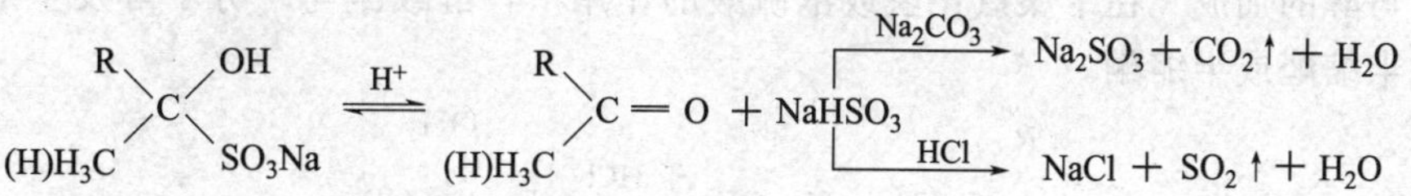

$$\underset{(H)H_3C}{\overset{R}{}}\!C\!\underset{SO_3Na}{\overset{OH}{}} \overset{H^+}{\rightleftharpoons} \underset{(H)H_3C}{\overset{R}{}}C=O + NaHSO_3 \begin{array}{l} \xrightarrow{Na_2CO_3} Na_2SO_3 + CO_2\uparrow + H_2O \\ \xrightarrow{HCl} NaCl + SO_2\uparrow + H_2O \end{array}$$

工业上常用 α-羟基磺酸钠与氰化钠反应来制取 α-羟基腈，以避免使用易挥发的氢氰酸，并且产率比较高。例如：

$$\text{⬡}-CHO + NaHSO_3 \longrightarrow \text{⬡}-CH(OH)SO_3Na \xrightarrow{NaCN} \text{⬡}-CH(OH)CN$$

（饱和）

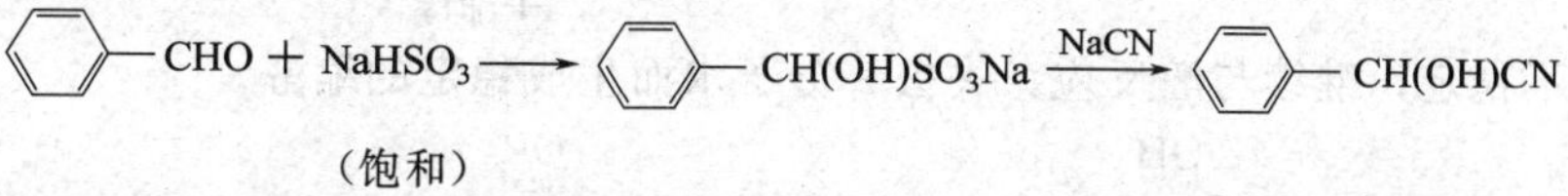

（3）与格氏试剂的加成　所有的醛、酮都可与格氏试剂发生亲核加成反应，生成的加成产物水解可以得到不同种类的醇，这是工业上合成伯醇、仲醇、叔醇的主要方法。格氏试剂与 HCHO 作用生成伯醇，与其他醛作用生成仲醇，与酮作用生成叔醇。例如：

$$RMgX + \!\!\!\diagdown\!\!\!\diagup\!\!C=O \xrightarrow{无水乙醚} R-C-OMgX \xrightarrow{H_3O^+} R-C-OH$$

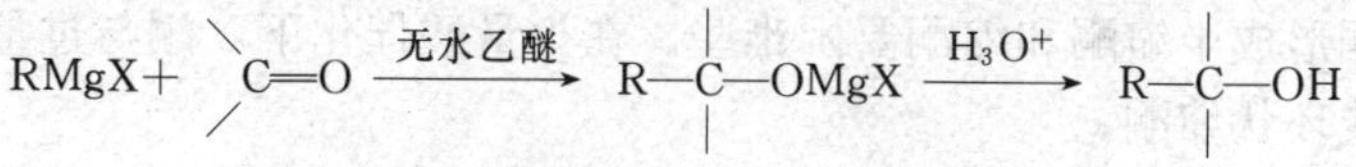

$$HCHO + RMgX \xrightarrow{无水乙醚} RCH_2OMgX \xrightarrow{H_3O^+} RCH_2OH$$

伯醇

$$RCHO + RMgX \xrightarrow{无水乙醚} \underset{R}{RCHOMgX} \xrightarrow{H_3O^+} \underset{R}{RCHOH}$$

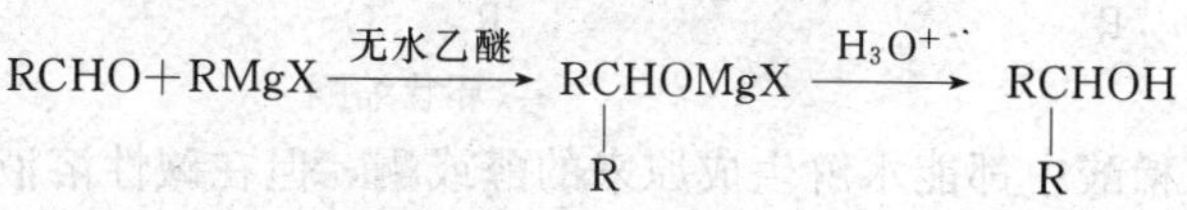

仲醇

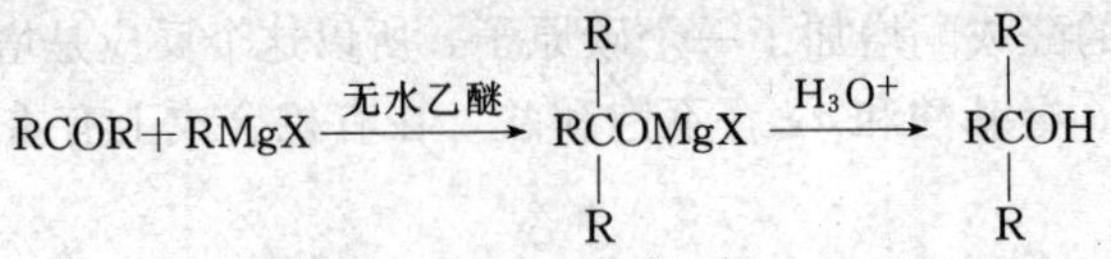

$$RCOR + RMgX \xrightarrow{\text{无水乙醚}} \underset{R}{R{-}COMgX} \xrightarrow{H_3O^+} \underset{\substack{| \\ R \\ \text{叔醇}}}{R{-}COH}$$

【例 8-1】 用格氏试剂合成法合成下列化合物。

① $CH_3CHCH_2CH_3$ 　　② $CH_3{-}\overset{\underset{\textstyle |}{CH_3}}{C}{-}CH_2CH_3$
　　　$\overset{|}{OH}$ 　　　　　　　　　　$\overset{|}{OH}$

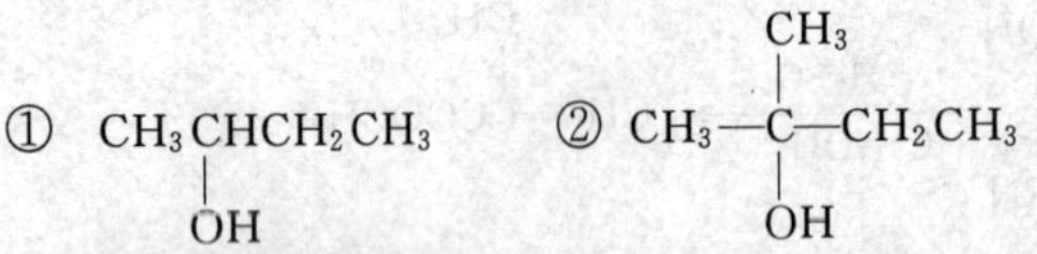

解 ① 2-丁醇为仲醇，根据产物的结构，可选择醛和格氏试剂来制备。

a. $CH_3CH_2MgBr + CH_3CHO \xrightarrow{\text{无水乙醚}} CH_3CH_2\underset{\overset{|}{OMgBr}}{CHCH_3} \xrightarrow{H_3O^+} CH_3CH_2\underset{\overset{|}{OH}}{CHCH_3}$

b. $CH_3MgBr + CH_3CH_2CHO \xrightarrow{\text{无水乙醚}} CH_3CH_2\underset{\overset{|}{OMgBr}}{CHCH_3} \xrightarrow{H_3O^+} CH_3CH_2\underset{\overset{|}{OH}}{CHCH_3}$

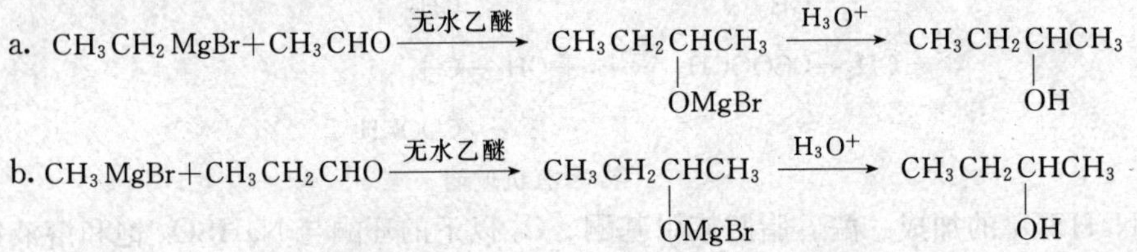

② 此醇为叔醇，根据其结构，可选择酮和格氏试剂来制备。

a. $CH_3COCH_3 + CH_3CH_2MgBr \xrightarrow{\text{无水乙醚}} CH_3{-}\overset{\overset{\textstyle CH_3}{|}}{\underset{\underset{\textstyle OMgBr}{|}}{C}}{-}CH_2CH_3 \xrightarrow{H_3O^+} CH_3{-}\overset{\overset{\textstyle CH_3}{|}}{\underset{\underset{\textstyle OH}{|}}{C}}{-}CH_2CH_3$

b. $CH_3COCH_2CH_3 + CH_3MgBr \xrightarrow{\text{无水乙醚}} CH_3{-}\overset{\overset{\textstyle CH_3}{|}}{\underset{\underset{\textstyle OMgBr}{|}}{C}}{-}CH_2CH_3 \xrightarrow{H_3O^+} CH_3{-}\overset{\overset{\textstyle CH_3}{|}}{\underset{\underset{\textstyle OH}{|}}{C}}{-}CH_2CH_3$

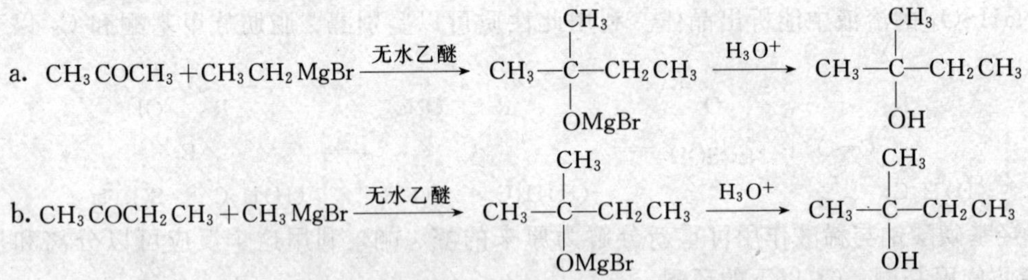

（4）与醇的加成　在干燥氯化氢或浓硫酸的作用下，醛或酮与一分子醇发生加成反应，分别生成半缩醛或半缩酮。

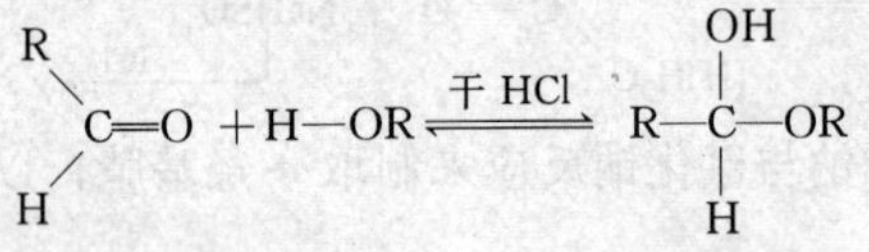

$$\underset{\overset{|}{H}}{\overset{\overset{\textstyle R}{|}}{C}}{=}O + H{-}OR \underset{}{\overset{\text{干 HCl}}{\rightleftharpoons}} \underset{\substack{| \\ H \\ \text{半缩醛}}}{\overset{\overset{\textstyle OH}{|}}{C}}{-}OR$$

半缩醛不稳定，继续与醇反应，失去一分子水而生成稳定的缩醛。

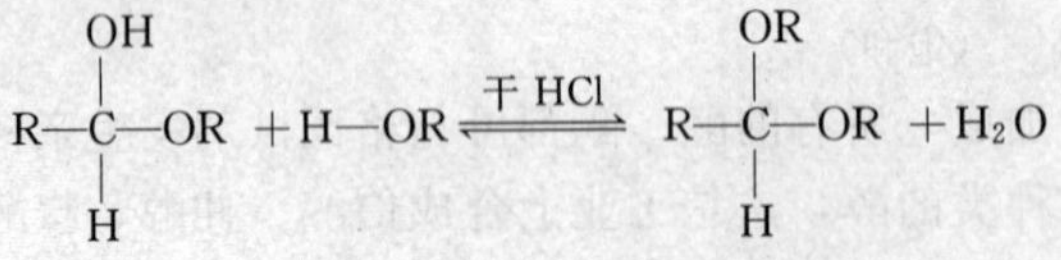

$$R{-}\underset{\substack{| \\ H}}{\overset{\overset{\textstyle OH}{|}}{C}}{-}OR + H{-}OR \overset{\text{干 HCl}}{\rightleftharpoons} R{-}\underset{\substack{| \\ H \\ \text{缩醛}}}{\overset{\overset{\textstyle OR}{|}}{C}}{-}OR + H_2O$$

与醛相比，酮形成半缩酮和缩酮要困难些。在少量酸催化下，酮与过量的二元醇（如乙二醇）反应，生成环状缩酮。

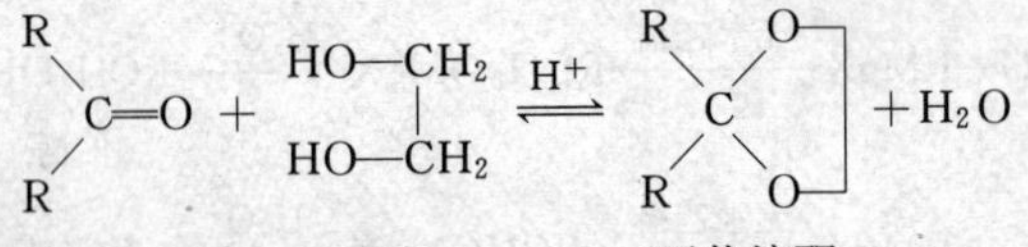

$$\underset{\overset{|}{R}}{\overset{\overset{\textstyle R}{|}}{C}}{=}O + \underset{HO{-}CH_2}{HO{-}CH_2} \overset{H^+}{\rightleftharpoons} \underset{\substack{\\ \text{环状缩酮}}}{\text{环状缩酮结构}} + H_2O$$

缩醛与环状缩酮在稀酸中都能水解生成原来的醛或酮，但在碱性溶液中，对氧化剂和还原剂都很稳定。因此在有机合成中，可利用上述性质来保护活泼的醛基和酮羰基。

【例 8-2】 完成下列转化：

$$CH_3CH=CHCHO \longrightarrow CH_3CH_2CH_2CHO$$

解　$CH_3CH=CHCHO + \underset{\underset{OH}{|}}{CH_2}-\underset{\underset{OH}{|}}{CH_2} \xrightarrow{\mp HCl} CH_3CH=CHCH\underset{O}{\overset{O}{<}}$

$$\xrightarrow[Ni]{H_2} CH_3CH_2CH_2CH\underset{O}{\overset{O}{<}} \xrightarrow{HCl} CH_3CH_2CH_2CHO$$

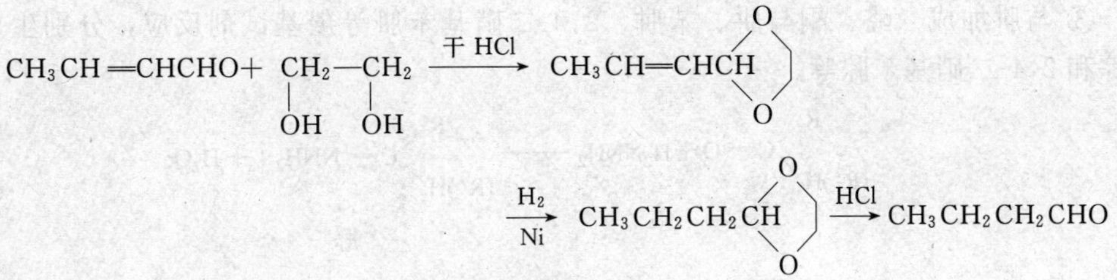

利用缩酮保护—CHO 使之不被 H_2/Ni 所还原。

（5）与氨的衍生物加成　醛、酮可以和胺（RNH_2）、羟氨（H_2NOH）、肼（H_2NNH_2）、苯肼（$PhNHNH_2$）等氨的衍生物反应。这些反应是在弱酸性条件下进行的，调节溶液的 pH，使醛、酮的羰基氧质子化，从而增加羰基碳的正电性，有利于亲核加成；如在强酸性条件下则氨的衍生物与酸形成铵盐，丧失了亲核性，导致反应不能进行。反应通式为：

$$\overset{>}{C}=O + H_2N-Y \longrightarrow \left[\underset{\underset{OH}{|}}{\overset{>}{C}} - \underset{\underset{H}{|}}{N} - Y \right] \xrightarrow{-H_2O} \overset{>}{C}=N-Y$$

$$Y=-R、-OH、-NH_2、-NH-\bigcirc、-NHCONH_2 \text{ 等}$$

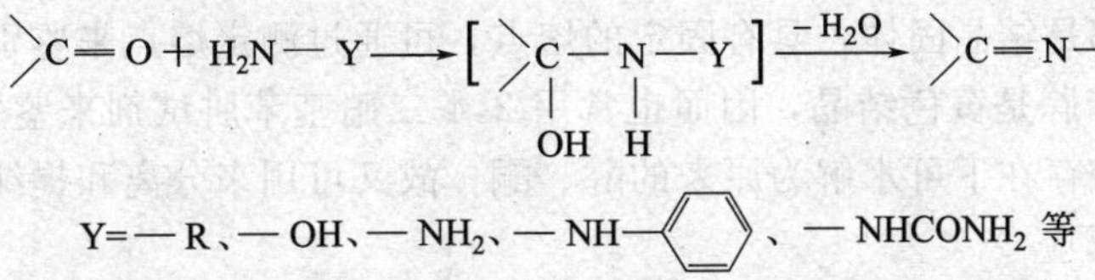

① 与胺加成　醛或酮与伯胺反应生成的产物叫作希夫碱。

$$\underset{\underset{(R)}{|}}{\overset{\overset{R}{|}}{C}}=O + H_2N-R' \longrightarrow \underset{\underset{(R)}{|}}{\overset{\overset{R}{|}}{\underset{|}{C}}}\overset{OH}{\underset{NHR'}{}} \xrightarrow{-H_2O} \underset{\underset{(R)}{|}}{\overset{\overset{R}{|}}{C}}=NR'$$

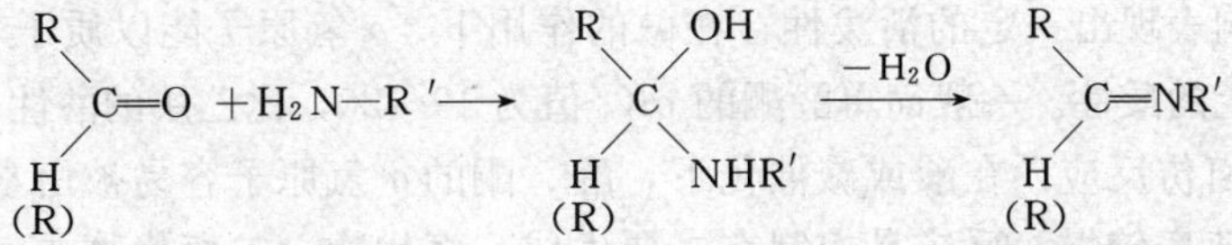

希夫碱

脂肪醛形成的希夫碱不够稳定，容易聚合成复杂的化合物。芳香醛形成的希夫碱较稳定。

$$\bigcirc-CHO + H_2N-\bigcirc \longrightarrow \bigcirc-CH=N-\bigcirc + H_2O$$

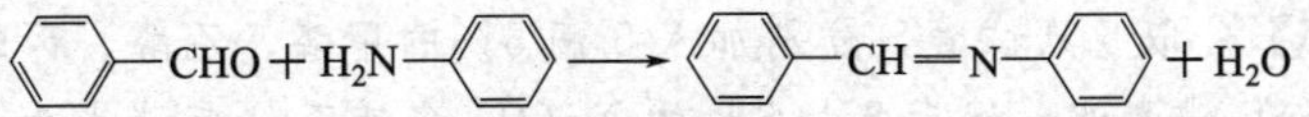

苯亚甲基苯胺（84%～87%）

某些芳香族希夫碱可以用作金属钝化剂。它与金属形成一层配合物膜，可防止贮存油品的金属容器对油品的氧化起催化作用。希夫碱还原可得仲胺，有机合成上常利用芳醛与伯胺作用生成的希夫碱，加以还原以制备仲胺。

② 与羟氨加成　醛、酮与羟氨反应生成肟。

$$\underset{\underset{(R')H}{|}}{\overset{\overset{R}{|}}{C}}=O + H_2NOH \longrightarrow \underset{\underset{(R')H}{|}}{\overset{\overset{R}{|}}{C}}=NOH\downarrow + H_2O$$

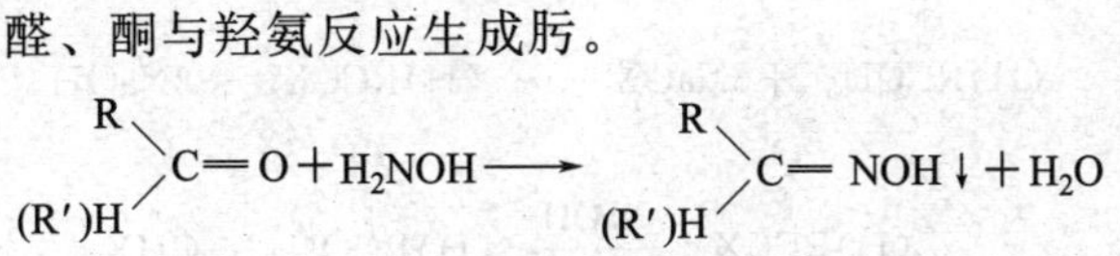

肟

$$CH_3CHO + H_2NOH \longrightarrow CH_3CH=NOH + H_2O$$

乙醛肟

$$\bigcirc=O + H_2NOH \longrightarrow \bigcirc=NOH + H_2O$$

环己酮肟

环己酮肟经贝克曼重排，得到己内酰胺。己内酰胺是合成纤维尼龙-6（或称锦纶、卡普隆）的原料。

③ 与肼加成　醛、酮与肼、苯肼、2,4-二硝基苯肼等羰基试剂反应，分别生成腙、苯醛腙和2,4-二硝基苯腙等。

$$\begin{matrix}R \\ (R')H\end{matrix}\!\!>C{=}O + H_2NNH_2 \longrightarrow \begin{matrix}R \\ (R')H\end{matrix}\!\!>C{=}NNH_2\downarrow + H_2O$$

腙

$$CH_3CH_2CHO + H_2NNH_2 \longrightarrow CH_3CH_2CH{=}NNH_2 + H_2O$$

丙醛腙

$$CH_3COCH_3 + H_2NHN{-}\!\!\bigcirc\!\!{-}NO_2 \longrightarrow (CH_3)_2C{=}NHN{-}\!\!\bigcirc\!\!{-}NO_2 + H_2O$$

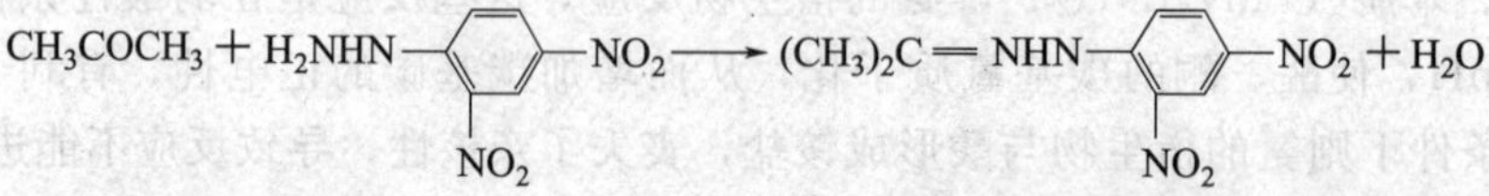

丙酮-2,4-二硝基苯腙（黄色固体）

上述加成产物都是结晶固体，具有固定的熔点，可通过测定熔点来鉴别醛、酮。由于加成产物2,4-二硝基苯腙是黄色结晶，因而也常用2,4-二硝基苯肼试剂来鉴别醛和酮。另外，这些加成产物在稀酸存在下可水解为原来的醛、酮，故又可用来分离和提纯醛、酮。

2. α-氢原子的反应

醛、酮分子中和羰基直接相连的α-碳上的氢原子，受到羰基吸电子效应（诱导效应、σ-π超共轭效应）影响表现出一定的活泼性，在碱的作用下，α-氢原子能以质子（H^+）的形式离解下来而具有一定的酸性。一般简单醛酮的pK_a值为19～20，比乙炔的酸性（pK_a=25）大。

(1) 卤代与卤仿反应　在酸或碱催化下，醛、酮的α-氢原子容易被卤素取代。例如在酸催化下卤代反应速率较慢，反应易控制在主要生成一卤代物、二卤代物或三卤代物阶段。

$$CH_3\overset{O}{\overset{\|}{C}}CH_3 + Br_2 \xrightarrow[65℃]{CH_3COOH} CH_3\overset{O}{\overset{\|}{C}}CH_2Br + HBr$$

【演示实验8-5】　取5只试管，分别加入5滴5%的甲醛、乙醛、丙酮、异丙醇和95%的乙醇，再各加1mL碘溶液，然后各加5%的NaOH溶液至红色消失为止，观察有无沉淀产生。可把试管浸入50～60℃水中温热数分钟，再观察现象。

在碱催化下的卤代反应速率很快，较难控制。如含有三个α-H的乙醛和甲基酮，易生成三卤代物，三卤代物在碱的作用下分解为卤仿和羧酸盐，所以此反应又叫卤仿反应。

$$(H)R\overset{O}{\overset{\|}{C}}CH_3 + 3NaOX \longrightarrow (H)R\overset{O}{\overset{\|}{C}}CX_3 + 3NaOH$$

$$(H)R\overset{O}{\overset{\|}{C}}CX_3 \xrightarrow{NaOH} (H)R\overset{O}{\overset{\|}{C}}ONa + CHX_3$$

若用碘的氢氧化钠溶液（次碘酸钠溶液）作反应试剂进行反应，则生成一种具有特殊气味、不溶于水的黄色固体——碘仿，因而此反应称为碘仿反应。利用碘仿反应可鉴定乙醛和甲基酮以及被次碘酸钠溶液氧化为乙醛和甲基酮的醇。

$$CH_3CHO \xrightarrow[NaOH]{I_2} HCOONa + CHI_3\downarrow$$

黄色

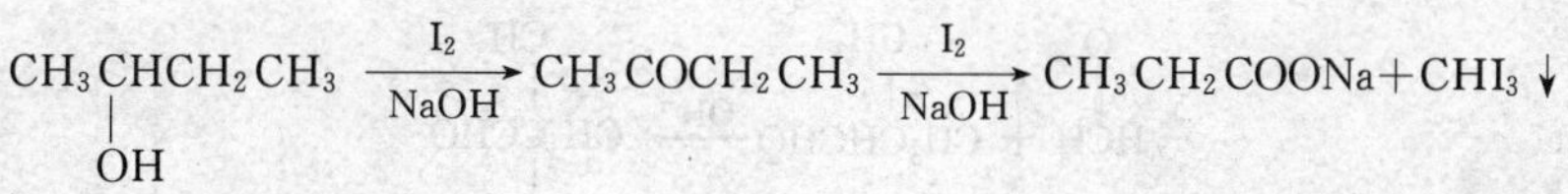

卤仿反应是缩短碳链的反应之一，可利用此反应合成减少一个碳原子的羧酸。

$$(CH_3)_3CCOCH_3 \xrightarrow[NaOH]{Cl_2} (CH_3)_3CCOONa + CHCl_3$$

$$(CH_3)_3CCOONa \xrightarrow{H^+} (CH_3)_3CCOOH$$

(2) 羟醛缩合反应　在稀碱作用下，两分子含有 α-氢原子的醛可以相互结合生成 β-羟基醛，该反应叫羟醛缩合反应。由于 β-羟基醛分子中既含有醛基又含有羟基，故这类化合物称为羟醛。β-羟基醛加热易脱水生成 α，β-不饱和醛。

3-羟基丁醛

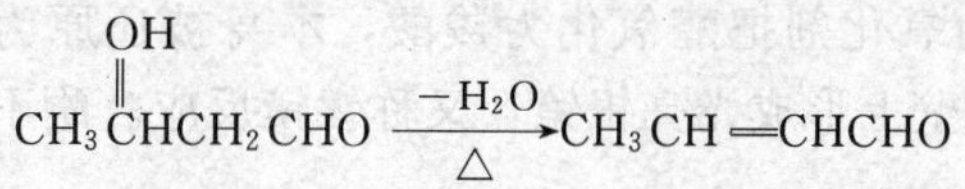

2-丁烯酸

α，β-不饱和醛分子中存在共轭双键结构，比较稳定，易于生成。

羟醛缩合反应是增长碳链的反应之一。可通过羟醛缩合反应制备碳原子增长一倍的饱和或不饱和的醇、醛、羧酸。

【例 8-3】 以丙醛为原料合成 2-甲基-1-戊醇

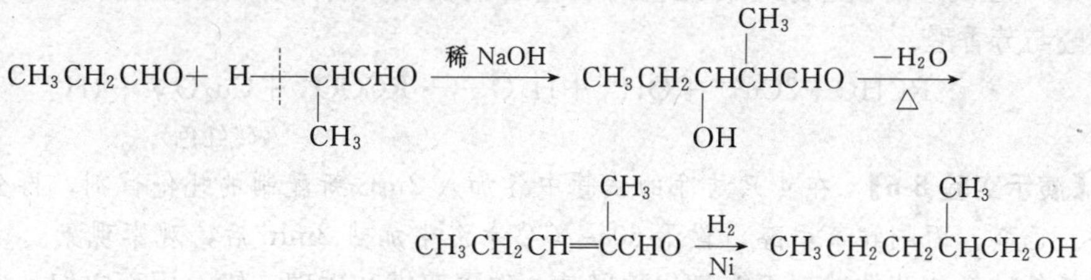

含有 α-H 的酮在碱催化下也可发生羟酮缩合反应，但反应比醛难，产率也很低。

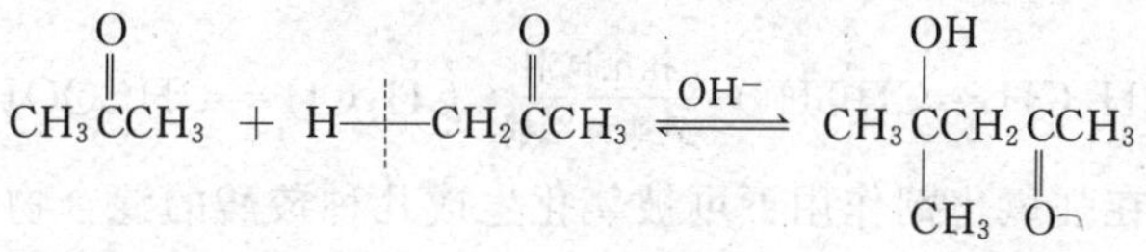

β-羟基酮

β-羟基酮脱水比 β-羟基醛困难，需在碘的催化下进行蒸馏，并把生成的水蒸去，反应才可完成。

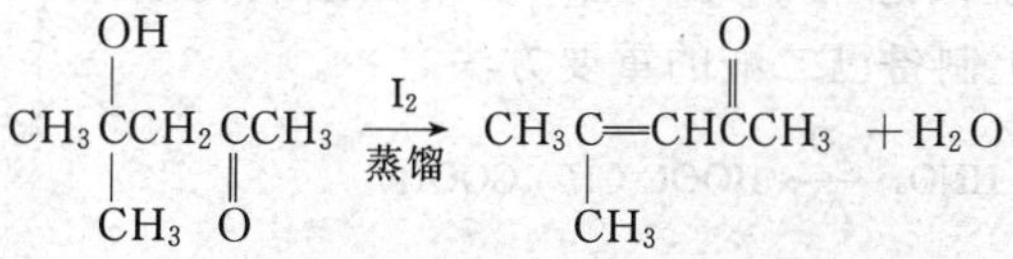

两种不同的含有 α-H 的醛也能发生羟醛缩合反应，生成四种产物的混合物，因而应用价值不高。不含有 α-氢的醛可与含有 α-H 的醛发生交叉羟醛缩合反应，如果使不含 α-H 的醛过量，就能得到收率较高的单一产物，因而在有机合成上具有实际应用价值。

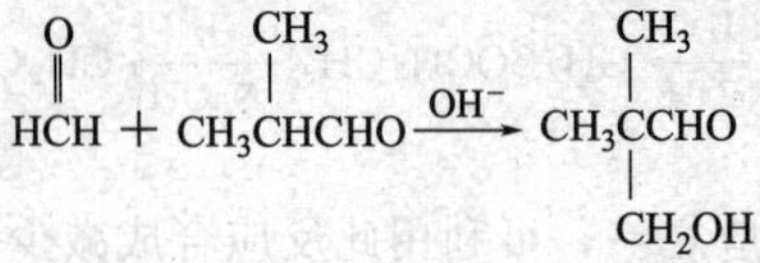

$$\underset{O}{\overset{O}{HCH}} + CH_3\overset{CH_3}{\underset{|}{CH}}CHO \xrightarrow{OH^-} CH_3\overset{CH_3}{\underset{CH_2OH}{\underset{|}{\overset{|}{C}}}}CHO$$

2,2-二甲基-3-羟基丙醛

$$\bigcirc\!\!\!-CHO + CH_3CHO \xrightarrow[10℃]{OH^-} \bigcirc\!\!\!-CH=CHCHO$$

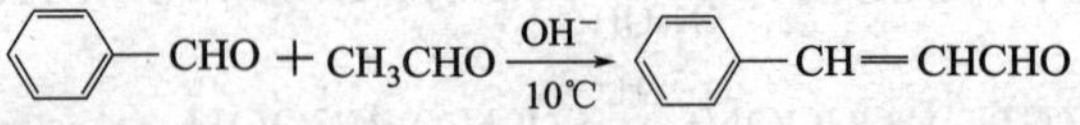

3-苯基丙烯醛（肉桂醛）

3. 氧化还原反应

（1）氧化反应　醛比酮容易被氧化。若醛放置在空气中时间较长，空气中的氧可将醛氧化为相应的羧酸。强氧化剂如 $KMnO_4$、$K_2Cr_2O_7$ 等可使醛迅速氧化成羧酸；弱氧化剂如 Ag_2O、H_2O_2、CH_3COOOH、托伦（Tollen）试剂和菲林（Fehling）试剂也能将醛氧化成羧酸，而酮在相同的条件下不起反应，因此可用托伦试剂和菲林试剂区别醛和酮。

托伦试剂是硝酸银滴加过量氨水而形成的溶液，也叫银氨溶液。银氨溶液中的银氨配离子$[Ag(NH_3)_2]^+$作为氧化剂把醛氧化为羧酸，本身被还原为金属银。如果反应器壁干净，生成的银可附着在器壁上形成光亮银镜，又称银镜反应。酮不与托伦试剂作用，所以利用银镜反应可区别醛和酮。

$$RCHO + 2Ag(NH_3)_2OH \longrightarrow RCOONH_4 + 2Ag\downarrow + 3NH_3 + H_2O$$
（白色）

菲林试剂是硫酸铜与酒石酸钾钠、氢氧化钠的混合液。酒石酸钾钠与 Cu^{2+} 形成配离子，从而避免形成 $Cu(OH)_2$ 沉淀。菲林试剂也是弱氧化剂，它只氧化脂肪醛而不氧化芳香醛及酮，Cu^{2+} 在反应时被还原为砖红色的氧化亚铜沉淀。利用菲林试剂同样可以区别醛与酮、脂肪醛与芳香醛。

$$RCHO + 2Cu^{2+} + OH^- + H_2O \longrightarrow RCOO^- + Cu_2O\downarrow + 4H^+$$
（砖红色）

【演示实验 8-6】　在 4 只洁净的试管中各加入 2mL 新配制的托伦试剂，再分别加入 5 滴甲醛、乙醛、丙酮和苯甲醛，置于 60～70℃水浴中加热 2min 后，观察现象。

托伦试剂和菲林试剂不能氧化醇羟基、碳碳双键和碳碳三键，因而它们是良好的选择氧化剂。例如：

$$CH_3CH=CHCHO \xrightarrow[\text{或菲林试剂}]{\text{托伦试剂}} CH_3CH=CHCOOH$$

酮不易被氧化，在强氧化剂作用下可被氧化生成几种羧酸的混合物。例如：

$$CH_3COCH_2CH_3 \xrightarrow[\triangle]{HNO_3} CH_3CH_2COOH + CH_3COOH + HCOOH$$
$$\qquad\qquad\qquad\qquad\qquad\qquad\qquad\qquad \xrightarrow{[O]} CO_2 + H_2O$$

所以酮的氧化反应实际应用意义不大。但环己酮在强氧化剂作用下生成己二酸是工业上制备己二酸的重要方法之一。

> **想一想**：检验醛、酮以及区别醛和酮有哪些方法？

$$\bigcirc\!\!\!=O + HNO_3 \xrightarrow[\triangle]{V_2O_5} HOOC(CH_2)_4COOH$$

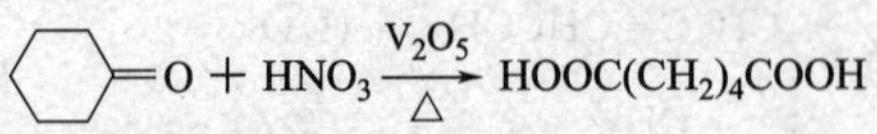

己二酸是生产合成纤维尼龙-66 的原料。

（2）还原反应

① 催化加氢　醛和酮都可以发生还原反应，所用的还原剂不同，产物不同。在铂、钯、

镍催化下加氢，醛被还原为伯醇，酮被还原为仲醇。

$$RCHO + H_2 \xrightarrow{Ni} RCH_2OH$$
伯醇

$$R-\overset{\displaystyle O}{\overset{\|}{C}}-R + H_2 \xrightarrow{Ni} R-\overset{\displaystyle OH}{\overset{|}{CH}}-R$$
仲醇

$$CH_3(CH_2)_4CHO \xrightarrow[Ni]{H_2} CH_3(CH_2)_4CH_2OH$$

$$\langle \rangle{=}O + H_2 \xrightarrow{Ni} \langle \rangle{-}OH$$

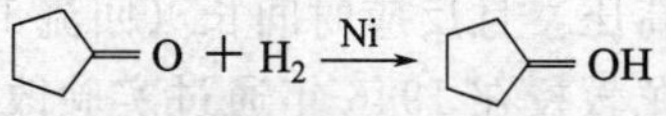

催化加氢产率高，后处理简单，但催化剂较贵。如醛、酮分子中同时还含有碳碳双键、碳碳三键、硝基、氰基等不饱和基团时，可同时被还原。例如：

$$CH_3CH{=}CHCHO \xrightarrow[Ni]{H_2} CH_3CH_2CH_2CH_2OH$$

② 用金属氢化物还原　醛和酮在金属氢化物还原剂的作用下被还原为伯醇和仲醇。常用的还原剂有氢化锂铝（$LiAlH_4$）、氢化硼钠（$NaBH_4$）等。

$$RCHO \xrightarrow[\text{或 } NaBH_4]{LiAlH_4} RCH_2OH$$

$$RCOR \xrightarrow[\text{或 } NaBH_4]{LiAlH_4} \underset{\overset{|}{OH}}{R}CHR$$

$$CH_3CH_2CHO \xrightarrow[\text{②}H_3O^+]{\text{①}LiAlH_4,\text{无水乙醚}} CH_3CH_2CH_2OH$$

$LiAlH_4$ 还原能力比较强，除可以还原醛、酮外，还能还原羧酸和酯的羰基，以及 $-NO_2$、$-CN$ 等不饱和基团，但不还原碳碳双键和碳碳三键。同时 $LiAlH_4$ 遇水会发生激烈反应，因此必须在无水条件下操作。例如：

$$CH_3CH_2CH{=}\overset{\displaystyle CH_3}{\overset{|}{C}}CHO \xrightarrow[\text{②}H_3O^+]{\text{①}LiAlH_4,\text{无水乙醚}} CH_3CH_2CH{=}\overset{\displaystyle CH_3}{\overset{|}{C}}CH_2OH$$

$NaBH_4$ 也是一种常用的金属氢化物还原剂，它的反应活性不如 $LiAlH_4$；但其反应的选择性高，只能还原醛和酮中的羰基，不还原其他任何不饱和基团。它在水和醇中较为稳定，所以可在水或醇溶液中进行反应。例如：

$$CH_3CH{=}CHCHO \xrightarrow[H_2O]{NaBH_4} CH_3CH{=}CHCH_2OH$$

除上述还原剂外，异丙醇也是一种选择性很高的还原剂，与 $NaBH_4$ 一样它只还原醛和酮中的羰基，而不还原其他不饱和基团。

③ 克莱门森还原法　在酸性条件下，醛、酮与锌汞齐作用，使羰基直接还原为亚甲基转变为烃的反应叫克莱门森（Clemmensen）还原法。例如：

$$\underset{(R)}{\overset{R}{\underset{H}{}}}C{=}O \xrightarrow[\text{浓HCl, }\triangle]{Zn\text{-}Hg} \underset{(R)}{\overset{R}{\underset{H}{}}}CH_2$$

$$\langle \bigcirc \rangle{-}COCH_2CH_2CH_3 \xrightarrow[HCl, \triangle]{Zn\text{-}Hg} \langle \bigcirc \rangle{-}CH_2CH_2CH_2CH_3$$

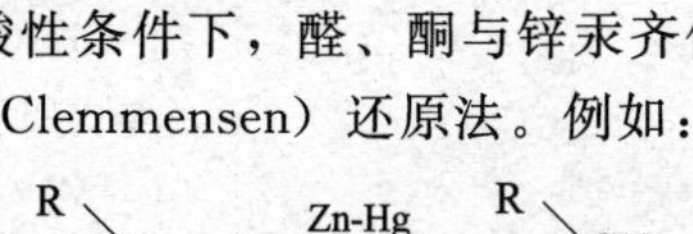

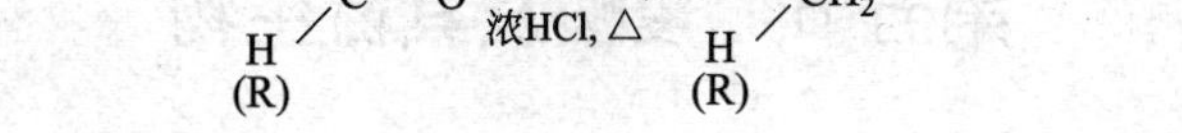

克莱门森还原法只适用于对酸稳定的醛、酮。若醛、酮分子中同时含有对酸敏感的基团，如醇羟基、碳碳双键等，就不能用上述方法还原。

④ 沃尔夫-开息纳-黄鸣龙（Wolf-Kishner-Huang）还原法 沃尔夫-开息纳还原法是指把醛或酮与无水肼反应生成腙，然后将腙在乙醇钠或氢氧化钾中，于高压下加热，使之分解，放出氮气，使羰基还原为亚甲基的反应。

$$\underset{(H)R'}{\overset{R}{\diagdown}}C=O \xrightarrow{H_2NNH_2} \underset{(H)R'}{\overset{R}{\diagdown}}C=NNH_2 \xrightarrow[\text{加压}]{KOH,200℃} \underset{(H)R'}{\overset{R}{\diagdown}}CH_2 +N_2\uparrow$$

但是反应条件要求无水、高压，且反应时间长（回流100h以上），产率又不高等是此还原法的不足。我国化学家黄鸣龙教授在1946年通过实验改进了这个方法，从而产生了沃尔夫-开息纳-黄鸣龙还原法。改进了的还原法是把醛或酮与氢氧化钠或氢氧化钾、85%的水合肼（也可用50%的水合肼）以及高沸点的水溶性溶剂（如二甘醇或三甘醇）一起回流加热生成腙，然后蒸出水和过量的肼，继续在200℃下加热回流，使腙分解放出氮气，羰基变为亚甲基的一种还原方法。例如：

$$H_3C-\text{benzene ring}-\overset{O}{\overset{\|}{C}}CH_2CH_3 \xrightarrow[(HOCH_2CH_2)_2O, \triangle]{H_2NNH_2, NaOH} H_3C-\text{benzene ring}-CH_2CH_2CH_3$$

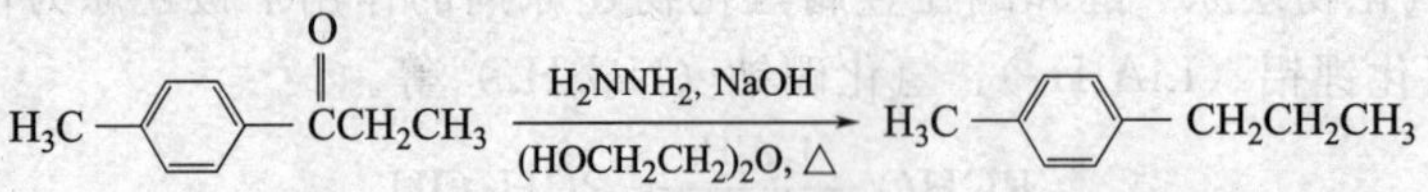

此法适用于对碱稳定的醛、酮，因此它和克莱门森还原法可相互补充。

（3）歧化反应［康尼查罗（Cannizzaro）反应］ 不含 α-氢的醛在浓碱作用下，发生自身氧化还原反应，一分子醛被还原为醇，另一分子醛被氧化为羧酸的反应称为歧化反应。例如：

$$2HCHO \xrightarrow{\text{浓 NaOH}} CH_3OH+HCOONa$$

两种不同无 α-H 的醛分子间进行的歧化反应较为复杂，称为交叉歧化反应。如果两种醛中有甲醛参与反应，由于甲醛具有较强的还原性，因此总是被氧化为甲酸，而另一种醛则被还原为醇。例如：

$$HCHO+\text{benzene ring}-CHO \xrightarrow[\triangle]{\text{浓NaOH}} HCOONa+\text{benzene ring}-CH_2OH$$

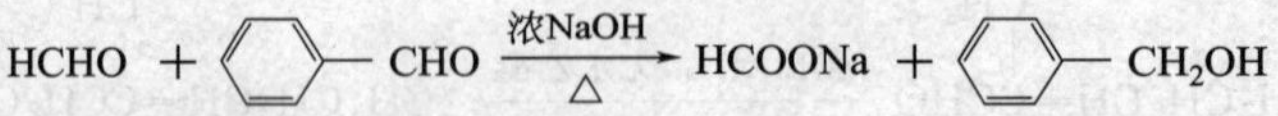

又如工业上制备季戊四醇，首先发生交叉羟醛缩合反应，然后再发生交叉歧化反应。

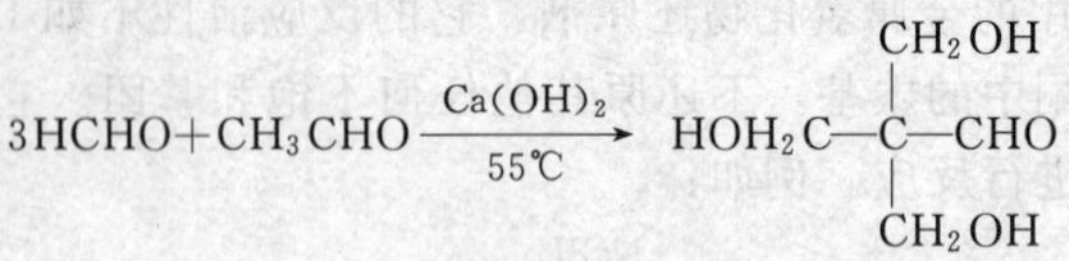

$$3HCHO+CH_3CHO \xrightarrow[55℃]{Ca(OH)_2} HOH_2C-\overset{CH_2OH}{\underset{CH_2OH}{\overset{|}{C}}}-CHO$$

三羟甲基乙醛

$$HOH_2C-\overset{CH_2OH}{\underset{CH_2OH}{\overset{|}{C}}}-CHO+HCHO \xrightarrow[55℃]{Ca(OH)_2} HOH_2C-\overset{CH_2OH}{\underset{CH_2OH}{\overset{|}{C}}}-CH_2OH+(HCOO)_2Ca$$

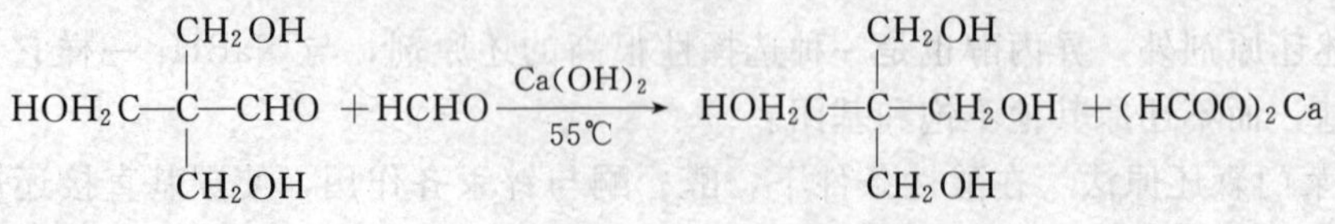

季戊四醇

第五节 羧酸及其衍生物

一、羧酸

含有羧基（—COOH）官能团的化合物称为羧酸，可用通式 RCOOH 或 ArCOOH 表示。

1. 羧酸的结构

羧基中的碳原子是 sp^2 杂化，它用三个 sp^2 杂化轨道分别与羟基氧、羰基氧和烃基的碳原子（也可以是氢原子）以 σ 键相结合，这三个 σ 键在同一平面上。羧基碳原子上未经杂化的 p 轨道与两个氧原子的 p 轨道相互平行，从侧面重叠使电子云密度发生了平均化（p-π 共轭效应，见图 8-4），使得羟基氧上的电子云密度向羰基方向转移，而氧氢键之间的电子云密度降低，因而羧酸具有酸性。

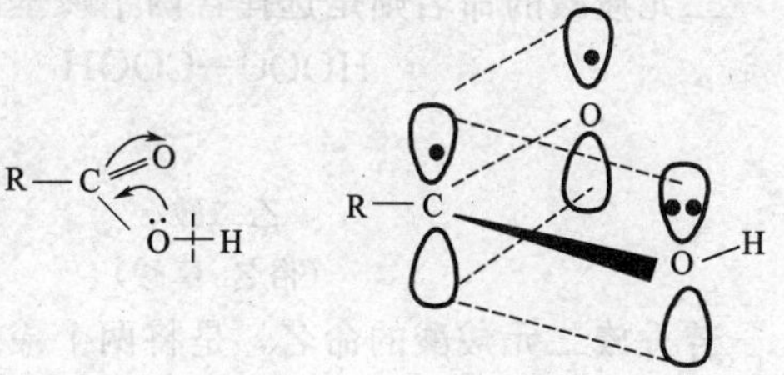

图 8-4　羧酸的结构

2. 羧酸的分类和命名

根据分子中所含羧基的数目，可把羧酸分为一元羧酸、二元羧酸和多元羧酸；根据与羧基所连的烃基不同，可把羧酸分为脂肪族羧酸、脂环族羧酸、芳香族羧酸；根据烃基是否饱和，可把羧酸分为饱和羧酸、不饱和羧酸。

羧酸常用系统命名法进行命名。有些羧酸也可用俗名命名（例如，甲酸叫蚁酸，乙酸叫醋酸）。

系统命名法的原则为：

（1）选择含有羧基的最长碳链为主链，根据主链上所连的碳原子数目称“某酸”。

（2）编号从羧基开始，用阿拉伯数字或希腊字母标明取代基的位置。

（3）取代基的位次、数目、名称写于“某酸”名称之前。

（4）不饱和酸则选取同时含有不饱和键和羧基的最长碳链作为主链，根据主链上所连的碳原子数目称“某烯酸”或“某炔酸”，不饱和键的位置应标明。羧酸的命名与醛的命名原则相似。例如：

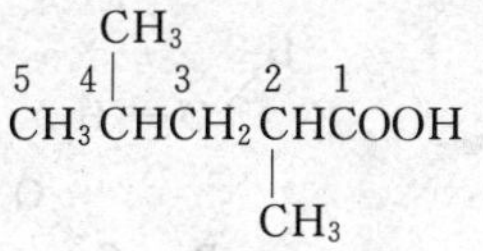

2,4-二甲基戊酸

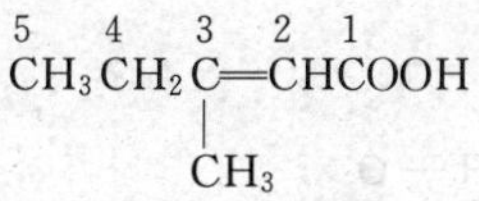

3-甲基-2-戊烯酸

芳酸则以脂肪基为母体，芳基作为取代基来命名。例如：

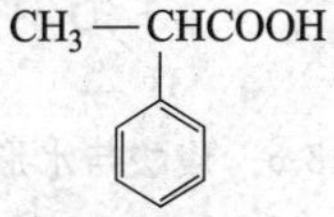

2-苯基丙酸

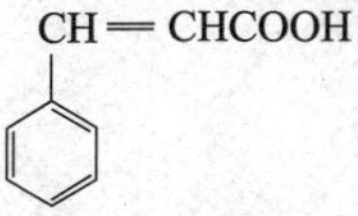

3-苯基丙烯酸
（俗名：肉桂酸）

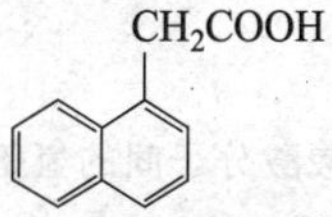

α-萘乙酸

若羧基直接和芳环相连，则以羧基作为母体基团，其他原子或基团作为取代基来命名。例如：

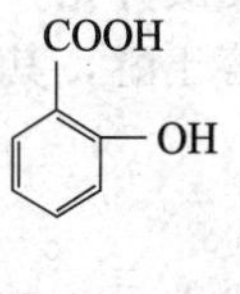

2-羟基苯甲酸
邻羟基苯甲酸
（俗名：水杨酸）

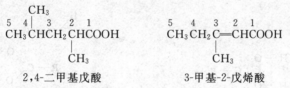

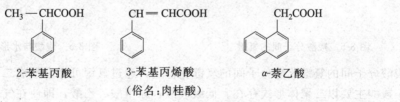

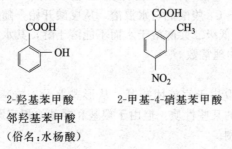

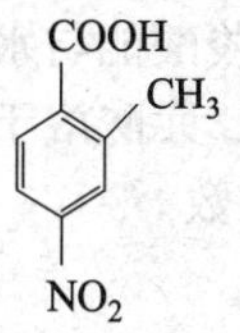

2-甲基-4-硝基苯甲酸

二元羧酸的命名则是选择含两个羧基的最长碳链为主链称作“某二酸”。例如：

HOOC—COOH

乙二酸

（俗名：草酸）

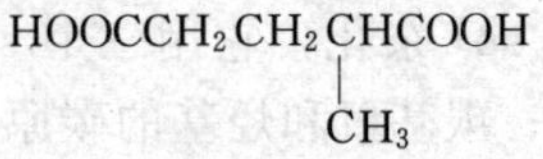

2-甲基戊二酸

芳香族二元羧酸的命名，是将两个羧基都作为母体基团来命名。例如：

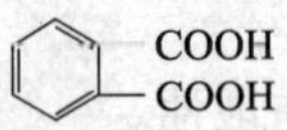

邻苯二甲酸

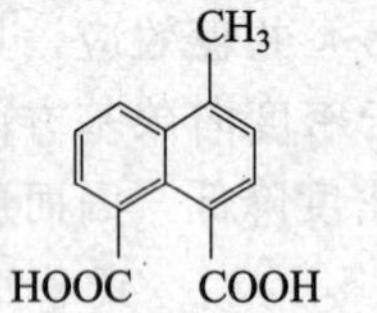

4-甲基-1,8-萘二甲酸

羧酸分子中的羧基去掉羟基后的基团（RCO—、ArCO—）称为酰基。例如：

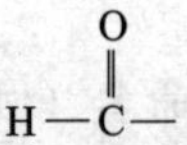

甲酰基

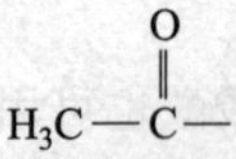

乙酰基

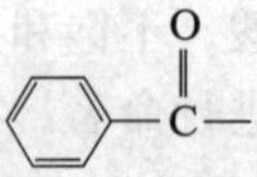

苯甲酰基

3. 羧酸的物理性质

常温下，C_4 以下的羧酸是具有酸味的刺激性液体，C_4～C_9 羧酸为有腐败气味的油状液体，C_{10}以上的羧酸为无气味的蜡状固体，芳香酸和二元酸是结晶固体。

甲酸、乙酸、芳香酸和二元酸的相对密度均大于 1，其他饱和一元脂肪酸的相对密度都小于 1。

羧酸的沸点随着分子量的增加而升高，这是因为羧酸分子间能形成较强的氢键，如图 8-5 所示。

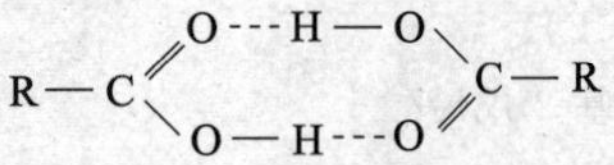

图 8-5　羧酸分子间的氢键

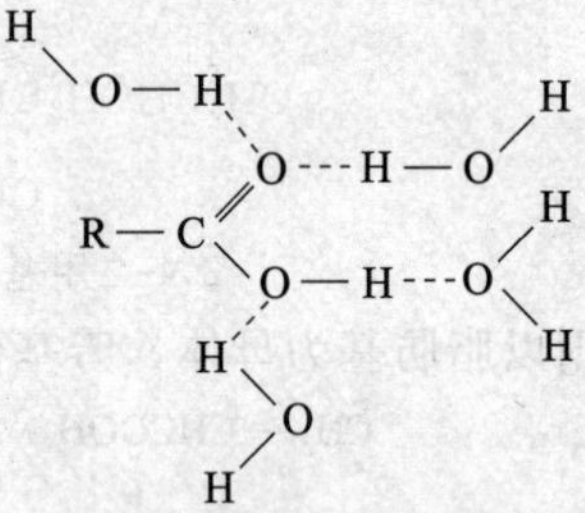

图 8-6　羧酸与水形成的氢键

羧酸分子间的氢键比醇分子间的氢键更稳定，通过氢键可缔合形成二聚体。在固态和液态时，羧酸主要以二聚体形式存在。低级羧酸，如甲酸、乙酸，即使在气相时，也可以二聚体形式存在。分子间的氢键缔合使它们的沸点比相对分子质量相当的醇还要高。

羧基是一种亲水基团，它能与水形成较强的氢键（如图 8-6 所示），因此羧酸在水中的溶解度比相应的醇大。C_1～C_4 羧酸能与水混溶，从戊酸开始，随着碳链的增大水溶性降低。C_{10}以上的羧酸不溶于水。低级二元酸溶于水而不能溶于醚，其水溶性也随碳链增大而降低。表 8-4 是一些常见羧酸的物理常数。

4. 羧酸的化学性质

羧酸的化学反应主要取决于官能团羧基。从形式上看，羧基是由羰基和羟基合并而成的，同时具有羰基、羟基的某些性质，但由于羰基和羟基的相互影响而使羧酸的化学性质又与醛、酮和醇有明显的区别。

表 8-4　常见羧酸的物理常数

名　称	熔点/℃	沸点/℃	溶解度(25℃)	pK_a 或 pK_{a_1}	pK_{a_2}
甲酸	8	100.5	—	3.76	—
乙酸	16.6	118	—	4.76	—
丙酸	−21	141	—	4.87	—
丁酸	−6	164	—	4.81	—
戊酸	−34	187	4.97	4.82	—
苯甲酸	122	250	0.34	4.19	—
乙二酸	184(分解)	—	10.2	1.23	4.19
丙二酸	136	—	138	2.85	5.70
顺丁烯二酸	131	—	78.8	1.85	6.07
反丁烯二酸	287	—	0.70	3.03	4.44
邻苯二甲酸	213	—	0.70	2.89	5.41
间苯二甲酸	349	—	0.01	3.54	4.60
对苯二甲酸	300(升华)	—	0.003	3.51	4.82

(1) 酸性　羧酸呈明显的弱酸性。在水溶液中，羧基中的氢氧键能离解出氢离子，并使蓝色石蕊试纸变红。

思考：影响羧酸酸性的因素有哪些？

在羧酸的水溶液中存在下列电离平衡：

$$RCOOH+H_2O \rightleftharpoons RCOO^-+H^+$$

$$K_a=\frac{[RCOO^-][H^+]}{[RCOOH]} \qquad pK_a=-\lg K_a$$

K_a 或 pK_a 的大小反映羧酸酸性的强弱，K_a 越大或 pK_a 越小，酸性越强。一般饱和一元羧酸的 K_a 在 10^{-4}～10^{-5}之间（pK_a 在 4.76～5 之间）。甲酸的酸性较强，其 K_a 为 2.1×10^{-4}（$pK_a=3.67$）。羧酸的酸性比碳酸（$pK_a=6.5$）和酚（$pK_a=10$）强，但比盐酸、硫酸等强无机酸的酸性弱，所以羧酸可分解碳酸盐，而苯酚则不能，利用此性质可区别或分离酚和羧酸。

【演示实验 8-7】 在两支试管中分别加入 2mL 10％的碳酸氢钠溶液，再加入 5 滴甲酸、乙酸，振摇试管，观察现象。

羧酸可溶解在氢氧化钠或碳酸氢钠溶液中形成盐，反应式如下：

$$RCOOH+NaOH \longrightarrow RCOONa+H_2O$$

$$RCOOH+NaHCO_3 \longrightarrow RCOONa+CO_2\uparrow+H_2O$$

$$RCOONa+HCl \longrightarrow RCOOH+NaCl$$

羧酸钠盐具有盐的一般性质，不易挥发，在水中能完全离解为离子，加入强酸又可以使盐重新变为羧酸游离出来。

【例 8-4】 分离苯甲酸、苯酚、苯甲醇的混合液。

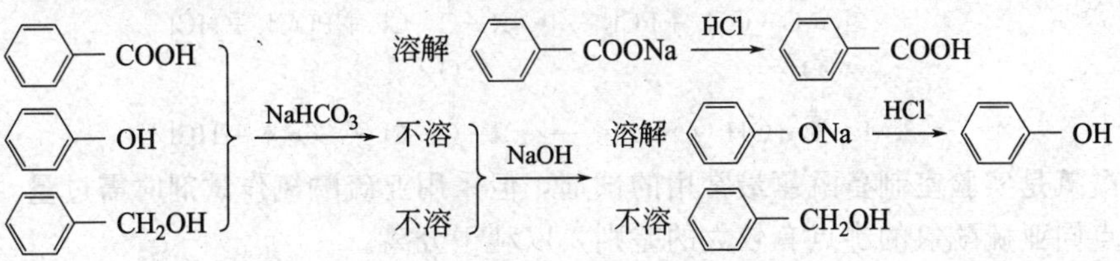

羧酸盐具有一定的用途。例如，高级脂肪酸的钠盐、钾盐是肥皂的主要成分。某些羧酸盐有抑制细菌生长的作用，往往应用于食品加工中作为防腐剂，常用的食品防腐剂有苯甲酸钠、乙酸钙和山梨酸钾（$CH_3CH=CHCH=CHCOOK$）等。由于羧酸钠盐和钾盐的水溶性，制药工业常把含有羧基的药物变成盐，使不溶于水的药物变成水溶性的。例如青霉素 G 分子中含有羧基，一般将它制成钠盐或钾盐供临床注射。

结构不同的羧酸，酸性强弱不同。影响酸性的因素很多，主要有电子效应（共轭效应和诱导效应）、空间位阻效应、溶剂化效应等。总之，任何使羧基负离子趋向更稳定的因素都使酸性增强，使羧基负离子趋向不稳定的因素都使酸性减弱。

取代酸的酸性因取代基的电子效应不同而不同，取代基的吸电子诱导效应（$-I$）或吸电子的共轭效应（$-C$）越大，则酸性越强；反之，取代基供电子诱导效应（$+I$）或供电子的共轭效应（$+C$）越大，则酸性越弱。从表 8-5 中 pK_a 的数值可以看出这个规律。

表 8-5　一些取代羧酸的 pK_a

取代酸	pK_a	取代酸	pK_a	取代酸	pK_a
CH_3COOH	4.75	$Cl_2CHCOOH$	1.48	$CH_3CH_2CH_2COOH$	4.82
ICH_2COOH	3.17	Cl_3CCOOH	0.7	$ClCH_2CH_2CH_2COOH$	4.56
$BrCH_2COOH$	2.89	CH_3CH_2COOH	4.87	$CH_3CH(Cl)CH_2COOH$	4.05
$ClCH_2COOH$	2.85	$(CH_3)_2CHCOOH$	4.84	$CH_3CH_2CH(Cl)COOH$	2.85
FCH_2COOH	2.59	$(CH_3)_3CCOOH$	5.03		

在卤代酸中存在吸电子的诱导效应。卤原子的吸电子诱导效应越强，则酸性越强。例如：

卤原子的电负性　$F>Cl>Br>I$

酸性　$FCH_2COOH>ClCH_2COOH>BrCH_2COOH>ICH_2COOH$

烃基上所连的吸电子基越多，酸性越强。例如：

酸性　$Cl_3CCOOH>Cl_2CHCOOH>ClCH_2COOH>CH_3COOH$

这种由于电负性不同的原子或基团的影响，使整个分子中成键电子云密度按原子或基团的电负性所决定方向而偏移的效应称为诱导效应。

诱导效应随着距离的增长而减弱。取代基距离羧基越远，对羧基的酸性影响越小。表 8-5 可以说明这一点。

(2) 羧酸衍生物的生成　羧基中的羟基可被卤素（—X）、酰氧基（RCO—O—）、烷氧基（RO—）及氨基（$—NH_2$）取代生成酰卤、酸酐、酯和酰胺等羧酸衍生物。

① 酰卤的生成　羧酸与三卤化磷、五卤化磷、亚硫酰卤反应都可生成酰卤。

酰氯很活泼，易水解，通常用蒸馏法将产物分离。三氯化磷适宜制备低沸点的酰氯；五氯化磷适宜制备高沸点的酰氯；一般使用亚硫酰氯比较方便，因为产物中除酰氯外都是气体，易于分离。

$$R-\overset{\overset{O}{\|}}{C}-OH + PCl_3 \longrightarrow R-\overset{\overset{O}{\|}}{C}-Cl + H_3PO_3$$

$$R-\overset{\overset{O}{\|}}{C}-OH + PCl_5 \longrightarrow R-\overset{\overset{O}{\|}}{C}-Cl + POCl_3 + HCl$$

$$R-\overset{\overset{O}{\|}}{C}-OH + SOCl_2 \longrightarrow R-\overset{\overset{O}{\|}}{C}-Cl + SO_2\uparrow + HCl\uparrow$$

亚硫酰氯是实验室制备酰氯最常用的试剂，但采用亚硫酰氯作试剂时需过量，故要考虑产物的沸点同亚硫酰氯的沸点有较大的差别，以利于分离。

乙酰氯和苯甲酰氯是常用的酰基化试剂。

② 酸酐的生成　两分子羧酸在脱水剂作用下脱水生成酸酐。常用的脱水剂为五氧化二磷、乙酸酐等。

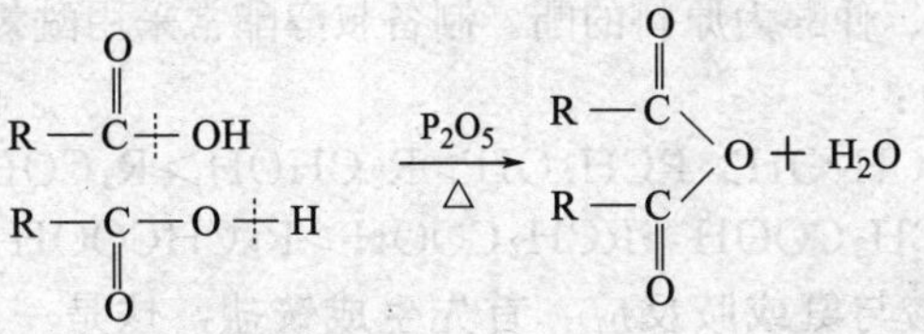

二元羧酸不需要脱水剂，在加热的情况下脱水生成五元环或六元环的酸酐。例如：

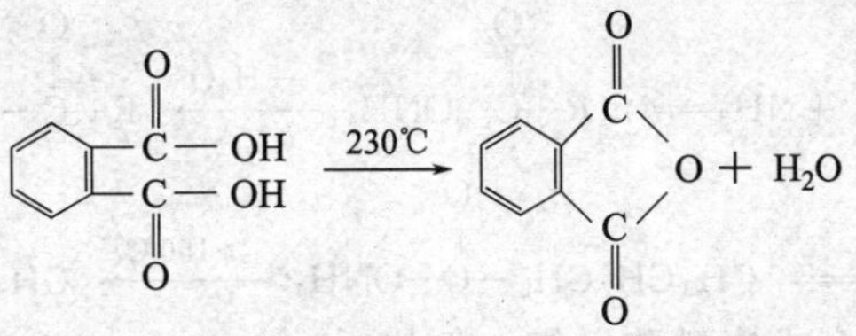

邻苯二甲酸酐(苯酐)

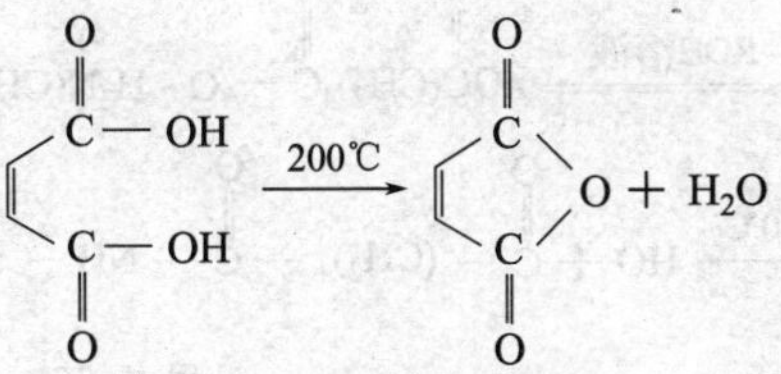

顺丁烯二酸酐(马来酸酐)

苯酐为白色针状晶体，广泛用于制造染料、药物、聚酯树脂、醇酸树脂、塑料、增塑剂、涤纶等。马来酸酐为无色结晶固体，它可生产聚酯树脂、醇酸树脂，用于制造各种涂料和塑料等。

酰卤和无水羧酸盐在加热的情况下，可脱去氯化钠生成酸酐，利用此法可制备混酐。例如：

$$RCOCl + R'COONa \xrightarrow{\triangle} R\overset{O}{\overset{\|}{C}}-O-\overset{O}{\overset{\|}{C}}R' + NaCl$$

$$CH_3COCl + CH_3CH_2COONa \xrightarrow{\triangle} CH_3\overset{O}{\overset{\|}{C}}-O-\overset{O}{\overset{\|}{C}}CH_2CH_3 + NaCl$$

③ 酯的生成　在强酸（如无水 HCl、浓 H_2SO_4、$PhSO_3H$）的催化下，羧酸与醇作用生成酯的反应叫酯化反应。

$$R-\overset{O}{\overset{\|}{C}}\vdots OH + H\vdots OR' \overset{H^+}{\rightleftharpoons} R-\overset{O}{\overset{\|}{C}}-OR' + H_2O$$

酯化反应是可逆反应，为提高酯的产率，可使某一反应物过量或不断蒸出酯和水，使平衡向右移动。例如：

$$CH_3CO\vdots OH + H\vdots OCH_2CH_2\underset{CH_3}{\underset{|}{C}}HCH_3 \overset{H^+}{\rightleftharpoons} CH_3COOCH_2CH_2\underset{CH_3}{\underset{|}{C}}HCH_3 + H_2O$$

乙酸异戊酯

乙酸异戊酯为无色透明液体，具有香蕉味，又称为香蕉水，常用作溶剂、萃取剂、香料和化妆品的添加剂，也是一种昆虫信息素。

空间位阻对酯化速率有较大影响，在酸或醇分子中，α-碳上的烃基增大或增多时，则空间位阻效应增大，酯化反应速率降低。例如，叔醇的酯化反应极慢，主要发生消除反应。因而酯化反应只适宜制备以伯醇、仲醇为原料的酯。制备叔醇酯常采用酰氯或酸酐的醇解反应。

酯化反应活性顺序为：

$$CH_3OH > RCH_2OH > R_2CHOH > R_3COH$$

$$HCOOH > CH_3COOH > RCH_2COOH > R_2CHCOOH > R_3CCOOH$$

④ 酰胺的生成 羧酸与氨或胺反应，首先生成铵盐，这是一个可逆反应；然后在高温下脱水得到酰胺。

$$R-\overset{O}{\overset{\|}{C}}-OH + NH_3 \rightleftharpoons R-\overset{O}{\overset{\|}{C}}-ONH_4 \xrightarrow[\triangle]{-H_2O} R-\overset{O}{\overset{\|}{C}}-NH_2 + H_2O$$

$$CH_3CH_2CH_2COOH + NH_3 \rightleftharpoons CH_3CH_2CH_2\overset{O}{\overset{\|}{C}}-ONH_4 \xrightarrow{>150℃} CH_3CH_2CH_2\overset{O}{\overset{\|}{C}}-NH_2 + H_2O$$

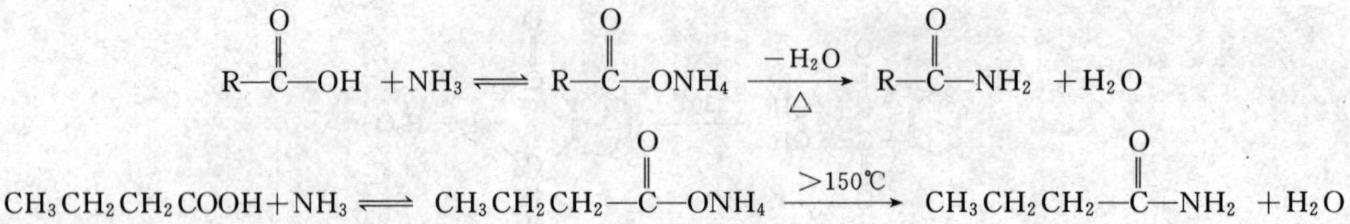

工业上利用上述反应合成聚酰胺纤维。例如：

$$HO\overset{O}{\overset{\|}{C}}(CH_2)_4\overset{O}{\overset{\|}{C}}OH + nH_2N(CH_2)_6NH_2 \xrightarrow{ROH溶液} n^-O\overset{O}{\overset{\|}{C}}(CH_2)_4\overset{O}{\overset{\|}{C}}-O^- \cdot \overset{+}{H_3}N(CH_2)_6\overset{+}{N}H_3$$

$$\xrightarrow[N_2]{200\sim250℃} HO\overset{}{\underset{}{\Big[}}\overset{O}{\overset{\|}{C}}-(CH_2)_4-\overset{O}{\overset{\|}{C}}-NH-(CH_2)_6-NH\overset{}{\underset{}{\Big]}}_n H + (n-1)H_2O$$

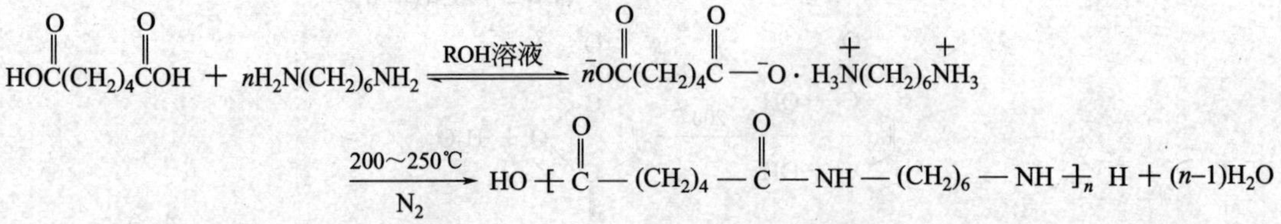

尼龙-66

聚己二酰己二胺树脂经熔化抽丝制成聚酰胺-66纤维或称尼龙-66。尼龙-66适宜制轮胎帘子线、衣物、鱼网等，具有耐磨，耐碱，耐有机溶剂的特点。聚己二酰己二胺树脂定向抽成的丝强度极大，可制成尼龙防弹衣。

（3）α-H 卤代反应 在碘、硫或红磷等催化剂存在或光照下，羧酸中的 α-H 可被卤原子取代生成卤代酸。例如：

$$R-CH_2-\overset{O}{\overset{\|}{C}}-OH \xrightarrow[P或光]{X_2} R-\underset{X}{\overset{}{C}}H-\overset{O}{\overset{\|}{C}}-OH \xrightarrow[P或光]{X_2} R-\underset{X}{\overset{X}{C}}-\overset{O}{\overset{\|}{C}}-OH$$

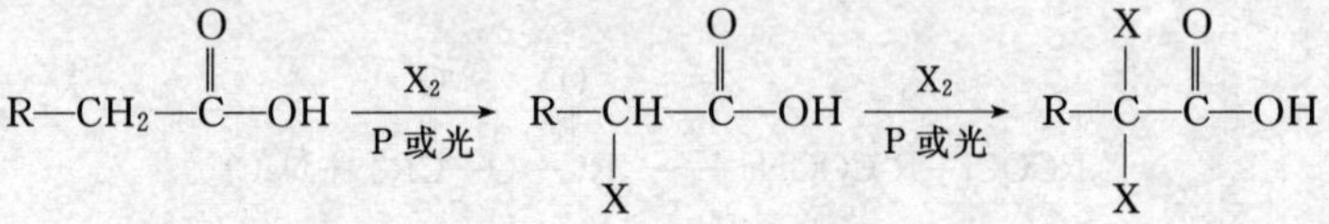

$$CH_3COOH \xrightarrow{Cl_2}{P} ClCH_2COOH \xrightarrow{Cl_2}{P} Cl_2CHCOOH \xrightarrow{Cl_2}{P} Cl_3CCOOH$$

如果控制好反应条件，可使反应停留在一卤代酸或二卤代酸阶段。氯乙酸是制备农药乐果、生长刺激素 2.4-D 和 4-碘苯氧基醋酸（增产灵）的原料。三氯乙酸可用于印染工业或作为合成原料。

α-卤代酸既具有羧酸的性质又具有卤代烃的性质，它可发生水解、氨解、氰解等反应转变为羟基酸、氨基酸、氰基酸等，也可发生消除反应得到 α,β 不饱和酸。

$$R-\underset{X}{\overset{}{C}}H-\overset{O}{\overset{\|}{C}}-OH \begin{cases} \xrightarrow{NaOH} R-\underset{OH}{\overset{}{C}}H-\overset{O}{\overset{\|}{C}}-ONa \xrightarrow[H_2O]{H^+} R-\underset{OH}{\overset{}{C}}H-\overset{O}{\overset{\|}{C}}-OH \\ \\ \xrightarrow{NH_3} R-\underset{NH_2}{\overset{}{C}}H-\overset{O}{\overset{\|}{C}}-ONH_4 \xrightarrow[H_2O]{H^+} R-\underset{NH_2}{\overset{}{C}}H-\overset{O}{\overset{\|}{C}}-OH \\ \\ \xrightarrow{NaCN} R-\underset{CN}{\overset{}{C}}H-\overset{O}{\overset{\|}{C}}-ONa \xrightarrow[H_2O]{H^+} R-\underset{CN}{\overset{}{C}}H-\overset{O}{\overset{\|}{C}}-OH \end{cases}$$

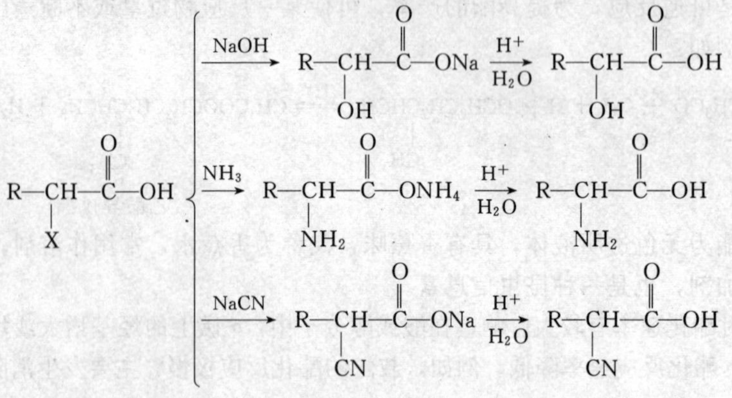

(4) 脱羧反应　羧酸失去羧基放出二氧化碳的反应称为脱羧反应。

一元羧酸的碱金属盐与碱石灰共热，放出二氧化碳，生成比原羧酸少一个碳原子的烃。

$$RCH_2COOH + NaOH \xrightarrow[\triangle]{CaO} RCH_3 + Na_2CO_3$$

$$CH_3COONa + NaOH \xrightarrow[\triangle]{CaO} CH_4\uparrow + Na_2CO_3$$

α-碳上连有强吸电子基的羧酸，脱羧反应很容易。

$$CH_3COCH_2COOH \xrightarrow{100℃} CH_3COCH_3 + CO_2\uparrow$$

二元羧酸受热易脱羧，生成的产物取决于两个羧基的相对位置。

$$HOOCCOOH \xrightarrow{150℃} HCOOH + CO_2\uparrow$$

$$HOOCCH_2COOH \xrightarrow{120\sim140℃} CH_3COOH + CO_2\uparrow$$

(5) 还原反应　羧基一般不易被还原，但在高温、高压下进行催化氢化或用强还原剂氢化锂铝，可将羧酸还原为伯醇。

$$RCOOH \xrightarrow[②H_3O^+]{①LiAlH_4} RCH_2OH$$

$$(CH_3)_3CCOOH + LiAlH_4 \xrightarrow[②H_3^+O]{①无水乙醚} (CH_3)_3CCH_2OH(93\%)$$

二、羧酸衍生物

1. 羧酸衍生物的结构和命名

羧酸分子中的羟基分别被卤素、酰氧基、烷氧基、氨基取代的产物，如酰卤、酸酐、酯、酰胺，都是羧酸的衍生物。

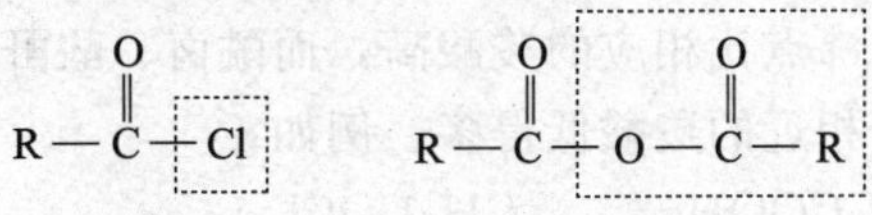

酰卤　　酸酐　　酯　　酰胺

羧酸衍生物分子中都含有酰基（RCO—），因此它们有相似的化学性质，但与酰基相连的原子和基团不同，因而个别化合物又具有它的特殊性质。

酰卤和酰胺是根据它们所含的酰基命名的。例如：

CH_3COCl　乙酰氯

$(CH_3)_2CHCOBr$　异丁酰溴（2-甲基丙酰溴）

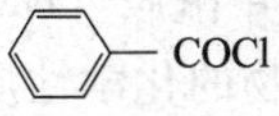

苯甲酰氯

CH_3CONH_2　乙酰胺

$(CH_3)_2CHCONH_2$　异丁酰胺

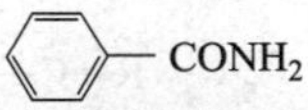

苯甲酰胺

酰胺分子中氮原子上的氢原子被烃基取代后所生成的取代酰胺，称为 N-烃基某酰胺。例如：

$HCON(CH_3)_2$　N,N-二甲基甲酰胺（DMF）

$CH_3CONHCH_2CH_3$　N-乙基乙酰胺

$CH_3CON(CH_3)CH_2CH_3$　N-甲基-N-乙基乙酰胺

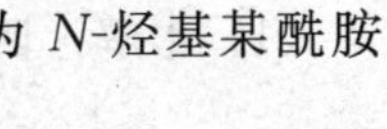

N-苯基乙酰胺（乙酰苯胺）

酰氨基在环内的环状酰胺称为内酰胺。例如：

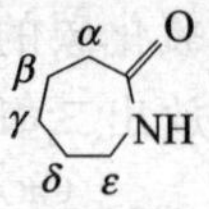

ε-己内酰胺

酸酐是根据其水解后生成的相应的酸来命名的。例如：

$CH_3COOCCH_3$（两个羰基 O）　乙(酸)酐（醋酐）

$CH_3COOCC_2H_5$（两个羰基 O）　乙丙(酸)酐

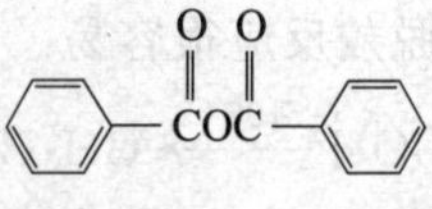

苯甲酸酐

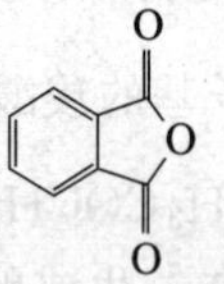

邻苯二甲酸酐（苯酐）

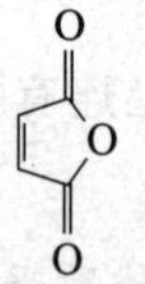

顺丁烯二酸酐（马丁酸酐或顺酐）

酯根据其水解得到的酸和醇来进行命名，称为某酸某酯。多元醇的酯是醇名在前，酸名在后。例如：

$CH_3COOC_2H_5$　乙酸乙酯

$CH_3COOCH{=}CH_2$　醋酸乙烯酯

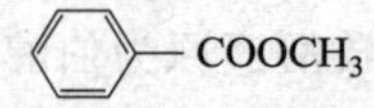

苯甲酸甲酯

$HCOOCHCH_3$（CH 上连 CH_3）　甲酸异丙酯

$COOCH_2CH_3$ — $COOCH_2CH_3$　乙二酸二乙酯

CH_2OCOCH_3 — CH_2OCOCH_3　乙二醇二乙酸酯

2. 羧酸衍生物的物理性质

低级的酰氯和酸酐是具有刺激性气味的液体。低级酯是具有香味的液体，如乙酸异戊酯具有香蕉味，正戊酸异戊酯具有苹果香味等，它们可用于香料工业。大多数酰胺和*N*-取代酰胺为结晶固体。

酰胺由于分子间形成的氢键比羧酸强，故沸点比相应的羧酸高，而酰卤、酸酐和酯因分子间不能形成氢键，因而它们的沸点比分子量相近的羧酸低得多。例如：

	CH_3CONH_2	CH_3COOH	CH_3COCl
沸点	222℃	118℃	52℃

低级酰卤、酸酐极易被水分解，C_4 以下的酯有一定的水溶性，但随着碳原子数的增加而大大降低。酰胺能与水分子形成氢键，因而低级酰胺能溶于水，如甲酰胺、*N*-甲基甲酰胺、*N*,*N*-二甲基甲酰胺（DMF）能与水互溶。

3. 羧酸衍生物的化学性质

四种羧酸衍生物分子中都含有酰基，与酰基碳直接相连的原子都有未共用电子对。即

$$R-\overset{\overset{\large O}{\|}}{C}-L \qquad L = -\ddot{X}、-\ddot{O}COR、-\ddot{O}R、-\ddot{N}H_2$$

由于它们的结构相似，因而它们具有类似的化学性质。

（1）水解　四种羧酸衍生物都能发生水解反应生成羧酸。

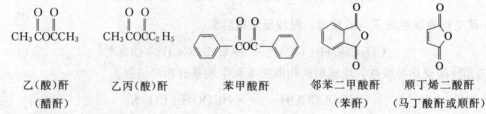

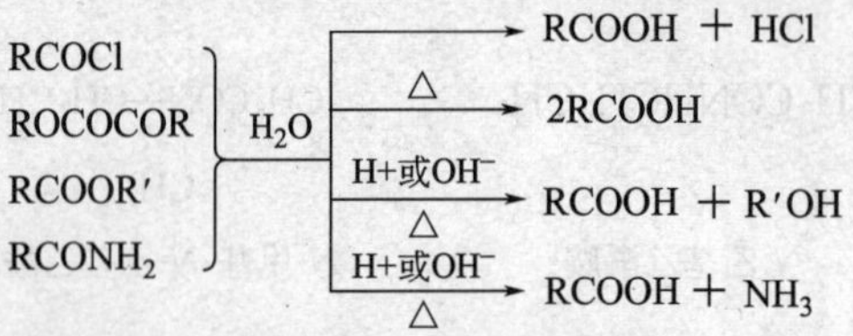

羧酸衍生物水解反应的活性为：酰氯＞酸酐＞酯＞酰胺。酰氯、酸酐易水解。酯和酰胺

水解需酸或碱作为催化剂，另外还需加热。酯在酸催化下水解是酯化反应的逆反应，水解不完全。酯在碱性溶液中的水解反应可以进行到底，此反应又称为皂化反应，因为肥皂是高级脂肪酸甘油酯的碱性水解产物。

$$
\begin{array}{l}
CH_2OOCC_{17}H_{33} \\
| \\
CHOOCC_{15}H_{31} \\
| \\
CH_2OOCC_{17}H_{35}
\end{array}
+3NaOH \xrightarrow{\triangle}
\begin{array}{l}
CH_2OH \\
| \\
CHOH \\
| \\
CH_2OH
\end{array}
+
\begin{array}{l}
C_{17}H_{33}COONa \\
C_{15}H_{31}COONa \\
C_{17}H_{35}COONa
\end{array}
$$

油脂　　　　　　　　甘油　　　　肥皂

酰胺在酸性溶液中水解得到羧酸和铵盐，在碱作用下水解得到羧酸盐并放出氨气。利用酰胺的碱性水解可鉴别酰胺。

$$
RCONH_2+H_2O
\begin{array}{l}
\xrightarrow{HCl} RCOOH+NH_4Cl \\
\xrightarrow{NaOH} RCOONa+NH_3\uparrow（鉴别酰胺）
\end{array}
$$

（2）醇解　四种羧酸衍生物都能发生醇解反应生成酯。

$$
\left.
\begin{array}{l}
RCOCl \\
(RCO)_2O \\
RCOOR \\
RCONH_2
\end{array}
\right\}
+HOR' \longrightarrow RCOOR+
\left\{
\begin{array}{l}
HCl \\
RCOOH \\
ROH \\
NH_3
\end{array}
\right.
$$

酯在酸或碱的催化下醇解称为酯交换反应，可生成另一种醇和另一种酯。利用此反应可从廉价易得的低级醇制取高级醇。酯交换反应是可逆反应。例如：

$$
CH_3CH_2COOCH_3+CH_3(CH_2)_3OH \underset{}{\overset{H_2SO_4}{\rightleftharpoons}} CH_3CH_2COOCH_2(CH_2)_2CH_3+CH_3OH
$$

工业上生产涤纶的原料对苯二甲酸乙二醇酯就是用酯交换的方法合成的。

$$
H_3COOC-\!\!\!\!\bigcirc\!\!\!\!-COOCH_3+2HOCH_2CH_2OH \xrightarrow[180\sim190℃]{醋酸锌}
$$

$$
HOH_2CH_2COOC-\!\!\!\!\bigcirc\!\!\!\!-COOCH_2CH_2OH+2CH_3OH
$$

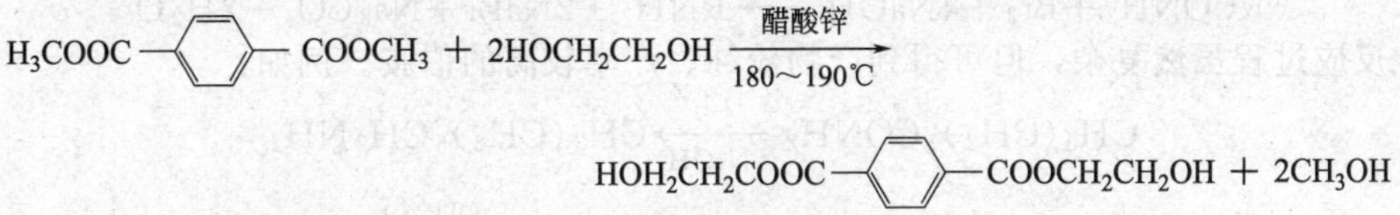

聚乙烯醇也是从聚乙酸乙烯酯通过酯交换反应制得的。

（3）氨解　酰氯、酸酐、酯都能发生氨解反应生成酰胺。

$$
\left.
\begin{array}{l}
RCOCl \\
(RCO)_2O \\
RCOOR
\end{array}
\right\}
+NH_3 \longrightarrow RCONH_2+
\left\{
\begin{array}{l}
NH_4Cl \\
RCOONH_4 \\
ROH
\end{array}
\right.
$$

酰胺与胺的反应是可逆反应，只有胺过量才可得到 N-烷基酰胺或 N,N-二烷基酰胺。

$$
RCONH_2+\underset{（过量）}{R'NH_2} \longrightarrow RCONHR'+NH_3\uparrow
$$

酰氯与氨或胺在室温下反应是实验室制备酰胺或 N-取代酰胺的方法。例如：

$$
CH_3CH_2COCl \xrightarrow{NH_3\cdot H_2O} CH_3CH_2CONH_2+NH_4Cl
$$

工业上用对苯二甲酰氯与对苯二胺进行缩聚生成的聚对苯二甲酰对苯二胺树脂，经抽丝等工艺可制成高强度、高耐热性以及具有优良阻燃性的芳香族聚酰胺纤维。

$$
nCl-\overset{O}{\overset{\|}{C}}-\!\!\!\!\bigcirc\!\!\!\!-\overset{O}{\overset{\|}{C}}-Cl+nH_2N-\!\!\!\!\bigcirc\!\!\!\!-NH_2 \xrightarrow{缩聚} \left[HN-\!\!\!\!\bigcirc\!\!\!\!-NH\overset{O}{\overset{\|}{C}}-\!\!\!\!\bigcirc\!\!\!\!-\overset{O}{\overset{\|}{C}}\right]_n
$$

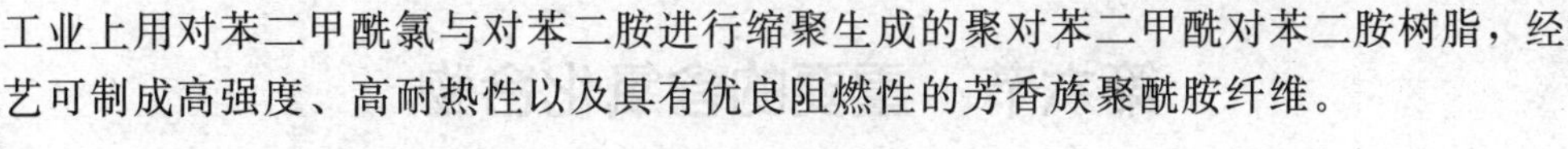

酸酐也能发生氨解反应，这类反应在工业上有广泛用途，如药物非那西汀的合成。

$$(CH_3CO)_2O + H_2N-\!\!\!\!\bigcirc\!\!\!\!-OCH_2CH_3 \longrightarrow CH_3CONH-\!\!\!\!\bigcirc\!\!\!\!-OCH_2CH_3 + CH_3COOH$$

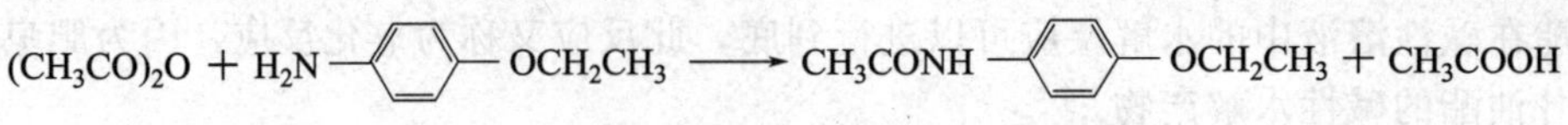

非那西汀

（4）还原反应 羧酸衍生物比羧酸易还原。其中酰氯、酯较容易被还原，如用活性较小的催化剂，可使酰氯还原为相应的醛，此方法称为罗森孟德（Rosenmund）还原法。这是由羧酸通过酰氯制备醛的一个好方法。

$$RCOCl + H_2 \xrightarrow[\text{硫-喹啉}]{\text{Pd-BaSO}_4} RCHO + HCl$$

若用活性高的催化剂 $LiAlH_4$，可把酰氯还原为伯醇。例如：

$$\bigcirc\!\!-COCl \xrightarrow[\text{② } H_3^+O]{\text{① } LiAlH_4} \bigcirc\!\!-CH_2OH$$

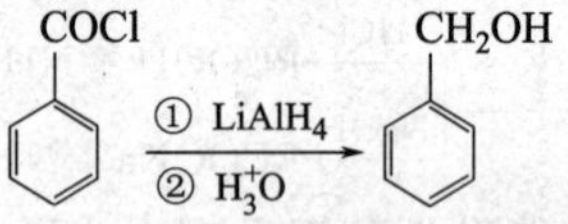

酯常用 $Na+CH_3CH_2OH$（或 $LiAlH_4$）为还原剂，产物是两种醇的混合物。例如：

$$CH_3CH_2COOCH_2CH_3 \xrightarrow{Na+CH_3CH_2OH} CH_3CH_2CH_2OH + CH_3CH_2OH$$

酸酐可被 $LiAlH_4$ 还原为相应的伯醇。酰胺可被 $LiAlH_4$ 还原成相应的胺。

$$CH_3(CH_2)_3CONHCH_3 \xrightarrow[\text{② } H_2O]{\text{① } LiAlH_4} CH_3(CH_2)_3CH_2NHCH_3$$

（5）酰胺的特殊反应

① 酰胺的霍夫曼降解反应 酰胺与次氯酸钠或次溴酸钠的碱溶液作用脱去羰基生成伯胺的反应称为霍夫曼（Hofmann）降解反应。

$$RCONH_2 + Br_2 + 4NaOH \xrightarrow{H_2O} RNH_2 + 2NaBr + Na_2CO_3 + 2H_2O$$

此反应过程虽然复杂，但可得到产物较纯、产率较高的伯胺。例如：

$$CH_3(CH_2)_7CONH_2 \xrightarrow[\text{NaOH}]{\text{Cl}_2} CH_3(CH_2)_6CH_2NH_2$$

（94%）

$$\bigcirc\!\!\!\!-CONH_2 \text{（—Br）} \xrightarrow{Br_2,KOH} \bigcirc\!\!\!\!-NH_2 \text{（—Br）}$$

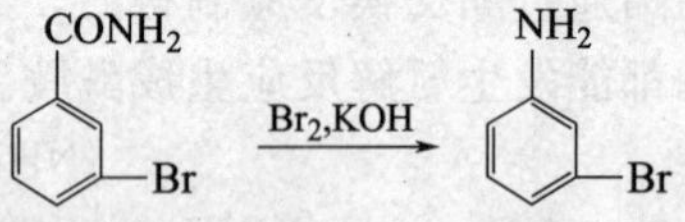

（87%）

C_8 以上的脂肪族酰胺发生上述反应，产率不高。

② 酰胺的脱水反应 酰胺与脱水剂（P_2O_5、$SOCl$ 等）共热则脱水生成腈。这是实验室制备腈的一种方法。

$$RCONH_2 \xrightarrow[\triangle]{P_2O_5} RCN + H_2O$$

利用此法可制备一些难以用卤代烃和氰化钠反应而得到的腈。例如：

$$(CH_3)_3CCONH_2 \xrightarrow[\triangle]{P_2O_5} (CH_3)_3CCN + H_2O$$

第六节 重要的含氧化合物

一、环氧乙烷

环氧乙烷又称氧化乙烯，是无色、易燃的气体，沸点为 10.93℃，易溶于水、乙醇、乙醚等溶剂中。它是一个重要的环醚。

环氧乙烷与空气可形成爆炸性混合物，爆炸极限为 $3.6\%\sim7.8\%$，常保存在高压钢瓶中。环氧乙烷有毒，使用时应注意安全。

工业上常用下列方法制备环氧乙烷。

（1）乙烯空气催化氧化法

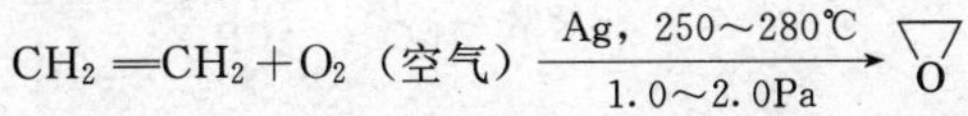

$$CH_2=CH_2+O_2（空气）\xrightarrow[1.0\sim2.0Pa]{Ag,\ 250\sim280℃}\triangledown_O$$

（2）氯乙醇法

$$CH_2=CH_2+HOCl\longrightarrow HOCH_2CH_2Cl\xrightarrow{Ca(OH)_2}\triangledown_O$$

环氧乙烷比较活泼，在酸或碱的作用下易开环发生加成反应，生成多种重要的有机化合物。例如：

	产物	用途
$\xrightarrow[H^+]{H_2O}$	$HOCH_2CH_2OH$	溶剂、抗冻剂
$\xrightarrow{HCl}$	$HOCH_2CH_2Cl$	有机合成中间体
$\xrightarrow{NH_3}$	$HOCH_2CH_2NH_2$ 乙醇胺	润湿剂、防锈剂，净化工业气体
$\xrightarrow[H^+或OH^-]{C_2H_5OH}$	$HOCH_2CH_2OC_2H_5$ 乙二醇乙醚	溶纤剂、喷漆的优良溶剂

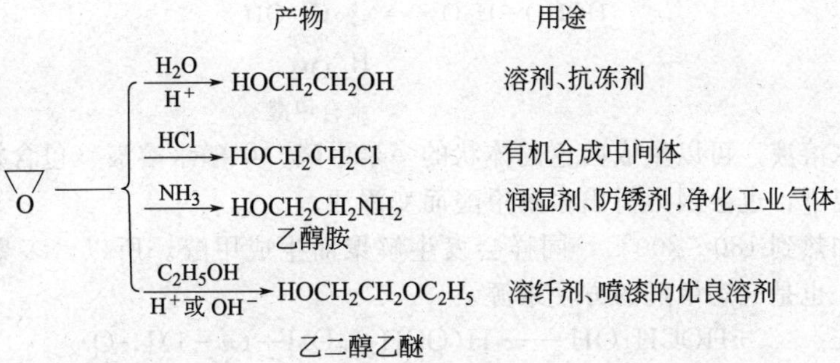

环氧乙烷与格氏试剂（RMgX）反应，可增长碳链，因此可利用此反应合成增加两个碳原子的伯醇。

$$\triangledown_O+RMgX\xrightarrow{干醚}RCH_2CH_2OMgX\xrightarrow{H_2O}RCH_2CH_2OH+Mg(OH)X$$

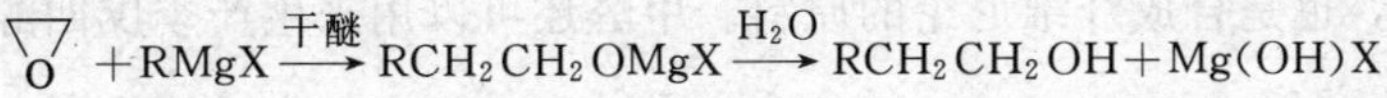

【例 8-5】 用乙烯合成 1-丁醇。

解
$$CH_2=CH_2+O_2\xrightarrow[\triangle]{Ag}CH_2-CH_2\ (O)$$

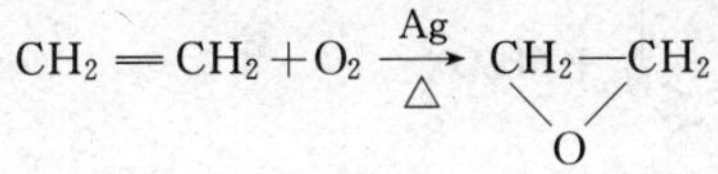

$$CH_2=CH_2+HBr\longrightarrow CH_3CH_2Br\xrightarrow[无水乙醚]{Mg}CH_3CH_2MgBr$$

$$CH_2-CH_2\ (O)+CH_3CH_2MgBr\xrightarrow{无水乙醚}CH_3CH_2CH_2CH_2OMgBr\xrightarrow{H_2O}CH_3CH_2CH_2CH_2OH$$

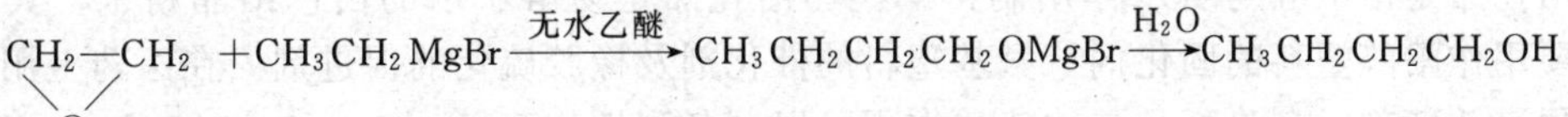

二、甲醛

甲醛又叫蚁醛，沸点为 $-21℃$，常温下为无色、有刺激性气味的气体。甲醛与空气混合后遇火发生爆炸，爆炸极限为 $7\%\sim73\%$（体积分数）。甲醛易溶于水、乙醇、乙醚、丙酮和苯中。它的 $37\%\sim40\%$ 的水溶液称为福尔马林。福尔马林可使蛋白质变性，对皮肤有强腐蚀性，广泛用作消毒剂和防腐剂，常用于保存动物标本。

在工业上，甲醛是由甲醇氧化制备的。将甲醇的蒸气与空气混合后，通过银或铜等催化剂，在 $600℃$ 下氧化制得。

$$CH_3OH+\frac{1}{2}O_2\xrightarrow{Ag}HCHO+H_2O\quad(600℃)$$

甲醛比较活泼，有较强的还原性，易被氧化剂氧化为甲酸，甲酸进一步氧化最终形成 CO_2 和 H_2O。

甲醛在不同的条件下极易发生自身的羰基加成而聚合为各种聚合度不同的聚合物。例如在常温下，甲醛可自动聚合为环状的三聚甲醛，同时，$60\%\sim65\%$ 的甲醛水溶液在少量硫酸存在下煮沸得到三聚甲醛。

$$3HCHO \xrightleftharpoons[\text{解聚}]{\text{聚合}}$$

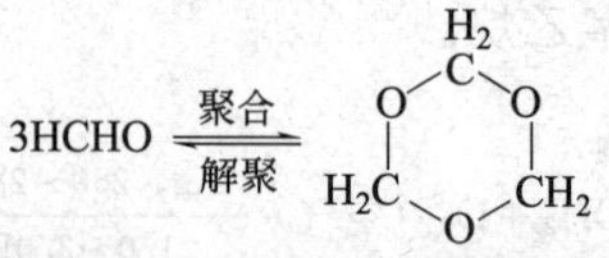

三聚甲醛

三聚甲醛为白色结晶粉末，熔点为 $62℃$，在中性和碱性条件下比较稳定，但在酸的存在下，加热容易分解为甲醛。因此可利用聚合和分解反应来保存或精制甲醛。

在甲醛水溶液中存在着下列平衡：

$$HCHO + H_2O \rightleftharpoons$$

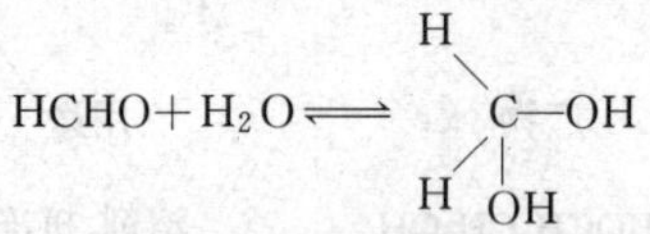

水合甲醛

蒸发甲醛水溶液，可以生成白色固体状的多聚甲醛。甲醛水溶液（包含福尔马林）放久了，即使在低温下，也会因为析出多聚甲醛而变浑浊。

多聚甲醛加热到 $180\sim200℃$，同样会发生解聚而生成甲醛。所以，多聚甲醛是贮存甲醛的最好方式，也是气态甲醛的方便来源。

$$nHOCH_2OH \longrightarrow H(OCH_2)_nOH + (n-1)H_2O$$

多聚甲醛

甲醛是一种非常重要的化工原料，大量用于制造脲醛、酚醛、聚甲醛和三聚氰胺等树脂以及各种粘接剂，也是合成纤维尼纶的原料。甲醛还可以用来生产季戊四醇、乌洛托品以及其他药剂及染料。

$$6HCHO + 4NH_3 \rightleftharpoons \quad + 6H_2O$$

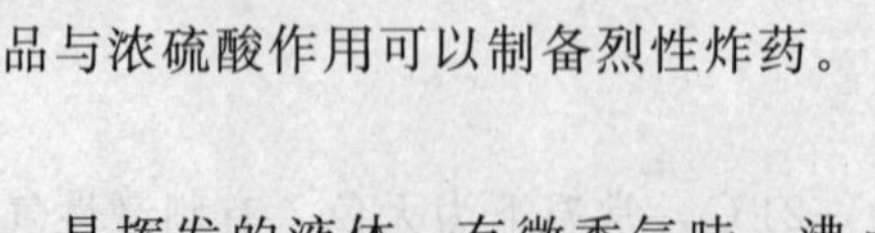

六亚甲基四胺
（乌洛托品）

乌洛托品是由甲醛与氨水作用制得的。乌洛托品是易溶于水的白色结晶粉末，具有甜味，主要用作酚醛塑料的固化剂、氨基塑料的催化剂及橡胶硫化的促进剂。在医药上用作利尿剂和尿道杀菌剂。乌洛托品与浓硫酸作用可以制备烈性炸药。

三、丙酮

丙酮是无色透明、易燃、易挥发的液体，有微香气味，沸点为 $56℃$，能与水、甲醇、乙醇、乙醚、氯仿、吡啶、二甲基甲酰胺（DMF）等溶剂混溶。

丙酮具有酮的性质，是重要的基本有机合成原料，可用于制备有机玻璃、环氧树脂、氯仿、碘仿、乙烯酮等，也是无烟火药、赛璐珞、醋酸纤维、喷漆等工业中的重要溶剂及油脂工业的抽提剂。

制备丙酮的方法有很多，其中下列三种方法应用最为广泛。

（1）丙烯氧化法　以丙烯为原料，用空气进行催化氧化。以氯化钯-氯化铜为催化剂，在加热至 $90\sim100℃$ 时发生反应，丙烯可直接被氧化成丙酮。此法有较大的发展潜力。

$$CH_3CH = CH_2 + \frac{1}{2}O_2 \xrightarrow[\triangle]{PdCl_2\text{-}CuCl_2} CH_3COCH_3$$

（2）异丙醇脱氢或氧化 此法是以丙烯为原料，首先将丙烯转化为异丙醇，再将异丙醇氧化或脱氢制得丙酮。

$$CH_3CH(OH)CH_3 \xrightarrow[250\sim270℃]{ZnO\text{ 或 }Cu} CH_3COCH_3 + H_2$$

$$CH_3CH(OH)CH_3 \xrightarrow[Cu\text{ 或 }Ag]{O_2} CH_3COCH_3$$

（3）异丙苯法 此法是目前最广泛应用的一种方法。它可以同时得到两种重要的有机化工原料苯酚和丙酮。

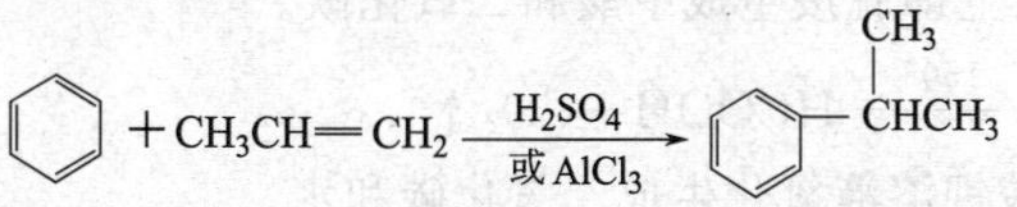

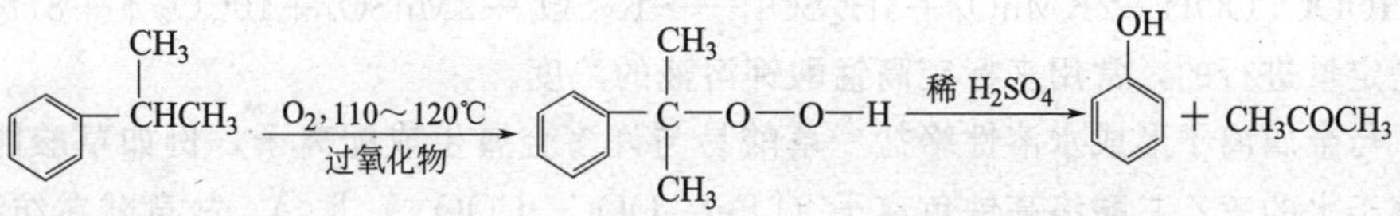

四、甲酸

甲酸俗称蚁酸，为无色有强烈刺激性气味的液体，沸点为100.7℃，熔点为8.4℃，能与水混溶，也溶于乙酸、乙醚及甘油等有机溶剂。甲酸的酸性比其他一元羧酸强（$pK_a=3.67$），有腐蚀性，可刺激皮肤起泡。它存在于蚁、蜂、蜈蚣等动物和荨麻等一些植物中，是蜂毒的主要成分。

甲酸在工业上用一氧化碳与氢氧化钠反应来制备。

$$CO + NaOH \xrightarrow[0.6\sim1MPa]{210℃} HCOONa \xrightarrow{H_2SO_4} HCOOH$$

甲酸比较特殊，其分子中可看作既含有醛基又含有羧基，所以甲酸具有还原性，可被托伦试剂和菲林试剂氧化，分别产生白色的银和红色的氧化亚铜沉淀。因此可利用托伦试剂和菲林试剂来区别甲酸和其他酸。甲酸也可被高锰酸钾氧化而使高锰酸钾溶液的紫红色褪色，利用此性质可鉴定甲酸。

$$HCOOH \xrightarrow{[O]} CO_2\uparrow + H_2O$$

$$HCOOH + 2Ag(NH_3)_2OH \longrightarrow \underset{(\text{白色})}{2Ag\downarrow} + CO_2 + 2H_2O + 4NH_3$$

甲酸在加压下加热到160℃可分解为氢气和CO_2。

$$HCOOH \xrightarrow[\text{加压}]{160℃} H_2\uparrow + CO_2\uparrow$$

实验室可利用甲酸与浓硫酸共热制备纯的一氧化碳。

$$HCOOH \xrightarrow[60\sim80℃]{\text{浓 }H_2SO_4} CO\uparrow + H_2O$$

甲酸用于合成甲酸酯和某些燃料，并用于印染、纤维的整理、纸张皮革的处理，还可用作酸性还原剂、消毒剂、防腐剂、杀虫剂及橡胶凝聚剂等。

五、乙二酸

乙二酸俗称草酸，其钾盐和钙盐存在于酸模草（木本）、酢浆草、大黄等植物及人尿中。草酸为无色透明晶体，常含两分子结晶水（$HOOCCOOH \cdot 2H_2O$）。其熔点为101.5℃，加热至100℃可失去结晶水而得无水乙酸，熔点为189℃。157℃时升华，易溶于水、乙醇、乙醚等溶剂。乙二酸有毒。

工业上是用甲酸钠加热至400℃制得草酸钠，然后用稀硫酸酸化制得草酸。

$$2HCOONa \xrightarrow{400℃} \begin{matrix} COONa \\ | \\ COONa \end{matrix} \xrightarrow{稀 H_2SO_4} HOOC—COOH$$

草酸是最简单的饱和二元羧酸，在二元羧酸中它的酸性最强，除了具有羧酸的通性以外还有一些特殊性质。

(1) 脱羧　将乙二酸加热至150℃以上即脱羧生成甲酸和二氧化碳。

$$HOOCCOOH \xrightarrow{150℃} HCOOH + CO_2\uparrow$$

(2) 还原性　乙二酸易被酸性高锰酸钾溶液氧化生成二氧化碳和水。

$$5HOOCCOOH + 2KMnO_4 + 3H_2SO_4 \longrightarrow K_2SO_4 + 2MnSO_4 + 10CO_2\uparrow + 8H_2O$$

此反应是定量进行的，常用来标定高锰酸钾溶液的浓度。

(3) 与金属离子形成水溶性络盐　草酸易与许多金属生成配离子，例如草酸能与 Fe^{3+} 生成易溶于水的三乙二酸络高铁负离子（$[Fe(^-OOC—COO^-)_3]^{3-}$），故草酸在纺织、印染工业中广泛用作除锈剂、漂白剂，它的铝盐和锑盐可用作媒染剂，还可用作一般金属及设备的清洗剂。大量的草酸可用来提取稀有元素。

六、丙二酸二乙酯

1. 制备

丙二酸二乙酯由氯乙酸制成氰基乙酸钠，然后进行水解和酯化而制得。

$$ClCH_2COOH \xrightarrow[NaCN]{OH^-} \begin{matrix} CH_2COONa \\ | \\ CN \end{matrix} \xrightarrow[H_2SO_4]{C_2H_5OH} CH_2(COOC_2H_5)_2$$

2. 性质

丙二酸二乙酯为具有香味的无色液体，微溶于水，易溶于醇、醚等有机溶剂，熔点为−52℃，沸点为198.9℃。

丙二酸二乙酯含有两个彼此处于β位上的羰基。由于受两个羰基的吸电子诱导和共轭效应的影响，使α-H具有较强的酸性。当丙二酸二乙酯与强碱乙醇钠作用时，生成丙二酸二乙酯钠盐。

$$CH_2(COOC_2H_5)_2 \xrightarrow[C_2H_5OH]{C_2H_5ONa} [HC(COOC_2H_5)_2]^-Na^+$$

生成的碳负离子可作为亲核试剂与卤代烃进行反应，在丙二酸二乙酯的α-C上引入烃基，生成一取代丙二酸二乙酯。

$$[CH(COOC_2H_5)_2]^-Na^+ \xrightarrow{RX} RCH(COOC_2H_5)_2$$

由于一取代丙二酸二乙酯还有一个活泼氢，如重复上述反应，可生成二取代丙二酸二乙酯。

$$RCH(COOC_2H_5)_2 \xrightarrow[C_2H_5OH]{C_2H_5ONa} [RC(COOC_2H_5)_2]^-Na^+ \xrightarrow{R'X} \begin{matrix} R—C(COOC_2H_5)_2 \\ | \\ R \end{matrix}$$

取代的丙二酸二乙酯在碱性溶液中进行水解后，用酸酸化成相应的酸，加热脱去CO_2生成取代乙酸。以丙二酸二乙酯为原料的合成方法称为丙二酸二乙酯合成法。

$$RCH(COOC_2H_5)_2 \xrightarrow[\text{② } H_3^+O]{\text{① } OH^-, H_2O} RCH(COOH)_2 \xrightarrow[\triangle]{-CO_2} RCH_2COOH$$

$$R—\underset{\substack{|\\R'}}{C}(COOC_2H_5)_2 \xrightarrow[\text{② } H_3^+O]{\text{① } OH^-, H_2O} R—\underset{\substack{|\\R'}}{C}(COOH)_2 \xrightarrow[\triangle]{-CO_2} R—\underset{\substack{|\\R'}}{C}HCOOH$$

通过丙二酸二乙酯合成法可合成一元、二元羧酸。

3. 在有机合成上的应用

> **思考：** 有机化合物的四大合成法。

【例 8-6】 用丙二酸二乙酯法合成下列化合物。

(1) 合成 $CH_3CH_2CH_2CH_2COOH$

(2) 合成 $CH_3\underset{\substack{|\\CH_2CH_3}}{C}HCOOH$

(3) 合成 HOOC $(CH_2)_4COOH$

解 (1) $CH_2(COOC_2H_5)_2 \xrightarrow[C_2H_5OH]{C_2H_5ONa} [HC(COOC_2H_5)_2]^- Na^+ \xrightarrow{CH_3CH_2CH_2Cl} CH_3CH_2CH_2$-

$$CH(COOC_2H_5)_2 \xrightarrow[\text{② } H_3^+O]{\text{① } H_2O, OH^-} CH_3CH_2CH_2CH(COOH)_2 \xrightarrow[\triangle]{-CO_2} CH_3CH_2CH_2CH_2COOH$$

(2) $CH_2(COOC_2H_5)_2 \xrightarrow[C_2H_5OH]{C_2H_5ONa} \xrightarrow{CH_3Br} CH_3CH(COOC_2H_5)_2 \xrightarrow[C_2H_5OH]{C_2H_5ONa} \xrightarrow{CH_3CH_2Br}$

$$CH_3\underset{\substack{|\\CH_2CH_3}}{C}(COOC_2H_5)_2 \xrightarrow[\text{② } H_3^+O]{\text{① } OH^-, H_2O} \xrightarrow[\triangle]{-CO_2} CH_3\underset{\substack{|\\CH_2CH_3}}{C}HCOOH$$

(3) $2CH_2(COOC_2H_5)_2 + 2C_2H_5ONa \xrightarrow{C_2H_5OH} 2[HC(COOC_2H_5)_2]^- Na^+ \xrightarrow{BrCH_2CH_2Br}$

$$\begin{array}{l} CH(COOC_2H_5)_2 \\ | \\ (CH_2)_2 \\ | \\ CH(COOC_2H_5)_2 \end{array} \xrightarrow[\text{② } H_3^+O]{\text{① } H_2O, OH^-} \xrightarrow[\triangle]{-CO_2} HOOC(CH_2)_4COOH$$

七、乙酰乙酸乙酯

1. 制法

乙酰乙酸乙酯由克莱森酯缩合（Claisen condensation）法制备。两分子乙酸乙酯（含有 α-H 酯）在强碱乙醇钠作用下，脱去一分子乙醇，生成乙酰乙酸乙酯（β-丁酮酸酯），该反应称为克莱森酯缩合反应。凡是含有 α-H 的酯都能发生上述反应。

$$2CH_3COOC_2H_5 \xrightarrow[C_2H_5OH,\ \triangle]{C_2H_5ONa} CH_3COCH_2COOC_2H_5 + C_2H_5OH$$

2. 性质

(1) 酮式和烯醇式的互变　乙酰乙酸乙酯为无色具有水果香味的液体，沸点为 180.4℃，微溶于水，可溶于多种有机溶剂。

乙酰乙酸乙酯可与羟胺和苯肼生成相应的肟和苯腙；可与氢氰酸及饱和亚硫酸氢钠等亲核试剂加成；在稀的碱溶液中加热可以水解；与金属钠作用放出氢气；能使溴的四氯化碳溶液褪色；遇 $FeCl_3$ 溶液显紫红色。从上述性质可以判断出分子中可能含有羰基、酯基、羟基、碳碳双键及烯醇式结构。实验证明，乙酰乙酸乙酯在常温下实际上是酮式和烯醇式的平衡混合物，酮式约为 92.5%，烯醇式约为 7.5%。这种酮式和烯醇式异构体之间相互转化的动态平衡叫作互变异构现象。互变异构现象广泛存在于生物体组织分子中。

$$CH_3CCH_2C—OC_2H_5 \rightleftharpoons CH_3C=CHCOC_2H_5$$

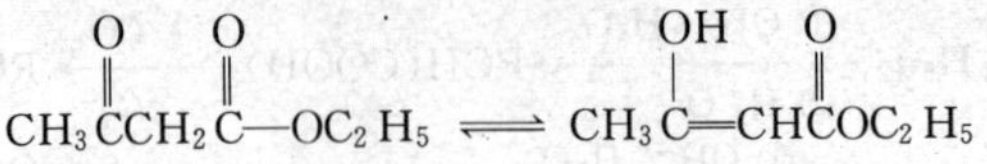

酮式 92.5%　　　　　　　烯醇式 7.5%

（2）受热分解　乙酰乙酸乙酯在稀碱溶液中加热水解成丁酮酸钠，丁酮酸钠酸化后加热脱羧生成丙酮，此反应称为乙酰乙酸乙酯的酮式分解。

$$CH_3COCH_2COOC_2H_5 \xrightarrow[\text{② } H_3^+O]{\text{① } 5\%NaOH} CH_3COCH_2COOH \xrightarrow{\triangle} CH_3COCH_3 + CO_2\uparrow$$

乙酰乙酸乙酯在浓碱溶液中加热水解，生成乙酸钠和乙醇，乙酸钠酸化生成乙酸，此反应称为乙酰乙酸乙酯的酸式分解。

$$CH_3COCH_2COOC_2H_5 \xrightarrow[\text{② } H_3^+O, \triangle]{\text{① } 40\%NaOH} 2CH_3COOH + C_2H_5OH$$

乙酰乙酸乙酯的亚甲基受到相邻的两个羰基吸电子效应（诱导和共轭效应）的影响而显一定的酸性，在强碱作用下生成乙酰乙酸乙酯钠盐。

$$CH_3COCH_2COOC_2H_5 \xrightarrow{C_2H_5ONa} [CH_3COCHCOOC_2H_5]^- Na^+$$

（3）在有机合成中的应用　乙酰乙酸乙酯钠盐中的负离子为亲核试剂，与卤代烃反应生成取代的乙酰乙酸乙酯，再进行酮式或酸式分解，就可得到一取代的丙酮或乙酸。这是制备甲基酮、二元酮、一元羧酸、二元羧酸的方法，尤其是制备酮的方法。在有机合成中把这种制备方法称为乙酰乙酸乙酯合成法。

$$[CH_3COCHCOOC_2H_5]^- Na^+ \xrightarrow{RX} \underset{\overset{|}{R}}{CH_3COCHCOOC_2H_5}$$

$$\underset{\overset{|}{R}}{CH_3COCHCOOC_2H_5} \begin{cases} \xrightarrow{5\%NaOH} CH_3COCH_2R \\ \xrightarrow{40\%NaOH} RCH_2COOH \end{cases}$$

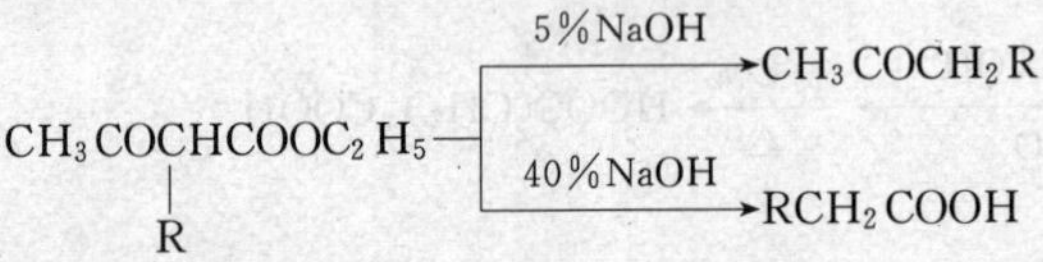

生成的一取代乙酰乙酸乙酯中亚甲基上还有一个活泼氢，可继续和强碱乙醇钠反应生成钠盐。重复上述反应可得到二取代乙酰乙酸乙酯，通过酮式和酸式分解可得到二取代丙酮或乙酸。

$$\underset{\overset{|}{R}}{CH_3COCHCOOC_2H_5} \xrightarrow{C_2H_5ONa} [\underset{\overset{|}{R}}{CH_3COCCOOC_2H_5}]^- Na^+ \xrightarrow{R'X}$$

$$\underset{\overset{|}{R'}}{\overset{\overset{|}{R}}{CH_3COCCOOC_2H_5}} \begin{cases} \xrightarrow{5\%NaOH} \underset{\overset{|}{R}}{CH_3COCHR'} \\ \xrightarrow{40\%NaOH} \underset{\overset{|}{R'}}{RCHCOOH} \end{cases}$$

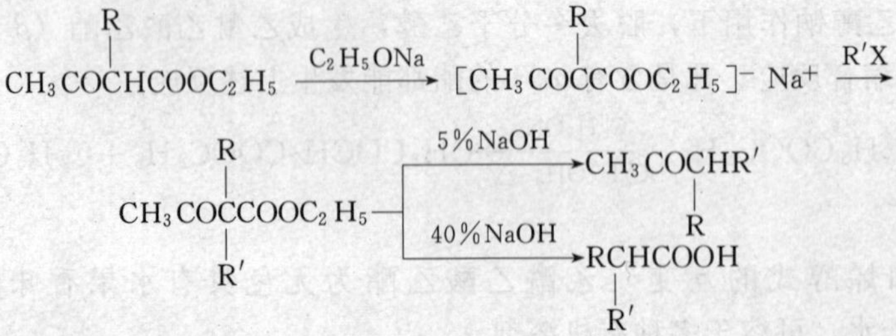

【例 8-7】用乙酰乙酸乙酯合成法合成下列化合物。

① 合成 $CH_3COCH_2CH_2CH_3$

② 合成 $CH_3COCHCH_2$—⬡
　　　　　　　　 $|$
　　　　　　　 CH_3

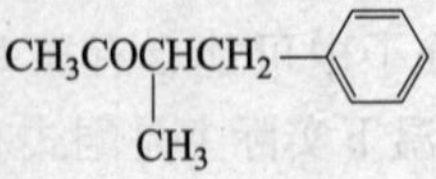

解　① $CH_3COCH_2COOC_2H_5 \xrightarrow[C_2H_5OH]{C_2H_5ONa} [CH_3COCHCOOC_2H_5]^- Na^+ \xrightarrow{BrCH_2CH_2CH_3}$

$$CH_3COCHCOOC_2H_5 \xrightarrow{5\%NaOH} CH_3COCHCOONa \xrightarrow[\textcircled{2} \triangle, -CO_2]{\textcircled{1} H^+} CH_3COCH_2CH_2CH_2CH_3$$
$$|\qquad\qquad\qquad\qquad |$$
$$CH_2CH_2CH_3 \qquad\qquad CH_2CH_2CH_3$$

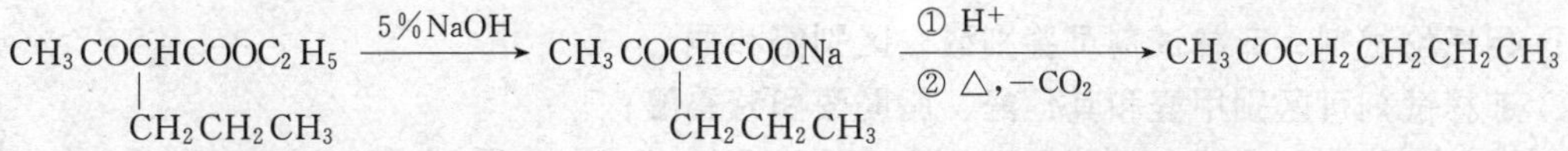

在合成羧酸时常用丙二酸酯法，而乙酰乙酸乙酯合成羧酸有副反应（酮式分解）发生，使反应的产率降低。

$$\textcircled{2} \quad CH_3COCH_2COOC_2H_5 \xrightarrow[\textcircled{2} BrCH_3]{\textcircled{1} C_2H_5ONa} CH_3COCHCOOC_2H_5 \xrightarrow[\textcircled{2} BrCH_2-]{\textcircled{1} C_2H_5ONa}$$

$$\xrightarrow{5\%NaOH} CH_3COCCOONa \xrightarrow[\textcircled{2} \triangle, -CO_2]{\textcircled{1} H^+} CH_3COCHCH_2-$$

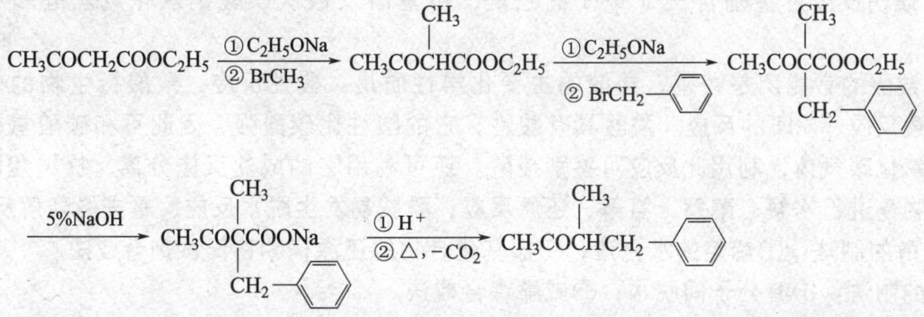

> 调研：家装材料中甲醛含量调查（材料分类；含量数据；危害性；建议或措施）。方式为分组进行—提交调研报告—代表讲解—学生评价。

本 章 小 结

1. 简单的醇、醚、醛、酮可用习惯命名法命名，大多数化合物则用系统命名法命名。酚和羧酸有时用俗名命名。四种羧酸衍生物都含有相同的酰基结构，酰卤和酰胺是根据分子中所含酰基进行命名，称为"某酰卤"或"某酰胺"；酸酐则是根据原来的酸名进行命名，称为"某酸酐"；酯则是根据原来的酸名和醇名进行命名，称为"某酸某酯"。

2. 醇分子中含有强极性的羟基（—OH）官能团，因而化学性质比较活泼。它主要发生如下反应。

(1) 与活泼金属的反应　反应活性：$CH_3OH>$伯醇$>$仲醇$>$叔醇。

(2) 与氢卤酸的反应（与卢卡斯试剂的反应）　反应活性：烯丙醇$>$叔醇$>$仲醇$>$伯醇$>CH_3OH$。

(3) 与无机酸的酯化反应。

(4) 脱水反应（分子内脱水）　反应活性：叔醇$>$仲醇$>$伯醇。

(5) 氧化和脱氢反应。

(6) 鉴别醇和区别伯醇、仲醇、叔醇的方法　①加卢卡斯试剂；②加高锰酸钾或重铬酸钾的酸性溶液。

3. 酚与醇结构相似也能形成酚盐、酚醚、酚酯，酚也非常易发生环上的亲电取代反应，如卤代反应、硝化反应、烷基化反应等，酚氧化形成醌。酚与三氯化铁发生显色反应，利用此性质可鉴定酚及烯醇式化合物。

4. 醚比较稳定，主要化学反应为𨔶盐的形成、醚键的断裂、过氧化物的形成。检验乙醚中过氧化物的方法：①用淀粉-碘化钾试纸；②加入 $FeSO_4$ 和 $KSCN$ 溶液。

5. 醛和酮的官能团是羰基，其发生的反应主要有：亲核加成反应、氧化和还原反应、α-H 的反应。

鉴别醛和酮的方法：

①　用托伦试剂、菲林试剂可鉴别醛，区别醛和酮；

②　菲林试剂可区别甲醛和其他醛、脂肪醛和芳香醛；

③　羰基试剂 2,4-二硝基苯肼可鉴别所有醛、酮；

④　饱和的亚硫酸氢钠溶液可鉴别醛、脂肪族甲基酮、C_8 以下的环酮；

⑤　碘仿反应可鉴别含三个 α-H 的乙醛、甲基酮及被次碘酸钠氧化成乙醛和甲基酮的醇。

6. 羧酸的官能团是羧基，羧酸的主要化学性质是：酸性反应、羧酸衍生物的生成反应、脱羧反应、α-H 的反应。羧酸具有酸性，它的酸性比碳酸强，因此可和碳酸氢钠反应放出二氧化碳气体，利用此反应可鉴别羧酸。还可利用它的成盐反应分离、提纯羧酸。羧酸衍生物易进行水解、醇解、氨解、还原反应；酰胺易发生脱水反应、霍夫曼降解反应。

7. 醇的制法：①烯烃的水合法；②羰基化合物的还原；③格氏试剂合成法。

醚的制法：①醇分子间脱水；②威廉森合成法。

醛、酮的制法：①醇的氧化和脱氢；②炔烃的水合；③烯烃的羰基化。

羧酸的制法：①烯烃、醇、醛的氧化；②格氏试剂和二氧化碳反应；③酰胺的霍夫曼降解法；④丙二酸二乙酯合成法。

习　题

1. 命名下列化合物：

(1) （结构式）

(2) $(CH_3)_3C—O—CH_3$

(3) （结构式）

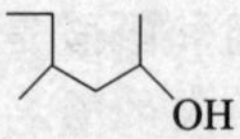

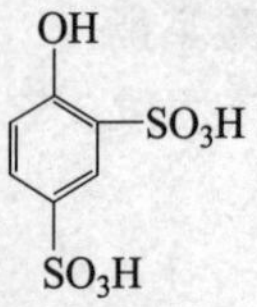

(4) $(CH_3)_2CHCH_2CH_2CHO$

(5) $CH_2CH_2C(=O)CH_2CH(CH_3)_2$

(6) （结构式）

(7) （结构式）

(8) （结构式）

(9) （结构式）

(10) （结构式）

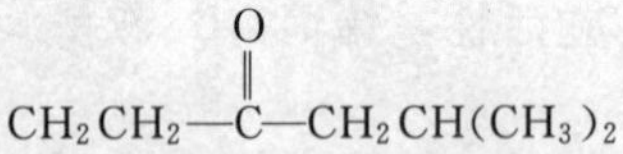

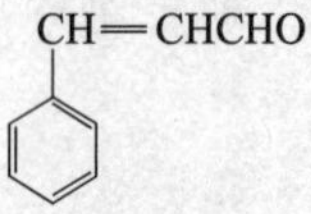

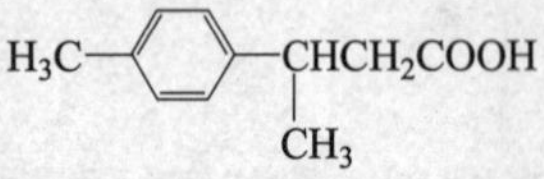

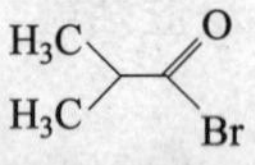

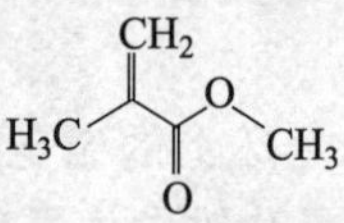

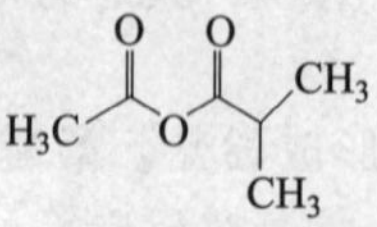

2. 完成下列化学反应：

(1) $(CH_3)_3CONa + CH_3CH_2Br \longrightarrow ?$

(2) （结构式）$\xrightarrow[\triangle]{H_2SO_4}$

(3) （结构式）$+ (CH_3CO)_2O \longrightarrow ?$

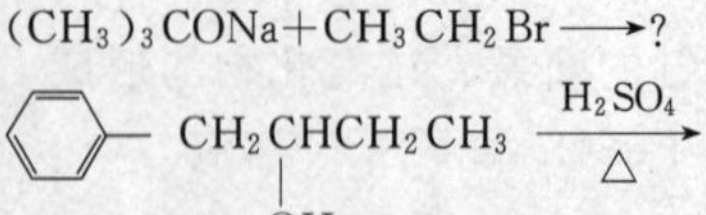

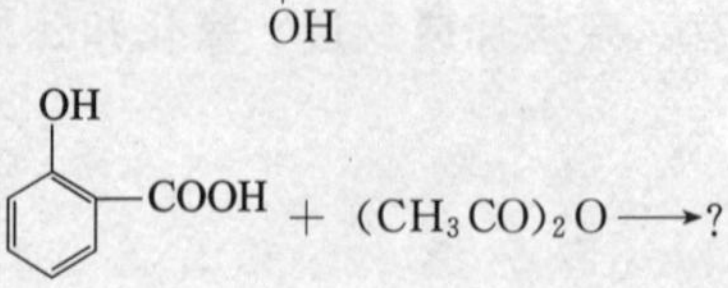

(4) $CH_3\overset{O}{\overset{\|}{C}}CH_3 + HCN \xrightarrow{OH^-} ? \xrightarrow[\triangle]{H_2SO_4} ? \xrightarrow[H^+]{CH_3OH} ?$

(5) $HCHO + CH_3CHO \xrightarrow{稀\ OH^-} ? \xrightarrow[浓\ OH^-]{HCHO} ? + ?$

(6) $2CH_3CH_2CH_2CHO \xrightarrow{稀\ OH^-} ? \xrightarrow{\triangle} ?$

(7) ⬡ $+ CH_3CH_2CH_2COCl \xrightarrow{AlCl_3} ? \xrightarrow[HCl]{Zn-Hg} ?$

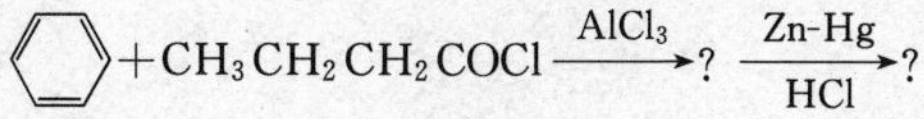

(8) $CH_3COOH + H\overset{18}{O}CH_2CH_3 \longrightarrow ? \xrightarrow{CH_3(CH_2)_4CH_2OH} ?$

(9) ⬡$-CH_2\underset{CH_3}{\overset{|}{C}}HCOOH + NH_3 \longrightarrow ? \xrightarrow{\triangle} ? \xrightarrow[NaOH]{NaOBr} ?$

(10) (双环结构) $\xrightarrow[H_2SO_4]{K_2Cr_2O_7} ? \xrightarrow{\triangle} ?$

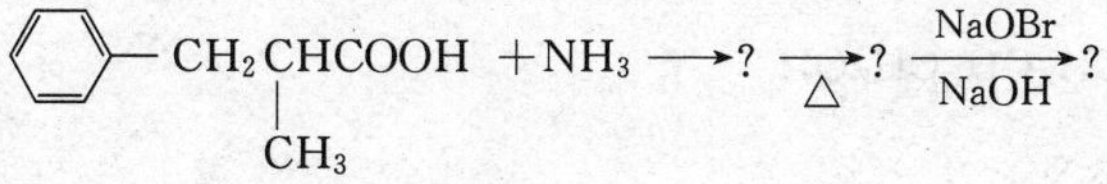

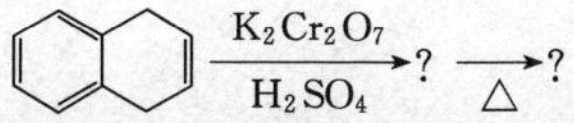

3. 比较下列化合物的性质（按从大到小次序排列）：

(1) 酸性强弱

A. (苯酚对位CH_3) B. (苯酚) C. (苯酚对位NO_2) D. (苯酚对位OCH_3)

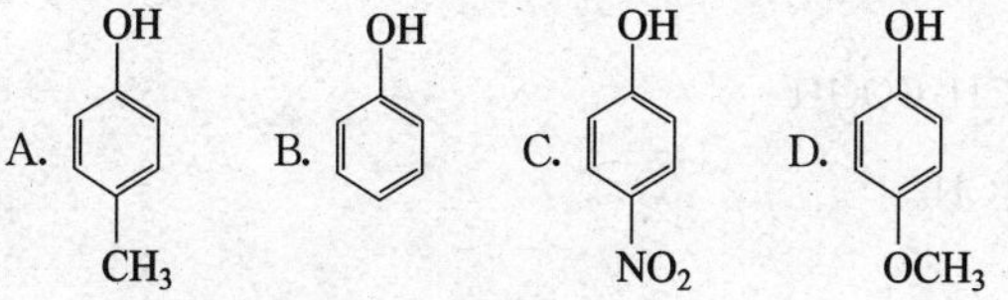

(2) 脱水反应活性

A. $CH_3CH_2CH_2CH_2CH_2OH$ B. $CH_3CH_2CH_2\underset{OH}{\overset{|}{C}}HCH_3$

C. $CH_3\underset{OH}{\overset{CH_3}{\overset{|}{\underset{|}{C}}}}CH_2CH_3$ D. $CH_3\underset{}{\overset{CH_3}{\overset{|}{C}}}HC\underset{OH}{\overset{|}{H}}CH_3$

(3) 亲核加成反应活性

A. $HCHO$ B. CH_3CHO C. CH_3COCH_3 D. $CH_3CH_2COCH_3$

(4) 酸性强弱

A. $CH_3CH_2\underset{Cl}{\overset{Cl}{\overset{|}{\underset{|}{C}}}}COOH$ B. $CH_3CH_2CH_2COOH$

C. $CH_3CH_2\underset{CH_3}{\overset{|}{C}}HCOOH$ D. $CH_3CH_2\underset{Cl}{\overset{|}{C}}HCOOH$

4. 用简便的化学方法鉴别下列各组化合物：

(1) ⬡$-OH$ (环己基)$-OH$ (环己烯基)$-OH$

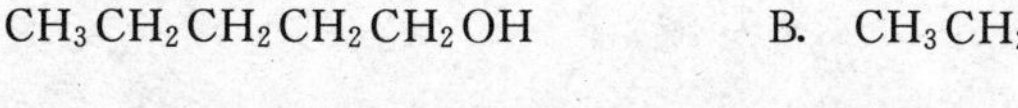

(2) $CH_3COCH_2CH_2CH_3$ $CH_3\underset{OH}{\overset{|}{C}}HCH_2CH_2CH_3$ $CH_3(CH_2)_3CHO$

(3) $HCOOH$ $HOOCCOOH$ CH_3COOH

5. 填上合适的氧化剂和还原剂：

(1) ⬡$-CH=CH-CHO \xrightarrow{?}$ ⬡$-CH=CH-COOH$

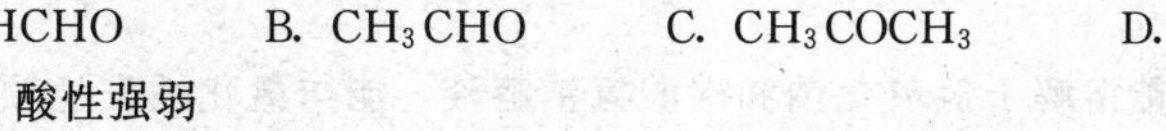

(2) $\text{C}_6\text{H}_5-\text{CH}_2\text{CHCHO} \xrightarrow{?} \text{C}_6\text{H}_5-\text{CH}_2\overset{\overset{\displaystyle O}{\|}}{\text{C}}\text{COOH}$
　　　　　　　　　|
　　　　　　　　OH

(3) $\text{CH}_3\text{CH}_2\text{CH}=\overset{}{\underset{\underset{\displaystyle \text{CH}_3}{|}}{\text{C}}}\text{CHO} \xrightarrow{?} \text{CH}_3\text{CH}_2\text{CH}_2\overset{}{\underset{\underset{\displaystyle \text{CH}_3}{|}}{\text{CH}}}\text{CH}_2\text{OH}$

(4) $\text{H}_3\text{C}-\bigcirc=\text{O} \xrightarrow{?} \text{H}_3\text{C}-\bigcirc$

(5) $\bigcirc=\text{O} \xrightarrow{?} \text{HOOC(CH}_2)_4\text{COOH}$

(6) $\text{HOOCCH}_2\text{CH}_2\text{CHO} \xrightarrow{?} \text{HOCH}_2\text{CH}_2\text{CH}_2\text{CH}_2\text{OH}$

6. 用指定的原料合成下列化合物：

(1) $\text{CH}_2{=}\text{CH}_2 \longrightarrow \text{CH}_3\text{CH}_2\text{CH}_2\text{CH}_2\text{OH}$

(2) $\text{CH}_2{=}\text{CH}_2$、$\text{CH}_2{=}\overset{}{\underset{\underset{\displaystyle \text{CH}_3}{|}}{\text{C}}}\text{-CH}_3 \longrightarrow \text{CH}_3\text{CH}_2\text{-O-}\overset{\overset{\displaystyle \text{CH}_3}{|}}{\underset{\underset{\displaystyle \text{CH}_3}{|}}{\text{C}}}\text{-CH}_3$

(3) $\text{H}_5\text{C}_2\text{OOCCH}_2\text{COOC}_2\text{H}_5 \longrightarrow \text{C}_6\text{H}_5\text{-CH}_2\text{CH}_2\text{COOH}$

(4) $\text{CH}_3\text{COCH}_2\text{COOC}_2\text{H}_5 \longrightarrow \text{CH}_3\text{COCHCH}_2\text{CH}_3$
　　　　　　　　　　　　　　　　　　　　　　|
　　　　　　　　　　　　　　　　　　　　　CH$_3$

(5) $\text{CH}_3\text{CH}{=}\text{CH}_2 \longrightarrow \text{CH}_3\text{CH}_2\text{CH}_2\overset{\overset{\displaystyle \text{CH}_3}{|}}{\underset{\underset{\displaystyle \text{OH}}{|}}{\text{C}}}\text{CH}_3$

7. 推导结构：

(1) 一化合物 A 的分子式为 $\text{C}_5\text{H}_{12}\text{O}$，室温下不与金属钠反应。A 与过量的热 HBr 作用生成 B、C。B 与湿的 Ag_2O 作用生成 D，D 与卢卡斯试剂难反应。C 与湿 Ag_2O 作用生成 E，E 与卢卡斯试剂作用时放置一段时间有浑浊现象。E 的组成为 $\text{C}_3\text{H}_8\text{O}$，D、E 与 CrO_3 反应分别得到醛 F 和酮 G。试写出 A 的结构及相关的反应式。

(2) 化合物 A，分子式为 $\text{C}_7\text{H}_6\text{O}_3$，能溶解于氢氧化钠和碳酸氢钠溶液，能与氯化铁发生颜色反应，与醋酸酐作用生成 B，B 的分子式为 $\text{C}_9\text{H}_8\text{O}_4$。A 与甲醇作用生成有香气的物质 C，分子式为 $\text{C}_8\text{H}_8\text{O}_3$；将 C 硝化，可得到两种一硝基产物。试推测 A、B、C 的构造式。

(3) 化合物 $\text{A}(\text{C}_6\text{H}_{12}\text{O})$ 可与肼作用，但不与托伦试剂反应，也不与亚硫酸氢钠反应。A 在铂催化下加氢生成化合物 $\text{B}(\text{C}_6\text{H}_{14}\text{O})$，B 与浓硫酸一起加热得化合物 $\text{C}(\text{C}_6\text{H}_{12})$，C 经臭氧氧化，水解反应后得分子式为 $\text{C}_3\text{H}_6\text{O}$ 的两种化合物 D 和 E。D 能发生碘仿反应但不与托伦试剂作用，E 不发生碘仿反应但可与托伦试剂作用。试写出 A、B、C、D、E 的构造式。

阅读材料　　　　　**甘油与润肤**

　　冬天由于皮肤组织中皮脂腺的分泌逐渐减少，加上冷空气比较干燥，人的皮肤尤其是面部和手脚处的皮肤发干甚至开裂。为了防止这一现象，人们常常在皮肤上擦一点甘油。

　　甘油是一种无色、无臭、略带甜味的黏稠液体。甘油这个名称有点"半真半假"。说它"真"，它的味道的确甘甜可口，甚至可以替代食糖，作一些饮料、酒类的甜味剂；可是说是"油"，就不确切了。它是黏稠的油状物，实际上同食物的油脂完全不同。

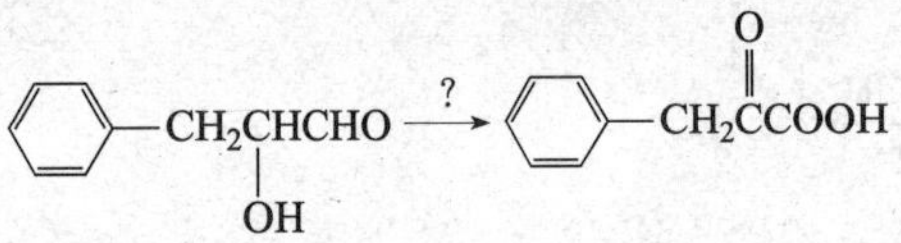

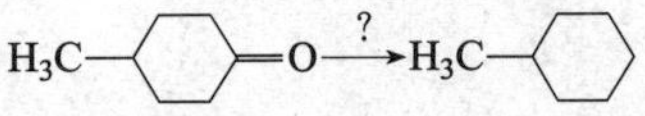

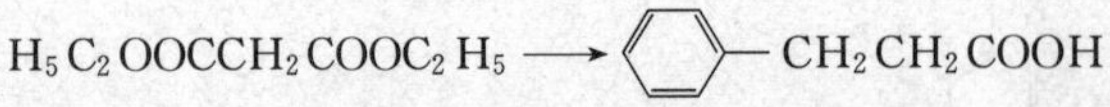

化学家把甘油叫作“丙三醇”，它同乙醇是同族兄弟。

将纯净的甘油缓慢冷却，温度到了17℃以下，就从液体变成了白色的结晶。可是，人们日常生活中看到的甘油，到了冬天为什么呈液态呢？原来，甘油有一个奇怪的吸水特性，纯净的甘油暴露在空气中以后，它就贪婪地从空气中吸水，变成液体；此外，经过“过冷却”的甘油液体，它在温度低于0℃时仍然保持液体状态，在水溶液中也有这种特性，要在很低的温度下才冻结。

甘油为什么带有甜味、能滋润皮肤呢？这得从甘油的构成说起。

1779年，瑞典化学家舍勒把橄榄油和氧化铅放在一起煮沸，得到一种带有甜味的糖浆状的液体，把它叫作甘油。当时，没有人能分析甘油的成分和结构。19世纪20年代，法国化学家测定出甘油的结构为一种三羟基醇，也就是说，甘油分子中有3个羟基（—OH）。一般来说，单糖和双糖中所含的羟基越多，它就越甜。甘油跟单糖分子相似，它的分子中含有3个羟基，因此也带有甜味。

用来润肤的甘油必须含有20％的水分，纯甘油（无水甘油）不能直接抹在皮肤上，因为它的吸水性太强，不仅向空气中吸取水分，而且对皮肤组织中的水分照吸不误。这样，不仅不能润肤，反而使皮肤更干燥了。买甘油时，要弄清楚是纯甘油还是含水甘油，如果是纯甘油，应该掺进20％的水后，才能使用。

甘油除了用作润肤以外，还有其他许多用途。

甘油同乙醇是“近亲”，性质上有些相似。燃烧时发出青蓝色不耀眼的光；能同水混合，混合后的体积比原来水和甘油的体积小一些。在酒中，也含少量甘油。

第九章

含氮有机化合物

知识目标：1. 掌握胺的命名、结构的性质。

2. 学会芳香族重氮化反应及其重氮盐的性质。

能力目标：1. 熟练胺的制备及应用。

2. 掌握芳香族重氮化反应及重氮盐在有机合成上的应用。

本章主要讨论氮与碳相连形成的有机含氮化合物。醇、酚、醚可看作是水的衍生物，许多含氮的有机物也可看作是某些无机含氮化合物的衍生物，见表 9-1。

表 9-1 有机和无机含氮化合物的关联

无机含氮化合物		相应的含氮有机化合物	
名　称	结构式	名　称	结构式
氨	NH_3	胺	RNH_2、$ArNH_2$ R_2NH、(Ar_2NH) R_3N、(Ar_3N)
氢氧化铵	NH_4OH	季铵碱	$R_4N^+OH^-$
铵盐	NH_4Cl	季铵盐	$R_4N^+Cl^-$
联胺(肼)	$H_2N—NH_2$	肼	R—NH—NH_2 Ar—$NHNH_2$
硝酸	HO—NO_2	硝基化合物	R—NO_2、Ar—NO_2
亚硝酸	HO—NO	亚硝基化合物	R—NO、Ar—NO

除以上化合物外，还有许多其他含氮的有机物，如偶氮化合物（Ar—N═N—Ar）、重氮化合物（Ar—$N_2^+Cl^-$）、叠氮化合物（RN_3）、亚胺（RCH═NH）、腈（RC≡N）、异氰酸酯（R—N═C═O）等。本章主要讨论胺、重氮和偶氮化合物、腈。

第一节　胺

【演示实验 9-1】 取 3 支试管，分别加入 3 滴苯胺、*N*-甲基苯胺、*N*,*N*-二甲基苯胺及 1%NaOH5mL，充分混合，再各加 6 滴苯磺酰氯，振荡，观察现象。

一切生物体中，都含有许多含氮的有机化合物，这些物质对于生命是十分重要的，尤其是含有氨基的有机化合物——胺。所以，胺是最重要的一类含氮有机化合物。

一、胺的结构、分类及命名

1. 胺的结构（甲胺、苯胺的结构）

胺分子中，N 原子是以不等性 sp^3 杂化成键的，四个杂化轨道中，三个杂化轨道用于成键，一个杂化轨道中含有孤对电子，其构型成棱锥形。

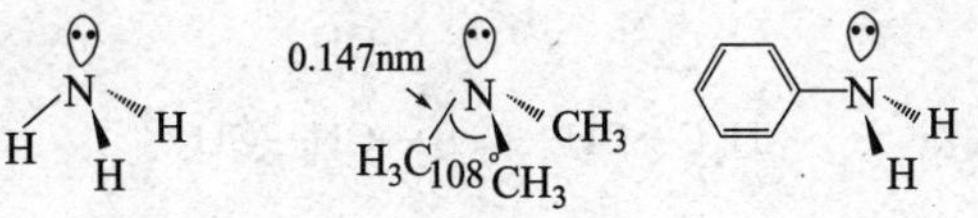

2. 胺的分类

胺可看作氨的烃基衍生物。

(1) 根据分子中与N相连的烃基类别不同，分为脂肪胺和芳香胺。

(2) 根据 NH_3 分子中H被烃基取代的数目分类，胺分子中的一个、二个或三个氢原子被烃基取代而生成的化合物，分别称为伯胺（第一胺）、仲胺（第二胺）和叔胺（第三胺）。

NH_3	RNH_2	R_2NH	R_3N
氨	伯胺	仲胺	叔胺

注意：伯、仲、叔胺的含义与伯、仲、叔卤代烃（醇）不同。前者是指氢原子被烃基取代的数目，而后者则是指X(OH)所连接的碳原子的类型。例如：

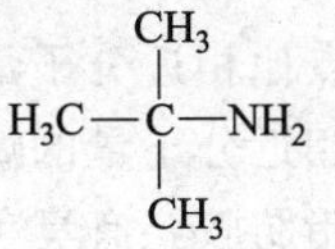

伯胺

NH_3 中1个氢原子被1个 —$C(CH_3)_3$ 取代

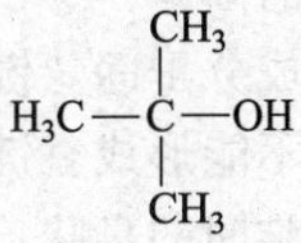

叔醇

羟基与—$C(CH_3)_3$ 中的叔碳原子连接

(3) 根据分子中所含氨基的数目分为一元胺、二元胺和多元胺。

(4) 季铵盐与季铵碱　铵盐（NH_4^+）或 NH_4OH 中的四个氢原子被烃基取代而生成的化合物，称季铵盐或季铵碱。

3. 胺的命名

(1) 简单的胺可用它所含的烃基命名——以胺为母体。

CH_3NH_2　甲胺　　Me_2CHNH_2　异丙胺　　Me_2NH　二甲胺

(2) 所连烃基不同的胺，把简单的写在前面。

$CH_3NHCH_2CH_3$　　甲乙胺　或　*N*-甲基乙胺

(3) 二元胺和多元胺的伯胺，当其氨基连在直链烃基或直接连在环上时，可称为二胺或三胺。命名时在胺的前面加上氨基的数目。

$H_2NCH_2CH_2NH_2$

乙二胺

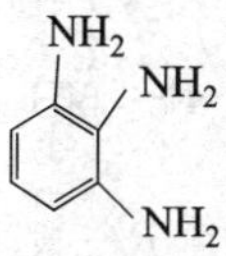

1,2,3-苯三胺

(4) 芳脂混合胺，以苯胺为母体，用 *N*-标明脂烃基位置。

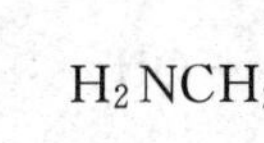

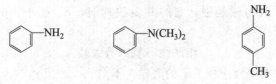

苯胺

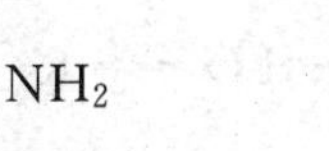

N,*N*-二甲苯胺

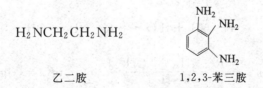

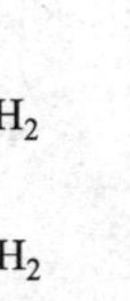

对甲苯胺

(5) 复杂的胺可看作烃基衍生物来命名，以烃基为母体。

$$H_3C-\underset{\underset{NH_2}{|}}{CH}-CH_2-\underset{\underset{CH_3}{|}}{CH}-CH_3$$

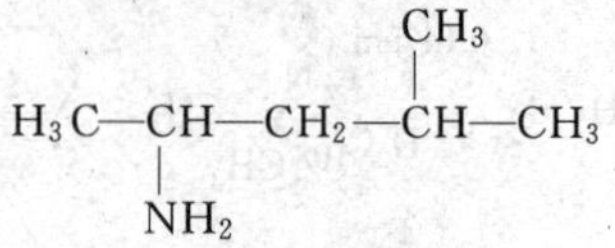

2-甲基-4-氨基戊烷

（6）季铵类化合物可以看作是胺的衍生物来命名。

季铵碱：$Me_4N^+OH^-$　氢氧化四甲铵

季铵盐：$[Me_3NEt]^+Cl^-$　氯化三甲基乙基铵

$Me_2N^+H_2I^-$　碘化二甲铵

思考：

① 氨、胺、铵的区别。

②伯、仲、叔胺与伯、仲、叔醇之间的区别。

二、胺的性质及应用

1. 物理性质

低级脂肪胺是气体或易挥发的液体，易溶于水；高级脂肪胺是固体，不溶于水；芳香胺是高沸点的液体或低熔点的固体。

伯胺和仲胺由于能形成分子间氢键，它们的沸点比相近分子量的烷烃沸点要高；叔胺由于氮原子上没有氢原子，不能形成氢键，其沸点与相近分子量的烷烃沸点相近。

胺有不愉快的或是很难闻的臭味，特别是低级脂肪胺，有臭鱼一样的气味，腌鱼的臭味就是由某些脂肪胺引起的。某些二元胺有恶臭且有剧毒，如丁二胺（腐胺）、戊二胺（尸胺）等。芳香胺有特殊的气味，不像脂肪胺这样大，但芳香胺极毒，而且容易渗入皮肤，因此无论吸入它们的蒸气或皮肤与之接触，都能引起严重中毒。某些芳香胺有致癌作用，如联苯胺等。

2. 化学性质

（1）碱性　胺和氨相似，分子中氮原子上具有未共用的电子对，能接受一个质子形成铵离子，故胺具有碱性，能与大多数酸作用成盐。

$$R-\ddot{N}H_2+HCl \longrightarrow R-\overset{+}{N}H_3Cl^-$$

$$R-\ddot{N}H_2+HOSO_3H \longrightarrow R-\overset{+}{N}H_3^-OSO_3H$$

胺的碱性较弱，其盐与氢氧化钠溶液作用时，释放出游离胺。

$$R-\overset{+}{N}H_3Cl^-+NaOH \longrightarrow RNH_2+Cl^-+H_2O$$

胺的碱性强弱，可用 K_b 或 pK_b 表示：

$$R-\ddot{N}H_2+H_2O \overset{K_b}{\rightleftharpoons} R-\overset{+}{N}H_3+OH^-$$

$$K_b=\frac{[R-\overset{+}{N}H_3][OH^-]}{[RNH_2]} \qquad pK_b=-\lg K_b$$

胺的 K_b 值愈大或 pK_b 愈小，则此胺的碱性愈强。胺的碱性强度往往可用其共轭酸 $R\overset{+}{N}H_3$ 的强度来表示。胺的碱越强，它的共轭酸越弱，K_a 越小，pK_a 越大。胺的碱性顺序为：

脂肪胺＞氨＞芳香胺

脂肪胺在气态时和在溶液中所显示的酸碱性不同。

在气态时碱性为：$(CH_3)_3N＞(CH_3)_2NH＞CH_3NH_2＞NH_3$

在水溶液中碱性为：$(CH_3)_2NH＞CH_3NH_2＞(CH_3)_3N＞NH_3$

脂肪胺在气态时，仅有烷基的供电子效应，烷基越多，供电子效应越大，碱性越强。

脂肪胺在水溶液中，是电子效应与溶剂化共同影响的结果。从伯胺到仲胺，增加了一个甲基，由于电子效应，使碱性增加。但三甲胺的碱性反而比甲胺弱，这是因为一种胺在水中的碱度不仅要看取代基的电子效应，还要看它接受质子后形成正离子的溶剂化程度。氮原子上连有氢越多（体积也越小），它与水通过氢键溶剂化的可能性就越大，胺的碱性越强。在伯胺到叔胺之间，溶剂化效应占主导地位，使三甲胺（叔胺）碱性比甲胺还弱。

(2) 酸性　伯胺和仲胺的氮原子上还有氢，能失去一个质子而显酸性。若碱金属的烷基氨基化合物中烷基是叔烷基或仲烷基，如 *N*,*N*-二异丙氨基锂，氮原子的空间位阻大，它只能与质子作用而不能发生其他的亲核反应，这种能夺取活泼氢而又不起亲核反应的强碱性试剂，称为不亲核碱。这种试剂在有机合成上特别有用。

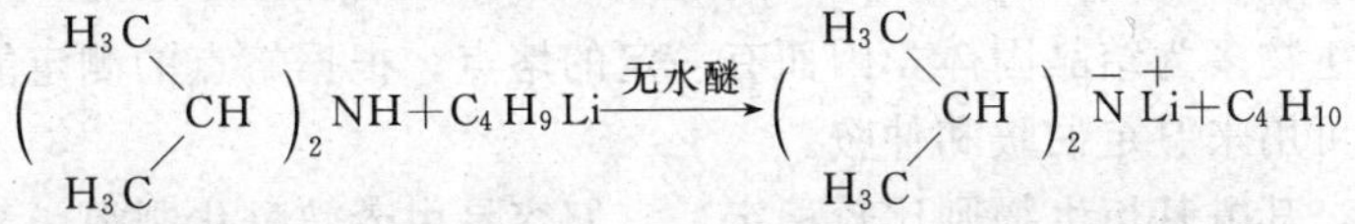

二异丙基胺　　丁基锂　　二异丙基氨基锂（LDA）

$pK_a = 35$

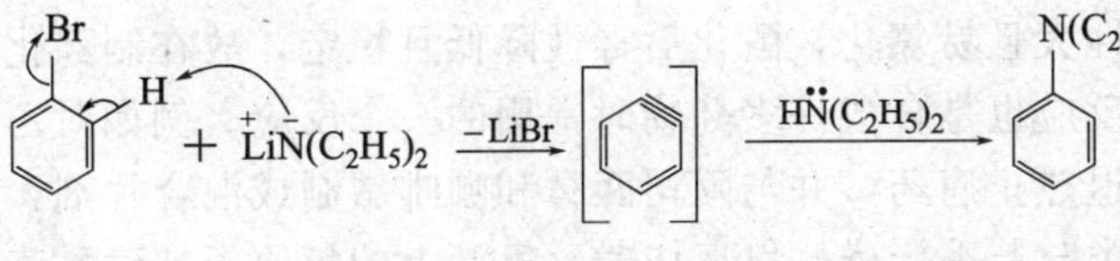

苯炔

(3) 烷基化　和氨一样，胺与卤代烷、醇、硫酸酯、芳磺酸酯等试剂反应，氨基上的氢被烷基取代，这种反应称为胺的烷基化反应。此反应常用于仲胺、叔胺和季铵盐的制备。例如：

N-甲基苯胺

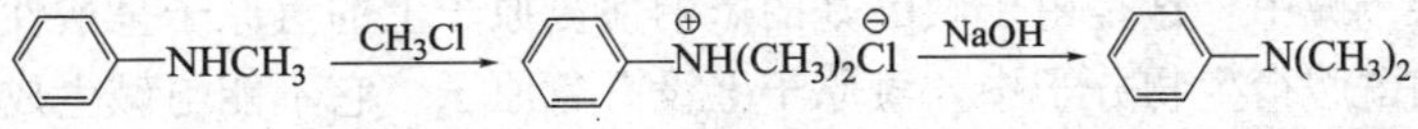

N,*N*-二甲基苯胺

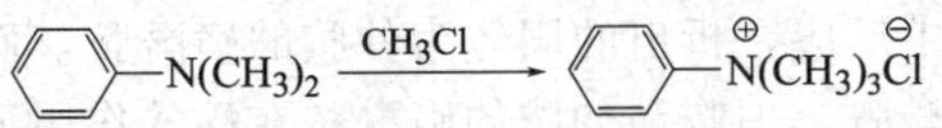

氯化三甲基苯基铵

伯胺与卤代烷反应，生成仲胺、叔胺和季铵盐的混合物，控制反应物的配比和反应条件，可得到以某种胺为主的产物。

(4) 酰基化　伯胺、仲胺与酰基化试剂（酰卤、酸酐、羧酸等）反应，氨基上的氢会被酰基取代，生成 *N*-取代酰胺，这类反应称为胺的酰基化反应，简称酰化。由于叔胺的氮原子上没有可以被取代的氢原子，所以它不起酰基化反应。

芳胺也容易与酸酐（或酰氯）作用，生成芳胺的酰基衍生物。

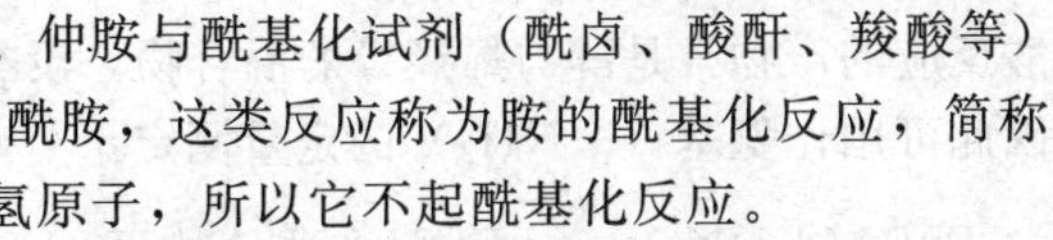

乙酰苯胺

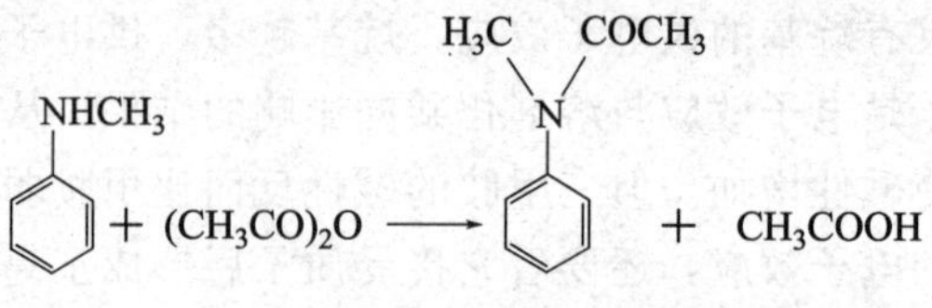

N-甲基乙酰苯胺

N-烷基（代）酰胺呈中性，不能与酸生成盐，因此在醚溶液中，伯、仲、叔胺的混合物经乙酸酐酰化后，再加稀盐酸，只有叔胺仍能与盐酸作用生成盐。利用这个性质可以将叔胺从混合物中分离出来，而伯胺、仲胺的酰化产物经水解后又可得到原来的胺。

$$CH_3CONHR + H_2O \xrightarrow{H^+ 或 OH^-} RNH_2 + CH_3COOH$$

$$CH_3CONR_2 + H_2O \xrightarrow{H^+ 或 OH^-} R_2NH + CH_3COOH$$

胺的酰基衍生物多为结晶固体，因而有一定的熔点。根据熔点的测定能推测出来原来是哪一个胺，故而可用来鉴定伯胺和仲胺。

芳胺易氧化，其酰基衍生物则比较稳定，它们容易由芳胺酰化制得，又容易水解再转变成芳胺，所以在有机合成上，常利用酰基化来保护氨基，以避免芳胺在进行某些反应（如硝化等）时被破坏。

由于游离的胺毒性大且易氧化，酰化后毒性降低且稳定，故在制药化学中这个过程很有意义。芳胺的酰基化反应也是合成许多药物时常用的一个反应。例如对乙氧基乙酰苯胺又叫非那西汀，曾被用作退热止痛药，并与阿司匹林和咖啡碱制成混合片剂，作为解热镇痛药。

(5) 磺酰化　胺类与芳香族磺酰氯反应时，氨基上的氢原子被磺酰基取代，生成相应的芳磺酰胺，这个反应称为胺的磺酰化反应。这也是一种酰化反应。

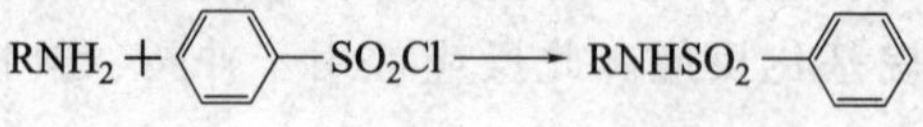

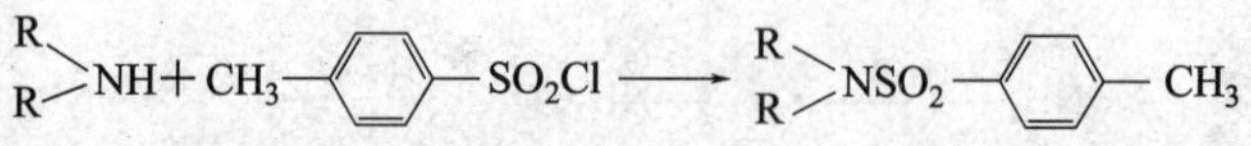

磺酰化反应需在氢氧化钠或氢氧化钾溶液中进行。伯胺所生成的芳磺酰胺衍生物可与碱作用生成盐而溶于碱中，这是由于磺酰基的影响使氮原子上的氢原子呈酸性，所以能与碱作用。仲胺的芳磺酰胺衍生物分子中，氮原子上没有氢原子，它不能与碱生成盐，也就不溶于碱中，而呈固体析出。叔胺不发生磺酰化反应，也不溶于碱。如果使伯胺、仲胺、叔胺的混合物与磺酰化剂在碱溶液中反应，析出的固体为仲胺的磺酰胺，而叔胺可以蒸馏分离。余液酸化后，可得到伯胺的磺酰胺。伯胺和仲胺的磺酰胺在酸的作用下都可水解而分别得到原来的胺。这个方法称为兴斯堡(Hinsberg）试验法，可用来鉴别和分离伯胺、仲胺、叔胺。

(6) 与 HNO_2 反应　各类胺与亚硝酸反应时，可生成不同的产物。由于亚硝酸不稳定，一般用亚硝酸钠与盐酸（或硫酸）代替亚硝酸。

脂肪族伯胺与亚硝酸反应的产物常是醇与烯烃等的混合物，没有合成上的价值。但由于放出的氮气是定量的，因此可用作氨基（$-NH_2$）的定量测定。

$$RNH_2 + HNO_2 \xrightarrow{0℃} ROH + N_2\uparrow + H_2O$$

芳香族伯胺与亚硝酸在低温（一般在 5℃以下）及强酸水溶液中反应，生成芳基重氮盐，这个反应称为重氮化反应。例如：

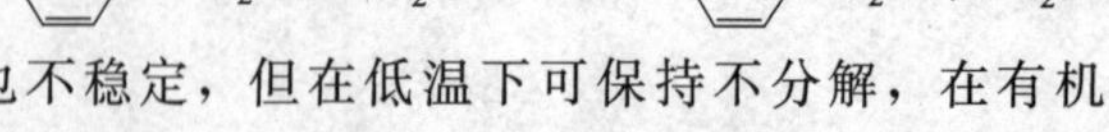

芳基重氮盐虽然也不稳定，但在低温下可保持不分解，在有机合成上是很有用的化

合物。

脂肪族和芳香族仲胺与亚硝酸作用都生成 *N*-亚硝基胺。例如：

$$R_2NH + HNO_2 \longrightarrow \underset{N\text{-亚硝基胺}}{R_2N{-}N{=}O} + H_2O$$

N-亚硝基胺都是黄色物质，与稀酸共热分解为原来的胺，因此可利用这个反应分离或提纯仲胺。*N*-亚硝基胺是可以引起癌变的物质。在罐头食品及腌肉时常加硝酸钠及亚硝酸钠作防腐剂并保持肉的鲜红颜色。近年来认为亚硝酸盐是能引起癌变的物质，这可能是由于亚硝酸钠在胃酸的作用下可以产生亚硝酸，从而可能引起机体内氨基的亚硝化反应产生亚硝胺所致。

脂肪族叔胺与亚硝酸只能形成不稳定的盐。

$$R_3N + HNO_2 \longrightarrow [R_3NH]^+ NO_2^-$$

芳香族叔胺与亚硝酸反应，可以在芳香环上导入亚硝基。例如：

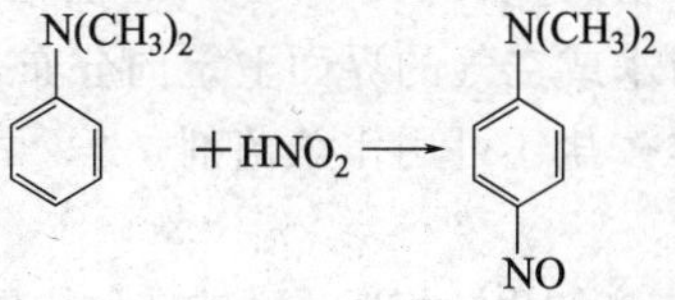

对亚硝基-*N*,*N*-二甲苯胺

（绿色固体，熔点为 86℃）

因此可以利用胺与亚硝酸作用所得不同的产物，来鉴别脂肪族伯、仲、叔胺及芳香族伯胺和仲胺，具体如下：

① 在 0℃有氮气放出的为脂肪族伯胺；

② 在 0℃无氮气放出，而在室温时有 N_2 放出的为芳香族伯胺；

③ 有油状的黄色液体从水层分离而出的为脂肪族仲胺；生成黄色油状液体或固体的为芳香族仲胺；

④ 看不出反应现象的为脂肪族叔胺；

⑤ 生成绿色固体的为芳香族叔胺。

(7) 胺的氧化　胺极易氧化，有以下两种氧化方式。

① 加氧

$$CH_3CH_2NH_2 \xrightarrow{H_2O_2} CH_3CH{=}N{-}OH$$

$$(CH_3CH_2)_2NH \xrightarrow{H_2O_2} (CH_3CH_2)_2N{-}OH$$

$$(CH_3CH_2)_3N \xrightarrow{H_2O_2} (CH_3CH_2)_3\,N^+{-}O^-$$

② 脱氢　具有 *β*-H 的氧化氨，加热时发生消除反应，产生烯烃（称为科普消除反应）。

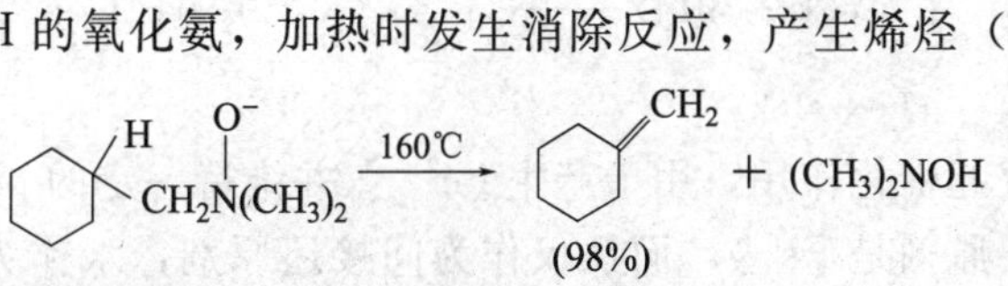

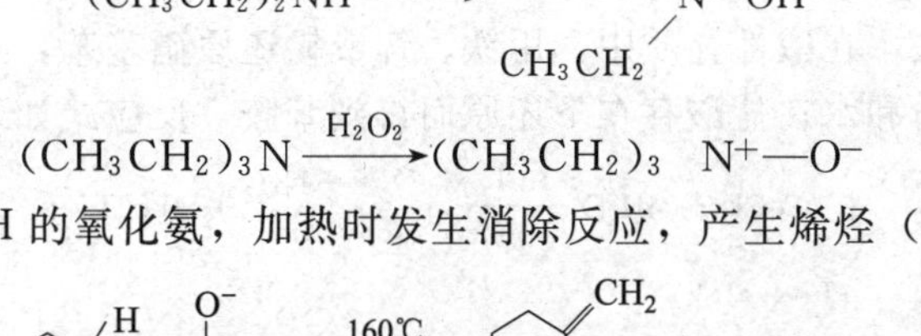

胺都易被氧化，芳胺则更易被氧化。例如苯胺在放置时就会被空气氧化而颜色变深。苯胺被漂白粉氧化，会产生明显的紫色，可用于检验苯胺，这是制备苯胺紫染料的基本反应。用适当的氧化剂氧化苯胺，还能得到苯胺黑染料。在酸性条件下，苯胺用二氧化锰氧化，生

成对苯醌：

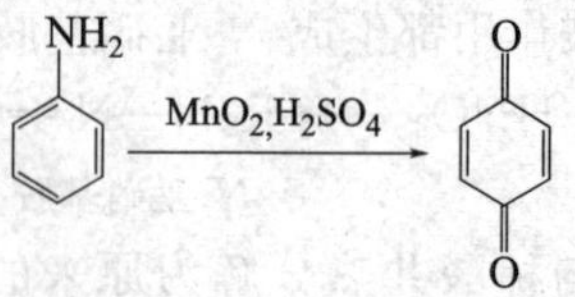

对苯醌还原后得到对苯二酚，这是以苯胺为原料合成对苯二酚的一种方法。

三、季铵盐和季铵碱及其应用

1. 季铵盐

叔胺与卤代烷反应，生成季铵盐。

$$R_3N + RX \rightleftharpoons R_4N^+X^-$$

季铵盐是白色晶体，可溶于水，不溶于非极性有机溶剂。加热下，它分解成叔胺和卤代烷。

季铵盐有很多用途，可用于植物生长的调节剂、表面活性剂、相转移催化剂等。此外，季铵盐还可以在细菌半渗透膜与水或空气的界面上定向分布，阻碍细菌的呼吸或切断其营养物质的来源，使细菌死亡，故季铵盐还可用作杀菌剂。

2. 季铵碱

季铵碱具有强碱性，其碱性与氢氧化钠相近。季铵碱加热易分解，其加热分解有一定的规律性：无β-H的加热分解产物是醇，是取代反应；有β-H的加热分解产物是烯，是消除反应。

$$(CH_3)_4\overset{+}{N}OH^- \xrightarrow{\triangle} CH_3OH + (CH_3)_3N$$

$$CH_3CH_2\overset{+}{N}(CH_3)_3OH^- \xrightarrow{\triangle} CH_2{=}CH_2 + (CH_3)_3N + H_2O$$

四、重要的胺

1. 苯胺（又名安尼林）

苯胺是无色油状液体，具有特殊臭味，熔点为－6℃，沸点为184℃，微溶于水，易溶于乙醇、汽油、苯等有机溶剂。它置于空气中易被氧化而使颜色逐渐加深，若遇漂白粉溶液变成紫色，可用来检验苯胺。苯胺能透过皮肤或吸入而使人中毒。如空气中苯胺的浓度达到百万分之一，几小时后人就会出现中毒症状，发生头晕、皮肤苍白和全身无力，原因是苯胺能使血色素变质。

苯胺是重要的有机合成原料，可用于制备染料、医药和橡胶的硫化促进剂等。

工业上制备苯胺可由硝基苯还原、氯苯和苯酚的氨解。

（1）硝基苯还原法　在酸性介质中，用铁、锌或锡还原硝基苯，可以得到苯胺。工业上一般是将硝基苯与铁粉和水在盐酸存在下还原而得到苯胺，反应式如下：

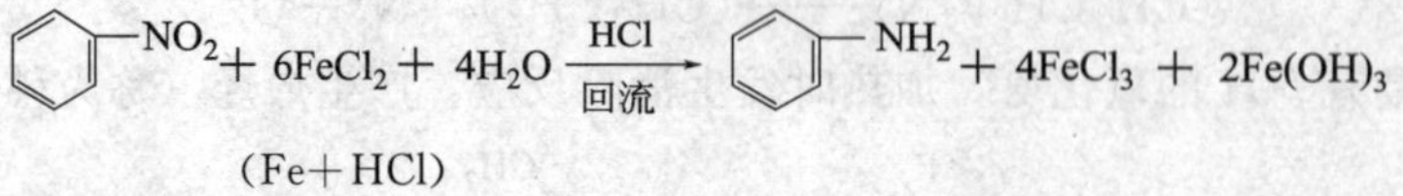

盐酸在此反应中仅起催化作用，用于产生Fe^{2+}，并维持一定的pH，故其仅为铁的四十分之一左右。直接的还原剂是Fe^{2+}，而铁仅作为间接还原剂，水作为质子的来源体。此法生产苯胺，优点是铁屑便宜，盐酸用量少，副反应少；但其缺点是反应生成大量有毒性的铁泥，没有什么使用价值，且不好处理。

近年来逐渐采用催化加氢的方法生产苯胺。例如：

$$\text{C}_6\text{H}_5-\text{NO}_2 + 3\text{H}_2 \xrightarrow[250\sim300℃]{\text{Cu-SiO}_2} \text{C}_6\text{H}_5-\text{NH}_2 + 2\text{H}_2\text{O}$$

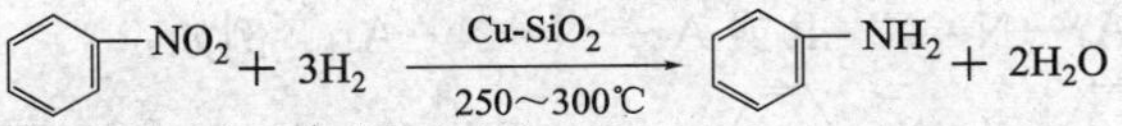

如用铂和雷尼镍作催化剂，反应可在常温下进行。此法的优点是产率高，达到理论量的 98%～99%，不存在大量的废水废渣，适用于大规模连续生产。因此，用铁屑还原法制备苯胺将逐渐被氢气还原法所代替。

（2）氯苯氨解法　在高温高压和氧化亚铜存在下，氯苯氨解成苯胺。

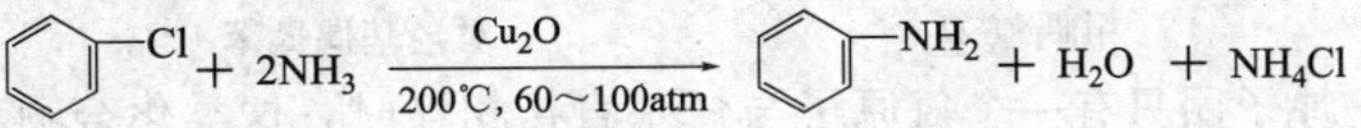

$$\text{C}_6\text{H}_5-\text{Cl} + 2\text{NH}_3 \xrightarrow[200℃, 60\sim100\text{atm}]{\text{Cu}_2\text{O}} \text{C}_6\text{H}_5-\text{NH}_2 + \text{H}_2\text{O} + \text{NH}_4\text{Cl}$$

（3）苯酚的氨解

$$\text{C}_6\text{H}_5-\text{OH} + \text{NH}_3 \xrightarrow[360\sim460℃, 14\sim17\text{atm}]{\text{Al}_2\text{O}_3\text{-SiO}_2} \text{C}_6\text{H}_5-\text{NH}_2 + \text{H}_2\text{O}$$

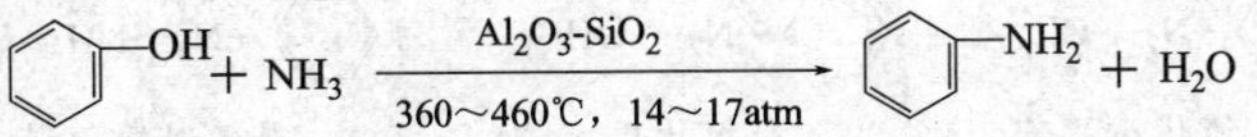

2. 己二胺

己二胺（1,6-己二胺）是重要的二元胺，为无色片状结晶，有吡啶气味，熔点为 42℃，沸点为 204℃，微溶于水，易溶于乙醇、乙醚、苯。它会吸收空气中的二氧化碳和水分，有刺激性。

己二胺是合成聚酰胺高分子材料尼龙-66 的重要单体。己二胺与己二酸发生缩聚反应，生成聚酰胺，商品名称为尼龙-66 或锦纶。其结构式为：

$$+\text{NH}-(\text{CH}_2)_6-\text{NH}-\overset{\text{O}}{\underset{\|}{\text{C}}}-(\text{CH}_2)_4-\overset{\text{O}}{\underset{\|}{\text{C}}}\underset{n}{\text{}}$$

尼龙-66 具有耐磨、耐碱、抗有机溶剂的特点，常用于制造轮胎帘子线、渔网等。

己二胺在工业上的重要制法有以下三种。

（1）以己二酸为原料　己二酸与氨反应生成铵盐，该铵盐加热失水生成己二腈，后者催化氢化得己二胺。

$$\text{HOOC(CH}_2)_4\text{COOH} + 2\text{NH}_3 \longrightarrow \text{H}_4\text{NOOC(CH}_2)_4\text{COONH}_4 \xrightarrow[\triangle]{-4\text{H}_2\text{O}}$$

$$\text{NC(CH}_2)_4\text{CN} \xrightarrow{\text{雷尼镍,H}_2} \text{H}_2\text{NCH}_2(\text{CH}_2)_4\text{CH}_2\text{NH}_2$$

（2）以 1,3-丁二烯为原料　1,3-丁二烯与氯气发生 1,4-加成，生成 1,4-二氯-2-丁烯，后者与氰化钠反应后，再催化氢化生成己二胺。

$$\text{CH}_2\!\!=\!\!\text{CH}-\text{CH}\!\!=\!\!\text{CH}_2 + \text{Cl}_2 \longrightarrow \text{ClCH}_2\text{CH}\!\!=\!\!\text{CHCH}_2\text{Cl} \xrightarrow{\text{NaCN}}$$

$$\text{NCCH}_2\text{CH}\!\!=\!\!\text{CHCH}_2\text{CN} \xrightarrow{\text{雷尼镍,H}_2} \text{H}_2\text{NCH}_2(\text{CH}_2)_4\text{CH}_2\text{NH}_2$$

（3）以丙烯腈为原料　丙烯腈在适当的条件下电解，在阴极产生己二腈，后者催化氢化得到己二胺。

$$\text{CH}_2\!\!=\!\!\text{CHCN} \xrightarrow{\text{电解}} \text{NC(CH}_2)_4\text{CN} \xrightarrow{\text{雷尼镍,H}_2} \text{H}_2\text{NCH}_2(\text{CH}_2)_4\text{CH}_2\text{NH}_2$$

第二节　重氮和偶氮化合物

重氮和偶氮化合物分子中都含有 —N=N— 官能团。

一、重氮和偶氮化合物的命名

当 —N=N— 原子团的两端都与烃基直接相连时，这类化合物称为偶氮化合物，其通式为 R—N=N—R′、Ar—N=N—R 或 Ar—N=N—Ar。例如：

$$\text{偶氮苯} \qquad (CH_3)_2C—N=N—C(CH_3)_2$$

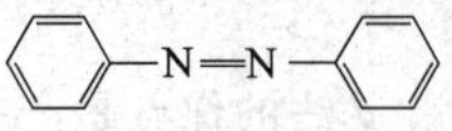

偶氮苯　　　　　　　　　　　偶氮二异丁腈

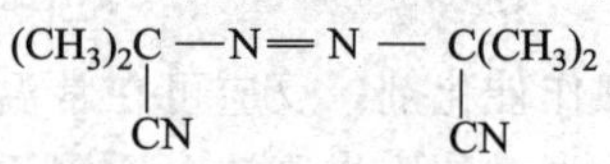

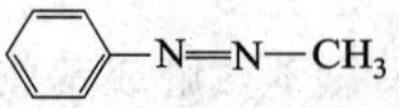

甲偶氮苯　　　　　　　　　　对羟基偶氮苯

当—N=N—原子团只有一个氮原子与烃基直接相连时，这类化合物称为重氮化合物，其通式为 R—N=N—X 或 Ar—N=N—X，其中重氮盐尤为重要。例如：

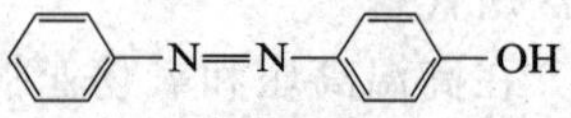

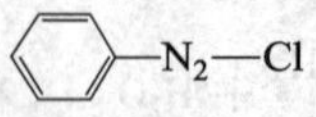

氯化重氮苯　　　　　　氢氧化重氮苯　　　　　　苯氨基重氮苯

二、重氮化合物

1. 重氮化合物的制备——重氮化反应

芳伯胺在低温及强酸水溶液中与亚硝酸作用而生成重氮盐，这个反应称为重氮化反应。例如：

$$\text{⟨⟩—NH}_2 + NaNO_2 + 2HCl \xrightarrow{0\sim5℃} \text{⟨⟩—}\overset{+}{N}_2Cl + NaCl + 2H_2O$$

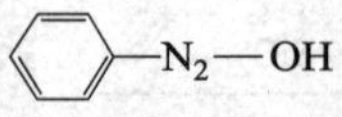

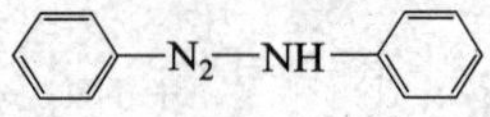

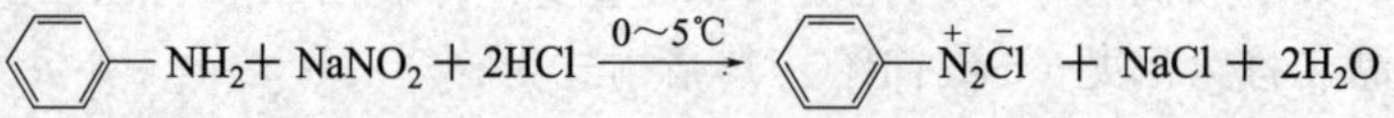

重氮化反应通常用的酸是盐酸或硫酸，温度一般为 0～5℃，超过 5℃ 会引起重氮盐的分解。

重氮化反应的操作一般是先将伯芳胺溶于盐酸或硫酸中，在冰冷却下逐渐加入亚硝酸钠溶液。反应时，酸的用量要过量，以避免生成的重氮盐会与未起反应的芳胺发生偶合反应，还可以增加重氮盐的稳定性。亚硝酸不能太过量，因为会促进重氮盐本身的分解。可用淀粉碘化钾试纸检验亚硝酸，当试纸显蓝色时，表示重氮化反应已经达到终点。过量的亚硝酸可以加入尿素除去。

2. 重氮盐的性质及其在有机合成上的应用

（1）重氮盐的性质　重氮盐具有盐的性质，它溶于水，不溶于有机溶剂，在水溶液中能离解成正离子 ArN_2^+ 和负离子 X^-，故其水溶液能导电。许多无机重氮盐是无色固体。干燥的重氮盐一般极不稳定，受热和震动时容易发生爆炸。所以重氮盐一般不制成固体，而制成溶液或湿料。重氮盐溶液一般也都是随用随制，不作长期贮存。但重氮盐与某些金属离子（如锌离子等）能形成比较稳定的配合物。氟硼酸的重氮盐比较稳定，其固体在室温下也不分解。

（2）重氮盐在有机合成上的应用　重氮盐的化学性质非常活泼，可以把它的许多化学反应归纳成两大类：放出 N_2 的反应和保留 N_2 的反应。

① 放出 N_2 的反应　即重氮基被其他原子或官能团取代的反应。

$$\text{⟨⟩}\overset{N_2^+}{} \underset{快}{\overset{慢,-N_2}{\rightleftharpoons}} \text{⟨⟩}^+ \xrightarrow{Y^-} \text{⟨⟩}^Y$$

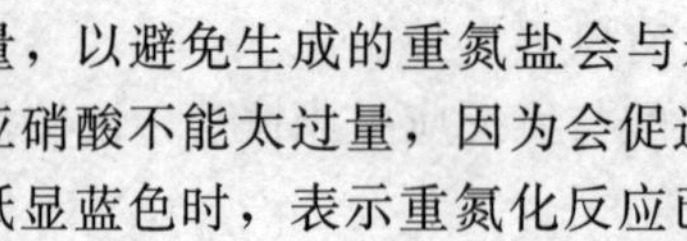

a. 羟基取代　加热硫酸氢重氮盐，重氮盐即被羟基取代，生成酚。这个反应又叫作**重氮盐的水解反应**。

$$\text{⟨⟩—}N_2^+HSO_4^- + H_2O \xrightarrow[\triangle]{H^+} \text{⟨⟩—OH} + N_2\uparrow + H_2SO_4$$

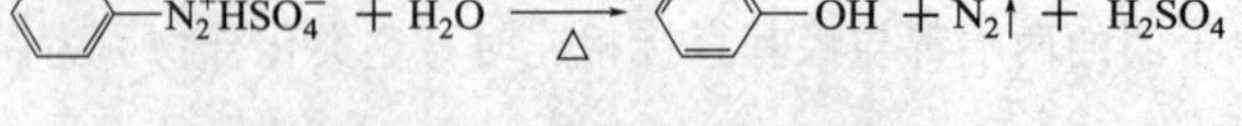

这是合成酚的方法之一。此反应一般在40%～50%的硫酸溶液中进行，这样可以避免反应生成的酚与未反应的重氮盐发生偶合反应。重氮盐酸盐不适用于这个反应，因为会有氯的衍生物等副产物生成。

有机合成上常通过重氮盐的途径而使氨基转变成羟基，从而制备一些不能由芳磺酸盐碱熔而制得的酚类。例如，间溴苯酚不宜用间苯磺酸钠碱熔，因为溴原子也会在碱熔时水解。因此在有机合成上可用间溴苯胺经重氮化、水解而制得间溴苯酚。

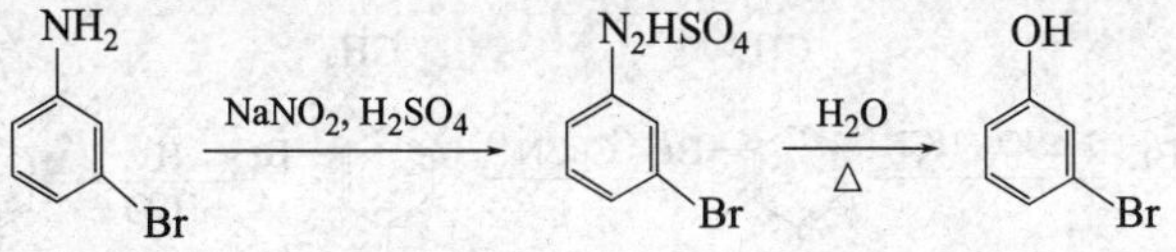

b. 氢原子取代　重氮盐与次磷酸（H_3PO_2）或乙醇等试剂反应，重氮基能被氢原子取代。

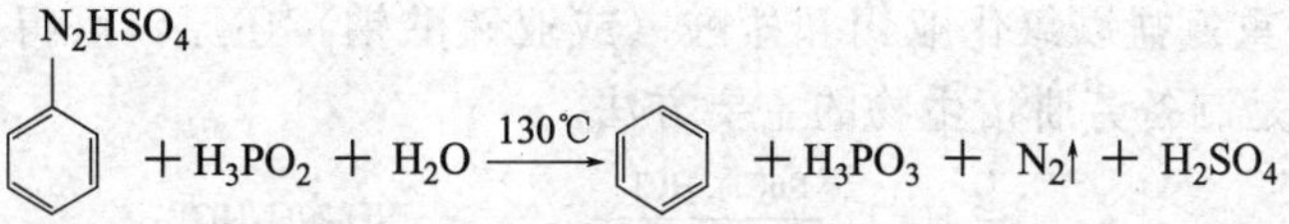

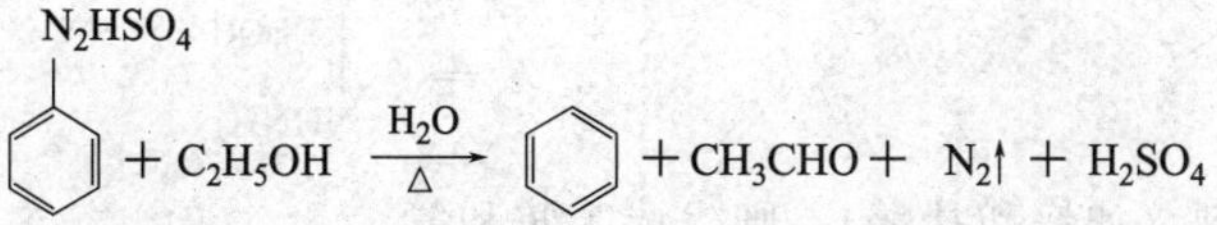

利用这个反应在有机合成中可以合成一些用常规方法难以制得的化合物。例如，以甲苯为原料合成间硝基甲苯。

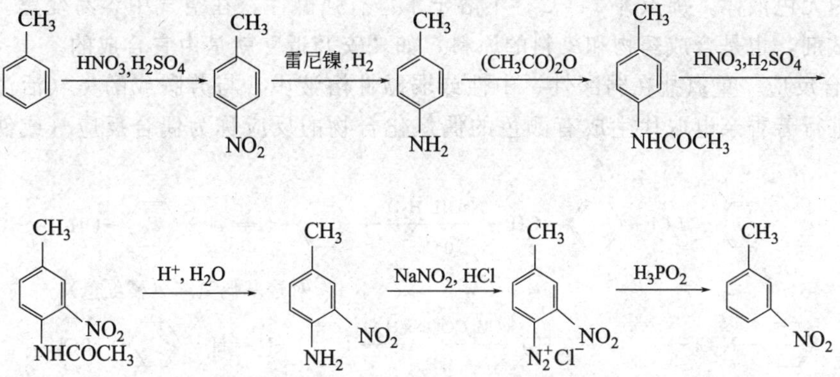

c. 卤原子取代　重氮盐与氯化亚铜或溴化亚铜作用，重氮基被氯原子或溴原子取代，这个反应称为桑德迈尔（Sandmeyer）反应。如改用铜粉为催化剂，这个反应称为盖特曼（Gattermann）反应。例如：

$$ArN_2Cl \xrightarrow{Cu_2Cl_2 \text{ 或 } Cu} ArCl + N_2\uparrow$$

$$ArN_2Br \xrightarrow{Cu_2Br_2 \text{ 或 } Cu} ArBr + N_2\uparrow$$

用桑德迈尔反应制卤代芳烃，产物较纯，而用直接卤化法则可能产生异构体，产物不够纯。本反应所用的亚铜盐催化剂必须是新配制的，若贮放时间太长，催化活性大为降低。

重氮盐转换为碘代芳烃的反应不需要催化剂，只要将碘化钾与重氮盐溶液共热，放出氮气，便可完成。在有机合成上，利用重氮基被卤素取代的反应，可制备某些不易得到的卤素衍生物。

$$\underset{N_2HSO_4}{\overset{}{\bigcirc}} + KI \xrightarrow{100℃} \underset{I}{\overset{}{\bigcirc}} + N_2\uparrow + KHSO_4$$

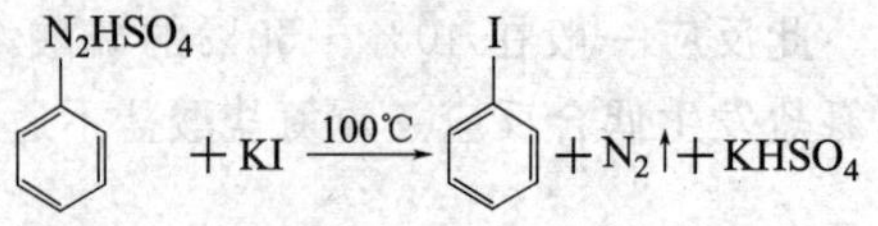

d. 氰基取代　重氮盐与氯化亚铜的氰化钾水溶液作用，则重氮基可以被氰基取代。

$$\bigcirc-N_2Cl \xrightarrow{Cu_2Cl_2,KCN} \bigcirc-CN + N_2\uparrow$$

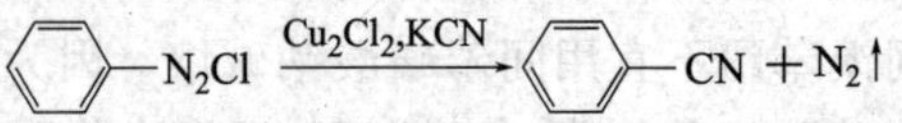

氰基可以通过水解而成羧基，这是通过重氮盐在苯环上引入羧基的一个途径。例如：

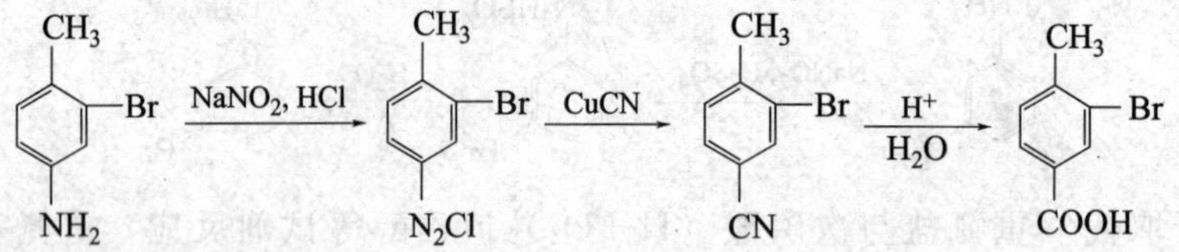

$$\underset{NH_2}{\overset{CH_3}{\bigcirc}}-Br \xrightarrow{NaNO_2, HCl} \underset{N_2Cl}{\overset{CH_3}{\bigcirc}}-Br \xrightarrow{CuCN} \underset{CN}{\overset{CH_3}{\bigcirc}}-Br \xrightarrow[H_2O]{H^+} \underset{COOH}{\overset{CH_3}{\bigcirc}}-Br$$

② 保留 N₂ 的反应　即重氮基保留在分子中，发生还原反应和偶合反应。

a. 还原反应　重氮盐以氯化亚锡和盐酸（或亚硫酸钠）还原，可得到苯肼盐酸盐，再加碱即得苯肼。这是制备芳肼衍生物的主要方法。

$$\bigcirc-N_2Cl \xrightarrow[\text{或 } Na_2SO_3]{SnCl_2, HCl} \bigcirc-NH_2NH_2HCl$$
$$\downarrow NaOH$$
$$\bigcirc-NHNH_2$$

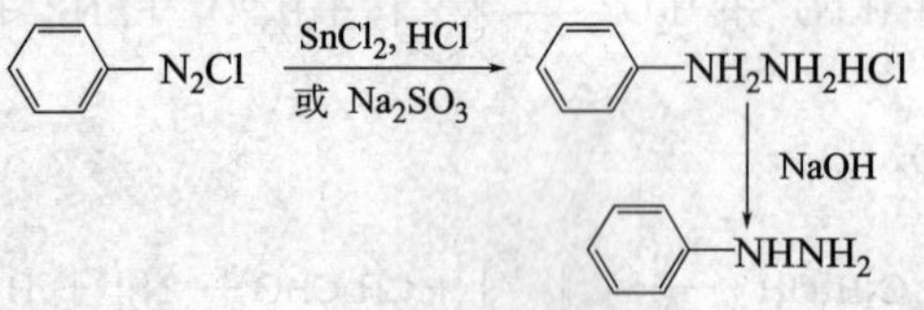

如用较强的还原剂（如锌和盐酸），则生成苯胺和氨。

$$\bigcirc-N_2Cl \xrightarrow{Zn,HCl} \bigcirc-NH_2 + NH_3\uparrow$$

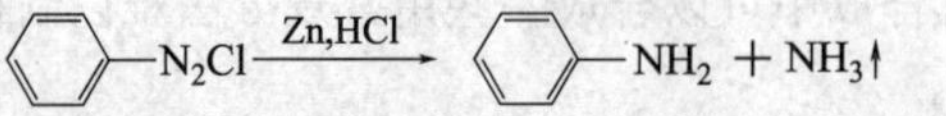

苯肼为无色液体，沸点为 241℃，不溶于水，有强碱性，在空气中容易变黑。苯肼是常用的羰基试剂，也是合成药物和染料的原料，如"安乃近"就是由它合成的。

b. 偶合反应　重氮盐在弱酸性、中性或弱碱性溶液中，与芳胺或酚类（活泼的芳香族化合物）进行芳香亲电取代生成有颜色的偶氮化合物的反应称为偶合反应（或偶联反应）。例如：

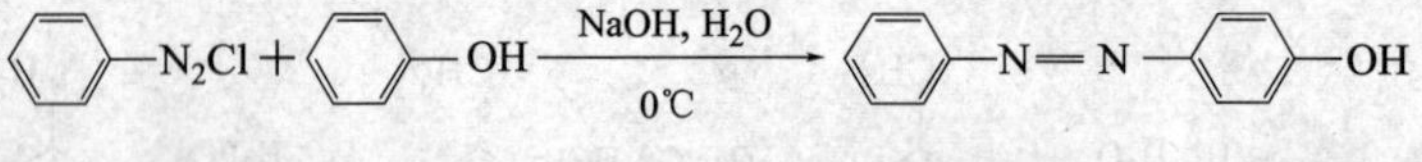

$$\bigcirc-N_2Cl + \bigcirc-OH \xrightarrow[0℃]{NaOH, H_2O} \bigcirc-N=N-\bigcirc-OH$$

对羟基偶氮苯（橘红色）

$$\bigcirc-N_2Cl + \bigcirc-N(CH_3)_2 \xrightarrow{CH_3COONa,H_2O} \bigcirc-N=N-\bigcirc-N(CH_3)_2$$

对-(N,N-二甲氨基) 偶氮苯（黄色）

偶氮反应一般发生在羟基的对位上，若其位被占据，则发生在邻位上。例如：

$$\bigcirc-N_2Cl + \underset{CH_3}{\overset{OH}{\bigcirc}} \xrightarrow{NaOH} \bigcirc-N=N-\underset{CH_3}{\overset{OH}{\bigcirc}} + NaCl + H_2O$$

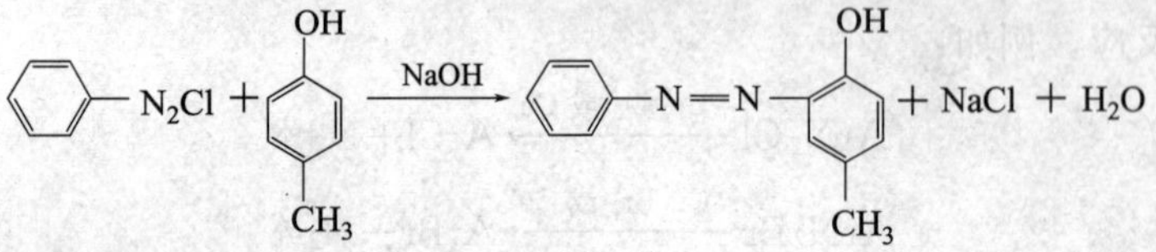

偶合反应在染料合成中具有广泛的用途。

第三节　腈

腈类化合物可看成是 HCN 分子中的氢原子被烃基取代的结果。

一、腈的物理性质

由于腈类的高度极化，分子间的引力大，因此它们的沸点比分子量相近的烃、醚、醛、酮、胺都高，而与醇相近，但比羧酸低。

二、腈的化学性质

1. 水解

腈类化合物在酸或碱催化下很容易水解成羧酸。

$$RCN + H_2O \begin{cases} \xrightarrow{H^+} RCOOH + NH_4^+ \\ \xrightarrow{OH^-} RCOO^- + NH_3 \end{cases}$$

2. 醇解

腈的醇溶液与酸（如 H_2SO_4、HCl）一起共热，则发生醇解生成酯。

$$RCN + R'OH + H_2O \xrightarrow[\triangle]{H^+} RCOOR' + NH_3$$

3. α-H 的反应

氰基为强吸电子基，它使 α-H 的活性增加，可以发生自身缩合反应（Thorpe 腈缩合反应）或与芳醛发生交错缩合。例如：

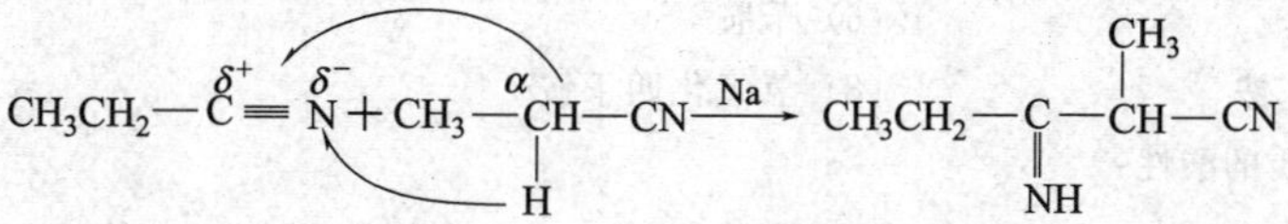

$$C_6H_5CHO + C_6H_5CH_2CN \xrightarrow[EtOH]{EtONa} \xrightarrow[-H_2O]{\triangle} C_6H_5CH{=}C(C_6H_5){-}CN$$

4. 加氢还原

腈很容易被还原，如催化加氢或被 $LiAlH_4$、Na/EtOH 等物质还原。

$$R{-}C{\equiv}N \xrightarrow{H_2/Ni} R{-}CH{=}NH \xrightarrow{H_2/Ni} RCH_2NH_2$$

本 章 小 结

1. 氨分子中的氢原子被烃基取代后的衍生物，称为胺。

2. 胺的主要化学性质有烷基化、酰基化、磺酰化等反应，还可以与亚硝酸反应，芳胺易被氧化。

3. 叔胺与卤代烷作用生成季铵盐。季铵盐具有盐的性质。季铵碱是强碱，其碱性与氢氧化钠、氢氧化钾相当。

4. 伯芳胺在低温下及强酸水溶液中，与亚硝酸作用生成重氮盐，发生重氮化反应。

5. 重氮盐的化学性质非常活泼，化学反应分为两大类：

(1) 放出 N_2 的反应；

(2) 保留 N_2 的反应。

6. 腈的物理性质和化学性质。

习　题

1. 命名下列各化合物：

(1) $CH_3CH_2CHCH(CH_3)_2$
$\quad\quad\quad\quad |$
$\quad\quad\quad\quad NO_2$

(2) $H_2N(CH_2)_6NH_2$

(3)

H_5C_2——NO_2

(4)

NHC_2H_5

CH_3

(5) Cl_3CNO_2

(6)

$\quad\quad\quad\quad\quad\quad O$
$\quad\quad\quad\quad\quad\quad \|$
$CH_3CH_2CNH_2$

(7)

——NHCOCH_3

(8) $[(C_2H_5)_4N]^+OH^-$

(9) $(CH_3)_2CHN^{\oplus}(CH_3)_3I^{\ominus}$

(10)

$\quad\quad\quad\quad CH_3$
$\quad\quad\quad /$
——N
$\quad\quad\quad \backslash$
$\quad\quad\quad\quad C_2H_5$

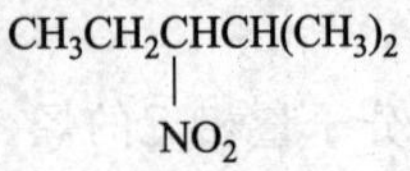

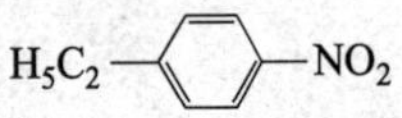

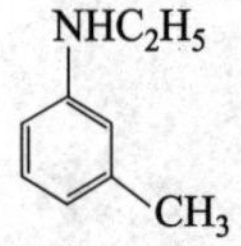

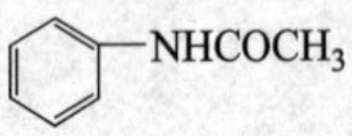

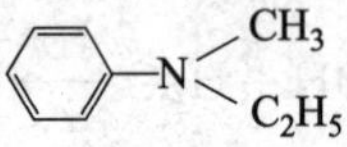

2. 写出下列各化合物的结构式：

(1) 2-氨基丁烷　　　　　　　(2) 异丙胺

(3) 三苯胺　　　　　　　　　(4) 间硝基乙酰苯胺

(5) 甲胺硫酸盐　　　　　　　(6) 苄胺

(7) 氯化四丙基铵　　　　　　(8) 氢氧化四丁铵

3. 比较下列物质的酸性：

——COOH　　　　——OH　　　O_2N——COOH　　　

$\quad\quad\quad\quad\quad\quad\quad\quad\quad NO_2$
$\quad\quad\quad\quad\quad\quad\quad\quad\quad |$
——COOH

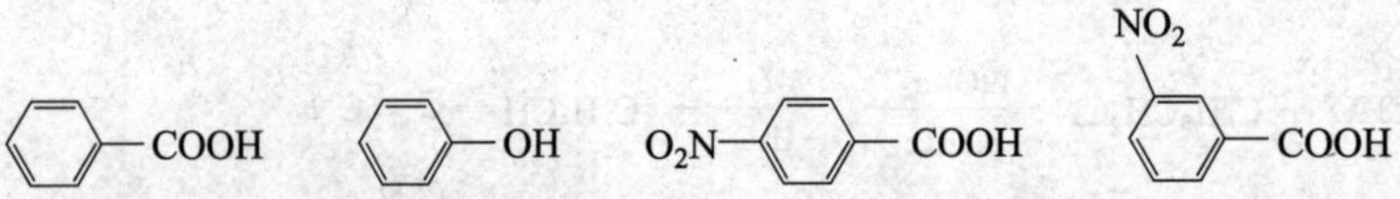

4. 比较下列物质的碱性：

乙胺　　乙酰胺　　苯胺　　氨　　二甲胺　　三甲胺　　氢氧化四甲铵

5. 试用化学方法区别下列各组化合物：

(1) 乙醇、乙醛、乙酸和乙胺　　　　(2) 丙胺、甲乙胺、三甲胺

(3) 乙胺和乙酰胺　　　　　　　　　(4) 苯胺和二苯胺

6. 试用化学方法分离下列化合物：苯酚、苯胺和对氨基苯甲酸。

7. 完成下列反应式：

(1) ——NH_2 + $(CH_3CO)_2O$ ——→
　　　　　(2) $ClCH_2CH_2CH_2Cl$ + NH_3 ——→

(3)

$\quad\quad NO_2$

$\quad\quad NO_2$
$\xrightarrow{\text{雷尼镍}}$

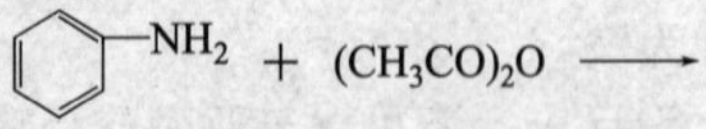

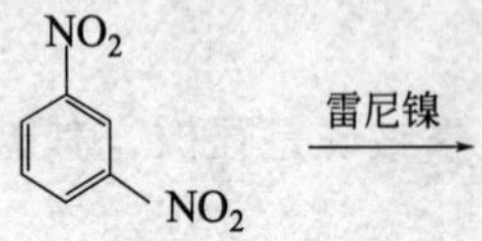

(4) C_7H_8 $\xrightarrow{HNO_3,H_2SO_4}$? $\xrightarrow{Sn,HCl}$? $\xrightarrow{NaNO_2,HCl}$? $\xrightarrow{CuCN,KCN}$ C_8H_7N

(5)

$\quad NH_2$

$\quad NH_2$
$\xrightarrow{?}$

$\quad N_2HSO_4$

$\quad NO_2$
$\xrightarrow[\Delta]{H_2O}$? ——→ ? ——→ ——NO_2

$\xrightarrow{?}$ I——NO_2

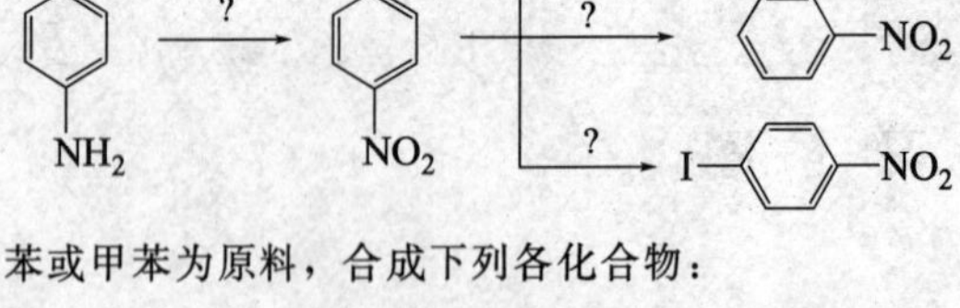

8. 以苯或甲苯为原料，合成下列各化合物：

(1) 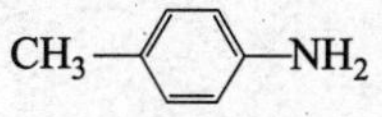

(2) 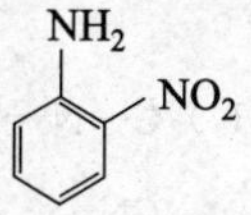

(3) 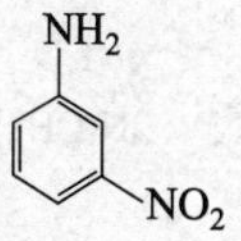

(4) 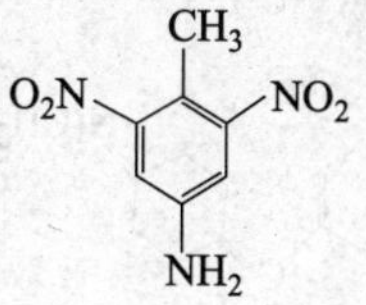

(5) 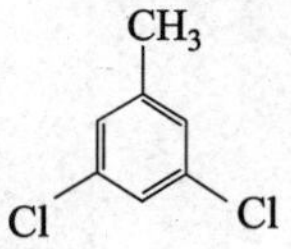

(6) 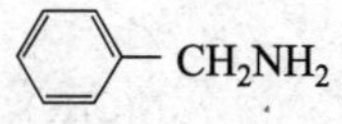

(7) 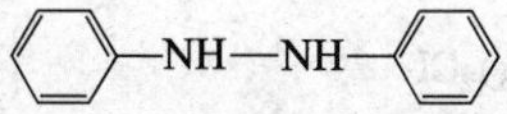

(8) 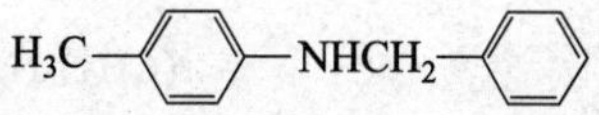

9. 某芳香族化合物分子式为 $C_6H_3ClBrNO_2$，根据下列反应确定其结构式。

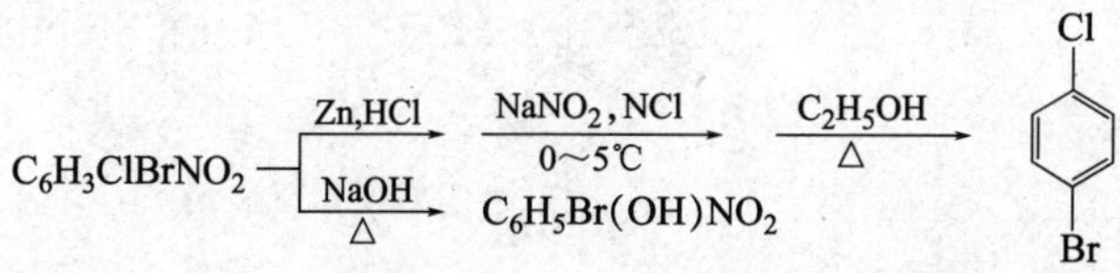

10. 某化合物 A 分子式为 C_6H_7N，具有碱性。使 A 的盐酸盐与亚硝酸作用生成 $C_6H_5N_2Cl$ (B)。在碱性溶液中，化合物 B 与苯酚作用生成具有颜色的化合物 $C_{12}H_{10}ON_2$。试问原化合物 A 的结构式是怎样的？

阅读材料　偶氮化合物及其用途

芳香族偶氮化合物都具有颜色，性质稳定。许多偶氮化合物可以用作优良的染料，这类染料称为偶氮染料。偶氮染料是合成染料中为数较多的一种，占合成染料的 60%以上，而且颜色齐全，广泛应用于棉、毛、丝织品以及塑料、印刷、食品、皮革等产品的染色。有些偶氮化合物还可以作为分子试剂或在高分子化合物合成上作引发剂。下面介绍几种偶氮化合物。

1. 甲基橙

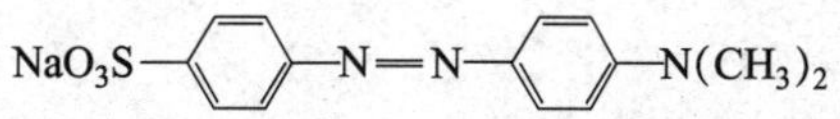

对二甲氨偶氮苯磺酸钠（甲基橙）

甲基橙由于颜色不稳定，且不坚牢，没有作为染料的价值。但它在酸碱溶液中结构发生变化，而且显示不同颜色，故可以被用作酸碱指示剂。甲基橙的变色范围为 pH 3.1～4.4。

2. 偶氮二异丁腈

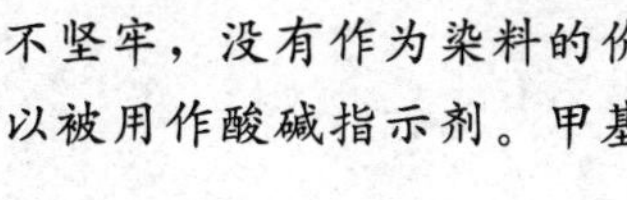

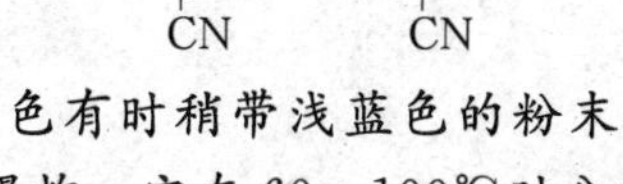

偶氮二异丁腈（AIBN）是白色有时稍带浅蓝色的粉末，在 50℃时升华。干燥状态下，温度过高或受撞击摩擦时能引起爆炸，它在 60～100℃时分解生成游离基。

它是高分子化合物合成中聚合反应的引发剂。由于分解时放出氮气，所以也可用作泡沫塑料的发泡剂。

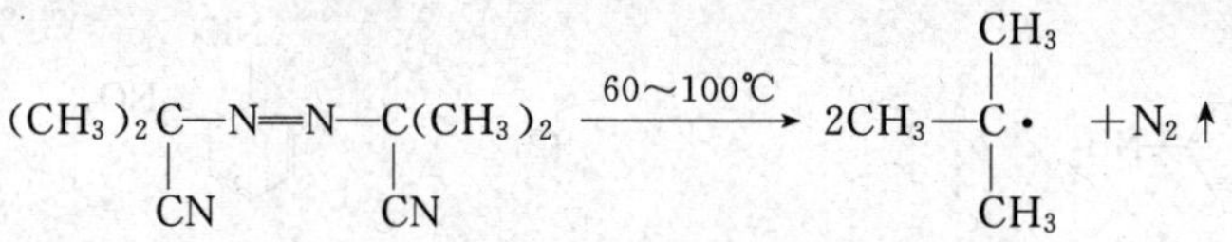

3. 甲基紫和结晶紫

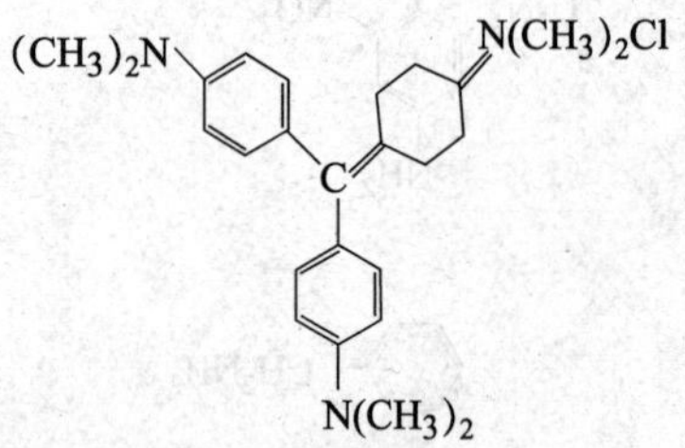

结晶紫（六甲基碱性副品红）

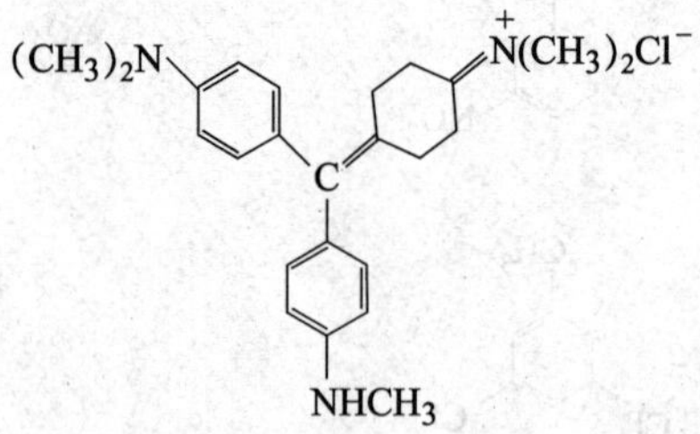

甲基紫（五甲基碱性副品红）

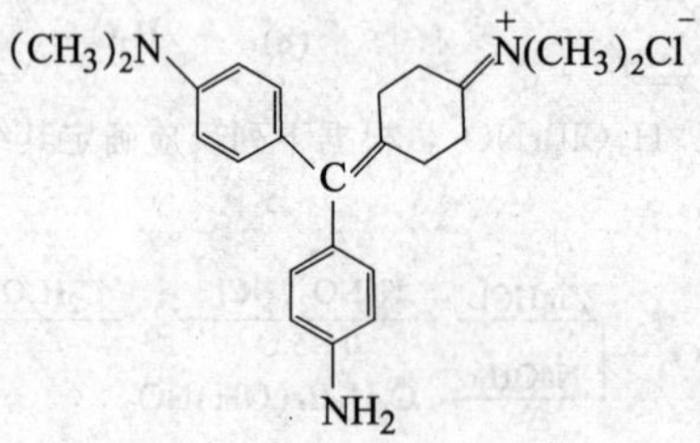

四甲基碱性副品红

它们都能直接染丝和毛，也用于染纸张、皮革及制造复写纸和紫墨水、铅笔等，也常用作指示剂及生物染色剂。

结晶紫也叫六甲基碱性副品红。它的工业品中常含有少量四甲基碱性副品红及五甲基碱性副品红。甲基紫的主要成分为五甲基碱性副品红，但也含有四甲基碱性副品红及六甲基碱性副品红。这几个名称有时也通用。在医药上将结晶紫叫作龙胆紫，它对革兰阳性细菌有抑制作用，在医药上常用作伤口消毒剂。

第十章

物性参数的测定技术

知识目标：1. 掌握旋光度、吸光度、电导率、电动势及 pH 等基本术语。
　　　　　2. 熟悉旋光度、吸光度、电导率、电动势及 pH 的测定原理。

能力目标：1. 学会使用分光光度计和 pH 计。
　　　　　2. 掌握各种物性参数的测定方法。

物质的物性参数包括物质的物理常数与某些化学和物理变化参数。物质的物理常数如密度、熔点、沸点、折射率、黏度、饱和蒸气压、旋光度、电导率等，物质的化学和物理变化参数如物质溶液的 pH、电池电动势等。通过测定这些参数，可以鉴定物质的纯度、鉴别化合物的种类、分析混合物的组成以及研究物质的其他相关性质等。因此，物性参数的测定在化学实验和生产实际中具有重要意义。

第一节　旋光度的测定

立体化学（stereochemistry）是一种以三度空间来研究分子结构和性质的科学。目前已发现许多有机化合物的结构和性质要从它们的空间排列来解释。

有机分子中的各原子因在空间排列位置的不同而形成的异构现象称为立体异构。立体异构包括构象异构和构型异构两种，构型异构包括顺反异构和对映异构。前面所讲的构象异构和顺反异构都是立体异构。构象异构因分子中单键的旋转而互变，顺反异构则是通过键的断裂而互变。对映异构是本节讨论的内容。

- 立体异构
  - 构象异构
  - 构型异构
    - 顺反异构
    - 对映异构

例如，2-丁烯水合反应时，分离到两种丁醇，它们的物理性质和化学性质基本上相同，只是对偏振光的作用有差异，一个使偏振光向右转（右旋体），另一个使偏振光向左转（左旋体）。

$$CH_3CH{=}CHCH_3 + H{-}OH \xrightarrow{H^+} CH_3{-}CH_2{-}\underset{H}{\overset{OH}{\underset{|}{\overset{|}{C}}}}{-}CH_3 + CH_3{-}CH_2{-}\underset{OH}{\overset{H}{\underset{|}{\overset{|}{C}}}}{-}CH_3$$

左旋体　$[\alpha]_D^{25}=-13.52°$　　右旋体　$[\alpha]_D^{25}=+13.52°$

它们的结构如果按照平面来书写是一样的，但在空间排列上互成镜像而不重合，是构型

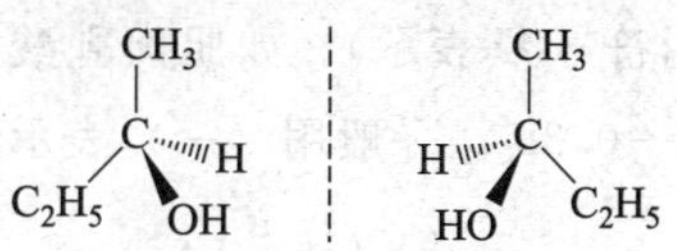

R-2-丁醇　　S-2-丁醇

异构体。两个异构体互相对映，故称为对映体，也称为旋光异构体。

一、物质的旋光性

光波是一种电磁波，它的振动方向与其前进方向垂直。普通光的振动情况如图 10-1 所示。

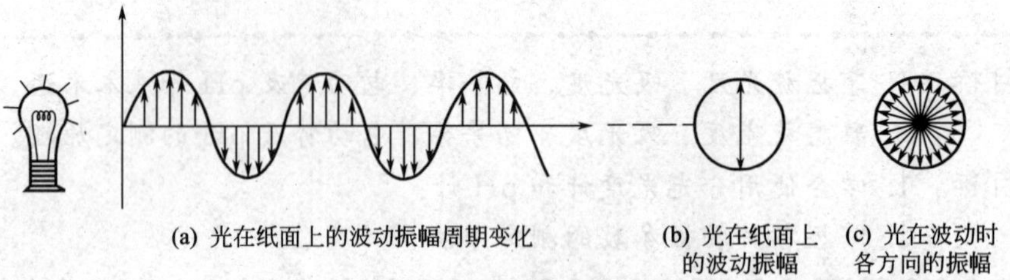

图 10-1　普通光的振动情况

1. 平面偏振光

如果将普通光线通过一个尼科尔（Nicol）棱晶，它好像一个栅栏，只允许与棱晶晶轴相互平行的平面上振动的光线透过。这种通过尼科尔棱晶的光线叫作平面偏振光，简称偏振光，如图 10-2 所示。

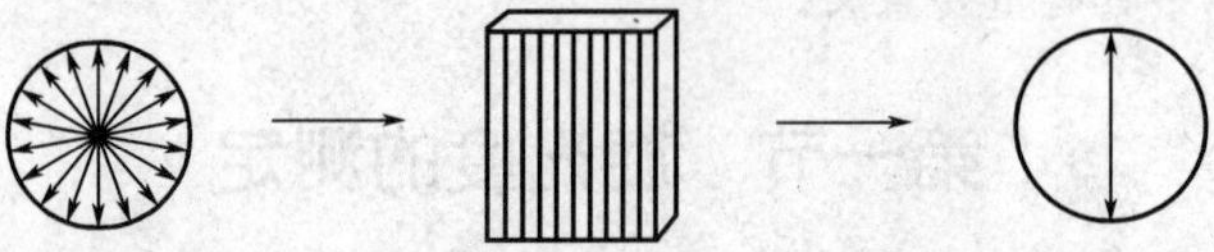

图 10-2　偏振光

2. 旋光性与旋光度

把偏振光透过一些物质（液体或溶液），如乳酸、葡萄糖等，能使偏振光的振动平面旋转一定的角度（α），该过程如图 10-3 所示。这种能使偏振光振动平面旋转的性质称为物质的旋光性。具有旋光性的物质称为旋光物质或光学活性物质，使偏振光振动平面向右旋转的物质称为右旋体，使偏振光振动平面向左旋转的物质称为左旋体。

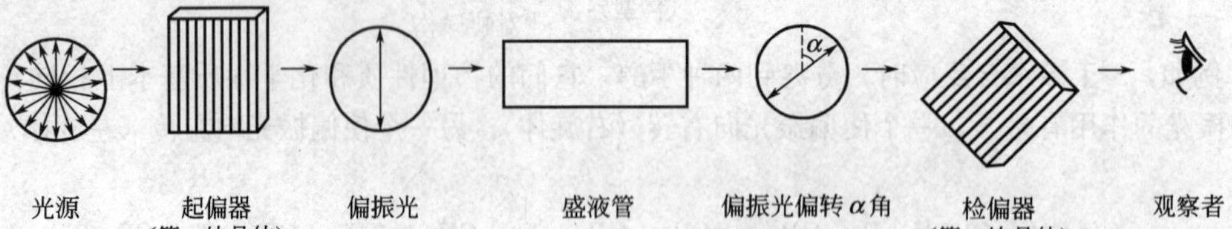

图 10-3　偏振光示意图

旋光物质使偏振光振动平面旋转的角度称为旋光度，通常用 α 表示。物质的旋光度一般用比旋光度 $[\alpha]_{\lambda}^{t}$ 表示。其中，t 为测定时的温度，一般是室温；λ 为测定时光的波长，一般采用钠光（波长为 589.3nm，用符号 D 表示）。如肌肉乳酸的比旋光度为 $[\alpha]_{D}^{20}=+0.38°$，发酵乳酸的比旋光度为 $[\alpha]_{D}^{20}=-0.38°$。一般用（+）表示右旋，（−）表示左旋。

$$[\alpha]_{\lambda}^{t}=\frac{\alpha}{lc} \tag{10-1}$$

式中，α 为旋光度，l 为盛液管的长度，dm；c 为溶液的浓度，g/mL。

对于纯液体，式(10-1) 表达为：

$$[\alpha]_\lambda^t = \frac{\alpha}{ld} \tag{10-2}$$

式中，d 为液体的密度，g/mL。

旋光度受温度、波长、溶剂、浓度、盛液管长度的影响，因此在不用水作溶剂时，需注明溶剂的名称，有时还注明测定时溶液的浓度。例如：

右旋酒石酸的旋光度 $[\alpha]_D^{20} = +3.79°$（乙醇，5％）

物质的旋光性有时也用摩尔比旋光度 $[M]_D^t$ 来表示：

$$[M]_D^{20} = \frac{[\alpha]_\lambda^t \times M}{100} \tag{10-3}$$

式中，M 为该化合物的摩尔质量。

3. 手性碳原子

在 19 世纪就发现许多天然的有机化合物如樟脑、酒石酸等晶体有旋光性，而且即使溶解成溶液仍具有旋光性，这说明它们的旋光性不仅与晶体有关，而且与分子结构有关。1848年巴斯德［L.Pasteur（1822～1895 年）］在研究酒石酸钠铵的晶体时，发现无旋光性的酒石酸钠铵是两种互为镜像的不同晶体的混合物。他用一只放大镜和一把镊子，细心地、辛苦地把混合物分成两小堆：一小堆是右旋的晶体，另一小堆是左旋的晶体，很像是在柜台上分开乱堆在一起的右手套和左手套一样。虽然原先的混合物是没有旋光性的，现在各堆晶体溶于水后都有旋光性，并且两个溶液的比旋光度完全相等，但旋光方向相反。也就是说，一个溶液使平面偏振光向右旋转，而另一个溶液以相同的度数使平面偏振光向左旋转。这两个物质的其他性质都是相同的。

由于旋光度的差异是在溶液中观察到的，巴斯德推断这不是晶体的特性，而是分子的特性。他提出，构成晶体的分子是互为镜像的，正像这两种晶体本身一样，存在着这样的异构体，即其结构的不同仅仅是在于互为镜像，性质的不同也仅仅是在于旋转偏振光的方向不同，对映异构现象是由于分子中的原子在空间的不同排列所引起的。巴斯德的这些观点为对映异构现象的研究奠定了理论基础。

1874 年随着碳原子四面体学说的提出，Van't Hoff 指出，如果一个碳原子上连有四个不同基团，这四个基团在碳原子周围可以有两种不同的排列形式，即两种不同的四面体空间构型。它们互为镜像，和左右手之间的关系一样，外形相似但不能重合。如乳酸分子，其结构模型见图10-4。

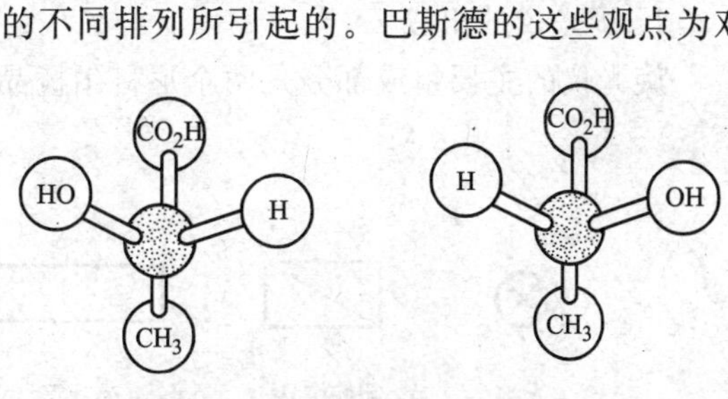

图 10-4 乳酸分子结构模型示意图

这种与四个不同的原子或原子团相连的碳原子称为不对称碳原子，也称手性碳原子，通常用"＊"号标出。如乳酸分子中的手性碳原子标示如下：

$$CH_3 - \overset{\overset{\displaystyle OH}{|}}{\underset{\underset{\displaystyle H}{|}}{\overset{*}{C}}} - COOH$$

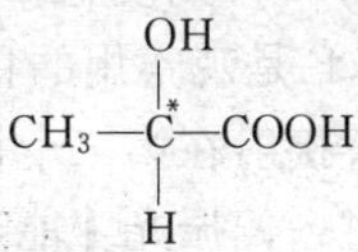

乳酸

4. 手性和对称因素

(1) 手性　物质的分子和它的镜像不能重合。这和人的左、右手一样，虽然很相像，但不能重叠，把物质的这种特征称为手性（或称手征性）。具有手性的分子称为手性分子。物质具有手性就有旋光性和对映异构现象。那么，物质具有怎样的分子结构才与镜像不能重合，具有手性呢?

(2) 对称因素　要判断某一物质分子是否具有手性，必须研究分子的对称性质。下面介绍分子中常见的几种对称因素：对称面（σ）、对称中心（i）、对称轴（C_n）。

手性分子的结构中不具有对称面、对称中心或对称轴，它和镜像互为对映异构，具有旋光性。

① 对称面（σ）　假如有一个平面可以把分子分割成两部分，而一部分正好是另一部分的镜像，这个平面就是分子的对称面（σ）。如苯分子有七个对称面，见图 10-5。

分子中有对称面，它和它的镜像就能够重合，分子就没有手性，是非手性分子，因而没有对映异构体和旋光性。

② 对称中心（i）　若分子中有一点 P，通过 P 点画任何直线，两端有相同的原子，则点 P 称为分子的对称中心（用 i 表示）。如反-1,3-二甲基环丁烷分子的对称中心，见图 10-6。

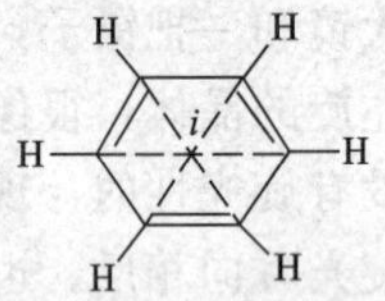

图 10-5　苯（七个对称面）

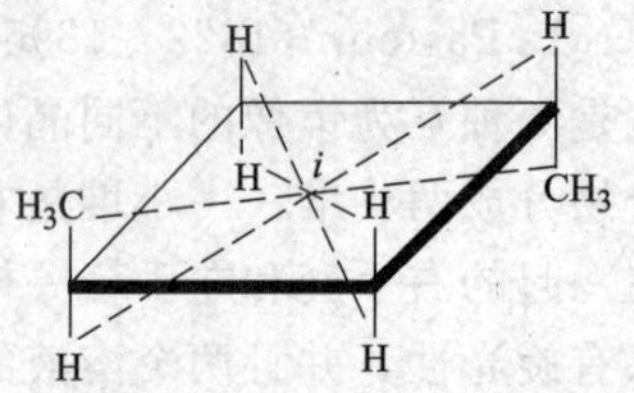

图 10-6　分子对称中心示意图

具有对称中心的化合物和它的镜像是能重合的，因此它不具有手性。

③ 对称轴　有无对称轴不能作为判断分子有无手性的标准。

二、旋光仪及其使用

1. 旋光仪的组成

旋光仪的主要组成部分是两个尼科尔棱晶、一个盛液管和一个回转刻度盘，见图 10-7。

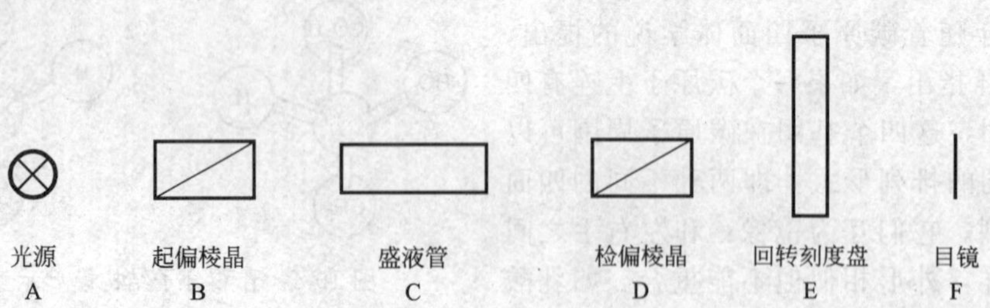

图 10-7　旋光仪的组成

旋光仪里面装有两个尼科尔棱晶，起偏棱晶 B 是固定不动的，其作用是把光源 A 投入的光变成偏振光，D 是检偏棱晶，它与回转刻度盘 E 相连，可以转动，用以测定振动平面的旋转角度。C 为待测样品的盛液管，F 是观察用的目镜。如果盛液管中不放液体试样，那么经过起偏棱晶后出来的偏振光就可直接射在第二个棱晶即检偏棱晶上。显然只有当检偏棱晶的晶轴和起偏棱晶的晶轴相互平行时，偏振光才能通过，这时目镜处视野明亮；如若两个棱晶的晶轴相互垂直，则偏振光完全不能通过。

然后放入旋光物质，视野中光亮度就不相等了，旋转检偏棱晶，使视野的亮度相等，这时所得到的读数与零点之间的差值就是该物质的旋光度（α）。

2. WZZ-2 自动数显旋光仪

WZZ-2 自动数显旋光仪采用光电检测自动平衡原理进行自动测量，测量结果由数字显示，具有体积小、灵敏度高、读数方便等特点，广泛用于制药、制糖、食品、化工、香料等工业和药品检验及教学科研部门，也可用作化验分析过程质量控制，在医院临床上还可用作医学化验等。

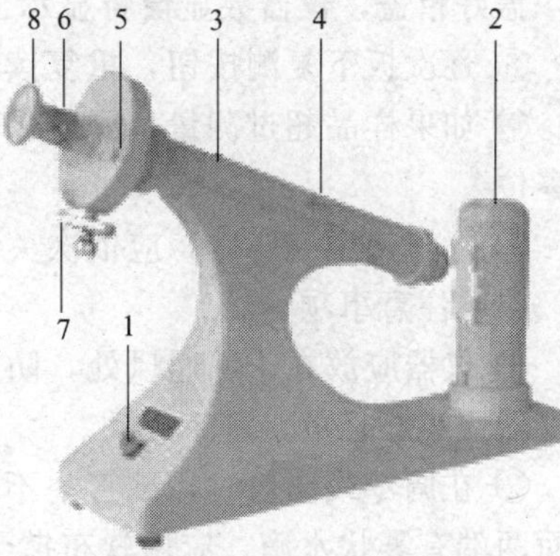

图 10-8　旋光仪的外形图

1—电源开关；2—钠光源；3—镜筒；4—镜筒盖；5—刻度游盘；6—视度调节螺旋；7—刻度盘转动手轮；8—目镜

(1) WZZ-2 自动数显旋光仪的外观　WZZ-2 自动数显旋光仪的外观如图 10-8 所示。

(2) 构造原理　WZZ-2 自动数显旋光仪的构造原理如图 10-9 所示。仪器采用 20W 钠光灯作光源，由小孔光栏和物镜组成一个简单的点光源平行光管，平行光经偏振镜 A 变为平面偏振光，当偏振光经过有法拉第效应的磁旋线圈时，其振动平面上产生 50Hz 的 β 角摆动，光线经过偏振镜 B 投射到光电管上，产生交变的电信号。仪器以两偏振镜光轴正交时作为光学零点，此时 $\alpha=0°$，当偏振光通过有 α_1 的旋光性物质时，偏振光的振动面与偏振镜 B 的偏振轴不垂直，光电检测器便能检测到 50Hz 的光电信号，该信号能使工作频率为 50Hz 的伺服电机转动，并通过蜗轮蜗杆将偏振镜 A 转过 α_1，并在数显窗显示旋光度。

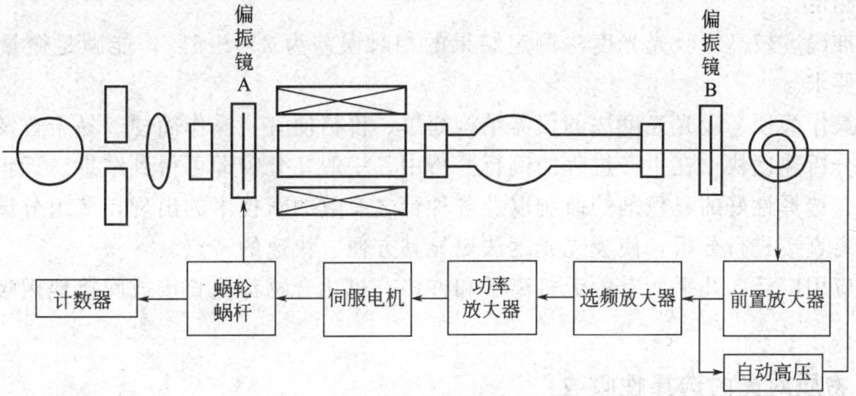

图 10-9　WZZ-2 自动数显旋光仪的构造原理

(3) 使用方法

① 将仪器电源插头插入 220V 交流电源，打开电源开关，这时钠光灯应启亮，需经 5min 钠光灯预热，使之发光稳定。

② 打开光源开关，如光源开关扳上后，钠光灯熄灭，则再将光源开关上下重复扳动 1～2 次，使钠光灯在直流下点亮，为正常。

③ 打开测量开关，这时数码管应有数字显示。

④ 将装有蒸馏水或其他空白溶剂的试管放入样品室，盖上箱盖，待示数稳定后，按清零按钮。

⑤ 取出装有空白溶剂的试管，将待测样品注入试管，按相同的位置和方向放入样品室

内，盖好箱盖，仪器数显窗将显示出该样品的旋光度。

⑥ 逐次扳下复测按钮，重复读几次数，取其平均值作为样品的测定结果。

⑦ 如果样品超过测量范围，仪器在±45°处来回振荡。此时，取出试管，仪器即自动转回零位。

⑧ 仪器使用完毕后，应依次关闭测量、光源、电源开关。

(4) 注意事项

① 仪器应放在干燥通风处，防止潮气侵蚀，尽可能在 20℃的工作环境中使用仪器，搬动仪器应小心轻放，避免震动。

② 在调零或测量时，试管中不能有气泡，若有气泡，应先让气泡浮在凸颈处；如果通光面两端有雾状水滴，应用软布揩干。试管螺帽不宜旋得太紧，以免产生应力，影响读数。试管安放时应注意标记的位置和方向。

③ 钠光灯在直流供电系统出现故障不能使用时，仪器也可在钠光灯交流供电的情况下测试，但仪器的性能可能略有降低。

第二节　吸光度的测定

吸光光度法是基于被测物质的分子对光的选择性吸收而建立起来的一种仪器分析方法，包括比色分析法、可见分光光度法、紫外分光光度法和红外分光光度法。

与化学分析法相比，吸光光度法有如下特点。

(1) 灵敏度高　吸光光度法的测定下限可达 $10^{-5}\sim10^{-6}$ mol，常用于微量组分甚至痕量组分的测定。

(2) 准确度较高　吸光光度法测定结果的相对误差为 2%～5%，能满足微量组分测定的准确度要求。

(3) 操作简便　吸光光度法的仪器结构简单、价格便宜、操作简便、易于普及。

(4) 分析速度快　在生产过程的例行分析中，一般几分钟即可得到结果。近年来，由于灵敏度高、选择性好的显色剂的研制以及各种行之有效的新技术的出现，多组分试样常常可以不经分离直接进行分析，使吸光光度法更显其方便、快速的特点。

(5) 应用广泛　几乎所有的无机离子和许多有机化合物都能直接或间接地用吸光光度法进行测定。

一、物质对光的选择性吸收

1. 光的基本性质

光是一种电磁波，具有波动性与粒子性。波长 (λ)、频率 (ν) 和光速 (c) 是描述波动性的三个重要参数，它们之间的关系是：

$$\lambda=\frac{c}{\nu} \tag{10-4}$$

根据波长的不同，可以将光划分为紫外光（200～400nm）、可见光（400～760nm）、红外光（0.76～50μm）等。其中，只有可见光作用于肉眼才能引起颜色的感觉。

就粒子性而言，光可以被视为带有能量的粒子流，这种粒子称为光子或光量子。单个光子的能量 (E) 取决于频率或波长，其关系式是：

$$E=h\nu=h\,\frac{c}{\lambda} \tag{10-5}$$

h——普朗克常数，6.62×10^{-34}J·s。

具有单一波长的光称为单色光，单色光由具有相同能量的光子组成。通常将由不同波长的光子组合成的光称为复色光。白光（日光、白炽灯光等）是由不同波长、不同颜色的光按一定的强度比例混合而成的复色光。白光通过棱镜可分解为七彩光；反之，七彩光按一定的强度比例混合便形成白光，而两种适当颜色的光按一定强度比例混合也可形成白光，这两种颜色的光被称为互补色光。

2. 物质对光的选择性吸收

不同物质（包括其溶液）具有不同的颜色，其原因是结构不同的物质对光具有选择性吸收。当一束白光照射到某物质的固体或溶液上时，如果物质对可见光区各波长的光均无吸收，即入射光全部反射或透过，则固体呈白色，溶液为无色；如果物质对可见光区各波长的光全部吸收，则固体或溶液呈黑色；如果物质选择性地吸收某些波长的光，而反射或透过其余波长的光，固体或溶液的颜色由反射光或透过光的颜色决定。固体或溶液呈现的颜色恰好是物质吸收光色的互补色。例如，硫酸铜溶液因吸收了白光中的黄色光而呈现蓝色，高锰酸钾溶液呈紫红色是因为吸收了白光中的绿光。溶液颜色与吸收光颜色的互补关系见表 10-1。

表 10-1　溶液颜色与吸收光颜色的互补关系

溶液颜色	吸收光		溶液颜色	吸收光	
	颜色	波长/nm		颜色	波长/nm
黄绿	紫	400～450	紫	黄绿	560～580
黄	蓝	450～480	蓝	黄	580～610
橙	绿蓝	480～490	绿蓝	橙	610～650
红	蓝绿	490～500	蓝绿	红	650～780
红紫	绿	500～560			

比色分析法与可见分光光度法是研究溶液中物质分子对可见光吸收的吸光光度法；紫外分光光度法则是研究溶液中物质分子对紫外光吸收的吸光光度法。

3. 吸收曲线

任何溶液对不同波长光的吸收程度都不尽相同。如果将各种波长的单色光依次通过一定浓度和厚度的某一溶液，分别测量该溶液对各波长单色光的吸收程度，再以波长为横坐标，吸光度为纵坐标作图，得到的曲线称为吸收曲线或吸收光谱。由吸收曲线可以说明溶液对不同波长光的吸收情况。

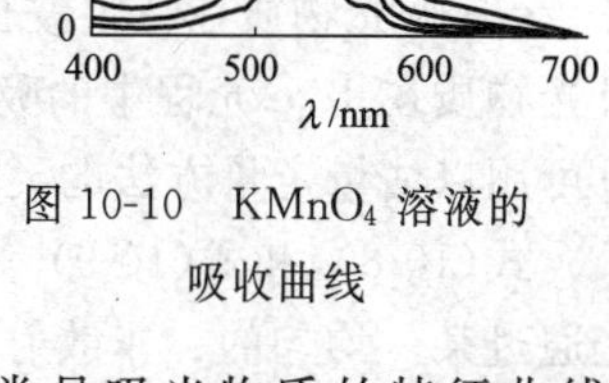

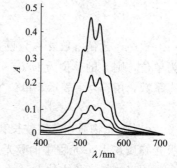

图 10-10　$KMnO_4$ 溶液的吸收曲线

图 10-10 是四种不同浓度 $KMnO_4$ 溶液的光吸收曲线。从图中可以看出，$KMnO_4$ 对 525nm 波长的绿光有最大吸收，该处呈现吸收峰，而对紫色光和红色光很少吸收。吸收峰顶对应光的波长，称为最大吸收波长，用 λ_{max} 表示，它随吸光物质的种类和溶剂而变。不同浓度的 $KMnO_4$ 溶液，其吸收曲线的形状相似，最大吸收波长不变，都是 525nm。吸收曲线常是吸光物质的特征曲线，λ_{max} 为吸光物质的特征参数，借此可以初步鉴定吸光物质。此外，吸收曲线是吸光光度法选择入射光波长的重要依据。

二、朗伯-比耳定律及其应用

吸光光度法的定量依据是朗伯-比耳定律。如图 10-11 所示，当一束平行单色光通过液

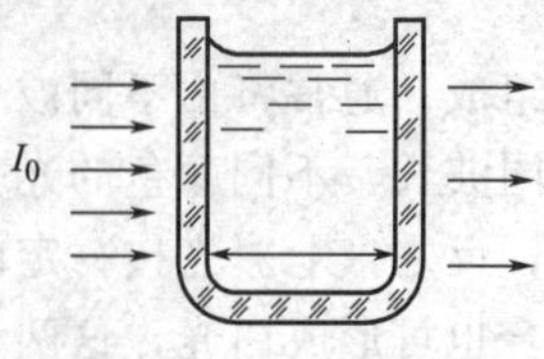

图 10-11　单色光通过盛溶液的吸收池

层厚度为 b 的有色溶液时，溶质吸收了光能，光的强度就要减弱。溶液的浓度愈大，通过的液层厚度愈大，则光被吸收得愈多，光强度的减弱也愈显著。描述它们之间定量关系的定律称为朗伯-比耳定律。

早在 1729 年，波格（Bouguer）首先发现物质对光的吸收与吸光物质的厚度有关。之后，他的学生朗伯（Lambert）进一步研究并于 1760 年指出，如果溶液的浓度一定，则光的吸收程度与液层的厚度成正比，这个关系称为朗伯定律，用下式表示：

$$A=\lg\frac{I_0}{I}=k_1 b \tag{10-6}$$

式中　A——吸光度；

I_0——入射光强度；

I——透射光强度；

k_1——比例常数；

b——液层厚度（光程长度）。

1852 年，比耳（Beer）研究了各种无机盐水溶液对红光的吸收后指出：光的吸收与光所遇到的吸光物质的数量有关；如果吸光物质溶于不吸光的溶剂中，则吸光度与吸光物质的浓度成正比。也就是说，当单色光通过液层厚度一定的有色溶液时，溶液的吸光度与溶液的浓度成正比，这个关系称为比耳定律，用下式表示：

$$A=\lg\frac{I_0}{I}=k_2 c \tag{10-7}$$

式中　c——有色溶液的浓度；

k_2——比例常数。

将朗伯定律与比耳定律合并起来，就称为朗伯-比耳定律，也称为光吸收定律，用下式表示：

$$A=\lg\frac{I_0}{I}=abc \tag{10-8}$$

式中，比例常数 a 称为吸光系数。A 为无量纲量，通常 b 以 cm 为单位，如果 c 以 g/L 为单位，则 a 的单位为 L/(g・cm)。若 c 以 mol/L 为单位，则此时的吸光系数称为摩尔吸光系数，用符号 ε 表示，单位为 L/(mol・cm)。于是式(10-8) 可改写为：

$$A=\varepsilon bc \tag{10-9}$$

ε 是吸光物质在特定波长和溶剂情况下的一个特征常数，数值上等于浓度为 1mol/L 的吸光物质在 1cm 光程中的吸光度，是吸光物质吸光能力的量度。它可作为定性鉴定的参数，也可用以估量定量方法的灵敏度，ε 值愈大，方法的灵敏度愈高。

式(10-8) 和式(10-9) 是朗伯-比耳定律的数学表达式。其物理意义为：当一束平行单色光通过某一均匀的、非散射的吸光物质溶液时，溶液的吸光度与溶液浓度和液层厚度的乘积成正比。

【例 10-1】　铁（Ⅱ）浓度为 5.0×10^{-4} g/L 的溶液，与 1,10-邻二氮杂菲反应，生成橙红色配合物。该配合物在波长为 508nm、比色皿厚度为 2cm 时，测得 $A=0.19$。计算 1,10-邻二氮杂菲亚铁的 a 及 ε。

解　已知铁的相对原子质量为 55.85。根据朗伯-比耳定律得

$$a=\frac{A}{bc}=\frac{0.19}{2\times 5.0\times 10^{-4}}=190\text{L}/(\text{g}\cdot\text{cm})$$

$$\varepsilon=Ma=55.85\times 190=1.1\times 10^{4}\,\text{L}/(\text{mol}\cdot\text{cm})$$

在吸光度的测量中，有时也用透光度 T 或百分透光度 $T\%$ 表示物质对光的吸收程度并进行有关计算。透光度 T 是透射光强度 I 与入射光强度 I_0 之比，即

$$T=\frac{I}{I_0} \tag{10-10}$$

因此

$$A=\lg\frac{1}{T} \tag{10-11}$$

三、分光光度计及其使用

1. 仪器的组成

测量溶液对不同波长单色光吸收程度的仪器称为分光光度计。它由光源、单色器、测量池（或参比池）、检测器和信号处理及显示系统五个部分组成，如图 10-12 所示。

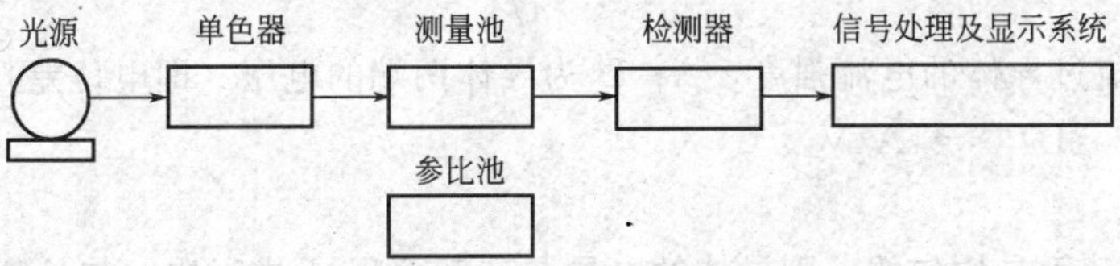

图 10-12　分光光度计组成示意图

2. 722 型分光光度计

722 型分光光度计采用卤钨灯为光源，光栅为单色器，光电管为检测器，适用波长范围为 330～800nm，检测器输出的信号经放大后，由数字显示器指示吸光度和透射比。其外观如图 10-13 所示。

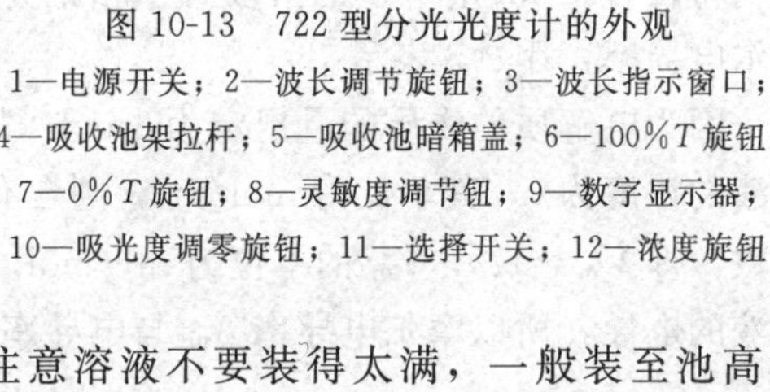

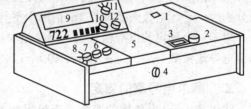

图 10-13　722 型分光光度计的外观

1—电源开关；2—波长调节旋钮；3—波长指示窗口；4—吸收池架拉杆；5—吸收池暗箱盖；6—100%T 旋钮；7—0%T 旋钮；8—灵敏度调节钮；9—数字显示器；10—吸光度调零旋钮；11—选择开关；12—浓度旋钮

3. 722 型分光光度计的操作步骤

(1) 将灵敏度调节钮置于“1”挡，打开试样室盖，按下电源开关，指示灯亮，仪器预热 20min。

(2) 调节波长调节钮，使测试所需波长对准标线。

(3) 在试样室盖打开的情况下，调节 0%T 旋钮，显示器显示为“0.000”。

(4) 将参比溶液和试样溶液装入吸收池，注意溶液不要装得太满，一般装至池高的 2/3～4/5 即可。将参比溶液放于第一格内（靠操作者身边），装试样的吸收池按试样编号依次放于第二、第三、第四格内，盖上试样盖。

(5) 将参比溶液推入光路，调节 100%T 旋钮，使之显示为“100.0”。如果无法显示到“100.0”，则要增加灵敏度挡，然后再调节 100%T 旋钮，直到显示为“100.0”。

(6) 重复进行 (4)、(5) 操作，直到显示稳定。

(7) 将选择开关置于 A 挡，此时吸光度应显示为“.000”；若不是，则调节吸光度调零旋钮，使之显示为“.000”。将试样推入光路，显示值即为试样的吸光度。

(8) 若用比较法测定浓度 c，先将选择开关旋至 c 挡，将标准溶液推入光路，调节浓度旋钮，使数字显示器显示值为标准溶液浓度，再将被测溶液推入光路，显示值即为被测溶液的浓度。

(9) 仪器使用完毕，关闭电源，洗净吸收池并放回原处。

第三节　溶液电导率的测定

一、电导与电导率

1. 电导

任何导体的导电能力可用电阻 R 的倒数 $1/R$ 来衡量，$1/R$ 称为电导，用 G 表示，即

$$G=\frac{1}{R} \tag{10-12}$$

根据欧姆定律，电导的定义也可以写成

$$G=\frac{I}{U} \tag{10-13}$$

式中，I 为流过导体的电流强度，A；U 为导体两端的电压（即电位差）。电导的单位为 S（西门子），$1S=1\Omega^{-1}=1A/V$。

2. 电导率

如果导体的截面是均匀的，则导体的电导与其截面积 A 成正比，与长度 l 成反比，即

$$G=\kappa\frac{A}{l} \tag{10-14}$$

式中，κ 是比例系数，称为电导率，其单位是 S/m。电导率是电阻率 ρ 的倒数。电导率的物理意义是长 1m、截面积为 $1m^2$ 的导体的电导。对电解质溶液来说，电导率是指电极面积分别为 $1m^2$、电极间距离为 1m 的两个平行电极之间的电解质溶液的电导。

对于一个固定的电导池来说，电导池中两极之间的距离 l 与电极面积 A 都是定值，l/A 称为电导池常数，用 K_{cell} 来表示，即 $\kappa=GK_{cell}$。

二、摩尔电导率的测定

将含有 1mol 电解质的溶液置于相距为 1m 的两个平行电极之间，此时溶液的电导称为摩尔电导率，用 Λ_m 表示。

因为电解质的物质的量规定为 1mol，故导电溶液的体积将随着溶液的浓度而改变。设溶液的浓度为 c，其单位为 mol/m^3，则含有 1mol 电解质溶液的体积 V_m 应为溶液浓度 c 的倒数，即 $V_m=1/c$，V_m 的单位为 m^3/mol。由于电导率 κ 是两平行电极间距离为 1m 时 $1m^3$ 溶液的电导，所以摩尔电导率 Λ_m 与电导率 κ 的关系为：

$$\Lambda_m=\kappa V_m$$

即

$$\Lambda_m=\frac{\kappa}{c} \tag{10-15}$$

摩尔电导率 Λ_m 的单位为 $S\cdot m^2/mol$。

图 10-14 表示一个长、宽、高各为 1m 的立方体电导池，其中平行相对的左、右两个侧面是两个电极。在此电导池中充满 $1m^3$ 电解质溶液时所表现出来的电导就是该溶液的电导率 κ，若此时电解质溶液的浓度为 $3mol/m^3$，则 $\frac{1}{3}m^3$ 的溶液中含有 1mol 电解质。将这 $\frac{1}{3}m^3$

的溶液置于该立方体电导池中，则溶液的高度为$\frac{1}{3}$m。根据摩尔电导率的定义，这时溶液的电导就是摩尔电导率Λ_m。显然，这时摩尔电导率Λ_m与电导率κ的关系为$\Lambda_m=\frac{\kappa}{3}$。

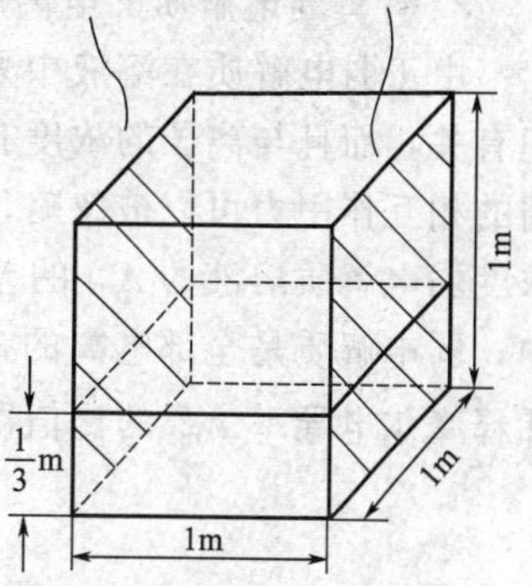

图 10-14　摩尔电导率与电导率关系示意图

在对电解质溶液性质的研究中，常用摩尔电导率来比较电解质溶液导电能力的大小。从微观上看，电解质溶液的导电能力是由溶液中离子的数量，每个离子所带电荷数量及正、负离子在电场作用下的迁移速率所决定的。习惯上，在计算Λ_m时，常把正、负离子各带有 1mol 元电荷的电解质选作为物质的量的基本单元（如 KCl、$\frac{1}{2}CuSO_4$、$\frac{1}{3}FeCl_3$ 等）。这样 1mol 电解质在水中全部电离时，溶液中正、负离子所具有的电荷数是相同的，Λ_m则仅由离子的迁移速率所决定。对于不能完全电离的弱电解质溶液而言，Λ_m则不仅与离子的迁移速率有关，而且还与溶液中离子的数量（即弱电解质的电离度）有关。

【例 10-2】 298K 时，测得$c(K_2SO_4)=500mol/m^3$的K_2SO_4溶液的电导率$\kappa=8.14S/m$，求该温度下的$\Lambda_m(K_2SO_4)$和$\Lambda_m\left(\frac{1}{2}K_2SO_4\right)$。

解　$\Lambda_m(K_2SO_4)$表示以K_2SO_4作为物质的量的基本单元，根据式(10-15）有

$$\Lambda_m(K_2SO_4)=\frac{\kappa}{c(K_2SO_4)}=\frac{8.14}{500}=1.63\times10^{-2}(S\cdot m^2/mol)$$

$$c\left(\frac{1}{2}K_2SO_4\right)=2c(K_2SO_4)=2\times500=1000(mol/m^3)$$

$\Lambda_m\left(\frac{1}{2}K_2SO_4\right)$表示以$\frac{1}{2}K_2SO_4$作为物质的量的基本单元，因为含有 1mol K_2SO_4 的溶液相当于含有 2mol 的$\frac{1}{2}K_2SO_4$，所以

$$\Lambda_m\left(\frac{1}{2}K_2SO_4\right)=\frac{\kappa}{c\left(\frac{1}{2}K_2SO_4\right)}=\frac{8.14}{1000}=8.14\times10^{-3}\ (S\cdot m^2/mol)$$

显然，$\Lambda_m\left(\frac{1}{2}K_2SO_4\right)=\frac{1}{2}\Lambda_m(K_2SO_4)$。

三、电导的应用

由于电解质溶液的导电能力和溶液中离子的多少、离子的电荷数和迁移速率有关，因此利用测定溶液电导的方法可以了解电解质溶液的许多性质，在生产实际及科学研究中均有广泛的应用。现仅择其重要者简述如下。

1. 检验水的纯度

在工业生产和科学研究中有时需要纯度很高的水，例如半导体工业中若清洗用水中含有杂质，就会大大影响产品性能。检查水的纯度最简便的方法就是测定水的电导率。一般蒸馏水的电导率κ约为$1.00\times10^{-3}S/m$，重蒸馏水（蒸馏水用$KMnO_4$和 KOH 处理后再重新蒸馏）和去离子水（用离子交换树脂处理过的水）的κ可小于$1.0\times10^{-4}S/m$。由于水本身有微弱的电离，理论计算纯水的κ应为$5.5\times10^{-6}S/m$，故$\kappa<1.0\times10^{-4}S/m$的水就相当纯净了，称为“电导水”，所以测定水的电导率即可知道水的纯度是否合乎要求。

2. 计算弱电解质的电离度

由于弱电解质在溶液中只有部分电离，因此，弱电解质溶液的 Λ_m 不仅与离子的迁移速率有关，而且与离子的浓度有关。如果弱电解质的电离度很小，溶液中离子浓度很低，离子间的相互作用力可以被忽略，则离子在一定电场下的迁移速率和无限稀释时近似相同，不同浓度弱电解质溶液的 Λ_m 的差别就只反映溶液中离子浓度的不同。由于在无限稀释的溶液中，弱电解质是全部电离的，因此某浓度下弱电解质溶液的摩尔电导率 Λ_m 与该电解质无限稀释摩尔电导率 Λ_m^{∞} 的比值即为此浓度中弱电解质的电离度 α。

$$\alpha=\frac{\Lambda_m}{\Lambda_m^{\infty}} \tag{10-16}$$

【例 10-3】 将 $c(\mathrm{HAc})=15.81\mathrm{mol/m^3}$ 的 HAc 水溶液注入电导池常数 $K_{\mathrm{cell}}=13.7\mathrm{m^{-1}}$ 的电导池中，298K 时测得电导为 $1.527\times10^{-3}\mathrm{S}$，试计算该溶液中 HAc 的电离度。

解 先求 $c(\mathrm{HAc})=15.81\mathrm{mol/m^3}$ 的 HAc 水溶液的 Λ_m。

$\kappa=K_{\mathrm{cell}}G=13.7\times1.527\times10^{-3}=2.092\times10^{-2}\ (\mathrm{S/m})$

$$\Lambda_m(\mathrm{HAc})=\frac{\kappa}{c(\mathrm{HAc})}=\frac{2.092\times10^{-2}}{15.81}=1.32\times10^{-3}\ (\mathrm{S\cdot m^2/mol})$$

从表中查得 $\Lambda_m^{\infty}(\mathrm{H^+})=3.4982\times10^{-2}\mathrm{S\cdot m^2/mol}$，$\Lambda_m^{\infty}(\mathrm{Ac^-})=4.09\times10^{-3}\mathrm{S\cdot m^2/mol}$，则

$$\begin{aligned}\Lambda_m^{\infty}(\mathrm{HAc})&=\Lambda_m^{\infty}(\mathrm{H^+})+\Lambda_m^{\infty}(\mathrm{Ac^-})=3.4982\times10^{-2}+4.09\times10^{-3}\\&=3.907\times10^{-2}\ (\mathrm{S\cdot m^2/mol})\end{aligned}$$

将 $\Lambda_m(\mathrm{HAc})$、$\Lambda_m^{\infty}(\mathrm{HAc})$ 代入式(10-16) 得

$$\alpha=\frac{\Lambda_m(\mathrm{HAc})}{\Lambda_m^{\infty}(\mathrm{HAc})}=\frac{1.32\times10^{-3}}{3.907\times10^{-2}}=3.38\times10^{-2}$$

3. 测定微溶盐的溶解度

某些微溶盐如 $BaSO_4$、AgCl、AgI 等在水中的溶解度很小，通常用化学分析的方法很难测出它们的溶解度，但可用电导方法求得。在测定微溶盐的溶解度时，由于离子的浓度很低，因此所用的水必须非常纯净，以免水中的杂质离子干扰测量结果。再者，如前所述，溶剂水本身也有微弱的电离，因此实验测得的电解质溶液的电导率应为电解质的电导率与水的电导率之和，即 $\kappa(\text{溶液})=\kappa(\text{电解质})+\kappa(H_2O)$。在一般的情况下，由于前者远远大于后者，因而水的电导率可忽略不计；但在微溶盐的水溶液中，由于微溶盐的电导率很小，水的电导率则不能忽略不计，因此

$$\kappa(\text{微溶盐})=\kappa(\text{溶液})-\kappa(H_2O) \tag{10-17}$$

由于微溶盐的溶解度很小，溶液极稀，离子间相互作用可忽略不计，所以可近似认为微溶盐的饱和溶液中 Λ_m 之值约等于 Λ_m^{∞}，则可求得饱和溶解度 c_s 为：

$$c_s=\frac{\kappa(\text{微溶盐})}{\Lambda_m^{\infty}} \tag{10-18}$$

4. 电导滴定

电导滴定常被用来测定溶液中电解质的浓度。当溶液浑浊或有颜色而不能应用指示剂时，这种方法就更显得十分有用。

通常是被滴定溶液中的一种离子和滴入试剂中的一种离子相结合，生成电离度极小的电解质或沉淀。结果溶液中原有的一种离子被另一种离子代替，因而使溶液电导发生改变。

例如，用 NaOH 滴定 HCl 时，溶液中电导很大的 H^+ 被电导较小的 Na^+ 代替，因此溶液的电导随着 NaOH 溶液的加入而减小。当 HCl 被中和后，再加入 NaOH，则等于单纯增

加溶液中的 Na^+ 及 OH^-，且由于 OH^- 的电导很大，所以溶液的电导骤增。如果将电导与所加 NaOH 溶液的体积作图，则可得 *AB* 和 *BC* 两条直线，它们的交点就是滴定的等当点，如图 10-15(a) 所示。

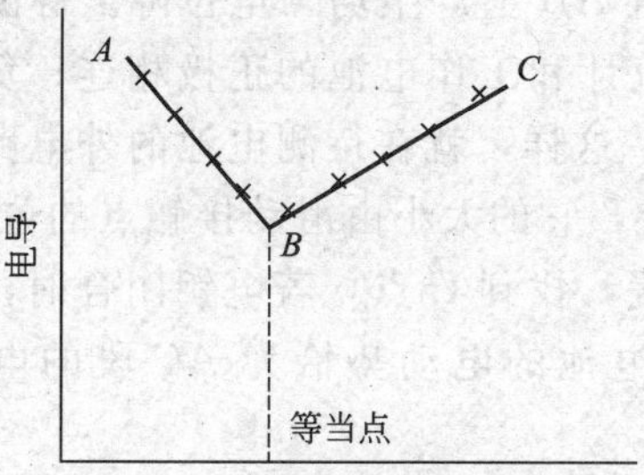

图 10-15 (a)　强酸强碱反应的电导滴定

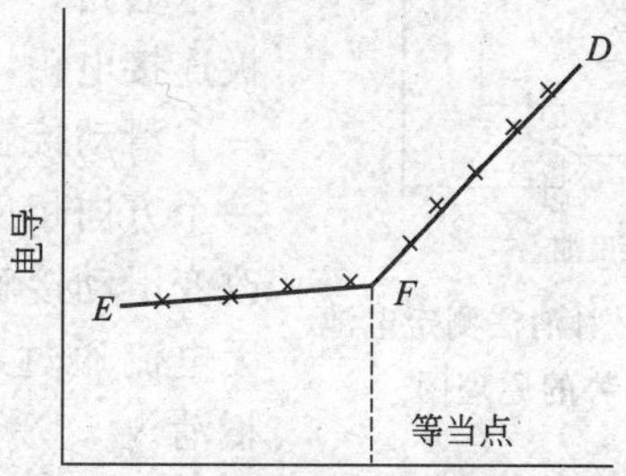

图 10-15 (b)　沉淀反应的电导滴定

电导滴定还可以用于沉淀反应。例如，用 KCl 滴定 $AgNO_3$ 时，发生下列反应：

$$AgNO_3 + KCl \longrightarrow AgCl\downarrow + KNO_3$$

溶液中的 Ag^+ 被 K^+ 代替，由于它们的电导差别不大，因而溶液的电导仅有极小的变化。超过滴定终点以后，再加入 KCl 溶液时，由于溶液中有过量的 KCl 存在，溶液的电导开始增加，如图 10-15(b) 中 *EF* 和 *FD* 两条线的交点就是滴定的等当点。

四、DDS-6110 型电导率仪

DDS-6110 型电导率仪的面板结构如图 10-16 所示。该型号仪器具有功能强、测量精度高、使用方便等特点，可广泛应用于火电、化工、冶金、环保、制药、生化、食品和自来水等溶液中电导率值的连续监测。

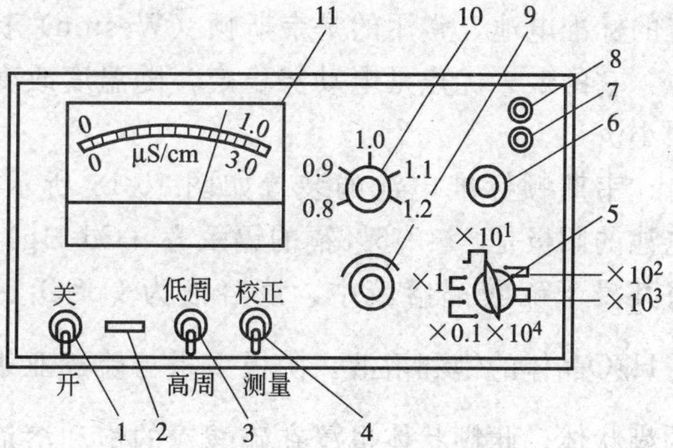

图 10-16　DDS-6110 型电导率仪的面板结构示意图

1—电源开关；2—指示灯；3—高周、低周开关；4—校正、测量开关；5—量程选择开关；6—电容补偿调节器；7—电极插口；8—10mV 输出插口；9—校正调节器；10—电极常数调节器；11—显示仪表

该仪器的功能特点具体表现为：

① 微机化　采用高性能 CPU 芯片、高精度 AD 转换技术和 SMT 贴片技术，完成多参数测量、温度补偿、量程自动转换，精度高，重复性好。

② 高可靠性　单板结构，触摸式按键，无开关旋钮和电位器。自动转换测量频率，避免电极极化，提高测量精度。

③ 25℃折算　温度补偿自动测量/手动输入，超纯水自动温度补偿。

第四节　电池电动势和溶液 pH 的测定

一、电池电动势

可逆电池的电动势不能直接用伏特计来测量。因为当把伏特计与电池接通后，必须有适量的电流通过才能使伏特计显示，这样电池中就发生了化学反应。溶液浓度将不断发生变化，因而电动势也不断变化，此时电池已不是可逆电池。另外，电池本身也有电阻，用伏特计测量出的只是两电极间的电位差而不是可逆电池的电动势。所以测量可逆电池的电动势必

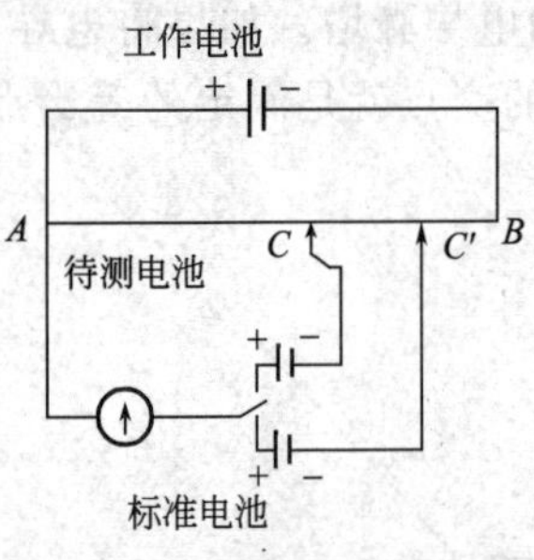

图 10-17　对消法测定电池电动势的原理图

须在几乎没有电流通过的情况下进行。

坡根多夫（Poggendorf）对消法就是根据上述原理测定电池电动势的方法。其线路如图 10-17 所示。工作电池经 AB 构成一个通路，在均匀电阻 AB 上产生均匀电位降。待测电池的正极连接电钥，经过检流计和工作电池的正极相连；负极连接到一个滑动接触点 C 上。这样，就在待测电池的外电路中加上了一个方向相反的电位差，它的大小由滑动接触点的位置所决定。改变滑动接触点的位置，找到 C 点，若电钥闭合时，检流计中无电流通过，则待测电池的电动势恰为 AC 段的电位差完全抵消。

为了求得 AC 段的电位差，可换用标准电池与电钥相连。标准电池的电动势 E_N 是已知的，而且保持恒定。用同样的方法可以找出检流计中无电流通过的另一点 C'。AC' 段的电位差就等于 E_N。因电位差与电阻线的长度成正比，故待测电池的电动势为：

$$\frac{E_x}{E_N}=\frac{\overline{AC}}{\overline{AC'}} \tag{10-19}$$

1. 韦斯顿标准电池

在用电位差计测定电池的电动势时，需要一个电动势为已知并且在测定过程中能保持稳定的标准电池，常用的是韦斯顿（Weston）标准电池。韦斯顿标准电池是一个高度可逆电池，它的最大优点是电动势稳定，随温度改变很小。

韦斯顿标准电池的装置如图 10-18 所示。电池的阳极是含 12.5%镉的镉汞齐（Cd-Hg），将其浸于硫酸镉溶液中，该溶液为 $CdSO_4 \cdot \frac{8}{3}H_2O$ 晶体的饱和溶液。阴极为汞与硫酸亚汞的糊状体，此糊状体也浸在硫酸镉的饱和溶液中。为了使引出的导线与糊状体接触紧密，在糊状体的下面放少许水银。

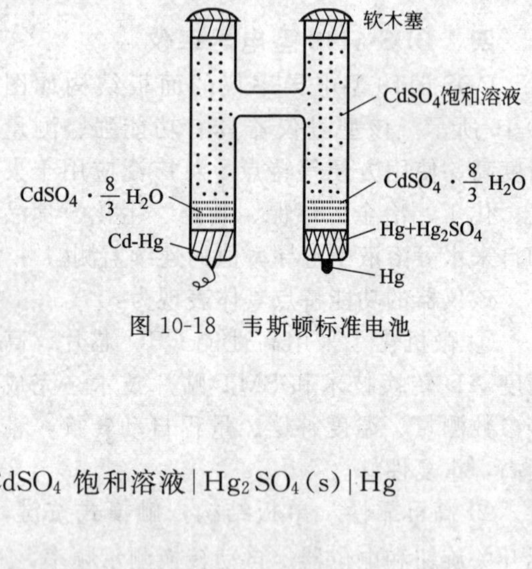

图 10-18　韦斯顿标准电池

韦斯顿标准电池也可表示如下：

含 12.5%Cd 的汞齐$|CdSO_4 \cdot \frac{8}{3}H_2O(s)|CdSO_4$ 饱和溶液$|Hg_2SO_4(s)|Hg$

韦斯顿标准电池的电极反应为：

阳极　$Cd(汞齐)+SO_4^{2-}+\frac{8}{3}H_2O(l) \longrightarrow CdSO_4 \cdot \frac{8}{3}H_2O(s)+2e$

阴极　$Hg_2SO_4(s)+2e \longrightarrow 2Hg(l)+SO_4^{2-}$

电池反应　$Cd(汞齐)+Hg_2SO_4(s)+\frac{8}{3}H_2O(l) \longrightarrow 2Hg(l)+CdSO_4 \cdot \frac{8}{3}H_2O(s)$

2. 可逆电池电动势的计算

利用标准电极电位及能斯特方程，可以计算由任意两个电极构成的电池的电动势。其方法有两种：①从两个电极的电极电位计算，即由能斯特方程式分别计算出电池阳极（负极）和电池阴极（正极）的电极电位 $\varphi_{(-)}$ 和 $\varphi_{(+)}$，再按 $E=\varphi_{(+)}-\varphi_{(-)}$ 求得电池电动势；②根据整个电池的电池反应直接应用能斯特方程计算。

二、溶液 pH 的测定

溶液的 pH 被定义为：

$$pH=-\lg a(H^+)$$

因此测定溶液的 pH 实际上就是测定溶液中 H^+ 的活度 $a(H^+)$。在待测溶液中组成一个其电动势与待测溶液中 H^+ 活度有关的电池，即可利用能斯特方程求出 H^+ 的活度，从而得到溶液的 pH。常用的测定溶液 pH 的方法如下所述。

利用玻璃电极插入待测溶液并与甘汞电极组成原电池。玻璃电极是目前实验室中最常用的测定 pH 的指示电极。它由特殊的玻璃膜制成，当这种玻璃膜把两个 pH 不同的溶液隔开时，玻璃膜的两边将产生电位差，其值依赖于两边溶液 pH 的差值。玻璃电极通常做成圆球形，球中放置 0.10mol/L 的 HCl 溶液及 Ag-AgCl 电极，使用时与另一电极（常用甘汞电极）一起插入待测溶液中，构成下述电池：

$$Ag(s)\mid AgCl(s)\mid HCl(0.1mol/L)\mid 待测溶液[a(H^+)]\mid 甘汞电极$$

则上述电池的电动势为：

$$E=\varphi_{甘汞}-\varphi_{玻璃}$$

利用玻璃电极测定 pH 的专用仪器称为 pH 计或酸度计。

三、常用酸度计介绍

1. pHS-25 简易型酸度计

pHS-25 型属于简易型酸度计，其外观如图 10-19 所示，可广泛应用于火电、化工、冶金、环保、制药、生化、食品和自来水等溶液中 pH 的连续监测。

其主要特点如下：

① 微机化　采用高性能 CPU 芯片、高精度 AD 转换技术和 SMT 贴片技术，完成多参数测量、温度补偿、仪表自检，精度高，重复性好。

② 高可靠性　单板结构，触摸式按键，无开关旋钮。

③ 25℃折算　能斯特电极斜率温度补偿。

④ 标液温度自动折算　预存了标液的温度曲线，标定时自动折算出标液在设定温度下的 pH。

2. pHS-828/818 精密型酸度计

pHS-828、pHS-818 是功能强、使用方便的酸度计，如图 10-20 所示。具有智能化、测量性能高、环境适应性强等特点，属于多功能数字型仪表，广泛应用于电力、化工、环保、制药、冶金、食品和供水等行业中各种水质的 pH 连续监测。

图 10-19　pHS-25 简易型酸度计

图 10-20　pHS-828/818 精密型酸度计

新一代全中文微机型高档型仪表，具有全中文显示、中文菜单式操作、全智能、多功能、测量性能高、环境适应性强等特点。

本章小结

一、旋光度的测定

1. 对映异构（旋光异构）。

2. 旋光性　能使偏振光振动平面旋转的性质称为物质的旋光性。旋光物质使偏振光振动平面旋转的角度称为旋光度，通常用 α 表示。

3. 比旋光度　比旋光度用 $[\alpha]_\lambda^t$ 表示，其中 $[\alpha]_\lambda^t=\dfrac{\alpha}{lc}$。

4. 手性碳原子　与四个不同的原子或原子团相连的碳原子称为不对称碳原子，也称手性碳原子。

5. 手性和对称因素　手性、手性分子和对称因素［对称面（σ）、对称中心（i）、对称轴（C_n）］。

6. 旋光仪　WZZ-2A 自动数显旋光仪的结构及使用方法。

二、吸光度的测定

1. 物质对光的选择性吸收。

2. 吸收曲线　描述溶液对不同波长光的吸收情况的曲线称为吸收曲线或吸收光谱。

3. 朗伯-比耳定律及其应用　$A=\varepsilon bc$

其物理意义为：当一束平行单色光通过某一均匀的、非散射的吸光物质溶液时，溶液的吸光度与溶液浓度和液层厚度的乘积成正比。

4. 分光光度计及其使用　722 型分光光度计。

三、溶液电导率的测定

1. 电导与电导率。

2. 摩尔电导率的测定。

3. 电导的应用：检验水的纯度、计算弱电解质的电离度、测定微溶盐的溶解度、电导滴定。

四、电池电动势和溶液 pH 的测定

1. 电池电动势。

2. 溶液 pH 的测定。

3. 常用酸度计　pHS-25 简易型酸度计、pHS-828/818 精密型酸度计。

习　题

1. 什么是旋光度？物质的旋光度是根据什么原理进行测定的？

2. 如何确定旋光仪的零点？

3. 溶液的电导率与哪些因素有关？测定电导率有什么实际意义？

4. 测定不同溶液的电导率时，是否需要重新进行满刻度校正？为什么？

5. 什么是吸光光度法？具有哪些特点？

6. 什么是光吸收曲线？什么是光吸收定律？

7. 邻二氮菲显色测定铁时，已知显色液中亚铁含量为 50μg/100mL。用 2.0cm 的吸收池，在 510nm 波长处测得吸光度为 0.205。计算邻二氮菲亚铁的摩尔吸光系数。

阅读材料

水硬度常识

水是人类赖以生存的重要条件，也是人体的重要组成成分，因此，饮用什么样的水至关重要。饮用硬度超标的水会影响人体的健康。水的硬度是指溶解在水中的盐类物质的含量，即钙盐与镁盐含量的多少。通常将每升水中钙离子、镁离子含量相当于 10mg 氧化钙称为 1 度或 1°。一般根据硬度的大小，把水分成硬水与软水：8°以下为软水，8°～16°为中水，16°以上为硬水，30°以上为极硬水。

硬度又分为暂时性硬度和永久性硬度。由于水中含有重碳酸钙与重碳酸镁而形成的硬度，经煮沸后可把硬度去掉，这种硬度称为暂时性硬度，又叫碳酸盐硬度；水中含硫酸钙和硫酸镁等盐类物质而形成的硬度，经煮沸后也不能去除，这种硬度称为永久性硬度。暂时性硬度和永久性硬度合称为总硬度。一般饮用水的适宜硬度以 10°～20°为宜。

水硬度的快速测定方法主要有试剂法、试剂盒法和配位滴定法。

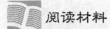

第十一章

滴定分析技术

知识目标：1. 掌握滴定分析基本术语；掌握滴定分析中的误差减免及数据处理方法。

2. 熟悉酸碱、配位、氧化还原滴定法的原理及指示剂。

能力目标：1. 学会使用滴定分析仪器。

2. 掌握各种滴定终点判断的方法。

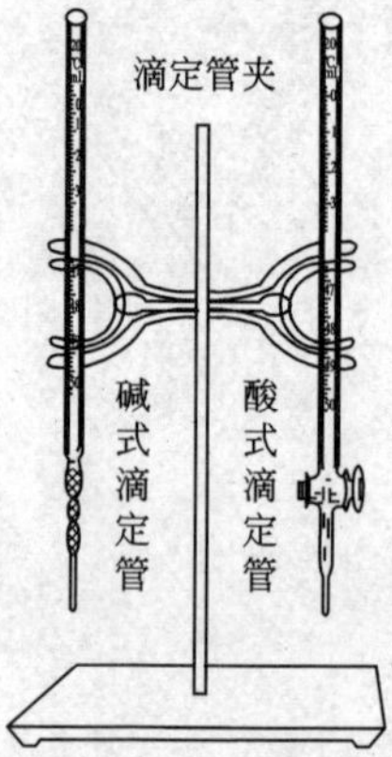

图 11-1　滴定装置

【演示实验 11-1】 从一瓶维生素 C 果汁中精密移取 100mL，置于锥形瓶中，加水适量，调节溶液的 pH，加淀粉指示剂 1mL，采用如图 11-1 所示的滴定装置，用碘标准溶液滴定至恰好出现蓝色。

第一节　滴定分析法

一、滴定分析法概述

1. 基本概念

滴定分析技术是一种定量分析技术，是利用滴定分析法测定物质组成含量的一种分析手段。

滴定分析法又称容量分析法，是化学基本理论在分析工作中的重要应用之一。它是用滴定管将一种已知准确浓度的试剂溶液，滴加到一定量待测物质的溶液中，直到所加试剂与待测物质恰好反应完全为止。然后由试剂溶液的浓度和用量，依据化学反应的计量关系计算出待测物质的含量。

已知准确浓度的试剂溶液称为标准溶液，又叫滴定剂。用滴定管将标准溶液滴加到待测溶液中的操作过程称为滴定。当滴定的标准溶液与待测物质的量相当时，即恰好按照化学计量关系定量反应的一点，称为化学计量点。在化学计量点时，反应往往没有易于察觉的任何外部特征，因此通常在被滴定溶液中加入一种辅助试剂，借其颜色的变化作为化学计量点到达的信号以停止滴定，该辅助试剂称为指示剂。在滴定过程中，指示剂发生颜色变化停止滴定的一点称为滴定终点，简称终点。实际分析操作中由于指示剂不一定恰好在化学计量点时变色，所以滴定终点与化学计量点之间不一定吻合，由此引入的误差称为终点误差，也称滴定误差。

2. 滴定分析对化学反应的要求

用于滴定分析的化学反应必须具备以下基本条件。

① 反应定量地完成，即反应按一定的反应式进行，无副反应发生，且进行完全（≥99.9%），这是定量计算的基础。

② 反应速率要快。对于速率慢的反应，应采取适当措施提高其反应速率。

③ 能用适当的指示剂或其他物理化学方法来确定滴定终点。

3. 滴定分析法的分类

按滴定反应的类型，可将滴定分析法分为以下四种。

（1）酸碱滴定法　是以酸碱中和反应为基础的滴定分析法。可用酸作标准溶液测定碱性物质；也可用碱作标准溶液测定酸性物质。其反应实质为：

$$H^+ + OH^- \longrightarrow H_2O$$

$$HA + OH^- \rightleftharpoons A^- + H_2O$$

$$A^- + H^+ \rightleftharpoons HA$$

（2）沉淀滴定法　是以沉淀反应为基础的滴定分析法。常用于以硝酸银作标准溶液测定卤化物的含量。其反应实质如下：

$$Ag^+ + X^- \longrightarrow AgX\downarrow$$

（3）配位滴定法　是以配位反应为基础的滴定分析法。常用乙二胺四乙酸的二钠盐（简称 EDTA）作标准溶液，测定各种金属离子的含量。其反应实质为：

$$M^{n+} + Y^{4-} \longrightarrow MY^{n-4}$$

式中，M^{n+} 表示金属离子；Y^{4-} 表示 EDTA 的阴离子。

（4）氧化还原滴定法　是以氧化还原反应为基础的滴定分析法。根据所用标准溶液的不同，氧化还原滴定法又分成高锰酸钾法、碘量法等，用于测定具有氧化还原性的物质及本身不具有氧化还原性但能与氧化剂或还原剂定量反应的物质。如高锰酸钾法测定亚铁离子，其反应如下：

$$MnO_4^- + 5Fe^{2+} + 8H^+ \longrightarrow Mn^{2+} + 5Fe^{3+} + 4H_2O$$

4. 滴定方式

（1）直接滴定法　用标准溶液直接滴定待测溶液的方法称为直接滴定法。凡能满足滴定分析要求的化学反应，都可用直接滴定法。直接滴定法是滴定分析法中最常用和最基本的滴定方式。

例如，以 HCl 标准溶液滴定 NaOH 溶液即属于直接滴定法。其反应式为：

$$HCl + NaOH \longrightarrow NaCl + H_2O$$

（2）返滴定法　当反应速率较慢或待测物是固体，或滴定时无合适的指示剂时，均可采用返滴定法。在试样中先准确地加入一定量过量的标准溶液 A，待与待测组分反应完全后，再用另一种标准溶液 B 滴定剩余的标准溶液 A，这种方式称为返滴定法，也称回滴法。

例如，测定 $CaCO_3$ 时，先加入一定量过量的 HCl 标准溶液，再用 NaOH 标准溶液回滴剩余的 HCl。其反应式为：

$$CaCO_3 + 2HCl(\text{过量}) \longrightarrow CaCl_2 + CO_2\uparrow + H_2O$$

$$NaOH + HCl(\text{剩余}) \longrightarrow NaCl + H_2O$$

由 HCl 和 NaOH 标准溶液的浓度及用量，即可计算 $CaCO_3$ 的含量。

（3）置换滴定法　对于没有定量关系或伴有副反应的反应，可先用适当的试剂与待测物反应，转换成一种能被定量滴定的物质，然后再用适当的标准溶液进行滴定，这种滴定方式称为置换滴定法。

例如，$K_2Cr_2O_7$ 氧化剂不能用 $Na_2S_2O_3$ 标准溶液直接滴定。因为 $K_2Cr_2O_7$ 可将 $Na_2S_2O_3$ 氧化成 $Na_2S_4O_6$、Na_2SO_4 等，不能进行定量计算。但是，$K_2Cr_2O_7$ 可以与过量的 KI 在酸性溶液中反应，析出定量的 I_2，而 I_2 能用 $Na_2S_2O_3$ 标准溶液直接滴定。其反应式为：

$$Cr_2O_7^{2-} + 6I^- + 14H^+ \longrightarrow 2Cr^{3+} + 3I_2 + 7H_2O$$

$$I_2 + 2S_2O_3^{2-} \longrightarrow S_4O_6^{2-} + 2I^-$$

由 $Na_2S_2O_3$ 标准溶液的浓度及用量，可以计算出 $K_2Cr_2O_7$ 的含量。

(4) 间接滴定法　当被测物质不能直接与标准溶液作用，而能和另一种可以与标准溶液直接作用的物质反应时，便可采用间接滴定法进行测定。

例如，测定溶液中的 Ca^{2+} 时，由于 Ca^{2+} 没有氧化还原性质，不能直接用氧化还原法测定。可将其沉淀为 CaC_2O_4，过滤、洗净后溶解于硫酸，生成与 Ca^{2+} 相当量的 $H_2C_2O_4$，再用 $KMnO_4$ 标准溶液滴定。其反应式为：

$$Ca^{2+} + C_2O_4^{2-} \longrightarrow CaC_2O_4$$

$$CaC_2O_4 + H_2SO_4 \longrightarrow CaSO_4 + H_2C_2O_4$$

$$2MnO_4^- + 5C_2O_4^{2-} + 16H^+ \longrightarrow 2Mn^{2+} + 10CO_2\uparrow + 8H_2O$$

由 $KMnO_4$ 标准溶液的浓度和用量，可间接计算出 Ca^{2+} 的含量。

由此可见，采用不同的滴定方式，可大大扩展滴定分析法的应用范围。

二、标准溶液

滴定分析是通过标准溶液的准确浓度和用量来计算待测组分含量的，因此，正确地配制标准溶液和准确地确定其浓度，对于提高滴定分析的准确度有着极其重要的意义。

1. 标准溶液浓度的表示方法

标准溶液浓度的表示方法通常有两种，即物质的量浓度和滴定度。

(1) 物质的量浓度　物质的量浓度 $c(B)$ 表示单位体积溶液中所含溶质 B 的物质的量。即

$$c(B) = \frac{n(B)}{V} \tag{11-1}$$

式中　$c(B)$——物质 B 的物质的量浓度，mol/L；

$n(B)$——物质 B 的物质的量，mol；

V——溶液的体积，L。

使用物质的量、物质的量浓度和摩尔质量时，必须指明基本单元，基本单元可以是原子、分子、离子、电子及其他粒子。一般用圆括号给出基本单元的化学式。在滴定分析中，为了便于计算分析结果，规定了标准溶液和待测物质选取基本单元的原则：酸碱滴定反应以给出或接受一个 H^+ 的特定组合作为基本单元；氧化还原滴定反应以给出或接受一个电子的特定组合作为基本单元；配位滴定反应和沉淀滴定反应则常以参与反应物质的分子或离子作为基本单元。例如：

$c(NaOH) = 0.50$mol/L 表示基本单元是氢氧化钠分子，$M(NaOH)$ 为 40g/mol，每升溶液中含氢氧化钠 20g；

$c\left(\frac{1}{2}H_2SO_4\right) = 1.000$mol/L 表示基本单元是硫酸分子的$\frac{1}{2}$，$M\left(\frac{1}{2}H_2SO_4\right)$为 49.04g/mol，每升溶液中含硫酸 49.04g；

$c\left(\frac{1}{5}KMnO_4\right) = 0.1000$mol/L 表示基本单元是高锰酸钾分子的$\frac{1}{5}$，$M\left(\frac{1}{5}KMnO_4\right)$为 31.61g/mol，每升溶液中含高锰酸钾 3.161g。

(2) 滴定度　滴定度是指单位体积的标准溶液相当于被测组分的质量，用 $T_{被测组分/滴定剂}$ 表示，单位为 g/mL。例如，用于测定铁含量的 $KMnO_4$ 标准溶液，其滴定度可表示为 $T_{Fe/KMnO_4}$。若 $T_{Fe/KMnO_4} = 0.005682$g/mL，即表示 1mL $KMnO_4$ 溶液相当于

0.005682g 铁，也就是说，1mL 的 $KMnO_4$ 标准溶液能把 0.005682g Fe^{2+} 氧化成 Fe^{3+}。

在生产实际中，常常是同一产品连续生产多个批号，这时若用滴定度来表示标准溶液所相当的被测物质的质量，则计算待测组分的含量就比较方便。如上例中，若已知滴定消耗 $KMnO_4$ 标准溶液的体积为 V(mL)，则被测定铁的质量 $m(Fe)=TV$。

对于一般的滴定反应

$$aA+bB \longrightarrow cC+dD$$

若已知标准溶液 A 的浓度 c，要换算为标准溶液 A 对被测组分 B 的滴定度 $T_{B/A}$，其关系如下：

$$T_{B/A}=c(A)M(B)\times10^{-3} \tag{11-2}$$

式中　$T_{B/A}$——标准溶液 A 对被测组分 B 的滴定度，g/mL；

$M(B)$——被测组分 B 以基本单元（B）的摩尔质量，g/mol；

$c(A)$——标准溶液 A 以基本单元（A）的浓度，mol/L。

2. 标准溶液的配制

配制标准溶液一般有两种方法，即直接法和间接法。

(1) 直接法　准确称取一定量的基准物质，溶解后准确稀释至一定体积，根据物质的质量和溶液的体积可直接计算出该标准溶液的准确浓度。

能用直接法配制标准溶液的物质称为基准物质。基准物质必须具备下列条件。

> **讨论：** 药品质量标准中有关药物的含量测定，凡使用滴定分析法必然涉及滴定度，讨论滴定度在药物分析中的意义及作用。

① 具有足够的纯度。一般要求纯度在 99.9%以上，其杂质含量应达到滴定分析所允许的误差限度以下。

② 物质的组成与化学式要完全相符，包括所含的结晶水。

③ 性质稳定。要求贮存时不起变化；在空气中不吸收水分和二氧化碳；不易被空气中的氧所氧化；在烘干时不分解等。

符合上述条件的物质不多，大多数用于配制标准溶液的物质，如盐酸、氢氧化钠、高锰酸钾、硫代硫酸钠等，均不能满足上述条件，不可用直接法配制标准溶液，而要用间接法配制。

> **查一查：** 我国目前基准级试剂有哪些？主要适用于哪些方面？

(2) 间接法（又称标定法）　先粗略地称取一定量的物质或量取一定量体积的溶液，配制成近似所需浓度的溶液，然后用基准物质或另一种标准溶液来测定它的准确浓度。这种利用基准物质或另一种标准溶液来确定该标准溶液准确浓度的操作过程称为标定。

例如，欲配制 0.1mol/L NaOH 标准溶液，可先根据所需配制溶液的体积粗略称取适量的 NaOH 试剂，配成约为 0.1mol/L 的溶液；再准确称取一定量的基准物（如邻苯二甲酸氢钾），用上述配得的溶液进行滴定，根据两者完全作用时 NaOH 溶液的用量和基准物的质量，即可求出 NaOH 溶液的准确浓度。若无基准物质，也可用 HCl 标准溶液进行标定。

标定某种标准溶液时，可用的基准物往往不止一种，如标定盐酸溶液的基准物有碳酸钠和硼砂等，在选择时要注意：作为标定用的基准物，除了必须满足上述基准物质的条件外，为了降低称量误差，在可能的情况下最好还具备第四个条件，即具有较大的摩尔质量。上例中标定盐酸时，显然选用硼砂更为适宜。

三、滴定分析的计算

滴定分析计算的依据是：按照滴定分析中规定的方法选择基本单元的前提下，当反应完全时，各物质的物质的量相等。即滴定达到化学计量点时，待测物质的物质的量 $n(\mathrm{B})$ 与标准溶液的物质的量 $n(\mathrm{A})$ 相等。

若 $c(\mathrm{A})$、$c(\mathrm{B})$ 分别代表滴定剂 A 和待测组分 B 两种溶液的浓度，$V(\mathrm{A})$、$V(\mathrm{B})$ 分别代表两种溶液的体积，则当反应到达化学计量点时

$$n(\mathrm{A})=n(\mathrm{B}) \tag{11-3}$$

$$c(\mathrm{A})V(\mathrm{A})=c(\mathrm{B})V(\mathrm{B}) \tag{11-4}$$

若 $m(\mathrm{B})$、$M(\mathrm{B})$ 分别代表物质 B 的质量和摩尔质量，则物质 B 的物质的量为：

$$n(\mathrm{B})=\frac{m(\mathrm{B})}{M(\mathrm{B})} \tag{11-5}$$

当 B 与滴定剂反应完全时

$$c(\mathrm{A})V(\mathrm{A})=\frac{m(\mathrm{B})}{M(\mathrm{B})} \tag{11-6}$$

设试样质量为 m，则试样中被测组分 B 的质量分数（物质中组分 B 的质量与物质总质量之比）为：

$$w(\mathrm{B})=\frac{c(\mathrm{A})V(\mathrm{A})M(\mathrm{B})}{m} \tag{11-7}$$

若试样溶液的体积为 V，则试样中 B 的质量浓度（气体或液体混合物中组分 B 的质量与混合物总体积之比，单位为 g/L）为：

$$\rho(\mathrm{B})=\frac{c(\mathrm{A})V(\mathrm{A})M(\mathrm{B})}{V} \tag{11-8}$$

在分析工作中，有时不是滴定全部试样溶液，而是取其中一部分进行滴定，此时应将 m 或 V 乘以适当的分数。例如，将 m(g) 试样溶解后定容为 250mL，然后从中取出 25.00mL 进行滴定，则每份被滴定的试样质量应是 $m\times\frac{25}{250}$(g)。如果滴定实验中同时做了空白试验，则式(11-7) 和式(11-8) 中的 $V(\mathrm{A})$ 应减去空白值。

【例 11-1】 称取工业硫酸 1.740g，以水溶解并稀释至 250.0mL，摇匀。移取 25.00mL，用 $c(\mathrm{NaOH})=0.1044\mathrm{mol/L}$ 的氢氧化钠溶液滴定，消耗 32.41mL。求试样中 H_2SO_4 的质量分数。

解 硫酸的基本单元为 $\frac{1}{2}H_2SO_4$，实际被滴定的试样质量为 $m\times\frac{25}{250}$，因此

$$w(H_2SO_4)=\frac{c(\mathrm{NaOH})V(\mathrm{NaOH})M(\frac{1}{2}H_2SO_4)}{m\times\frac{25}{250}}=\frac{0.1044\times32.41\times10^{-3}\times\frac{1}{2}\times98.08}{1.740\times\frac{25}{250}}$$

$$=0.9536$$

【例 11-2】 用基准草酸钠标定高锰酸钾溶液，称取 0.2215g $Na_2C_2O_4$，溶于水后加入适量硫酸酸化，然后用高锰酸钾溶液滴定，用去 30.67mL。求高锰酸钾溶液物质的量浓度 $c\left(\frac{1}{5}KMnO_4\right)$。

解 滴定反应为 $5C_2O_4^{2-}+2MnO_4^-+16H^+\longrightarrow 2Mn^{2+}+8H_2O+10CO_2\uparrow$。反应中一分子 $Na_2C_2O_4$ 给出 2 个电子，基本单元为 $\frac{1}{2}Na_2C_2O_4$；一分子 $KMnO_4$ 获得 5 个电子，基本

单元为$\frac{1}{5}KMnO_4$。按式(11-6) 可得

$$c\left(\frac{1}{5}KMnO_4\right)V(KMnO_4)=\frac{m(Na_2C_2O_4)}{M(\frac{1}{2}Na_2C_2O_4)}$$

则

$$c\left(\frac{1}{5}KMnO_4\right)=\frac{0.2215}{30.67\times10^{-3}\times\frac{1}{2}\times134.0}=0.1078\ (mol/L)$$

四、误差与有效数字

1. 滴定分析中的误差

根据误差产生的原因和特点，滴定分析中的误差可分为系统误差和随机误差两类。

(1) 系统误差　系统误差是由某个固定原因造成的，在平行测定中会重复出现的误差。系统误差可分为仪器误差、试剂误差和方法误差。

① 仪器误差　是由于滴定中所用分析仪器（如天平、滴定管、移液管、容量瓶等）本身不准确而引入的误差。通常可以通过校准仪器的方法加以减免。

② 试剂误差　是由于试剂或溶剂不纯引入的误差。可通过空白试验及使用高纯度的试剂和溶剂来减免。

③ 方法误差　是由于滴定分析方法本身不完善引入的误差。如在滴定分析法中的反应不完全、指示剂选择不当使滴定终点与化学计量点有差异等所引入的误差均为方法误差。可通过选择其他方法或进行方法校正加以减免。

(2) 随机误差　随机误差又称偶然误差，是由某些难以控制、无法避免的偶然因素造成的，其大小、正负很随机，但符合正态分布的统计规律，如图 11-2 所示。所以随机误差可通过增加测定次数取其平均值加以减免。

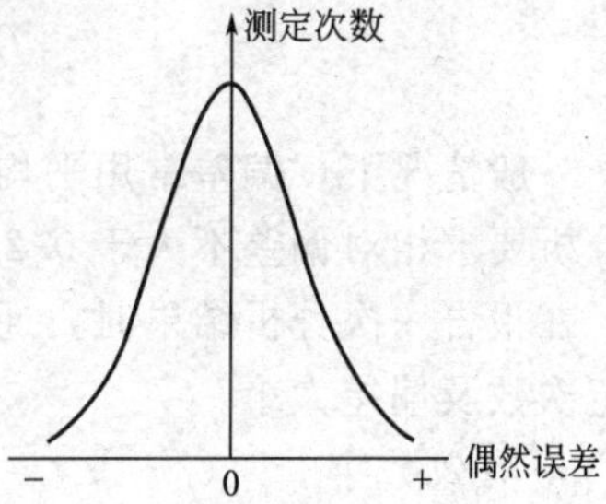

图 11-2　随机误差的正态分布曲线

2. 误差的表征与表示

(1) 误差的表征——准确度与精密度

① 准确度　分析结果的准确度表示测定结果与真实值的接近程度。分析结果与真实值越接近，分析结果越准确。

② 精密度　分析结果的精密度表示平行测定结果之间相互接近的程度。在相同条件(人、物、环境) 下，对同一样品进行的多次测定称为平行测定。平行测定结果越相接近，分析结果的精密度越高。

(2) 误差的表示——误差与偏差

① 误差　准确度的高低用误差来衡量。误差可分为绝对误差和相对误差。

a. 绝对误差 (E)。绝对误差是测量值 (x_i) 与真实值 (μ) 之差。

$$E=x_i-\mu \tag{11-9}$$

b. 相对误差 (RE)。相对误差是绝对误差在真实值中所占的百分比。

$$RE=\frac{E}{\mu}\times100\% \tag{11-10}$$

测定结果与真实值越接近，误差越小，其准确度越高；反之，则准确度越低。误差有正负值之分。相对误差比绝对误差更适用。

误差计算中，真实值实际上是不得而知的，通常用“标准值”代替。标准值是指采用多

种可靠方法、由经验丰富的分析人员反复多次测定得出的相对准确的结果。

② 偏差　精密度的高低用偏差来衡量。偏差分为绝对偏差与相对偏差、平均偏差与相对平均偏差、标准偏差与相对标准偏差。

a. 绝对偏差（d_i）与相对偏差（Rd_i）。测量值与平均值之差称为绝对偏差；相对偏差是绝对偏差在平均值中所占的百分比。

$$d_i = x_i - \overline{x} \tag{11-11}$$

$$Rd_i = \frac{d_i}{\overline{x}} \times 100\% \tag{11-12}$$

b. 平均偏差（$\overline{d}$）与相对平均偏差（$R\overline{d}$）

$$\overline{d} = \frac{\sum |x_i - \overline{x}|}{n} \tag{11-13}$$

$$R\overline{d} = \frac{\overline{d}}{\overline{x}} \times 100\% \tag{11-14}$$

式中，n 为测定次数。

c. 标准偏差（S）与相对标准偏差（RSD）

$$S = \sqrt{\frac{\sum_{i=1}^{n}(x_i - \overline{x})}{n-1}} \tag{11-15}$$

$$RSD = \frac{S}{\overline{x}} \times 100\% \tag{11-16}$$

一般情况下，偏差常用平均偏差、相对平均偏差和标准偏差、相对标准偏差来表示。滴定分析要求相对偏差不大于 0.2%。

在报告一次分析结果时，通常要求除计算所得的平均值作为最终分析结果外，还应报告测定次数及偏差大小。

3. 有效数字

有效数字是指分析过程中实际能测量得到的数字。有效数字中只有最末一位是可疑的（不确定的、估计的），其位数取决于分析方法中规定使用仪器的准确度。例如一个质量为 0.5g 的样品，用分析天平称取时应读作 0.5000g，其最后一位 0 是可疑的，该数值的相对误差为：

$$\frac{\pm 0.0002}{0.5} \times 100\% = \pm 0.04\%$$

如用台秤称取，则应读作 0.5g，其最后一位 5 是可疑的，其相对误差为：

$$\frac{\pm 0.2}{0.5} \times 100\% = \pm 40\%$$

可见，有效数字的最后一位反映测量的绝对误差，测量值在这一位上有（±1～±2）个单位的不确定性，数值的大小由测量仪器的准确度和精密度决定。有效数字的位数多少大致反映测量值的相对误差。根据滴定分析对准确度和精密度的要求，通常各测量值及分析结果的有效数字位数为四位。

（1）有效数字位数的确定

① 数字“0”的意义。“0”有时是有效数字，有时是非有效数字，这取决于“0”在数值中所处的位置。当“0”处在其他非零数字中间或后面时，作为有效数字；当“0”处在其他非零数字前面时，作为非有效数字，只起定位作用。例如，23.05、21.20、0.001043 均为四位有效数字。

② 改变单位不能改变有效数字的位数。若将 2.500L 改写为 2500mL 是不对的，应改写为 2.500×10^3mL。且 2500 不能正确表达和判断有效数字的位数。

③ 化学反应倍数等不是测量所得数字，可视作无误差数据或无限多位的有效数字。

④ 化学计算中遇到的对数值，如 lg$K$、pH 等，有效数字位数取决于小数部分，其整数部分代表该数的方次。如 pH=11.02，即 $[H^+]=9.6\times10^{-12}$mol/L，其有效数字倍数为 2 位。

(2) 有效数字位数的修约　运算时，按一定的规则舍去多余的尾数，称为数字修约。修约规则如下。

① 四舍六入五留双。即被修约数≤4 时舍弃，被修约数≥6 时进位。被修约数等于 5 且 5 后无数字时，若进位后末位数为偶数，则进位；若进位后末位数为奇数，则舍弃。若 5 后还有任何不为 0 的数字，则进位。例如，下列数字修约为四位有效数字时，5.1232 修约为 5.123；5.1236 修约为 5.124；5.1235 修约为 5.124；5.1245 修约为 5.124；5.124502 修约为 5.125。

② 一次修约到位。如 5.12348 应一次修约为 5.123；不能分次修约，先修约成 5.1235，再修约为 5.124。

(3) 有效数字的运算

① 加减运算　运算结果数据的绝对误差与各数据中绝对误差最大（小数点后位数最少）的相当。例如：

$$0.12+0.0354+42.715=42.8704\approx42.87$$

② 乘除运算　运算结果数据的相对误差与各数据中相对误差最大（有效数字位数最少）的相当。例如：

$$1.54\times31.76=48.9104\approx48.9$$

五、容量分析仪器及其使用技术

1. 滴定管

滴定管是在滴定过程中，用来准确测量流出液体体积的一种玻璃量器。常用的滴定管容积为 50mL 和 25mL，其最小刻度为 0.1mL，可估读至 0.01mL。

实验室最常用的滴定管按其用途不同分为两种，即酸式滴定管和碱式滴定管，如图 11-3 所示。酸式滴定管下部通过磨口玻璃活塞控制溶液流出，用来装酸性、中性和氧化性溶液；碱式滴定管下部通过乳胶管连接，且乳胶管内装有玻璃珠以控制溶液流出，用来装碱性溶液。

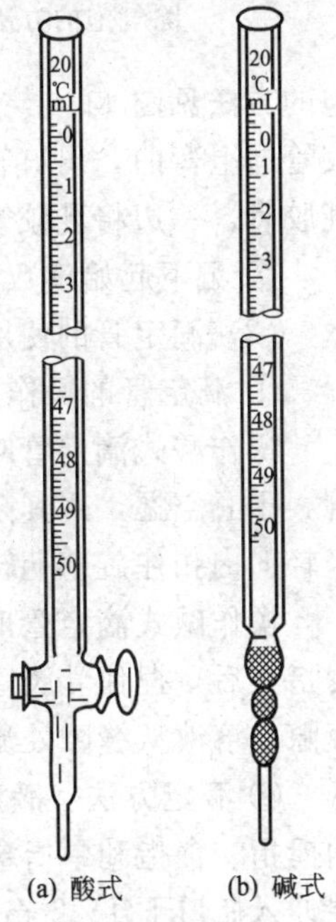

图 11-3　滴定管

(1) 滴定管使用前的准备

① 检查　酸式滴定管应检查其旋塞是否配套，旋转是否灵活，管尖、管口有无损伤；碱式滴定管应检查其乳胶管孔径与玻璃珠大小是否合适，乳胶管是否有漏洞、裂纹和硬化等。

② 洗涤　内壁无明显油污的滴定管，可直接用水冲洗或用毛刷蘸取洗涤剂擦洗外壁后用水冲洗干净。若有油污或污垢不易清洗时，可用重铬酸钾浓硫酸液（简称铬酸洗液）来洗涤。

用洗液洗涤酸式滴定管时，先关闭活塞，直接在管内加入洗液 10～15mL，双手平托滴定管的两端，不断转动滴定管，使洗液润洗滴定管内壁，操作时管口对准洗液瓶口，以防洗液外流。洗完后，将洗液分别由两端放出。如果滴定管太脏，可将洗液装满整根滴定管浸泡一段时间。洗液洗涤后，用少量水润洗内壁，该洗涤水应倒入废液缸中，以免腐蚀下水道。最后用自来水冲洗。洗净的滴定管其内壁应完全被水膜均匀地润湿而不挂水珠。

洗液洗涤碱式滴定管前，要先除去乳胶管，把玻璃珠和尖嘴玻管放入洗液中浸泡，用塑料帽或橡胶头堵住滴定管下口，倒入洗液，与酸式滴定管同法洗涤。

③ 涂油　酸式滴定管涂油的方法：倒净滴定管内的水，将滴定管平放在实验台上，抽出活塞，用滤纸擦干旋塞和旋塞套内的水和油污，用手指蘸少量凡士林在旋塞两头各均匀地涂上薄薄一层；将旋塞插入旋塞套内，然后按同一方向旋转直至旋塞从外面观察时全部透明为止。然后用小乳胶圈套在玻璃塞小头槽内，将旋塞固定在塞套内，防止脱落。

凡士林不要涂得太多，不能涂在活塞中段，以免凡士林将活塞孔堵住。若涂得太少，活塞转动不灵活，甚至会漏水。涂得恰当的活塞应呈透明、无气泡，转动灵活。

④ 试漏　将涂好油的酸式滴定管充水至零刻度，固定在滴定管架上。用滤纸将滴定管外擦干，静置 2min，观察管尖有无水滴滴下，并用滤纸片擦拭旋塞两端检查旋塞缝隙有无水渗出。将旋塞旋转 180°，再重复以上操作。如有漏水，必须重新擦干、涂油。

碱式滴定管只需充满水直立 2min，若管尖处无水滴滴下即可使用，否则应调换乳胶管中玻璃珠。

⑤ 装液　试漏好的滴定管在装液之前，先用蒸馏水润洗 3 次。润洗时，每次用液 10mL 左右，双手平托滴定管的两端，不断转动滴定管，使溶液充分润洗全管内壁，然后从两端放出。

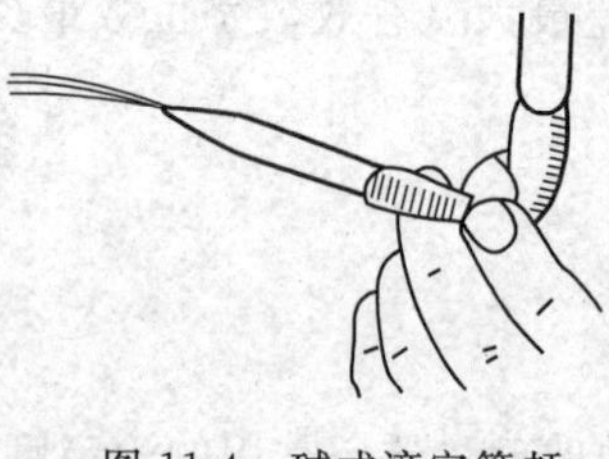

图 11-4　碱式滴定管赶除气泡的方法

同法用待装液（如盐酸溶液）润洗 3 次。在滴定管中装入溶液至零刻度以上。

⑥ 赶气泡　检查出口管是否充满溶液，有无气泡。如有气泡，必须赶除。

酸式滴定管赶除气泡的方法是：右手持滴定管，左手迅速打开旋塞使溶液冲出而排出气泡。碱式滴定管赶除气泡的方法见图 11-4：一手持滴定管，另一手拇指和食指捏住玻璃珠所在部位稍上处，使乳胶管向上弯曲，出口管倾斜向上，轻轻捏挤乳胶管，溶液带着气泡一起从管口喷出，一边捏乳胶管，一边将乳胶管放直。

⑦ 记下起始读数　调节液面至 0.00mL 处，记下起始读数。

(2) 滴定管的使用

① 滴定管的操作　滴定时，滴定管垂直夹在滴定台架上，如图 11-1 所示。

操作酸式滴定管时，如图 11-5(a) 所示，左手无名指和小指向手心弯曲，轻轻贴着出口管，手心空握，用其余三指转动旋塞。其中大拇指在管前，食指和中指在管后，三指平行地轻轻向内扣住旋塞柄转动旋塞。

操作碱式滴定管时，如图 11-5(b) 所示，左手无名指和小指夹住管出口，拇指在前，食指在后，捏住乳胶管内玻璃珠偏上部，往一旁捏乳胶管，使乳胶管与玻璃珠之间形成一条缝隙，溶液从缝隙处流出。

② 滴定方法　滴定一般在锥形瓶中进行。如图 11-5(c) 所示，在滴定过程中，用右手的拇指、食指和中指拿住锥形瓶，其余两指辅助在下侧，使瓶底离桌面 2～3cm，滴定管尖端伸入瓶口下 1～2cm。滴定时，左手握住滴定管滴加溶液，同时用右手摇动锥形瓶，摇瓶时应微动腕关节，溶液向同一方向旋转，使瓶内溶液混合均匀。

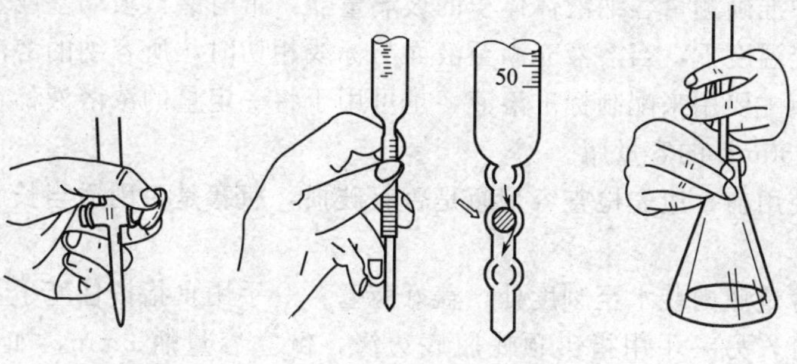

(a) 酸式滴定管的控制　(b) 碱式滴定管的控制　(c) 滴定姿势

图 11-5　滴定管与滴定操作

滴定管滴定时，关键是控制溶液的流出速度，通常滴定过程中，将滴定速度控制在每秒3～4滴，切不可呈液柱流下。近终点时，逐滴加入，每次只放出一滴，观察后再加下一滴或半滴。加半滴的方法是使溶液悬挂在出口尖嘴上，形成半滴，用锥形瓶内壁将其沾落。用洗瓶以少量蒸馏水将附着在瓶壁的溶液冲下，摇匀。

滴定还可在烧杯中进行，置烧杯于滴定管口的下方，左手滴加溶液，右手持玻璃棒搅拌溶液。搅拌应作圆周搅动，不要碰到烧杯壁和底部。滴定近终点时，可用玻璃棒下端承接悬挂的半滴溶液于烧杯中。注意玻璃棒只能接触液滴，不能接触管尖。

③ 滴定管的读数

a. 读数时将滴定管从滴定台架上取下，用右手大拇指和食指捏住滴定管液面上部，使滴定管自然下垂，眼睛平视液面读取读数。

无色或浅色溶液读弯液面下缘最低点；有色溶液（如高锰酸钾、碘等）读液面两侧最高点。为了便于读数，可用黑白板做成读数卡，将其放在滴定管背后，使黑色部分在弧形液面下约0.1mL处，此时即可看到弧形液面的反射层全部成为黑色，这样的弧形液面界限十分清晰。蓝线滴定管读溶液的两个弯液面与蓝线相交点，如图11-6所示。

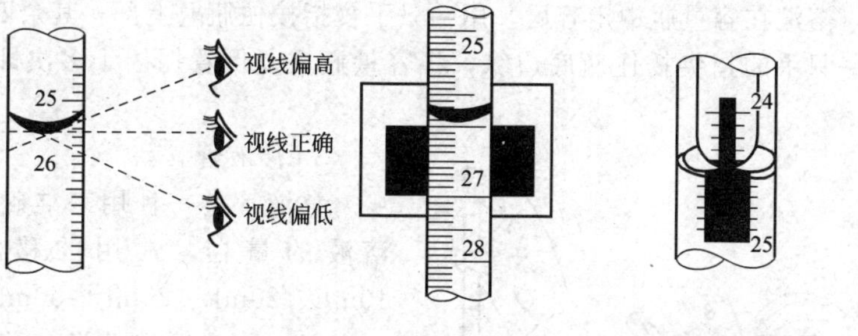

(a) 读数的视线　(b) 利用读数卡读数　(c) 蓝色衬背滴定管读数

图 11-6　滴定管的读数

b. 记录滴定终读数。滴定管读数要读到小数点后第二位。

④ 结束工作　滴定结束后，倒去管内剩余的溶液，用水洗净后，倒置于滴定管架上。也可以装入蒸馏水至刻度以上，固定于滴定管架上，用小烧杯或塑料帽套住管口。酸式滴定管如长期不用，应擦干活塞及活塞套，垫上纸片；否则，时间一久，塞子不易打开。

2. 容量瓶

容量瓶是一种准确测量容纳液体体积的玻璃量器，带有磨口玻璃塞或塑料塞，颈上有一环形标线。在指定温度下，当溶液充满至液面与标线相切时，所容纳的溶液体积等于瓶上标示的体积。容量瓶主要用来配制标准溶液，也可用于将一定量的浓溶液稀释成准确浓度的稀溶液。常用的是 250mL 的容量瓶。

(1) 检查　使用前，应先检查容量瓶是否有破损，瓶塞是否用适当长度的塑料丝或橡皮筋系在瓶颈上等。

(2) 试漏　容量瓶内装水至刻度处，盖好瓶塞，一手用食指按住塞子，其余手指拿住瓶颈标线以上的部分，另一手用指尖顶住瓶底边缘，倒立容量瓶 2min，如图 11-7(a) 所示。然后用滤纸检查瓶塞周围是否有水渗漏出，不漏则把瓶直立后，转动瓶塞约 180°后再倒立试一次。如不漏水，即可使用。

(3) 洗涤　容量瓶内壁一般只需用水冲洗，水冲净后用蒸馏水润洗三次即可；外壁用毛刷蘸取洗涤剂擦洗。

如容量瓶内壁较脏，可用铬酸洗液清洗，方法是将瓶内剩水倒净，倒入铬酸洗液 10mL 左右，盖上盖，边转边向瓶口倾斜至洗液布满全部内壁。将洗液倒回原瓶内，第一次洗涤水倒入废液缸中，然后用水冲洗，最后用蒸馏水润洗三次。

(4) 转移　容量瓶用于配制标准溶液时，先将准确称取的固体物置于烧杯中，用蒸馏水溶解。再将溶液定量移入容量瓶中。转移方法是用右手拿玻璃棒并将其伸入容量瓶中靠住颈内壁，左手拿烧杯，将烧杯嘴边缘紧贴玻璃棒中下部，倾斜烧杯使溶液沿玻璃棒流入容量瓶，待溶液全部流完后，将烧杯沿玻璃棒轻轻上提，再直立烧杯，如图 11-7 (b) 所示。残留在烧杯内和玻璃棒上的少许溶液要用洗瓶至上而下吹洗 5～6 次，每次洗涤水都按上述方法全部转移至容量瓶中。

(5) 定容　溶液移入容量瓶后，加蒸馏水稀释，当加水至总容量的 2/3 时，用右手食指与中指夹住瓶塞，然后拇指在前，中指和食指在后拿住瓶颈标线以上的地方，直立旋摇容量瓶使溶液初步混匀。继续加蒸馏水至离标线约 1cm 处，等待 1～2min，使附在瓶颈内壁的溶液流下，用长滴管从容量瓶口边缘滴加蒸馏水至弯液面下端与标线相切为止，盖紧瓶塞。

(6) 摇匀　溶液在容量瓶中定容后，用一只手食指按住瓶塞上部，其余四指拿住瓶颈标线上部，用另一只手的指尖托住瓶底边缘，将容量瓶反复倒置振摇十多次即可混匀，如图 11-7(c) 所示。

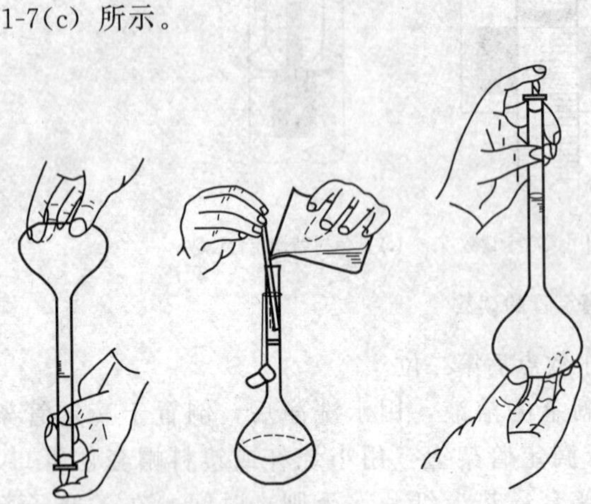

(a) 试漏　(b) 溶液转移　(c) 溶液混匀

图 11-7　容量瓶的操作

3. 移液管

移液管是一种用来准确量取一定体积溶液的量器，常用的移液管有 5mL、10mL、20mL、25mL、50mL 等规格。

(1) 移液管的洗涤　移液管使用前应先检查管尖管口有无破损，如无损伤即可进行洗涤。移液管及吸量管一般用水冲洗后再用蒸馏水润洗三次即可。润洗的方法是：将移液管插入盛有蒸馏水的小烧杯中，吸上至球部 1/4 处时，用右手食指按住管口，取出后，将管横放，左右两手的大拇指及食指分别拿住移液管两端，旋转，使水布满全管片刻，从管尖将水放出。如管内壁较脏，则需用铬酸洗液洗涤，洗涤方法同上操作。洗液洗过后，再用自来水和蒸馏水分别按上述过程进行操作，待用。

(2) 移液管移取溶液的方法

① 将待吸液倒入一干燥洁净的烧杯中，用待吸液润洗移液管三次。

② 先用滤纸将移液管尖内外水吸干，用右手大拇指及中指拿住管颈标线上方，将移液管插入试剂瓶中待吸液面以下 2～3cm 处，左手拿洗耳球，先将洗耳球内空气压出，然后把球尖端紧按到移液管口上，慢慢松开握球的手指，溶液逐渐吸入管内。待溶液超过移液管标线时，迅速移开洗耳球，用右手食指按住管口，将管向上提离液面。

③ 另取一洁净小烧杯，将管垂直，管尖紧贴已倾斜的小烧杯内壁，微微松动食指，并用拇指和中指轻轻捻转移液管，使液面平稳下降，直至溶液弯液面下端与标线相切时立即用食指按住管口，使液滴不再流出。左手换取一接受容器（如锥形瓶），并使接受容器倾斜 30°，将管尖紧贴接受容器内壁并使移液管保持垂直状态，松开右手食指，使溶液自然流出，如图 11-8 所示。待液面下降到管尖后，再等待 15s 后取出吸管。

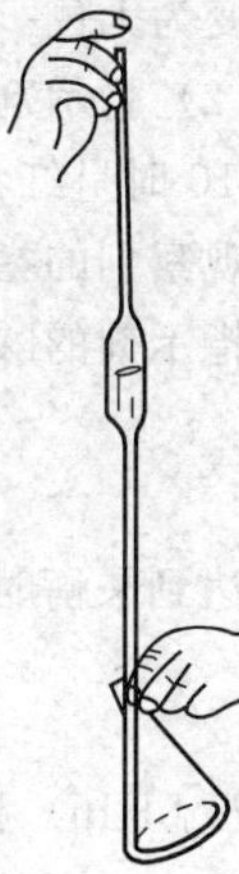

图 11-8　移液管放溶液姿势

④ 移液管使用完毕后，应用自来水冲洗干净，再用蒸馏水润洗，然后放在吸管架上。

第二节　酸碱滴定法

一、方法原理

1. 概述

酸碱滴定法是以酸碱反应（中和反应）为基础的滴定分析法。它是滴定分析中重要的方法之一。它所依据的反应是：

$$H^+ + OH^- \longrightarrow H_2O$$

$$HA + OH^- \rightleftharpoons A^- + H_2O$$

$$A^- + H^+ \rightleftharpoons HA$$

在酸碱滴定法中，常用强酸或强碱作标准溶液，如 HCl、H_2SO_4、NaOH、KOH 等。滴定终点一般利用酸碱指示剂在一定酸碱度发生变色来确定。

2. 酸碱指示剂

(1) 酸碱指示剂的作用原理　酸碱指示剂一般是结构复杂的有机弱酸或弱碱，其酸式和碱式具有不同的颜色。当溶液的 pH 改变时，酸式给出 H^+ 转化为碱式，或碱式接受 H^+ 转化为酸式，从而导致颜色的变化。

例如，酚酞指示剂是有机弱酸，它在水溶液中发生如下的离解作用和颜色变化：

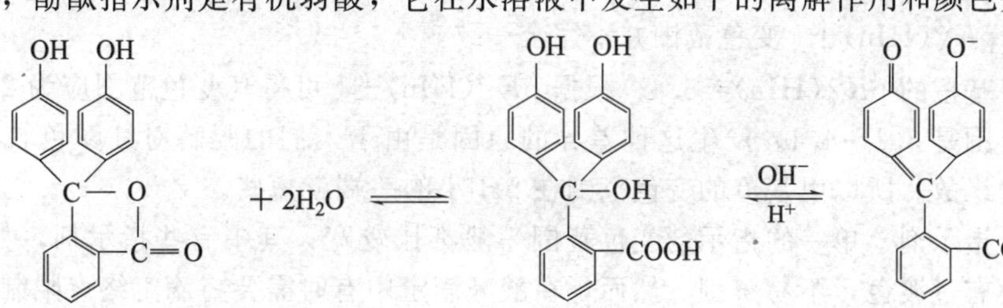

无色（内酯式）　　无色（羟式）　　红色（醌式）

在碱性溶液中平衡向右移动，溶液由无色变为红色；反之，在酸性溶液中平衡左移，溶液由红色变为无色。

(2) 指示剂的变色范围　根据实际测定，酚酞在溶液 pH 小于 8 时呈无色；在溶液 pH 大于 10 时呈红色；pH 为 8～10 时，酚酞呈现由无色逐渐变为红色的变色过程。这说明，人眼观察到的指示剂的变色并不是瞬间完成的，而是在某一个 pH 范围内逐渐变化过来的。

指示剂的酸式（HIn）和碱式（In^-）在溶液中有如下离解平衡：

$$\underset{(酸式)}{HIn} \rightleftharpoons H^+ + \underset{(碱式)}{In^-}$$

离解达到平衡时，它的平衡常数为：

$$K_a^{\ominus}(HIn)=\frac{c(H^+)c(In^-)}{c(HIn)}$$

$K_a^{\ominus}(HIn)$ 称为指示剂常数，在一定温度下，它是个常数。上式也可表示为：

$$\frac{c(In^-)}{c(HIn)}=\frac{K_a^{\ominus}(HIn)}{c(H^+)}$$

显然，溶液的颜色是由 $c(In^-)$ 与 $c(HIn)$ 的比值决定的，该比值由两个因素决定，即 $K_a^{\ominus}(HIn)$ 和溶液的酸度 $c(H^+)$。$K_a^{\ominus}(HIn)$ 是由指示剂的本质决定的，对于某种确定的指示剂，温度一定，它就是一个常数。因此某种指示剂颜色的转变完全由溶液中的 $c(H^+)$ 来决定。当 $c(H^+)$ 发生改变，$c(In^-)/c(HIn)$ 随之发生改变，溶液的颜色也发生改变。

当 $c(In^-)/c(HIn)=1$，即酸式和碱式各占 50%，此时的 pH 即为理论变色点。该点溶液的 pH 恰好等于指示剂常数的负对数：$pH=pK_a^{\ominus}(HIn)$。

当溶液中 $c(H^+)$ 发生改变时，$c(In^-)/c(HIn)$ 也发生改变，溶液的颜色也逐渐改变。一般来讲，由于人眼辨别能力的限制，只有当一种颜色体的浓度大于另一种颜色体的浓度 10 倍时，才能观察到浓度大的颜色体所呈的颜色。即 $c(In^-)/c(HIn) \leqslant 1/10$ 时，看到的是酸式(HIn) 的颜色；$c(In^-)/c(HIn) \geqslant 10$ 时，看到的是碱式(In^-) 的颜色。

$c(In^-)/c(HIn) \geqslant 10$ 时，$pH \geqslant pK_a^{\ominus}(HIn)+1$；

$c(In^-)/c(HIn) \leqslant 1/10$ 时，$pH \leqslant pK_a^{\ominus}(HIn)-1$。

由上述推导可见，当溶液 pH 由 $pK_a^{\ominus}(HIn)-1$ 变化到 $pK_a^{\ominus}(HIn)+1$ 时，就能明显地看到指示剂由酸式色变为碱式色。所以 $pH= pK_a^{\ominus}(HIn)\pm 1$ 就是指示剂变色的 pH 范围，简称指示剂的变色范围。

指示剂的变色范围由指示剂的指示剂常数所决定，因此，各种指示剂的变色范围不同。表 11-1 列出了一些常用的酸碱指示剂。

上述理论推算出的指示剂的变色范围为 2 个 pH 单位，但是从表 11-1 可见，指示剂的实际变色范围并不是这样。这是因为实际的变色范围是依靠人眼的观察实际测定得到的。由于人眼对各种颜色的敏感程度不同，而且两种颜色互相掩盖，影响观察，使得实际变色范围与上述 $pH= pK_a^{\ominus}(HIn)\pm 1$ 变色范围并不完全一致。

例如，甲基橙的 $pK_a^{\ominus}(HIn)=3.4$，根据 $pK_a^{\ominus}(HIn)\pm 1$ 可得其变色范围应为 2.4～4.4，而实测变色范围是 3.1～4.4。产生这种差异的原因是由于人们的眼睛对红颜色较之对黄颜色更为敏感的缘故。所以甲基橙的变色范围在 pH 小的一端就短些。

(3) 混合指示剂　单一的指示剂变色范围一般都比较宽，其中有些指示剂，如甲基橙，变色过程中还有过渡色，不易辨别。然而，在酸碱滴定中有时需要将滴定终点限制在很窄的 pH 范围内，这时可采用混合指示剂。

混合指示剂利用的是颜色之间的互补作用，它具有变色范围窄、变色明显等优点。混合指示剂有两种配制方法：一种是由两种或两种以上的指示剂混合而成；另一种是用一种指示剂和一种惰性染料混合而成。例如中性红与染料亚甲基蓝混合配成的混合指示剂，在 pH＝7.0 时呈紫蓝色，变色范围只有 0.2 个 pH 单位，比单独的中性红的变色范围要窄得多。

混合指示剂颜色变化明显与否，与组成混合指示剂的组分混合比例有关，这在配制混合指示剂时要加以注意。表 11-2 列出了常用混合指示剂及其配制方法。

表 11-1 一些常用的酸碱指示剂

指示剂	变色范围 pH	颜色变化	$pK_a^{\ominus}$	浓度
百里酚蓝(第一次变色)	1.2～2.8	红～黄	1.7	1g/L 的 20%乙醇溶液
甲基黄	2.9～4.0	红～黄	3.3	1g/L 的 90%乙醇溶液
甲基橙	3.1～4.4	红～黄	3.4	0.5g/L 的水溶液
溴酚蓝	3.0～4.6	黄～紫	4.1	1g/L 的 20%乙醇溶液
溴甲酚绿	4.0～5.6	黄～蓝	4.9	1g/L 的水溶液，每 100mg 指示剂加 0.05mol/L 的 NaOH 溶液 2.9mL
甲基红	4.4～6.2	红～黄	5.0	1g/L 的 60%乙醇溶液
溴百里酚蓝	6.2～7.6	黄～蓝	7.3	1g/L 的 20%乙醇溶液
中性红	6.8～8.0	红～橙黄	7.4	1g/L 的 60%乙醇溶液
酚红	6.8～8.4	黄～红	8.0	1g/L 的 60%乙醇溶液
酚酞	8.0～10.0	无色～红	9.1	10g/L 的 90%乙醇溶液
百里酚蓝(第二次变色)	8.0～9.6	黄～蓝	8.9	1g/L 的 20%乙醇溶液
百里酚酞	9.4～10.6	无色～蓝	10.0	1g/L 的 90%乙醇溶液

表 11-2 常用混合指示剂及其配制方法

指示剂溶液的组成	配制比例	变色点 pH	颜色		备注
			酸色	碱色	
1g/L 的甲基黄乙醇溶液 1g/L 的亚甲基蓝乙醇溶液	1∶1	3.25	蓝紫	绿	pH 3.4 绿色 pH 3.2 蓝紫色
1g/L 的甲基橙水溶液 2.5g/L 的靛蓝二磺酸水溶液	1∶1	4.1	紫	蓝绿	
1g/L 的溴甲酚绿乙醇溶液 2g/L 的甲基红乙醇溶液	3∶1	5.1	酒红	绿	
1g/L 的溴甲酚绿钠盐水溶液 1g/L 的氯酚红钠盐水溶液	1∶1	6.1	黄绿	蓝紫	pH 5.4 蓝绿色；pH 5.8 蓝色；pH 6.0 蓝带紫；pH 6.2 蓝紫
1g/L 的中性红乙醇溶液 1g/L 的亚甲基蓝乙醇溶液	1∶1	7.0	蓝紫	绿	pH 7.0 紫蓝
1g/L 的甲酚红钠盐水溶液 1g/L 的百里酚蓝钠盐水溶液	1∶3	8.3	黄	紫	pH 8.2 玫瑰红；pH 8.3 灰；pH 8.4 紫
1g/L 的百里酚蓝 50%乙醇溶液 1g/L 的酚酞 50%乙醇溶液	1∶3	9.0	黄	紫	由黄到绿再到紫
1g/L 的百里酚酞乙醇溶液 1g/L 的茜素黄乙醇溶液	2∶1	10.2	黄	紫	

如果把甲基红、溴百里酚蓝、百里酚蓝、酚酞按一定比例混合，溶于乙醇，配成混合指示剂，可随 pH 的不同而逐渐变色。实验室中常用的 pH 试纸，就是基于混合指示剂的原理而制成的。

pH	<4	5	6	7	8	9	≥10
颜色	红	橙	黄	绿	青	蓝	紫

应该指出，滴定溶液中指示剂加入量的多少也会影响变色的敏锐程度，一般来说，指示剂适当少用，变色会明显些。而且，指示剂是弱酸或弱碱，也要消耗滴定剂溶液，指示剂加得过多，将引入误差。

二、滴定过程及指示剂的选择

滴定过程中溶液的 pH 变化可以用酸碱滴定曲线表示。描述酸碱滴定过程中被滴定溶液的 pH 随标准溶液加入量变化而变化的曲线，称作酸碱滴定曲线。

下面分别介绍几种类型的滴定曲线及相应的选择适宜指示剂的方法。

1. 强碱滴定强酸

（1）滴定曲线　以 0.1000mol/L 的 NaOH 标准溶液滴定 20.00mL 0.1000mol/L 的 HCl 溶液为例，NaOH 与 HCl 的反应式为：

$$NaOH+HCl \longrightarrow NaCl+H_2O$$

为了计算滴定过程中各点的 pH，可以把整个滴定过程分为四个阶段。

① 滴定开始前　溶液的酸度等于 HCl 的原始浓度。即

$$c(H^+)=0.1000mol/L$$

$$pH=1.00$$

② 滴定开始至化学计量点前　随着 NaOH 标准溶液的不断滴入，溶液中 $[H^+]$ 逐渐降低。这时溶液的组成是 NaCl 和 HCl 的混合溶液。由于 NaCl 在溶液中呈中性，故溶液的酸度取决于剩余 HCl 的浓度。

例如，当滴入 NaOH 溶液 19.98mL（只剩余 0.02mL 的 HCl 未被中和）时，

$$c(H^+)=\frac{0.02}{20.00+19.98}\times 0.1000=5.00\times 10^{-5}(mol/L)$$

$$pH=4.30$$

③ 化学计量点时　当滴入 NaOH 溶液 20.00mL 时，NaOH 与 HCl 等物质的量反应，溶液呈中性。即

$$c(H^+)=c(OH^-)=1.00\times 10^{-7}\ (mol/L)$$

$$pH=7.00$$

④ 化学计量点后　化学计量点后，溶液由 NaCl 和过量的 NaOH 组成，其 pH 由过量的 NaOH 来决定。

例如，当滴入 NaOH 溶液 20.02mL（溶液中过量的 NaOH 为 0.02mL）时，

$$c(OH^-)=\frac{0.02}{20.00+20.02}\times 0.1000=5.00\times 10^{-5}\ (mol/L)$$

$$pOH=4.30 \qquad pH=9.70$$

其他各点可参照上述方法逐一计算，将计算结果列于表 11-3 中。

表 11-3　0.1000mol/L 的 NaOH 溶液滴定 20.00mL 0.1000mol/L 的 HCl 溶液时溶液的 pH

加入 NaOH 体积/mL	剩余 HCl 体积/mL	过量 NaOH 体积/mL	$c(H^+)/(mol/L)$	pH
0.00	20.00		1.00×10^{-1}	1.00
18.00	2.00		5.26×10^{-3}	2.28
19.80	0.20		5.02×10^{-4}	3.30
19.96	0.04		1.00×10^{-4}	4.00
19.98	0.02		5.00×10^{-5}	4.30
20.00	0.00		1.00×10^{-7}	7.00

续表

加入 NaOH 体积/mL	剩余 HCl 体积/mL	过量 NaOH 体积/mL	$c(H^+)/(mol/L)$	pH
20.02		0.02	2.00×10^{-10}	9.70
20.04		0.04	1.00×10^{-10}	10.00
20.20		0.20	2.00×10^{-11}	10.70
22.00		2.00	2.10×10^{-12}	11.70
40.00		20.00	3.00×10^{-13}	12.50

以滴加 NaOH 溶液的体积（mL）为横坐标，以溶液的 pH 为纵坐标来绘制曲线，即为强碱滴定强酸的酸碱滴定曲线，如图 11-9 所示。

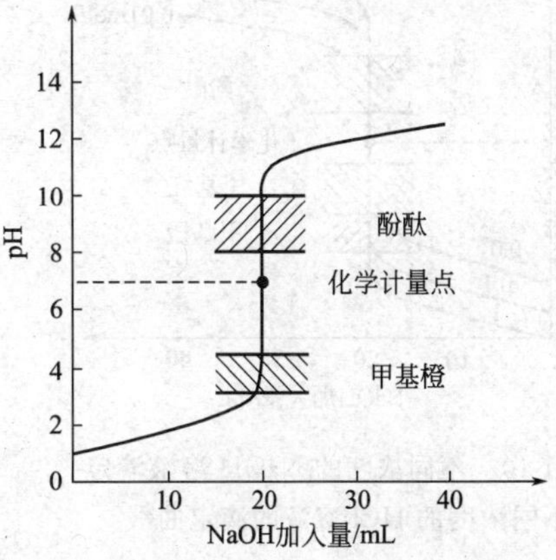

图 11-9　0.1000mol/L 的 NaOH 滴定 0.1000mol/L 的 HCl 滴定曲线

从表 11-3 和图 11-9 可以看出，从滴定开始到加入 19.98mL NaOH 溶液（即 99.9%的 HCl 被滴定），溶液 pH 变化缓慢，只改变了 3.3 个 pH 单位。在化学计量点前后，滴入的 NaOH 溶液从不足 0.02mL 到过量 0.02mL，总共增加 0.04mL（约 1 滴）的量，而溶液的 pH 就从 4.30 增加到 9.70，改变了 5.4 个 pH 单位，形成一个 pH 变化的突跃部分。这一 pH 变化的突跃部分，称为滴定化学计量点附近的突跃范围，简称突跃范围。在曲线上表现为垂直部分。化学计量点后，随着 NaOH 的滴入，溶液的 pH 变化由快逐渐减慢，曲线则由倾斜逐渐变为平坦。

强酸滴定强碱的滴定曲线与强碱滴定强酸的滴定曲线相对称，pH 变化则相反，化学计量点的 pH 仍是 7。

(2) 指示剂的选择　选择指示剂时，主要是以滴定曲线的 pH 突跃范围为根据。显然最理想的指示剂应该恰好在滴定反应的化学计量点变色。但实际上，凡是在突跃范围内变色的指示剂（即指示剂的变色范围全部或部分落在滴定突跃范围内）都可以选用。这时所产生的误差是在允许范围内的。这就是酸碱滴定中指示剂的选择原则。任何类型的酸碱滴定，都可依据该原则来选择适宜的指示剂。

上例中，pH 突跃范围为 4.30～9.70，因此，甲基橙（变色范围为 3.1～4.4）、甲基红（变色范围为 4.4～6.2）、酚酞（变色范围为 8.0～10.0）等都可以作为这一类滴定的指示剂。

必须指出，滴定突跃的大小与滴定剂及待测试液的浓度有关。图 11-10 是不同浓度的 NaOH 滴定不同浓度的 HCl 溶液的滴定曲线。当酸碱的浓度增大 10 倍时，滴定突跃范围增大两个 pH 单位（为 3.30～10.70）；当酸碱浓度减小 10 倍时，滴定突跃范围减小两个 pH 单位（为 5.30～8.70）。显然，溶液越浓，突跃范围越大；溶液越稀，突跃范围越小。这样在浓溶液滴定中可以选用的指示剂，在稀溶液滴定中不一定适用。如用 1.00mol/L 的 NaOH 溶液滴定 1.00mol/L 的 HCl 溶液时，可选用甲基橙作指示剂，但在用 0.01mol/L 的 NaOH 溶液滴定 0.01mol/L 的 HCl 溶液时，甲基橙指示剂就不合适了。

2. 强碱滴定弱酸

(1) 滴定曲线　用强碱滴定弱酸，在化学计量点时由于所生成的强碱弱酸盐的水解，溶液呈碱性。现以 0.1000mol/L 的 NaOH 溶液滴定 20.00mL 0.1000mol/L 的 HAc 溶液为例，讨论其滴定曲线的特点。此滴定反应式为：

$$NaOH + HAc \longrightarrow NaAc + H_2O$$

将此滴定过程中溶液 pH 的变化情况绘成滴定曲线，如图 11-11 所示。

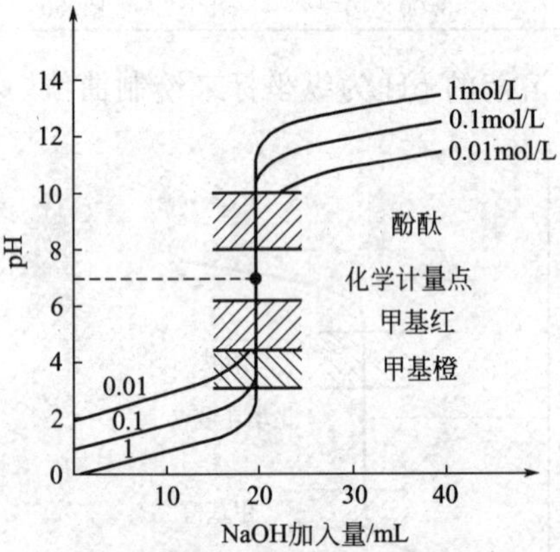

图 11-10　不同浓度的 NaOH 溶液滴定不同浓度的 HCl 溶液的滴定曲线

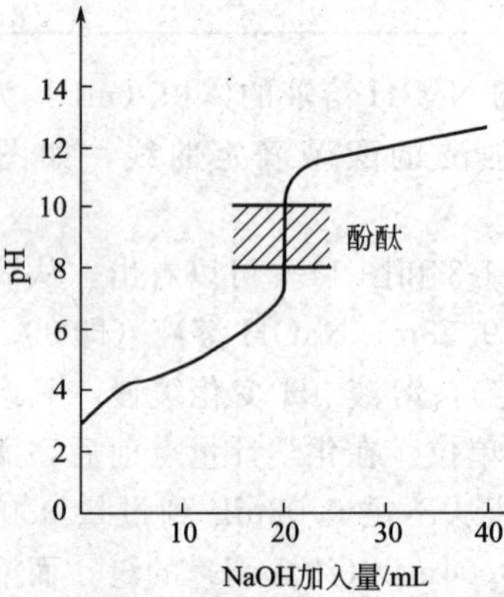

图 11-11　0.1000mol/L 的 NaOH 滴定 0.1000mol/L 的 HAc 的滴定曲线

由此曲线可以看出这种类型的滴定具有如下特点：

① 曲线的起点比强碱滴定强酸的滴定曲线高（即 pH 大），起点 pH 为 2.9。这是因为 HAc 是弱酸，它的电离度比 HCl 的电离度小。

② 滴定开始到化学计量点前，曲线形成一个倾斜到平坦又到倾斜的坡度。开始滴入 NaOH 溶液时，由于同离子效应，使溶液 pH 增加较快。因此，滴定曲线开始一段的倾斜度比滴定 HCl 的大一些。继续加入 NaOH 溶液时，由于 NaAc 的不断生成，与溶液中 HAc 构成缓冲溶液，致使溶液 pH 增加变慢，因此这一段的曲线比较平坦。再继续加入 NaOH 溶液时，由于缓冲作用减弱，而且 NaAc 产生水解作用，使溶液的 pH 又增加较快，因此曲线又比较倾斜。

③ 滴定突跃范围小。接近化学计量点时，由于强碱弱酸盐 NaAc 的水解已起作用，使溶液的 pH 增加。溶液中虽然还剩下少量没有被中和的 HAc，但溶液已经呈碱性了。如当滴入的 NaOH 溶液为 19.98mL 时，溶液中虽然还有 0.02mL 的 HAc 未被中和，但溶液的 pH 为 7.7，已呈碱性了。到达化学计量点时，溶液的 pH 为 8.7。化学计量点附近的 pH 突跃范围为 7.7～9.7，在碱性范围内。这个 pH 突跃范围与相同浓度的强碱滴定强酸相比要小得多。

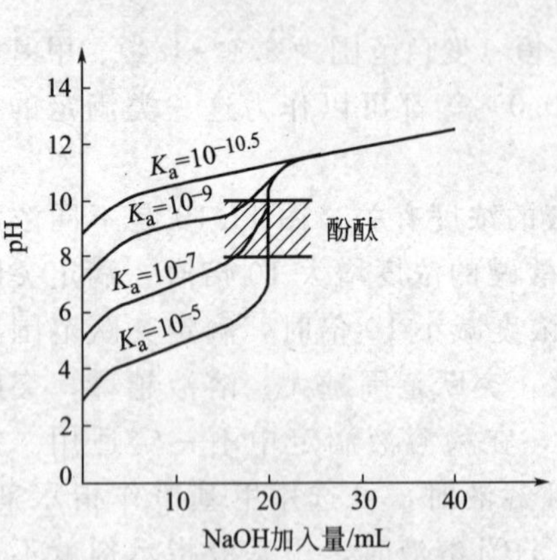

图 11-12　0.1mol/L 的 NaOH 滴定 0.1mol/L 不同强度弱酸的滴定曲线

化学计量点后，溶液的 pH 由过量的 NaOH 溶液的量所决定，因此滴定曲线与强碱滴定强酸的滴定曲线相同。

用 NaOH 滴定不同强度的一元弱酸时，

滴定突跃范围的大小与弱酸的 $K_a^\ominus$ 值和浓度有关。图 11-12 是用浓度为 0.1mol/L 的 NaOH 溶液滴定 0.1mol/L 不同强度弱酸的滴定曲线。从图中可以看出，当酸的浓度一定时，$K_a^\ominus$ 值越小，滴定突跃范围越小。当 $K_a^\ominus=10^{-9}$ 时已无明显突跃。在这种情况下已无法使用一般的酸碱指示剂来确定滴定终点。另一方面，当 $K_a^\ominus$ 值一定时，酸的浓度越大，突跃范围也越大。

(2) 指示剂的选择　该滴定的 pH 突跃范围为 7.7～9.7，要选用在碱性范围内变色的指示剂，如酚酞（变色范围为 8.0～10.0）、百里酚酞（变色范围为 9.4～10.6）等，作为这一类型滴定的指示剂。

综上所述，强碱滴定弱酸时，具有如下特征：

① 化学计量点时溶液呈碱性，pH>7。被滴酸越弱，化学计量点时 pH 越高。

② 化学计量点附近 pH 突跃处于碱性范围内，应选用在碱性区域内变色的指示剂，如酚酞、百里酚酞等。

③ pH 突跃大小与酸的强度有关，酸越弱，pH 突跃越小；同时又与酸的浓度有关，浓度越小，突跃越小。一般来说，当 $cK_a^\ominus \geqslant 10^{-8}$ 时，化学计量点与终点相差 0.3 个 pH 单位（滴定突跃为 0.6 个 pH 单位），可以辨别指示剂颜色的变化。故判断弱酸能否直接滴定的条件是：

$$cK_a^\ominus \geqslant 10^{-8} \qquad (11\text{-}17)$$

强酸滴定弱碱的滴定曲线与强碱滴定弱酸的滴定曲线相似，只是 pH 的变化方向相反，化学计量点附近的 pH 突跃较小且处于酸性区域内，宜选用在酸性范围内变色的指示剂，如甲基橙、甲基红等。弱碱可以直接滴定的条件是：

$$cK_b^\ominus \geqslant 10^{-8} \qquad (11\text{-}18)$$

三、应用示例

酸碱滴定法的应用很广泛。凡是酸类和碱类物质以及能与强酸或强碱的标准溶液直接反应的物质，都能用酸碱滴定法进行测定。

现以工业乙酸含量的测定为例，说明酸碱滴定法的应用。

(1) 原理　工业乙酸的含量测定，可用 NaOH 标准溶液直接滴定试样溶液，以酚酞作指示剂。滴定反应如下：

$$\mathrm{NaOH + HAc \longrightarrow NaAc + H_2O}$$

(2) 步骤　用吸量管吸取工业乙酸试样 1.00mL，放入预先装有 80mL 无 CO_2 水的 250mL 锥形瓶中。加 2 滴酚酞指示液，以 $c(\mathrm{NaOH})=0.5$mol/L 的 NaOH 标准溶液滴定至粉红色 30s 不褪为终点。

平行测定三次，求出试样中乙酸质量浓度的平均值。

(3) 结果计算

$$\rho(\mathrm{HAc})=\frac{c(\mathrm{NaOH})V_1\times 60.05}{V}$$

式中　$\rho(\mathrm{HAc})$——乙酸的质量浓度，g/L；

$c(\mathrm{NaOH})$——氢氧化钠标准溶液的浓度，mol/L；

V_1——氢氧化钠标准溶液消耗的体积，L；

V——工业乙酸试样的体积，L；

60.05——乙酸的摩尔质量，g/mol。

第三节　配位滴定法

配位滴定法是以配位反应为基础的滴定分析法。能够用于配位滴定的反应必须具备下列条件：

① 形成的配合物要足够稳定，即 $K_稳$ 值要大，一般要求大于 10^8，以保证反应进行完全。

② 生成的配合物要有明确的组成，即配位数要固定，这是定量计算的基础。

③ 配位反应速率要快。

④ 要有适当的方法确定滴定终点。

目前，应用最为广泛的配位剂是氨羧配位剂，它是一类含有氨基二乙酸基团的有机化合物，其分子中含有氨基氮和羧基氧两种配位能力很强的配位原子，可以和许多金属离子形成环状结构的配合物（即螯合物）。乙二胺四乙酸（简称 EDTA）就是其中的一种。

配位滴定法主要是以配位剂 EDTA 与金属离子进行配位反应的滴定法，又为 EDTA 配位滴定法。

一、方法原理

1. EDTA 及其分析特性

乙二胺四乙酸是一种多元酸，用 H_4Y 表示，简称 EDTA，其结构式为：

$$
\begin{array}{c}
\text{HOOCH}_2\text{C} \qquad\qquad\qquad \text{CH}_2\text{COOH} \\
\text{N—CH}_2\text{—CH}_2\text{—N} \\
\text{HOOCH}_2\text{C} \qquad\qquad\qquad \text{CH}_2\text{COOH}
\end{array}
$$

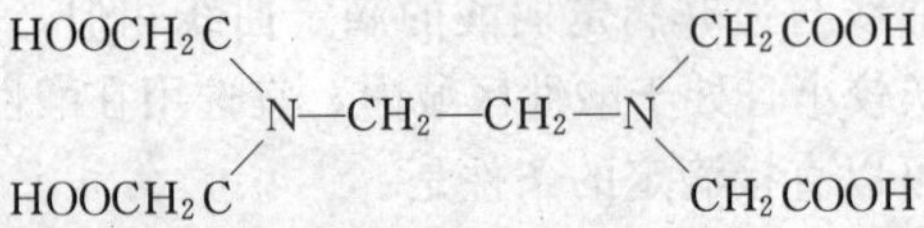

由于 H_4Y 在水中溶解度小，不宜作滴定剂，分析上常用它的二钠盐。乙二胺四乙酸二钠盐含两分子结晶水，通常写作 $Na_2H_2Y \cdot 2H_2O$，也称为 EDTA。

EDTA 的阴离子 Y^{4-} 中两个氨基（$\equiv N\text{:}$）和四个羧基（$—C\overset{..}{\overset{..}{O}}—$）都有孤对电子，能与金属离子形成配位键，为六基配体。因此，绝大多数金属离子能与 EDTA 形成稳定的配合物。

EDTA 与金属离子配位有以下特点。

① EDTA 与不同价态的金属离子生成配合物时，配位比较简单。一般情况下形成为 $1:1$ 的配合物。

② EDTA 与金属离子配位时形成多个五元环的螯合物结构，因此都较稳定。

金属离子与 EDTA 的配位反应，略去电荷，可简写成

$$M + Y \longrightarrow MY$$

其稳定常数 $K_稳^{\ominus}(MY)$ 为：

$$K_稳^{\ominus}(MY) = \frac{c(MY)}{c(M)c(Y)} \tag{11-19}$$

表 11-4 列出了一些常见金属离子与 EDTA 的配合物的稳定常数。

③ 生成的配合物易溶于水，且大多数配位反应速率快，瞬间即可完成。

④ 生成的配合物多数无色。EDTA 与无色的金属离子配位时，生成无色配合物，有利于用指示剂指示终点。有色金属离子与 EDTA 配位时，一般生成颜色更深的配合物。例如，NiY^{2-} 是蓝色，CoY^{2-} 是紫红色，MnY^{2-} 是紫红色，CuY^{2-} 是深蓝色，FeY^- 是黄色，CrY^- 是深紫色等。滴定这些离子时，试液浓度应稀一些，以利于用指示剂确定终点。

表 11-4　常见金属离子与 EDTA 的配合物的稳定常数（298K）

金属离子	$\lg K^{\ominus}_{稳}(MY)$	金属离子	$\lg K^{\ominus}_{稳}(MY)$
Na^+	1.66	Zn^{2+}	16.50
Li^+	2.79	Pb^{2+}	18.04
Ba^{2+}	7.76	Y^{3+}	18.09
Sr^{2+}	8.63	Ni^{2+}	18.67
Mg^{2+}	8.69	Cu^{2+}	18.80
Ca^{2+}	10.69	Hg^{2+}	21.8
Mn^{2+}	14.04	Cr^{3+}	23.0
Fe^{2+}	14.33	Th^{4+}	23.2
Ce^{3+}	15.98	Fe^{3+}	25.1
Al^{3+}	16.1	V^{3+}	25.90
Co^{2+}	16.31	Bi^{3+}	27.90

以上这些特点说明，EDTA 作为一种配位剂用于滴定分析中是能符合滴定分析要求的。

2. 酸度对 EDTA 配位滴定的影响

EDTA 为四元弱酸。在水溶液中有四级电离：

$$H_4Y \rightleftharpoons H^+ + H_3Y^- \qquad K^{\ominus}_{a_1} = 1.0\times10^{-2} = 10^{-2.0}$$

$$H_3Y^- \rightleftharpoons H^+ + H_2Y^{2-} \qquad K^{\ominus}_{a_2} = 2.14\times10^{-3} = 10^{-2.67}$$

$$H_2Y^{2-} \rightleftharpoons H^+ + HY^{3-} \qquad K^{\ominus}_{a_3} = 6.92\times10^{-7} = 10^{-6.16}$$

$$HY^{3-} \rightleftharpoons H^+ + Y^{4-} \qquad K^{\ominus}_{a_4} = 5.5\times10^{-11} = 10^{-10.26}$$

从电离常数看，每级电离都不可能完全，它在水溶液中可能存在的形式有 H_4Y、H_3Y^-、H_2Y^{2-}、HY^{3-}、Y^{4-}等，只不过在不同的酸度下，各种存在形式的浓度不同。在溶液 pH<2.0 时，EDTA 主要以 H_4Y 形式存在；pH 为 2.0～2.67 时，EDTA 主要以 H_3Y^-形式存在；pH 为 2.67～6.16 时，EDTA 主要以 H_2Y 形式存在；在 pH>10.26 的碱性溶液中，EDTA 主要以 Y^{4-}形式存在。

为简便起见，EDTA 的各种存在形式可略去其电荷，用 H_4Y、H_3Y、…、Y 来表示。在 EDTA 的电离平衡中，只有 Y 能与金属离子直接配位。因此溶液中的酸度越低，Y 的浓度越大，EDTA 的配位能力越强。

酸度对 EDTA 配合物 MY 稳定性的影响可用下式表示：

$$\begin{array}{c} MY \rightleftharpoons Y + M \\ \quad\ \Big\Vert H^+ \\ \quad HY \\ \quad\ \Big\Vert H^+ \\ \quad H_2Y \\ \quad \vdots \end{array}$$

显然溶液的酸度升高，$c(Y)$ 将会降低，促使 MY 配合物离解，从而降低了 MY 的稳定性。这种由于 H^+的存在，使配位体 Y 参与主反应的能力降低的现象称为酸效应。由 H^+引起副反应时的副反应系数称为酸效应系数［$\alpha_{Y(H)}$］。

酸效应系数 $\alpha_{Y(H)}$ 为 EDTA 总浓度 c_Y与其有效存在形式 Y 的平衡浓度 $c(Y)$ 的比值。

$$\alpha_{Y(H)} = c_Y / c(Y) \qquad (11\text{-}20)$$

显然，酸效应系数随溶液酸度的增加而增大。$\alpha_{Y(H)}$ 值越大，表示酸效应引起的副反应越严重，配位剂的配位能力越弱。因此，酸效应系数是判断 EDTA 能否滴定某金属离子的重要参数。不同 pH 时的 $\lg\alpha_{Y(H)}$ 列于表 11-5 中。

表 11-5 不同 pH 时的 $\lg\alpha_{Y(H)}$

pH	$\lg\alpha_{Y(H)}$	pH	$\lg\alpha_{Y(H)}$	pH	$\lg\alpha_{Y(H)}$
0.0	21.18	3.4	9.71	6.8	3.55
0.4	19.59	3.8	8.86	7.0	3.32
0.8	18.01	4.0	8.04	7.5	2.78
1.0	17.20	4.4	7.64	8.0	2.26
1.4	15.68	4.8	6.84	8.5	1.77
1.8	14.21	5.0	6.45	9.0	1.29
2.0	13.52	5.4	5.69	9.5	0.83
2.4	12.24	5.8	4.98	10.0	0.45
2.8	11.13	6.0	4.65	11.0	0.07
3.0	10.63	6.4	4.06	12.0	0.00

从表 11-5 可以看出，多数情况下 $\alpha_{Y(H)}$ 不等于 1，c_Y 总是大于 $c(Y)$；只有在 pH≥12 时，$\alpha_{Y(H)}$ 才等于 1，c_Y 才等于 $c(Y)$。

表 11-4 所列的稳定常数是 $c_Y=c(Y)$ 时的稳定常数，不能在 pH<12 时应用。要了解不同酸度下配合物的稳定性，就必须考虑 c_Y 与 $c(Y)$ 的关系。由式(11-20) 可得

$$c(Y)=\frac{c_Y}{\alpha_{Y(H)}}$$

代入式(11-19) 中，得

$$\frac{c(MY)}{c(M)c_Y}=\frac{K^{\ominus}_{稳}(MY)}{\alpha_{Y(H)}}=K'_{稳}(MY) \tag{11-21}$$

式中，$K'_{稳}(MY)$ 是考虑了酸效应的 EDTA 与金属离子配合物的稳定常数，称为条件稳定常数。即在一定酸度条件下用 EDTA 溶液总浓度表示的稳定常数。它的大小说明配合物在溶液酸度的影响下的实际稳定程度，它是判断滴定可能性的重要依据。该式用对数形式表示，则为：

$$\lg K'_{稳}(MY)=\lg K_{稳}(MY)-\lg\alpha_{Y(H)} \tag{11-22}$$

【例 11-3】 计算 pH=2.0 和 pH=5.0 时的 $K'_{稳}(ZnY)$。

解 已知 $\lg K_{稳}(ZnY)=16.50$

查表 11-5 得 pH=2.0 时，$\lg\alpha_{Y(H)}=13.52$，则

$$\lg K'_{稳}(ZnY)=16.50-13.52=2.98$$

查表 11-5 得 pH=5.0 时，$\lg\alpha_{Y(H)}=6.45$，则

$$\lg K'_{稳}(ZnY)=16.50-6.45=10.05$$

由上例可见，在 pH=2.0 时，$\lg K'_{稳}(ZnY)$ 值仅为 2.98，生成的 ZnY 很不稳定；pH=5.0 时，$\lg K'_{稳}(ZnY)$ 值达 10.05，生成的 ZnY 很稳定，配位反应进行就完全。这说明在配位滴定中选择和控制酸度具有重要的意义。

3. 配位滴定的最高允许酸度和酸效应曲线

由上面的讨论可知，pH 越大，$\lg\alpha_{Y(H)}$ 值越小，条件稳定常数越大，配位反应越完全，对滴定越有利。pH 降低，条件稳定常数就减小。对于稳定性高的配合物，溶液的 pH 即使稍低一些，仍可进行滴定；而对稳定性差的配合物，若溶液的 pH 低，就不能进行滴定了。因此滴定不同的金属离子时，有不同的酸度限度。当酸度高于某一限度时，就不能准确滴定了，这一限度就是配位滴定的最高允许酸度（或最低允许 pH）。

最高允许酸度取决于滴定时的允许误差和检测终点的准确度。若允许相对误差为 ±0.1%，目测终点与化学计量点之间 pM 的差值一般为 ±(0.2～0.5)，则根据终点误差公

式可得

$$\lg[cK'_{稳}(MY)]\geqslant 6$$

上式通常作为能否用配位滴定测定某一金属离子的条件。

金属离子的最高允许酸度与它被测定时的浓度有关。在配位滴定中，被测金属离子的浓度一般为 10^{-2} mol/L 左右，即取 $c=0.01$mol/L。这时若 $\lg K'_{稳}(MY)\geqslant 8$，金属即可被准确滴定。

若不考虑其他副反应的影响，则由 $\lg K'_{稳}(MY)=\lg K^{\ominus}_{稳}(MY)-\lg\alpha_{Y(H)}$ 得

$$\lg\alpha_{Y(H)}\leqslant\lg K^{\ominus}_{稳}(MY)-8$$

按上式计算出 $\lg\alpha_{Y(H)}$，它所对应的酸度就是滴定该金属离子的最高允许酸度。

【例 11-4】 求用 EDTA 滴定浓度为 $c(Zn^{2+})=0.01$mol/L 的 Zn^{2+} 的最高允许酸度。

解 已知 $c(Zn^{2+})=0.01$mol/L，查表 11-4 得 $\lg K^{\ominus}_{稳}(ZnY)=16.50$。则

$$\lg\alpha_{Y(H)}\leqslant 16.50-8=8.50$$

查表 11-5 得 pH=3.84，即其最低 pH 应为 4 左右。

用上述方法可计算出滴定各种金属离子时的最低 pH。若以 pH 为纵坐标，金属离子 $K^{\ominus}_{稳}(MY)$ 的对数为横坐标，作图可得 pH－$\lg K^{\ominus}_{稳}(MY)$［或 pH－$\lg\alpha_{Y(H)}$］曲线，此曲线称为酸效应曲线，如图 11-13 所示。图中金属离子所对应的 pH，就是滴定这种金属离子时所允许的最低 pH。

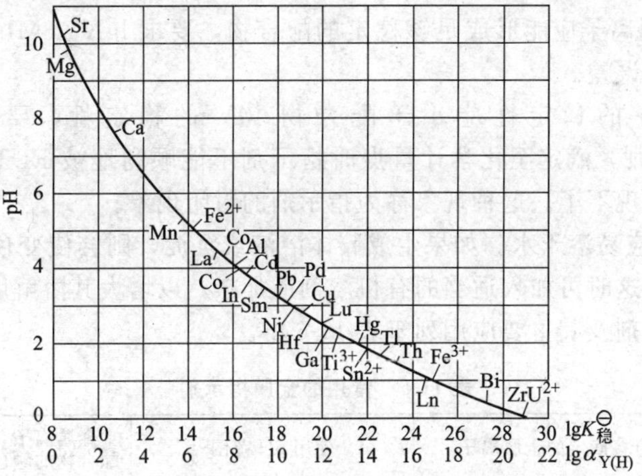

图 11-13　EDTA 的酸效应曲线

从图 11-13 可以查出单独滴定某种金属离子时的最高允许酸度。不同金属离子与 EDTA 形成的配合物 $K_{稳}(MY)$ 值不同，因此对应的最高允许酸度不同。例如 FeY 配合物很稳定［$\lg K^{\ominus}_{稳}(FeY)=25.10$］，查图 11-13 得 pH≥1，即可在强酸性溶液中滴定；而 ZnY 配合物稳定性［$\lg K^{\ominus}_{稳}(ZnY)=16.50$］稍差些，需在弱酸性溶液中（pH≥4.0）滴定；CaY 配合物的稳定性［$K^{\ominus}_{稳}(CaY)=10.69$］更差一些，需在 pH≥7.7 的弱碱性溶液中滴定。

二、金属指示剂

在配位滴定中，通常利用一种能与金属离子生成有色配合物的显色剂来指示滴定过程中金属离子浓度的变化，这种显色剂称为金属离子指示剂，简称金属指示剂。

金属指示剂一般是水溶性有机染料，本身具有某种颜色，在一定 pH 下，它与金属离子 M 生成与指示剂（In）本身的颜色明显不同的配合物。

$$M+In \longrightarrow MIn$$
甲色　　乙色

当滴入 EDTA 后，金属离子逐渐被配位。到终点时，M 离子几乎全部被配位，稍微过量的 EDTA 便夺取已与指示剂配位的金属离子，游离出指示剂，从而引起颜色变化，指示终点到达。

$$MIn+Y \longrightarrow MY+In$$
乙色　　　　甲色

例如，在 pH＝10 的溶液中，用 EDTA 滴定 Mg^{2+} 时，以铬黑 T(EBT) 作指示剂，其变色过程如下：

滴定前　　$Mg^{2+}+EBT \longrightarrow Mg\text{-}EBT$
（蓝色）　　（红色）

终点时　　$Mg\text{-}EBT+Y \longrightarrow MgY+EBT$
（红色）　　（蓝色）

显然，Y 之所以能夺取 Mg-EBT 中的 Mg^{2+}，是由于 MgY 的稳定性大于 Mg-EBT 的缘故。

从上例可见，金属指示剂能够准确指示终点必须具备下列条件。

① 在滴定的 pH 范围内指示剂本身的颜色与它和金属离子形成的配合物的颜色有显著的差别。

② 指示剂与金属离子生成的配合物的稳定性要适当，具体要求是：

a. 指示剂与金属离子应能形成足够稳定的配合物，要求 $\lg K'_{稳}(MIn)>4$，以保证终点不会出现过早而导致误差。

b. 配合物 MIn 的稳定性应小于配合物 MY 的稳定性，要求 $\lg K'_{稳}(MY)-\lg K'_{稳}(MIn)>2$。否则，滴定至化学计量点时指示剂不能顺利地被 EDTA 置换出来，使终点出现过迟，甚至出现不了。这种现象称为指示剂的封闭现象。

③ 配合物 MIn 应易溶于水。如果生成胶体溶液或沉淀，则会使变色不明显。这种现象称为指示剂的僵化。这时可加入适当的有机溶剂或加热，以增大其溶解度。

常用的金属指示剂及其主要应用列于表 11-6 中。

表 11-6　常用的金属指示剂

金属指示剂	可直接滴定的金属离子	使用 pH 范围	金属离子配合物的颜色	指示剂本身的颜色
铬黑 T(EBT)	Mg^{2+}、Cd^{2+}、Zn^{2+}、Pb^{2+}、Hg^{2+}	9～10	红色	蓝色
二甲酚橙(XO)	Zr^{4+}	<1	红紫色	黄色
	Bi^{3+}	1～2		
	Th^{4+}	2.5～3.5		
	Sc^{3+}	3～5		
	Pb^{2+}、Zn^{2+}、Cd^{2+}、Hg^{2+}、Ti^{3+}	5～6		
PAN	Cd^{2+}	6	红色	黄色
	In^{3+}	2.5～3.0		
	Zn^{2+}	5.7		
	Cu^{2+}	3～10		
钙指示剂	Ca^{2+}	12～13	红色	蓝色
酸性铬蓝 K	Ca^{2+}、Mg^{2+}、Zn^{2+}、Mn^{2+}	9～10	红色	蓝灰色
磺基水杨酸	Fe^{3+}	2～4	紫红色	无色(终点呈浅黄色)

三、应用示例

现以水的总硬度测定为例，说明配位滴定法的应用。

(1) 原理　水的总硬度测定即水中钙镁含量的测定。可在 pH=10 的 NH_3-NH_4Cl 缓冲溶液中，用 EDTA 标准溶液直接滴定水中的钙镁离子。由于 $K^{\ominus}_{稳}(CaY) > K^{\ominus}_{稳}(MgY)$，EDTA 首先与溶液中的 Ca^{2+} 配位然后再与 Mg^{2+} 配位，故可选用对 Mg^{2+} 灵敏的指示剂铬黑 T 来指示终点。

(2) 步骤　用移液管吸取水样 100mL，加 pH=10 的 NH_3-NH_4Cl 缓冲溶液 10mL 和 5～7滴铬黑 T 指示剂，立即用 0.01mol/L 的 EDTA 标准溶液滴定至溶液由酒红色变为纯蓝色为终点。

平行测定 2～3 次，计算水中钙镁离子的总含量。

(3) 结果计算　Ca^{2+} 和 Mg^{2+} 的总浓度为：

$$c(Ca^{2+}+Mg^{2+})=\frac{c(EDTA)V}{V_{水样}}\times 10^3$$

式中　$c(Ca^{2+}+Mg^{2+})$——水中 Ca^{2+} 和 Mg^{2+} 的总浓度，mmol/L；

$c(EDTA)$——EDTA 标准溶液的浓度，mol/L；

V——EDTA 标准溶液消耗的体积，L；

$V_{水样}$——水样的体积，L。

第四节　氧化还原滴定法

氧化还原滴定法是以氧化还原反应为基础的滴定分析法。根据所用氧化剂的不同，可分为高锰酸钾法、重铬酸钾法、碘量法、溴酸钾法和亚硝酸钠法等。本节重点讨论高锰酸钾法和碘量法。

一、高锰酸钾法

1. 方法原理

高锰酸钾法是以高锰酸钾为标准溶液的氧化还原滴定法。高锰酸钾是强氧化剂，其氧化能力大小与介质酸度有关。在强酸性溶液中，MnO_4^- 与还原剂作用被还原为 Mn^{2+}。其半反应为：

$$MnO_4^- + 8H^+ + 5e \rightleftharpoons Mn^{2+} + 4H_2O \qquad \varphi^{\ominus}=1.51V$$

在中性、弱碱性溶液中，MnO_4^- 被还原为 MnO_2。其半反应为：

$$MnO_4^- + 2H_2O + 3e \rightleftharpoons MnO_2 + 4OH^- \qquad \varphi^{\ominus}=0.58V$$

由于后者氧化能力较弱，且生成褐色的 MnO_2 沉淀，影响滴定终点的观察，故 $KMnO_4$ 滴定法一般都在强酸性溶液中进行。酸的浓度以 1～2mol/L 为宜。强酸介质需用硫酸，而不使用盐酸和硝酸。因为盐酸中 Cl^- 具有还原性，能被 MnO_4^- 氧化，而硝酸具有氧化性，它可能氧化被测物质。

高锰酸钾水溶液呈紫红色，其还原产物 Mn^{2+} 几乎无色。因此高锰酸钾法不需另加指示剂，可借助于化学计量点后稍微过量的高锰酸钾使溶液呈粉红色来指示滴定终点。这种确定滴定终点的方法称为自身指示剂法。

利用 $KMnO_4$ 标准溶液作氧化剂，能够直接滴定许多还原性物质，如 Fe^{2+}、As(Ⅲ)、Sb(Ⅲ)、H_2O_2、$C_2O_4^{2-}$、NO_2^- 及具有还原性的有机物等。$KMnO_4$ 与另一还原剂相配合，可用返滴定法测定许多氧化性物质，如 $Cr_2O_7^{2-}$、ClO_3^-、BrO_3^-、PbO_2及 MnO_2等。某些不具有氧化还原性的物质，若能与还原剂或氧化剂定量反应，也可用间接法加以测定。例如钙盐的测定，将试样处理成溶液后，用 $C_2O_4^{2-}$将 Ca^{2+}沉淀为 CaC_2O_4，以稀硫酸溶解沉淀，用 $KMnO_4$标准溶液滴定溶液中的 $C_2O_4^{2-}$，从而间接求出钙的含量。

高锰酸钾的优点是氧化能力强，应用范围广；但 $KMnO_4$能与许多还原性物质作用，干扰比较严重，且其溶液不够稳定。

2. 应用实例

高锰酸钾标准溶液的标定和亚铁盐含量的测定（见实验九）。

二、碘量法

1. 方法原理

碘量法是利用 I_2的氧化性和 I^-的还原性测定物质含量的氧化还原滴定法。基本反应为：

$$I_2 + 2e \rightleftharpoons 2I^- \qquad \varphi^{\ominus} = 0.54V$$

由标准电极电位可知，I_2是较弱的氧化剂，能与较强的还原剂作用；而 I^-是中等强度的还原剂，能与许多氧化剂作用。因此，碘量法分为直接碘量法和间接碘量法两种。

（1）直接碘量法（碘滴定法） 直接碘量法是利用 I_2标准溶液直接滴定标准电极电位小于 0.54V 的强还原性物质的方法，也称碘滴定法。如 S^{2-}、SO_3^{2-}、$S_2O_3^{2-}$、As_2O_3、Sn^{2+}、维生素 C 等可以用直接碘量法测定。

滴定时通常用淀粉作指示剂，在 I^-的存在下，稍过量的 I_2能使溶液由无色变为浅蓝色而达到滴定终点。淀粉是碘量法的专属指示剂。

（2）间接碘量法（滴定碘法） 间接碘量法是利用 I^-（通常用 KI）的还原性，使之与标准电极电位大于 0.54V 的氧化性物质反应定量地生成 I_2，然后再用还原剂 $Na_2S_2O_3$标准溶液滴定 I_2，从而间接测定物质含量的方法，也称滴定碘法。其基本反应为：

$$2I^- - 2e \longrightarrow I_2$$

$$I_2 + 2S_2O_3^{2-} \longrightarrow 2I^- + S_4O_6^{2-}$$

利用间接碘量法能够测定许多氧化性物质，如 $Cr_2O_7^{2-}$、Cu^{2+}、IO_3^-、AsO_4^{3-}、SbO_4^{3-}、ClO^-、NO_2^-、H_2O_2等，还可以测定甲醛、丙酮、葡萄糖、硫脲等有机化合物，应用十分广泛。

应用间接碘量法必须重视反应条件，否则会产生较大的误差。滴定时应注意以下几点。

① 控制溶液酸度 $S_2O_3^{2-}$ 与 I_2的反应必须在中性或弱酸性溶液中进行。

在碱性溶液中，I_2会发生歧化反应，还能与 $Na_2S_2O_3$发生副反应，反应式为：

$$3I_2 + 6OH^- \longrightarrow IO_3^- + 5I^- + 3H_2O$$

$$4I_2 + S_2O_3^{2-} + 10OH^- \longrightarrow 2SO_4^{2-} + 8I^- + 5H_2O$$

在强酸性溶液中，$Na_2S_2O_3$易分解，I^-易被空气中的 O_2所氧化。反应式为：

$$S_2O_3^{2-} + 2H^+ \longrightarrow SO_2\uparrow + S\downarrow + H_2O$$

$$4I^- + 4H^+ + O_2 \longrightarrow 2I_2 + 2H_2O$$

光线照射能促进 $Na_2S_2O_3$的分解和 I^-的氧化反应。

② 防止 I_2的挥发和 I^-被氧化 I_2易挥发，I^-易氧化，这是碘量法误差的两个主要来源。为了防止 I_2挥发，应加入过量的 KI（用量一般比理论值大 2～3 倍），一方面使 I^-与氧化性被测物质反应完全，另一方面使反应产生的 I_2与过量的 I^-形成易溶于水且难挥发的

I_3^-（$I_2+I^- \longrightarrow I_3^-$）；滴定应在室温下（低于298K）进行，温度不可过高，防止I_2的损失；滴定时应使用碘量瓶，摇动要轻。为了防止I^-被空气中的O_2氧化，当在氧化剂试液中加入KI后，应置于暗处（避光）操作；析出I_2后及时用$Na_2S_2O_3$标准溶液滴定；滴定速度应适当加快些。

③ 适时地加入指示剂　间接碘量法也使用淀粉作指示剂，蓝色恰好消失即为滴定终点。但要注意，淀粉指示液应在接近终点时，即大部分I_2已被还原，溶液呈现稻草黄时，才能加入。否则，将会有较多的I_2被淀粉胶粒包住，而在滴定时使蓝色褪色减慢，影响终点的确定。

2. 应用实例——硫酸铜（$CuSO_4 \cdot 5H_2O$）含量的测定

（1）原理　将胆矾试样溶解后，在弱酸性溶液中，加入过量的KI，反应定量生成的I_2用$Na_2S_2O_3$标准溶液滴定，以淀粉指示剂批示终点。反应式为：

$$2Cu^{2+}+4I^- \longrightarrow 2CuI\downarrow+I_2$$

$$I_2+2S_2O_3^{2-} \longrightarrow 2I^-+S_4O_6^{2-}$$

为防止铜盐水解，试液需用HAc控制pH为3～4。酸度过高，I^-易被空气中的O_2氧化为I_2，使结果偏高。为了消除Fe^{3+}氧化I^-的干扰，可加入NaF掩蔽之。由于Cu沉淀能强烈吸附I_2，使结果偏低。在滴定近终点时加入KSCN使CuI沉淀转化为溶解度更小的CuSCN沉淀，从而使被CuI吸附的I_2重新释放出来，使结果更加准确。SCN^-只能在近终点时加入，否则SCN^-有可能直接将Cu^{2+}还原成Cu^+，使结果偏低。

（2）步骤　准确称取胆矾试样0.5～0.6g，置于250mL锥形瓶中，加100mL水溶解。加6mol/L的HAc溶液4mL，加5mL饱和氟化钠溶液、2g碘化钾，用$Na_2S_2O_3$标准溶液（0.1mol/L）滴定至溶液呈稻草黄色时，加淀粉指示液3mL，继续滴定至溶液显淡蓝色时，加10% KSCN溶液5mL，再继续滴定至蓝色消失即为终点。

平行测定三份，测得硫酸铜含量的平均值。

（3）结果计算

$$w(CuSO_4 \cdot 5H_2O)=\frac{c(Na_2S_2O_3)V\times 249.7}{m}$$

式中　$c(Na_2S_2O_3)$——硫代硫酸钠标准溶液的浓度，mol/L；

V——硫代硫酸钠标准溶液消耗的体积，L；

m——试样质量，g；

249.7——硫酸铜（$CuSO_4 \cdot 5H_2O$）的摩尔质量，g/mol。

本章小结

一、滴定分析法

1. 基本概念　标准溶液、滴定、指示剂、滴定终点、终点误差。

2. 滴定分析反应应具备的条件　反应要定量完成；反应速率要快；有合适的指示剂。

3. 滴定分析法分类　根据反应类型分成酸碱滴定法、沉淀滴定法、配位滴定法和氧化还原滴定法。按滴定方式分成直接滴定法、返滴定法、置换滴定法和间接滴定法。

4. 标准溶液

（1）标准溶液的浓度　物质的量浓度、滴定度。

（2）标准溶液的配制方法　直接法和间接法。直接法制备标准溶液的物质必须是基准物；间接法制备标准溶液包括粗配和标定两步。

5. 滴定分析的计算

$$w(\mathrm{B})=\frac{c(\mathrm{A})V(\mathrm{A})M(\mathrm{B})}{m}$$

$$\rho(\mathrm{B})=\frac{c(\mathrm{A})V(\mathrm{A})M(\mathrm{B})}{V}$$

6. 滴定分析误差　系统误差、随机误差。系统误差主要来源于仪器、试剂和方法。

7. 有效数字的确定及运算

二、酸碱滴定法

1. 酸碱指示剂

(1) 指示原理　一般是有机弱酸或有机弱碱，能随溶液 pH 的改变而发生结构变化，从而导致颜色变化。

(2) 酸碱指示剂的变色范围　理论变色范围为 $\mathrm{pH}=\mathrm{p}K_{\mathrm{a}}^{\ominus}(\mathrm{HIn})\pm1$。

(3) 指示剂的选择原则　应使指示剂的变色范围处于或部分处于 pH 突跃范围内。

2. 滴定可行性条件

一元弱酸（碱）直接被滴定的条件为 $cK_{\mathrm{a(b)}}^{\ominus}\geqslant10^{-8}$。

三、配位滴定法

1. 酸效应曲线　以 pH 为纵坐标，金属离子 $K_{稳}^{\ominus}(\mathrm{MY})$ 的对数为横坐标，作图可得 $\mathrm{pH}\text{-}\lg K_{稳}^{\ominus}(\mathrm{MY})$[或 $\mathrm{pH}\text{-}\lg\alpha_{\mathrm{Y(H)}}$] 曲线。根据酸效应曲线可以得出滴定某一金属离子时的最高允许酸度。

2. 酸效应系数 $\alpha_{\mathrm{Y(H)}}$　$\alpha_{\mathrm{Y(H)}}$ 为 EDTA 总浓度 c_{Y} 与其有效存在形式 Y 的平衡浓度 $c(\mathrm{Y})$ 的比值。

3. 配合物的条件稳定常数　$\lg K'_{稳(\mathrm{MY})}=\lg K_{稳}^{\ominus}(\mathrm{MY})-\lg\alpha_{\mathrm{Y(H)}}$。

4. 金属离子被准确滴定的条件　$\lg[cK'_{稳}(\mathrm{MY})]\geqslant6$。

5. 金属指示剂　EDTA 配位滴定所用的指示剂，称为金属指示剂。

(1) 指示原理　金属指示剂是有机配位剂，能与被测金属离子形成有色配合物，配位前后呈现不同的颜色。

(2) 配合物应具备的条件　配合物与指示剂本身的颜色有明显的差别；配合物的稳定性要适当，即 $\lg K'_{稳}(\mathrm{MY})-\lg K'_{稳}(\mathrm{MIn})>2$，且 $\lg K'_{稳}(\mathrm{MIn})>4$；配合物应易溶于水。选用指示剂时，要注意使用的酸度条件和可能产生的封闭或僵化现象。

四、氧化还原滴定法

1. 高锰酸钾法　是以高锰酸钾为标准溶液的氧化还原滴定法。

2. 碘量法　是利用 $\mathrm{I_2}$ 的氧化性和 $\mathrm{I^-}$ 的还原性来进行滴定的氧化还原滴定法。包括直接碘量法和间接碘量法。

习　题

1. 什么是滴定分析法？能够用于滴定分析的化学反应必须具备哪些条件？
2. 标准溶液的配制方法有哪些？符合什么条件的物质可以直接法制备标准溶液？什么是标定？
3. 滴定分析的误差来自于哪些方面？
4. 酸碱指示剂的变色原理和变色范围如何？试举例说明。
5. 什么是滴定曲线？如何根据酸碱滴定曲线选择合适的指示剂？
6. EDTA 与金属离子配位有什么特点？

7. 金属指示剂的作用原理如何？金属指示剂应具备哪些条件？

8. 什么是碘量法？直接碘量法和间接碘量法有何区别？怎样确定滴定终点？

9. 间接碘量法的测定条件如何？如何防止 I_2 的挥发和 I^- 被空气中的 O_2 氧化？

10. 用草酸标定氢氧化钾溶液时，称取纯草酸（$H_2C_2O_4 \cdot 2H_2O$）0.6254g，溶解后移入 100mL 容量瓶中，稀释至刻度。吸取 25.00mL 三份，标定分别用去 KOH 溶液 20.21mL、20.23mL、20.20mL，计算此 KOH 溶液物质的量浓度。

11. 用 $c(KOH)=0.1227$mol/L 的 KOH 标准溶液标定 20.00mL H_2SO_4 溶液，恰好消耗 H_2SO_4 24.30mL，求 H_2SO_4 溶液物质的量浓度 $c(H_2SO_4)$ 及滴定度 $T_{H_2SO_4/KOH}$ 各是多少。

12. 测定工业硫酸时，称样 1.1250g，稀释至 250mL，取出 25.00mL，滴定消耗 0.1340mol/L 的 NaOH 溶液 15.40mL。求 H_2SO_4 的质量分数。

13. 下列各种弱酸、弱碱能否用酸碱滴定法直接滴定？如果可以，应选用何种指示剂？为什么？

(1) 一氯乙酸 $CH_2ClCOOH$　(2) 苯酚　(3) 吡啶　(4) 苯甲酸　(5) 羟氨

14. 溶解氧化锌 0.1000g 于 50.00mL 0.1101mol/L 的 H_2SO_4 溶液中，用 0.1200mol/L 的 NaOH 溶液滴定过量的 H_2SO_4，用去 25.50mL。求氧化锌的质量分数。

15. 用甲醛法测定硝酸铵试样的含氮量，称取样品 0.2500g，加入甲醛后，用 0.2500mol/L 的 NaOH 溶液滴定生成的酸，用去 21.10mL。求试样中氮的质量分数。

16. 计算 pH＝5.0 和 pH＝7.0 时的 $\lg K'_{稳}$（MnY）值，并判断能否在此 pH 条件下进行滴定。

17. 称取 0.1133g 纯 $Na_2C_2O_4$，在酸性溶液中用 $KMnO_4$ 溶液滴定，消耗 $KMnO_4$ 溶液 19.74mL。求 $KMnO_4$ 溶液的物质的量浓度。反应式为：

$$5C_2O_4^{2-}+2MnO_4^-+16H^+ \longrightarrow 2Mn^{2+}+10CO_2\uparrow+8H_2O$$

18. 用 $KMnO_4$ 法测定工业硫酸亚铁的含量，称取样品 0.9343g，溶解后在酸性条件下用0.02002mol/L 的 $KMnO_4$ 溶液滴定，共消耗 32.02mL。求试样中 $FeSO_4 \cdot 7H_2O$ 的质量分数。

19. 在 97.31mL 0.05480mol/L 的 I_2 和 97.21mL 0.1098mol/L 的 $Na_2S_2O_3$ 的混合溶液中，加入一滴淀粉指示剂。问混合液呈蓝色还是无色？

20. 某厂生产 $FeCl_3 \cdot 6H_2O$ 试剂，国家规定二级品含量不低于 99.0%，三级品不低于 98.0%。为了检验质量，称取样品 0.5000g，用水溶解后加适量 HCl 和 KI，用 0.09026mol/L 的 $Na_2S_2O_3$ 标准溶液滴定析出的 I_2，用去 20.05mL。问该产品属于哪一级？

阅读材料

电子天平

电子天平按结构可分为上皿式和下皿式电子天平。秤盘在支架上面为上皿式，秤盘吊挂在支架下面为下皿式。目前，广泛使用的是上皿式电子天平。

一、电子天平的分类

(1) 超微量电子天平　超微量天平的最大称量范围是 2～5g，其标尺分度值小于（最大）称量的 10^{-6}。

(2) 微量天平　微量天平的称量范围一般为 3～50g，其分度值小于（最大）称量的 10^{-5}。

(3) 半微量天平　半微量天平的称量范围一般为 20～100g，其分度值小于（最大）称量的 10^{-5}。

(4) 常量电子天平　此种天平的最大称量范围一般为 100～200g，其分度值小于（最大）称量的 10^{-5}。

(5) 分析天平　电子分析天平是常量天平、半微量天平、微量天平和超微量天平的总称。

(6) 精密电子天平　这类电子天平是准确度级别为Ⅱ级的电子天平的统称。

二、电子天平的使用方法

尽管电子天平种类繁多，但其使用方法大同小异，具体操作可参看各仪器的使用说明书。一般包括以下步骤。

(1) 水平调节　观察水平仪中的水泡，如果不位于中心，说明不水平，需调整水平调节角。

(2) 预热　接通热源，预热 1h 后，开启显示器进行操作。

(3) 校准　天平安装后，第一次使用前，应对天平进行校准。因存放时间较长、位置移动、环境变化或为获得精确测量，天平在使用前一般都应进行校准操作。

(4) 称量　按 TAR 键，显示为零后，置被称物于秤盘上，待数字稳定后，该数字即为被称物的质量。

(5) 去皮称量　按 TAR 键清零，置容器于秤盘上，天平显示容器的质量，再按 TAR 键，显示零，即为去皮。

(6) 结束称量　称量结束后，按 OFF 键关闭显示器。若当天不再使用，应拔下天平电源插头。

第十二章

物质的制备技术

知识目标：1. 掌握物质制备的原理和方法。
　　　　　2. 掌握物质制备的步骤。
能力目标：1. 学会选择合理的制备路线；学会选择合适的反应装置。
　　　　　2. 学会设计物质制备反应的条件；学会进行产率的计算。

物质的制备是化学实验中较重要的内容之一，它是由较简单的无机物或有机物通过化学反应得到较复杂的无机物和有机物的过程。通过物质的制备，可进一步地了解怎样以最基本的原料得到生产和日常生活中所必需的化工产品，例如“三大合成材料”，一些药物、染料、洗涤剂、杀虫剂、化妆品、食品添加剂等是怎样制得的。因此物质的制备技术在化工生产中具有重要意义。

第一节　制备物质的步骤和方法

一、制备物质的步骤

1. 明确实验目标

实验目标包括知识目标和能力目标。知识目标就是掌握实验涉及到的知识点，首先在理论上要搞懂、吃透；其次要明确能力目标，也就是在本实验要达到的最终目的。这是操作技能的训练，要求熟练掌握具体的实验操作技能。要达到最佳的学习效果，应当进行课前的预习和思考。

2. 深刻理解实验原理

实验原理是进行实验操作的理论依据，只有掌握了实验原理才能了解实验的全过程及实验过程中可能出现的问题。因而在做实验前应认真阅读实验教材，画出实验流程图；熟练掌握实验中所涉及的反应方程式，以便了解反应原料，反应的主、副产物以及反应控制的条件。从而做到在进行实验操作时心中有数。

3. 确定合理的制备路线

物质的制备路线可能有很多种，但是不一定每条路线都适用于实验室和工业制备。当一种物质有多种制备路线时，应当选择原料易得、成本低，反应步骤少，能耗低，操作方便，副产物少而又不污染环境的制备路线。

总之，选择一条合理的制备路线是节约成本、提高经济效益的关键。

想一想：怎样选择一条合理的制备路线？

4. 选择反应装置

选择合适的实验装置是关系到实验成败的关键。不同类型的物质在不同的条件下，物理、化学性质不同，因而选择的实验装置不同。例如有机化合物的制备常使用回流装置，这是因为有机化合物沸点低、反应速率慢、反应时间长等原因。在制备物质时，如是可逆反应，常选择蒸馏装置，这样可使生成的产物不断离开平衡体系，从而提高反应产率。

5. 物质制备反应条件的设计

(1) 掌握反应物料的摩尔比，了解该反应的投料量是等摩尔比还是某反应物过量，学会计算反应物料的物质量，在称量操作时要做到准确无误。

(2) 设定和调控反应温度、反应压力在一定范围内，温度太高或太低都会影响反应速率，操作时应该定时记录反应温度的变化情况，作为原始资料进行保存。

(3) 设定好反应时间，因为反应时间（尤其是有机反应）和加热时间能反映反应进行的程度。不要随意加长和缩短反应时间，以免造成副反应增加或反应不完全。

(4) 选择合适的反应溶剂、催化剂。例如有机反应一般选用极性小或非极性的有机化合物作为溶剂，合适的催化剂有利于反应的进行。但值得注意的是，反应溶剂、催化剂在反应结束后都要进行分离除去，否则会影响产品的纯度。

6. 物质制备的后处理

(1) 分离、提纯主产物　在物质制备反应结束后，生成的主要产物中常常混有副产物及未反应的原料、溶剂、催化剂等杂质，可以通过分离提纯等操作将这些杂质除去。根据主产物和杂质的物理、化学性质不同采用不同的分离、提取方法，如蒸馏、分馏、重结晶、升华、酸碱中和、色谱等方法，把主产物分离出来。

(2) 对反应中的废水、废渣和废气的监测与处理　制备反应中一般都会出现废水、废渣、废气的排放问题，怎样营造一个绿色环境，如何更好地治理“三废”是人们最为关注的问题。实验中应该设置“三废”的检测和处理操作。

二、物质的制备方法

物质的制备方法很多，同种物质可以选用同种原料和不同的制备方法，或者选用不同的原料和不同制备方法，尤其是有机物质的制备。例如醇的制备方法工业上就有许多种，如葡萄发酵可以得到酒精，利用水煤气为原料可制得甲醇。醇也可以通过直接水合法、间接水合法、卤代烃的水解、羟醛缩合等方法制得。实验室可通过醛或酮的还原、卤代烃的水解、烯烃的氧化等方法制得。制备醇的最好方法是采用格氏试剂合成法，利用此法可制备伯、仲、叔醇。

通常制备有机化合物的四大合成法是：

(1) 格氏试剂合成法——合成伯、仲、叔醇的方法

(2) 丙二酸二乙酯合成法——合成羧酸的方法

(3) 乙酰乙酸乙酯合成法——合成酮的方法

(4) 利用重氮化反应——合成芳香族化合物的方法

第二节　制备物质的产率及计算

一、影响产率的因素及提高产率的措施

1. 影响产率的因素

(1) 可逆反应　在制备物质时如果为可逆反应，转化率就会很低，因为逆反应在同时进行。

(2) 产生副反应　尤其是有机反应比较复杂，发生反应的部位不仅仅局限在分子的某一部位，而是在分子的多个部位都可能发生化学反应，因而副产物多，转化率降低。

(3) 反应条件控制不当　在制备实验中，如反应温度、压力控制不当，反应溶剂、催化

剂不合适，反应时间太长或太短都会使转化率降低。

(4) 产品在各步操作过程中造成损失　尤其物质在分离和提纯等后处理时，如操作不当会造成一定损失而使产率降低。

想一想：在物质制备中如何提高反应的产率？

2. 提高产率的措施

(1) 破坏平衡　为了提高产率，可以采用增加某一反应物的浓度，使某一物质过量，另外可以把生成物不断地从平衡体系中移出，使反应向生成物的方向进行。例如在乙酸乙酯的制备实验中，主要原料是乙酸和乙醇，一般使廉价的乙醇过量，另外加入酸催化剂，并将生成的酯通过蒸馏的方法从平衡体系中移出，使反应向生成物的方向进行。

(2) 控制好反应条件　控制好反应温度、压力，选好反应溶剂、催化剂，掌握好反应时间可以减少副反应的发生，从而提高转化率。例如在溴乙烷的制备实验中，主要原料是乙醇、浓硫酸、固体溴化钠，因此控制好反应温度是提高产率的关键。因为乙醇在浓硫酸存在下加热到140℃时生成乙醚副产物，而温度上升至170℃时则生成乙烯副产物；另外，温度过高浓硫酸可能将生成的溴化氢氧化成溴，从而使产率降低。

(3) 精心操作实验全过程　要得到较高的产率和较好的收益，在进行实验时必须大胆、细心、认真、仔细地观察并精心操作好每一步实验，随时做好实验记录。哪一步实验有疏忽，都可能造成产率的降低和实验的失败。

二、产率的计算

$$产率=\frac{实验产量\ (g)}{理论产量\ (g)}\times 100\%$$

式中，理论产量是根据反应方程式，原料全部转化成产物的质量；实际产量是指实验中实际得到的纯产物的质量。

在计算产率时，应该以不过量的反应物用量为基准来计算理论产量。

本　章　小　结

一、制备物质的步骤

明确实验目标→理解实验原理→确定合理的制备路线→选择反应装置→物质制备反应条件的设计→物质制备的后处理。

二、物质的制备方法

通常制备有机化合物的四大合成法。

三、制备物质的产率及计算

1. 影响产率的因素

2. 提高产率的措施

3. 产率的计算

习　　题

1. 制备物质时应掌握哪些步骤？
2. 有机化合物的制备有哪些方法？请列举1～2个实例，并写出反应方程式。
3. 影响产率的因素有哪些？
4. 选择好合理的制备路线和方法后，如何选择实验装置？
5. 在物质制备反应结束后，如何进行产物的提纯和分离？

实　验

实验一　化学反应速率及化学平衡

一、实验目的

1. 了解浓度、温度、催化剂对反应速率的影响。

2. 了解浓度、温度对化学平衡的影响。

3. 练习恒温水浴操作。

二、实验原理

化学反应速率是以单位时间内反应物浓度的减少或生成物浓度的增加来表示的。化学反应速率首先与反应物的本性有关，此外还受到反应时所处的外界条件（如浓度、温度、催化剂等）的影响。在水溶液中过二硫酸铵和碘化钾发生如下反应：

$$(NH_4)_2S_2O_8 + 3KI \longrightarrow (NH_4)_2SO_4 + K_2SO_4 + KI_3$$

$$S_2O_8^{2-} + 3I^- \longrightarrow 2SO_4^{2-} + I_3^- \qquad (1)$$

其反应速率方程式可表示为：

$$v = kc(S_2O_8^{2-})^m c(I^-)^n$$

式中，v 是在此条件下反应的瞬时速率。若 $c(S_2O_8^{2-})$ 和 $c(I^-)$ 是起始浓度，则 v 表示起始速率。实验能测定的速率是在一段时间（Δt）内反应的平均速率。如果在 Δt 时间内 $S_2O_8^{2-}$ 浓度的改变为 $\Delta c(S_2O_8^{2-})$，则平均速率为：

$$\bar{v} = \frac{-\Delta c(S_2O_8^{2-})}{\Delta t}$$

近似地用平均速率代替起始速率：

$$v = \frac{-\Delta c(S_2O_8^{2-})}{\Delta t} = kc(S_2O_8^{2-})^m c(I^-)^n$$

为了测出反应在 Δt 时间内 $S_2O_8^{2-}$ 浓度的改变值，需要在混合 $(NH_4)_2S_2O_8$ 和 KI 溶液的同时，加入一定体积已知浓度的 $Na_2S_2O_3$ 溶液和淀粉溶液，这样在反应（1）进行的同时还进行下面的反应：

$$2S_2O_3^{2-} + I_3^- \longrightarrow S_4O_6^{2-} + 3I^- \qquad (2)$$

这个反应进行得非常快，几乎瞬间完成，而反应（1）比反应（2）慢得多。因此，由反应（1）生成的 I_3^- 立即与 $S_2O_3^{2-}$ 反应，生成无色的 $S_4O_6^{2-}$ 和 I^-。所以在反应的开始阶段看不到碘与淀粉反应而显示的特有蓝色。但是一旦 $Na_2S_2O_3$ 耗尽，反应（1）继续生成的 I_3^- 就与淀粉反应而呈现出特有的蓝色。

由于从反应开始到蓝色出现标志着 $S_2O_3^{2-}$ 全部耗尽，所以从反应开始到出现蓝色这段时间里，$S_2O_3^{2-}$ 浓度的改变 $\Delta c(S_2O_3^{2-})$ 实际上就是 $Na_2S_2O_3$ 的起始浓度 $c(S_2O_3^{2-})$。

再从反应式（1）和（2）可以看出，$S_2O_8^{2-}$ 消耗量（指物质的量）为 $S_2O_3^{2-}$ 的一半，所以 $S_2O_8^{2-}$ 在 Δt 时间内消耗的量为：

$$\Delta c(S_2O_8^{2-}) = \frac{c(S_2O_3^{2-})}{2}$$

三、实验材料

1. 仪器

秒表，温度计，量筒（10mL 2只、50mL 4只），烧杯（100mL），烧杯（250mL），NO_2平衡仪。

2. 试剂

KI（0.2mol/L），$Na_2S_2O_3$（0.01mol/L），$(NH_4)_2S_2O_8$（0.2mol/L），KNO_3（0.2mol/L），$(NH_4)_2SO_4$（0.2mol/L），$Cu(NO_3)_2$（0.02mol/L），$FeCl_3$（0.1mol/L），NH_4SCN（0.1mol/L），0.4%的淀粉，3%的H_2O_2，MnO_2(s)。

四、实验内容

1. 浓度对反应速率的影响

用量筒分别量取20mL 0.2mol/L的KI溶液、8mL 0.01mol/L的$Na_2S_2O_3$溶液和2mL 0.4%的淀粉溶液，全部倒入100mL烧杯中，混合均匀。然后用另一量筒取20mL 0.2mol/L的$(NH_4)_2S_2O_8$溶液，迅速倒入上述混合溶液中，同时用秒表计时，并不断搅动，仔细观察。当溶液刚出现蓝色时，立即按停秒表，记录从混合到变蓝的时间。

用同样方法按照表1的用量进行编号2、3的实验。

表1 浓度对反应速率的影响 室温______

实验编号		1	2	3
试剂用量/mL	0.20mol/L的$(NH_4)_2S_2O_8$	20.0	5.0	20.0
	0.20mol/L的KI	20.0	20.0	5.0
	0.010mol/L的$Na_2S_2O_3$	8.0	8.0	8.0
	0.4%的淀粉溶液	2.0	2.0	2.0
	0.20mol/L的KNO_3	0	0	15.0
	0.20mol/L的$(NH_4)_2SO_4$	0	15.0	0
混合液中反应物的起始浓度/(mol/L)	$(NH_4)_2S_2O_8$			
	KI			
	$Na_2S_2O_3$			
反应时间Δt/s				
$S_2O_8^{2-}$的浓度变化$\Delta c(S_2O_8^{2-})$				
反应速率v/[mol/(L·s)]				

2. 温度对反应速率的影响

按表1实验编号2的药品用量，将装有碘化钾、硫代硫酸钠、硫酸铵和淀粉混合溶液的烧杯和装有过二硫酸铵溶液的小烧杯，放入比室温高10℃的水浴中，当达到水浴温度时，将两烧杯中的溶液混合，立即计时，并不断搅动溶液，当溶液刚出现蓝色时，记录反应时间。用同样方法在水浴中进行比室温高20℃的实验，并将两次数据记入表2进行比较。

表2 温度对反应速率的影响

实验编号	4	5	6
反应温度/℃	室温		
反应时间Δt/s			
反应速率v			

3. 催化剂对反应速率的影响

（1）按表 1 实验 2 的用量，把碘化钾、硫代硫酸钠、硫酸铵和淀粉溶液加到 100mL 烧杯中，再加入 2 滴 0.02mol/L 的 $Cu(NO_3)_2$ 溶液，搅匀，然后迅速加入过二硫酸铵溶液，搅动，计时。将实验的反应速率与表 1 中实验 2 的反应速率进行比较。

（2）在试管中加入 3% 的 H_2O_2 溶液 1mL，观察是否有气泡产生，然后向试管中加入少量 MnO_2 粉末，观察是否有气泡放出，并检验是否为氧气。

总结以上两实验，说明催化剂对反应速率有何影响。

4. 浓度对化学平衡的影响

在烧杯中加入 10mL 蒸馏水，然后加入 0.1mol/L 的 $FeCl_3$ 及 0.1mol/L 的 NH_4SCN 溶液各 2 滴，得到浅红色溶液。溶液中红色物质主要是 $[Fe(SCN)]^{2+}$。

$$Fe^{3+} + SCN^- \rightleftharpoons [Fe(SCN)]^{2+}$$

将所得溶液分于两支试管中，在第一支试管中逐滴加入 0.1mol/L 的 $FeCl_3$ 溶液，第二支试管中逐滴加入 0.1mol/L 的 NH_4SCN 溶液，而第三支试管留作比较。观察前两支试管中溶液颜色的变化，从而说明浓度对化学平衡的影响。

5. 温度对化学平衡的影响

将充有 NO_2 和 N_2O_4 混合气体的平衡仪两端分别置于盛有冷水和热水的烧杯中。观察平衡仪两端颜色的变化。根据颜色的变化说明温度对化学平衡的影响。

五、思考题

1. 影响化学反应速率的因素有哪些？本实验中如何试验浓度、温度对化学反应速率的影响？

2. 本实验 1 中，加入 $(NH_4)_2SO_4$ 和 KNO_3 溶液的目的是什么？

3. 化学平衡在什么情况下将发生移动？如何判断化学平衡移动的方向？本实验中如何试验浓度、温度对化学平衡的影响？

实验二　旋光法测定蔗糖水解的速率常数

一、实验目的

1. 了解蔗糖转化反应体系中各物质浓度与旋光度之间的关系。

2. 测定蔗糖转化反应的速率常数和半衰期。

3. 掌握旋光仪的基本原理及其使用方法。

二、实验原理

一级反应的反应速率可表示为：

$$\frac{-\mathrm{d}c}{\mathrm{d}t} = kc \tag{1}$$

$$\int_{c_0}^{c} \frac{\mathrm{d}c}{c} = -\int_0^t k\mathrm{d}t \Rightarrow \ln c = \ln c_0 - kt \Rightarrow \ln\frac{c_0}{c} = kt \tag{2}$$

式中，k 是反应速率常数；c_0 是反应物初浓度；c 为 t 时反应物的浓度；t 是时间。若以 $\ln c$ 对 t 作图，可得一直线，其斜率即为反应速率常数 k。

一级反应的半衰期为：

$$t_{1/2} = \frac{0.693}{k} \tag{3}$$

可见，一级反应的半衰期 $t_{1/2}$ 只决定于反应速率常数 k，而与起始浓度无关。这是一级反应的一个特点。

蔗糖转化的方程为：

$$\underset{蔗糖}{C_{12}H_{22}O_{11}} + H_2O \xrightarrow{H^+} \underset{果糖}{C_6H_{12}O_6} + \underset{葡萄糖}{C_6H_{12}O_6}$$

此反应速率与蔗糖的浓度、水的浓度以及催化剂 H^+ 的浓度有关。在催化剂 H^+ 浓度固定的条件下，此反应本是二级反应，但由于有大量水存在，虽然有部分水分子参加反应，但在反应过程中水的浓度变化很小。因此，反应速率可视作只与蔗糖浓度成正比。其浓度与时间的关系，符合式(1) 的条件，所以此反应为一级反应。

本反应中，蔗糖是右旋性物质，比旋光度 $[\alpha]_D^{20}=66.6°$，生成物中葡萄糖也是右旋性物质，$[\alpha]_D^{20}=52.5°$，但果糖是左旋性物质，$[\alpha]_D^{20}=-91.9°$。因此当水解作用进行时，右旋角不断减小，反应终了时，体系将变成左旋。设最初的旋光度为：

$$\alpha_0 = k_{反应物}c_0 \text{（蔗糖尚未转化，}t=0\text{）} \tag{4}$$

另设最后的旋光度为：

$$\alpha_\infty = k_{生成物}c_0 \text{（蔗糖全部转化，}t=\infty\text{）} \tag{5}$$

式中，$k_{反应物}$、$k_{生成物}$ 分别为反应物与生成物的比例常数；c_0 为反应物质的最初浓度亦即生成物最后的浓度。当时间为 t 时，蔗糖浓度为 c，旋光度为：

$$\alpha_t = k_{反应物}c + k_{生成物}(c_0 - c) \tag{6}$$

由式(4) ～式(6) 得

$$c_0 = \frac{\alpha_0 - \alpha_\infty}{k_{反应物} - k_{生成物}} = k(\alpha_0 - \alpha_\infty)$$

$$c = \frac{\alpha_t - \alpha_\infty}{k_{反应物} - k_{生成物}} = k(\alpha_t - \alpha_\infty)$$

将此关系式代入式(2) 得

$$\lg\frac{\alpha_0 - \alpha_\infty}{\alpha_t - \alpha_\infty} = \frac{k}{2.303}t$$

即

$$\lg(\alpha_t - \alpha_\infty) = -\frac{k}{2.303}t + \lg(\alpha_0 - \alpha_\infty) \tag{7}$$

以 $\lg(\alpha_t - \alpha_\infty)$ 对 t 作图，从其斜率即可求得反应速率常数 k。

由于温度对反应速率有影响，因此反应必须恒温下进行。

三、实验材料

1. 仪器

旋光仪，秒表，恒温槽，锥形瓶（100mL），移液管（20mL），量筒（100mL），温度计（1/10 刻度）。

2. 试剂

蔗糖，盐酸（1∶2）。

四、实验内容

1. 校正零点

蒸馏水为非旋光物质，可以用它核对仪器的零点。拧开旋光槽一端的压盖，洗净旋光槽，加入蒸馏水至满，将玻璃片贴着液面小心推盖在液面上，旋紧压盖，若有气泡，需重新操作。用滤纸将管外擦干，旋光管两端的玻璃片可用镜头纸擦净。把旋光管放入旋光仪内，打开光源，调整目镜焦距，使视野清楚，旋转检偏镜，使视野中能观察到明暗相等的三份视野为止。记下检偏镜的旋转角 α，重复三次，取其平均值，此值即为仪器的零点。将恒温槽调至 25℃。

2. 配制溶液

用台秤称取 10g 蔗糖溶于蒸馏水中，用 100mL 量筒稀释至 50mL，若溶液不清应过滤一次。

3. 旋光度的测定

用移液管各取 20.00mL 的盐酸和蔗糖溶液，并分别置于 100mL 的锥形瓶中，放入恒温槽 10min。取出，把盐酸倒入蔗糖中摇荡。同时用此混合液少许，洗旋光管 2～3 次后，装满旋光管。擦净管外溶液后，尽快放入旋光仪中进行观察测量，当盐酸倒入蔗糖溶液中时，打开秒表开始计时。

测量不同时间 t 时溶液的旋光角 α_t。由于 α_t 随时间不断改变，因此找平衡点和读数均要熟练迅速，寻找平衡点立即记下时间 t，而后再读取旋光角 α_t。开始 15min 内每 2min 记录一次读数，以后每 5min 读一次读数，直至旋光角由右旋变左旋为止。

思考：如何判断某一旋光物质是左旋还是右旋?

4. α_∞ 的测定

α_∞ 的测定可以将剩余的糖和盐酸的等体积混合液置于 50～60℃水溶液中温热 30min，然后冷却至 35℃，再测此溶液的旋光度，即为 α_∞ 值。

由于酸会腐蚀旋光仪的金属套，因此实验一结束，必须将其擦洗干净。

5. 数据处理

(1) 列出 t-α_t 表，并作出相应的 α_t-t 图。

(2) 从 α_t-t 图曲线上，读出等间隔时间 t 时的旋光角 α_t，并算出 $\alpha_t-\alpha_\infty$ 和 lg $(\alpha_t-\alpha_\infty)$ 的值。

(3) 以 $\lg(\alpha_t-\alpha_\infty)$ 对 t 作图，由曲线的形状判断反应的级数，由直线的斜率求反应速率常数 K。

(4) 由 k 值计算这一反应的半衰期 $t_{1/2}$。

五、思考题

1. 实验中，为什么用蒸馏水来校正旋光仪的零点？在蔗糖转化反应过程中，所测的旋光度 α_t 是否需要零点校正？为什么？
2. 蔗糖溶液为什么可粗略配制？
3. 蔗糖的转化速率和哪些因素有关？

实验三　邻二氮菲分光光度法测定微量铁

一、实验目的

1. 学习如何选择分光光度分析的条件。
2. 学习分光光度法测铁的操作方法。

二、实验原理

可见分光光度法测定无机离子，通常要经两个过程：一是显色过程；二是测量过程。为了使测定结果有较高灵敏度和准确度，必须选择合适的显色条件和测量条件。这些条件主要包括入射波长、显色剂用量、溶液酸度、有色配合物的稳定性等。

(1) 入射光波长　一般情况下，应选择被测物质的最大吸收波长的光为入射光，这样不仅灵敏度高，准确度也好。当有干扰物质存在时，不能选择最大吸收波长，可根据"吸收最大，干扰最小"的原则来选择波长。

(2) 显色剂用量　显色剂的合适用量可通过实验确定。配制一系列被测元素浓度相同而显色剂用量不同的溶液，分别测其吸光度，作 A-c_R 曲线，找出曲线平台部分，选择一合适用量即可。

(3) 溶液酸度　选择合适的酸度，可以在不同 pH 缓冲溶液中，加入等量的被测离子和显色剂，测其吸光度，作 A-pH 曲线，从曲线上选择合适的 pH 范围。

(4) 有色配合物的稳定性　有色配合物的颜色应当稳定足够的时间，至少应保证在测定过程中，吸光度基本不变，以保证测定结果的准确度。

(5) 干扰的排除　当被测液中有其他干扰组分共存时，必须采取一定措施排除干扰。一般可以采取以下措施来达到目的。

① 根据被测组分与干扰物化学性质的差异，用控制酸度、加掩蔽剂或氧化剂等方法来消除干扰。

② 选择合适入射光波长，避开干扰物吸收的吸光度误差。

③ 选择合适的参比溶液来抵消干扰组分或试剂在测定波长的吸收。

用于铁的显色剂很多，其中邻二氮菲是测定微量铁的一种较好的显色剂。邻二氮菲又称邻菲啰啉，它是测定 Fe^{2+} 的一种高灵敏度和高选择性试剂，与 Fe^{2+} 生成稳定的橙红色配合物。

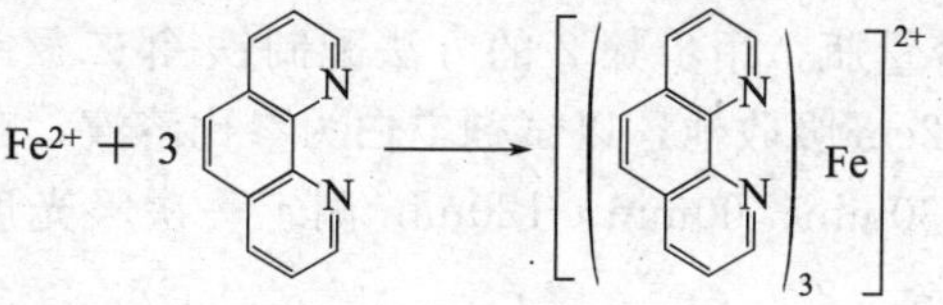

该配合物的 $\varepsilon=1.1\times10^4$ L/(mol·cm)，pH 在 2～9（一般控制在 pH 5～6）之间，在还原剂存在下，颜色可保持几个月不变。Fe^{3+} 与邻二氮菲生成淡蓝色配合物，在加入显色剂之前，需用盐酸羟胺先将 Fe^{3+} 还原为 Fe^{2+}。此方法选择性高，相当于铁量 40 倍的 Sn^{2+}、Al^{3+}、Ca^{2+}、Mg^{2+}、Zn^{2+}，20 倍的 Cr(Ⅵ)、V(Ⅴ)、P(Ⅴ)，5 倍的 Co^{2+}、Ni^{2+}、Cu^{2+} 等，均不干扰测定。

三、实验材料

1. 仪器

可见分光光度计（或紫外-可见分光光度计，一台），容量瓶（100mL，1 个），容量瓶（50mL，25 个），移液管（10mL，1 支），吸量管（10mL，1 支），吸量管（5mL，3 支），吸量管（2mL，1 支），吸量管（1mL，1 支）。

2. 试剂

(1) 铁标准溶液（100.0μg/mL）　准确称取 0.8634g $NH_4Fe(SO_4)_2\cdot12H_2O$ 置于烧杯中，加入 10mL 硫酸溶液 [$c(H_2SO_4)=3$mol/L]，移入 1000mL 容量瓶中，用蒸馏水稀释至标线，摇匀。

(2) 铁标准溶液（10.00μg/mL）　移取 100.0μg/mL 铁标准溶液 10.00mL 于 100mL 容

量瓶中，并用蒸馏水稀释至标线，摇匀。

(3) 盐酸羟胺水溶液 (100g/L) 用时配制。

(4) 邻二氮菲溶液 (1.5g/L) 先用少量乙醇溶解邻二氮菲，再用蒸馏水稀释至所需浓度（避光保存，两周内有效）。

(5) 醋酸钠溶液 (1.0mol/L)。

(6) 氢氧化钠溶液 (1.0mol/L)。

四、实验内容

1. 准备工作

(1) 清洗容量瓶、移液管及所需用的玻璃器皿。

(2) 配制铁标准溶液和其他辅助试剂。

(3) 按仪器使用说明书检查仪器。开机预热 20min，并调试至工作状态。

(4) 检查仪器波长的正确性和吸收池的配套性。

2. 绘制吸收曲线，选择测量波长

取两个 50mL 干净容量瓶，移取 10.00μg/mL 的铁标准溶液 5.00mL 于其中一个容量瓶中，然后在两容量瓶中各加入 1mL 100g/L 的盐酸羟胺溶液，摇匀。放置 2min 后，各加入 2mL 1.5g/L 的邻二氮菲溶液、5mL 醋酸钠溶液 (1.0mol/L)，用蒸馏水稀释至刻线，摇匀。用 2cm 吸收池，以试剂空白为参比，在 440～560nm 间每隔 10nm 测量一次吸光度，在峰值附近每间隔 5nm 测量一次。以波长为横坐标，吸光度为纵坐标确定最大吸收波长 λ_{max}。

注意：每加入一种试剂都必须摇匀。改变入射光波长时，必须重新调节参比溶液吸光度至零。

3. 有色配合物稳定性试验

取两个洁净的 50mL 容量瓶，用步骤 2 的方法配制铁-邻二氮菲有色溶液和试剂空白溶液，放置约 2min，立即用 2cm 吸收池，以试剂空白为参比溶液，在选定波长下测定吸光度。以后每隔 10min、20min、30min、60min、120min 测定一次吸光度，并记录吸光度和时间（记录格式可参考下表）。

t/min	2	10	20	30	60	120
A						

4. 显色剂用量试验

取 6 个洁净的 50mL 容量瓶，各加入 10.00μg/mL 的铁标准溶液 5.00mL、1mL 100g/L 的盐酸羟胺溶液，摇匀。分别加入 0、0.5mL、1.0mL、2.0mL、3.0mL、4.0mL 1.5g/L 的邻二氮菲溶液、5mL 醋酸钠溶液 (1.0mol/L)，用蒸馏水稀释至刻线，摇匀。用 2cm 吸收池，以试剂空白为参比溶液，在选定波长下测定吸光度。记录各吸光度值（记录格式可参考下表）。

编　号	1	2	3	4	5	6
V_R/mL						
A						

5. 溶液 pH 的影响

在 6 个洁净的 50mL 容量瓶中各加入 10.00μg/mL 的铁标准溶液 5.00mL、1mL 100g/L 的盐酸羟胺溶液，摇匀。再分别加入 2mL 1.5g/L 的邻二氮菲溶液，摇匀。用吸量管分别加入1.0mol/L的氢氧化钠溶液0、0.5mL、1.0mL、1.5mL、2.0mL、2.5mL，用蒸馏水稀释至刻线，摇匀。用精密pH试纸（或酸度计）测定各溶液的pH后，用2cm吸收池，以试剂空白为参比溶液，在选定波长下测定吸光度。记录所测各溶液的pH及其相应吸光度（记录格式可参考下表）。

编　号	0	1	2	3	4	5
V(NaOH)/mL	0	0.5	1.0	1.5	2.0	2.5
pH						
A						

6. 工作曲线的绘制

于6个洁净的50mL容量瓶中，各加入10.00μg/mL的铁标准溶液0、2.00mL、4.00mL、6.00mL、8.00mL、10.00mL、1mL 100g/L的盐酸羟胺溶液，摇匀后分别加入2.0mL 1.5g/L的邻二氮菲溶液、5mL醋酸钠溶液（1.0mol/L），用蒸馏水稀释至刻线，摇匀。用2cm吸收池，以试剂空白为参比溶液，在选定波长下，测定并记录各溶液的吸光度（记录格式可参考下表）。

编　号	1	2	3	4	5
V(铁溶液)/mL	2.00	4.00	6.00	8.00	10.00
A					

7. 铁含量的测定　取3个洁净的50mL容量瓶，分别加入适量（以吸光度落在工作曲线中部不宜）含铁未知试液，按步骤6显色，测量吸光度并记录。

8. 结束工作

测量完毕，关闭电源，拔下电源插头，取出吸收池，清洗晾干后入盒保存。清理工作台，罩上仪器防尘罩，填写仪器使用记录。清洗容量瓶和其他所用的玻璃仪器并放回原处。

五、注意事项

1. 显色过程中，每加入一种试剂均要摇匀。

2. 在考察同一因素对显色反应的影响时，应保持仪器的测定条件。在测量过程中，应不时重调仪器零点和参比溶液的 $T=100\%$。

3. 试样和工作曲线测定的实验条件应保持一致，所以最好两者同时显色同时测定。

4. 待测试样应完全透明，如有浑浊，应预先过滤。

六、数据处理

1. 用步骤2所得的数据绘制 Fe^{2+}-邻二氮菲的吸收曲线，从中选取测定的入射光波长（λ_{max}）。

2. 绘制吸光度-时间曲线；绘制吸光度-显色剂用量曲线，确定合适的显色剂用量；绘制吸光度-pH曲线，确定适宜pH范围。

3. 绘制铁的工作曲线，计算回归方程和相关系数。

4. 由试样的测定结果求出试样中铁的平均含量。计算测定标准偏差。

5. 计算铁-邻二氮菲配合物的摩尔吸光系数。

七、思考题

1. 实验中为什么要进行各种条件试验？

2. 绘制工作曲线时，坐标分度大小应如何选择才能保证读出测量值的全部有效数字？

3. 根据实验，说明测定 Fe^{2+} 的浓度范围。

实验四　水的纯度测定

一、实验目的

1. 了解并掌握水的电导率测定的意义和方法。
2. 学会电导率仪的使用方法。

二、实验原理

水中可溶性盐类大多以水合离子状态存在，在外加电场的作用下，水溶液传导电流的能力用电导率来表示。它与水中溶解性盐类有密切的关系，在一定温度下，水中的电导率越低，表示水的纯度越高。因此广泛用于监测水的质量。该法不能检测水中细菌、悬浮物杂质等非电导性物质和非离子状态的杂质对水纯度的影响。

三、实验材料

1. DDS-12A 型电导率仪
2. 0.01mol/L 的 KCl 标准溶液

四、实验内容

1. 用 0.01mol/L 的 KCl 标准溶液校准电极常数。
2. 测定实验室去离子水的电导率。
3. 测定自来水的电导率。

五、思考题

1. 水中的电导率在水质分析中有何意义？通过去离子水及自来水的电导率测定结果，说明电导率与含盐量的关系。

2. 电极常数的意义是什么？怎样校正？

实验五　缓冲溶液的配制及溶液 pH 的测定

一、实验目的

1. 掌握缓冲溶液的配制方法及缓冲溶液的作用。
2. 学会溶液 pH 的测定方法。

二、实验原理

1. 缓冲溶液

在一定程度上能抵抗外加少量酸、碱或稀释，而保持溶液 pH 基本不变的作用称为缓冲作用。具有缓冲作用的溶液称为缓冲溶液。

2. 缓冲溶液的组成及计算公式

缓冲溶液一般是由共轭酸碱对组成的，例如弱酸-弱酸盐或弱碱-弱碱盐。如果缓冲溶液由弱酸和弱酸盐（如 HAc-NaAc）组成，则

$$c(H^+) \approx K_a(HAc)\frac{c_a}{c_s} \qquad pH = pK_a(HAc) - \lg\frac{c_a}{c_s}$$

3. 缓冲溶液的性质

(1) 抗酸（碱）、抗稀释作用　因为缓冲溶液中具有抗酸成分和抗碱成分，所以加入少量强酸或强碱，其 pH 基本上是不变的。稀释缓冲溶液时，酸和碱的浓度比值不改变，适当稀释不影响其 pH。

(2) 缓冲容量　缓冲容量是衡量缓冲溶液缓冲能力大小的尺度。缓冲容量的大小与缓冲组分浓度和缓冲组分的浓度比有关。缓冲组分浓度越大，缓冲容量越大；缓冲组分的浓度比为 1 时，缓冲容量最大。

三、实验材料

1. 仪器

pHS-3C 型酸度计，试管，量筒（100mL、10mL），烧杯（100mL、50mL），吸量管（10mL）等。

2. 试剂

HAc 溶液（0.1mol/L、1mol/L），NaAc 溶液（0.1mol/L、1mol/L），NaH_2PO_4 溶液（0.1mol/L），Na_2HPO_4 溶液（0.1mol/L），$NH_3 \cdot H_2O$ 溶液（0.1mol/L），NH_4Cl 溶液（0.1mol/L），HCl 溶液（0.1mol/L），NaOH 溶液（0.1mol/L、1mol/L），HCl 溶液（pH=4），NaOH 溶液（pH=10），pH=4.00 的标准缓冲溶液，pH=10.00 的标准缓冲溶液，甲基红溶液，广泛 pH 试纸，精密 pH 试纸，吸水纸等。

四、实验内容

1. 缓冲溶液的配制与 pH 的测定

按照下表，通过计算配制三种不同 pH 的缓冲溶液，然后用精密 pH 试纸和 pH 计分别测定它们的 pH。比较理论计算值与两种测定方法实验值是否相符（溶液留作后面实验用）。

实验号	理论 pH	缓冲溶液	用精密 pH 试纸测定的 pH	用 pH 计测定的 pH
甲	4.00	0.1mol/L HAc-0.1mol/L NaAc		
乙	6.86	0.1mol/L NaH_2PO_4-0.1mol/L Na_2HPO_4		
丙	10.00	0.1mol/L $NH_3 \cdot H_2O$-0.1mol/L NH_4Cl		

2. 缓冲溶液的性质

(1) 取 3 支试管，依次加入蒸馏水、pH=4 的 HCl 溶液、pH=10 的 NaOH 溶液各 3mL，用 pH 试纸测其 pH，然后向各管加入 5 滴 0.1mol/L 的 HCl，再测其 pH。用相同的方法，试验 5 滴 0.1mol/L 的 NaOH 对上述三种溶液 pH 的影响。将结果记录在下表中。

(2) 取 3 支试管，依次加入以上配制的 pH=4.00、pH=6.86、pH=10.00 的缓冲溶液各 3mL。然后向各管加入 5 滴 0.1mol/L 的 HCl，用精密 pH 试纸测其 pH。用相同的方法，试验 5 滴 0.1mol/L 的 NaOH 对上述三种缓冲溶液 pH 的影响。将结果记录在下表中。

(3) 取 3 支试管，依次加入 pH=4.00 的缓冲溶液、pH=4 的 HCl 溶液、pH=10 的 NaOH 溶液各 1mL，用精密 pH 试纸测定各管中溶液的 pH。然后向各管中加入 10mL 水，混匀后再用精密 pH 试纸测其 pH，考查稀释上述三种溶液 pH 的影响。将实验结果记录于下表。

实验号	溶液类别	pH	加5滴HCl后的pH	加5滴NaOH后的pH	加10mL水后的pH
1	蒸馏水				
2	pH=4.0的HCl溶液				
3	pH=10.0的NaOH溶液				
4	pH=4.00的缓冲溶液				
5	pH=6.86的缓冲溶液				
6	pH=10.00的缓冲溶液				

通过以上实验结果，说明缓冲溶液的什么性质？

3. 缓冲溶液的缓冲容量

(1) 缓冲容量与缓冲组分浓度的关系　取两支大试管，在一试管中加入0.1mol/L的HAc溶液和0.1mol/L的NaAc溶液各3mL，另一试管中加入1mol/L的HAc溶液和1mol/L的NaAc溶液各3mL，混匀后用精密pH试纸测定两试管内溶液的pH（是否相同?），在两试管中分别滴入2滴甲基红指示剂，溶液呈什么颜色？（甲基红指示剂pH<4.2时呈红色，pH>6.3时呈黄色。）然后在两试管中分别逐滴加入1mol/L的NaOH溶液（每加入1滴NaOH均需摇匀），直至溶液的颜色变成黄色。记录各试管所滴入NaOH的滴数，说明哪一试管中缓冲溶液的缓冲容量大。

(2) 缓冲容量与缓冲组分比值的关系　取两支大试管，用吸量管在一试管中加入0.1mol/L的NaH_2PO_4溶液和0.1mol/L的Na_2HPO_4溶液各10mL，另一试管中加入2mL 0.1mol/L的NaH_2PO_4溶液和18mL 0.1mol/L的Na_2HPO_4溶液，混匀后用精密pH试纸分别测量两试管中溶液的pH。然后在每个试管中各加入1.8mL 0.1mol/L的NaOH溶液，混匀后再用精密pH试纸分别测量两试管中溶液的pH。说明哪一试管中缓冲溶液的缓冲容量大。

五、思考题

1. 为什么缓冲溶液具有缓冲作用？
2. $NaHCO_3$溶液是否具有缓冲作用？为什么？
3. 用pH计测定溶液的pH时，已经标定的仪器，“定位”调节是否可以改变位置？为什么？

实验六　容量分析仪器及其使用

一、实验目的

1. 认识滴定分析常用仪器（滴定管、移液管、容量瓶）。
2. 掌握滴定分析常用仪器的正确洗涤方法和操作技术。
3. 掌握酸碱滴定终点的正确判断。
4. 练习正确读数。

二、实验原理

酸碱反应达到理论终点时，$c_1V_1=c_2V_2$。在误差允许的条件下，根据酸碱溶液的体积比，只要标定其中任意一种溶液的浓度，即可算出另一溶液的准确浓度。

三、实验材料

1. 仪器

碱式/碱式滴定管(50mL，各1支)，锥形瓶(250mL，4个)，烧杯(250mL，2个；50mL，1个)，容量瓶(250mL，1个)，玻璃棒(1根)，试剂瓶(500mL，1个)，移液管(25mL，1支)，量筒(500mL，1个；100mL，1个)，滴定台/蝴蝶夹(1套)，洗瓶(1个)，角匙(1把)，托盘天平(0.1g，1台)，分析天平(0.1mg，1台)，标签(2张)。

2. 试剂

重铬酸钾($K_2Cr_2O_7$，分析纯)固体，浓硫酸，甲基橙指示剂(1g/L)，NaOH溶液(0.1mol/L)，HCl溶液(0.1mol/L)。

四、实验内容

1. 配制50mL洗液。将2.5g $K_2Cr_2O_7$固体溶于5mL水中，然后向溶液中加入45mL浓H_2SO_4。将配制好的洗液保存好，供下列实验中使用。

2. 洗涤滴定分析常用的滴定管、移液管、容量瓶、锥形瓶等玻璃器皿直至内壁完全被去离子水均匀润湿，不挂水珠为止。

3. 酸式滴定管旋塞与旋塞槽接触的地方应呈透明状态，转动灵活，不漏水为止。

4. 为碱式滴定管配装大小合适的玻璃珠和橡皮管，直到不漏水，溶液能够灵活控制为止。

思考：如何正确读数?

5. 酸式滴定管、碱式滴定管内装入假设溶液（可用水代替，下同)，检查旋塞附近或橡皮管内有无气泡，若有气泡应排除，学会调节液面至0.00mL，学会正确读取滴定管读数。

6. 学会熟练地从酸式滴定管和碱式滴定管内逐渐连续滴出溶液，学会一滴、半滴地滴出溶液。

7. 将假设溶液自烧杯中全部定量转移入容量瓶内，用去离子水稀释至刻度线，溶液勿洒出容量瓶外，稀释时勿超过刻度线。

8. 练习用移液管正确吸放一定体积的假设溶液，学会用食指灵活控制调节液面高度。

9. 练习滴定操作的正确姿势：左手用正确手势控制滴定管和旋塞（或橡皮管中的玻璃珠)，右手握持锥形瓶，边滴边向一个方向作圆周旋转，两手动作应配合协调。

10. 酸碱标准溶液浓度比较滴定

(1) 将酸（碱）式滴定管分别装好标准溶液至零刻度以上，并调整液面至“0.00”刻度附近，准确记录初读数。

(2) 由碱式滴定管以10mL/min的流速放出20mL（读准至0.01mL）的NaOH溶液至锥形瓶中，加1～2滴甲基橙，用HCl溶液滴定至溶液由黄色变成橙色，记录所耗HCl溶液的体积。

(3) 平行测定2～3次。计算浓度比。

五、实验记录与结果分析

项　目	实验次数		
	1	2	3
HCl体积终读数/mL			
HCl体积初读数/mL			

续表

项　目	实验次数		
	1	2	3
HCl 用量 $V(HCl)/mL$			
NaOH 终读数/mL			
NaOH 初读数/mL			
NaOH 用量 $V(NaOH)/mL$			
$V(HCl)/V(NaOH)$			
$V(HCl)/V(NaOH)$平均值			
相对平均偏差			

六、思考题

1. 怎样洗涤移液管？为什么装液前要用待移取的溶液来润洗移液管？滴定管和锥形瓶是否也需要用待装液润洗？滴定分析仪器洗净的标准是什么？

2. 在滴定过程中，为什么要用水将溅在锥形瓶壁上的溶液洗下来？

3. 自然放出溶液后，移液管管口残留的少量溶液是否应吹出？

4. 操作液装入滴定管时是直接倒入还是通过借助烧杯或漏斗倒入？为什么？

5. 某标准溶液装入滴定管时，如何保证其浓度不改变？由滴定管取一定该标准溶液，盛放溶液的烧杯是否应事先烘干或用该标准溶液润洗 3 次？

实验七　氢氧化钠标准溶液的标定及醋酸含量的测定

一、实验目的

1. 学会酚酞指示剂终点的判断。

2. 学会氢氧化钠标准溶液的配制方法及醋酸含量的测定方法。

想一想： 氢氧化钠标准溶液为什么需用间接法配制？

二、实验原理

1. 氢氧化钠标准溶液的配制

氢氧化钠标准溶液必须用间接法配制。常用的基准物有邻苯二甲酸氢钾和草酸钠。

本实验用邻苯二甲酸氢钾（$KHC_8H_4O_4$）作基准物，以酚酞为指示剂标定 NaOH 溶液，其标定反应为：

$$KHC_8H_4O_4 + NaOH \longrightarrow KNaC_8H_4O_4 + H_2O$$

由邻苯二甲酸氢钾的质量和滴定消耗的 NaOH 溶液的量即可计算 NaOH 标准溶液的准确浓度。

2. 工业醋酸含量的测定

醋酸是弱酸，可用酚酞作指示剂，用 NaOH 标准溶液滴定来测定其含量。其滴定反应为：

$$CH_3COOH + NaOH \longrightarrow CH_3COONa + H_2O$$

依据该滴定反应，由所取醋酸试样的量和滴定消耗的 NaOH 标准溶液的量即可计算出醋酸的含量。

思考： 工业醋酸含量的测定中，为什么选用酚酞作指示剂？

三、实验材料

1. 仪器

碱式滴定管(50mL，1 支)，锥形瓶(250mL，4 个)，烧杯(250mL，2 个；50mL，1 个)，表面皿(ϕ7.5cm，3 块)，玻璃棒(1 根)，塑料试剂瓶(500mL，1 个)，吸量管(1mL，1 支)，洗瓶(500mL，1 个)，量筒(500mL，1 个；100mL，1 个)，干燥器(1 个)，称量瓶(1 个)，角匙(1 把)，托盘天平(0.1g，1 台)，分析天平(0.1mg，1 台)，标签(2 张)。

2. 试剂

氢氧化钠(NaOH，分析纯)固体，邻苯二钾酸氢钾基准物($KHC_8H_4O_4$，于 105～110℃干燥 2h)，酚酞指示剂(10g/L 的乙醇溶液)，工业醋酸试样。

四、实验内容

1. NaOH 标准溶液（500mL，0.5mol/L）的配制

(1) 计算配制 500mL0.5mol/L 的 NaOH 标准溶液所需的 NaOH 质量。

(2) 称量 NaOH 固体并放于烧杯中。

(3) 用少量新制备的蒸馏水洗涤 NaOH 表面 2～3 次，每次用蒸馏水 5～10mL，以除去 NaOH 表面的少量 Na_2CO_3。加入 100mL 蒸馏水，搅拌至溶解，冷却至室温。

(4) 转移溶液，稀释，摇匀。

(5) 贴上标签。

思考： 称量 NaOH 用什么天平？稀释所用容器使用容量瓶吗？标签内容有哪些？

2. NaOH 标准溶液的标定

(1) 计算及溶解　计算并准确称取邻苯二甲酸氢钾基准物置于锥形瓶中，溶解。

(2) 滴定　加入酚酞指示剂 2 滴，摇匀，用待标定的 NaOH 标准溶液滴定，直至溶液由无色突变为粉红色并保持 30s 不褪即为终点，停止滴定。读取滴定的终读数并记录。以同样的方法，平行标定四次。

思考： 标定一份 NaOH 试液所需邻苯二甲酸氢钾的质量如何计算？

(3) 计算并报告　分别计算四次平行标定的 NaOH 标准溶液的物质的量浓度，取其平均值，即为该 NaOH 标准溶液的准确浓度。写出实验报告。

3. 工业醋酸含量的测定

(1) 取样稀释　吸取工业醋酸试样 1.00mL 于 250mL 锥形瓶中，加适量水稀释。

(2) 滴定　加入酚酞指示剂 2 滴，摇匀，用上述标定过的 NaOH 标准溶液滴定至终点。读取滴定的终读数，记录。以同样的方法，平行测定三次。

(3) 计算　分别计算三次平行测定的工业醋酸的质量浓度 (g/L)，取其平均值，即为该工业醋酸的质量浓度。

五、实验记录与结果分析

1. 实验记录

(1) NaOH 标准溶液的标定

项　目	第一份	第二份	第三份	第四份
倾样前　称量瓶+$KHC_8H_4O_4$ 质量/g				
倾样后　称量瓶+$KHC_8H_4O_4$ 质量/g				
$m(KHC_8H_4O_4)$/g				

续表

项　　目	第一份	第二份	第三份	第四份
滴定前 $V(NaOH)/mL$				
滴定后 $V(NaOH)/mL$				
NaOH 消耗体积 $V(NaOH)/mL$				
$c(NaOH)/(mol/L)$				
$\bar{c}(NaOH)/(mol/L)$				
绝对偏差 d				
相对平均偏差 $Rd \times 100\%$				

（2）工业醋酸含量的测定

项　　目	第一份	第二份	第三份
取样量 V/mL	1.00	1.00	1.00
滴定前 $V(NaOH)/mL$			
滴定后 $V(NaOH)/mL$			
NaOH 消耗体积 $V(NaOH)/mL$			
$c(NaOH)/(mol/L)$			
$\rho(CH_3COOH)/(g/L)$			
$\bar{\rho}(CH_3COOH)/(g/L)$			
绝对误差 E			
相对误差 $RE \times 100\%$			
绝对偏差 d			
相对偏差 $Rd \times 100\%$			

2. 实验结果的计算

（1）标定结果的计算

$$c(NaOH)=\frac{m(KHC_8H_4O_4)}{M(KHC_8H_4O_4)V(NaOH)}$$

式中　$c(NaOH)$——NaOH 标准溶液的物质的量浓度，mol/L；

$m(KHC_8H_4O_4)$——邻苯二钾酸氢钾基准物的质量，g；

$M(KHC_8H_4O_4)$——邻苯二钾酸氢钾的摩尔质量，g/mol；

$V(NaOH)$——滴定消耗待标定 NaOH 溶液的体积，L。

（2）测定结果的计算

$$\rho(CH_3COOH)=\frac{c(NaOH)V(NaOH)M(CH_3COOH)}{V(CH_3COOH)}$$

式中　$\rho(CH_3COOH)$——醋酸的质量浓度，g/L；

$c(NaOH)$——NaOH 标准溶液的物质的量浓度，mol/L；

$V(NaOH)$——滴定消耗 NaOH 标准溶液的体积，L；

$M(CH_3COOH)$——CH_3COOH 的摩尔质量，g/mol；

$V(CH_3COOH)$——工业醋酸试样的体积，L。

3. 实验结果的分析

根据相对误差分析其结果的准确度高低。$RE \leqslant 0.1\%$，准确度高。
根据相对偏差分析其结果的精密度高低。$Rd \leqslant 0.1\%$，精密度高。

六、习题

1. 称取 NaOH 固体应使用（　　）

A. 全自动电光分析天平　　B. 电子天平
C. 托盘天平　　D. 半自动电光分析天平

2. 用 NaOH（优级纯）固体配制标准溶液时，可采用的方法是（　　）

A. 直接配制法　　B. 间接配制法
C. 直接配制法或间接配制法

3. 配制 NaOH 标准溶液时，应使用的量器是（　　）

A. 容量瓶　　B. 量筒　　C. 滴定管　　D. 吸量管

4. 配制 NaOH 标准溶液时，称取 NaOH 固体的速度应（　　）

A. 慢　　B. 很慢　　C. 很快　　D. 可快可慢

5. 标定 NaOH 标准溶液时，要使滴定消耗 0.1mol/L 的 NaOH 标准溶液 20～30mL，应称取邻苯二钾酸氢钾的质量为（　　）

A. 0.2～0.4g　　B. 2～4g　　C. 0.4～0.6g　　D. 4～6g

6. 用基准试剂确定 NaOH 标准溶液浓度的操作称为（　　）

A. 标定　　B. 滴定　　C. 测定　　D. 测定或标定

7. 滴定中，溶液由一种颜色突变成另一种颜色时，称为（　　）

A. 指示剂的变色范围　　B. 指示剂的变色点
C. 化学计量点　　D. 滴定终点

8. 下列操作错误的是（　　）

A. 滴定时左手握滴定管，右手持锥形瓶
B. 初读数时，滴定管执手中；终读数时，滴定管夹在滴定台上
C. 50mL 滴定管应读准至 0.01mL
D. 接近终点时，用少量蒸馏水淋洗锥形瓶内壁

9. 下列滴定速度的控制中错误的是（　　）

A. 开始时为每秒钟 7～8 滴　　B. 开始时为每秒钟 3～4 滴
C. 接近终点时加 1 滴摇几下　　D. 最后加入半滴或四分之一滴

10. 用吸量管吸取醋酸试液时，下列操作中正确的是（　　）

A. 将吸量管插入醋酸试液液面以下 1～2cm 处
B. 将洗耳球紧接在管口上再排出其中的空气
C. 用右手拇指按住管口
D. 将溶液吸至标线以上 5～6cm 处，再缓慢放至溶液凹液面下缘的最低点与标线相切

11. 用吸量管吸取醋酸试液后，调节液面高度到标线时，吸量管应（　　）

A. 悬在醋酸试液的液面上　　B. 管尖浸在醋酸试液的液面下
C. 管尖紧贴试剂瓶内壁　　D. 管尖紧贴洁净干燥的小烧杯内壁

12. 放出吸量管中的醋酸试液时，下列操作中错误的是（　　）

A. 吸量管垂直，锥形瓶倾斜　　B. 管尖紧贴锥形瓶内壁
C. 试液放出后，保持放液状态 15s　　D. 用洗耳球吹出管尖处试液

13. 用减量法称量邻苯二钾酸氢钾时，下列操作中错误的是（　　）

A. 称量前用软毛刷轻轻扫净秤盘；称量完毕将天平复原后切断电源

B. 称量时不需调节天平零点

C. 加减砝码和取放称量瓶时，必须休止天平

D. 称量时不可打开天平前门

14. 用含 CO_2 的蒸馏水溶解邻苯二钾酸氢钾，会使标定结果（　　）

A. 偏高　　B. 偏低　　C. 偏高或偏低　　D. 不影响

实验八　EDTA 标准溶液的标定及水的总硬度测定

一、实验目的

1. 掌握 EDTA 标准溶液的配制和标定方法。
2. 掌握 EDTA 配位滴定法测定水中 Ca^{2+}、Mg^{2+} 总量的方法。
3. 学会用铬黑 T 指示剂确定滴定终点。
4. 掌握滴定管、容量瓶及移液管的使用方法。

二、实验原理

1. EDTA 标准溶液的制备

EDTA 标准溶液常用间接法配制。用于标定它的基准物有纯金属、金属氧化物或其盐类。为了减小测定误差，本实验选用碳酸钙（$CaCO_3$）作基准物，以铬黑 T 为指示剂，加入含有少量 MgY^{2-} 配离子的 NH_3-NH_4Cl 缓冲溶液，控制溶液在 pH＝10 左右进行标定。

> **想一想：** 标定时，为什么要将溶液控制在pH＝10 左右？

标定反应为：

滴定前　$Ca^{2+} + MgY^{2-} \rightleftharpoons CaY^{2-} + Mg^{2+}$

$Mg^{2+} + HIn^{2-} \rightleftharpoons MgIn^{-} + H^{+}$

滴定反应　$Ca^{2+} + H_2Y^{2-} \rightleftharpoons CaY^{2-} + 2H^{+}$

化学计量点时　$MgIn^{-} + H_2Y^{2-} \rightleftharpoons MgY^{2-} + HIn^{2-} + H^{+}$

2. 水中 Ca^{2+}、Mg^{2+} 总量的测定

测定反应为：

滴定前　$Mg^{2+} + HIn^{2-} \rightleftharpoons MgIn^{-} + H^{+}$

滴定反应　$Ca^{2+} + H_2Y^{2-} \rightleftharpoons CaY^{2-} + 2H^{+}$

$Mg^{2+} + H_2Y^{2-} \rightleftharpoons MgY^{2-} + 2H^{+}$

化学计量点时　$MgIn^{-} + H_2Y^{2-} \rightleftharpoons MgY^{2-} + HIn^{2-} + H^{+}$

三、实验材料

1. 仪器

碱式滴定管(50mL，1 支)，锥形瓶(250mL，4 个)，表面皿(ϕ7.5cm，1 块)，托盘天平(0.1g，1 台)，烧杯(500mL，1 个；250mL，1 个；50mL，1 个)，玻璃棒(2 根)，滴管(长型，1 支)，容量瓶(250mL，1 个)，试剂瓶(500mL，1 个)，移液管(25mL，1 支；50mL，1 支)，移液管架(1 个)，洗耳球(1 个)，洗瓶(400mL，1 个)，分析天平(0.1mg，1 台)，量筒(500mL，1 个；100mL，1 个；50mL，1 个；10mL，1 个)，称量瓶(1 个)，干燥器(1 个)，角匙(1 把)，酒精灯(1 个)，三脚架(1 个)，石棉网(1 块)，标签(3 张)。

2. 试剂

乙二胺四乙酸二钠（$Na_2H_2Y \cdot 2H_2O$，分析纯），碳酸钙基准试剂（$CaCO_3$，于105～110℃干燥2h），氨-氯化铵缓冲溶液（pH=10，含 $Na_2MgY \cdot 4H_2O$），铬黑T指示剂（5g/L），盐酸溶液（4mol/L），水样。

四、实验内容

1. EDTA标准溶液（500mL，0.01mol/L）的配制

(1) 计算　计算配制500mL 0.01mol/L的EDTA标准溶液所需的 $Na_2H_2Y \cdot 2H_2O$ 质量。

(2) 称量、溶解　在托盘天平上称取乙二胺四乙酸二钠固体1.9g，放入500mL的烧杯中，加入300mL蒸馏水，加热溶解，冷却。

(3) 转移、稀释　将溶液转移到500mL试剂瓶中，用蒸馏水淋洗烧杯内壁和玻璃棒，并将洗涤液转移到试剂瓶中，以同样的方法淋洗三次。用水稀释至500mL。盖上瓶盖，摇匀。

(4) 贴标签。

2. EDTA标准溶液的标定

(1) 称量　准确称取约0.25g在105～110℃烘干的碳酸钙基准试剂于250mL的烧杯中，并记录实际称量值。

(2) 溶解　用少量蒸馏水湿润，盖上表面皿。沿烧杯嘴逐滴加入4mol/L的HCl溶液至碳酸钙恰好完全溶解，加入100mL蒸馏水。小火加热煮沸3min，以除去 CO_2，冷却至室温。

(3) 定容　以少量蒸馏水冲洗表面皿和烧杯内壁，将溶液定量转移到250mL容量瓶中。加水稀释至标线以下约1cm处，再改用小滴管加水稀释至刻度，摇匀。

(4) 贴标签。

(5) 用移液管准确吸取上述 Ca^{2+} 标准溶液25.00mL于250mL锥形瓶中，加入20mL蒸馏水。

(6) 加入4mL NH_3-NH_4Cl 缓冲溶液和3滴铬黑T指示剂，溶液呈酒红色。

(7) 滴定　用待标定的EDTA溶液滴定，充分摇动，滴定速度不要太快。当溶液的颜色由酒红色恰好变成纯蓝色时，即为终点，立即停止滴定。记录滴定消耗EDTA溶液的体积。

以同样的方法，平行标定四次。

(8) 计算　计算四次平行标定EDTA溶液的物质的量浓度，取其平均值，即为该EDTA标准溶液的准确浓度。

(9) 贴标签。

3. 水中 Ca^{2+}、Mg^{2+} 总量的测定

(1) 吸取水样　用移液管准确吸取水样50.00mL于250mL锥形瓶中。

(2) 调节溶液pH、加指示剂　加入4mLNH_3-NH_4Cl 缓冲溶液，使溶液pH=10，加入3滴铬黑T指示剂，溶液呈酒红色。

(3) 滴定　用EDTA标准溶液滴定，充分摇动，直至溶液的颜色由酒红色恰好变成纯蓝色即为终点，立即停止滴定。记录滴定消耗EDTA标准溶液的体积。

以同样的方法，平行测定三次。

（4）计算　计算三次平行测定水中 Ca^{2+}、Mg^{2+} 的总浓度，取其平均值，即为该水样中 Ca^{2+}、Mg^{2+} 的总浓度。

根据此值可以判断该水样水质的好坏。

五、实验记录与结果分析

1. 实验记录

（1）EDTA 标准溶液的标定

项　目	第一份	第二份	第三份	第四份
倾样前称量瓶＋$CaCO_3$ 质量/g				
倾样后称量瓶＋$CaCO_3$ 质量/g				
$m(CaCO_3)$/g				
$V(CaCO_3)$/mL	25.00	25.00	25.00	25.00
V(EDTA)/mL				
c(EDTA)/(mol/L)				
$\bar{c}$(EDTA)/(mol/L)				
绝对偏差 d				
相对偏差 Rd×100%				

（2）水中 Ca^{2+}、Mg^{2+} 总量的测定

项　目	第一份	第二份	第三份
水样体积 V(水样)/mL			
c(EDTA)/(mol/L)			
V(EDTA)/mL			
$c(Ca^{2+}+Mg^{2+})$/(mmol/L)			
$\bar{c}(Ca^{2+}+Mg^{2+})$/(mmol/L)			
绝对误差 E			
相对误差 RE×100%			
绝对偏差 d			
相对偏差 Rd×100%			

2. 实验结果的计算

（1）标定结果的计算

$$c(\text{EDTA})=\frac{m(CaCO_3)\times\frac{25}{250}}{M(CaCO_3)V(\text{EDTA})}\times 1000$$

（2）测定结果的计算

$$c(Ca^{2+}+Mg^{2+})=\frac{c(\text{EDTA})V(\text{EDTA})}{V(\text{水样})}\times 1000$$

3. 实验结果的分析

根据标定和测定结果的相对误差分析其准确度的高低。

根据标定和测定结果的相对偏差分析其精密度的高低。

六、注意事项

1. 若试样水为酸性或碱性，必须先中和再测定。

2. 水样中常见的干扰离子有 Fe^{3+}、Al^{3+}、Cu^{2+}、Pb^{2+} 等。Fe^{3+}、Al^{3+} 可用三乙醇胺掩蔽；Cu^{2+}、Pb^{2+} 等干扰离子可在碱性溶液中加入 2%Na_2S 溶液掩蔽。

3. EDTA 与 Ca^{2+}、Mg^{2+} 的配位反应速率较慢，所以滴定速度不能太快。

七、习题

1. 称取乙二胺四乙酸二钠固体应使用（　　）

A. 分析天平　　B. 托盘天平

C. 电子天平　　D. 三种天平均可使用

2. 实验中加入缓冲溶液的作用是（　　）

A. 消除干扰　　B. 控制溶液的 pH

C. 指示剂的要求　　D. 滴定反应的要求

3. 反应 $Ca^{2+}+MgY^{2-} \rightleftharpoons CaY^{2-}+Mg^{2+}$ 能发生的原因是（　　）

A. CaY^{2-} 比 MgY^{2-} 稳定　　B. MgY^{2-} 比 CaY^{2-} 稳定

C. 溶液的 pH 较适宜　　D. 指示剂选择较合适

4. 本实验终点时的反应为（　　）

A. $Ca^{2+}+MgY^{2-} \rightleftharpoons CaY^{2-}+Mg^{2+}$　　B. $Mg^{2+}+H_2Y^{2-} \rightleftharpoons MgY^{2-}+2H^+$

C. $Mg^{2+}+HIn^{2-} \rightleftharpoons MgIn^-+H^+$　　D. $MgIn^-+H_2Y^{2-} \rightleftharpoons MgY^{2-}+HIn^{2-}+H^+$

5. 标定终点时的颜色为（　　）

A. $MgIn^-$ 的颜色　　B. CaY^{2-} 的颜色

C. HIn^{2-} 的颜色　　D. MgY^{2-} 的颜色

6. 本实验的滴定方式为（　　）

A. 直接滴定法　　B. 间接滴定法

C. 返滴定法　　D. 置换滴定法

7. 滴定速度为（　　）

A. 一直很快　　B. 先较快，后较慢

C. 一直很慢　　D. 先较慢，后较快

8. 本实验选择 pH 条件的依据是（　　）

A. Ca^{2+}　　B. EDTA　　C. Mg^{2+}　　D. 铬黑 T 指示剂

9. 本实验选择指示剂的依据是（　　）

A. Ca^{2+}　　B. Mg^{2+}　　C. EDTA　　D. MgY^{2-}

10. 在本实验中，下列操作正确的是（　　）

A. 将容量瓶中的 $CaCO_3$ 溶液稀释至液面与标线相切

B. $CaCO_3$ 溶液移入容量瓶稀释后只需摇匀 5 次

C. 用移液管量取 $CaCO_3$ 溶液放入锥形瓶进行滴定

D. EDTA 标准溶液必须放在棕色滴定管中进行滴定

实验九　高锰酸钾标准溶液的标定及亚铁盐含量的测定

一、实验目的

1. 掌握高锰酸钾标准溶液的配制、标定及保存方法。

2. 掌握用草酸钠基准物质标定高锰酸钾溶液的滴定条件。

3. 了解自身指示剂、自身催化剂的特点。

二、实验原理

1. 高锰酸钾标准溶液的配制

高锰酸钾标准溶液必须用间接法配制。在配制中，将高锰酸钾溶解后加热煮沸，冷却后贮存在棕色试剂瓶中放置两周再过滤、标定。

> **想一想：** 高锰酸钾标准溶液为什么必须用间接法配制？并且煮沸冷却贮存在棕色试剂瓶中放置两周过滤后才能标定？

标定 $KMnO_4$ 溶液浓度的基准物质有草酸钠、纯铁丝、三氧化二砷等，其中最常用的是草酸钠。

用草酸钠作为基准物质标定 $KMnO_4$ 溶液浓度时，是以硫酸作为介质，利用 MnO_4^- 本身的紫红色指示滴定终点。其标定反应为：

$$2MnO_4^- + 5C_2O_4^{2-} + 16H^+ \xrightarrow[H_2SO_4]{75\sim85℃} 2Mn^{2+} + 10CO_2\uparrow + 8H_2O$$

依据滴定反应，由草酸钠基准物质的质量和滴定消耗 $KMnO_4$ 溶液的量即可计算 $KMnO_4$ 标准溶液的准确浓度。

2. 硫酸亚铁铵含量的测定

在硫酸和磷酸介质中，可用 $KMnO_4$ 标准溶液直接滴定测定硫酸亚铁铵的含量，以 MnO_4^- 本身的紫红色指示滴定终点。其滴定反应为：

$$MnO_4^- + 5Fe^{2+} + 8H^+ \longrightarrow Mn^{2+} + 5Fe^{3+} + 4H_2O$$

依据滴定反应，由硫酸亚铁铵试样的质量和滴定消耗 $KMnO_4$ 标准溶液的量即可计算试样中硫酸亚铁铵的含量。

> **思考：** 本实验为什么必须在 H_2SO_4 介质中进行滴定？硫酸亚铁铵的测定中加入磷酸的作用是什么？

三、实验材料

1. 仪器

碱式滴定管(棕色 50mL，1 支)，锥形瓶(250mL，4 个)，烧杯(500mL，1 个；50mL，1 个)，表面皿(ϕ9cm，1 块)，玻璃棒(1 根)，棕色试剂瓶(500mL，2 个)，洗瓶(500mL，1 个)，微孔玻璃砂芯漏斗(4 号，1 个)，标签(2 张)，量筒(500mL，1 个；100mL，1 个)，干燥器(1 个)，称量瓶(1 个)，角匙(1 把)，托盘天平(0.1g，1 台)，分析天平(0.1mg，1 台)，酒精灯(1 盏)，三脚架(1 个)，石棉网(1 块)。

2. 试剂

高锰酸钾($KMnO_4$，分析纯)，草酸钠基准试剂($Na_2C_2O_4$，于 105～110℃干燥 2h)，硫酸溶液(8+92)，浓硫酸[$w(H_2SO_4)=0.98$]，浓磷酸[$w(H_3PO_4)=0.85$]，硫酸亚铁铵[$(NH_4)_2Fe(SO_4)_2\cdot6H_2O$] 试样。

四、实验内容

1. 高锰酸钾标准溶液（500mL，0.1mol/L）的配制

(1) 计算　计算配制 500mL 0.1mol/L 的高锰酸钾标准溶液所需的 $KMnO_4$ 质量。

(2) 称量、溶解、煮沸　用小烧杯在托盘天平上称取 $KMnO_4$ 固体 1.6g，放入 500mL 烧杯中，加入 500mL 蒸馏水，搅拌至溶解，盖上表面皿，小火煮沸 15min。

(3) 溶液的转移、贴标签、保存　溶液冷却至室温后，转移到 500mL 棕色试剂瓶中，盖上瓶盖，摇匀。贴上标签，置于暗处保存两周。

（4）过滤、贴标签　用预先以该 $KMnO_4$ 溶液煮沸 3min 的微孔玻璃砂芯漏斗，将 $KMnO_4$ 溶液过滤于干燥的棕色试剂瓶中，盖上瓶盖，摇匀，贴标签。

思考：$KMnO_4$ 标准溶液为什么必须放在棕色的酸式滴定管中进行滴定，且读取液面相切的刻度？滴定条件主要有哪些？

2. $KMnO_4$ 标准溶液的标定

（1）计算及称量　计算并准确称取草酸钠基准物适量。

（2）溶解、调节溶液酸度　用少量蒸馏水淋洗锥形瓶内壁，加入 100mL 硫酸溶液（8＋92），溶液呈强酸性，摇动锥形瓶，使 $Na_2C_2O_4$ 完全溶解。

（3）滴定　将待标定的 $KMnO_4$ 溶液装入按要求洗净的棕色酸式滴定管中，对 $Na_2C_2O_4$ 溶液进行滴定，读数时应读取液面相切的刻度。先滴入 1 滴 $KMnO_4$ 溶液，不要摇动，待粉红色褪去后，再加第 2 滴；以同样的方法再加 2 滴，然后按正常速度进行滴定。当红色褪去较慢即接近终点时，将溶液加热到 75～85℃（锥形瓶口开始冒蒸气），再缓慢滴定至溶液呈粉红色，并保持 30s 不褪即为终点，停止滴定。

记录滴定消耗 $KMnO_4$ 溶液的体积。平行标定四次。

（4）计算　分别计算四次平行标定的 $KMnO_4$ 标准溶液的浓度，取其平均值即为该 $KMnO_4$ 标准溶液的准确浓度。

（5）贴上标签。

3. 硫酸亚铁铵含量的测定

（1）称取试样　用减量法在分析天平上准确称取硫酸亚铁铵试样 1.2～1.5g 于 250mL 锥形瓶中。以同样的方法称取三份试样。

（2）溶解、调节溶液酸度　用少量无氧蒸馏水（新煮沸并冷却的蒸馏水）淋洗锥形瓶内壁，加入 50mL 无氧蒸馏水，摇动锥形瓶，使试样溶解。加入 3mL 浓硫酸、2mL 浓磷酸及 100mL 无氧蒸馏水，摇匀，溶液为无色。

（3）滴定　用上述标定过的 $KMnO_4$ 标准溶液滴定至溶液呈粉红色，并保持 30s 不褪即为终点。记录滴定消耗 $KMnO_4$ 标准溶液的体积。以同样的方法平行测定三次。

（4）计算　分别计算三次平行测定的硫酸亚铁铵的质量百分含量，取其平均值即为该试样中硫酸亚铁铵的质量百分含量。

五、实验记录与结果分析

1. 实验记录

（1）$KMnO_4$ 标准溶液的标定

项　目	第一份	第二份	第三份	第四份
倾样前 称量瓶＋$Na_2C_2O_4$ 质量/g				
倾样后 称量瓶＋$Na_2C_2O_4$ 质量/g				
$m(Na_2C_2O_4)$/g				
$V(KMnO_4)$/mL				
$c(KMnO_4)$/(mol/L)				
$\bar{c}(KMnO_4)$/(mol/L)				
绝对偏差 d				
相对偏差 $Rd\times100\%$				

(2) 硫酸亚铁铵含量的测定

项　目	第一份	第二份	第三份
倾样前 称量瓶＋试样质量/g			
倾样后 称量瓶＋试样质量/g			
m(试样)/g			
$V(KMnO_4)$/mL			
$c(KMnO_4)$/(mol/L)			
$w[(NH_4)_2Fe(SO_4)_2 \cdot 6H_2O]$			
$\overline{w}[(NH_4)_2Fe(SO_4)_2 \cdot 6H_2O]$			
绝对误差 E			
相对误差 $RE\times100\%$			
绝对偏差 d			
相对偏差 $Rd\times100\%$			

2. 实验结果的计算

(1) 标定结果的计算

$$c\left(\frac{1}{5}KMnO_4\right)=\frac{m(Na_2C_2O_4)}{M\left(\frac{1}{2}Na_2C_2O_4\right)V\left(KMnO_4\right)}$$

式中 $c\left(\frac{1}{5}KMnO_4\right)$——$KMnO_4$ 标准溶液的物质的量浓度，mol/L；

$m(Na_2C_2O_4)$——草酸钠基准试剂的质量，g；

$M\left(\frac{1}{2}Na_2C_2O_4\right)$——$\frac{1}{2}Na_2C_2O_4$ 的摩尔质量，g/mol；

$V(KMnO_4)$——滴定消耗待标定 $KMnO_4$ 溶液的体积，L。

(2) 测定结果的计算

$$w=\frac{c\left(\frac{1}{5}KMnO_4\right)V(KMnO_4)M}{m}\times100\%$$

式中 w——硫酸亚铁铵 $[(NH_4)_2Fe(SO_4)_2 \cdot 6H_2O]$ 的质量百分数；

M——$(NH_4)_2Fe(SO_4)_2 \cdot 6H_2O$ 的摩尔质量，g/mol；

$c\left(\frac{1}{5}KMnO_4\right)$——$KMnO_4$ 标准溶液的物质的量浓度，mol/L；

$V(KMnO_4)$——滴定消耗 $KMnO_4$ 标准溶液的体积，L；

m——硫酸亚铁铵试样的质量。

3. 实验结果的分析

根据标定和测定结果的相对误差分析其准确度的高低。

根据标定和测定结果的相对偏差分析其精密度的高低。

六、习题

1. 称取 $KMnO_4$ 固体应使用（　　）

A. 分析天平　　B. 电子天平　　C. 托盘天平　　D. 微量天平

2. 配制 $KMnO_4$ 标准溶液时，应采用（　　）

A. 直接配制法　　　　　　　　　　B. 间接配制法

C. 直接配制法或间接配制法

3. $KMnO_4$ 标准溶液应盛放于（　　）

A. 酸式滴定管　　　　　　　　　　B. 棕色的酸式滴定管

C. 碱式滴定管　　　　　　　　　　D. 棕色的碱式滴定管

4. 盛放 $KMnO_4$ 标准溶液的滴定管读数的方法正确的是（　　）

A. 视线与溶液弯液面最低点成水平

B. 视线与液面两侧最高点成水平

5. 标定 $KMnO_4$ 标准溶液时，若使用 HCl 调节溶液的酸度，会使标定结果产生（　　）

A. 正误差　　　B. 负误差　　　C. 误差的正负不定　　D. 不影响

6. 标定 $KMnO_4$ 标准溶液时，溶液温度大于 85℃，其标定结果（　　）

A. 偏高　　　B. 偏低　　　C. 不影响

7. 本实验使用的指示剂属于（　　）

A. 专属指示剂　B. 氧化还原指示剂　C. 自身指示剂

8. 本实验中下列操作正确的是（　　）

A. 用滤纸过滤 $KMnO_4$ 溶液

B. 将 $KMnO_4$ 标准溶液盛放在棕色的带有橡皮塞的试剂瓶中保存

C. 滴定前用 HNO_3 调节溶液的酸度

D. 及时洗净盛放 $KMnO_4$ 标准溶液的滴定管和烧杯，以防在其内壁上生成棕色的 MnO_2 沉淀

实验十　硫酸亚铁铵的制备和产品质量检测

一、实验目的

1. 掌握硫酸亚铁铵的制备原理和方法。
2. 掌握减压过滤、蒸发、结晶等基本操作。
3. 了解用目视比色法检验产品质量。

二、实验原理

硫酸亚铁铵 $(NH_4)_2Fe(SO_4)_2 \cdot 6H_2O$ 俗名摩尔盐，为浅绿色晶体，易溶于水，难溶于乙醇。在空气中比一般亚铁盐稳定，不易被空气中的氧所氧化。因此，在分析化学上常用作基准试剂来标定 $KMnO_4$ 和 $K_2Cr_2O_7$ 标准溶液。

本实验采用铁与稀硫酸作用制得硫酸亚铁：

$$Fe + H_2SO_4 \longrightarrow FeSO_4 + H_2\uparrow$$

$FeSO_4$ 在弱酸性溶液中容易发生水解和氧化反应：

$$4FeSO_4 + O_2 + 2H_2O \longrightarrow 4Fe(OH)SO_4\downarrow$$

因此在制备过程中应该使溶液保持较强的酸性。生成的 $FeSO_4$ 溶液与等摩尔的 $(NH_4)_2SO_4$ 溶液相混合，由于复盐 $(NH_4)_2Fe(SO_4)_2 \cdot 6H_2O$ 的溶解度较 $FeSO_4 \cdot 7H_2O$ 和 $(NH_4)_2SO_4$ 的溶解度小，因此，当溶液蒸发浓缩时即有浅绿色的硫酸亚铁铵晶体析出。

$$FeSO_4 + (NH_4)_2SO_4 + 6H_2O \longrightarrow (NH_4)_2Fe(SO_4)_2 \cdot 6H_2O$$

$FeSO_4 \cdot 7H_2O$、$(NH_4)_2SO_4$、$(NH_4)_2Fe(SO_4)_2 \cdot 6H_2O$ 三者的溶解度见下表。

物　质	温度/℃					
	10	20	30	40	50	70
$FeSO_4 \cdot 7H_2O$	20.5	26.6	33.2	40.2	48.6	56.0
$(NH_4)_2SO_4$	73.0	75.4	78.0	81.0	84.5	91.9
$(NH_4)_2Fe(SO_4)_2 \cdot 6H_2O$	18.1	21.2	24.5	33.0	31.3	38.5

硫酸亚铁铵产品中的主要杂质是 Fe^{3+}，产品质量等级也主要以 Fe^{3+} 含量的多少来评定。其检验方法是取一定量产品溶于水，加入 NH_4SCN 溶液，生成血红色的配合物 $[Fe(SCN)_n]^{3-n}$，并与标准溶液进行目视比色，以确定杂质 Fe^{3+} 的含量。

三、实验材料

1. 仪器

台秤，抽滤装置，蒸发皿，烧杯，滤纸。

2. 试剂

H_2SO_4(3.0mol/L)，NH_4SCN(1.0mol/L)，HCl(2.0mol/L)，Fe^{3+} 标准溶液（0.1mg/mL），Na_2CO_3（10%），乙醇(95%)，$(NH_4)_2SO_4$(s)，铁屑。

想一想：铁屑油污可能是哪些杂质？

四、实验内容

1. 铁屑表面的除油

称取 4g 铁屑放在 250mL 烧杯中，加入 20mL 10%的 Na_2CO_3 溶液，缓缓加热并适当搅拌 10min，除去铁屑表面的油污。用倾泻法倒出碱液，依次用自来水、蒸馏水把铁屑冲洗干净。

2. 硫酸亚铁的制备

在盛有预处理过的铁屑的烧杯中加入 25mL 3.0mol/L 的硫酸溶液，盖上表面皿，用小火加热，至不再有气泡冒出为止（在加热过程中应该添加少量水，以防止 $FeSO_4$ 晶体析出)，趁热减压过滤，将滤液转移到蒸发皿中。将烧杯和滤纸上的铁屑及残渣洗净收集起来，用滤纸吸干、称重。计算已经参加反应的铁屑的质量，并由此计算出生成 $FeSO_4$ 的质量。

3. 硫酸亚铁铵的制备

根据生成 $FeSO_4$ 的质量计算制备 $(NH_4)_2Fe(SO_4)_2 \cdot 6H_2O$ 所需的 $(NH_4)_2SO_4$ 质量。称取所需 $(NH_4)_2SO_4$，参照其溶解度制成饱和溶液，加到 $FeSO_4$ 溶液中，混合均匀，测定溶液的 pH，应在 pH=1 左右。如 pH 较大，可滴数滴 3mol/L 的 H_2SO_4 溶液进行调节。将溶液置于水浴上加热蒸发至溶液表面出现晶膜为止。放置，冷却，即有蓝绿色的 $(NH_4)_2Fe(SO_4)_2 \cdot 6H_2O$ 晶体析出。待冷却至室温后，减压过滤，并尽量抽干，用 4～5mL 95%的乙醇溶液淋洗晶体，用滤纸将晶体吸干，称重并计算产率。

五、产品纯度检验

(1) Fe^{3+} 的限量分析　称取 0.1g 产品倒入 25mL 比色管中，用 15mL 不含氧的蒸馏水溶解，加入 2mL 2.0mol/L 的 HCl 溶液和 1mL 1.0mol/L 的 NH_4SCN 溶液，再加入不含氧的蒸馏水至刻度，摇匀后将呈现的颜色与标准色阶相比较，确定 Fe^{3+} 含量符合哪一级试剂等级。

(2) 0.1mg/mL Fe^{3+} 标准溶液的配制　准确称取 0.4317g $(NH_4)_2Fe(SO_4)_2 \cdot 6H_2O$ 晶体，溶于少量蒸馏水中，加 1mL 浓硫酸，定量移入 500mL 容量瓶中，稀释至刻度，摇匀，即为 0.1mg/mL 的 Fe^{3+} 标准溶液。

（3）标准色阶的配制　取三支 25mL 比色管，按照顺序编号，依次加入 0.5mL、1mL、2mL 上述 Fe^{3+} 标准溶液。再分别加入 2mL 2mol/L 的 HCl 溶液和 1mL 1mol/L 的 NH_4SCN 溶液，用不含氧的蒸馏水稀释至刻度，摇匀。

硫氰酸铁不稳定，标准色阶最好与被测溶液同时加入显色剂，并立即稀释至刻度。

（4）化学试剂含铁标准　一级标准含 Fe^{3+} 0.05mg；二级标准含 Fe^{3+} 0.10mg；三级标准含 Fe^{3+} 0.20mg。

六、思考题

1. 配制硫酸亚铁铵试液时为什么要用不含氧的蒸馏水？如何制备不含氧的蒸馏水？
2. 制备 $FeSO_4$ 时是铁过量还是酸过量？
3. 溶液浓缩时为什么用水浴加热而不用火直接加热？
4. 一级、二级、三级 $(NH_4)_2Fe(SO_4)_2 \cdot 6H_2O$ 试剂中 Fe^{3+} 杂质的允许质量分数是多少？

实验十一　肥皂的制备

一、实验目的

1. 掌握皂化反应原理、盐析原理及肥皂的制备方法。
2. 熟悉普通回流装置的安装与操作。
3. 掌握沉淀的洗涤及减压过滤操作技术。

二、实验原理

在反应混合液中加入溶解度较大的无机盐，以降低水对有机酸盐的溶解作用，可以使肥皂较为完全地从溶液中析出。这一过程叫作盐析。利用盐析的原理，可以将肥皂和甘油较好地分离开。

本实验中以猪油为原料制取肥皂[1]。反应式如下：

$$\begin{array}{c}
CH_2OOCC_{17}H_{35} \\
| \\
CHOOCC_{17}H_{35} \\
| \\
CH_2OOCC_{17}H_{35}
\end{array}
\xrightarrow[\triangle]{NaOH/H_2O}
3C_{17}H_{35}COONa +
\begin{array}{c}
CH_2-OH \\
| \\
CH-OH \\
| \\
CH_2-OH
\end{array}$$

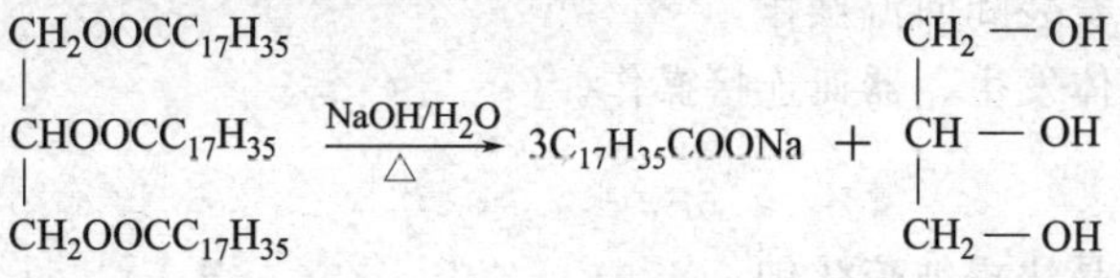

　　　　猪油　　　　　　　　　　　肥皂　　　　　甘油

三、实验材料

1. 仪器

圆底烧瓶（250mL），球形冷凝管，烧杯，减压过滤装置。

2. 试剂

猪油，95%乙醇，40%氢氧化钠溶液，饱和食盐水。

> **想一想**：除了猪油外，还有哪些物质可用来制备肥皂？

四、实验内容

1. 安装回流装置

在 250mL 圆底烧瓶中加入 5g 猪油、15mL 乙醇[1]和 15mL 氢氧化钠溶液。然后参照图 1

---

❶ 肥皂的特点是使用后可生物降解，不污染环境，但是只适宜在软水中使用。在硬水中使用时，会生成脂肪酸钙盐，以凝乳状沉淀析出，而失去除污垢的能力。

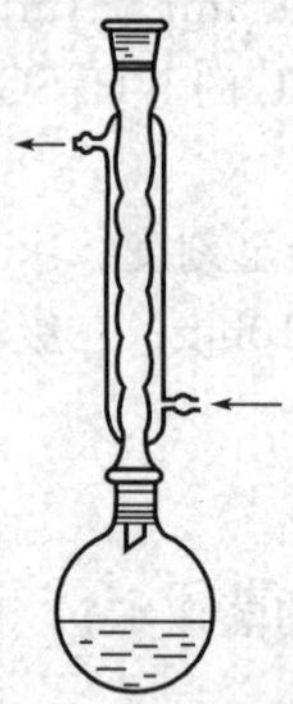

图1 普通回流装置

安装普通回流装置。

2. 皂化

通入冷凝水，在石棉网上用小火加热，保持微沸 40min 左右。若烧瓶内产生大量泡沫，可从冷凝管上滴入少量 1∶1 的 95%乙醇-40%氢氧化钠混合液，以防止泡沫冲入冷凝管中。

3. 盐析❶

皂化反应结束后❷，在搅拌下，趁热将反应混合液倒入盛有 80mL 饱和食盐水的烧杯中，静置冷却析出肥皂。

4. 减压过滤

安装减压过滤装置。将充分冷却后的皂化液倒入布氏漏斗中，减压过滤。用冷水洗涤两次❸，抽干。

5. 干燥、称量

将滤饼取出后，压制成型，自然晾干后，称量质量并计算产率❹。

五、思考题

1. 肥皂是依据什么原理制备的？
2. 怎样判断皂化反应是否完全？皂化反应后为什么要进行盐析分离？
3. 在进行减压抽滤时为什么要用冷水洗涤两次？

实验十二　硫代硫酸钠的制备和应用

一、实验目的

1. 学习用溶剂法提纯工业硫化钠和用提纯的硫化钠制备硫代硫酸钠的方法。
2. 学习洗、印资料或照片。
3. 练习冷凝管的安装和回流操作。
4. 练习抽滤、气体发生、器皿连接操作。

二、实验原理

1. 非水溶剂重结晶法提纯硫化钠

纯硫化钠为含有不同数目结晶水的无色晶体（如 $Na_2S \cdot 5H_2O$、$Na_2S \cdot 9H_2O$）。工业硫化钠由于含有大量杂质，如重金属硫化物、煤粉等，而呈现红褐色或棕黑色。本实验是利用硫化钠能溶于热的酒精中，其他杂质或在趁热过滤时除去，或在冷却后硫化钠结晶析出时留在母液中除去，达到使硫化钠纯化的目的。

2. 硫代硫酸钠的制备

用硫化钠制备硫代硫酸钠的反应大致可分为三步进行。

（1）碳酸钠与二氧化硫中和而生成亚硫酸钠：

---

❶ 加入乙醇是为了使猪油、碱液和乙醇互溶，成为均相溶液，便于反应进行。

❷ 可以用长玻璃管从冷凝管上插入烧瓶中，蘸取几滴反应液，放入盛有少量热水的试管中，振荡观察。若无油珠出现，说明已经皂化完全；否则，需补加碱液，继续加热皂化。

❸ 肥皂和甘油一起在碱水中形成胶体，不便分离。加入饱和食盐水可以破坏胶体，使肥皂凝聚，并从混合液中离析出来。

❹ 冷水洗涤主要是洗去吸附于肥皂表面的乙醇和碱液。

$$Na_2CO_3+SO_2 \longrightarrow Na_2SO_3+CO_2$$

(2) 硫化钠与二氧化硫反应生成亚硫酸钠和硫：

$$2Na_2S+3SO_2 \longrightarrow 2Na_2SO_3+3S$$

(3) 亚硫酸钠与硫反应而生成硫代硫酸钠：

$$Na_2SO_3+S \xrightarrow{\triangle} Na_2S_2O_3$$

总反应如下：

$$2Na_2S+Na_2CO_3+4SO_2 \longrightarrow Na_2S_2O_3+2Na_2SO_3+2S+CO_2$$

含有硫化钠和碳酸钠的溶液，用二氧化硫气体饱和。反应中碳酸钠用量不宜过少；如用量过少，则中间产物亚硫酸钠量少，使析出的硫不能全部生成硫代硫酸钠。硫化钠和碳酸钠以 2∶1 的摩尔比取量较为适宜。

反应完毕后，过滤得到硫代硫酸钠溶液，然后浓缩蒸发，冷却，析出晶体为 $Na_2S_2O_3 \cdot 5H_2O$，干燥后即为产品。

小资料：硫代硫酸钠在洗相定影中的作用

在洗相过程中，相纸（感光材料）经过照相底版的感光，只能得到潜影。再经过显影液（如海德尔、米吐尔）显影以后，看不见的潜影才被显现成可见的影像。但相纸在乳剂层中还有大部分未感光的溴化银存在。由于它的存在，一方面得不到透明的影像，另一方面在保存过程中这些溴化银见光时，将继续发生变化，使影像不能稳定。因此显影后，必须经过定影过程。硫代硫酸钠（俗称海波）的定影作用是由于它能与溴化银反应而生成易溶于水的配合物。

三、实验材料

1. 仪器

圆底烧瓶（500mL），水浴锅，直形（或球形）冷凝管（300mm），抽滤瓶（500mL），布氏漏斗，烧杯（500mL），打孔器，锥形瓶（250mL），分液漏斗，橡皮塞，蒸馏烧瓶，洗气瓶，磁力搅拌器，pH 试纸，螺旋夹，橡皮管。

2. 试剂

固体试剂：硫化钠（工业级），亚硫酸钠（无水），硼酸，钾矾，碳酸钠。

液体试剂：乙醇（95%），浓 H_2SO_4，NaOH（6mol/L、10%），$Pb(Ac)_2$（10%），HAc-NaAc 缓冲溶液，碘标准溶液（0.1000mol/L），淀粉溶液，显影液，醋酸（28%），酚酞。

四、实验内容

1. 硫化钠的提纯

取粉碎的工业级硫化钠 36g，装入 500mL 的烧瓶中，再加入 300mL 95%的酒精和 15mL 水。将烧瓶放在水浴锅上，烧瓶上装一支 300mm 长的直形（或球形）冷凝管，并向冷凝管中通入冷却水，装置如图 2 所示。水浴锅的水保持沸腾，回流约 40min。

停止加热并使烧瓶在水浴锅上静置 5min，然后取下烧瓶，用两层滤纸趁热抽滤，以除去不溶性杂质。将滤液转入一只 500mL 的烧杯中，不断搅拌以促使硫化钠晶体大量析出。再放置一段时间，冷却至室温。冷却后倾析出上层母液。硫化钠晶体用少量 95%乙醇在烧杯中用倾析法洗涤 1～2 次，然后抽

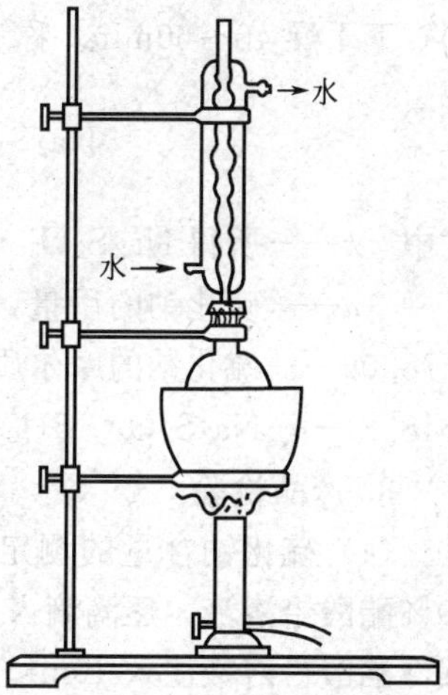

图 2　硫化钠的纯化装置

滤。抽干后，再用滤纸吸干。母液装入指定的回收瓶中。按本方法制得的产品组成相当于 $Na_2S \cdot 5H_2O$。

> 思考：将工业硫化钠溶于酒精并加热时，为什么要采用在水浴锅上加热并回流的方法？

2. 硫代硫酸钠的制备

称取提纯后的硫化钠 30g，并根据化学反应方程式计算出所需碳酸钠的用量，进行称量。然后，将硫化钠和碳酸钠一并放入 250mL 锥形瓶中，注入 150mL 蒸馏水使其溶解（可微热，促其溶解），按图 3 安装制备硫代硫酸钠的装置。

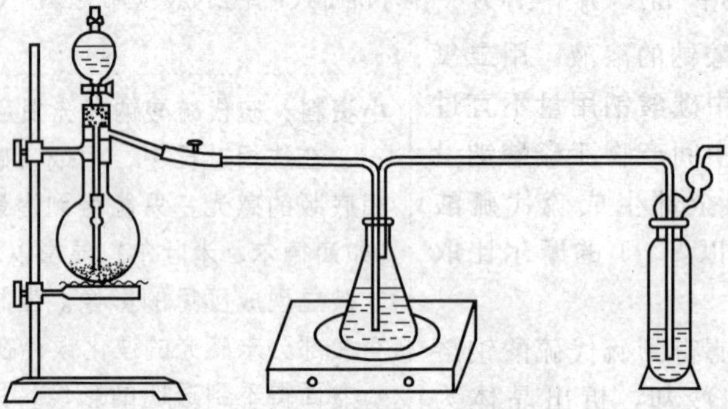

图 3　硫代硫酸钠制备装置

在分液漏斗中，注入浓硫酸，蒸馏烧瓶中加入亚硫酸钠固体（比理论量稍多些），以反应产生二氧化硫气体。在碱吸收瓶中注入 6mol/L 氢氧化钠溶液，以吸收多余的二氧化硫气体。打开分液漏斗，使硫酸慢慢滴下，打开螺旋夹。适当调节螺旋夹（防止倒吸），使反应产生的二氧化硫气体较均匀地通入硫化钠-碳酸钠溶液中，并采用电磁搅拌器搅动。随着二氧化硫气体的通入，逐渐有大量浅黄色的硫析出。继续通二氧化硫气体。反应进行约 30min，溶液的 pH 等于 7 时（注意不要小于 7），停止通入二氧化硫气体。

> 思考：1. 在硫化钠-碳酸钠溶液中通二氧化硫的反应是放热反应，还是吸热反应？为什么？
> 2. 停止通二氧化硫时，为什么必须控制溶液的 pH 为 7，而不能使 pH 小于 7？

过滤所得的硫代硫酸钠溶液，然后将其转移至烧杯中，进行浓缩，直至溶液中有一些晶体析出时，停止蒸发，冷却，使 $Na_2S_2O_3 \cdot 5H_2O$ 结晶析出。过滤，将晶体放在烘箱中，在 40℃下干燥 40～60min。称量，计算产率。

$$Na_2S_2O_3 \cdot 5H_2O\text{的产率}=\frac{b\times 2\times 78.06\times 100\%}{a\times 3\times 248.21}$$

式中　b——所得 $Na_2S_2O_3 \cdot 5H_2O$ 晶体的质量，g；

a——硫化钠的用量，g；

78.06——硫化钠的摩尔质量，g/mol；

248.21——$Na_2S_2O_3 \cdot 5H_2O$ 的摩尔质量，g/mol。

3. 产品检验

(1) 硫化钠含量的测定　称取 1g 硫代硫酸钠样品，溶于 10mL 蒸馏水中。另取少量 10%醋酸铅溶液，逐滴滴入 10%氢氧化钠溶液，至白色沉淀刚刚溶解。然后，取 0.5mL 此碱性醋酸铅溶液注入 10mL 上述硫代硫酸钠的溶液中去，若溶液不变色或不变暗，即符合标准。

(2) 五水硫代硫酸钠含量的测定　精确称取约 0.5000g 硫代硫酸钠样品，用少量水溶解，滴入 1～2 滴酚酞，再注入 10mL 醋酸-醋酸钠缓冲溶液，以保证溶液的弱酸性。然后用 0.1000mol/L 的碘标准溶液（由实验员配制）滴定，以淀粉为指示剂，直至 1min 内溶液的蓝色不褪为止。

$$w(Na_2S_2O_3 \cdot 5H_2O)=\frac{Vc\times 0.24821\times 2}{m}\times 100$$

式中　V——所用碘标准溶液的体积，mL；

c——碘标准溶液的浓度，mol/L；

0.24821——$Na_2S_2O_3 \cdot 5H_2O$ 的毫摩尔质量，g/mmol；

m——所取 $Na_2S_2O_3 \cdot 5H_2O$ 样品的质量，g。

4. 洗印照片

在暗室里，将印相纸直接覆盖在感光箱的底片上进行感光。感光时间可根据底片情况进行选择。然后，将感过光的照相纸放入显影液中进行显影。待影像基本清晰后，用镊子将相纸拿出，放入水中清洗一下，紧接着再放入定影液中，定影 10～15min。再把相纸取出放入水中，用水冲洗。然后，由上光机烘干上光，或贴在平玻璃上自然晾干上光，最后把纸边剪齐。

五、附注

1. 显影液配方

	米吐尔	无水亚硫酸钠	对苯二酚	无水碳酸钠	溴化钾
D-72	3g	45g	12g	67.5g	2g

加冷水稀释至 1L。

2. 定影液配方

	海波	无水亚硫酸钠	醋酸(28%)	硼酸	钾矾
F-5	240g	15g	47mL	7.5g	15g

加冷水稀释至 1L。

六、思考

说明产品分析中硫化钠和硫代硫酸钠含量测定的原理。

实验十三　从茶叶中提取咖啡因

一、实验目的

1. 掌握从茶叶中提取咖啡因的原理和方法。
2. 熟悉索氏提取器的构造、原理及使用方法。
3. 熟悉利用升华提纯固体物质的原理和方法。

二、实验原理

咖啡因是杂环化合物嘌呤的衍生物，其学名为 1,3,7-三甲基-2,6-二氧嘌呤，结构式如下：

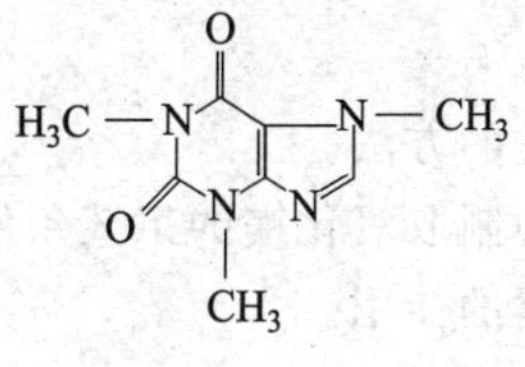

茶叶中咖啡因的含量为2%～5%，此外还含有纤维素、蛋白质、单宁酸和叶绿素等。

咖啡因是无色针状晶体，熔点为238℃，味苦，能溶于水、乙醇和二氯甲烷等。含结晶水的咖啡因加热到100℃时即失去结晶水并开始升华，120℃升华显著，178℃时很快升华。

用95%乙醇作溶剂，从茶叶中提取咖啡因，萃取液中有咖啡因、叶绿素、单宁酸。蒸去溶剂后，加入适量生石灰搅拌以除去单宁酸等酸性物质。粗咖啡因通过升华得到纯化。咖啡因具有刺激心脏、兴奋大脑神经和利尿的作用，因而可以单独作为有关药物。

三、实验材料

1. 仪器

索氏提取器，圆底烧瓶（250mL），玻璃漏斗，滤纸，温度计，烧杯，球形冷凝管，直形冷凝管，蒸发皿，电炉，水浴锅，石棉网。

2. 试剂

茶叶末（10g），95%乙醇（80mL），生石灰（4g）。

四、实验内容

（1）提取　称取10g茶叶，在研钵中研细，放入滤纸套筒内，上口用滤纸盖好，把套筒小心地插入索氏提取器中。在圆底烧瓶内加80mL乙醇，安装于水浴锅中。将已装入茶叶末的索氏提取器与圆底烧瓶连接。在索氏提取器上口连接球形冷凝管，接通冷凝管上下水后，用水浴加热，回流提取。直到虹吸管内颜色变淡，需2～3h。当冷凝液刚刚虹吸下去时，立即停止加热。

（2）蒸馏　稍冷后，拆除索氏提取器，改成蒸馏装置，回收提取液中的大部分乙醇。

（3）中和　趁热将烧瓶中的残液倒入干燥的蒸发皿中，加入4g研细的生石灰粉，均匀搅拌成糊状。

（4）除水　将蒸发皿移至水浴上方，在蒸气浴上加热，不断搅拌，直到固体化合物变成疏松的粉末状，水分全部被除去为止。

（5）升华　冷却后，盖上一张刺有许多细密小孔的滤纸，在玻璃漏斗颈口处塞上一小团棉花，将干燥的玻璃漏斗盖在滤纸上，用砂浴缓慢加热升华。控制砂浴温度在220℃左右。当观察到纸上出现白色针状晶体时，暂停加热。让其自然冷却到100℃时，揭开漏斗和滤纸，用小刀刮下咖啡因。搅拌残渣后，重复操作一次，使升华完全。

五、思考题

1. 索氏提取器的原理是什么？
2. 升华前加入生石灰的作用是什么？
3. 升华前要将水分除尽的作用是什么？
4. 在升华操作中，加热温度为什么要控制在被升华物熔点以下？

实验十四　用碳酸化法从硼镁泥中制取氧化镁的工艺条件选择

一、实验目的

1. 了解用碳酸化法制取氧化镁的方法。
2. 掌握用碳酸化法从硼镁泥中制取氧化镁的工艺条件的选择方法。
3. 掌握马弗炉等高温加热仪器的使用。

二、实验原理

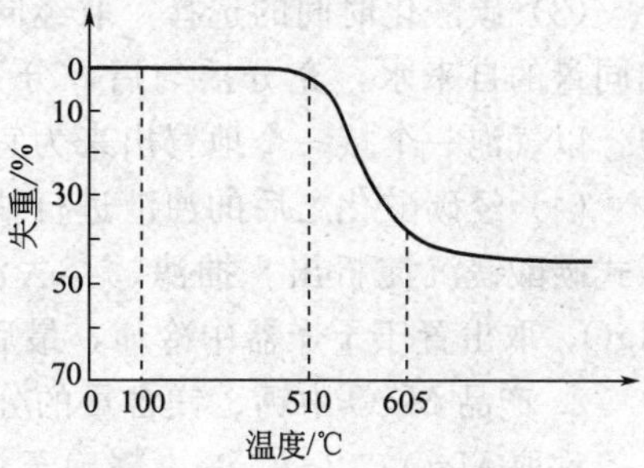

图 4　硼镁泥的热量分析图谱

硼镁泥是硼砂厂的废渣，其主要成分是 $MgCO_3$，同时还含有 $CaCO_3$ 等杂质。用碳酸化法从硼镁泥中制取氧化镁主要有下列步骤。

1. 煅烧与消化

将硼镁泥在一定温度下煅烧（可根据图 4 选择煅烧温度），冷却后加水消化，上述过程中主要发生下列化学反应：

$$MgCO_3 \xrightarrow{\triangle} MgO + CO_2\uparrow$$

$$MgO + H_2O \longrightarrow Mg(OH)_2$$

$$CaCO_3 \xrightarrow{\triangle} CaO + CO_2\uparrow$$

$$CaO + H_2O \longrightarrow Ca(OH)_2$$

2. 碳酸化

消化液中通入 CO_2，即发生下列反应：

$$Mg(OH)_2 + 2CO_2 \longrightarrow Mg^{2+} + 2HCO_3^-$$

$$Ca(OH)_2 + 2CO_2 \longrightarrow CaCO_3\downarrow + H_2O$$

由于大部分钙在碳酸化时生成 $CaCO_3$ 沉淀，所以经过滤，可把 $CaCO_3$ 及其他不溶性杂质除去。

3. 水解与灼烧

碳酸化后的滤液加热煮沸，Mg^{2+} 与 HCO_3^- 水解生成碱式碳酸镁沉淀，过滤后滤饼经烘干、灼烧即得 MgO 成品。

$$2Mg^{2+} + 4HCO_3^- \xrightarrow{\triangle} Mg(OH)_2 \cdot MgCO_3\downarrow + 3CO_2\uparrow + H_2O$$

$$Mg(OH)_2 \cdot MgCO_3 \xrightarrow{\triangle} 2MgO + CO_2\uparrow + H_2O\uparrow$$

用碳酸化法制得的 MgO 纯度较高。MgO 是制造耐火材料的主要原料。

三、实验材料

1. 仪器

酸式滴定管，锥形瓶（250mL），容量瓶（250mL），移液管（25mL），称量瓶，坩埚，台秤，吸滤瓶，布氏漏斗，滤纸，pH 试纸。

2. 试剂

$NH_3 \cdot H_2O$ 溶液（6mol/L），NaOH 溶液（2mol/L），HCl 溶液（2mol/L），三乙醇胺溶液（30%），EDTA 标准溶液（0.0200mol/L）铬黑 T 指示剂，钙指示剂，NH_3-NH_4Cl 缓冲溶液（pH=10）。

四、实验内容

1. 工艺条件的选择

(1) 原料准备与煅烧温度的选择　将硼镁泥研细，通过 40 目筛子，取出三份，分别在马弗炉中以 550℃、650℃、750℃煅烧 0.5h，取出冷却，保存在密封的瓶中备用。

(2) 消化浓度的选择　取经同一温度煅烧的硼镁泥三份，每份 25g，置于烧杯中，分别加入自来水 200mL、400mL、600mL，充分摇匀后待碳酸化。

(3) 碳酸化时间的选择　取经同一温度煅烧的硼镁泥三份，每份 25g。在每一份中加入相同量的自来水，充分摇匀后，分别通入 CO_2 5min、15min、25min。调节 CO_2 气量要适中，以气泡一个接一个地冒出来为宜，并且要不断搅拌防止沉降。

(4) 经碳酸化之后的浊液进行抽滤，弃去滤饼，滤液置于烧杯中，用大火加热煮沸，使碱式碳酸镁沉淀析出。抽滤，弃去滤液，滤饼经 110℃烘干再在马弗炉中以 700℃灼烧成 MgO，取出置于干燥器中冷却，最后称量。

2. 产品 MgO 中钙、镁含量的分析

称取 MgO 0.2～0.3g（精确至 0.0002g）置于小烧杯中，用 2mol/L 的 HCl 10mL 使其溶解（若不溶可微热），加水 50mL，移入 250mL 容量瓶中，用水洗涤小烧杯数次，洗液移入容量瓶中，用水稀释至刻度，摇匀备用。

(1) 钙的测定　吸取上述被测溶液 25mL，置入 250mL 锥形瓶中，加水 30mL 和 30%三乙醇胺溶液 5mL，摇匀，滴加 2mol/L 的 NaOH 溶液调节 pH 至 12（用 pH 试纸检验），再过量 1mL，加入钙指示剂少许，使溶液呈红色，用 EDTA 标准溶液滴定，使溶液由红→紫→蓝即为终点。记下所消耗 EDTA 标准溶液的体积 V_1，按下式计算 CaO 的含量。

$$w(\text{CaO})=\frac{cV_1\times 0.561}{m}\times 100\%$$

式中　c——EDTA 标准溶液的浓度，mol/L；

0.561——CaO 的毫摩尔质量，g/mmol；

m——样品质量，g。

(2) 钙、镁总量的测定　吸取上述被测溶液 25mL，置于 250mL 锥形瓶中，加入 30mL 水和 30%三乙醇胺 5mL，用 6mol/L 的 $NH_3\cdot H_2O$ 溶液调节 pH 呈微碱性，再加入 NH_3-NH_4Cl 缓冲溶液 10mL，温热至 40℃，加入铬黑 T 指示剂少许，使溶液呈红色，用 EDTA 标准溶液滴定至溶液由红→紫→蓝即为终点。为了使终点明显，可在溶液呈紫色时补加少许铬黑 T 指示剂，再用 EDTA 滴定至蓝色。记下所消耗 EDTA 标准溶液的体积 V_2，按下式计算 MgO 的含量。

$$w(\text{MgO})=\frac{c(V_2-V_1)\times 0.403}{m}\times 100\%$$

式中　c——EDTA 标准溶液的浓度，mol/L；

0.403——MgO 的毫摩尔质量，g/mmol；

m——样品质量，g。

五、结果与讨论

1. 数据处理

将不同条件下所制得的 MgO 中，CaO 和 MgO 的含量分别填入下表。

表 1　煅烧温度对 MgO 产量、质量的影响（相同消化浓度和碳酸化时间）

煅烧温度/℃	550	650	750
MgO 质量/g			
w(MgO)/%			
w(CaO)/%			

将表 1 中所列数据分别以煅烧温度、消化浓度、碳酸化时间为横坐标，以 MgO 质量、w(MgO)、w(CaO) 为纵坐标进行作图。

2. 结果讨论

根据实验数据，讨论影响 MgO 产量与质量的主要因素是什么？如何选择最佳工艺条件？

表 2　消化浓度对 MgO 产量、质量的影响（相同煅烧温度和碳酸化时间）

加水体积/mL	200	400	600
MgO 质量/g			
$w(MgO)/\%$			
$w(CaO)/\%$			

注：消化浓度以加水体积来表示。

表 3　碳酸化时间对 MgO 产量、质量的影响（相同煅烧温度和消化浓度）

碳酸化时间/min	5	15	25
MgO 质量/g			
$w(MgO)/\%$			
$w(CaO)/\%$			

六、思考题

1. 根据硼镁泥的热失重图，判断硼镁泥在什么温度开始分解，什么温度大量分解和什么温度基本分解完毕。煅烧温度过高或过低有什么不好？

2. 硼镁泥经高温煅烧后颜色为什么变深（棕红色），而加水消化时悬浊液却成乳白色，当通入 CO_2 后悬浊液又慢慢变清？

3. 煅烧后硼镁泥为什么必须密封保存？消化后悬浊液的 pH 为多少？碳酸化后 pH 又将如何变化？

4. 消化浓度、碳酸化时间对产品 MgO 得率和质量有什么影响？

5. 碳酸化过程中，钙、镁离子是如何分离的？如何进一步降低 MgO 中 CaO 的含量？

附　录

表1　常见物质的热力学数据（298.15K）

物　质	化学式(物态)	标准摩尔生成焓 $\Delta_f H_m^{\ominus}$/(kJ/mol)	标准摩尔生成吉布斯函数 $\Delta_f G_m^{\ominus}$/(kJ/mol)	标准摩尔熵 $S_m^{\ominus}$/(kJ/mol)
银	Ag(s)	0	0	42.55
溴化银	AgBr(s)	−100.37	−96.90	107.1
氯化银	AgCl(s)	−127.07	−109.79	96.2
碘化银	AgI(s)	−61.84	−66.19	115.5
铝	Al(s)	0	0	28.33
氧化铝(刚玉)	Al_2O_3(s)	−1675.7	−1582.3	50.92
溴	Br_2(l)	0	0	152.23
溴	Br_2(g)	30.91	3.11	245.46
石墨	C(s)	0	0	5.74
四氯化碳	CCl_4(l)	−135.44	65.21	216.40
四氯化碳	CCl_4(g)	−102.9	−60.59	309.85
一氧化碳	CO(g)	−110.52	−137.17	197.67
二氧化碳	CO_2(g)	−395.51	−394.36	213.74
二硫化碳	CS_2(l)	89.70	65.27	151.34
二硫化碳	CS_2(g)	117.36	67.12	237.84
碳化钙	CaC_2(s)	−59.8	−64.9	69.96
方解石	$CaCO_3$(s)	−1206.92	−1128.79	92.9
氯化钙	$CaCl_2$(s)	−795.8	−748.1	104.6
氧化钙	CaO(s)	−635.99	−604.03	39.75
氢氧化钙	$Ca(OH)_2$(s)	−986.59	−896.69	76.1
氯气	Cl_2(g)	0	0	223.07
铜	Cu(s)	0	0	33.15
氧化铜	CuO(s)	−157.3	−129.7	42.63
氧化亚铜	Cu_2O(s)	−168.6	−146.0	93.14
氟气	F_2(g)	0	0	202.78
氧化铁(赤铁矿)	Fe_2O_3(s)	−824.2	−742.2	87.4
四氧化三铁(磁铁矿)	Fe_3O_4(s)	−1118.4	−1015.4	146.4
硫酸亚铁	$FeSO_4$(s)	−928.4	−820.8	107.5
氢气	H_2(g)	0	0	130.68
溴化氢	HBr(g)	−36.4	−53.45	198.70
氯化氢	HCl(g)	−92.31	−95.30	186.91
氟化氢	HF(g)	−271.1	−273.2	175.78
碘化氢	HI(g)	26.48	1.70	206.59
氰化氢	HCN(g)	135.1	124.7	201.78
硝酸	HNO_3(l)	−174.10	−80.71	155.60
硝酸	HNO_3(g)	−135.10	−74.72	266.38
磷酸	H_3PO_4(s)	−1279.0	−1119.1	110.50
水	H_2O(l)	−285.83	−237.13	69.91
水	H_2O(g)	−241.82	−228.57	188.83
硫化氢	H_2S(g)	−20.63	−33.56	205.79
硫酸	H_2SO_4(l)	−813.99	−690.00	156.90
氯化亚汞	Hg_2Cl_2(s)	−265.22	−210.75	192.5
氯化汞	$HgCl_2$(s)	−224.3	−178.6	146.0
碘	I_2(s)	0	0	116.14

续表

物质	化学式(物态)	标准摩尔生成焓 $\Delta_f H_m^{\ominus}$/(kJ/mol)	标准摩尔生成吉布斯函数 $\Delta_f G_m^{\ominus}$/(kJ/mol)	标准摩尔熵 $S_m^{\ominus}$/(kJ/mol)
碘	I_2(g)	62.44	19.33	260.69
氯化钾	KCl(s)	−436.75	−409.14	82.59
硝酸钾	KNO_3(s)	−494.63	−394.86	133.05
硫酸钾	K_2SO_4(s)	−1437.79	−1321.37	175.56
硫酸氢钾	$KHSO_4$(s)	−1160.6	−1031.3	138.1
镁	Mg(s)	0	0	32.68
氧化镁	MgO(s)	−601.70	−569.43	26.94
氮气	N_2(g)	0	0	191.61
氨气	NH_3(g)	−46.11	−16.45	192.45
氯化铵	NH_4Cl(s)	−314.43	−202.87	94.6
一氧化氮	NO(g)	90.25	86.55	210.76
二氧化氮	NO_2(g)	33.18	51.31	240.06
一氧化二氮	N_2O(g)	82.05	104.20	219.85
氯化钠	NaCl(s)	−411.15	−384.14	72.13
硝酸钠	$NaNO_3$(s)	−467.85	−367.00	116.52
氢氧化钠	NaOH(s)	−425.61	−379.49	64.46
碳酸钠	Na_2CO_3(s)	−1130.68	−1044.44	134.98
碳酸氢钠	$NaHCO_3$(s)	−950.81	−851.0	101.7
硫酸钠	Na_2SO_4(s,正交晶系)	−1387.08	−1270.16	149.58
氧气	O_2(g)	0	0	205.14
臭氧	O_3(g)	132.7	163.2	238.93
白磷	P(α-白磷)	0	0	41.09
红磷	P(s,三斜晶系)	−17.6	−12.1	22.80
磷	P(g,白磷)	58.91	24.44	279.98
三氯化磷	PCl_3(g)	−297.0	−267.8	311.78
五氯化磷	PCl_5(g)	−374.9	−305.0	364.58
硫	S(s,正交晶系)	0	0	31.80
硫	S(g)	278.81	238.25	167.82
硅	Si(s)	0	0	18.83
二氧化硅	SiO_2(s,石英)	−910.94	−856.64	41.84
二氧化硅	SiO_2(s,无定形)	−903.49	−850.70	46.9
锌	Zn(s)	0	0	41.63
氧化锌	ZnO(s)	−348.28	−318.30	43.64
甲烷	CH_4(g)	−74.81	−50.72	186.26
乙烷	C_2H_6(g)	−84.68	−32.82	229.60
丙烷	C_3H_8(g)	−103.85	−23.37	270.02
正丁烷	C_4H_{10}(g)	−126.15	−17.02	310.23
异丁烷	C_4H_{10}(g)	−134.52	−20.75	294.75
正己烷	C_6H_{14}(l)	−167.19	−0.05	388.51
环己烷	C_6H_{12}(l)	−123.14	31.92	298.35
环己烯	C_6H_{10}(l)	−5.36	106.99	310.86
乙烯	C_2H_4(g)	52.26	68.15	219.56
乙炔	C_2H_2(g)	226.73	209.20	200.94
苯	C_6H_6(l)	49.04	124.45	173.26
苯	C_6H_6(g)	82.93	129.73	269.31
甲苯	$C_6H_5CH_3$(l)	12.01	113.89	220.96
甲苯	$C_6H_5CH_3$(g)	50.00	122.11	320.77
乙苯	$C_6H_5C_2H_5$(l)	−12.47	119.86	255.18

续表

物　质	化学式(物态)	标准摩尔生成焓 $\Delta_f H_m^{\ominus}$/(kJ/mol)	标准摩尔生成吉布斯函数 $\Delta_f G_m^{\ominus}$/(kJ/mol)	标准摩尔熵 $S_m^{\ominus}$/(kJ/mol)
苯乙烯	$C_6H_5CH=CH_2$(l)	103.89	202.51	237.57
乙醚	$(C_2H_5)_2O$(l)	−279.5	−122.75	253.1
乙醚	$(C_2H_5)_2O$(g)	−252.21	−112.19	342.78
甲醇	CH_3OH(l)	−238.66	−166.27	126.8
甲醇	CH_3OH(g)	−200.66	−161.96	239.81
乙醇	C_2H_5OH(l)	−277.69	−174.74	160.81
乙醇	C_2H_5OH(g)	−235.10	−168.49	282.70
乙二醇	$(CH_2OH)_2$(l)	−454.80	−323.08	166.9
甲醛	HCHO(g)	−108.57	−102.53	218.77
乙醛	CH_3CHO(l)	−192.30	−128.12	160.2
丙酮	$(CH_3)_2CO$(l)	−248.1	−133.28	200.4
苯酚	C_6H_5OH	−165.02	−50.31	144.01
甲酸	HCOOH(l)	−424.72	−361.35	128.95
乙酸	CH_3COOH(l)	−484.5	−389.9	159.8
乙酸	CH_3COOH(g)	−432.25	−374.0	282.5
苯甲酸	C_6H_5COOH(s)	−385.14	−245.14	167.57
乙酸乙酯	$C_4H_8O_2$(l)	−479.03	−332.55	259.4
氯仿	$CHCl_3$(l)	−134.47	−73.66	201.7
氯仿	$CHCl_3$(g)	−103.14	−70.34	295.71
溴乙烷	C_2H_5Br(l)	−92.01	−27.7	198.7
溴乙烷	C_2H_5Br(g)	−64.52	−26.48	286.71
四氯化碳	CCl_4(l)	−135.44	−65.21	216.40
四氯化碳	CCl_4(g)	−102.9	−60.59	309.85

表 2　弱酸、弱碱的离解常数（298.15K）

A. 弱酸在水中的离解常数

物　质	化学式	$K_{a_1}^{\ominus}$	$K_{a_2}^{\ominus}$	$K_{a_3}^{\ominus}$
铝酸	H_3AlO_3	6.3×10^{-12}		
砷酸	H_3AsO_4	6.3×10^{-3}	1.0×10^{-7}	3.2×10^{-12}
亚砷酸	$HAsO_2$	6.0×10^{-10}		
硼酸	H_3BO_3	5.8×10^{-10}		
碳酸	$H_2CO_3(CO_2+H_2O)$	4.2×10^{-7}	5.6×10^{-11}	
氢氰酸	HCN	6.2×10^{-10}		
铬酸	H_2CrO_4	4.1	1.3×10^{-6}	
次氯酸	HClO	2.8×10^{-8}		
硫氰酸	HSCN	1.4×10^{-1}		
过氧化氢	H_2O_2	2.2×10^{-12}		
氢氟酸	HF	6.6×10^{-4}		
次碘酸	HIO	2.3×10^{-11}		
碘酸	HIO_3	0.16		
亚硝酸	HNO_2	5.1×10^{-4}		
磷酸	H_3PO_4	6.9×10^{-3}	6.2×10^{-8}	4.8×10^{-12}
亚磷酸	H_3PO_3	6.3×10^{-2}	2.0×10^{-7}	
氢硫酸	H_2S	1.3×10^{-7}	7.1×10^{-15}	
硫酸	H_2SO_4		1.2×10^{-2}	
亚硫酸	$H_2SO_3(SO_3+H_2O)$	1.3×10^{-2}	6.3×10^{-8}	
偏硅酸	H_2SiO_3	1.7×10^{-10}	1.6×10^{-12}	
铵离子	NH_4+	5.8×10^{-10}		

续表

物　质	化学式	$K^{\ominus}_{a_1}$	$K^{\ominus}_{a_2}$	$K^{\ominus}_{a_3}$
甲酸	$HCOOH$	1.77×10^{-4}		
乙酸	CH_3COOH	1.75×10^{-5}		
乙二酸(草酸)	$H_2C_2O_4$	5.4×10^{-2}	5.4×10^{-5}	
一氯乙酸	$CH_2ClCOOH$	1.4×10^{-3}		
二氯乙酸	$CHCl_2COOH$	5.0×10^{-2}		
三氯乙酸	CCl_3COOH	0.23		
丙烯酸	$CH_2=CHCOOH$	1.4×10^{-3}		
苯甲酸	C_6H_5COOH	6.2×10^{-5}		
邻苯二甲酸	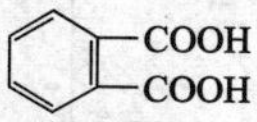	1.1×10^{-3}	3.9×10^{-6}	
苯酚	C_6H_5OH	1.1×10^{-10}		
乙二胺四乙酸	H_6Y^{2+}	0.13	3.0×10^{-2}	1.0×10^{-2}
		2.1×10^{-3}($K^{\ominus}_{a_4}$)	6.9×10^{-7}($K^{\ominus}_{a_5}$)	5.9×10^{-11}($K^{\ominus}_{a_6}$)

B. 弱碱在水中的离解常数

物　质	化学式	$K^{\ominus}_{b}$	物　质	化学式	$K^{\ominus}_{b}$
氨	NH_3	1.8×10^{-5}	二乙胺	$(C_2H_5)_2NH$	1.3×10^{-3}
联氨	H_2NNH_2	3.0×10^{-6}($K^{\ominus}_{b_1}$) 7.6×10^{-15}($K^{\ominus}_{b_2}$)	乙二胺	$H_2NCH_2CH_2NH_2$	8.3×10^{-5}($K^{\ominus}_{b_1}$) 7.1×10^{-8}($K^{\ominus}_{b_2}$)
羟氨	NH_2OH	9.1×10^{-9}	乙醇胺	$HOCH_2CH_2NH_2$	3.2×10^{-5}
甲胺	CH_3NH_2	4.2×10^{-4}	三乙醇胺	$(HOCH_2CH_2)_3N$	5.8×10^{-7}
乙胺	$C_2H_5NH_2$	5.6×10^{-4}	苯胺	$C_6H_5NH_2$	4.3×10^{-10}
二甲胺	$(CH_3)_2NH$	1.2×10^{-4}	吡啶	C_5H_5N	1.7×10^{-9}

表 3　难溶电解质的溶度积常数（298.15K）

化　合　物	$K^{\ominus}_{sp}$	化　合　物	$K^{\ominus}_{sp}$
AgAc	1.94×10^{-3}	$BaSO_3$	5.0×10^{-10}
AgBr	5.35×10^{-13}	$BaSO_4$	1.08×10^{-10}
Ag_2CO_3	8.46×10^{-12}	BaS_2O_3	1.6×10^{-5}
AgCl	1.77×10^{-10}	$Bi(OH)_3$	4.0×10^{-31}
$Ag_2C_2O_4$	5.40×10^{-12}	BiOCl	1.8×10^{-31}
Ag_2CrO_4	1.12×10^{-12}	Bi_2S_3	1.0×10^{-97}
$Ag_2Cr_2O_7$	2.0×10^{-7}	$CaCO_3$	3.36×10^{-9}
AgI	8.52×10^{-17}	$CaC_2O_4\cdot H_2O$	2.32×10^{-9}
$AgIO_3$	3.17×10^{-8}	$CaCrO_4$	7.1×10^{-4}
$AgNO_2$	6.0×10^{-4}	CaF_2	3.45×10^{-11}
AgOH	2.0×10^{-8}	$CaHPO_4$	1.0×10^{-7}
Ag_3PO_4	8.89×10^{-17}	$Ca(OH)_2$	5.02×10^{-6}
Ag_2S	6.3×10^{-50}	$Ca_3(PO_4)_2$	2.07×10^{-33}
Ag_2SO_4	1.20×10^{-5}	$CaSO_4$	4.93×10^{-5}
$Al(OH)_3$	1.3×10^{-33}	$CaSO_3\cdot 0.5H_2O$	3.1×10^{-7}
AuCl	2.0×10^{-13}	$CdCO_3$	1.0×10^{-12}
$AuCl_3$	3.2×10^{-25}	$CdC_2O_4\cdot 3H_2O$	1.42×10^{-8}
$Au(OH)_3$	5.5×10^{-46}	$Cd(OH)_2$(新析出)	2.5×10^{-14}
$BaCO_3$	2.58×10^{-9}	CdS	8.0×10^{-27}
BaC_2O_4	1.6×10^{-7}	$CoCO_3$	1.4×10^{-13}
$BaCrO_4$	1.17×10^{-10}	$Co(OH)_2$(新析出)	1.6×10^{-15}
BaF_2	1.84×10^{-7}	$Co(OH)_3$	1.6×10^{-44}
$Ba_3(PO_4)_2$	3.4×10^{-23}	α-CoS(新析出)	4.0×10^{-21}

续表

化合物	$K_{sp}^{\ominus}$	化合物	$K_{sp}^{\ominus}$
β-CoS(陈化)	2.0×10^{-25}	$MnCO_3$	2.24×10^{-11}
$Cr(OH)_3$	6.3×10^{-31}	$Mn(OH)_2$	1.9×10^{-13}
CuBr	6.27×10^{-9}	MnS(无定形)	2.5×10^{-10}
CuCN	3.47×10^{-20}	MnS(结晶)	2.5×10^{-13}
$CuCO_3$	1.4×10^{-10}	Na_3AlF_6	4.0×10^{-10}
CuCl	1.72×10^{-7}	$NiCO_3$	1.42×10^{-7}
$CuCrO_4$	3.6×10^{-6}	$Ni(OH)_2$(新析出)	2.0×10^{-15}
CuI	1.27×10^{-12}	α-NiS	3.2×10^{-19}
CuOH	1.0×10^{-14}	β-NiS	1.0×10^{-24}
$Cu(OH)_2$	2.2×10^{-20}	γ-NiS	2.0×10^{-26}
$Cu_3(PO_4)_2$	1.40×10^{-37}	$PbBr_2$	6.60×10^{-6}
$Cu_2P_2O_7$	8.3×10^{-16}	$PbCO_3$	7.4×10^{-14}
CuS	6.3×10^{-36}	PbC_2O_4	4.8×10^{-10}
Cu_2S	2.5×10^{-48}	$PbCl_2$	1.70×10^{-5}
$FeCO_3$	3.2×10^{-11}	$PbCrO_4$	2.8×10^{-13}
$FeC_2O_4\cdot2H_2O$	3.2×10^{-7}	$Pb(OH)_2$	1.43×10^{-20}
$Fe(OH)_2$	4.87×10^{-17}	$Pb(OH)_4$	3.2×10^{-44}
$Fe(OH)_3$	2.79×10^{-39}	PbI_2	9.8×10^{-9}
FeS	6.3×10^{-18}	$PbMoO_4$	1.0×10^{-13}
Hg_2Cl_2	1.43×10^{-18}	$PbSO_4$	2.53×10^{-8}
Hg_2I_2	5.2×10^{-29}	PbS	8.0×10^{-28}
$Hg(OH)_2$	3.0×10^{-26}	$Sn(OH)_2$	5.45×10^{-27}
Hg_2S	1.0×10^{-47}	$Sn(OH)_4$	1.0×10^{-56}
HgS(红)	4.0×10^{-53}	SnS	1.0×10^{-25}
HgS(黑)	1.6×10^{-52}	$SrCO_3$	5.60×10^{-10}
Hg_2SO_4	6.5×10^{-7}	$SrC_2O_4\cdot H_2O$	1.6×10^{-7}
KIO_4	3.71×10^{-4}	$SrCrO_4$	2.2×10^{-5}
$K_2[PtCl_6]$	7.48×10^{-6}	$SrSO_4$	3.44×10^{-7}
$K_2[SiF_6]$	8.7×10^{-7}	$ZnCO_3$	1.46×10^{-10}
$LiCO_3$	8.15×10^{-4}	$ZnC_2O_4\cdot2H_2O$	1.38×10^{-9}
LiF	1.84×10^{-3}	$Zn(OH)_2$	3.0×10^{-17}
$MgCO_3$	6.82×10^{-6}	α-ZnS	1.6×10^{-24}
MgF_2	5.16×10^{-11}	β-ZnS	2.5×10^{-22}
$Mg(OH)_2$	5.61×10^{-12}		

表 4 标准电极电位(298.15K)

A. 在酸性溶液中

电极反应	$\varphi_A^{\ominus}/V$	电极反应	$\varphi_A^{\ominus}/V$
$Li^++e\rightleftharpoons Li$	−3.0403	$[AlF_6]^{3-}+3e\rightleftharpoons Al+6F^-$	−2.069
$Cs^++e\rightleftharpoons Cs$	−3.02	$Be^{2+}+2e\rightleftharpoons Be$	−1.847
$Rb^++e\rightleftharpoons Rb$	−2.98	$Al^{3+}+3e\rightleftharpoons Al$	−1.662
$K^++e\rightleftharpoons K$	−2.931	$Ti^{2+}+2e\rightleftharpoons Ti$	−1.37
$Ba^{2+}+2e\rightleftharpoons Ba$	−2.912	$[SiF_6]^{2-}+4e\rightleftharpoons Si+6F^-$	−1.24
$Sr^{2+}+2e\rightleftharpoons Sr$	−2.899	$V^{2+}+2e\rightleftharpoons V$	−1.186
$Ca^{2+}+2e\rightleftharpoons Ca$	−2.868	$Mn^{2+}+2e\rightleftharpoons Mn$	−1.180
$Na^++e\rightleftharpoons Na$	−2.71	$Cr^{2+}+2e\rightleftharpoons Cr$	−0.913
$Mg^{2+}+2e\rightleftharpoons Mg$	−2.372	$TiO^{2+}+2H^++4e\rightleftharpoons Ti+H_2O$	−0.89
$H_2+2e\rightleftharpoons 2H^-$	−2.23	$H_3BO_3+3H^++3e\rightleftharpoons B+3H_2O$	−0.8700
$Sc^{3+}+3e\rightleftharpoons Sc$	−2.077	$Zn^{2+}+2e\rightleftharpoons Zn$	−0.7600

续表

电极反应	$\varphi_A^\ominus$/V	电极反应	$\varphi_A^\ominus$/V
$Cr^{3+}+3e \rightleftharpoons Cr$	−0.744	$Ag^{+}+e \rightleftharpoons Ag$	0.7994
$As+3H^{+}+3e \rightleftharpoons AsH_3$	−0.608	$2NO_3^{-}+4H^{+}+2e \rightleftharpoons N_2O_4+2H_2O$	0.803
$Ga^{3+}+3e \rightleftharpoons Ga$	−0.549	$Hg^{2+}+2e \rightleftharpoons Hg$	0.851
$Fe^{2+}+2e \rightleftharpoons Fe$	−0.447	$HNO_2+7H^{+}+6e \rightleftharpoons NH_4+2H_2O$	0.86
$Cr^{3+}+e \rightleftharpoons Cr^{2+}$	−0.407	$NO_3^{-}+3H^{+}+2e \rightleftharpoons HNO_2+H_2O$	0.934
$Cd^{2+}+2e \rightleftharpoons Cd$	−0.4032	$NO_3^{-}+4H^{+}+3e \rightleftharpoons NO+2H_2O$	0.957
$PbI_2+2e \rightleftharpoons Pb+2I^{-}$	−0.365	$HIO+H^{+}+2e \rightleftharpoons I^{-}+H_2O$	0.987
$PbSO_4+2e \rightleftharpoons Pb+SO_4^{2-}$	−0.3590	$HNO_2+H^{+}+e \rightleftharpoons NO+H_2O$	0.983
$Co^{2+}+2e \rightleftharpoons Co$	−0.28	$VO_4^{3-}+6H^{+}+e \rightleftharpoons VO^{2+}+3H_2O$	1.031
$H_3PO_4+2H^{+}+2e \rightleftharpoons H_3PO_3+H_2O$	−0.276	$N_2O_4+4H^{+}+4e \rightleftharpoons 2NO+2H_2O$	1.035
$Ni^{2+}+2e \rightleftharpoons Ni$	−0.257	$N_2O_4+2H^{+}+2e \rightleftharpoons 2HNO_2$	1.065
$CuI+e \rightleftharpoons Cu+I^{-}$	−0.180	$Br_2+2e \rightleftharpoons 2Br^{-}$	
$AgI+e \rightleftharpoons Ag+I^{-}$	−0.15241	$IO_3^{-}+6H^{+}+6e \rightleftharpoons I^{-}+3H_2O$	1.066
$GeO_2+4H^{+}+4e \rightleftharpoons Ge+2H_2O$	−0.15	$SeO_4^{2-}+4H^{+}+2e \rightleftharpoons H_2SeO_3+H_2O$	1.085
$Sn^{2+}+2e \rightleftharpoons Sn$	−0.1377	$ClO_4^{-}+2H^{+}+2e \rightleftharpoons ClO_3^{-}+H_2O$	1.151
$Pb^{2+}+2e \rightleftharpoons Pb$	−0.1264	$IO_3^{-}+6H^{+}+5e \rightleftharpoons I_2+3H_2O$	1.189
$WO_3+6H^{+}+6e \rightleftharpoons W+3H_2O$	−0.090	$MnO_2+4H^{+}+2e \rightleftharpoons Mn^{2+}+2H_2O$	1.195
$[HgI_4]^{2-}+2e \rightleftharpoons Hg+4I^{-}$	−0.04	$O_2+4H^{+}+4e \rightleftharpoons 2H_2O$	1.224
$2H^{+}+2e \rightleftharpoons H_2$	0	$Cr_2O_7^{2-}+14H^{+}+6e \rightleftharpoons 2Cr^{3+}+7H_2O$	1.229
$[Ag(S_2O_3)_2]^{3-}+e \rightleftharpoons Ag+2S_2O_3^{2-}$	0.01	$2HNO_2+4H^{+}+4e \rightleftharpoons N_2O+3H_2O$	1.232
$AgBr+e \rightleftharpoons Ag+Br^{-}$	0.07116	$HBrO+H^{+}+2e \rightleftharpoons Br^{-}+H_2O$	1.297
$S_4O_6^{2-}+2e \rightleftharpoons 2S_2O_3^{2-}$	0.08	$Cl_2+2e \rightleftharpoons 2Cl^{-}$	1.331
$S+2H^{+}+2e \rightleftharpoons H_2S$	0.142	$ClO_4^{-}+8H^{+}+7e \rightleftharpoons Cl_2+4H_2O$	1.35793
$Sn^{4+}+2e \rightleftharpoons Sn^{2+}$	0.151	$IO_4^{-}+8H^{+}+8e \rightleftharpoons I^{-}+4H_2O$	1.39
$SO_4^{2-}+4H^{+}+2e \rightleftharpoons H_2SO_3+H_2O$	0.172	$BrO_3^{-}+6H^{+}+6e \rightleftharpoons Br^{-}+3H_2O$	1.4
$AgCl+e \rightleftharpoons Ag+Cl^{-}$	0.22216	$ClO_3^{-}+6H^{+}+6e \rightleftharpoons Cl^{-}+3H_2O$	1.423
$Hg_2Cl_2+2e \rightleftharpoons 2Hg+2Cl^{-}$	0.26791	$PbO_2+4H^{+}+2e \rightleftharpoons Pb^{2+}+2H_2O$	1.451
$VO^{2+}+2H^{+}+e \rightleftharpoons V^{3+}+H_2O$	0.337	$ClO_3^{-}+6H^{+}+5e \rightleftharpoons Cl_2+3H_2O$	1.455
$Cu^{2+}+2e \rightleftharpoons Cu$	0.3417	$HClO+H^{+}+2e \rightleftharpoons Cl^{-}+H_2O$	1.47
$[Fe(CN)_6]^{3-}+e \rightleftharpoons [Fe(CN)_6]^{4-}$	0.358	$2BrO_3^{-}+12H^{+}+10e \rightleftharpoons Br_2+6H_2O$	1.482
$[HgCl_4]^{2-}+2e \rightleftharpoons Hg+4Cl^{-}$	0.38	$Au^{3+}+3e \rightleftharpoons Au$	1.482
$Ag_2CrO_4+2e \rightleftharpoons 2Ag+CrO_4^{2-}$	0.4468	$MnO_4^{-}+8H^{+}+5e \rightleftharpoons Mn^{2+}+4H_2O$	1.498
$H_2SO_3+4H^{+}+4e \rightleftharpoons S+3H_2O$	0.449	$NaBiO_3+6H^{+}+2e \rightleftharpoons Bi^{3+}+Na^{+}+3H_2O$	1.507
$Cu^{+}+e \rightleftharpoons Cu$	0.521	$2HClO+2H^{+}+2e \rightleftharpoons Cl_2+2H_2O$	1.60
$I_2+2e \rightleftharpoons 2I^{-}$	0.5353	$MnO_4^{-}+4H^{+}+3e \rightleftharpoons MnO_2+2H_2O$	1.611
$MnO_4^{-}+e \rightleftharpoons MnO_4^{2-}$	0.558	$Au^{+}+e \rightleftharpoons Au$	1.679
$H_3AsO_4+2H^{+}+2e \rightleftharpoons H_3AsO_3+H_2O$	0.560	$Ce^{4+}+e \rightleftharpoons Ce^{3+}$	1.692
$Cu^{2+}+Cl^{-}+e \rightleftharpoons CuCl$	0.56	$H_2O_2+2H^{+}+2e \rightleftharpoons 2H_2O$	1.72
$Sb_2O_5+6H^{+}+4e \rightleftharpoons 2SbO^{+}+3H_2O$	0.581	$Co^{3+}+e \rightleftharpoons Co^{2+}$	1.776
$TeO_2+4H^{+}+4e \rightleftharpoons Te+2H_2O$	0.593	$S_2O_8^{2-}+2e \rightleftharpoons 2SO_4^{2-}$	1.92
$O_2+2H^{+}+2e \rightleftharpoons H_2O_2$	0.695	$O_3+2H^{+}+2e \rightleftharpoons O_2+H_2O$	2.010
$H_2SeO_3+4H^{+}+4e \rightleftharpoons Se+3H_2O$	0.74	$F_2+2e \rightleftharpoons 2F^{-}$	2.076
$H_3SbO_4+2H^{+}+2e \rightleftharpoons H_3SbO_3+H_2O$	0.75		2.866
$Fe^{3+}+e \rightleftharpoons Fe^{2+}$	0.771		

B. 在碱性溶液中

电 极 反 应	$\varphi^{\ominus}_{B}$/V	电 极 反 应	$\varphi^{\ominus}_{B}$/V
$Mg(OH)_2+2e \rightleftharpoons Mg+2OH^-$	−2.690	$CrO_4^{2-}+4H_2O+3e \rightleftharpoons Cr(OH)_3+5OH^-$	−0.13
$Al(OH)_3+3e \rightleftharpoons Al+3OH^-$	−2.31	$[Cu(NH_3)_2]^++e \rightleftharpoons Cu+2NH_3(aq)$	−0.11
$SiO_3^{2-}+3H_2O+4e \rightleftharpoons Si+6OH^-$	−1.697	$O_2+H_2O+2e \rightleftharpoons HO_2^-+OH^-$	−0.076
$Mn(OH)_2+2e \rightleftharpoons Mn+2OH^-$	−1.56	$MnO_2+2H_2O+2e \rightleftharpoons Mn(OH)_2+2OH^-$	−0.05
$As+3H_2O+3e \rightleftharpoons AsH_3+3OH^-$	−1.37	$NO_3^-+H_2O+2e \rightleftharpoons NO_2^-+2OH^-$	0.01
$Cr(OH)_3+3e \rightleftharpoons Cr+3OH^-$	−1.48	$[Co(NH_3)_6]^{3+}+e \rightleftharpoons [Co(NH_3)_6]^{2+}$	0.108
$[Zn(CN)_4]^{2-}+2e \rightleftharpoons Zn+4CN^-$	−1.26	$2NO_2^-+3H_2O+4e \rightleftharpoons N_2O+6OH^-$	0.15
$Zn(OH)_2+2e \rightleftharpoons Zn+2OH^-$	−1.249	$IO_3^-+2H_2O+4e \rightleftharpoons IO^-+4OH^-$	0.15
$N_2+4H_2O+4e \rightleftharpoons N_2H_4+4OH^-$	−1.15	$Co(OH)_3+e \rightleftharpoons Co(OH)_2+OH^-$	0.17
$PO_4^{3-}+2H_2O+2e \rightleftharpoons HPO_3^{2-}+3OH^-$	−1.05	$IO_3^-+3H_2O+6e \rightleftharpoons I^-+6OH^-$	0.26
$[Sn(OH)_6]^{2-}+2e \rightleftharpoons H_2SnO_2+4OH^-$	−0.93	$ClO_3^-+H_2O+2e \rightleftharpoons ClO_2^-+2OH^-$	0.33
$SO_4^{2-}+H_2O+2e \rightleftharpoons SO_3^{2-}+2OH^-$	−0.93	$Ag_2O+H_2O+2e \rightleftharpoons 2Ag+2OH^-$	0.342
$P+3H_2O+3e \rightleftharpoons PH_3+3OH^-$	−0.87	$ClO_4^-+H_2O+2e \rightleftharpoons ClO_3^-+2OH^-$	0.36
$Fe(OH)_2+2e \rightleftharpoons Fe+2OH^-$	−0.877	$[Ag(NH_3)_2]^++e \rightleftharpoons Ag+2NH_3(aq)$	0.373
$2NO_3^-+2H_2O+2e \rightleftharpoons N_2O_4+4OH^-$	−0.85	$O_2+2H_2O+4e \rightleftharpoons 4OH^-$	0.401
$[Co(CN)_6]^{3-}+e \rightleftharpoons [Co(CN)_6]^{4-}$	−0.83	$2BrO^-+2H_2O+2e \rightleftharpoons Br_2+4OH^-$	0.45
$2H_2O+2e \rightleftharpoons H_2+2OH^-$	−0.8277	$NiO_2+2H_2O+2e \rightleftharpoons Ni(OH)_2+2OH^-$	0.490
$AsO_4^{3-}+2H_2O+2e \rightleftharpoons AsO_2^-+4OH^-$	−0.71	$IO^-+H_2O+2e \rightleftharpoons I^-+2OH^-$	0.485
$AsO_2^-+2H_2O+3e \rightleftharpoons As+4OH^-$	−0.68	$ClO_4^-+4H_2O+8e \rightleftharpoons Cl^-+8OH^-$	0.51
$SO_3^{2-}+3H_2O+6e \rightleftharpoons S^{2-}+6OH^-$	−0.61	$2ClO^-+2H_2O+2e \rightleftharpoons Cl_2+4OH^-$	0.52
$[Au(CN)_2]^-+e \rightleftharpoons Au+2CN^-$	−0.60	$BrO_3^-+2H_2O+4e \rightleftharpoons BrO^-+4OH^-$	0.54
$2SO_3^{2-}+3H_2O+4e \rightleftharpoons S_2O_3^{2-}+6OH^-$	−0.571	$MnO_4^-+2H_2O+3e \rightleftharpoons MnO_2+4OH^-$	0.595
$Fe(OH)_3+e \rightleftharpoons Fe(OH)_2+OH^-$	−0.56	$MnO_4^{2-}+2H_2O+2e \rightleftharpoons MnO_2+4OH^-$	0.60
$S+2e \rightleftharpoons S^{2-}$	−0.47644	$BrO_3^-+3H_2O+6e \rightleftharpoons Br^-+6OH^-$	0.61
$NO_2^-+H_2O+e \rightleftharpoons NO+2OH^-$	−0.46	$ClO_3^-+3H_2O+6e \rightleftharpoons Cl^-+6OH^-$	0.62
$[Cu(CN)_2]^-+e \rightleftharpoons Cu+2CN^-$	−0.43	$ClO_2^-+H_2O+2e \rightleftharpoons ClO^-+2OH^-$	0.66
$[Co(NH_3)_6]^{2+}+2e \rightleftharpoons Co+6NH_3(aq)$	−0.422	$BrO^-+H_2O+2e \rightleftharpoons Br^-+2OH^-$	0.761
$[Hg(CN)_4]^{2-}+2e \rightleftharpoons Hg+4CN^-$	−0.37	$ClO^-+H_2O+2e \rightleftharpoons Cl^-+2OH^-$	0.81
$[Ag(CN)_2]^-+e \rightleftharpoons Ag+2CN^-$	−0.30	$N_2O_4+2e \rightleftharpoons 2NO_2^-$	0.867
$NO_3^-+5H_2O+6e \rightleftharpoons NH_2OH+7OH^-$	−0.30	$HO_2^-+H_2O+2e \rightleftharpoons 3OH^-$	0.878
$Cu(OH)_2+2e \rightleftharpoons Cu+2OH^-$	−0.222	$FeO_4^{2-}+2H_2O+3e \rightleftharpoons FeO_2^-+4OH^-$	0.9
$PbO_2+2H_2O+4e \rightleftharpoons Pb+4OH^-$	−0.16	$O_3+H_2O+2e \rightleftharpoons O_2+2OH^-$	1.24

表 5 常见配离子的稳定常数（298.15K）

配离子	$K^{\ominus}_{稳}$	配离子	$K^{\ominus}_{稳}$	配离子	$K^{\ominus}_{稳}$
$[AuCl_2]^+$	6.3×10^{9}	$[Cd(CN)_4]^{2-}$	6.02×10^{18}	$[Cr(SCN)_2]^+$	9.52×10^{2}
$[CdCl_4]^{2-}$	6.33×10^{2}	$[Cu(CN)_2]^-$	1.0×10^{16}	$[Cu(SCN)_2]^-$	1.51×10^{5}
$[CuCl_3]^{2-}$	5.0×10^{5}	$[Cu(CN)_4]^{3-}$	2.00×10^{30}	$[Fe(SCN)_2]^+$	2.29×10^{3}
$[CuCl_2]^{2-}$	3.1×10^{5}	$[Fe(CN)_6]^{4-}$	1.0×10^{35}	$[Hg(SCN)_4]^{2-}$	1.70×10^{21}
$[FeCl]^+$	2.29	$[Fe(CN)_6]^{3-}$	1.0×10^{42}	$[Ni(SCN)_3]^-$	64.5
$[FeCl_4]^-$	1.02	$[Hg(CN)_4]^{2-}$	2.5×10^{41}	$[AgY]^{3-}$	2.09×10^{5}
$[HgCl_4]^{2-}$	1.17×10^{15}	$[Ni(CN)_4]^{2-}$	2.0×10^{31}	$[AlY]^-$	1.29×10^{16}
$[PbCl_4]^{2-}$	39.8	$[Zn(CN)_4]^{2-}$	5.0×10^{16}	$[CaY]^{2-}$	1.0×10^{11}
$[PtCl_4]^{2-}$	1.0×10^{16}	$[Ag(SCN)_4]^{3-}$	1.20×10^{10}	$[CdY]^{2-}$	2.5×10^{7}
$[SnCl_4]^{2-}$	30.2	$[Ag(SCN)_2]^-$	3.72×10^{7}	$[CoY]^{2-}$	2.04×10^{16}
$[ZnCl_4]^{2-}$	1.58	$[Au(SCN)_4]^{3-}$	1.0×10^{42}	$[CoY]^-$	1.0×10^{36}
$[Ag(CN)_2]^-$	1.3×10^{21}	$[Au(SCN)_2]^-$	1.0×10^{23}	$[CuY]^{2-}$	5.0×10^{18}
$[Ag(CN)_4]^{3-}$	4.0×10^{20}	$[Cd(SCN)_4]^{2-}$	3.98×10^{3}	$[FeY]^{2-}$	2.14×10^{14}
$[Au(CN)_2]^-$	2.0×10^{38}	$[Co(SCN)_4]^{2-}$	1.00×10^{5}	$[FeY]^-$	1.70×10^{24}

续表

配离子	$K^{\ominus}_{稳}$	配离子	$K^{\ominus}_{稳}$	配离子	$K^{\ominus}_{稳}$
$[HgY]^{2-}$	6.33×10^{21}	$[AgI_2]^-$	5.49×10^{11}	$[Al(OH)_4]^-$	1.07×10^{33}
$[MgY]^{2-}$	4.37×10^{8}	$[CdI_4]^{2-}$	2.57×10^{5}	$[Bi(OH)_4]^-$	1.59×10^{35}
$[MnY]^{2-}$	6.3×10^{13}	$[CuI_2]^-$	7.09×10^{8}	$[Cd(OH)_4]^{2-}$	4.17×10^{8}
$[NiY]^{2-}$	3.64×10^{18}	$[PbI_4]^{2-}$	2.95×10^{4}	$[Cr(OH)_4]^-$	7.94×10^{29}
$[ZnY]^{2-}$	2.5×10^{16}	$[HgI_4]^{2-}$	6.76×10^{29}	$[Cu(OH)_4]^{2-}$	3.16×10^{18}
$[Ag(en)_2]^+$	5.0×10^{7}	$[Ag(NH_3)_2]^+$	1.12×10^{7}	$[Fe(OH)_4]^{2-}$	3.80×10^{8}
$[Co(en)_3]^{2+}$	8.69×10^{13}	$[Cd(NH_3)_6]^{2+}$	1.38×10^{5}	$[Ca(P_2O_7)]^{2-}$	4.0×10^{4}
$[Co(en)_3]^{3+}$	4.90×10^{48}	$[Cd(NH_3)_4]^{2+}$	1.32×10^{7}	$[Cd(P_2O_7)]^{2-}$	4.0×10^{5}
$[Cr(en)_2]^{2+}$	1.55×10^{9}	$[Co(NH_3)_6]^{2+}$	1.29×10^{5}	$[Cu(P_2O_7)]^{2-}$	1.0×10^{8}
$[Cu(en)_2]^+$	6.33×10^{10}	$[Co(NH_3)_6]^{3+}$	1.58×10^{35}	$[Pb(P_2O_7)]^{2-}$	2.0×10^{5}
$[Cu(en)_3]^{2+}$	1.0×10^{21}	$[Cu(NH_3)_2]^+$	7.25×10^{10}	$[Ni(P_2O_7)_2]^{6-}$	2.5×10^{2}
$[Fe(en)_3]^{2+}$	5.00×10^{9}	$[Cu(NH_3)_4]^{2+}$	2.09×10^{13}	$[Ag(S_2O_3)]^-$	6.62×10^{8}
$[Hg(en)_2]^{2+}$	2.00×10^{23}	$[Fe(NH_3)_2]^{2+}$	1.6×10^{2}	$[Ag(S_2O_3)_2]^{3-}$	2.88×10^{13}
$[Mn(en)_3]^{2+}$	4.67×10^{5}	$[Hg(NH_3)_4]^{2+}$	1.90×10^{19}	$[Cd(S_2O_3)_2]^{2-}$	2.75×10^{6}
$[Ni(en)_3]^{2+}$	2.14×10^{18}	$[Mg(NH_3)_2]^{2+}$	20	$[Cu(S_2O_3)_2]^{3-}$	1.66×10^{12}
$[Zn(en)_3]^{2+}$	1.29×10^{14}	$[Ni(NH_3)_6]^{2+}$	5.49×10^{8}	$[Pb(S_2O_3)_2]^{2-}$	1.35×10^{5}
$[AlF_6]^{3-}$	6.94×10^{19}	$[Ni(NH_3)_4]^{2+}$	9.09×10^{7}	$[Hg(S_2O_3)_4]^{6-}$	1.74×10^{33}
$[FeF_6]^{3-}$	1.00×10^{16}	$[Pt(NH_3)_6]^{2+}$	2.00×10^{35}	$[Hg(S_2O_3)_2]^{2-}$	2.75×10^{29}
$[AgI_3]^{2-}$	4.78×10^{13}	$[Zn(NH_3)_4]^{2+}$	2.88×10^{9}		

注：配位体的简写符号 en 表示乙二胺（$NH_2CH_2CH_2NH_2$），Y 表示乙二胺四乙酸（EDTA）。

表 6　常见化合物的相对分子质量表

化合物	相对分子质量	化合物	相对分子质量	化合物	相对分子质量
Ag_3AsO_4	462.52	$Ba(OH)_2$	171.34	$CoSO_4\cdot7H_2O$	281.10
$AgBr$	187.77	$BaSO_4$	233.39	$CO(NH_2)_2$	60.06
$AgCl$	143.32	$BiCl_3$	315.34	$CrCl_3$	158.36
$AgCN$	133.89	$BiOCl$	260.43	$CrCl_3\cdot6H_2O$	266.45
$AgSCN$	165.95	CO_2	44.01	$Cr(NO_3)_3$	238.01
Ag_2CrO_4	331.73	CaO	56.08	Cr_2O_3	151.99
AgI	234.77	$CaCO_3$	100.09	$CuCl$	99.00
$AgNO_3$	169.87	CaC_2O_4	128.10	$CuCl_2$	134.45
$AlCl_3$	133.34	$CaCl_2$	110.99	$CuCl_2\cdot2H_2O$	170.48
$AlCl_3\cdot6H_2O$	241.43	$CaCl_2\cdot6H_2O$	219.08	$CuSCN$	121.62
$Al(NO_3)_3$	213.00	$Ca(NO_3)_2\cdot4H_2O$	236.15	CuI	190.45
$Al(NO_3)_3\cdot9H_2O$	375.13	$Ca(OH)_2$	74.10	$Cu(NO_3)_2$	187.56
Al_2O_3	101.96	$Ca_3(PO_4)_2$	310.18	$Cu(NO_3)_2\cdot3H_2O$	241.60
$Al(OH)_3$	78.00	$CaSO_4$	136.14	CuO	79.55
$Al_2(SO_4)_3$	342.14	$CdCO_3$	172.42	Cu_2O	143.09
$Al_2(SO_4)_3\cdot18H_2O$	666.41	$CdCl_2$	183.32	CuS	95.61
As_2O_3	197.84	CdS	144.47	$CuSO_4$	159.06
As_2O_5	229.84	$Ce(SO_4)_2$	332.24	$CuSO_4\cdot5H_2O$	249.68
As_2S_3	246.02	$Ce(SO_4)_2\cdot4H_2O$	404.30	$FeCl_2$	126.75
$BaCO_3$	197.34	$CoCl_2$	129.84	$FeCl_2\cdot4H_2O$	198.81
BaC_2O_4	225.35	$CoCl_2\cdot6H_2O$	237.93	$FeCl_3$	162.21
$BaCl_2$	208.42	$Co(NO_3)_2$	182.94	$FeCl_3\cdot6H_2O$	270.30
$BaCl_2\cdot2H_2O$	244.27	$Co(NO_3)_2\cdot6H_2O$	291.03	$FeNH_4(SO_4)_2\cdot12H_2O$	482.18
$BaCrO_4$	253.32	CoS	90.99	$Fe(NO_3)_2$	241.86
BaO	153.33	$CoSO_4$	154.99	$Fe(NO_3)_3\cdot9H_2O$	404.00

续表

化合物	相对分子质量	化合物	相对分子质量	化合物	相对分子质量
FeO	71.85	KCl	74.55	CH_3COONH_4	77.08
Fe_2O_3	159.69	$KClO_3$	122.55	NH_4Cl	53.49
Fe_3O_4	231.54	$KClO_4$	138.55	$(NH_4)_2CO_3$	96.09
$Fe(OH)_3$	106.87	KCN	65.12	$(NH_4)_2C_2O_4$	124.10
FeS	87.91	$KSCN$	97.18	$(NH_4)_2C_2O_4 \cdot H_2O$	142.11
Fe_2S_3	207.87	K_2CO_3	138.21	NH_4SCN	76.12
$FeSO_4$	151.91	K_2CrO_4	194.19	NH_4HCO_3	79.06
$FeSO_4 \cdot 7H_2O$	278.01	$K_2Cr_2O_7$	294.18	$(NH_4)_2MoO_4$	196.01
$Fe(NH_4)_2(SO_4)_2 \cdot 6H_2O$	392.13	$K_3Fe(CN)_6$	329.25	NH_4NO_3	80.04
H_3AsO_3	125.94	$K_4Fe(CN)_6$	368.35	$(NH_4)_2HPO_4$	132.06
H_3AsO_4	141.94	$KFe(SO_4)_2 \cdot 12H_2O$	503.24	$(NH_4)_2S$	68.14
H_3BO_3	61.83	$KHC_2O_4 \cdot H_2O$	146.14	$(NH_4)_2SO_4$	132.13
HBr	80.91	$KHC_2O_4 \cdot H_2C_2O_4 \cdot 2H_2O$	254.19	NH_4VO_3	116.98
HCN	27.03	$KHC_4H_4O_6$	188.18	Na_3AsO_3	191.89
$HCOOH$	46.03	$KHSO_4$	136.16	$Na_2B_4O_7$	201.22
CH_3COOH	60.05	KI	166.00	$Na_2B_4O_7 \cdot 10H_2O$	381.37
H_2CO_3	62.03	KIO_3	214.00	$NaBiO_3$	279.97
$H_2C_2O_4$	90.04	$KIO_3 \cdot HIO_3$	389.91	$NaCN$	49.01
$H_2C_2O_4 \cdot 2H_2O$	126.07	$KMnO_4$	158.03	$NaSCN$	81.07
HCl	36.46	$KNaC_4H_4O_6 \cdot 4H_2O$	282.22	Na_2CO_3	105.99
HF	20.01	KNO_3	101.10	$Na_2CO_3 \cdot 10H_2O$	286.14
HI	127.91	KNO_2	85.10	$Na_2C_2O_4$	134.00
HIO_3	175.91	K_2O	94.20	CH_3COONa	82.03
HNO_3	63.01	KOH	56.11	$CH_3COONa \cdot 3H_2O$	136.08
HNO_2	47.01	K_2SO_4	174.25	$NaCl$	58.44
H_2O	18.015	$MgCO_3$	84.31	$NaClO$	74.44
H_2O_2	34.02	$MgCl_2$	95.21	$NaHCO_3$	84.01
H_3PO_4	98.00	$MgCl_2 \cdot 6H_2O$	203.30	$Na_2HPO_4 \cdot 12H_2O$	358.14
H_2S	34.08	MgC_2O_4	112.33	$Na_2H_2Y \cdot 2H_2O$	372.24
H_2SO_3	82.07	$Mg(NO_3)_2 \cdot 6H_2O$	256.41	$NaNO_2$	69.00
H_2SO_4	98.07	$MgNH_4PO_4$	137.32	$NaNO_3$	85.00
$Hg(CN)_2$	252.63	MgO	40.30	Na_2O	61.98
$HgCl_2$	271.50	$Mg(OH)_2$	58.32	Na_2O_2	77.98
Hg_2Cl_2	472.09	$Mg_2P_2O_7$	222.55	$NaOH$	40.00
HgI_2	454.40	$MgSO_4 \cdot 7H_2O$	246.47	Na_3PO_4	163.94
$Hg_2(NO_3)_2$	525.19	$MnCO_3$	114.95	Na_2S	78.04
$Hg_2(NO_3)_2 \cdot 2H_2O$	561.22	$MnCl_2 \cdot 4H_2O$	197.91	$Na_2S \cdot 9H_2O$	240.18
$Hg(NO_3)_2$	324.60	$Mn(NO_3)_2 \cdot 6H_2O$	287.04	Na_2SO_3	126.04
HgO	216.59	MnO	70.94	Na_2SO_4	142.04
HgS	232.65	MnO_2	86.94	$Na_2S_2O_3$	158.10
$HgSO_4$	296.65	MnS	87.00	$Na_2S_2O_2 \cdot 5H_2O$	248.17
Hg_2SO_4	497.24	$MnSO_4$	151.00	$NiCl_2 \cdot 6H_2O$	237.70
$KAl(SO_4)_2 \cdot 12H_2O$	474.38	$MnSO_4 \cdot 4H_2O$	223.06	NiO	74.70
KBr	119.00	NO	30.01	$Ni(NO_3)_2 \cdot 6H_2O$	290.80
$KBrO_3$	167.00	NO_2	46.01	NiS	90.76
		NH_3	17.03	$NiSO_4 \cdot 7H_2O$	280.86
				P_2O_5	141.95
				$PbCO_3$	267.21
				PbC_2O_4	295.22

续表

化合物	相对分子质量	化合物	相对分子质量	化合物	相对分子质量
$PbCl_2$	278.11	$SbCl_5$	299.02	$SrSO_4$	183.69
$PbCrO_4$	323.19	Sb_2O_3	291.50	$UO_2(CH_3COO)_2 \cdot 2H_2O$	424.15
$Pb(CH_3COO)_2$	325.29	Sb_2S_3	339.68	$ZnCO_3$	125.39
$Pb(CH_3COO)_2 \cdot 3H_2O$	379.34	SiF_4	104.08	ZnC_2O_4	153.40
PbI_2	461.01	SiO_2	60.08	$ZnCl_2$	136.29
$Pb(NO_3)_2$	331.21	$SnCl_2$	189.60	$Zn(CH_3COO)_2$	183.47
PbO	223.20	$SnCl_2 \cdot 2H_2O$	225.63	$Zn(CH_3COO)_2 \cdot 2H_2O$	219.50
PbO_2	239.20	$SnCl_4$	260.50	$Zn(NO_3)_2$	189.39
$Pb_3(PO_4)_2$	811.54	$SnCl_4 \cdot 5H_2O$	350.58	$Zn(NO_3)_2 \cdot 6H_2O$	297.48
PbS	239.26	SnO_2	150.69	ZnO	81.38
$PbSO_4$	303.26	SnS	150.75	ZnS	97.44
SO_3	80.06	$SrCO_3$	147.63	$ZnSO_4$	161.44
SO_2	64.06	SrC_2O_4	175.64	$ZnSO_4 \cdot 7H_2O$	287.55
$SbCl_3$	228.11	$SrCrO_4$	203.61		
		$Sr(NO_3)_2 \cdot 4H_2O$	283.69		

参考文献

[1] 赵玉娥主编．基础化学．北京：化学工业出版社，2004.

[2] 吴英绵主编．基础化学．北京：高等教育出版社，2006.

[3] 高琳主编．基础化学．北京：高等教育出版社，2006.

[4] 华东化工学院无机化学教研组编．无机化学实验．第3版．北京：高等教育出版社，1994.

[5] 高职高专教材化学编写组编．无机化学．第2版．北京：高等教育出版社，2004.

[6] 黄一石，乔子荣主编．定量化学分析．北京：化学工业出版社，2006.

[7] 高职高专教材化学编写组编．分析化学．第2版．北京：高等教育出版社，2000.

[8] 人民教育出版社化学室编写．化学．北京：人民教育出版社，2003.

[9] 人民教育出版社化学室编写．化学．北京：人民教育出版社，2006.

[10] 初玉霞主编．化学实验技术．北京：化学工业出版社，2006.

[11] 化学课程标准编制组编写．化学课程标准．武汉：湖北教育出版社，2004.

[12] 方珍发主编．有机化学实验．南京：南京大学出版社，1992.

[13] 袁履冰主编．有机化学．北京：高等教育出版社，1999.

[14] 徐寿昌主编．有机化学．第2版．北京：高等教育出版社，1993.

[15] 梁玉华主编．物理化学．北京：化学工业出版社，1996.

元素周期表

氧化态（单质的氧化态为0，未列入；常见的为红色）

以 $^{12}C=12$ 为基准的相对原子质量（注✦的是半衰期最长同位素的相对原子质量）

示例	说明
+2 +3 +4 +5 +6	氧化态
95	原子序数
Am	元素符号（红色的为放射性元素）
镅▲	元素名称（注▲的为人造元素）
$5f^77s^2$	价层电子构型
243.06✦	相对原子质量

s区元素 p区元素 d区元素 ds区元素 f区元素 稀有气体

周期＼族	1 IA	2 IIA	3 IIIB	4 IVB	5 VB	6 VIB	7 VIIB	8 VIIIB	9 VIIIB	10 VIIIB	11 IB	12 IIB	13 IIIA	14 IVA	15 VA	16 VIA	17 VIIA	18 VIIIA	电子层
1	−1 +1 1 H 氢 $1s^1$ 1.00794(7)																	2 He 氦 $1s^2$ 4.002602(2)	K
2	+1 3 Li 锂 $2s^1$ 6.941(2)	+2 4 Be 铍 $2s^2$ 9.012182(3)											+3 5 B 硼 $2s^22p^1$ 10.811(7)	−4 +2 +4 6 C 碳 $2s^22p^2$ 12.0107(8)	−3 −2 −1 +1 +2 +3 +4 +5 7 N 氮 $2s^22p^3$ 14.0067(2)	−2 −1 8 O 氧 $2s^22p^4$ 15.9994(3)	−1 9 F 氟 $2s^22p^5$ 18.9984032(5)	10 Ne 氖 $2s^22p^6$ 20.1797(6)	L K
3	−1 +1 11 Na 钠 $3s^1$ 22.989770(2)	+2 12 Mg 镁 $3s^2$ 24.3050(6)											+3 13 Al 铝 $3s^23p^1$ 26.981538(2)	−4 +2 +4 14 Si 硅 $3s^23p^2$ 28.0855(3)	−3 −2 +1 +3 +5 15 P 磷 $3s^23p^3$ 30.973761(2)	−2 +2 +4 +6 16 S 硫 $3s^23p^4$ 32.065(5)	−1 +1 +3 +5 +7 17 Cl 氯 $3s^23p^5$ 35.453(2)	18 Ar 氩 $3s^23p^6$ 39.948(1)	M L K
4	−1 +1 19 K 钾 $4s^1$ 39.0983(1)	+2 20 Ca 钙 $4s^2$ 40.078(4)	+3 21 Sc 钪 $3d^14s^2$ 44.955910(8)	−1 0 +2 +3 +4 22 Ti 钛 $3d^24s^2$ 47.867(1)	0 ±1 +2 +3 +4 +5 23 V 钒 $3d^34s^2$ 50.9415	−3 0 ±1 ±2 +3 +4 +5 +6 24 Cr 铬 $3d^54s^1$ 51.9961(6)	−2 0 ±1 +2 ±3 +4 +5 +6 +7 25 Mn 锰 $3d^54s^2$ 54.938049(9)	−2 0 ±1 +2 +3 +4 +5 +6 26 Fe 铁 $3d^64s^2$ 55.845(2)	0 ±1 +2 +3 +4 +5 27 Co 钴 $3d^74s^2$ 58.933200(9)	0 ±1 +2 +3 +4 28 Ni 镍 $3d^84s^2$ 58.6934(2)	+1 +2 +3 +4 29 Cu 铜 $3d^{10}4s^1$ 63.546(3)	+1 +2 30 Zn 锌 $3d^{10}4s^2$ 65.409(4)	+1 +3 31 Ga 镓 $4s^24p^1$ 69.723(1)	+2 +4 32 Ge 锗 $4s^24p^2$ 72.64(1)	−3 +3 +5 33 As 砷 $4s^24p^3$ 74.92160(2)	−2 +2 +4 +6 34 Se 硒 $4s^24p^4$ 78.96(3)	−1 +1 +3 +5 +7 35 Br 溴 $4s^24p^5$ 79.904(1)	+2 +4 36 Kr 氪 $4s^24p^6$ 83.798(2)	N M L K
5	−1 +1 37 Rb 铷 $5s^1$ 85.4678(3)	+2 38 Sr 锶 $5s^2$ 87.62(1)	+3 39 Y 钇 $4d^15s^2$ 88.90585(2)	+1 +2 +3 +4 40 Zr 锆 $4d^25s^2$ 91.224(2)	0 ±1 +2 +3 +4 +5 41 Nb 铌 $4d^45s^1$ 92.90638(2)	0 ±1 ±2 +3 +4 +5 +6 42 Mo 钼 $4d^55s^1$ 95.94(2)	0 ±1 +2 +3 +4 +5 +6 +7 43 Tc 锝▲ $4d^55s^2$ 97.907✦	0 ±1 ±2 +3 +4 +5 +6 +7 +8 44 Ru 钌 $4d^75s^1$ 101.07(2)	0 ±1 +2 +3 +4 +5 +6 45 Rh 铑 $4d^85s^1$ 102.90550(2)	0 +1 +2 +3 +4 46 Pd 钯 $4d^{10}$ 106.42(1)	+1 +2 +3 47 Ag 银 $4d^{10}5s^1$ 107.8682(2)	+1 +2 48 Cd 镉 $4d^{10}5s^2$ 112.411(8)	+1 +3 49 In 铟 $5s^25p^1$ 114.818(3)	+2 +4 50 Sn 锡 $5s^25p^2$ 118.710(7)	−3 +3 +5 51 Sb 锑 $5s^25p^3$ 121.760(1)	−2 +2 +4 +6 52 Te 碲 $5s^25p^4$ 127.60(3)	−1 +1 +3 +5 +7 53 I 碘 $5s^25p^5$ 126.90447(3)	+2 +4 +6 +8 54 Xe 氙 $5s^25p^6$ 131.293(6)	O N M L K
6	−1 +1 55 Cs 铯 $6s^1$ 132.90545(2)	+2 56 Ba 钡 $6s^2$ 137.327(7)	57~71 La~Lu 镧系	+1 +2 +3 +4 72 Hf 铪 $5d^26s^2$ 178.49(2)	0 ±1 +2 +3 +4 +5 73 Ta 钽 $5d^36s^2$ 180.9479(1)	0 ±1 ±2 +3 +4 +5 +6 74 W 钨 $5d^46s^2$ 183.84(1)	0 ±1 +2 +3 +4 +5 +6 +7 75 Re 铼 $5d^56s^2$ 186.207(1)	0 +1 +2 +3 +4 +5 +6 +7 +8 76 Os 锇 $5d^66s^2$ 190.23(3)	0 ±1 +2 +3 +4 +5 +6 77 Ir 铱 $5d^76s^2$ 192.217(3)	0 +2 +3 +4 +5 +6 78 Pt 铂 $5d^96s^1$ 195.078(2)	+1 +2 +3 +5 79 Au 金 $5d^{10}6s^1$ 196.96655(2)	+1 +2 +3 80 Hg 汞 $5d^{10}6s^2$ 200.59(2)	+1 +3 81 Tl 铊 $6s^26p^1$ 204.3833(2)	+2 +4 82 Pb 铅 $6s^26p^2$ 207.2(1)	−3 +3 +5 83 Bi 铋 $6s^26p^3$ 208.98038(2)	−2 +2 +4 +6 84 Po 钋 $6s^26p^4$ 208.98✦	−1 +1 +5 +7 85 At 砹 $6s^26p^5$ 209.99✦	+2 86 Rn 氡 $6s^26p^6$ 222.02✦	P O N M L K
7	+1 87 Fr 钫▲ $7s^1$ 223.02✦	+2 88 Ra 镭 $7s^2$ 226.03✦	89~103 Ac~Lr 锕系	104 Rf 𬬻▲ $6d^27s^2$ 261.11✦	105 Db 𬭊▲ $6d^37s^2$ 262.11✦	106 Sg 𬭳▲ $6d^47s^2$ 263.12✦	107 Bh 𬭛▲ $6d^57s^2$ 264.12✦	108 Hs 𬭶▲ $6d^67s^2$ 265.13✦	109 Mt 鿏▲ $6d^77s^2$ 266.13	110 Ds 𫟼▲ (269)	111 Rg 𬬭▲ (272)✦	112 Uub▲ (277)✦	113 Uut▲ (278)✦	114 Uuq▲ (289)✦	115 Uup▲ (288)✦	116 Uuh▲ (289)✦			Q P O N M L K

	57	58	59	60	61	62	63	64	65	66	67	68	69	70	71
★ 镧系	+3 57 La★ 镧 $5d^16s^2$ 138.9055(2)	+2 +3 +4 58 Ce 铈 $4f^15d^16s^2$ 140.116(1)	+3 +4 59 Pr 镨 $4f^36s^2$ 140.90765(2)	+2 +3 +4 60 Nd 钕 $4f^46s^2$ 144.24(3)	+3 61 Pm 钷▲ $4f^56s^2$ 144.91✦	+2 +3 62 Sm 钐 $4f^66s^2$ 150.36(3)	+2 +3 63 Eu 铕 $4f^76s^2$ 151.964(1)	+3 64 Gd 钆 $4f^75d^16s^2$ 157.25(3)	+3 +4 65 Tb 铽 $4f^96s^2$ 158.92534(2)	+3 +4 66 Dy 镝 $4f^{10}6s^2$ 162.500(1)	+3 67 Ho 钬 $4f^{11}6s^2$ 164.93032(2)	+3 68 Er 铒 $4f^{12}6s^2$ 167.259(3)	+2 +3 69 Tm 铥 $4f^{13}6s^2$ 168.93421(2)	+2 +3 70 Yb 镱 $4f^{14}6s^2$ 173.04(3)	+3 71 Lu 镥 $4f^{14}5d^16s^2$ 174.967(1)
★ 锕系	+3 89 Ac★ 锕 $6d^17s^2$ 227.03✦	+3 +4 90 Th 钍 $6d^27s^2$ 232.0381(1)	+3 +4 +5 91 Pa 镤 $5f^26d^17s^2$ 231.03588(2)	+2 +3 +4 +5 +6 92 U 铀 $5f^36d^17s^2$ 238.02891(3)	+3 +4 +5 +6 +7 93 Np 镎 $5f^46d^17s^2$ 237.05✦	+3 +4 +5 +6 +7 94 Pu 钚 $5f^67s^2$ 244.06✦	+2 +3 +4 +5 +6 95 Am 镅▲ $5f^77s^2$ 243.06✦	+3 +4 96 Cm 锔▲ $5f^76d^17s^2$ 247.07✦	+3 +4 97 Bk 锫▲ $5f^97s^2$ 247.07✦	+2 +3 +4 98 Cf 锎▲ $5f^{10}7s^2$ 251.08✦	+2 +3 99 Es 锿▲ $5f^{11}7s^2$ 252.08✦	+2 +3 100 Fm 镄▲ $5f^{12}7s^2$ 257.10✦	+2 +3 101 Md 钔▲ $5f^{13}7s^2$ 258.10✦	+2 +3 102 No 锘▲ $5f^{14}7s^2$ 259.10✦	+3 103 Lr 铹▲ $5f^{14}6d^17s^2$ 260.11✦